"十四五"时期国家重点出版物出版专项规划项目
智能建造理论·技术与管理丛书
普通高等教育智能建造专业系列教材

# 数　字　测　量


主　编　周乐皆　邱冬炜
副主编　黄　鹤　廖丽琼
参　编　王国利　丁克良　刘　芳　赵江洪

机 械 工 业 出 版 社

数字测量是测绘科学在空间信息、数字智能、泛在物联、虚拟现实、智慧管理等技术的推动下，在建筑学、土木工程、交通工程、土地资源管理、环境科学与工程等学科专业及相应行业领域的新发展。

本书系统介绍了数字测量的理论和技术方法，分为理论基础、技术方法、行业应用3篇。第1篇为理论基础，包括第1~3章，主要介绍了测绘的基准体系、地形图、误差理论等基础知识；第2篇为技术方法，包括第4~10章，主要介绍了角度测量、高程测量、距离测量、控制测量、测图用图和测设等技术方法；第3篇为行业应用，包括第11~14章，主要介绍了建筑工程测量、线路测量、桥梁工程测量和地下工程测量等工程行业的测绘技术。

本书注重内容的系统性、科学性、实用性、先进性和国际通用性，具有理论知识全面和行业应用丰富的特点，可作为高等学校“数字地形测量学”“数字测量”“测量学”“工程测量”“建筑工程测量”“土木工程测量”等课程的教材，也可供建设工程测量技术人员学习使用。

**图书在版编目（CIP）数据**

数字测量/周乐皆，邱冬炜主编. —北京：机械工业出版社，2023. 12
（智能建造理论·技术与管理丛书）
“十四五”时期国家重点出版物出版专项规划项目　普通高等教育智能建造专业系列教材
ISBN 978-7-111-74462-7

Ⅰ. ①数…　Ⅱ. ①周…②邱…　Ⅲ. ①数字测量法-高等学校-教材　Ⅳ. ①P204

中国国家版本馆CIP数据核字（2023）第248821号

机械工业出版社（北京市百万庄大街22号　邮政编码100037）
策划编辑：林　辉　　　责任编辑：林　辉　于伟蓉
责任校对：杨　霞　王　延　封面设计：张　静
责任印制：张　博
天津光之彩印刷有限公司印刷
2024年3月第1版第1次印刷
184mm×260mm · 22.25印张 · 551千字
标准书号：ISBN 978-7-111-74462-7
定价：69.00元

电话服务　　网络服务
客服电话：010-88361066　机　工　官　网：www.cmpbook.com
010-88379833　机　工　官　博：weibo.com/cmp1952
010-68326294　金　书　网：www.golden-book.com

机工教育服务网：www.cmpedu.com

# 前言

测绘是确定点的空间位置以及相互姿态方位关系的科学技术和学科专业。数字测量是综合应用大地测量学、工程学、空间几何学、统计分析学、电子信息学、物理学、地理学、计量学等学科知识，使用水准仪、全站仪、测量机器人、GNSS 接收机、激光雷达、测量卫星、无人机、摄影测量和传感测量系统等仪器设备，在建筑、交通、土地、环境、通信、项目管理等行业中应用实施的测绘工作。数字测量是测绘科学在数字信息时代下的发展，是现代测绘的基础，也是许多其他科学研究的重要工具。

本书结合测绘科学与技术的最新发展和工程应用实践，系统地介绍了数字测量的理论和技术体系，由北京建筑大学测绘与城市空间信息学院的老师共同编写。本书由周乐皆、邱冬炜任主编，黄鹤、廖丽琼任副主编，参编人员还有王国利、丁克良、刘芳和赵江洪。编写分工如下：周乐皆编写第 2、8 章，第 3 章的第 3.4、3.5、3.6 节，第 7 章的第 7.3、7.4、7.5 节，第 11 章的第 11.1、11.2、11.3 节；邱冬炜编写第 5、12、13、14 章，第 11 章的第 11.4 节；黄鹤编写第 6 章，第 7 章的第 7.1、7.2 节；廖丽琼编写绪论，第 4 章，第 1 章的第 1.4、1.5、1.6 节；王国利编写第 10 章，第 11 章的第 11.5、11.6 节；刘芳编写第 9 章；丁克良编写第 3 章的第 3.1、3.2、3.3 节；赵江洪编写第 1 章的第 1.1、1.2、1.3 节。全书由周乐皆统稿。此外，朱正坤、仝玉赐、王星宇、刘星参与了本书的资料收集和文字整理工作。

本书注重内容的系统性、科学性、实用性、先进性和国际通用性。根据工程测量的内容和测量工作的特性，书中加入了“大国工程”“北斗精神”“实事求是”“精益求精”的相关内容，以增进读者的爱国精神和职业素养。本书内容除了沿用传统的图文方式呈现，还使用大量二维码视频呈现测量仪器的构造与各种测量方法实操。本书可作为高等学校“数字地形测量学”“数字测量”“测量学”“工程测量”“建筑工程测量”“土木工程测量”等课程的教材，也可供建设工程测量技术人员学习使用。

本书二维码视频由广州南方测绘科技股份有限公司提供，在此表示衷心感谢！

在本书的编写过程中引用和借鉴了大量的相关技术标准和书籍，在此向原作者们致谢。另外，向参与和支持写作工作的有关专家和工程技术人员表示衷心感谢！

由于编者水平有限，书中难免存在不当之处，恳请广大读者批评指正。

编　者

# 目 录

## 第3篇 行业应用

# 绪　论

## ■ 0.1　测绘的任务和作用

人类自身的感官只能定性感知所处环境与识别环境中各类物体（如人造的房屋、道路、天然的河流等）的空间关系，无法做到对环境及环境中各物体的量化描述，要更好地适应及改造我们所处的三维世界，就必须借助仪器及相关的数理知识来实现对所处环境和环境中的各种物体及其相互空间关系的精准量化描述，以及实现对量化描述结果的分享与利用。为实现上述目标，便产生了测绘相关的科学与技术。

测绘是一门根据一定的数学原理，将地表和其上附着物在设定的数学参考框架内进行量化描述（图形描述或是数字描述），以及根据设计及规划的几何信息将相关特征逆向定位于现实场景中的科学。测绘是以空间科学、计算机技术、光电技术、网络通信技术、信息科学为基础，以全球导航卫星系统（Global Navigation Satellite System，GNSS）、遥感（Remote Sensing，RS）、地理信息系统（Geographic Information System，GIS）为技术核心，通过各种测量技术手段获得地表及其上附着物的特征信息，经过数学变换及符号化形成能够反映地表现状及地表附着物位置与空间关系的图形（如地形图等），以服务于国家的经济建设、国防建设和行政管理。

测绘学是研究测定和推算地面点的几何位置、地球形状及地球重力场，并据此对自然地理要素或者地表人工设施的形状、大小、空间位置及其属性信息进行采集、处理、存储和管理的科学。测绘的任务主要包括“测绘”和“测设”两部分。“测绘”是借助特定的测量工具及技术将地表已有的特征信息（如地形、建筑物等的几何信息及属性信息）进行量化描述，形成相应产品（如纸质地图、电子地图或是空间信息数据库等），供规划、设计及管理之用。“测设”是借助仪器并根据一定的方法将图上设计的建（构）筑物的图形和位置在实地标定出来，作为施工的依据，通常也称之为“施工放样”。

测绘学主要研究对象是地球及其表面形态，在其发展过程中形成大地测量学、普通测量学、摄影测量学、工程测量学、海洋测绘和地图制图学等分支学科。

（1）大地测量学　大地测量学是研究和测定地球的形状、大小和地球重力场，以及地面点的几何位置的理论和方法。大地测量学是测绘学各个分支的理论基础，其基本任务是建立地面控制网、重力网，精确确定控制点的三维位置，为地形图提供控制基础，为各类工程施工提供依据，为研究地球形状、大小、重力场及其变化，地壳形变和地震预报提供信息。

（2）普通测量学　普通测量学是研究地球表面局部区域内控制测量和地形图测绘的理论和方法。局部区域是指在该区域内进行测绘时，可以不顾及地球曲率，把它当作平面处理，而不影响测图精度。

（3）摄影测量学　摄影测量学是研究利用摄影机或其他传感器采集被测物体的图像信息，经过加工处理和分析，以确定被测物体的形状、大小和位置，并判断其性质的理论和方法。摄影测量学按距离不同可分为航天摄影测量、航空摄影测量、地面摄影测量、近景摄影测量和显微摄影测量；按技术处理方法不同可以分为模拟法摄影测量、解析法摄影测量和数字摄影测量。

（4）工程测量学　工程测量学是研究工程建设中设计、施工和管理各阶段测量工作的理论、技术和方法。工程测量学为工程建设提供了精确的测量数据和大比例尺地图，保障工程选址合理，按设计施工和进行有效管理。在工程运营阶段对工程进行形变观测和沉降监测以保证工程运行正常。工程测量学按研究的对象不同可以分为建筑工程测量、水利工程测量、矿山工程测量、铁路工程测量、公路工程测量、输电线路与输油管道测量、桥梁工程测量、隧道工程测量、军事工程测量等。

（5）海洋测绘　海洋测绘是以海洋水体和海底为对象，研究海洋地理位置，测定海洋大地水准面和平均海面、海底和海面地形、海洋重力以及海洋磁力、海洋环境等自然和社会信息的地理分布，并编制各种海图的理论与技术的学科。海洋测绘为舰船航行安全、海洋工程建设提供了保障。

（6）地图制图学　地图制图学是研究地图及其编制和应用的一门学科。它研究用地图图形反映自然界和人类社会各种现象的空间分布、相互联系及其动态变化，具有区域性学科和技术性学科两重性，也称地图学。

测绘是经济社会发展和国防建设的一项基础性工作，是准确掌握国情国力、提高管理决策水平的重要手段。提供测绘公共服务是政府部门的重要职能。现代测绘技术已经成为国家科技水平的重要体现，其地理信息产业正在成为新的经济增长点。作为信息产业的测绘为人类深入认识和研究地球的变化规律，监测地壳运动、潮汐、自转等地球的运动，对解决地球的各种现象及其变化和相互关系具有重要的作用；测绘为城市规划、土地资源调查、海洋开发、农林牧渔业发展、各种工程建设等提供测绘资料和保障；测绘对精细农业、现代物流、电子商务、智能交通，构建“数字中国”和“数字城市”具有重要的作用；测绘为军事高精度的武器定位、发射和精确制导、数字化战场环境提供信息化保障；测绘还是预防和打击犯罪、边防建设的重要基础；测绘为解决人类正面临人口膨胀、资源枯竭、环境恶化、灾害频发、突发事件等世界性的问题提供精确的测绘数据和地理信息；测绘还为规范人类的自身行为，合理利用和开发资源，保护和改善环境，防治和抵御自然灾害，为社会科学和可持续发展提供地理信息支持和辅助决策。

测绘工作是工程建设的尖兵，测绘的作用贯穿于工程建设的全过程：

（1）地形图测绘　在工程项目的勘测设计阶段，为选线或规划测制地形图。例如，铁路或公路工程，在建造之前，为了确定一条最经济、最合理的路线，必须事先在建设工程所在地带进行测量工作，并绘制铁路或公路沿线的带状地形图，以便在地形图上进行线路设计。

（2）施工放样　在工程项目的施工阶段，把设计好的各种建筑物或构筑物正确地测设到地面上，作为施工的依据，确保工程按图施工，实现设计意图。

（3）竣工测量　一项建设工程完成后，必须进行竣工验收测量，以鉴定施工质量和确定是否按图施工，同时为工程项目的管理提供竣工图及相关资料。

（4）变形监测　在工程项目的运营阶段，对于大型或重要建（构）筑物（如水坝、高层建筑）或是和国家及人民生命安全有极其重要关系的建（构）筑物，为保证其安全运营、防止灾害发生，必须对其进行变形监测。

## ■0.2 测绘的发展历史简介

测绘是一门历史悠久的科学。早在几千年前，中国、古埃及、古希腊等国家的人民就开始创造与运用测量工具进行测量，以满足当时社会生产、生活的需要，为房屋建设、农田及水利建设、军事建设等领域提供服务。

公元前27世纪建设的古埃及三大金字塔（分别是胡夫、哈夫拉、孟卡拉三位法老的金字塔），其形状与方向都很准确，说明当时已有放样的工具和方法。我国三千多年前的夏商时代，为了治水开始了水利工程测量工作。司马迁在《史记》中对夏禹治水有这样的描述："陆行乘车，水行乘船，泥行乘撬，山行乘檋，左准绳，右规矩、载四时，以开九州，通九道，陂九泽，度九山。"所记录的是当时的工程勘测情景，准绳和规矩就是当时所用的测量工具。准是可操平的水准器，绳是丈量距离的工具，规是画圆的器具，矩则是一种可定平、测长度、高度、深度和画圆画矩形的通用测量仪器。早期的水利工程多为河道的疏导，以利防洪和灌溉，其主要的测量工作是确定水位和堤坝的高度。秦代李冰父子领导修建的都江堰水利枢纽工程，曾用一个石头人来标定水位，当水位超过石头人的肩时，下游将受到洪水的威胁；当水位低于石头人的脚背时，下游将出现干旱。这种标定水位的办法与现代水位测量的原理完全一样。北宋时沈括为了治理汴渠，测得"京师之地比泗州凡高十九丈四尺八寸六分"，这就是水准测量的结果。1973年长沙马王堆汉墓出土的地图包括了地形图、驻军图和城邑图三种，不仅所表示的内容相当丰富，绘制技术也非常熟练，在颜色使用、符号设计、内容分类和简化等方面都达到了很高水平，是目前世界上发现的最早的地图，这与当时测绘技术的发达是分不开的。公元前14世纪，在幼发拉底河与尼罗河流域曾进行过土地边界的划分测量。我国的地籍管理和土地测量最早出现在殷周时期，秦、汉过渡到私田制。隋唐实行均田制，建立户籍册。宋朝按乡登记和清丈土地，出现地块图。到了明朝洪武四年，全国进行土地大清查和勘丈，编制的鱼鳞图册是世界最早的地籍图册。

测绘技术的发展和社会的需求及相关测绘工具的进步密不可分，远在古代，我国就发明了指南针，以后又创制了浑天仪等测量仪器，并绘制了相当精确的全国地图。指南针于中世纪由阿拉伯人传到欧洲，以后在全世界得到广泛应用，到今天仍然是利用地磁测定方位的简便测量工具。17世纪发明望远镜后，人们利用光学仪器进行测量，使测量科学迈进了一大步。自19世纪末发展了航空摄影测量后，测量学又增添了新的内容：现代光学及电子学理论在测量中的应用，创制了一系列激光、红外光、微波测距、测高、准直和定位的仪器；惯性理论在测量学中的应用，又创制了陀螺定向、定位仪器。20世纪60年代以来，由于电子计算技术的飞速发展，出现了自动化程度很高的电子水准仪、电子经纬仪、电子全站仪和自动绘图仪。人造地球卫星的发射成功，使卫星很快地应用于大地测量，并建立了利用卫星无线电导航原理的全球定位系统。用卫星遥感技术可以获得丰富的地面信息，为自动化成图提供了大面积的、全球性的资料。随着现代科学技术的发展，测量科学也必然会向更高层次的电子化、自动化及智能化方向发展。

## ■ 0.3 测量学的研究内容

测量学是对地球整体及其表面和外层空间中的各种自然和人造物体上与地理空间分布有关的信息进行采集、处理、管理、更新和利用的科学和技术。其主要研究内容包括以下三个方面：

1）研究确定地球的形状和大小，为地球科学提供必要的数据和资料。这部分研究内容主要归入大地测量学，主要侧重研究和确定地球形状、大小、重力场，整体与局部运动，地表面点的几何位置以及它们的变化的理论和技术。其基本任务是测定地球的形状、大小和重力场，建立国家大地控制网，为地形测图和各种工程测量提供基础起算数据；为空间科学、军事科学及研究地壳变形、地震预报等提供重要资料。按照测量手段的不同，大地测量学又分为常规大地测量学、卫星大地测量学及物理大地测量学等。

2）将地球表面的地物地貌测绘成图。这部分研究内容涉及测量学、地图制图学、摄影测量与遥感、数字测图技术等学科。

3）将图纸上的设计成果测设至现场。这部分研究内容主要归入工程测量学。

从上面可以看到，测量学所涵盖的研究内容相当广泛，本书无法完全覆盖。对于土木建筑类院校的测绘工程专业和地理信息系统专业而言，本课程的主要目的是学习和掌握下列内容：

1）数理基础：包括测量的数学基础（如测量的基准面、基准线、地图投影、测量坐标系等），误差理论及误差处理，地形图的有关知识等。

2）量化工具及量化方法：包括常规测量仪器的功能介绍及使用方法，三维空间量化基本参数——距离、角度、高程的测量方法等。

3）地形图测绘：包括小区域控制测量、碎部测量方法和地形图的编制等。

4）地形图的应用：从地形图中获取所需要的资料，如点的坐标和高程、两点间的距离、地块的面积、地面的坡度、地形的断面和进行地形分析等。

对于土木建筑类专业而言，除上述内容外还需学习和掌握各种工程测量方法，包括建筑工程测量、线路工程测量、桥梁工程测量、隧道工程测量等。

## 思考题与习题

1. 简述测绘的定义与任务。
2. 测绘学有哪些主要学科？其主要工作是什么？
3. 测绘与测设有何区别？
4. 简述测绘的作用。

第 1 篇

Part 1

1

# 理论基础

# 第1章

# 测绘参考框架的选择

## ■1.1 引言

从某种意义上讲，测量学就是一门研究如何对地表及其附着物的几何位置和空间关系进行量化描述及表达的科学，所以地球的形状、大小及其附着物的空间分布都直接与测量工作有关。对三维空间多个目标及其空间关系的量化描述，涉及量化及量化结果表达两方面问题。前者涉及长度（距离、高程）量化与角度量化，其量化基准采用国际单位制（SI 制），长度计量单位为米（m），角度计量单位一般采用度（°）、分（′）、秒（″）；而要实现多目标的量化结果表达（量化描述其位置及空间关系），则需要将所有目标置于一个统一的参考框架内（如某坐标系），依据一定的数学映射方法及符号化准则绘制成所需的各种表达结果（如地形图）。所以，要实现对地表及其附着物的几何位置及其空间关系的量化描述及表达，就必须选择合适的参考框架，如何选择参考框架？依据什么来选择参考框架？这是本章内容要回答的问题。

## ■1.2 地表的形态及其数学表达

地球的自然表面有高山、丘陵、平原、海洋等起伏形态，是一个不规则的曲面。测量工作的主要研究对象是地球的自然表面，但它是不规则的。珠穆朗玛峰高达 8848.86m，而太平洋西部的马里亚纳海沟深度超过 11000m。尽管有这样大的高低起伏，但相对于地球庞大的体积来说这起伏仍可忽略不计。

地球的表面形状十分复杂，不便于用数学式来表达。人们通过长期的测绘工作和科学调查，已确认地球上海洋的面积约占 71%，陆地的面积约占 29%。假设某一个静止不动的海水面延伸而穿过陆地和岛屿，包围整个地球，形成一个闭合曲面，称为水准面。水准面是作为流体的水受地球重力影响而形成的重力等势面，它的主要特点是面上任意一点的铅垂线都垂直于该点上曲面的切面。水面可高可低，符合这个特点的水准面有无数个，其中与平均海水面相吻合的水准面称为大地水准面，它可以近似地代表地球的形体，大地水准面所包围的形体称为大地体。由于地球自转产生的离心力，使地球形体在赤道处较为突出，在两极处较为扁平，如图 1-1 所示，其中 $PP_1$ 为地球自转轴。

铅垂线为重力作用方向线，如图 1-2 所示。铅垂线是测量工作的基准线。

地球内部质量分布不均匀，重力受其影响，致使大地水准面成为一个不规则的、复杂的

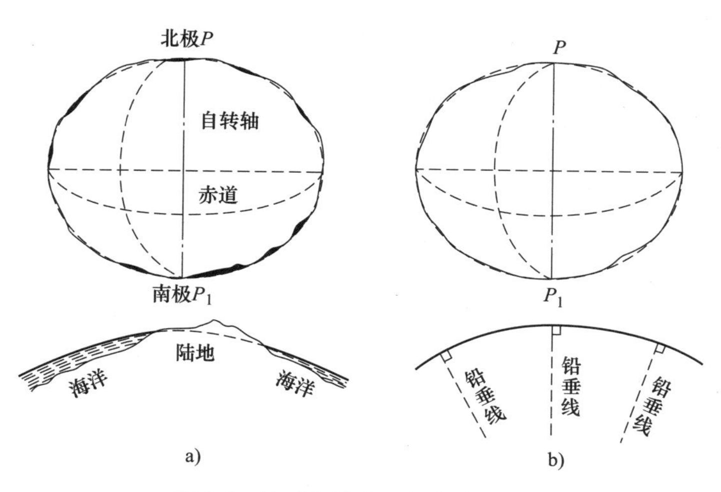


图 1-1　地球自然表面与大地水准面

a）地球自然表面　b）大地水准面

曲面。如果将地球表面上的点位图形投影到这样一个不完全均匀变化的曲面上，以此为依据进行计算将是很困难的。为了解决这个问题，可选用一个非常接近大地水准面并可用数学公式表示的几何形体来建立一个投影面，这个数学形体是以地球自转轴 $PP_1$ 为短轴的椭圆 $PEP_1Q$ 绕 $PP_1$ 旋转而成的椭球体。椭圆长轴旋转形成的平面与地球赤道平面相重合，因此称为地球椭球体，如图 1-3 所示。其表面称为旋转椭球面，它与大地水准面虽不能完全重合，但是最为接近。

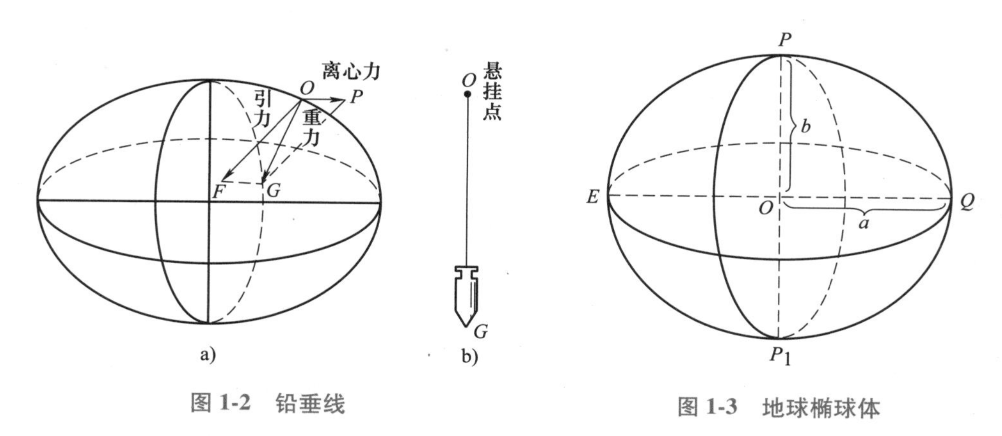


图 1-2　铅垂线

图 1-3　地球椭球体

决定地球椭球体形状大小的参数为椭圆的长半径 $a$ 和短半径 $b$，以及由此计算出的另一个参数扁率 $\alpha$：

$$\alpha = \frac{a - b}{a} \tag{1-1}$$

旋转椭球面是数学表面，可用如下的数学公式表示：

$$\left(\frac{x}{a}\right)^2 + \left(\frac{y}{a}\right)^2 + \left(\frac{z}{b}\right)^2 = 1 \tag{1-2}$$

随着科学技术的进步，可以越来越精确地确定这些参数。到目前为止，已知其精确值：

$$a = 6378137\text{m}$$
$$b = 6356752\text{m}$$
$$\alpha = \frac{1}{298.257}$$

由于地球椭球体的扁率甚小，当测区面积不大时，在某些测量工作的计算中，可以把地球当作圆球看待，其半径 $R$ 按下式计算：

$$R = \frac{1}{3}(2a + b) \tag{1-3}$$

$R$ 近似值为 6371km。

## 1.3 椭球定位与参考椭球

按一定的规则将旋转椭球与大地体套合在一起，这项工作称椭球定位。定位时采用椭球中心与地球质心重合，椭球短轴与地球短轴重合，椭球与全球大地水准面差距的平方和最小，这样的椭球称总地球椭球。

各国为处理本国的大地测量的成果，往往需要根据本国及其他国家的天文、大地、重力测量结果采用适合本国的椭球参数并将其定位。如图 1-4 所示，在地球表面上选一点 $P$，由 $P$ 点投影到大地水准面 $P_0$点，使 $P_0$上的椭球面与大地水准面相切，此时过 $P_0$点的铅垂线与 $P_0$点的椭球面法线重合，切点 $P_0$称为大地原点。同时要使旋转椭球短轴与地球短轴相平行（不要求重合），达到本国范围内的大地水准面与椭球面十分接近的目的，该椭球面称为参考椭球面。我国大地原点选在我国中部陕西省泾阳县永乐镇。

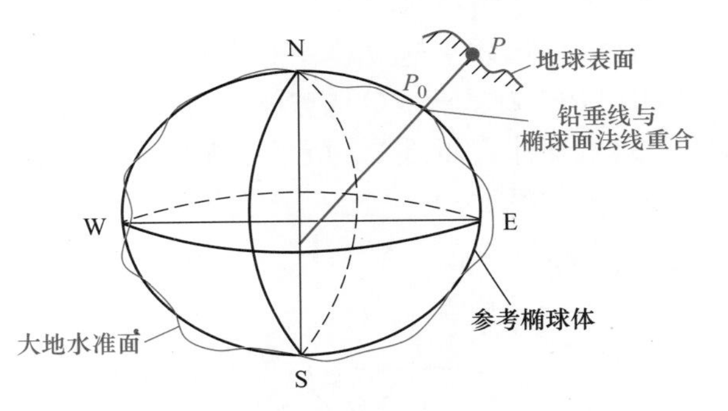


图 1-4　椭球定位

几个世纪以来，许多学者曾分别测算出参考椭球体的元素值，见表 1-1。

表 1-1　国际主要椭球参数表

| 椭球名称 | 年份 | 长半径/m | 扁率 | 附注 |
|---|---|---|---|---|
| 赫尔默特椭球 | 1907 年 | 6378200 | 1 : 298. 3 | 德国 |
| 海福特椭球 | 1910 年 | 6378388 | 1 : 297. 0 | 1942 年国际第一个推荐值 |
| 克拉索夫斯基椭球 | 1940 年 | 6378245 | 1 : 298. 3 | 我国 1954 年北京坐标系采用 |
| IUGG1975 椭球 | 1975 年 | 6378140 | 1 : 298. 257 | 我国 1980 国家大地坐标系采用 |
| WGS-84 椭球 | 1979 年 | 6378137 | 1 : 298. 257223563 | WGS-84 坐标系采用 |
| CGSC2000 椭球 | 2000 年 | 6378137 | 1 : 298. 257222101 | 我国 2000 国家大地坐标系采用 |

## 1.4　测量坐标系

测量工作的根本任务在于确定地面特征点在特定参考框架中的位置，要确定某地面点的空间位置，通常是求出该点相对于某空间参考体系的三维坐标或二维坐标，下面介绍几种用以确定地面点位的坐标系。

### 1.4.1　地理坐标系

地理坐标系属球面坐标系，如图 1-5 所示，根据不同的投影面，可分为天文地理坐标系和大地地理坐标系，一般也分别简称为天文坐标系和大地坐标系。

1. 天文地理坐标系

天文地理坐标系用天文经度 $\lambda$ 和天文纬度 $\varphi$ 来表示地面点投影在大地水准面上的位置，如图 1-5a 所示。

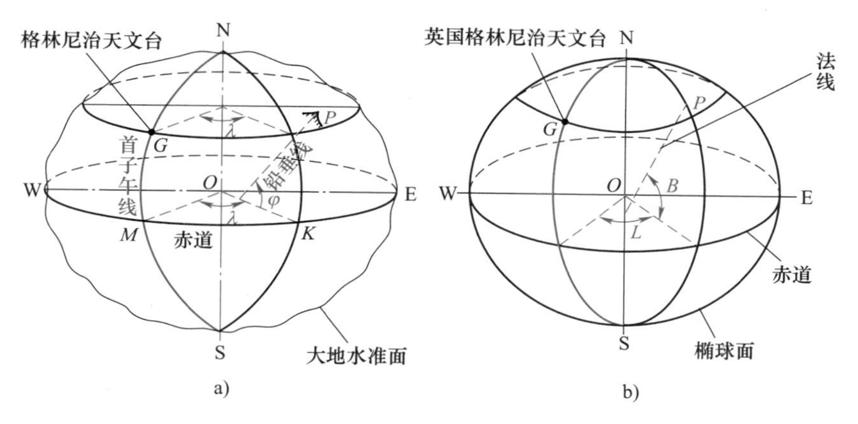


图 1-5　地理坐标系

a）天文地理坐标系　b）大地地理坐标系

确定球面坐标（$\lambda$，$\varphi$）所依据的基本线为铅垂线，基本面为包含铅垂线的子午面。图 1-5 所示 NS 为地球的自转轴，N 为北极、S 为南极。地面上任一点 $P$ 的铅垂线与地轴 NS 所组成的平面称为该点的子午面，子午面与地球面的交线称为子午线，也称经线。$P$ 点的经度 $\lambda$ 是 $P$ 点的子午面与首子午面［国际公认通过英国格林尼治（Greenwich）天文台的子午面，即计算经度的起始面］所组成的二面角。其计算方法为自首子午线向东或向西计算，数值为 0°~180°，向东为东经，向西为西经。垂直于地轴的平面与地球面的交线为纬线。垂直于地轴并通过地球中心 $O$ 的平面为赤道平面，与地球面相交为赤道。$P$ 点的纬度是过 $P$ 点的沿垂线与赤道平面之间的交角，其计算方法为自赤道起向北或向南计算，数值为 0°~90°，在赤道以北为北纬，在赤道以南为南纬。天文地理坐标可以在地面点上用天文测量的方法测定。

2. 大地地理坐标系

大地地理坐标系用大地经度 $L$ 和大地纬度 $B$ 表示地面点投影在椭球面上的位置，如图 1-5b 所示。

确定球面坐标（$L$，$B$）所依据的基本线为椭球面的法线，基本面为包含法线及南北极的大地子午面。法线是指由地表任一点向参考椭球面所作的垂线。$P$ 点的大地经度 $L$ 是 $P$ 点的大地子午面与首子午面所夹的二面角，$P$ 点的大地纬度 $B$ 是过 $P$ 点的椭球面法线与赤道平面的交角。大地经纬度是根据一个起始的大地点（称为大地原点，该点的大地经纬度与天文经纬度相一致）的大地坐标，按大地测量所得数据推算而得。

我国的国家大地坐标系：

1）1954 年北京坐标系，采用克拉索夫斯基参考椭球体参数，大地原点实际上是在俄罗斯的普尔科沃，该系统所对应的参考椭球面与我国大地水准面差异较大，东部最大可达 +65m，全国平均达 29m。

2）1980 年国家大地坐标系，采用国际大地测量协会与地球物理联合会在 1975 年推荐的 IUGG1975 椭球参数，大地原点位于陕西省泾阳县永乐镇。1980 年国家大地坐标系采用了我国大地网整体平差的数据，椭球面与大地水准面平均差仅为 10m 左右。

### 1.4.2 地心坐标系

地心坐标系属空间三维直角坐标系，用于卫星大地测量。由于人造地球卫星围绕地球运动，地心坐标系取地球质心（地球的质量中心）为坐标系原点，$X$、$Y$ 轴在地球赤道平面内，首子午面与赤道平面的交线为 $X$ 轴，$Z$ 轴与地球自转轴相重合，如图 1-6 所示。地面点 $A$ 的空间位置用三维直角坐标（$x_A$，$y_A$，$z_A$）表示。

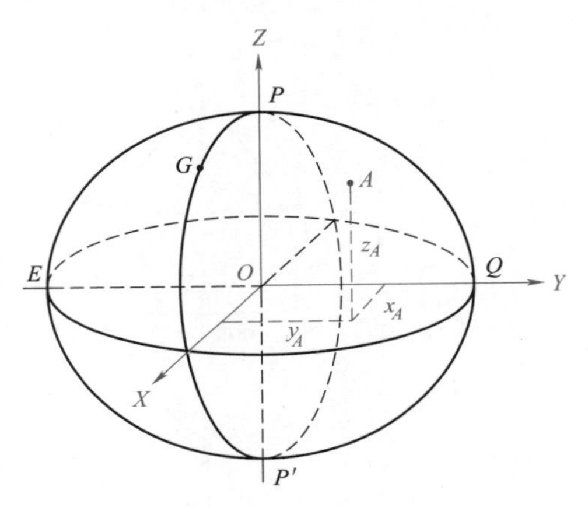


图 1-6 地心坐标系

地心坐标系和大地地理坐标系可以通过一定的数学公式进行换算。

20 世纪 80 年代中后期，日臻成熟的卫星大地测量技术尤其是全球卫星导航定位技术几乎取代了传统的测量手段，成为便捷和高效地获取地面点高精度地心坐标的重要手段，为国家采用地心坐标系提供了现实的技术和方法。同时，全球卫星导航定位技术的广泛推广和应用，使各行业和部门对采用地心坐标系提出了迫切的需求。为了适应国民经济和科学技术发展的需要，世界上许多发达和中等发达国家和地区多年前就开始采用地心坐标系，如美国、加拿大、欧洲、墨西哥、澳大利亚、新西兰、日本、韩国等。我国也于 2008 年 7 月开始启用新的国家大地坐标系——2000 国家大地坐标系，于 2018 年 7 月 1 日起全面使用 2000 国家大地坐标系。

我国 2000 国家大地坐标系的定义：原点为包括海洋和大气的整个地球的质量中心，$Z$ 轴由原点指向历元 2000.0 的地球参考极的方向，该历元的指向由国际时间局给定的历元为 1984.0 的初始指向推算，定向的时间演化保证相对于地壳不产生残余的全球旋转，$X$ 轴由原点指向格林尼治参考子午线与地球赤道面（历元 2000.0）的交点，$Y$ 轴与 $Z$ 轴、$X$ 轴构成右手正交坐标系。

### 1.4.3 平面直角坐标系

采用地心坐标系或地理坐标系确定地面点位，是以地球椭球体为基准的，不直观且不方便，测量的计算和绘图最好是在平面上进行。但是地球表面是一个不可展平的曲面，把球面上的点位换算到平面上，称为地图投影。投影会产生变形，投影变形有长度变形、角度变形和面积变形三种。对于这些变形，任何投影方法都不能使它们全部消除，而只能使其中一种变形为零，其余变形控制在一定范围内。控制相应变形的投影方法有等距离投影、等角度投影和等面积投影等。对于测绘工作来说，保持角度不变是很重要的，这是因为角度不变就意味着在小范围内的图形是相似的。这种角度保持不变的投影又称为正形投影。目前，我国采用高斯正形投影，简称高斯投影。

1. 高斯平面直角坐标系

高斯投影的方法首先是将地球按经线划分成带，称为投影带，投影带是从首子午线起，每隔经度 6°划为一带（称为 6°带），如图 1-7 所示，自西向东将整个地球划分为 60 个 6°带。带号从首子午线开始，用阿拉伯数字表示，位于各带中央的子午线称为该带的中央子午线（或称主子午线）。如图 1-8 所示，第一个 6°带的中央子午线的经度为 3°，任意一个带中央子午线经度 $\lambda_0$(°) 可按下式计算：

$$\lambda_0 = 6N - 3 \tag{1-4}$$

式中，$N$ 为带号。

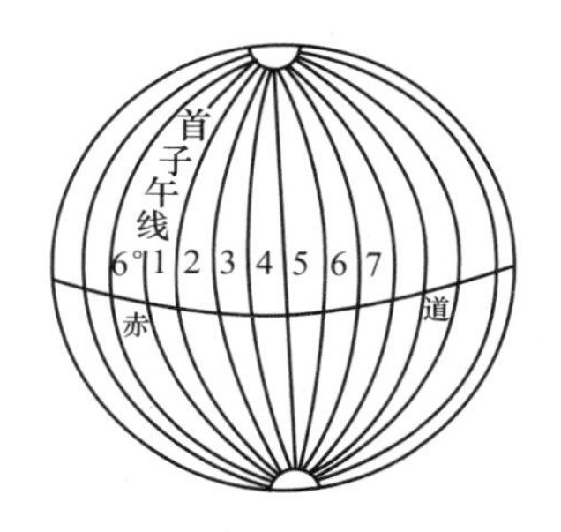


图 1-7　6°带高斯投影分带

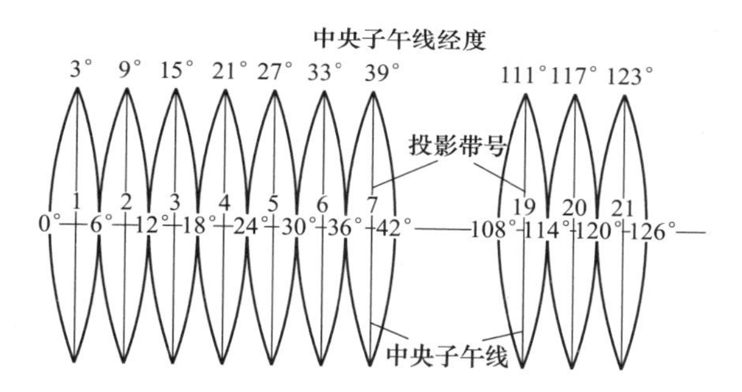


图 1-8　6°带中央子午线及其带号

采用高斯投影时，设想取一个空心圆柱体与地球椭球体的某一中央子午线相切（图 1-9），在球面图形与柱面图形保持等角的条件下，将球面图形投影在圆柱面上。然后将柱体沿着通过南、北极的母线切开，并展开成平面。在这个平面上，中央子午线与赤道成为相互垂直的直线，分别作为高斯平面直角坐标系的纵轴（$X$ 轴）和横轴（$Y$ 轴），两轴的交点 $O$ 作坐标的原点，如图 1-10a 所示。

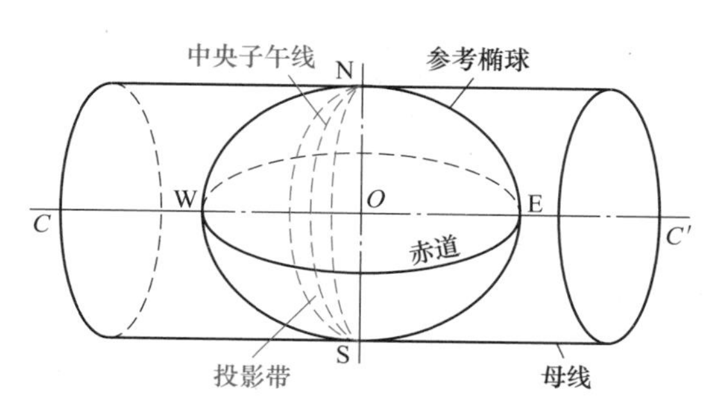


图 1-9　高斯平面直角坐标的投影

在坐标系内，规定 $X$ 轴向北为正，$Y$ 轴向东为正。我国位于北半球，境内 $X$ 坐标值恒为正，$Y$ 坐标值则有正有负，例如，图 1-10a 中，$Y_Q = +27680\text{m}$，$Y_P = -34240\text{m}$。为避免出现负值，将每个投影带的坐标原点向西平移 500km，则投影带中任一点的横坐标值也恒为正值。例如图 1-10b 中，$Y_Q =$（500000+27680）m = 527680m，$Y_P =$（500000−34240）m = 465760m。

为了能确定某点在哪一个 6°带内，在横坐标值前冠以带的编号。例如，设 $Q$ 点位于第20带内，则其横坐标值 $Y_Q$ = 20527680m。

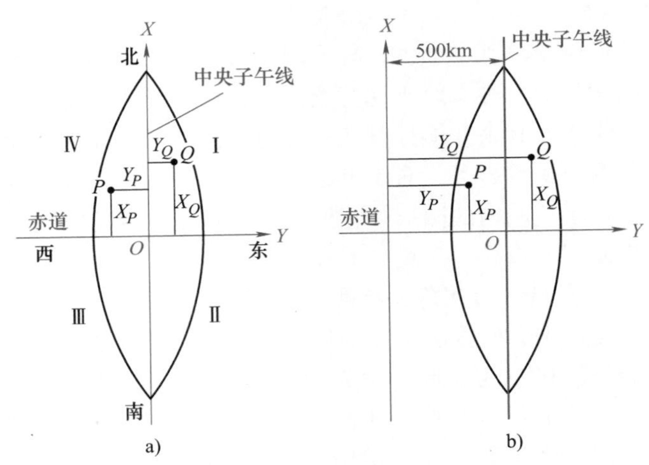


图 1-10　高斯平面直角坐标

高斯投影中，虽然能使球面图形的角度和平面图形的角度保持不变，但任意两点间的长度却产生变形（投影在平面上的长度大于球面长度），称为投影长度变形。离中央子午线越远，则变形越大，变形过大，对于测图和用图都是不方便的。6°带投影后，其边缘部分的变形能够满足 1∶25000 或更小比例尺测图的精度，当进行 1∶10000 或更大比例尺测图时，要求投影变形更小，可采用3°带投影法或1.5°带投影法。

图 1-11 所示为3°带高斯投影与6°带高斯投影关系图。3°带高斯投影的带号 $n$ 与中央子午线经度 $\lambda_0$(°) 的关系如下：

$$\lambda_0 = 3n \tag{1-5}$$

式中，$n$ 为带号。

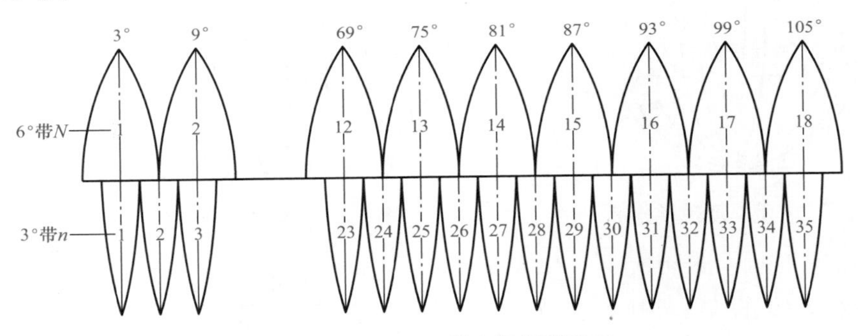


图 1-11　3°带和 6°带高斯投影关系

我国大陆所处的经度范围是东经 73°27′至东经 135°09′，统一6°带投影与统一3°带投影的带号范围分别为 13~23 和 25~45；两种投影带的带号不重复，根据 $Y$ 坐标前的带号可以判断属于何种投影带。

2. 独立平面直角坐标

当测量的范围较小时，可以把该测区的地表一小块球面当作平面看待。将坐标原点选在测区西南角使坐标均为正值，以该地区中心的子午线为 $X$ 轴方向，建立该地区的独立平面直角坐标系。

3. 建筑坐标系

在房屋建筑或其他工程施工工地，为了方便对其平面位置进行施工放样，可以使所采用的平面直角坐标系与建筑设计的轴线相平行或垂直，这种坐标系称为建筑坐标系或施工坐标系，如图 1-12 所示。对于左右、前后对称的建筑物，甚至可以把坐标原点设置于其对称中

心，以简化计算。

将独立平面直角坐标系或建筑坐标系与当地高斯平面直角坐标系进行连测后，可以将点的坐标在这两种坐标系之间进行坐标换算。

如图 1-13 所示，设已知 $P$ 点的施工坐标为（$A_P$，$B_P$），坐标转换可按下式计算：

$$\begin{cases} x_P = x_{O'} + A_P\cos\alpha - B_P\sin\alpha \\ y_P = y_{O'} + A_P\sin\alpha + B_P\cos\alpha \end{cases} \tag{1-6}$$

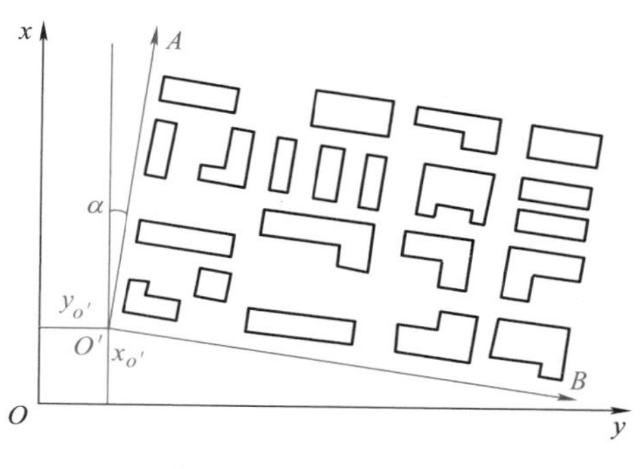


图 1-12　建筑坐标系

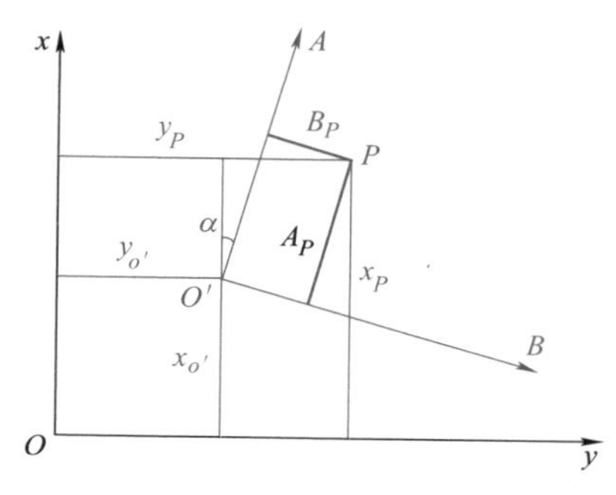


图 1-13　两种坐标系关系图

## 1.4.4　高程

1. 高程与高差

地面点到大地水准面的铅垂距离称为绝对高程（简称高程，又称为海拔）。图 1-14 所示的 $A$、$B$ 两点的绝对高程分别为 $H_A$、$H_B$。

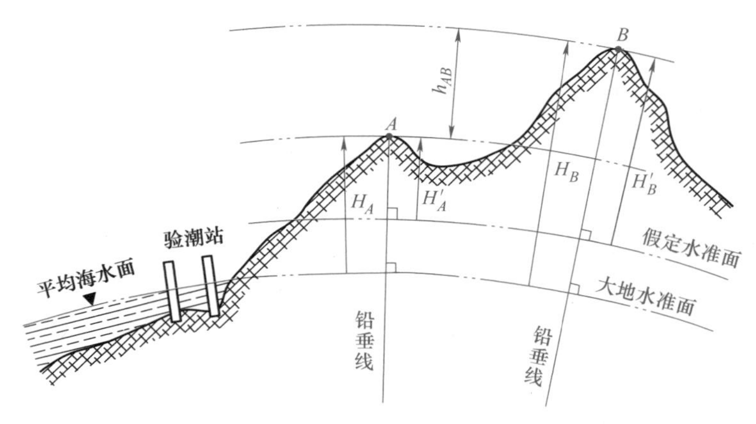


图 1-14　高程与高差

海水面受潮汐、风浪等影响，它的高低时刻在变化。通常是在海边设立验潮站，进行长期观测，求得海水面的平均高度作为高程零点，也就是大地水准面通过该点。在大地水准面上，绝对高程为零，大地水准面为高程的起算面。

在局部地区，有时需要假定一个高程起算面（水准面），地面点到该水准面的垂直距离称为假定高程或相对高程。如图 1-14 所示，$A$、$B$ 点的相对高程分别为 $H'_A$、$H'_B$。建筑工地常以建筑物地面层的设计地坪为高程零点，其他部位的高程均相对于地坪而言，称为标高。标高也是属于相对高程。

地面上两点间绝对高程或相对高程之差称为高差，用 $h$ 表示。如图 1-14 所示，$A$、$B$ 两点间的高差为

$$h_{AB} = H_B - H_A = H'_B - H'_A \tag{1-7}$$

注意高差有正负之分，且与高程起算面无关。

2. 国家高程系统

（1）1956 年黄海高程系　我国以青岛大港验潮站历年观测的黄海平均海水面为基准面，于 1954 年在青岛市观象山建立了水准原点，通过水准测量的方法将验潮站确定的高程零点引测到水准原点，求出水准原点的高程。1956 年我国采用青岛大港验潮站 1950—1956 年 7 年的潮汐记录资料推算出的大地水准面为基准引测出水准原点的高程为 72. 289m，以这个大地水准面为高程基准建立的高程系称为 1956 年黄海高程系。

（2）1985 国家高程基准　20 世纪 80 年代，我国又采用青岛验潮站 1953—1977 年 25 年的潮汐记录资料推算出的大地水准面为基准引测出水准原点的高程为 72. 260m；以这个大地水准面为高程基准建立的高程系称为 1985 国家高程基准。

在水准原点上，1985 国家高程基准使用的大地水准面比 1956 年黄海高程系使用的大地水准面高出 0. 029m。可据此进行两个高程系统间的换算。

## 1.5　用水平面代替水准面的限度

测量工作是在不同高程的水准面上进行的，水准面是一个曲面，曲面上的几何图形，包括基本观测量，投影到平面上会产生变形，称为水准面曲率的影响。实用上，如果把测站附近的一小块水准面当作平面（水平面），其产生的变形不超过测量或制图误差的范围，这是可以允许的，即在不大的局部范围内，可以用水平面代替水准面。

下面讨论以水平面代替水准面对距离、水平角和高程测量的影响，以便明确可以代替的范围，或在必要时加以改正。

### 1.5.1　水准面曲率对距离测量的影响

设水准面 $L$ 与水平面 $P$ 在 $A$ 点相切，如图 1-15 所示，$A$、$B$ 两点间在球面上的弧长为 $S$，在水平面上的距离为 $D$，球的半径为 $R$，$AB$ 弧所对的球心角为 $\beta$（弧度），则：$S=R\beta$，$D=R\tan\beta$，以水平长度代替球面弧长所产生的误差为

$$\Delta S = D - S = R\tan\beta - R\beta = R(\tan\beta - \beta) \tag{1-8}$$

由于 $\beta$ 角很小，可将 $\tan\beta$ 按级数展开，并略去 3 次以上的高次项，取

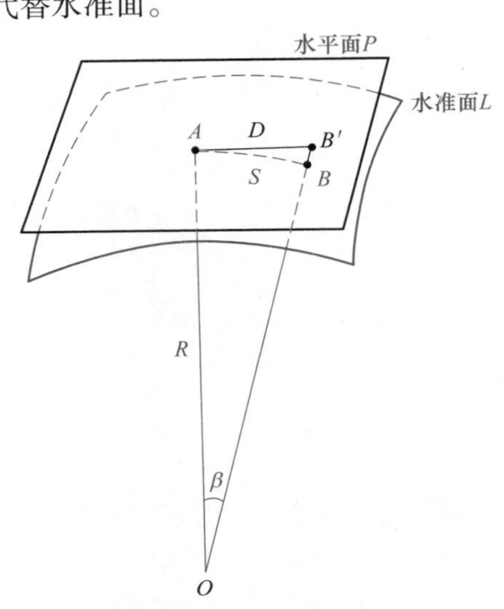

图 1-15　水平面代替水准面的影响

$$\tan\beta = \beta + \frac{1}{3}\beta^3 \tag{1-9}$$

考虑到$\beta = S/R$，由式（1-8）可得

$$\Delta S = \frac{S^3}{3R^2} \tag{1-10}$$

或

$$\frac{\Delta S}{S} = \frac{S^2}{3R^2} \tag{1-11}$$

取地球近似半径$R=6371\text{km}$，并以不同的$S$值代入式（1-10）和式（1-11），得到以水平面代替水准面引起的距离误差$\Delta S$和相对误差$\frac{\Delta S}{S}$的不同数值，见表1-2。

表1-2　水平面代替水准面的距离误差和相对误差

| 距离 $S$/km | 距离误差 $\Delta S$/cm | 相对误差 $\Delta S/S$ |
|---|---|---|
| 10 | 0. 8 | 1：120 万 |
| 25 | 12. 8 | 1：20 万 |
| 50 | 102. 7 | 1：4. 9 万 |
| 100 | 821. 2 | 1：1. 2 万 |

由表1-2可知，当距离为10km时，以平面代替曲面所产生的距离相对误差为1：120万，这样微小的误差，就是在地面上进行最精密的距离测量也是容许的，对于制图，则更可以容许。因此，在半径为10km的范围内，即面积约300km$^2$内，以水平面代替水准面所产生的距离误差可以忽略不计。

### 1.5.2　水准面曲率对水平角的影响

由球面三角学知道，同一个空间多边形在球面上投影的各内角之和，较其在平面上投影的各内角之和大一个球面角超$\varepsilon$，其值可根据多边形的面积求得，即

$$\varepsilon = \rho\frac{P}{R^2} \tag{1-12}$$

式中，$P$为球面多边形面积；$R$为地球半径；$\rho$为1弧度角度所对应的秒值，即$\rho=206265'$。

当$P=100\text{km}^2$时，$\varepsilon=0.51'$。这表明，对于面积在100km$^2$内的多边形，地球曲率对水平角的影响只有在最精密的测量中才需考虑，一般测量工作是不必考虑的。

### 1.5.3　水准面曲率对高差测量的影响

在图1-15中，$A$、$B$两点在同一水准面上，其高程应相等。$B$点投影到水平面上，得$B'$点，则$BB'$，即为水平面代替水准面产生的高程误差。设$BB'=\Delta h$，则

$$(R + \Delta h)^2 = R^2 + D^2 \tag{1-13}$$

即

$$2R\Delta h + \Delta h^2 = D^2 \tag{1-14}$$

$$\Delta h=\frac{D^2}{2R+\Delta h} \tag{1-15}$$

用 $S$ 代替 $D$，同时，$\Delta h$ 与 $2R$ 相比可忽略不计，则式（1-15）变为

$$\Delta h=\frac{S^2}{2R} \tag{1-16}$$

以不同的距离 $S$ 代入式（1-16），则得相应的高程误差值，见表 1-3。

表 1-3　水平面代替水准面的高程误差

| $S$/km | 0.1 | 0.2 | 0.3 | 0.4 | 0.5 | 1 | 2 | 5 | 10 |
|---|---|---|---|---|---|---|---|---|---|
| $\Delta h$/cm | 0.08 | 0.3 | 0.7 | 1.3 | 2 | 8 | 31 | 196 | 785 |

由表 1-3 可知，以水平面代替水准面，在 1km 的距离上，高差误差就有 8cm。因此，当进行高程测量时，应顾及水准面曲率（又称地球曲率）的影响。

## ■ 1.6　测量的基本工作和基本原则

### 1.6.1　测量工作应遵循的基本原则

地球表面的外形是复杂多样的，在测量工作中，一般将其分为地物和地貌两大类。地物是指地球表面上各种人造或天然形成的固定性物体，如房屋、道路、江河、湖泊、森林、草地等。地貌是指地球表面上高低起伏的形态，如高山、深谷、陡坎、悬崖峭壁和雨裂冲沟等。地物和地貌统称为地形。

测绘地形图时，要在某一个测站上用仪器测绘该测区所有的地物和地貌是不可能的。同样，某一厂区或住宅区在建筑施工中的放样工作也不可能在一个测站上完成。如图 1-16a 所示，在 $A$ 点设站，只能测绘附近的地物和地貌，对位于山后面的部分以及较远的地区就观测不到，因此，需要在若干点上分别施测，最后才能拼接成一幅完整的地形图。如图 1-16b 所示，$P$、$Q$、$R$ 为设计的房屋位置，也需要在实地从 $A$、$F$ 两点进行施工放样。因此，进行某一个测区的测量工作时，首先要用较严密的方法和较精密的仪器，测定分布在测区的少量控制点（例如图 1-16 中的 $A$、$B$、…、$F$）的点位，作为测图或施工放样的框架和依据，以保证测区的整体精度。测定控制点坐标的测量工作称为控制测量。然后在每个控制点上，以相对较低的（当然也需保证必要的）精度施测其周围的局部地形碎部或放样需要施工的点位，称为碎部测量。

总之，在测量的布局上，要“由整体到局部”；在测量的次序上，要“先控制后碎部”；在测量的精度上，要“从高级到低级”；为保证测量成果的可靠性，必须“步步校核”。这就是测量工作应遵循的基本原则。

### 1.6.2　控制测量

控制测量分为平面控制测量和高程控制测量，由一系列控制点构成控制网。

平面控制网以连续的折线构成多边形格网，称为导线网，如图 1-17a 所示，其转折点称为导线点，两导线点间的连线称为导线边，相邻两导线边间的夹角称为导线转折角。导线测

图 1-16 地物、地貌透视图与地形图示例

量就是要测定这些转折角和边长，以计算导线点的平面直角坐标。平面控制网以连续的三角形构成，称为三角网或三边网，如图 1-17b 所示。前者测量三角形的角度，后者测量三角形的边长，以计算三角形顶点（三角点）的平面直角坐标。

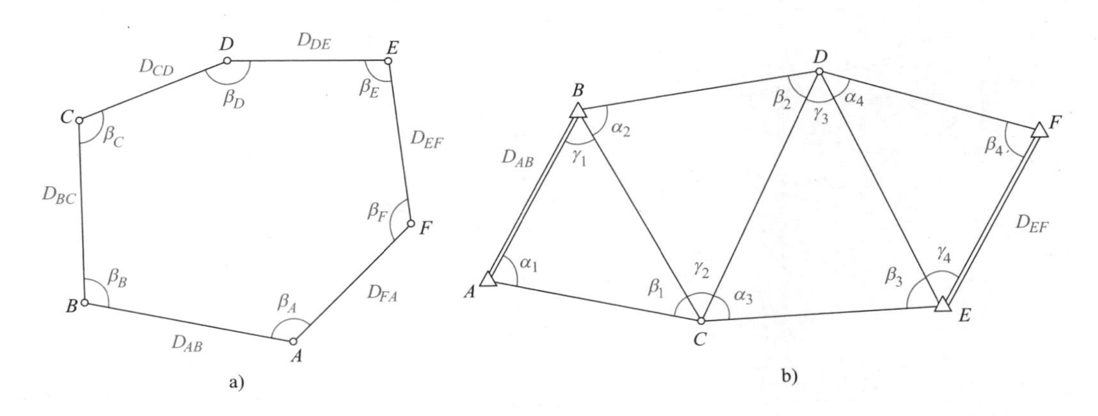


图 1-17　平面控制网

a）导线网　b）三角网或三边网

高程控制网为由一系列水准点构成的水准网，用水准测量或三角高程测量测定水准点间的高差，以计算水准点的高程。利用全球卫星导航系统（GNSS），可以同时测定控制点的坐标和高程，是控制测量的发展方向。

## 1.6.3　碎部测量

在控制测量的基础上，再进行碎部测量。图 1-18 所示的矩形房屋，其平面位置图可由一些折线组成，如能确定 1、2、3 各点的平面位置，则这幢房屋的位置就确定了。一般将表示地物形态变化的点称为地物特征点；至于地貌，可以根据其方向和坡度的变化，确定它们的特征点。地物地貌特征点统称为碎部点。测图工作主要就是测定这些碎部点的平面坐标和高程。

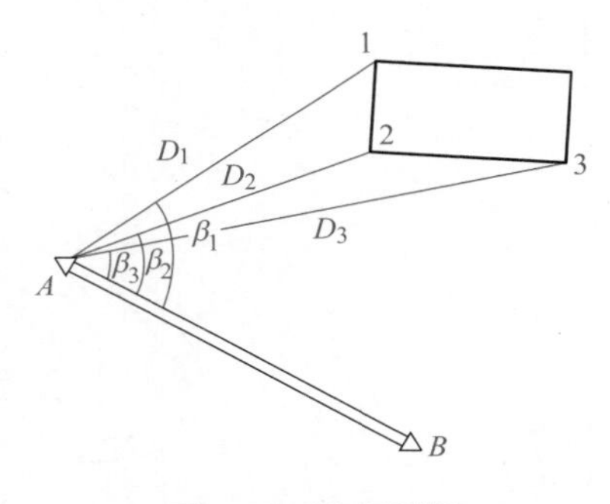


图 1-18　碎部测量

如图 1-18 所示，设 $A$、$B$ 两点为控制点，其坐标已用控制测量方法得到，测图时，在 $A$ 点架设仪器，测出水平角 $\beta_1$、$\beta_2$、$\beta_3$ 和水平距离 $D_1$、$D_2$、$D_3$，则可根据 $A$、$B$ 两点的坐标求出 1、2、3 点的坐标。有了这些坐标，就可以在图纸上绘制出一个矩形房屋了。

在地面有高低起伏的地方，根据控制点可以测定一系列地形特征点的平面位置和高程，据此可以绘制用等高线表示的地貌，如图 1-19 所示，注于线上的数字为地面的高程。

施工放样中的碎部测量是把图上设计的建筑物的详细位置在实地标定出来。如图 1-16b 所示，在控制点 $A$、$F$ 附近，由城市规划部门设计指定 $P$、$Q$、$R$ 地块（图中用虚线表示）作为建造住宅之用，需要在实地标定它们的位置，以便施工。根据控制点 $A$、$F$ 的坐标及地块界址点的设计坐标，计算出 $\beta_1$、$\beta_2$ 等角度和 $S_1$、$S_2$ 等距离，据此在控制点上用测量仪器定出地块的界址点。

### 1.6.4　基本观测量

点与点之间的相对位置可以根据其距离、角度和高差来确定，因此，这些量称为基本观测量。例如，图 1-20 所示为某立柱体，有上、下两个水平截面 $A'B'C'D'$ 和 $ABCD$，基本观测量以其几何元素表示。

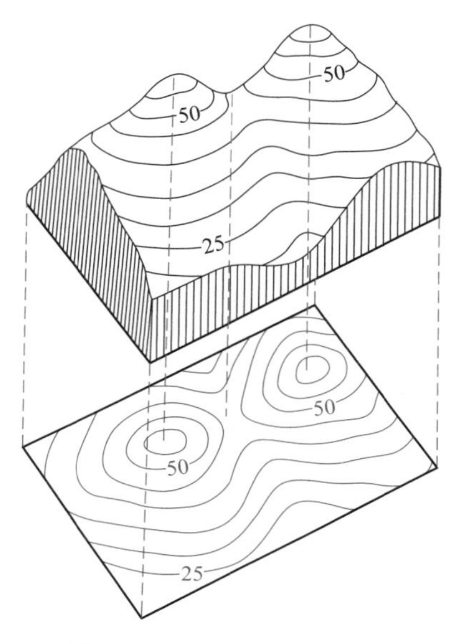


图 1-19　用等高线表示地貌

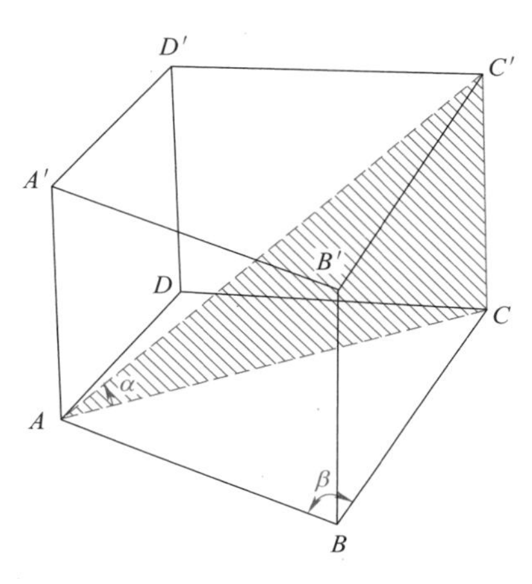


图 1-20　基本观测量

1）距离。距离分为水平距离（平距）和倾斜距离（斜距）。平距为位于同一水平面内的两点之间的距离，如图 1-20 所示的 $AB$、$AC$、$BC$ 等；斜距为不位于同一水平面内的两点间的距离，如图 1-20 所示的 $AC'$。

2）角度。角度分为水平角和竖直角。水平角 $\beta$ 为同一水平面内两条直线之间的交角，如图 1-20 所示的 $\angle ABC$，竖直角 $\alpha$ 为同一竖直面内的倾斜线与水平线之间的交角，如图 1-20 所示的 $\angle CAC'$。

3）高差。高差为两点之间沿铅垂线方向的距离，如图 1-20 所示的 $AA'$、$BB'$。

## 思考题与习题

1. 何谓大地水准面？它在测量工作中的作用是什么？
2. 简述地球的形状和大小。
3. 何谓绝对高程和相对高程？两点之间绝对高程之差与相对高程之差是否相等？
4. 绘图说明高差为“+”或“-”的物理意义是什么？
5. 测量工作中所用的平面直角坐标系与数学上的平面直角坐标系有何不同？
6. 简述我国统一的坐标系统和高程系统。

7. 已知某点位于东经 117°55′，试计算它所在的 6°带号和 3°带号，以及相应 6°带和 3°带中央子午线的经度。

8. 用水平面代替水准面，对距离、水平角和高程有何影响？

9. 测量工作应遵循的基本原则是什么？

10. 确定地面点位的三项基本测量工作是什么？

# 第2章

# 地形图基本知识

## ■2.1　地形图的内容

### 2.1.1　地图

1. 地图的概念

地图就是按照一定的数学法则，使用制图语言，通过制图综合，在一定的载体上表达地球上各种事物的空间分布、联系和时间中的发展变化状态的图形。古代地图一般画在羊皮纸或石板上，传统地图的载体多为纸张，随着科技的发展出现了电子地图等多种载体。

地面上形状、大小不一的地物种类繁多，为便于地图的制作与识读，必须有专门的地图符号、文字注记和颜色。地球表面的地物多种多样，不可能也无必要毫无选择地全部表示，因此，必须依据地图比例尺和不同的用途，对地物按照一定的法则进行综合取舍。

综上所述，地图具有严格的数学基础和符号系统，采用制图综合原则科学地反映地球表面上自然和社会经济现象的分布特征及相互联系。

2. 地图的分类

（1）按地图内容分类　按其表示的内容不同，地图可分为普通地图和专题地图。

1）普通地图是综合反映地表自然和社会现象一般特征的地图。它以相对均衡的详细程度表示自然要素和社会经济要素。普通地图广泛地用于经济建设、国防建设和人们的日常生活。

2）专题地图是根据用图目的的需要着重表示某一种或几种专题要素的地图，如地质图、交通图、土地利用现状图、地籍图、房产图等。

地形图是普通地图中的一种，是按一定的比例尺、用规定的符号和一定的表示方法表示地物、地貌平面位置和高程的正形投影图（沿铅垂线方向投影到水平面上）。如果图上只有地物，不表示地面起伏，这样的图则被称为平面图。

（2）按地图比例尺分类　国家基本比例尺地图的比例尺系列包括：1∶500、1∶1000、1∶2000、1∶5000、1∶10000、1∶25000、1∶50000、1∶100000、1∶250000、1∶500000、1∶1000000 共 11 种。

地图按比例尺大小不同分大、中、小比例尺地图三类。通常把 1∶500、1∶1000、1∶2000、1∶5000、1∶1 万比例尺地图称为大比例尺地图；把 1∶2.5 万、1∶5 万、1∶10 万比例尺地图称为中比例尺地图；把 1∶25 万、1∶50 万、1∶100 万比例尺地图称为小比例尺

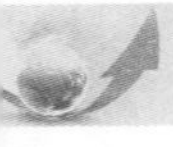

地图。

中比例尺地形图由国家测绘部门负责测绘，采用遥感或航空摄影测量方法成图。小比例尺地图一般由中比例尺地图缩小编绘而成。

大比例尺地形图是为了直接满足各种城镇规划和工程设计而测绘的。如 1：5000 比例尺地形图主要用于城镇总体规划、农村土地规划；1：2000 比例尺地形图主要用于城市详细规划、工程项目的初步设计等；1：1000 和 1：500 比例尺地形图则用于工程项目的施工设计。

（3）按成图方法分类　地图按成图方法的不同可分为线划图、影像图、数字图等。

1）线划图是将地面点的位置用点、线等线划符号表示的地图，如地形图、地籍图、房产图、地下管线图等。图 2-1 所示为某幅 1：500 比例尺地形图的一部分，图中主要表示了城市街道、居民区等，还有一些高程注记和各种各样的符号，这些符号都是按地形图图式相关标准中的规定描绘的。图 2-2 所示为某幅 1：5000 比例尺地形图的一部分，它主要表示了

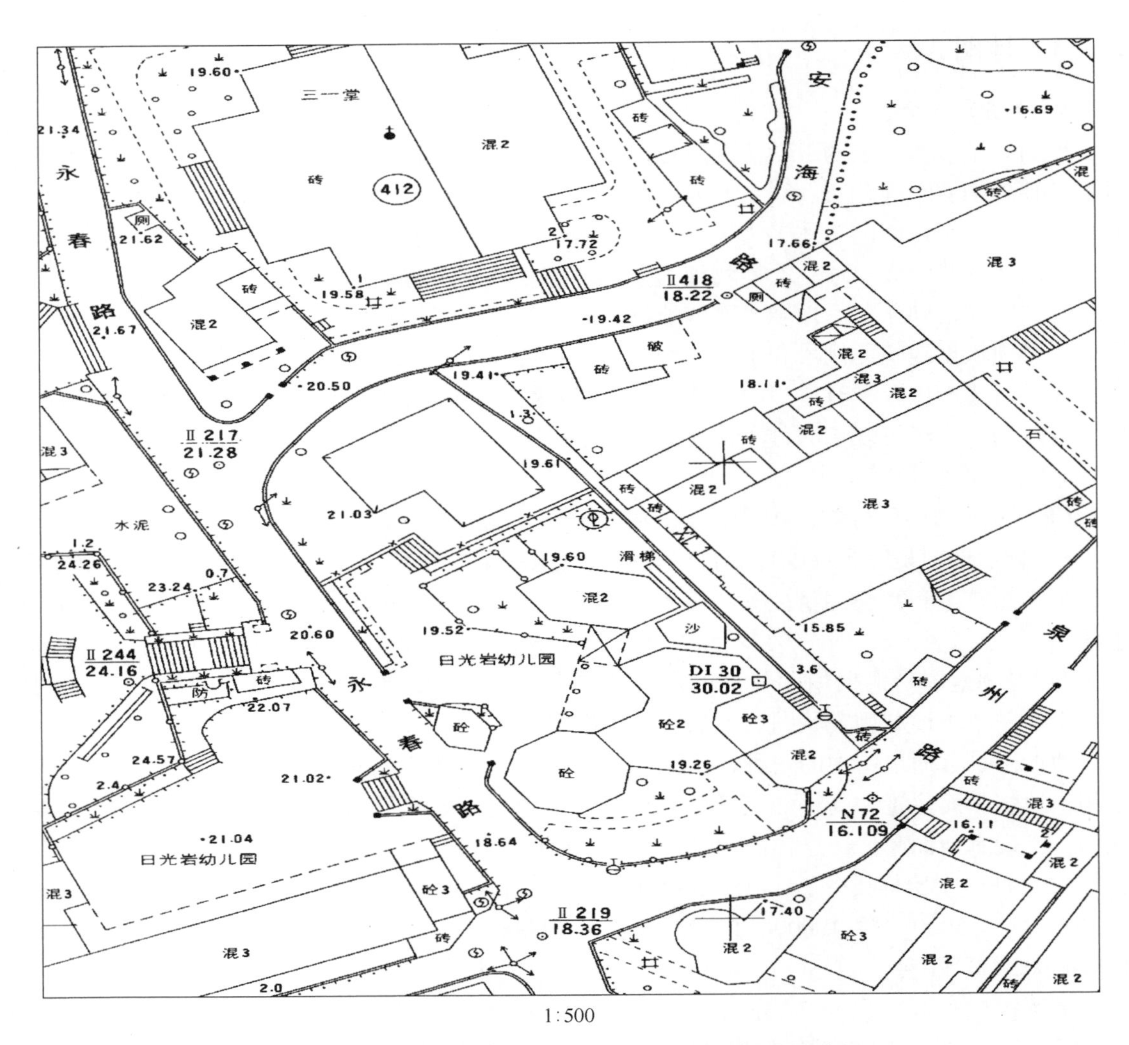


1:500

图 2-1　某城市部分街道、居民区 1：500 地形图示例

农村耕地和地貌。这两张地形图各反映了不同的地面状况。在城镇市区，图上显示出较多的地物而反映地貌较少；在丘陵地带及山区，地面起伏较大，除在图上表示地物外，还应较详细地反映地面高低起伏的状况。图 2-2 所示的曲线称为等高线，是地形图上用以表示地面起伏的一种符号。

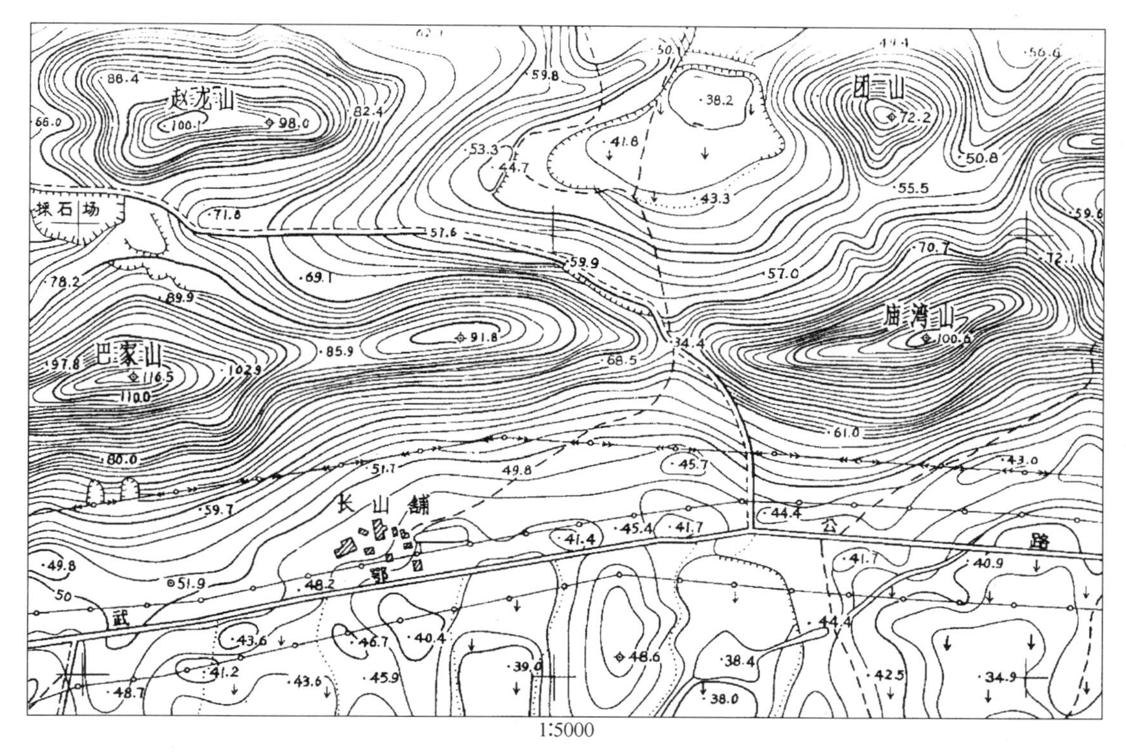


图 2-2　某农村地区 1：5000 地形图示例

2）影像图是把线划图和影像平面图结合的一种形式。将航空摄影（或卫星摄影）的像片经处理得到正射影像，并将正射影像和线划符号按一定的原则综合地表现在一张图面上，所得的图片称为影像图。影像图具有成图快、信息丰富，能反映微小景观，并具有立体感，便于读图和分析等特点，是近代发展起来的新型地形图。常见的有以彩色航空像片（或卫星像片）的彩色影像表示的影像地图。

3）数字地图是用数字形式记录和存储的地图，是在一定的坐标系内具有确定位置、属性及关系标志和名称的地面要素的离散数据，在计算机可识别的存储介质上概括的有序集合。数字地图是以数据和数据结构为信息传递语言，主要在计算机环境中使用的一种地图产品。数字地图具有可快速存取、传输，能够动态地更新修改，实时进行方位、距离等地形信息的计算等特点，用户可以利用计算机技术，有选择地显示或输出地图的不同（层）要素，将地图立体化、动态化显示。

## 2.1.2　地图的比例尺

1. 比例尺的概念

将地球表面的物体测绘在图纸上，不可能按其真实大小来描绘，通常要按一定的比例尺进行缩绘。地图上任意两点的长度与地面上相应点间的实地水平距离之比称为地图比例尺。为了使用方便，通常把比例尺化为分子为 1 的分数。

设图上一线段长为 $d$，相应的实地水平距离为 $D$，则该图比例尺为

$$\frac{1}{M}=\frac{d}{D}=\frac{1}{D/d} \tag{2-1}$$

式中，$M$ 称为比例尺分母。比例尺的大小视分数值的大小而定。$M$ 越大，比例尺越小；$M$ 越小，比例尺越大，如数字比例尺 1∶500>1∶1000。数字比例尺注记在地形图南面图廓外的正下方，如图 2-3 所示。

依据比例尺可以根据图上的长度求地面上相应的水平距离，也可以由实地两点的水平距离换算成图上的相应长度。例如，在 1∶500 的地形图上量得两点间长度为 36.8mm，则该线段的实地水平距离为

$$D=dM=36.8\text{mm}\times 500=18400\text{mm}=18.4\text{m}$$

又如实地水平距离为 168m 的两点，其在 1∶2000 图上的距离为

$$d=\frac{D}{M}=\frac{168\text{m}}{2000}=8.4\text{cm}$$

为了减小由于图纸伸缩的影响及用图方便，通常在小比例尺地形图的下方绘有直线比例尺，如图 2-3 所示。直线比例尺的绘制方法以 2cm 为基本单位，再将左边的一个基本单位 10 等分，在该基本单位的右分点注记 0。图 2-3 中，每 2cm 代表实地 200m。

在实际应用时，将分规的两只脚尖对准图上待量线段的两个端点，然后将分规移放在图示比例尺上，并使一脚尖对准 0 分划线右侧的某一基本分划线后，另一脚尖在 0 分划线左侧的基本分划内进行估读。

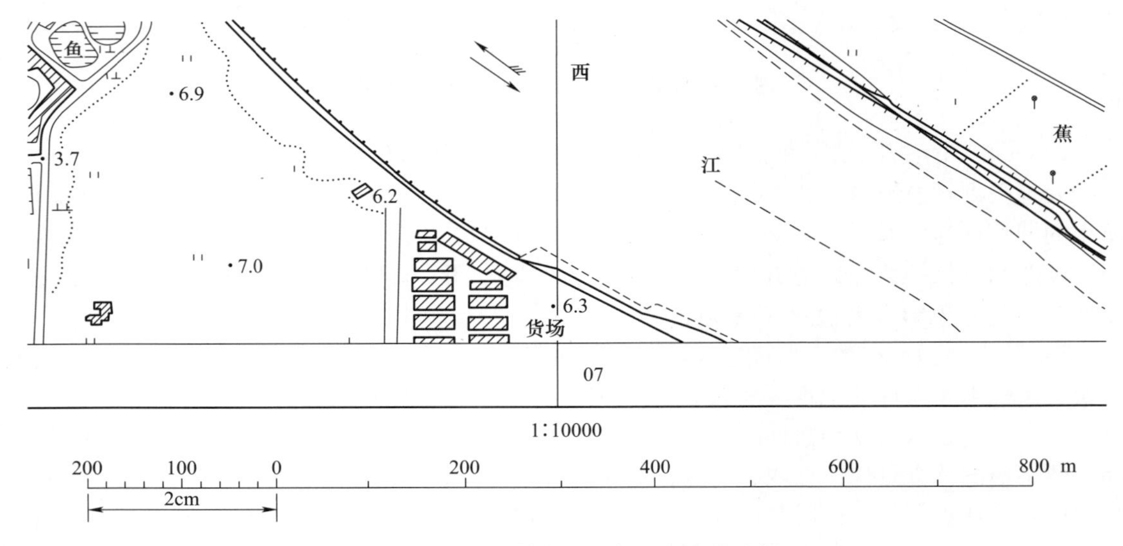


图 2-3　地形图上的数字比例尺和直线比例尺

2. 比例尺精度

人的肉眼能分辨的图上最小距离是 0.1mm，所以人们在用图或实地测图时，只能达到图上 0.1mm 的准确度。因此，将地形图上 0.1mm 所代表的实地水平距离称为比例尺精度。

比例尺越大，其精度越高，表示的地物地貌也越详细。表2-1为1∶500~1∶10000比例尺地形图的精度。对同一测区，采用较大比例尺测图往往比采用较小比例尺测图的工作量和经费支出都增加数倍。

**表2-1　1∶500~1∶10000比例尺的地形图精度**

| 比例尺 | 1∶500 | 1∶1000 | 1∶2000 | 1∶5000 | 1∶10000 |
|---|---|---|---|---|---|
| 比例尺精度/m | 0.05 | 0.10 | 0.20 | 0.50 | 1.00 |

比例尺精度对于测图和用图有着重要的意义：

1）按规划设计或施工的工作需要，测量地物需要精确到什么程度，或多大的地物需在地形图上表示出来，由此可选择合适的测图比例尺。如欲使图上能量出的实地最短线段长度为0.05m，则所采用的测图比例尺不得小于0.1mm/0.05m=1∶500。

2）在测图比例尺选定之后，可以推算出实际测量时的精度要求。如测绘1∶2000比例尺地形图时，丈量地物的精度达到0.2m即可，测得再精确，在地形图上也表示不出来。

《工程测量标准》（GB 50026—2020）规定，地形图测图的比例尺，根据工程的设计阶段、规模大小和运营管理需要，可按表2-2选用。

**表2-2　地形图测图比例尺的选用**

| 比例尺 | 用　途 |
|---|---|
| 1∶5000 | 可行性研究、总体规划、厂址选择、初步设计等 |
| 1∶2000 | 可行性研究、初步设计、矿山总图管理、城镇详细规划等 |
| 1∶1000 | 初步设计、施工图设计；城镇、工矿总图管理；竣工验收等 |
| 1∶500 | |

注：1. 精度要求较低的专用地形图，可按小一级比例尺地形图的规定进行测绘或利用小一级比例尺地形图放大成图。
2. 局部施测大于1∶500比例尺的地形图，除另有要求外，可按1∶500地形图测量的要求执行。

### 2.1.3　地形图的内容

地形图的内容丰富，归纳起来可分为以下三类：数学要素，如比例尺、坐标格网、控制点等；地形要素，如各种地物、地貌；注记和整饰要素，包括各类文字和数字注记、说明资料和辅助图表等。

1. 地形图符号

地形图上是用各种符号和注记来表示实地的地物和地貌的，一个国家必须有统一的表示地物和地貌的符号和方法，我们将其称为地形图图式（topographic map symbols）。我国当前使用的大比例尺地形图图式为《国家基本比例尺地图图式　第1部分：1∶500 1∶1000 1∶2000地形图图式》（GB/T 20257.1—2017），该图式是2018年5月1日开始实施的。

地形图图式中的符号按地图要素分为9类，即定位基础、水系、居民地及设施、交通、管线、境界、地貌、植被与土质、注记；按类别可分为3类，即地物符号、地貌符号和注记。

（1）地物符号　地物符号是用来表示地物的类别、形状、大小及其位置的，根据其特点不同又可分为比例符号、非比例符号和半比例符号三类。

（2）地貌符号　地形图上表示地貌的方法有多种，目前最常用的是等高线法。在图上，等高线不仅能表示地面高低起伏的形态，还可确定地面点的高程。对于冲沟、陡崖、滑坡、梯田等特殊地貌，不便用等高线表示时，则绘注相应的符号。

（3）注记　注记包括地名注记和说明注记。地名注记主要包括行政区划、居民地、道路，河流、湖泊、水库，山脉、山岭、岛礁等名称。说明注记包括文字和数字注记，用以补充说明对象的质量和数量属性，如房屋的结构和层数、管线性质及输送物质、等高线高程、地形点高程以及河流的水深、流速等。

2. 地形图的图廓及图廓外注记

图廓是一幅图的范围线，图廓线的四个角点称为图廓点。地形图的分幅方法有两种，大比例尺地形图采用矩形分幅，中小比例尺则采用梯形分幅，两种分幅方法的图廓与图廓外信息内容不尽相同，详见 2.4 节内容。矩形分幅地形图图廓外注记的内容有：图名、图号、图幅接合表、比例尺、坐标系、高程系统、等高距、地形图图式的版别、测图日期与测图方法、测绘单位等。梯形分幅地形图图廓外注记的内容除上述外，还有坡度尺、三北方向图、直线比例尺。

（1）图廓、坐标注记　矩形分幅地形图以坐标线进行分幅，图幅呈矩形。图廓有内、外图廓线之分。内图廓线是图幅的实际范围线，以细实线表示，外图廓线是一幅图最外边界线，以粗实线表示，起整饰作用。在内、外图廓之间四角处注有坐标值，内图廓之内每隔 10cm 绘有十字坐标格网线，如图 2-4 所示。

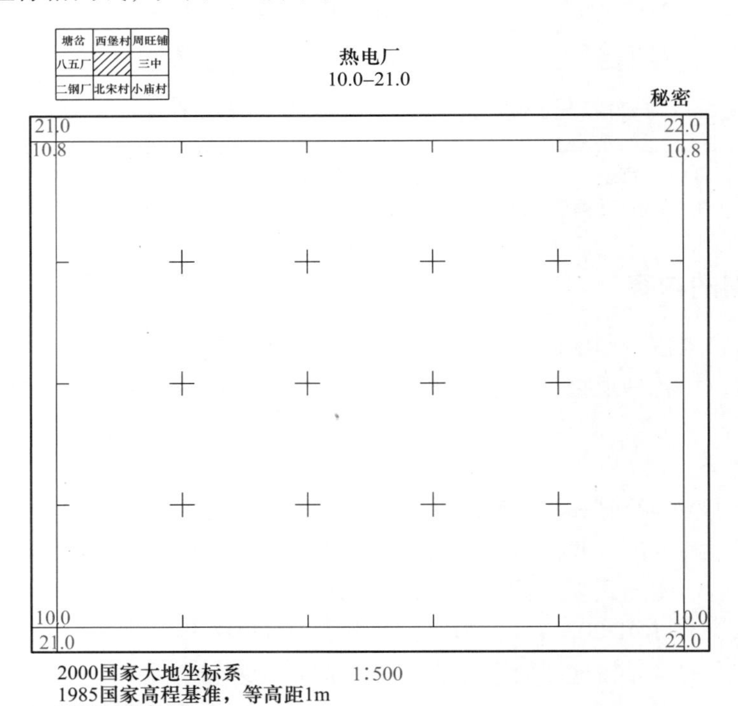


图 2-4　矩形分幅地形图的图廓及图廓外注记

在不同比例尺的梯形分幅地形图上，图廓的形式也不完全相同。1：1 万~1：10 万地形图的图廓由内图廊、外图廓和分度带组成，内图廓是由上、下两条纬线和左、右两条经线所构成，内图廓呈梯形，也是该图幅的边界线。图 2-5 所示为 1：2.5 万地形图，在内、外图廓线之间四角处注有经纬度值，西图廓经线是东经 125°52′30″，南图廓纬线是北纬 44°00′00″。在东、西、南、北外图廓线中间分别标注了四邻图幅的图号。内、外图廓之间绘有加密经纬网的分划短线，称为分度线，相邻两条分划线间的长度，表示实地经差或纬差 1′。分度线与内图廓线之间，注记以千米为单位的高斯平面直角坐标值，如图中“4886”表示该横线纵坐标为 4886km，其他横线处的纵坐标值只注记千米数的十、个位，如“79”“87”等。图中最左边纵线标注的横坐标值为“21731”，数字前两位“21”为该图幅所在的投影带号，“731”为该纵线的横坐标千米数，即该纵线位于第 21 带中央子午线以东 231km 处（731km−500km = 231km）。

（2）图名、图号和图幅接合表　为了方便地形图的保存和使用，每幅地形图都有图名和图号。图名是指本幅图的名称，一般以本图幅内最重要的地名、主要单位名称来命名，注记在北图廓上方的中央。图号，即图的分幅编号，一般根据统一分幅规则编号，注在图名下方。图幅接合表又称接图表，以表格形式注记该图幅的相邻 8 幅图的图名或图号，绘制在图的北图廓左上方。接图表的作用是在用图时便于查找相邻图幅。

（3）比例尺　如图 2-4 和图 2-5 所示，在每幅图南图框外的中央均注有数字比例尺，中小比例尺图上在数字比例尺下方还绘有直线比例尺。

（4）三北方向图、坡度尺　三北方向图是指地形图中央一点的三北关系图。利用三北方向图可对图上任一方向的真方位角、磁方位角和坐标方位角进行相互换算，如图 2-6 所示。坡度尺是用来在地形图上量测地面坡度和倾角的图解工具，如图 2-7 所示。三北方向图、坡度尺绘制在中、小比例尺图的南图廓线外，如图 2-5 所示。

（5）测图时间与测图方法　测图时间与测图方法注记在南图廓下方（图 2-5），可根据测图时间与测图方法判断地形图的现势性和成图方式。

（6）平面坐标系统和高程系统　地形图采用的平面坐标系和高程系统注记在南图廓外的下方（图 2-5）。通常采用国家统一的高斯平面坐标系，如“1954 年北京坐标系”“1980 西安坐标系”或“2000 国家大地坐标系”。城市地形图一般采用以通过城市中心的某一子午线为中央子午线的任意带高斯平面坐标系，称为城市地方坐标系。当工程建设范围较小时，也可采用将测区看作平面的假定平面直角坐标系。

高程系统一般采用“1956 年黄海高程系”或“1985 国家高程基准”。但也有一些地方高程系统，如上海及其邻近地区即采用“吴淞高程系”，广东地区有采用“珠江高程系”等。各高程系统之间只需加减一个常数即可进行换算。

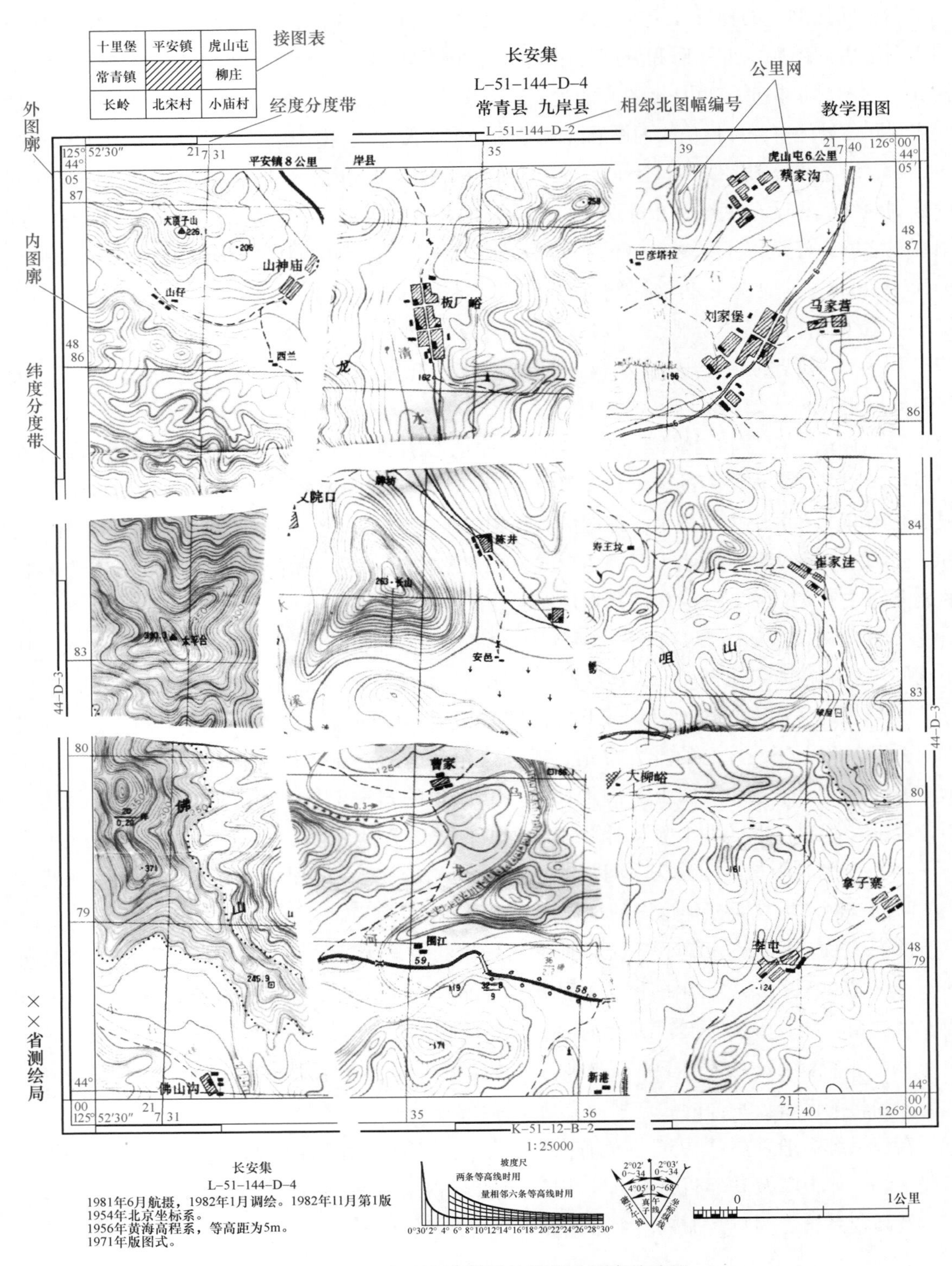


图 2-5　1∶25000 地形图的图廓及图廓外注记

注：图中白色的纵横条带表示省略了部分图。

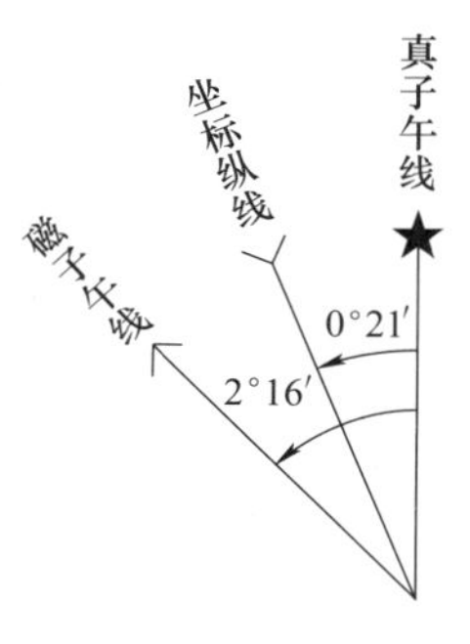


图 2-6 三北方向图

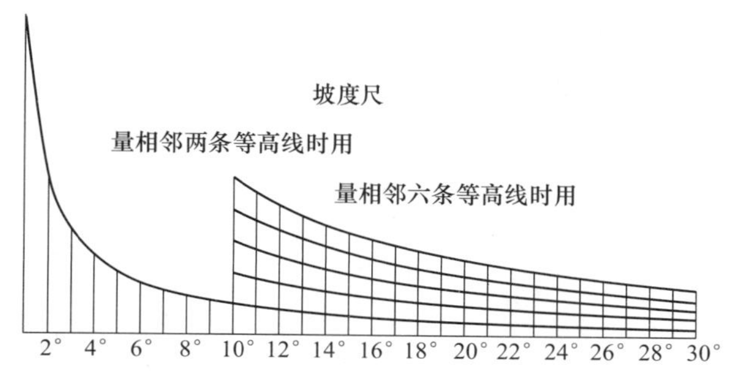


图 2-7 坡度尺

## ■2.2 地物符号

### 2.2.1 地物分类

在地形图上，地物需用地形图图式规定的符号表示。按照《国家基本比例尺地图图式 第1部分：1∶500 1∶1000 1∶2000地形图图式》（GB/T 20257.1—2017）的规定，在1∶500、1∶1000、1∶2000地形图上各种自然和人工地物可分为七类：定位基础、水系、居民地及设施、交通、管线、境界、植被与土质等。

（1）定位基础 定位基础包括数学基础和测量控制点。数学基础主要是指图廓线、经纬线、坐标网线等。测量控制点包括各等级三角点、导线点、卫星定位点、图根点、水准点、天文点等。

（2）水系 水系包括河流、沟渠、湖泊、水库、海洋、池塘、水利要素及附属设施等。

（3）居民地及设施 居民地及设施包括居民地、工矿、农业、公共服务、名胜古迹、宗教、科学观测站、其他建筑物及其附属设施等。

（4）交通 交通包括铁路、城际公路、城市道路、乡村道路、道路构造物、水运、航道、空运及其附属设施等。

（5）管线 管线包括输电线、通信线、各种管道及其附属设施等。

（6）境界 境界是区域范围的分界线，包括国界、省界、地级界、县界、乡界、村界及其他界线等。当两级以上境界重合时，按高一级境界表示。国家内部各种境界，遇有行政隶属不明确地段，用未定界符号表示。

（7）植被与土质 植被是地表各种植物的总称，包括耕地、园地、林地、经济作物地、草地、花圃等；土质是地表各种物质的总称，包括盐碱地、沙砾地、白板地、石块地等。

### 2.2.2 地物符号

地物的类别、形状、大小及其在图上的位置，是用地物符号表示的，《国家基本比例尺地图图式 第1部分：1∶500 1∶1000 1∶2000地形图图式》（GB/T 20257.1—2017）中的一些常用的地形图图式符号见表2-3。根据地物的大小及描绘方法不同，地物符号可分为比例符号、半比例符号和非比例符号。

表 2-3　常用地物、地貌符号和注记

| 编号 | 符号名称 | 1∶500 | 1∶1000 | 1∶2000 |
|---|---|---|---|---|
| 4.1 | 定位基础 | | | |
| 4.1.1 | 三角点<br>a. 土堆上的<br>张湾岭、黄土岗——点名<br>156.718、203.623——高程<br>5.0——比高 | 3.0 张湾岭/156.718　a　0.5 5.0 1.0 黄土岗/203.623 | | |
| 4.1.3 | 导线点<br>a. 土堆上的<br>Ⅰ16、Ⅰ23<br>等级、点号<br>84.46、94.40——高程<br>2.4——比高 | 2.0 Ⅰ16/84.46　a　2.4 0.5 Ⅰ23/94.40 | | |
| 4.1.4 | 埋石图根点<br>a. 土堆上的<br>12，16——点号<br>275.46，175.64——高程<br>2.5——比高 | 0.5 2.0 12/275.46　a　0.5 2.5 1.0 16/175.64 | | |
| 4.1.5 | 不埋石图根点<br>19—点号<br>84.47——高程 | 2.0 19/84.47 | | |
| 4.1.6 | 水准点<br>Ⅱ——等级<br>京石5——点名点号<br>32.805——高程 | 2.0 Ⅱ京石5/32.805 | | |
| 4.1.8 | 卫星定位等级点<br>B——等级<br>14——点号<br>495.263——高程 | 3.0 B14/495.263 | | |

| 编号 | 符号名称 | 1∶500 | 1∶1000 | 1∶2000 |
|---|---|---|---|---|
| 4.2 | 水系 | | | |
| 4.2.1 | 地面河流<br>a. 岸线<br>b. 高水位岸线<br>清江——河流名称 | 0.15　1.0　3.0　0.5　清　江　a　b | | |
| 4.2.8 | 沟堑<br>a. 已加固的<br>b. 未加固的<br>2.6——比高 | 2.6　a　b | | |
| 4.2.9 | 地下渠道、暗渠<br>a. 出水口 | 0.3　1.0　a　4.0　2.2 | | |
| 4.2.14 | 涵洞<br>a. 依比例尺的<br>b. 不依比例尺的 | a　b　45°　a　0.6　1.2　1.0　1.0　b　90° | | |
| 4.2.16 | 湖泊<br>龙湖——湖泊名称<br>（咸）——水质 | 龙湖（咸） | | |
| 4.2.17 | 池塘 | | | |
| 4.2.32 | 水井、机井<br>a. 依比例尺的<br>b. 不依比例尺的<br>51.2——井口高程<br>5.2——井口至水面深度<br>咸——水质 | a　51.2/5.2<br>b　咸 | | |

（续）

| 编号 | 符号名称 | 1∶500 | 1∶1000 | 1∶2000 |
|---|---|---|---|---|
| 4.2.34 | 贮水池、水窖、地热池<br>a. 高于地面的<br>b. 低于地面的<br>净——净化池<br>c. 有盖的 | 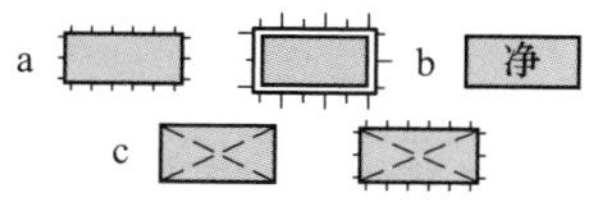 | | |
| 4.2.40 | 堤<br>a. 堤顶宽依比例尺<br>24.5——堤坝高程<br>b. 堤顶宽不依比例尺<br>2.5——比高 | 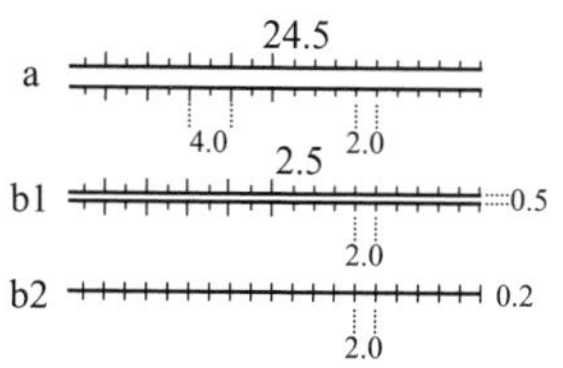 | | |
| 4.2.46 | 加固岸<br>a. 一般加固岸<br>b. 有栅栏的<br>c. 有防洪墙体的<br>d. 防洪墙上有栏杆的 | 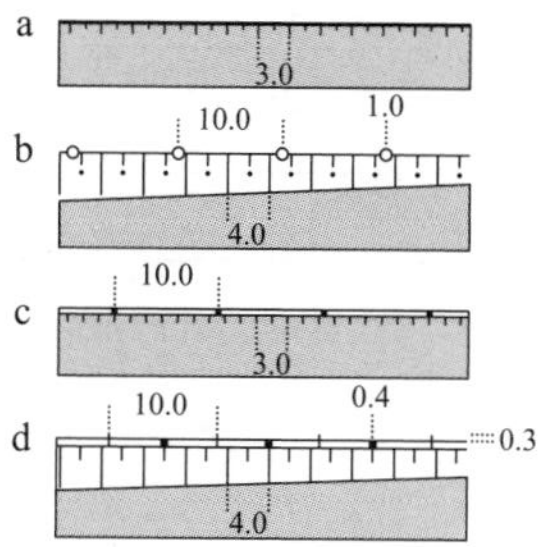 | | |
| 4.2.47 | 陡岸<br>a. 有滩陡岸<br>a1. 土质的<br>a2. 石质的<br>2.2、3.8——比高<br>b. 无滩陡岸<br>b1. 土质的<br>b2. 石质的<br>2.7、3.1——比高 | 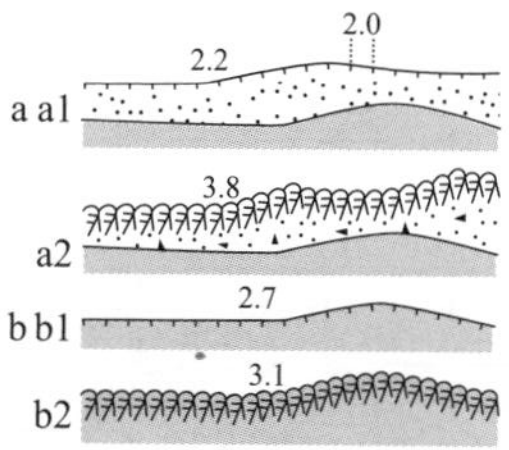 | | |

| 编号 | 符号名称 | 1∶500 | 1∶1000 | 1∶2000 |
|---|---|---|---|---|
| 4.3 | 居民地及设施 | | | |
| 4.3.1 | 单幢房屋<br>a. 一般房屋<br>b. 裙楼<br>b1. 楼层分隔线<br>c. 有地下室的房屋<br>d. 简易房屋<br>e. 突出房屋<br>f. 艺术建筑 | 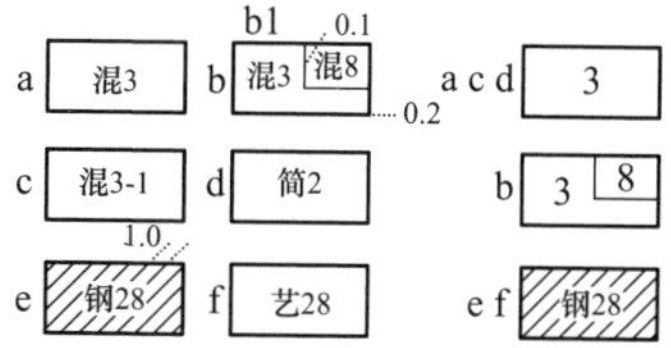 | | |
| 4.3.2 | 建筑中房屋 |  | | |
| 4.3.3<br>4.3.4 | 棚房<br>a. 四边有墙的<br>b. 一边有墙的<br>c. 无墙的<br>破坏房屋 | 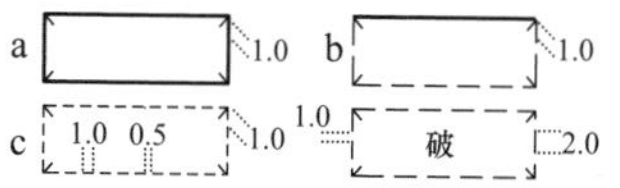 | | |
| 4.3.5 | 架空房、吊脚楼<br>3.4——层数<br>/1、/2——空层层数 | 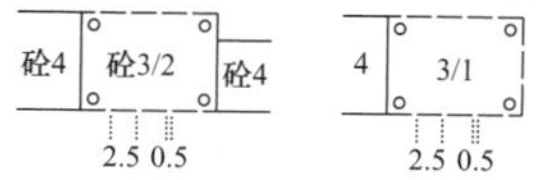 | | |
| 4.3.6 | 廊房（骑楼）、飘楼<br>a. 廊房<br>b. 飘楼 | 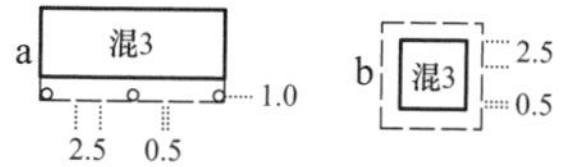 | | |
| 4.3.10 | 露天采掘场、乱掘地<br>石、土——矿物品种 |  | | |
| 4.3.21 | 水塔<br>a. 依比例尺的<br>b. 不依比例尺的 | 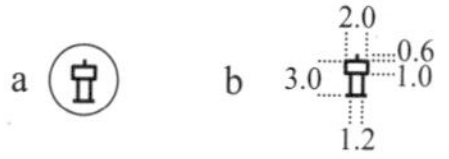 | | |
| 4.3.35 | 饲养场<br>牲——场地说明 |  | | |

（续）

| 编号 | 符号名称 | 1：500 | 1：1000 | 1：2000 |
|---|---|---|---|---|
| 4.3.50<br>4.3.51<br>4.3.52 | 宾馆、饭店<br>商场、超市<br>剧院、电影院 | 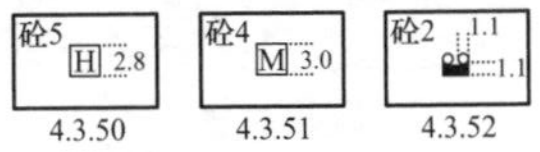 砼5 H 2.8 4.3.50 | 砼4 M 3.0 4.3.51 | 砼2 1.1 1.1 4.3.52 |
| 4.3.53 | 露天体育场、网球场、运动场、球场<br>a. 有看台的<br>a1. 主席台<br>a2. 门洞<br>b. 无看台的 | a2 a 工人体育场 a1 45° 1.0<br>b 体育场 球 | | |
| 4.3.57 | 游泳场（池） | 泳 | | 泳 |
| 4.3.64 | 屋顶设施<br>a. 直升机停机坪<br>b. 游泳池<br>c. 花园<br>d. 运动场<br>e. 健身设施<br>f. 停车场<br>g. 光能电池板 | a 砼30 4.0 H；b 砼30 3.0 泳；c 砼30 3.0；d 砼30 3.0 运；e 砼30 3.0；f 砼30 3.0 P；g 砼30 2.5 60° | | |
| 4.3.66<br>4.3.69 | 电话亭<br>厕所 | 0.5 3.0 1.8 | | 厕 |
| 4.3.67 | 报刊亭、售货亭、售票亭<br>a. 依比例尺的<br>b. 不依比例尺的 | 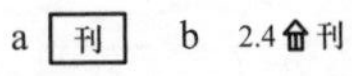 a 刊 b 2.4 刊 | | |
| 4.3.85 | 旗杆 | 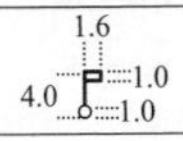 1.6 4.0 1.0 1.0 | | |
| 4.3.86 | 塑像、雕像<br>a. 依比例尺的<br>b. 不依比例尺的 | 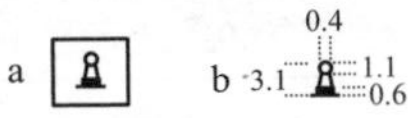 a | b 3.1 0.4 1.1 0.6 | |

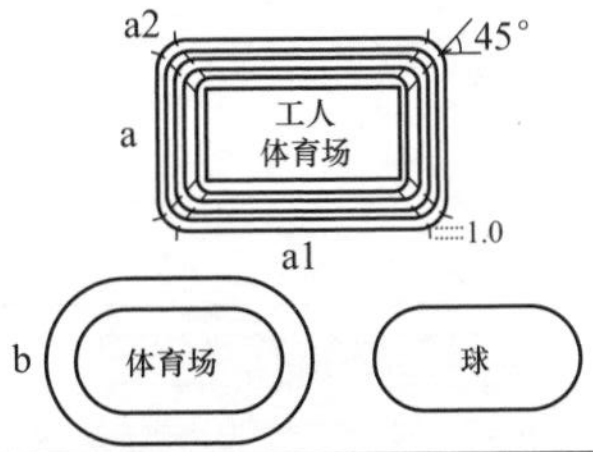

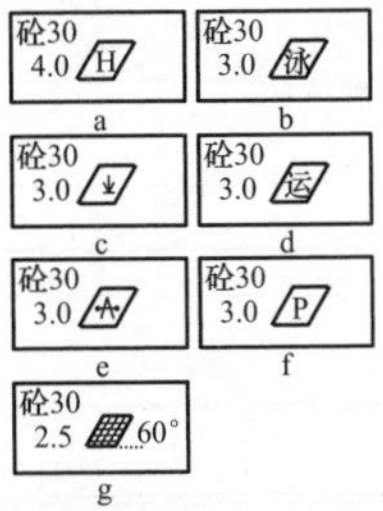

| 编号 | 符号名称 | 1：500 | 1：1000 | 1：2000 |
|---|---|---|---|---|
| 4.3.103 | 围墙<br>a. 依比例尺的<br>b. 不依比例尺的 | 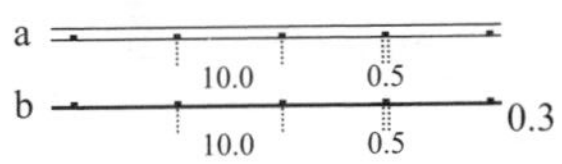 a b 10.0 0.5 10.0 0.5 0.3 | | |
| 4.3.105 | 栅栏、栏杆 | 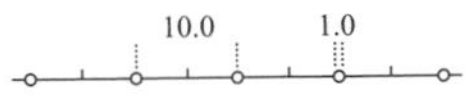 10.0 1.0 | | |
| 4.3.107 | 篱笆 | 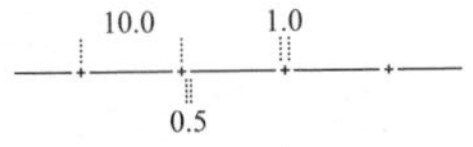 10.0 1.0 0.5 | | |
| 4.3.108 | 活树篱笆 | 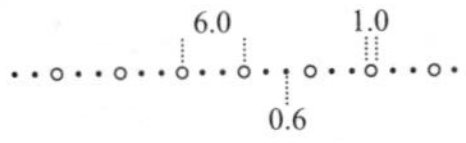 6.0 1.0 0.6 | | |
| 4.3.109 | 铁丝网、电网 | 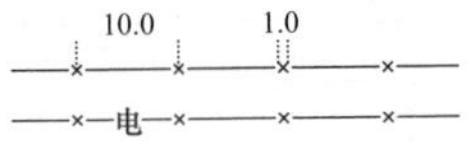 10.0 1.0 电 | | |
| 4.3.110 | 地类界 | 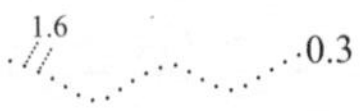 1.6 0.3 | | |
| 4.3.116 | 阳台 | 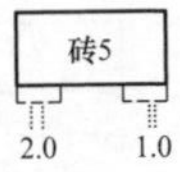 砖5 2.0 1.0 | | |
| 4.3.123 | 院门<br>a. 围墙门<br>b. 有门房的 | 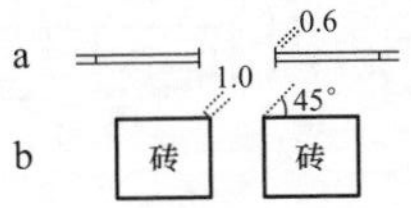 a 0.6 1.0 45° b 砖 砖 | | |
| 4.3.127 | 门墩<br>a. 依比例尺的<br>b. 不依比例尺的 | a b 1.0 | | |

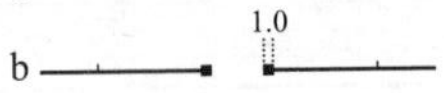

（续）

| 编号 | 符号名称 | 1∶500 | 1∶1000 | 1∶2000 |
|---|---|---|---|---|
| 4.3.129 | 路灯、艺术景观灯<br>a. 普通路灯<br>b. 艺术景观灯 | | | |
| 4.3.132 | 宣传橱窗、广告牌、电子屏<br>a. 双柱或多柱的<br>b. 单柱的 | | | |
| 4.3.134 | 喷水池 | | | |
| 4.3.135 | 假石山 | | | |
| 4.4 | 交通 | | | |
| 4.4.14 | 街道<br>a. 主干道<br>b. 次干道<br>c. 支线<br>d. 建筑中的 | | | |
| 4.4.16 | 内部道路 | | | |
| 4.4.18 | 机耕路（大路） | | | |
| 4.4.19 | 乡村路<br>a. 依比例尺的<br>b. 不依比例尺的 | | | |
| 4.4.20 | 小路、栈道 | | | |
| 4.5 | 管线 | | | |
| 4.5.1.1 | 架空的高压输电线<br>a. 电杆<br>35——电压（kV） | | | |
| 4.5.2.1 | 架空的配电线<br>a. 电杆 | | | |
| 4.5.6.1<br>4.5.6.5 | 地面上的通信线<br>a. 电杆<br>通信检修井孔<br>a. 电信人孔<br>b. 电信手孔 | | | |
| 4.5.11 | 管道检修井孔<br>a. 给水检修井孔<br>b. 排水（污水）检修井孔 | | | |
| 4.5.12 | 管道其他附属设施<br>a. 水龙头<br>b. 消火栓<br>c. 阀门<br>d. 污水、雨水篦子 | | | |
| 4.6 | 境界 | | | |
| 4.6.7 | 村界 | | | |
| 4.6.8 | 特殊地区界线 | | | |

（续）

| 编号 | 符号名称 | 1∶500 | 1∶1000 | 1∶2000 |
|---|---|---|---|---|
| 4.7 | 地貌 | | | |
| 4.7.1 | 等高线及其注记<br>a. 首曲线<br>b. 计曲线<br>c. 间曲线<br>25——高程 | 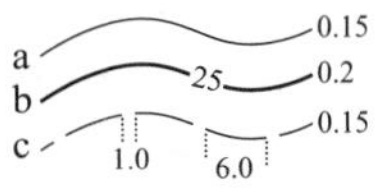 | | |
| 4.7.2 | 示坡线 | 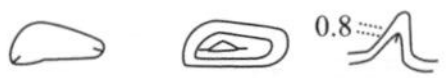 | | |
| 4.7.15 | 陡崖、陡坎<br>a. 土质的<br>b. 石质的<br>18.6、22.5——比高 | 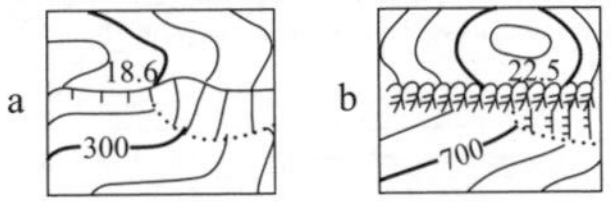 | | |
| 4.7.16 | 人工陡坎<br>a. 未加固的<br>b. 已加固的 | 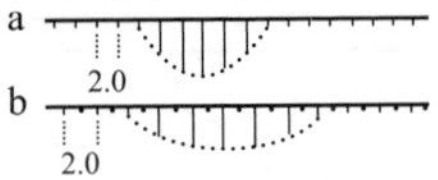 | | |
| 4.7.25 | 斜坡<br>a. 未加固的<br>b. 已加固的 | 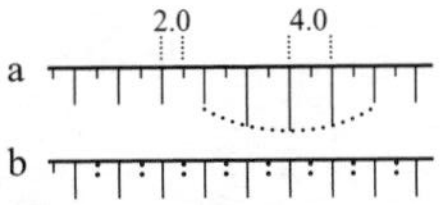 | | |
| 4.8 | 植被与土质 | | | |
| 4.8.1 | 稻田<br>a. 田埂 | 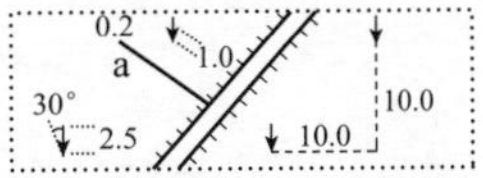 | | |
| 4.8.2 | 旱地 | 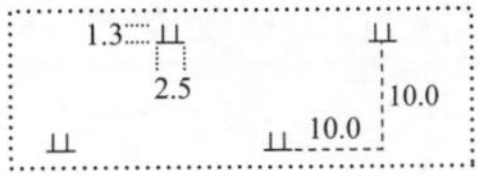 | | |
| 4.8.3 | 菜地 | 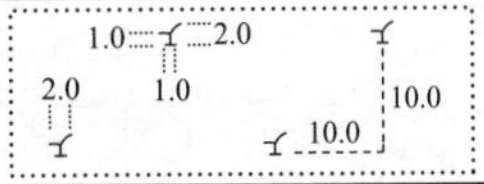 | | |

| 编号 | 符号名称 | 1∶500 | 1∶1000 | 1∶2000 |
|---|---|---|---|---|
| 4.8.15 | 行树<br>a. 乔木行树<br>b. 灌木行树 | 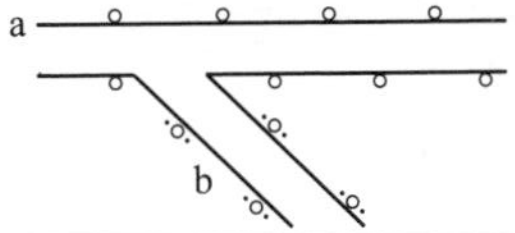 | | |
| 4.8.16 | 独立树<br>a. 阔叶<br>b. 针叶<br>c. 棕榈、椰子、槟榔 | 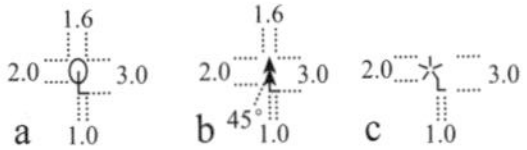 | | |
| 4.8.18 | 草地<br>a. 天然草地<br>b. 改良草地<br>c. 人工绿地 | 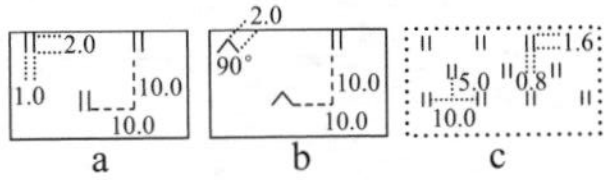 | | |
| 4.8.21 | 花圃、花坛 | 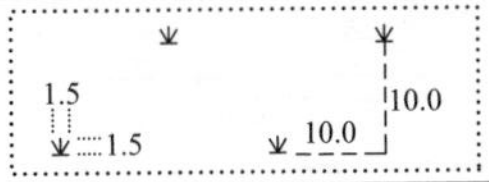 | | |
| 4.9 | 注记 | | | |
| 4.9.1.3 | 乡镇级、国有农场、林场、牧场、盐场、养殖场 | 南坪值<br>正等线体（5.0） | | |
| 4.9.1.4 | 村庄（外国村、镇）<br>a. 行政村，主要集、场、街<br>b. 村庄 | 甘家寨<br>a. 正等线体（4.5）<br>李家村 张家庄<br>b. 仿宋体（3.5 4.5） | | |
| 4.9.2.1 | 居民地名称说明注记<br>a. 政府机关<br>b. 企业、事业、工矿、农场<br>c. 高层建筑、居住小区、公共设施 | 市民政局<br>宋体（3.5）<br>a<br>日光岩幼儿园 兴隆农场<br>b. 宋体（2.5 3.0）<br>二七纪念塔 兴庆广场<br>c. 宋体（2.5~3.5） | | |

注：表中“砼”指混凝土，测图软件中注记用字为“砼”。

1. 比例符号

地面上较大的地物，地物依比例尺缩小后，其长度和宽度能依比例尺表示的地物符号称为比例符号，如建筑物、江河、湖泊、森林、旱地、果园、草地、沙砾地等。

比例符号具有与物体平面轮廓形状相似的特征，许多比例符号需由轮廓线加填充符号或注记组成。轮廓线表示面状物体的真实位置与形状，填充符号是一种配置性的符号，只起到说明物体性质的作用，不表示物体的具体位置，有时还要加注文字或数字以说明其质量或数量特征，如房屋的结构与层数。

2. 半比例符号

对于实地一些狭长的线状物体，如铁路、公路、小路、城墙、电力线和通信线等，其长度依比例描绘而宽度不依比例描绘，这类符号称为半比例符号又称线形符号。但在大比例尺测图中，有时铁路、公路、围墙的宽度也可以按比例绘制，则成为比例符号。

3. 非比例符号

地面上轮廓较小而又很重要的地物，如控制点、路灯、独立树、消防栓、钻孔等，无法将其形状和大小按测图比例尺缩绘到图纸上，则不管地物的实际尺寸，而用规定的符号表示之，这种地物符号称为非比例符号。非比例符号一般为象形符号。非比例符号不绘出物体的平面轮廓形状，只表示该地物在图上的点位和性质。但在大比例尺测图时，有些独立地物是可以按比例描绘其轮廓的，这时必须实测其轮廓，再在其中适当位置绘一独立符号。

### 2.2.3　地形图符号的定位

1. 非比例符号的定位

非比例符号不仅其形状和大小不能按比例绘制，而且符号的中心位置与该地物实地中心的位置关系，也将随地物符号的不同而不同。《国家基本比例尺地图图式　第1部分：1∶500 1∶1000 1∶2000地形图图式》（GB/T 20257.1—2017）制定的符号定位规则如下：

1）符号图形中有一个点的，该点为地物的实地中心位置，如三角点、导线点、卫星定位等级点、界标、盐井等。

2）圆形、正方形、长方形等符号，定位点为其几何图形中心，如电杆、管道检修井、水井、粮仓等。

3）宽底符号定位点在其底线中心，如蒙古包、窑洞、烟囱、水塔、艺术景观灯、塑像、雕塑、纪念碑、文物碑石、垃圾台、独立大坟等。

4）底部为直角的符号定位点在其直角的顶点，如普通路灯、街道信号灯、风车、路标、独立树等。

5）由几种几何图形组成的符号定位点在其下方图形的中心点或交叉点，如旗杆、杆式照射灯、消火栓、气象站、敖包等。

6）下方没有底线的符号其定位点在其下方两端点连线的中心点，如窑、亭、山洞等。

7）不依比例尺表示的其他符号定位点在其符号的中心点，如桥梁、水闸、拦水坝、岩溶漏斗等。

2. 半比例符号的定位

半比例符号大多为线状符号，是以符号的中心线与相应地物投影后的中心线位置相重合为特征的，确定符号中心线的规则如下：

1）单线符号，如小路、单线河、篱笆、地类界等，线划本身就是相应地物中心线位置。

2）对称性的双线符号，如公路、铁路、堤和石垄等，其符号的中轴线就是相应地物中心线位置。

3）非对称性的符号，如围墙、陡岸等，其底线或缘线就是相应地物中心线位置。

## 2.3 地貌与等高线

地球表面凹凸不平、起伏变化大。我们将地球表面上高低起伏变化的形态称之为地貌。有很多描绘地貌的方法，在地图上除特殊地貌（如悬崖、冲沟、雨裂、滑坡等）外一般用等高线表示地貌。等高线法既能准确地、较形象地在图纸上表达地表的起伏变化，又能借助等高线为各种工程的设计提供高程信息。

### 2.3.1 地形类别

在制订地形图测绘技术方案时，必须针对测区地形情况选择适当的等高距和测量方法，因此有必要了解地形类别。地形类别按区域地面坡度不同划分为平地、丘陵地、山地和高山地四类，具体见表 2-4。一幅图的地形类别应以图内大多数的地面坡度为准。

表 2-4 地形类别

| 地形类别 | 坡度 $\theta$/(°) |
|---|---|
| 平地 | $\theta < 2$ |
| 丘陵地 | $2 \leqslant \theta < 6$ |
| 山地 | $6 \leqslant \theta < 25$ |
| 高山地 | $\theta \geqslant 25$ |

地貌按形态的完整程度，又分为一般地貌和特殊地貌。特殊地貌是指地表受外力作用改变了原有形态的变形地貌和形态奇特的微地貌形态。前者如冲沟、陡崖、陡石山、崩崖、滑坡；后者如石灰岩地貌中的孤峰、峰丛、溶斗，沙漠地貌中的沙丘、沙窝、小草丘，黄土地地貌中的土柱溶斗，等等。

### 2.3.2 等高线表示地貌的原理

等高线就是地面上高程相等的相邻点连成的闭合曲线，也就是水平面与地面相交的曲线。如图 2-8 所示，设想有一座高出水面的小岛，其与静止的水面相交形成的水涯线为一闭合曲线，曲线上各点的高程相等。如当水面高为 100m 时，曲线上任一点的高程均为 100m；若水位继续升高至 110m、120m、130m，则水涯线的高程分别为 110m、120m、130m。将这些水涯线垂直投影到水平面上，并按一定的比例尺缩绘在图纸上，就可在地形图上将小岛用等高线表示出来，这些等高线的形状和高程客观地显示了小岛的空间形态。

### 2.3.3 等高距与等高线平距

地形图上相邻等高线间的高差称为等高距，图 2-8 所示的等高距为 10m。同一幅地形图

的基本等高距应相同。等高距越小，地貌细部表示越详尽；等高距越大，地貌细部表示就越粗略。但等高距太小会使图上的等高线过于密集而影响图面的清晰度，等高距太大又不能详尽表示出地貌细部。因此在测绘地形图时，必须根据地形高低起伏程度、测图比例尺的大小和使用地形图的目的等因素，按国家规范要求选择合适的等高距（表2-5）。

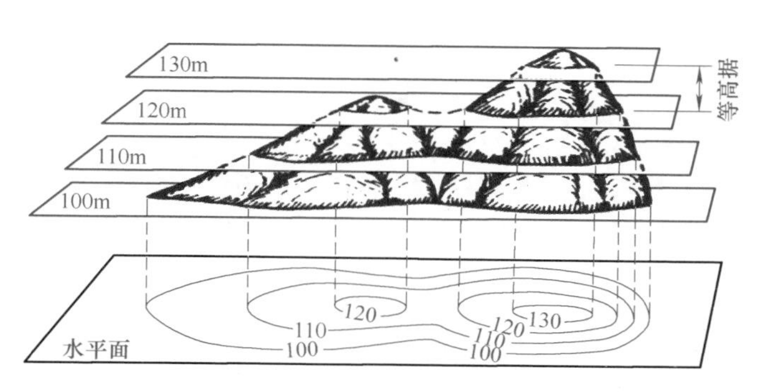

图2-8　等高线绘制原理图

表2-5　地形图基本等高距　（单位：m）

| 比例尺 | 地形类别 | | | |
| --- | --- | --- | --- | --- |
| | 平地 | 丘陵地 | 山地 | 高山地 |
| 1∶500 | 0.5 | 1.0（0.5） | 1.0 | 1.0 |
| 1∶1000 | 0.5（1.0） | 1.0 | 1.0 | 2.0 |
| 1∶2000 | 1.0（0.5） | 1.0 | 2.0（2.5） | 2.0（2.5） |

注：括号内表示依用途需要选用的等高距。

相邻等高线间的水平距离称为等高线平距，其随地面的坡度不同而改变。在同一幅地形图上，等高线平距越大表示地面的坡度越小；反之，坡度越大，如图2-9所示。因此可以根据图上等高线的疏密程度判断地面坡度的大小。

## 2.3.4　等高线的分类

地形图上的等高线，按其作用和表示方法的不同分为首曲线、计曲线、间曲线和助曲线，如图2-10所示。

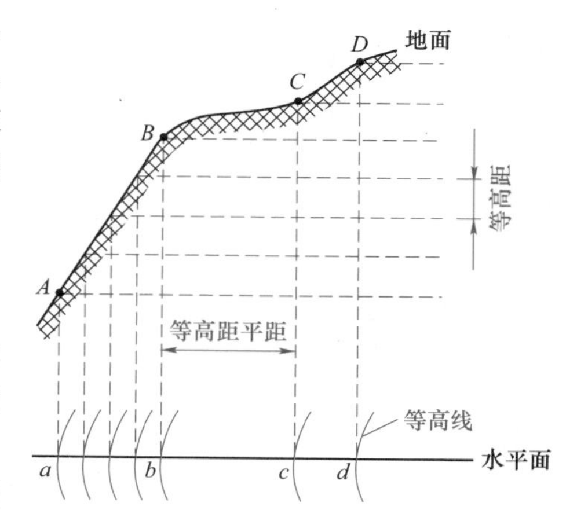

图2-9　等高线平距与地面坡度的关系

1）首曲线：按基本等高距描绘的等高线。用0.15mm宽的细实线绘制。

2）计曲线：为了在识图时等高线计数方便，每隔四条首曲线加粗描绘一条等高线，并注记该等高线的高程值。用0.3mm宽的粗实线绘制。

3）间曲线：按二分之一基本等高距内插描绘的等高线，用0.15mm宽的长虚线绘制，用于高差不大，坡度较缓，单纯以首曲线不能反映局部地貌形态的地段。间曲线可以绘一段而不需封闭。

4）助曲线：也叫辅助等高线。通常是按四分之一等高距描绘的等高线。助曲线用以表示首曲线和间曲线尚无法显示的重要地貌，图上以短虚线描绘。

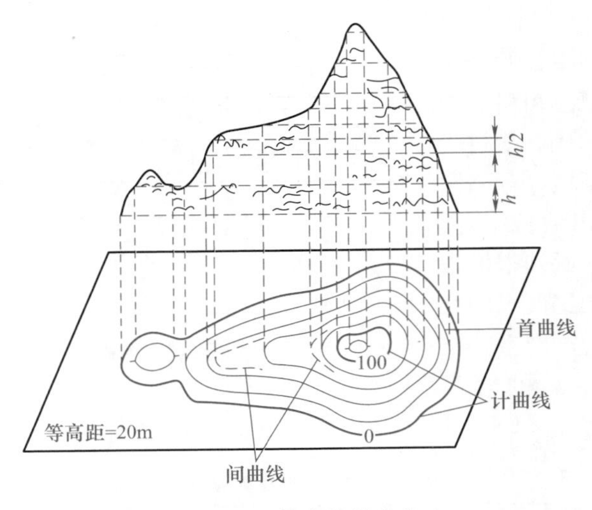


图 2-10　等高线的分类

## 2.3.5　地貌的基本形态及其等高线

虽然地球表面高低起伏的形态千变万化，但它们都可由几种典型地貌组合而成。典型地貌主要有山头和洼地、山脊和山谷、鞍部、陡坡和悬崖等，如图 2-11 所示。

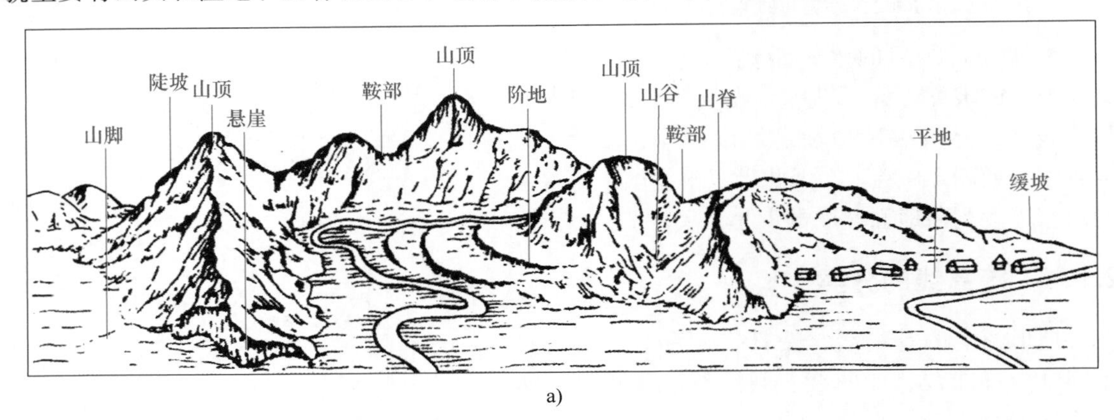


a)

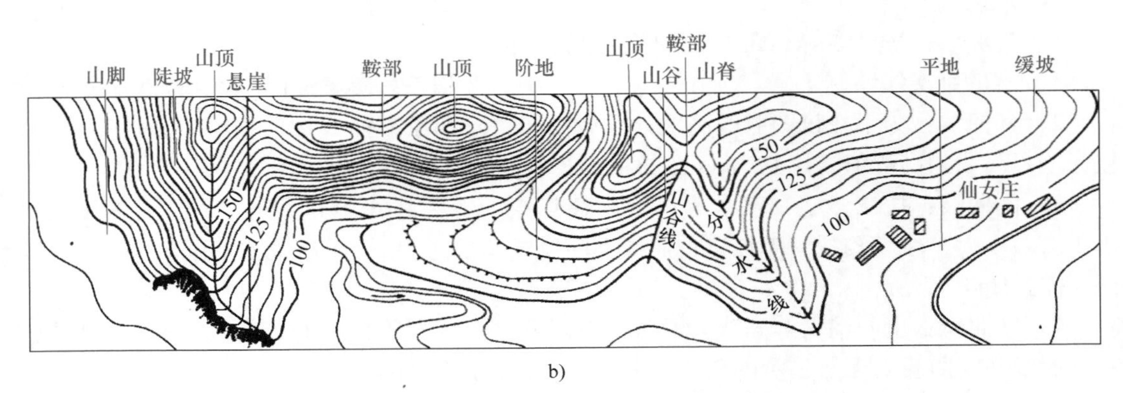


b)

图 2-11　地貌的基本形态及其等高线

1. 山头和洼地

图 2-12a、b 所示分别为山头和洼地的等高线，它们形态相似，区别在于山头等高线由外圈向里高程逐渐增加，洼地等高线由外圈向内高程逐渐减小，可根据高程注记或示坡线来区分山头和洼地。示坡线用来指示斜坡向下的方向。图 2-13 所示为不同形态的山头及其等高线。

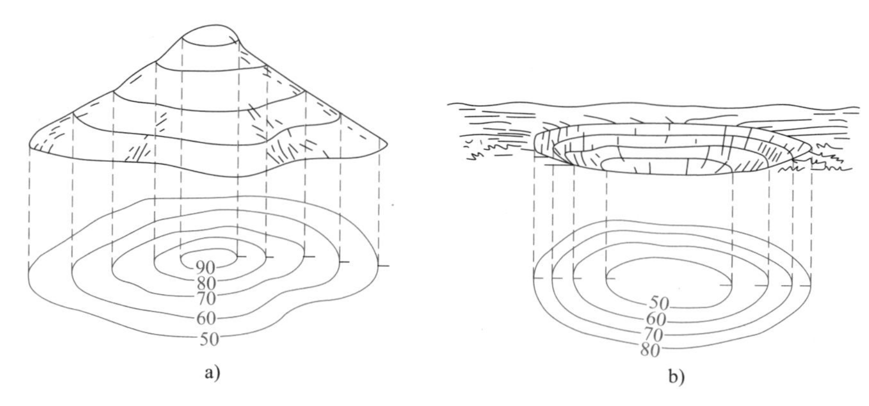


图 2-12　山头和洼地的等高线

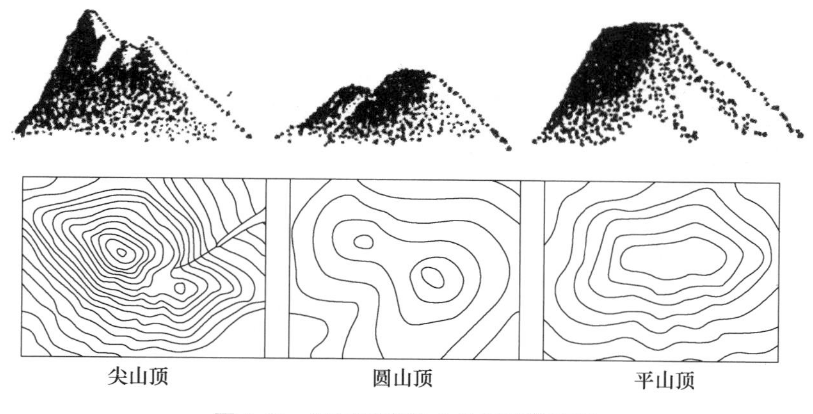


图 2-13　不同形态的山头及其等高线

2. 山脊和山谷

山坡的坡度与走向发生改变时，在转折处就会出现山脊或山谷地貌（图 2-14、图 2-15）。山脊与山谷的等高线形态相似，两侧基本对称，区别在于山脊等高线凸向低处，而山谷等高线凸向高处。山脊线是山体延伸的最高棱线，也称分水线。山谷线是谷底点的连线，也称集水线。在土木工程规划及设计中，应考虑地面的水流方向，因此，山脊线和山谷线在地形图测绘及应用中具有重要的作用。

3. 鞍部

相邻两个山头之间呈马鞍形的低凹部分称为鞍部。鞍部是山区道路选线的重要位置。鞍部左右两侧的等高线是近似对称的两组山脊线和两组山谷线，如图 2-16 所示。

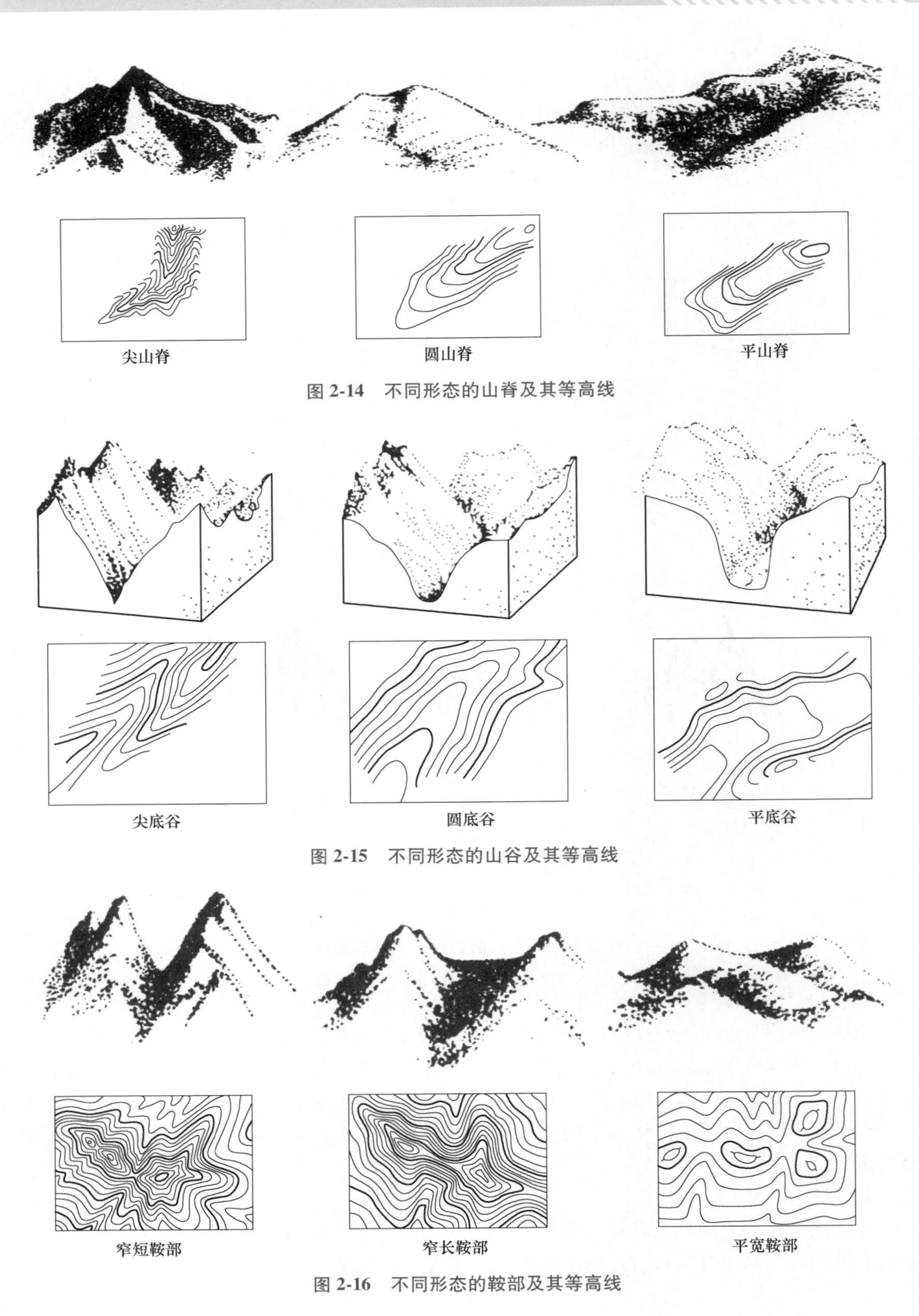


图 2-14 不同形态的山脊及其等高线

图 2-15 不同形态的山谷及其等高线

图 2-16 不同形态的鞍部及其等高线

4. 陡崖和悬崖

陡崖是坡度在 70°以上的陡峭崖壁，有石质和土质之分，如用等高线表示，将是非常密集或重合为一条线，因此采用陡崖符号来表示，如图 2-17a、b 所示。

悬崖是上部突出下部凹进的陡崖，悬崖上部的等高线投影到水平面与下部的等高线相交，下部凹进的等高线部分用虚线表示，如图 2-17c 所示。

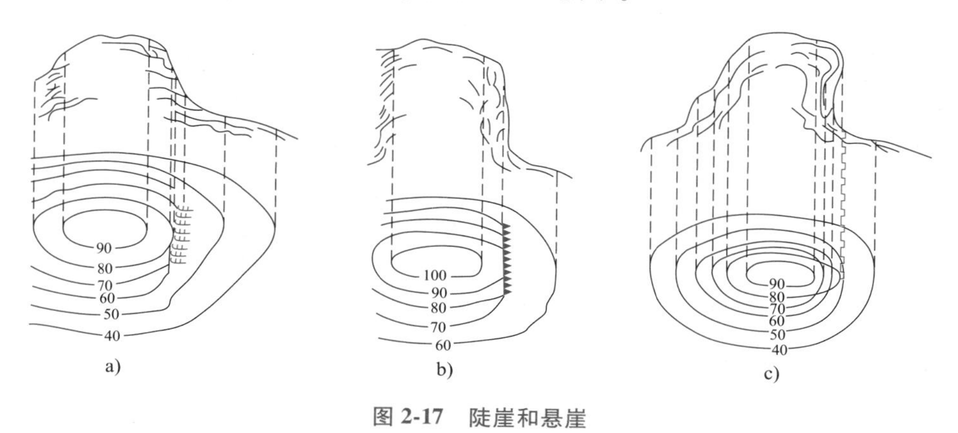


图 2-17 陡崖和悬崖

5. 特殊地貌

除以上典型地貌外，还有一些特殊地貌，其表示方法如图 2-18 所示。

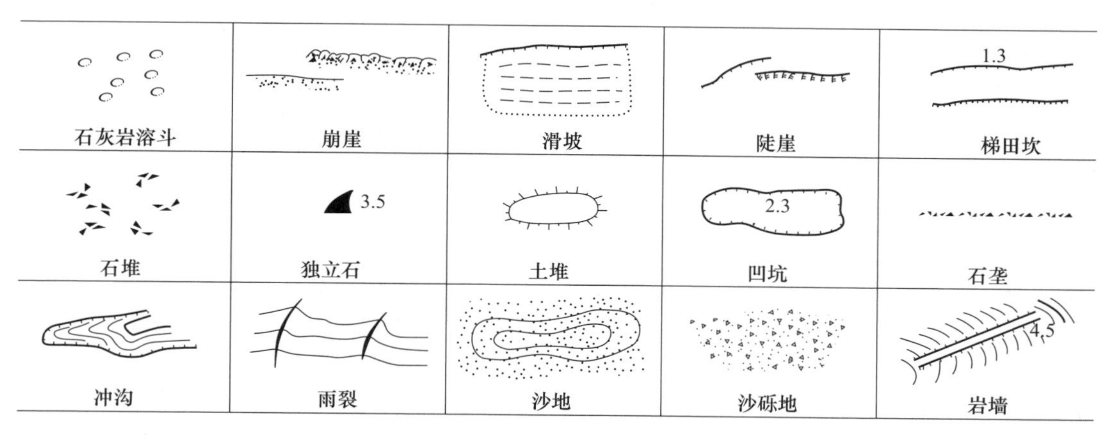


图 2-18 特殊地貌的表示方法

## 2.3.6 等高线的特性

掌握了等高线表示地貌的规律性，可归纳出等高线的特性，有助于地貌测绘、等高线勾绘与正确使用地形图。

1）同一条等高线上各点的高程相等。

2）等高线是闭合曲线（间曲线除外），如不在同一幅图内闭合，则必在相邻图幅内闭合。

3）等高线不能相交、分叉或重合（陡崖和悬崖除外）。

4）等高线通过山脊山谷线时改变方向并与山脊山谷线正交。

5）等高线越密，表示地面坡度越陡；反之，越稀表示坡度越缓。

## 2.4 地形图的分幅与编号

为了便于地形图的测制、管理、检索和使用，必须按适当图幅将大面积的地形图划分成大小适宜的若干单幅地形图，并对分幅后的地形图进行系统有序的编号，这项工作称为地形图的分幅与编号。

地形图的分幅方法有梯形分幅法和矩形分幅法两种。梯形分幅法是按经线和纬线来划分图幅的，图幅左、右以经线为界，上、下以纬线为界，由于子午线收敛于南、北两极，所以整个图幅呈梯形，“梯形分幅法”由此而得名。梯形分幅法用于中小比例尺地形图的分幅。矩形分幅法是按平面直角坐标的纵、横坐标线来划分图幅的，图幅图形为矩形或正方形。矩形分幅法用于工程建设中的大比例尺地形图的分幅。

### 2.4.1 梯形分幅与编号

1. 分幅与编号的基本原则

1）由于分带投影后，每带为一个坐标系，因此地形图的分幅必须以投影带为基础、按经纬度划分。

2）为便于测图和用图，地形图的幅面大小要适宜，且不同比例尺的地形图幅面大小要基本一致。

3）为便于地图编绘，小比例尺的地形图应包含整幅的较大比例尺图幅。

4）图幅编号要求应能反映不同比例尺之间的联系，以便进行图幅编号与地理坐标之间的换算。

2. 早期的基本比例尺地形图的分幅与编号

我国基本比例尺地形图包括 1∶100 万、1∶50 万、1∶25 万、1∶10 万、1∶5 万、1∶2.5 万、1∶1 万和 1∶5000 八种。基本比例尺地形图采用梯形分幅，它们均以 1∶100 万地形图为基础，按规定的经差和纬差划分图幅，行列数和图幅数呈简单的倍数关系。

20 世纪 70~80 年代，我国的基本比例尺地形图分幅与编号以 1∶100 万地形图为基础，伸展出 1∶50 万、1∶25 万、1∶10 万，在 1∶10 万基础上伸展出 1∶5 万、1∶2.5 万、1∶1 万，在 1 ∶1 万基础上伸展出 1∶5000。

（1）1∶100 万地形图的分幅和编号　我国 1∶100 万地形图的分幅采用国际 1∶100 万地图分幅标准。图 2-19 所示为北半球 1∶100 万比例尺地形图的分幅。每幅 1∶100 万比例尺地形图的范围是经差 6°、纬差 4°。由于子午线收敛于南、北两极，图幅面积随纬度增加而迅速减小，因此规定在纬度 60°~76°的地区，东西图廓的经差取 12°，纬度 76°~88°的地区则取 24°。对于以纬度 88°为图廓的极圈图，则用 Z 表示。我国位于北纬 60°以下，故没有合幅图。

国际分幅编号规定，由赤道起算，每纬差 4°为一行，至南、北纬 88°各分为 22 行，依次用大写拉丁字母（字符码）A、B、…、V 表示其相应行号。自 180°经线起自西向东每经差 6°为一列，全球分为 60 列，依次用阿拉伯数字（数字码）1、2、3、…、60 表示其相应

列号。每一幅图的编号由其所在的横行字母与纵列数字组成，其编号格式为“行号—列号”。为了区别图幅是北半球还是南半球，规定在图号前加 N 或 S，分别表示北半球或南半球。因我国领域全部位于北半球，故省注 N。由图 2-19 可知，如果已知北京某地（后称甲地）的地理坐标为：东经 116°28′30″、北纬 39°53′40″，则其所在的 1∶100 万比例尺图的图幅编号为 J—50。

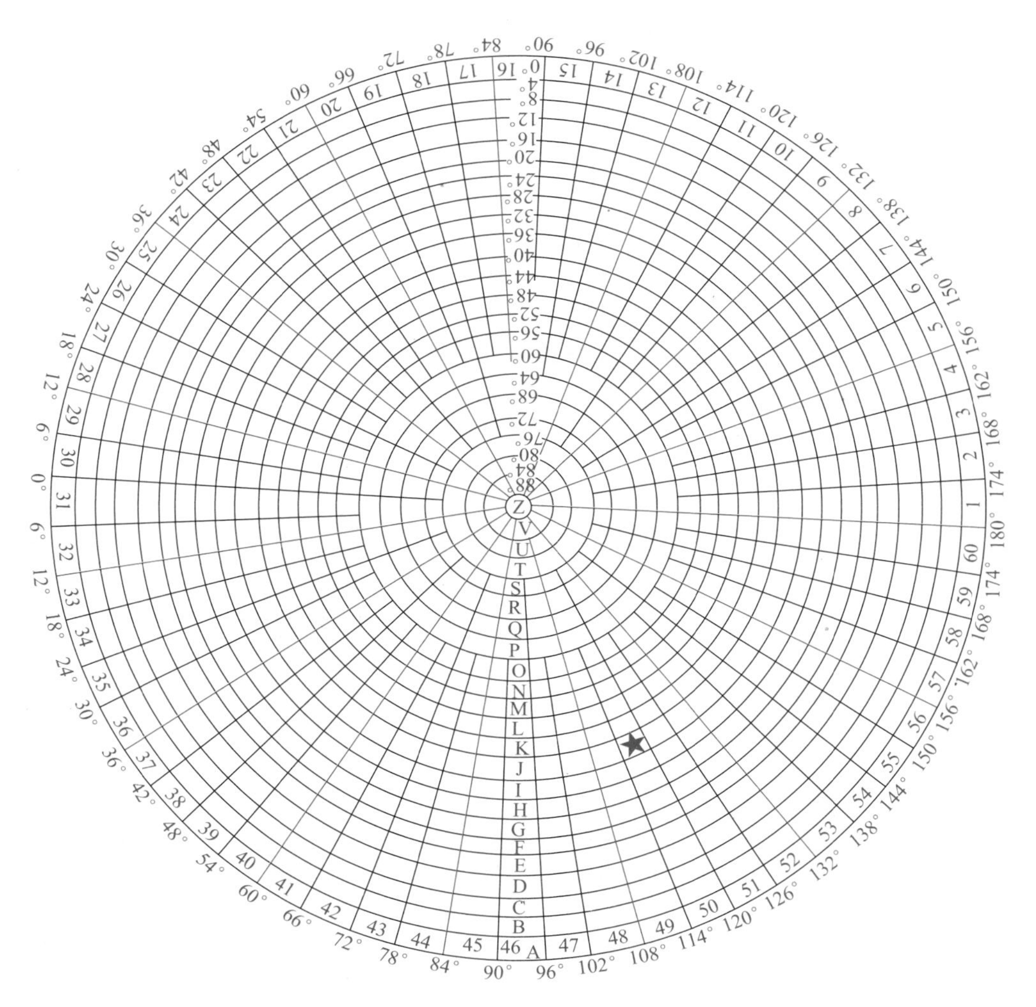


图 2-19　北半球 1∶100 万地形图的分幅与编号

（2）1∶50 万、1∶25 万、1∶10 万地形图的分幅与编号　将每一幅 1∶100 万地形图划分为 2 行 2 列，得到 4 幅 1∶50 万地形图，在 1∶100 万地形图编号后分别加大写拉丁字母 A、B、C、D 为其编号。将每一幅 1∶100 万地形图划分为 4 行 4 列，得到 16 幅 1∶25 万地形图，在 1∶100 万地形图编号后分别加［1］、［2］、…、［16］为其编号。将每一幅 1∶100 万地形图划分为 12 行 12 列，得到 144 幅 1∶10 万地形图，在 1∶100 万地形图编号后分别加 1、2、3、…、144 为其编号。

如图 2-20 所示，按照上述分幅编号方法，可得到上述甲地 1∶50 万比例尺地形图的编

号为 J—50—A，1∶25 万比例尺地形图的编号为 J—50—［2］，1∶10 万比例尺地形图的编号为 J—50—5。

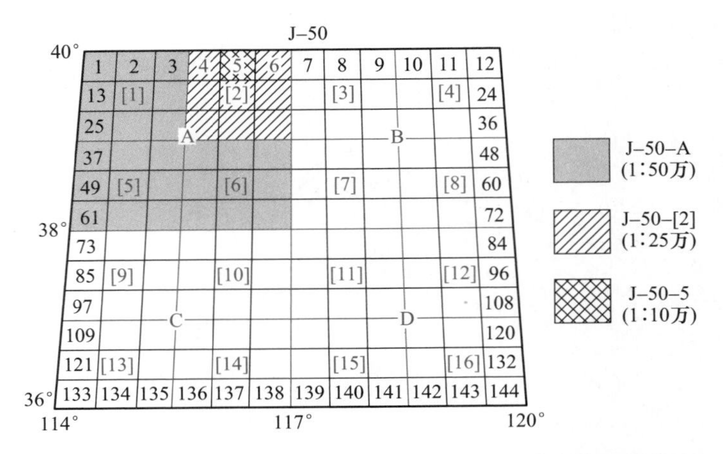


图 2-20　1∶50 万、1∶25 万、1∶10 万地形图的分幅与编号

（3）1∶5 万、1∶2.5 万、1∶1 万地形图的分幅与编号　将每幅 1∶10 万地形图划分为 4 幅 1∶5 万地形图，分别用大写拉丁字母 A、B、C、D 表示。将每幅 1∶5 万地形图划分为 4 幅 1∶2.5 万地形图，分别用数字 1、2、3、4 表示 。将每幅 1∶10 万地形图划分为 64 幅 1∶1 万地形图，分别用（1）、（2）、（3）、…、（64）表示。编号方法是在上一级编号后加上各自的代号或序号。

如图 2-21a 所示，按照上述分幅编号方法，可得到上述甲地 1∶5 万比例尺地形图的编号为 J—50—5—B，1∶2.5 万比例尺地形图的编号为 J—50—5—B—4。如图 2-21b 所示，1∶1 万比例尺地形图的编号为 J—50—5—(24)。

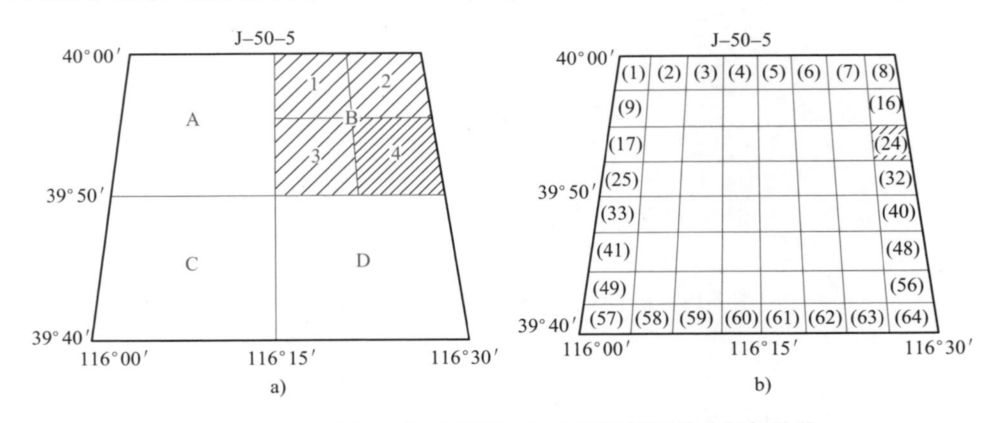


图 2-21　1∶5 万、1∶2.5 万、1∶1 万地形图的分幅与编号

（4）1∶5000 地形图的分幅与编号　将每幅 1∶1 万地形图分成 4 幅 1∶5000 地形图，其编号是在 1∶1 万地形图的图号后分别加上代号 a、b、c、d。如图 2-22 所示，上述甲地 1∶5000 比例尺地形图的编号为 J—50—5—(24)—b。

基本比例尺地形图梯形分幅的图廓规格及编号方法见表 2-6。

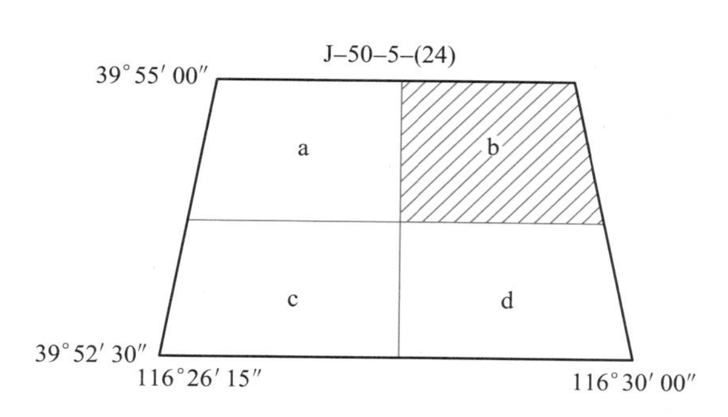


图 2-22　1：5000 地形图的分幅与编号

表 2-6　梯形分幅的图廓规格及编号方法

| 地形图比例尺 | 分幅编号方法 | | | | | 编号举例 |
|---|---|---|---|---|---|---|
| | 图廓大小 | | 作为分幅编号基础图的比例尺 | 每幅基础图等分的图幅数 | 在基础图图号后加的代号 | 东经 116°28′30″、北纬 39°53′40″ |
| | 经差 | 纬差 | | | | |
| 1：100 万 | 6° | 4° | 1：100 万 | 1 | 横行：A、B、C、…<br>纵列：1、2、3、… | J—50 |
| 1：50 万 | 3° | 2° | 1：100 万 | 4 | A、B、C、D | J—50—A |
| 1：25 万 | 1°30′ | 1° | 1：100 万 | 16 | [1]、[2]、…、[16] | J—50—[2] |
| 1：10 万 | 30′ | 20′ | 1：100 万 | 144 | 1、2、3、…、144 | J—50—5 |
| 1：5 万 | 15′ | 10′ | 1：10 万 | 4 | A、B、C、D | J—50—5—B |
| 1：2.5 万 | 7′30″ | 5′ | 1：5 万 | 4 | 1、2、3、4 | J—50—5—B—4 |
| 1：1 万 | 3′45″ | 2′30″ | 1：10 万 | 64 | (1)、(2)、…、(64) | J—50—5—(24) |
| 1：5000 | 1′52.5″ | 1′15″ | 1：1 万 | 4 | a、b、c、d | J—50—5—(24)—b |

3. 我国现行国家基本比例尺地形图的分幅与编号

为方便国家基本比例尺地形图的计算机管理检索，由中国国家标准化管理委员会、中华人民共和国国家质量监督检验检疫总局于 2012 年发布《国家基本比例尺地形图分幅和编号》(GB/T 13989—2012) 国家标准。新标准仍以国际 1：100 万比例尺地图分幅和编号为基础，它们的编号由其所在的行号（字符码）与列号（数字码）组合而成，如上述北京某地所在的 1：100 万地形图的编号为 J50。1：50 万至 1：5000 地形图的编号均以 1：100 万比例尺地形图为基础，采用行列编号方法，由其所在 1：100 万比例尺地形图的图号、比例尺代码和图幅的行列号（按横行从上到下、纵列从左到右的顺序分别用 3 位阿拉伯数字表示，不足 3 位者前面补零）共十位码组成，如图 2-23 所示。1：50 万~1：500 各比例尺地形图分别采用不同的字符作为比例尺代码（表 2-7）。新的国家基本比例尺地形图的分幅关系见表 2-8。

表 2-7　基本比例尺代码

| 比例尺 | 1：50 万 | 1：25 万 | 1：10 万 | 1：5 万 | 1：2.5 万 | 1：1 万 | 1：5000 | 1：2000 | 1：1000 | 1：500 |
|---|---|---|---|---|---|---|---|---|---|---|
| 代码 | B | C | D | E | F | G | H | I | J | K |

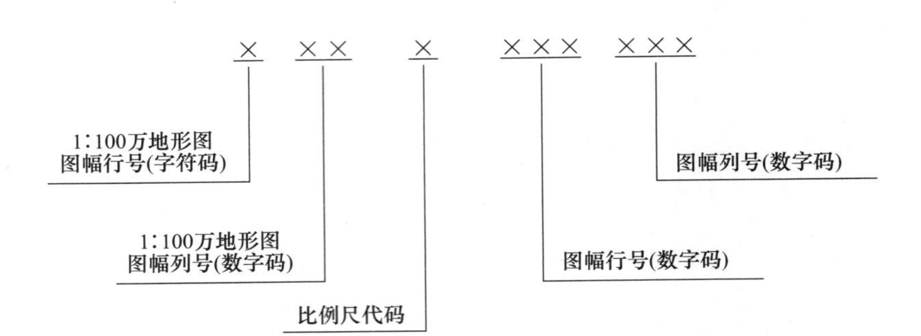


图 2-23　1∶50 万～1∶5000 地形图图幅编号的组成

表 2-8　新的国家基本比例尺地形图的分幅关系表

| 比例尺 | | 1/100万 | 1/50万 | 1/25万 | 1/10万 | 1/5万 | 1/2.5万 | 1/1万 | 1/5000 | 1/2000 | 1/1000 | 1/500 |
|---|---|---|---|---|---|---|---|---|---|---|---|---|
| 图幅范围 | 经差 | 6° | 3° | 1°30′ | 30′ | 15′ | 7′30″ | 3′45″ | 1′52.5″ | 37.5″ | 18.75″ | 9.375″ |
| | 纬差 | 4° | 2° | 1° | 20′ | 10′ | 5′ | 2′30″ | 1′15″ | 25″ | 12.5″ | 6.25 |
| 行列数量关系 | 行数 | 1 | 2 | 4 | 12 | 24 | 48 | 96 | 192 | 576 | 1152 | 2304 |
| | 列数 | 1 | 2 | 4 | 12 | 24 | 48 | 96 | 192 | 576 | 1152 | 2304 |
| 图幅数量关系 | | 1 | 4 | 16 | 144 | 576 | 2304 | 9216 | 36864 | 331776 | 1327104 | 5308416 |
| | | | 1 | 4 | 36 | 144 | 576 | 2304 | 9216 | 82944 | 331776 | 1327104 |
| | | | | 1 | 9 | 36 | 144 | 576 | 2304 | 20736 | 82944 | 331775 |
| | | | | | 1 | 4 | 16 | 64 | 256 | 2304 | 9216 | 36864 |
| | | | | | | 1 | 4 | 16 | 64 | 576 | 2304 | 9216 |
| | | | | | | | 1 | 4 | 16 | 144 | 576 | 2304 |
| | | | | | | | | 1 | 4 | 36 | 144 | 576 |
| | | | | | | | | | 1 | 9 | 36 | 144 |
| | | | | | | | | | | 1 | 4 | 16 |
| | | | | | | | | | | | 1 | 4 |

1∶50 万～1∶500 地形图的行、列编号如图 2-24 所示。

1∶50 万地形图的编号，如图 2-25 中阴影所示，图号为 J50B001002。

1∶25 万地形图的编号，如图 2-26 中阴影所示，图号为 J50C003003。

1∶10 万地形图的编号，如图 2-27 中 45°斜线阴影所示，图号为 J50D010010。1∶5 万地形图的编号，如图 2-27 中 135°斜线阴影所示，图号为 J50E017016。1∶2.5 万地形图的编号，如图 2-27 中交叉斜线阴影所示，图号为 J50F042002。1∶1 万地形图的编号，如图 2-27 中黑块所示，图号为 J50G093004。1∶5000 地形图的编号，如图 2-27 中地形图图幅最东南角的一幅图号为 J50H192192。

1∶2000 地形图经、纬度分幅的图幅编号方法宜与 1∶50 万～1∶5000 地形图的图幅编号方法相同。1∶2000 地形图经、纬度分幅的图幅编号也可根据需要以 1∶5000 地形图编号分别加阿拉伯数字 1、2、3、4、5、6、7、8、9 序号表示。图 2-28 中间网格线区域所示图幅编号为 H49H192097-5。

列号

| 比例尺 | | | | | | | | | | | | | | | | | | | | | | | | |
|---|---|---|---|---|---|---|---|---|---|---|---|---|---|---|---|---|---|---|---|---|---|---|---|---|
| 1:50万 | 001 | | | | | | | | | | | | 002 | | | | | | | | | | | |
| 1:25万 | 001 | | | | | | 002 | | | | | | 003 | | | | | | 004 | | | | | |
| 1:10万 | 001 | | 002 | | 003 | | 004 | | 005 | | 006 | | 007 | | 008 | | 009 | | 010 | | 011 | | 012 | |
| 1:5万 | 001 | 002 | 003 | 004 | 005 | 006 | 007 | 008 | 009 | 010 | 011 | 012 | 013 | 014 | 015 | 016 | 017 | 018 | 019 | 020 | 021 | 022 | 023 | 024 |

| 比例尺 | | | | | | | | | | | | |
|---|---|---|---|---|---|---|---|---|---|---|---|---|
| 1:2.5万 | 001 | …… | 012 | 013 | …… | 024 | 025 | …… | 036 | 037 | …… | 048 |
| 1:1万 | 001 | …… | 024 | 025 | …… | 048 | 049 | …… | 072 | 073 | …… | 096 |
| 1:5千 | 001 | …… | 048 | 049 | …… | 096 | 097 | …… | 144 | 145 | …… | 192 |
| 1:2千 | 001 | …… | 144 | 145 | …… | 288 | 289 | …… | 432 | 433 | …… | 576 |
| 1:1千 | 0001 | …… | 0288 | 0289 | …… | 0576 | 0577 | …… | 0864 | 0865 | …… | 1152 |
| 1:5百 | 0001 | …… | 0576 | 0577 | …… | 1152 | 1153 | …… | 1728 | 1729 | …… | 2304 |

行号

| 1:50万 | 1:25万 | 1:10万 | 1:5万 | 1:2.5万 | 1:1万 | 1:5千 | 1:2千 | 1:1千 | 1:5百 |
|---|---|---|---|---|---|---|---|---|---|
| 001 | 001 | 001 | 001 | 001 | 001 | 001 | 001 | 0001 | 0001 |
| | | | 002 | ⋮ | ⋮ | ⋮ | ⋮ | ⋮ | ⋮ |
| | | 002 | 003 | | | | | | |
| | | | 004 | | | | | | |
| | | 003 | 005 | | | | | | |
| | | | 006 | 012 | 024 | 048 | 144 | 0288 | 0576 |
| | 002 | 004 | 007 | 013 | 025 | 049 | 145 | 0289 | 0577 |
| | | | 008 | ⋮ | ⋮ | ⋮ | ⋮ | ⋮ | ⋮ |
| | | 005 | 009 | | | | | | |
| | | | 010 | | | | | | |
| | | 006 | 011 | | | | | | |
| | | | 012 | 024 | 048 | 096 | 288 | 0576 | 1152 |
| 002 | 003 | 007 | 013 | 025 | 049 | 097 | 289 | 0577 | 1153 |
| | | | 014 | ⋮ | ⋮ | ⋮ | ⋮ | ⋮ | ⋮ |
| | | 008 | 015 | | | | | | |
| | | | 016 | | | | | | |
| | | 009 | 017 | | | | | | |
| | | | 018 | 036 | 072 | 144 | 432 | 0864 | 1728 |
| | 004 | 010 | 019 | 037 | 073 | 145 | 433 | 0865 | 1729 |
| | | | 020 | ⋮ | ⋮ | ⋮ | ⋮ | ⋮ | ⋮ |
| | | 011 | 021 | | | | | | |
| | | | 022 | | | | | | |
| | | 012 | 023 | | | | | | |
| | | | 024 | 048 | 096 | 192 | 576 | 1152 | 2304 |

纬差4°

经差6°

图 2-24 1∶50 万~1∶500 地形图的行、列编号

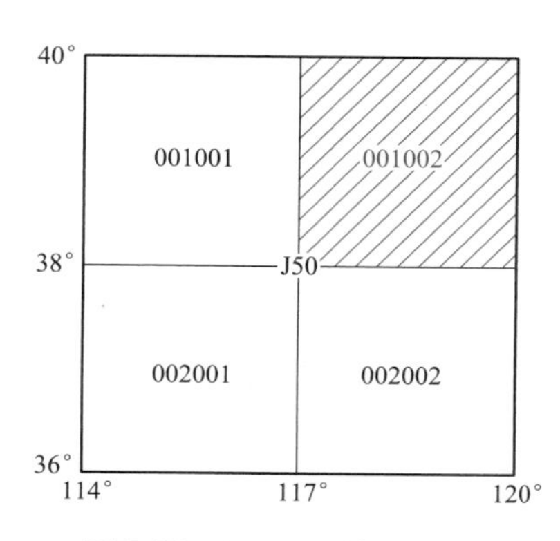


图 2-25 1∶50 万地形图编号

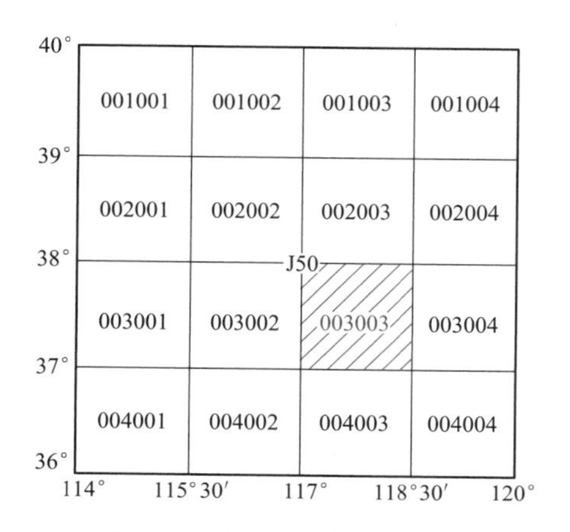


图 2-26 1∶25 万地形图编号

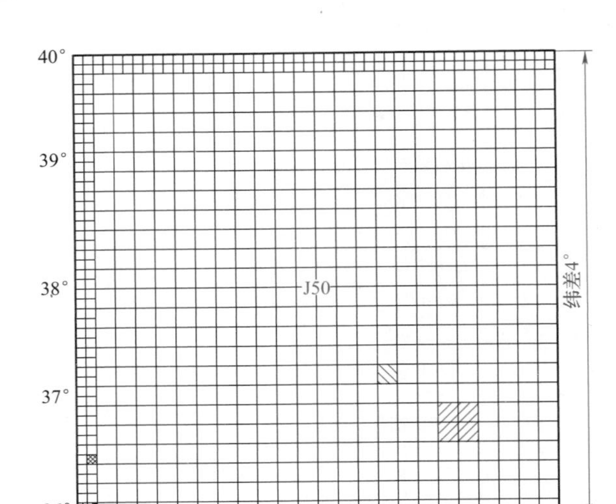

图 2-27　1∶10 万～1∶5000 地形图编号

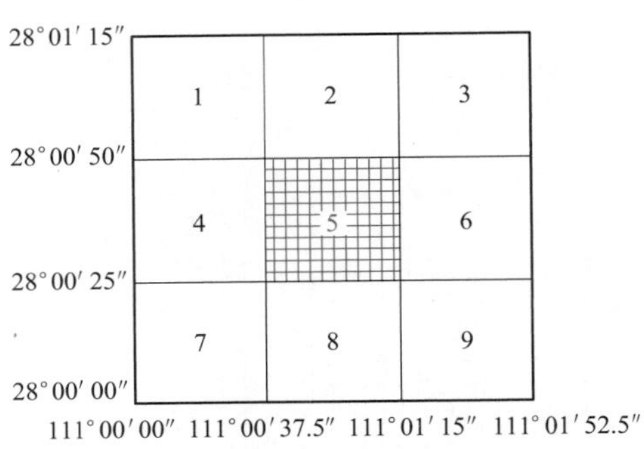


图 2-28　1∶2000 地形图的经、纬度分幅顺序编号

1∶1 000、1∶500 地形图经、纬度分幅的图幅编号同样均以 1∶100 万地形图编号为基础，采用行列编号方法。区别在于 1∶1000、1∶500 地形图的行列号分别用四位阿拉伯数字码表示，不足四位者前面补零。

4. 地形图图幅编号的计算

（1）1∶100 万地形图图幅编号的计算　如果已知某点的地理坐标，则可根据该点的经度、纬度，按照下面的公式计算出该点所在 1∶100 万地形图图幅编号的行、列号。

$$\begin{cases}行号 = [纬度/4°] + 1 \\ 列号 = [经度/6°] + 31\end{cases} \tag{2-2}$$

式中，[　] 表示商取整。

例如，北京某地的地理坐标为东经 116°28′30″、北纬 39°53′40″，则其所在的 1∶100 万地形图图幅编号的行、列号为

$$行号 = [纬度/4°] + 1 = [39°53'40''/4°] + 1 = 10(字符码 J)$$

$$列号 = [经度/6°] + 31 = [116°28'30''/6°] + 31 = 50$$

该点所在 1∶100 万地形图图号为 J50。

（2）1∶50 万～1∶500 地形图图幅编号的计算　如果已知某点的地理坐标，则可根据该点的经度、纬度，按照下面的公式计算出该点所在 1∶100 万地形图图号后的行、列号。

$$\begin{cases}行号 = 4°/纬差 - [(纬度/4°)/纬差] \\ 列号 = [(经度/6°)/经差] + 1\end{cases} \tag{2-3}$$

式中，(　) 表示商取余；[　] 表示商取整。

例如，北京某地的地理坐标为东经 116°28′30″、北纬 39°53′40″，则其所在的 1∶10 万地形图图幅编号的行、列号为：

$$行号 = 4°/纬差 - [(纬度/4°)/纬差] = 4°/20' - [(39°53'40''/4°)/20'] = 001$$

$$列号 = [(经度/6°)/经差] + 1 = [(116°28'30''/6°)/30'] + 1 = 005$$

该点所在 1∶10 万地形图图号为 J50D001005。

## 2.4.2　矩形分幅与编号

为了适应各种工程设计和施工的需要，对于大比例尺地形图，通常采用 50cm×50cm 正方形分幅或 50cm×40cm 矩形分幅，图幅的图廓线为平行于坐标轴的直角坐标格网线。以整千米（或百米）坐标进行分幅，图幅规格见表 2-9。

表 2-9　正方形及矩形分幅的图幅规格

| 比例尺 | 正方形分幅 | | | 矩形分幅 | |
|---|---|---|---|---|---|
| | 图幅大小 $\frac{长}{cm}\times\frac{宽}{cm}$ | 实地面积/$km^2$ | 一幅 1∶5000 图所含幅数 | 图幅大小 $\frac{长}{cm}\times\frac{宽}{cm}$ | 实地面积/$km^2$ |
| 1∶2000 | 50×50 | 1 | 4 | 50×40 | 0.8 |
| 1∶1000 | 50×50 | 0.25 | 16 | 50×40 | 0.2 |
| 1∶500 | 50×50 | 0.0625 | 64 | 50×40 | 0.05 |

矩形分幅的编号方法有以下五种。

（1）按图廓西南角坐标编号　采用图廓西南角坐标公里数编号，$x$ 坐标在前，$y$ 坐标在后，中间用短线连接。1∶5000 地形图坐标值取至 1km，1∶2000、1∶1000 地形图坐标值取至 0.1km，1∶500 地形图坐标值取至 0.01km。例如某幅 1∶1000、1∶500 比例尺地形图图廓西南角的坐标均为 $x=86000$m，$y=16500$m，则 1∶1000 图的编号为 86.0-16.5，1∶500 图的编号为 86.00-16.50。

（2）按流水号编号　测区内统一划分的各图幅按从左到右、从上到下的顺序用阿拉伯数字顺序编号，如图 2-29a 所示。

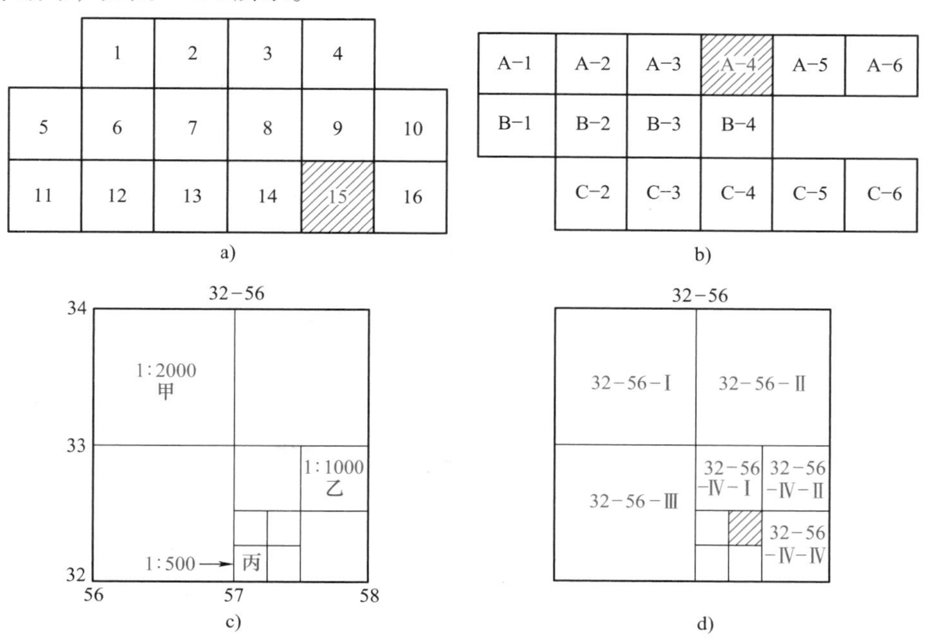


图 2-29　矩形分幅与编号

（3）按行列号编号　将测区内图幅按行和列分别单独排出序号，再以图幅所在的行和列序号作为该图幅号，如图 2-29b 所示。

（4）以 1∶5000 地形图为基础进行编号　1∶5000 地形图采用图廓西南角坐标公里数编号，将每幅 1∶5000 地形图划分为四幅 1∶2000 地形图，每幅 1∶2000 地形图的编号分别在 1∶5000 地形图编号的基础上加支号甲、乙、丙、丁或Ⅰ、Ⅱ、Ⅲ、Ⅳ，如图 2-29c、d 所示。

（5）按象限行列顺序编号　以北京市的地形图分幅编号为例。北京独立坐标系地图按矩形分幅，以东西 50cm、南北 40cm 为一幅图，按象限行列顺序编号。其坐标起算点为 $X=300000$m，$Y=500000$m。

北京市独立坐标系图幅编号时，以原点为中心划分四个象限，右上为Ⅰ，右下为Ⅱ，左下为Ⅲ，左上为Ⅳ。每象限内按纵向每 4km、横向每 5km 划分 1∶1 万比例尺图幅。每幅 1∶1 万图的编号：象限号-行号-列号。各象限内的行列数字均自原点起向外延伸。如图 2-30a 所示的 1∶1 万地形图编号为Ⅱ-2-1。

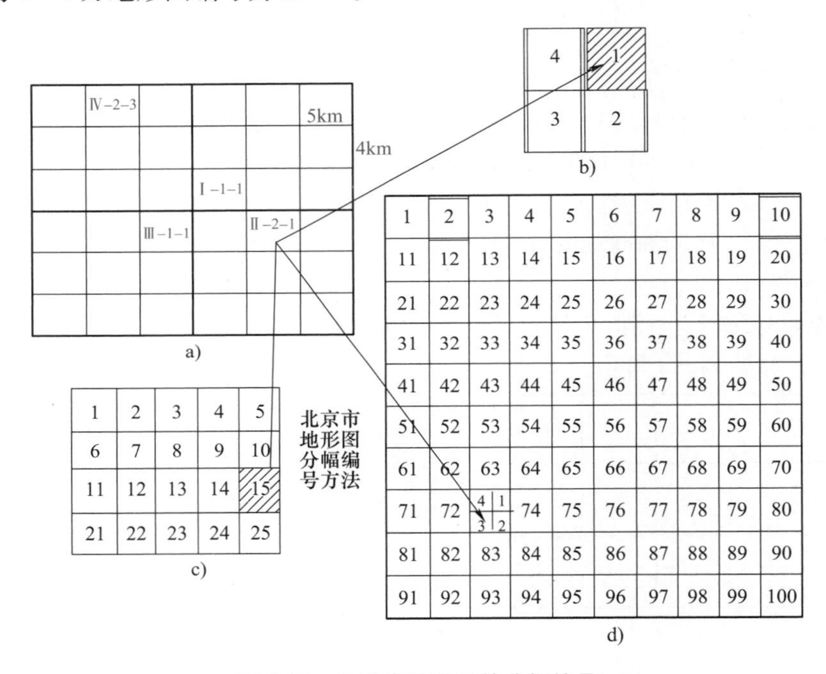


图 2-30　北京市地形图的分幅编号

a）1∶1 万Ⅱ-2-1　b）1∶5000Ⅱ-2-1(1)　c）1∶2000Ⅱ-2-1-[15]　d）1∶1000Ⅱ-2-1-73　1∶500Ⅱ-2-1-73(4)

1∶5000、1∶2000、1∶1000 和 1∶500 地形图的编号都是以 1∶1 万图编号为基础加序号构成的。

1∶5000 图的分幅与编号：将每幅 1∶1 万图分为 4 幅 1∶5000 图，分别用阿拉伯数字（1）、（2）、（3）、（4）表示其代码。如图 2-30b 所示的 1∶5000 地形图编号为Ⅱ-2-1(1)。

1∶2000 图的分幅与编号：将每幅 1∶1 万图分为 25 幅 1∶2000 图，分别用阿拉伯数字[1]、[2]、[3]、…、[25] 表示其代码。如图 2-30c 所示的 1∶2000 地形图编号为Ⅱ-2-1-

[15]。

1：1000 图的分幅与编号：将每幅 1：10000 图分为 100 幅 1：1000 图，分别用阿拉伯数字 1、2、3、…、100 表示其代码。如图 2-30d 所示的 1：1000 地形图编号为Ⅱ-2-1-73。

1：500 图的分幅与编号：将每幅 1：1000 图分为 4 幅 1：500 图，分别用阿拉伯数字（1）、（2）、（3）、（4）表示其代码。如图 2-30d 所示的 1：500 地形图编号为Ⅱ-2-1-73(4)。

## 思考题与习题

1. 什么是地形图？主要包括哪些内容？

2. 何谓比例尺精度？比例尺精度对测图有何意义？试说明比例尺为 1：1000 和 1：2000 地形图的比例尺精度各为多少？

3. 地面上两点的水平距离为 123.56m，那么在 1：1000，1：2000 比例尺地形图上各长多少厘米？

4. 由地形图上量得某果园面积为 896$mm^2$，若此地形图的比例尺为 1：5000，则该果园实地面积为多少平方米？（精确至 0.1$m^2$）

5. 地形图符号有哪几类？

6. 根据地物的大小及描绘方法不同，地物符号分为哪几类？各有什么特点？

7. 非比例符号的定位点做了哪些规定？试举例说明。

8. 地形类别是如何划分的？

9. 何谓等高线？等高线有何特性？等高线有哪些种类？

10. 什么是等高距？什么是等高线平距？

11. 何谓地形图的梯形分幅？何谓地形图的矩形分幅？各有何特点？

12. 按现行国家地形图分幅和编号方法，梯形分幅 1：100 万比例尺地形图的图幅是如何划分的？如何规定它的编号？

13. 某控制点的大地坐标为东经 115°14′24″、北纬 28°17′36″，按现行国家地形图分幅和编号方法，试求其所在 1：5000 比例尺梯形图幅的编号。

14. 已知某梯形分幅地形图的编号为 J47D006003，试求其比例尺和该地形图西南图廓点的经度与纬度。

15. 试述地形图矩形分幅的分幅和编号方法。

# 第3章

# 测量误差的基本知识

## 3.1 测量误差的来源与分类

### 3.1.1 测量误差

在测量工作中，对于某一客观存在的量，如地面某点的坐标、两点之间的距离或高差、一点到两目标点之间的水平角等，观测者使用合格的测量仪器、采用合理的观测方法且工作态度也认真负责，但是多次重复测量的结果总存在差异，这是因为观测值中存在测量误差，这也说明测量误差是不可避免的。

客观上，任何一个观测量都有其真值，以 $X$ 表示。观测值与真值之差称为误差，严格意义上应当称为真误差（以 $\Delta$ 表示）。因在实际工作中真值一般为未知，所以把某一量的观测值与其准确值之差也称为误差。若以 $l_i(i=1、2、\cdots、n)$ 表示在相同观测条件下对某量进行的 $n$ 次观测值，则真误差 $\Delta_i$ 为

$$\Delta_i = l_i - X \tag{3-1}$$

### 3.1.2 测量误差的来源

分析测量误差的来源可以从测量涉及的几个关键因素着手。任何一项测量工作都是由观测者使用测量仪器在一定的环境下进行的，因此，测量误差主要来源于仪器误差、观测者、外界环境条件三个方面。

1. 仪器误差

任何一种测量仪器都具有一定的制造误差和测量精度，仪器本身的构造也不可能十分完善，这会使观测结果受到一定的影响。例如，水准仪的视准轴不平行于水准管轴以及水准尺分划误差等，都会给水准测量的结果带来不可避免的误差。

2. 观测者

观测者感官的辨别能力总是有限的，因此观测者在进行仪器的对中、整平、瞄准、读数等操作过程中都会产生一定的误差。例如，水准测量时在厘米分划的水准尺上估读毫米数，有可能产生1mm的估读误差。同时，观测者的技术熟练程度和工作态度也会给观测成果带来不同程度的影响，使得在观测中的每一个环节都会产生误差，如角度观测时的对中误差、整平误差、照准误差、目标偏心误差和读数误差等。

3. 外界环境条件

测量工作通常都是在一定的外界环境条件下进行的，观测环境中的空气温度、气压、湿

度、风力、日光照射、大气折光、烟雾等因素的不断变化，以及地表土质的软硬、地表覆盖物辐射热的能力等，这些环境条件都会使测量结果产生误差。例如，温度变化使钢尺产生伸缩，风吹和日光照射使仪器的安置不稳定，大气折光使望远镜的瞄准产生偏差等。

观测者、测量仪器和测量环境是测量工作得以进行的必要条件，通常把这三个方面综合起来称为观测条件。显然，观测成果的质量与观测条件的优劣有着密切的关系：观测条件好，观测误差小，观测成果精度高；反之，观测成果的精度就差。凡是观测条件相同的同类观测称为等精度观测，观测条件不同的同类观测则称为不等精度观测，这两种情况在观测值的成果处理时会有所区别。

### 3.1.3 测量误差的分类

测量误差按其产生的原因和对观测结果影响性质的不同，可分为系统误差、偶然误差和粗差三类。

1. 系统误差

在相同的观测条件下，对某量进行一系列的观测，若误差在符号、大小上都相同，或按一定的规律变化，这种误差称为系统误差。例如，用名义长为30m而实际长为30.003m的钢尺量距，则每量一尺段就会产生-0.003m的系统误差，其量距误差的符号不变，且与所量距离的长度成正比。因此，系统误差在测量成果中具有累积的性质，对测量成果质量的影响较大。但由于系统误差具有一定的规律性，故可以采取措施来消除或减小其对测量成果的影响。

消除或减小系统误差对测量成果影响的方法如下：

1）在测量工作开始前，对所用测量仪器进行检验和校正，可以减小系统误差。

2）测算出系统误差的大小，并对测量成果进行改正。例如，通过钢尺检定可以得到钢尺的尺长方程式，用该钢尺量距时可以对丈量成果进行尺长改正。

3）采用一定的测量方法来削减系统误差的影响。例如，在水准测量时，采用前、后视距离相等的测量方法可以消除或减弱 $i$ 角误差对高差测量的影响；在角度测量时，采用盘左盘右观测取中的方法可以消减视准轴不垂直于横轴等误差对测角的影响；在三角高程测量中，采用对向观测求均值的方法消减大气折光和地球曲率的影响。

2. 偶然误差

在相同的观测条件下，对某量进行一系列的观测，若误差出现的符号和大小都不相同，从表面上看没有任何规律性，这种误差称为偶然误差。偶然误差是由人所不能控制或无法估计的因素（如人的感官分辨能力、仪器的极限精度和气象因素等）共同引起的测量误差，其数值的符号、大小纯属偶然。例如，用全站仪测角时，用光学对中器对中时产生的对中误差，用望远镜瞄准目标时产生的照准误差；水准测量时，瞄准水准尺估读毫米数的读数误差等，都属于偶然误差。

由于观测值中的偶然误差不可避免，在测量工作中，一般需要进行多余观测，即多于必要的观测。例如，距离测量中采用往、返测量，如果将往测视为必要观测，则返测就属于多余观测。又如，测量一个平面三角形的三个内角，其中两个角度属于必要观测，则第三个角度的观测就属于多余观测。有了多余观测，观测值之间必然产生矛盾（往返差、不符值、闭合差），可以根据差值的大小评定测量的精度。差值如不大于限差，则按偶然误差的规律加以处理，差值如大于限差（超限），应予重测（返工）。

3. 粗差

由于观测者的粗心或各种干扰造成的大于限差的误差称为粗差。例如，观测者由于判断错误而瞄错目标，由于观测者吐字不清或记录者思想不集中而读错或记错数等。粗差会对测量成果造成致命性的影响，在测量中要采取一定的措施杜绝粗差的出现。错误应该可以避免，包含有错误的观测值应该舍弃，并重新进行观测。

## ■ 3.2 偶然误差的特性

偶然误差为误差理论的核心内容和主要研究对象。从单个偶然误差来看，其符号的正负和数值的大小没有任何规律性。但是，如果观测的次数很多，观察其大量的偶然误差，就能发现隐藏在偶然性下面的必然规律。统计的数量越大，其规律性会越明显。下面结合测量实例，用统计方法得到偶然误差的统计特性。

在相同观测条件下，独立地观测 358 个三角形的全部内角，由于观测值中存在偶然误差，三角形三内角的观测值之和不等于其理论值 180°，由式（3-1）可求得每个三角形内角和的真误差（又称三角形内角和闭合差），即

$$\Delta_i = \alpha_i + \beta_i + \gamma_i - 180° \qquad (i = 1、2、\cdots、358) \tag{3-2}$$

式中，$\alpha_i$、$\beta_i$、$\gamma_i$ 为第 $i$ 个三角形的三个内角。将 358 个闭合差分为负误差和正误差，按误差绝对值由小到大排序。以误差区间 $d\Delta = 3''$ 进行误差个数 $k$ 的统计，并计算其相对个数 $k/n(n = 358)$，$k/n$ 称为误差出现的频率。偶然误差的统计见表 3-1。

表 3-1　三角形内角和闭合差统计表

| 误差区间 dΔ/(″) | 负误差 | | 正误差 | | 误差绝对值 | |
|---|---|---|---|---|---|---|
| | $k$ | $k/n$ | $k$ | $k/n$ | $k$ | $k/n$ |
| 0~3 | 45 | 0.126 | 46 | 0.128 | 91 | 0.254 |
| 3~6 | 40 | 0.112 | 41 | 0.115 | 81 | 0.226 |
| 6~9 | 33 | 0.092 | 33 | 0.092 | 66 | 0.184 |
| 9~12 | 23 | 0.064 | 21 | 0.059 | 44 | 0.123 |
| 12~15 | 17 | 0.047 | 16 | 0.045 | 33 | 0.092 |
| 15~18 | 13 | 0.036 | 13 | 0.036 | 26 | 0.073 |
| 18~21 | 6 | 0.017 | 5 | 0.014 | 11 | 0.031 |
| 21~24 | 4 | 0.011 | 2 | 0.006 | 6 | 0.017 |
| 24 以上 | 0 | 0 | 0 | 0 | 0 | 0 |
| Σ | 181 | 0.505 | 177 | 0.495 | 358 | 1.000 |

为了直观地表示偶然误差的分布情况，可按表 3-1 的数据作误差分布图，如图 3-1 所示。图中横坐标表示误差的正负和大小，纵坐标表示误差出现在各区间的频率（$k/n$）除以区间（$d\Delta$）。该图可以更形象地表达 358 个真误差的分布状态，图中每一小条矩形的面积代表误差出现于该区间的频率，且各小矩形面积的总和等于 1。该图在统计学上称为频率直方图。

由表 3-1 和图 3-1 可以总结出偶然误差的四个统计特性：

1）在相同观测条件下的有限次观测中，偶然误差的绝对值不会超过一定的限值。

2）绝对值较小的误差比绝对值较大的误差出现的概率大。

3）绝对值相等的正、负误差出现的概率相同。

4）当观测次数无限增大时，偶然误差的算术平均值趋近于零，即

$$\lim_{n\to\infty}\frac{\Delta_1+\Delta_2+\cdots+\Delta_n}{n}=\lim_{n\to\infty}\frac{[\Delta]}{n}=0 \tag{3-3}$$

式中，[ ] 表示取括号中数值的代数和。

上述四个特性可以总结为偶然误差的有限性、单峰性、对称性、抵偿性。第四个特性可由第三个特性导出。测量工作实践表明，对于在相同的观测条件下独立进行的一系列观测值而言，其观测误差必然具备上述四个特性，且当观测数量越多，这种特性就表现得越明显。

当观测次数 $n\to\infty$ 、误差区间间隔又无限缩小时，则图 3-1 中连接各小长条矩形顶点的折线将变成一条光滑的曲线。该曲线在概率论中称为高斯正态分布曲线或称误差分布曲线（图 3-2）。高斯正态分布曲线的横坐标表示误差的大小，纵坐标表示误差分布的概率密度，它是偶然误差的函数，其概率密度函数为

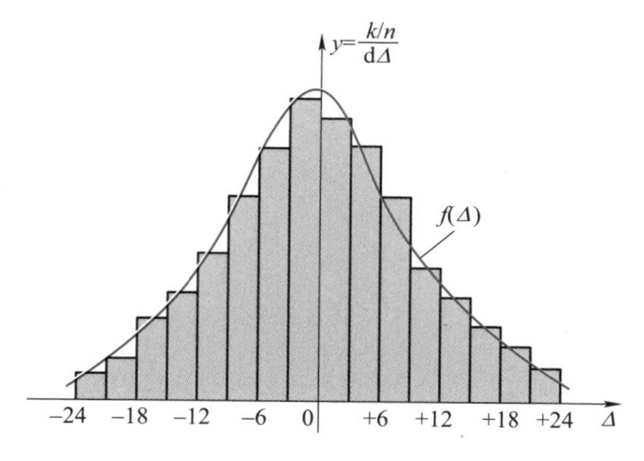


图 3-1　偶然误差频率直方图

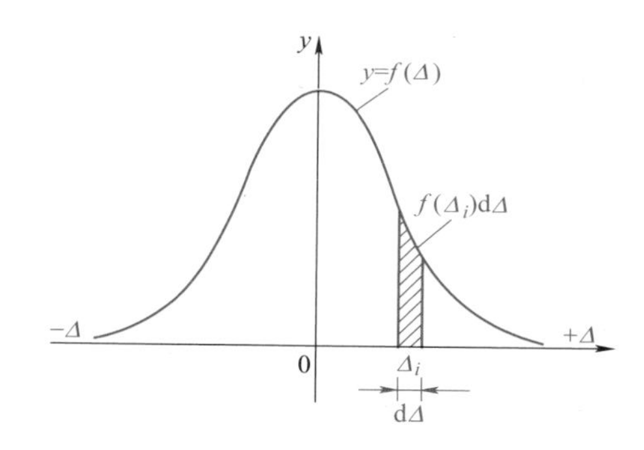


图 3-2　误差分布曲线图

$$f(\Delta)=\frac{1}{\sigma\sqrt{2\pi}}e^{-\frac{\Delta^2}{2\sigma^2}} \tag{3-4}$$

式中，$\sigma$ 为偶然误差（随机变量）的标准差，标准差的平方 $\sigma^2$ 为方差，方差为偶然误差平方的理论平均值。标准差为

$$\sigma=\lim_{n\to\infty}\sqrt{\frac{[\Delta^2]}{n}} \tag{3-5}$$

由式（3-5）可知，标准差的大小决定于在一定条件下偶然误差的绝对值的大小。由于在计算标准差时取各个偶然误差的平方和，因此，较大绝对值的偶然误差在标准差的数值大小中会得到明显的反映。

## 3.3 衡量观测值精度的指标

测量成果中不可避免地含有误差，只有当测量成果的精度符合有关测量规范规定的限差要求时，测量成果才算合格，因此，必须确定相应的精度标准来衡量测量成果的优劣。

### 3.3.1 精度与观测质量

高斯正态分布曲线有一个峰顶和两个拐点，当 $\Delta=0$ 时，密度函数有最大值$\frac{1}{\sqrt{2\pi}\sigma}$，若对密度函数关于 $\Delta$ 取二阶导数，并令其等于 0，可求得曲线两个拐点的横坐标值为

$$\Delta_{拐}=\pm\sigma \tag{3-6}$$

由于横轴和其垂线 $\sigma_{拐}=+\sigma$、$\sigma_{拐}=-\sigma$ 所包围的曲边梯形面积，是误差落在区间（$-\sigma$，$+\sigma$）的概率，其为一定值，所以当标准差 $\sigma$ 的绝对值越小时，曲线越陡峭，表示误差的分布越密集；反之，当标准差 $\sigma$ 的绝对值越大时，曲线越平缓，表示误差的分布越离散。我们将误差分布的密集或离散程度定义为精度。

设在两种观测条件下对某量进行观测，其误差分布曲线如图 3-3 所示。因 $\sigma_1<\sigma_2$，故 $\sigma_1$ 对应的误差分布曲线较陡峭，误差分布较密集，这组观测值的精度较高；$\sigma_2$ 对应的误差分布曲线较平缓，误差分布较离散，这组观测值的精度较低。由此可知，一定的观测条件，对应一定的 $\sigma$，对应一定的误差分布。高斯分布曲线全面反映了误差的分布状态。

综上所述，精度是指观测误差分布的密集程度，它体现了观测条件的好坏和观测质量的高低。

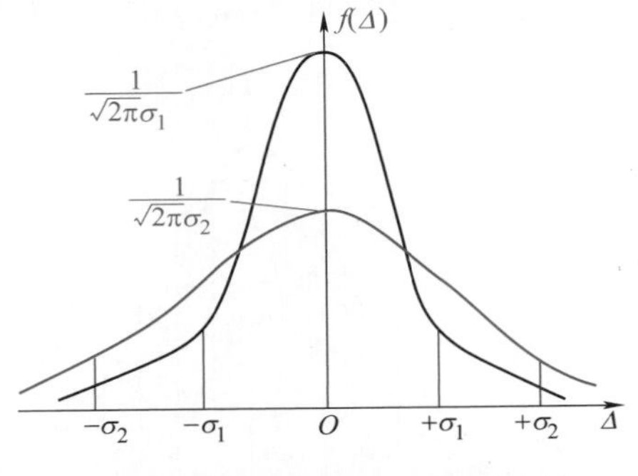

图 3-3 两种正态分布曲线的比较

### 3.3.2 几种常用的精度指标

在相同的观测条件下，对某一量所进行的一组观测对应着同一误差分布，也就是说，这一组观测值具有相同的精度。可以用某个数值来反映误差分布的密集或离散程度，这个数值就是下面将要介绍的几种衡量精度的指标。

1. 中误差

设对某量进行了 $n$ 次等精度独立观测，观测值为 $l_1$、$l_2$、…、$l_n$，各观测值的真误差为 $\Delta_1$、$\Delta_2$、…、$\Delta_n$，则该组观测值的标准差为

$$\sigma=\lim_{n\to\infty}\sqrt{\frac{[\Delta^2]}{n}}$$

在实际测量工作中，观测次数总是有限的，因此，根据上式只能求出标准差的估值 $\hat{\sigma}$，测量上把标准差的估值 $\hat{\sigma}$ 称为中误差，用 $m$ 表示。中误差的定义为：在相同观测条件下由对某量的有限次观测的偶然误差求得的标准差，中误差的计算公式为

$$m=\sqrt{\frac{\Delta_1^2+\Delta_2^2+\cdots+\Delta_n^2}{n}}=\sqrt{\frac{[\Delta\Delta]}{n}} \tag{3-7}$$

【例 3-1】 对 10 个三角形的内角用两种不同精度的仪器各进行了两组观测，两组观测值的三角形内角和的真误差分别为

Ⅰ组：+3″，+5″，−2″，0″，−3″，+4″，−4″，+2″，−4″，+3″

Ⅱ组：−2″，0″，+10″，−1″，+8″，−6″，0″，−5″，+3″，−9″

试比较两组观测值的精度。

解：根据中误差计算公式式（3-7），可分别计算两组观测值的中误差，即

$$m_{\mathrm{I}}=\sqrt{\frac{[\Delta\Delta]}{n}}=\sqrt{\frac{(3'')^2+(5'')^2+(-2'')^2+(0'')^2+(-3'')^2+(4'')^2+(-4'')^2+(2'')^2+(-4'')^2+(3'')^2}{10}}=3.3''$$

$$m_{\mathrm{II}}=\sqrt{\frac{[\Delta\Delta]}{n}}=\sqrt{\frac{(-2'')^2+(0'')^2+(10'')^2+(-1'')^2+(8'')^2+(-6'')^2+(0'')^2+(-5'')^2+(3'')^2+(-9'')^2}{10}}=5.6''$$

由于 $m_{\mathrm{I}}<m_{\mathrm{II}}$，中误差越小，观测精度越高，即第Ⅰ组观测值的精度高于第Ⅱ组观测值。

2. 相对误差

在某些测量工作中，对观测值的精度仅用中误差来衡量还不能正确反映出观测值的质量。因为这些观测值的质量不但与其中误差有关，还与其观测值的大小有关。例如，用一把 50m 长钢尺丈量了一段长 45.689m 的距离，其测量中误差为 5.1mm，如果使用全站仪测量了一段长 106.365m 的距离，其测量中误差也是 5.1mm，显然不能认为这两段不同长度的距离测量精度相等，这就需要引入相对误差。相对误差的定义为

$$K=\frac{|m|}{D}=\frac{1}{D/|m|} \tag{3-8}$$

相对误差是一个无单位的数，一般用分子为 1 的分数表示，分母越大，相对误差越小，测量的精度就越高。上述两段距离的相对误差分别为

$$K_1=\frac{0.0051}{45.689}\approx\frac{1}{8950},K_2=\frac{0.0051}{106.365}\approx\frac{1}{20850}$$

计算结果表明，用相对误差衡量二者的测距精度时，后者的精度比前者的高。

3. 极限误差

由偶然误差的第一特性可知，在一定的观测条件下，偶然误差的绝对值不会超过一定的限值，这个限值就是极限误差。

极限误差是通过概率论中某一事件发生的概率来定义的。设以 $k$ 倍中误差作为区间，则在此区间中误差出现的概率为

$$P(|\Delta|\leqslant km)=\int_{-km}^{+km}\frac{1}{\sqrt{2\pi}\,m}\mathrm{e}^{\frac{\Delta^2}{2m^2}}\mathrm{d}\Delta$$

分别以 $k=1$、2、3 代入上式，可得到偶然误差的绝对值不大于中误差、2 倍中误差和 3 倍中误差的概率分别为

$$P(|\Delta|\leqslant m)=0.683=68.3\%$$

$$P(|\Delta| \leqslant 2m) = 0.954 = 95.4\%$$
$$P(|\Delta| \leqslant 3m) = 0.997 = 99.7\%$$

由此可见，偶然误差的绝对值大于2倍中误差的概率为4.6%，而大于3倍中误差的仅占误差总数的0.3%。由于大于两倍中误差的误差出现的概率已很小，所以根据偶然误差的特性1），在测量工作中常取两倍中误差作为测量成果取舍的极限误差，简称限差，也称容许误差，即

$$\Delta_{限} = 2m \tag{3-9}$$

现行的测量规范中通常取2倍中误差作为极限误差。

## 3.4 误差传播定律

测量工作中，有些量不能直接测量得到，而需用直接观测量的函数计算得到。例如，水准测量一测站的高差为

$$h = a - b$$

式中，$a$、$b$ 分别为后视读数与前视读数，均为直接观测量；$h$ 是 $a$、$b$ 的线性函数。

直接观测量的误差会导致它们的函数也存在误差，反映观测值中误差与观测值函数中误差之间关系的规律称为误差传播定律。

各种形式的观测值函数式可分为线性函数和非线性函数两种。对于线性函数，可以直接按照误差的传播规律计算；对于非线性函数，可以在线性化之后再按照误差的传播规律进行计算。

### 3.4.1 线性函数

设未知量 $Z$ 为独立观测量 $x_1$、$x_2$、…、$x_n$ 的线性函数，即

$$Z = k_1x_1 + k_2x_2 + \cdots + k_nx_n \tag{3-10}$$

式中，$k_1$、$k_2$、…、$k_n$ 为常数。设各观测量的观测值为 $x_1$、$x_2$、…、$x_n$，其中误差分别为 $m_1$、$m_2$、…、$m_n$，按照方差的计算规则可得函数 $Z$ 的中误差和观测值中误差的关系为

$$m_Z^2 = k_1^2m_1^2 + k_2^2m_2^2 + \cdots + k_n^2m_n^2 \tag{3-11}$$

$$m_Z = \sqrt{k_1^2m_1^2 + k_2^2m_2^2 + \cdots + k_n^2m_n^2} \tag{3-12}$$

【例3-2】 在 $\triangle ABC$ 中，直接观测了 $\alpha$ 和 $\beta$ 两个角度，其中误差分别为 $m_\alpha = 5''$ 和 $m_\beta = 4''$，试求第三个角 $\gamma$ 的中误差 $m_\gamma$。

解：$\gamma = 180° - (\alpha + \beta)$，则按式（3-11）、式（3-12）可得

$$m_\gamma^2 = m_\alpha^2 + m_\beta^2 = (25 + 16)('')^2 = 41('')^2$$
$$m_\gamma = 6.4''$$

### 3.4.2 非线性函数

设有函数

$$Z = f(x_1, x_2, \cdots, x_n) \tag{3-13}$$

式中，$x_1$、$x_2$、…、$x_n$ 为独立观测量，其中误差分别为 $m_1$、$m_2$、…、$m_n$，式（3-13）中独

立观测量的幂次不均为 0 或 1，则函数 $Z$ 称非线性函数，通常也称为一般函数。

设 $l_i$ 为与各独立变量 $x_i$ 相应的观测值，其真误差为 $\Delta_i$，由于真误差的存在，使得函数 $Z$ 也存在相应的真误差，函数 $Z$ 的真误差记为 $\Delta_Z$。

对式（3-13）进行全微分可得

$$\mathrm{d}Z = \frac{\partial f}{\partial x_1}\mathrm{d}x_1 + \frac{\partial f}{\partial x_2}\mathrm{d}x_2 + \cdots + \frac{\partial f}{\partial x_n}\mathrm{d}x_n \tag{3-14}$$

因为 $\Delta_Z$、$\Delta_i$ 都很小，可以直接代替 $\mathrm{d}Z$、$\mathrm{d}x_i$，式（3-14）可表示为

$$\Delta_Z = \frac{\partial f}{\partial x_1}\Delta_1 + \frac{\partial f}{\partial x_2}\Delta_2 + \cdots + \frac{\partial f}{\partial x_n}\Delta_n \tag{3-15}$$

按照线性函数的误差传播定律可得 $Z$ 的中误差为

$$m_Z^2 = \left(\frac{\partial f}{\partial x_1}\right)^2 m_1^2 + \left(\frac{\partial f}{\partial x_2}\right)^2 m_2^2 + \cdots + \left(\frac{\partial f}{\partial x_n}\right)^2 m_n^2 \tag{3-16}$$

由此可以看出，对于非线性函数，对其进行全微分后，则可按照线性函数的误差传播定律计算非线性函数的中误差。

【例 3-3】　在距离测量中，测得斜距 $S=89.996\text{m}$，并测得竖直角 $\alpha = 3°18'06''$，已知测角中误差 $m_\alpha = 4''$，测距中误差 $m_S = 4\text{mm}$。试求水平距离 $D$ 及其中误差 $m_D$。

解：水平距离 $D$ 为

$$D = S\cos\alpha = 89.996\text{m} \times \cos(3°18'06'') = 89.847\text{m}$$

对上式进行全微分，可得

$$\mathrm{d}D = \cos\alpha\mathrm{d}S - S\sin\alpha\frac{\mathrm{d}\alpha}{\rho}$$

式中，$\rho$ 为弧秒值，即 $\rho=206265''$。将角度的微分量 $\mathrm{d}\alpha$ 除以 $\rho$，是为了将 $\mathrm{d}\alpha$ 的单位从“″”化算为弧度。

由此可得其中误差为

$$m_D^2 = \cos^2\alpha m_S^2 + \left(\frac{S\sin\alpha}{\rho}\right)^2 m_\alpha^2 = 0.000016$$

$$m_D = 0.004\text{m}$$

## 3.5　等精度独立观测量的最可靠值与精度评定

### 3.5.1　等精度观测值的平均值

在相同的观测条件下对某未知量进行了 $n$ 次独立观测，其观测值为 $l_1$、$l_2$、…、$l_n$，其算术平均值为

$$\overline{X} = \frac{l_1 + l_2 + \cdots + l_n}{n} \tag{3-17}$$

设该量的真值为 $X$，相应的真误差为 $\Delta_1$、$\Delta_2$、…、$\Delta_n$，由式(3-1) 可得

$$\Delta_i = l_i - X \quad (i = 1、2、\cdots、n) \tag{3-18}$$

将式（3-18）求和后除以 $n$，得

$$\frac{[\Delta]}{n}=\frac{[l]}{n}-X$$

即

$$X=\frac{[l]}{n}-\frac{[\Delta]}{n} \tag{3-19}$$

对式（3-19）取极限，并顾及偶然误差的特性 $\lim\limits_{n\to\infty}\frac{[\Delta]}{n}=0$，可得

$$X=\lim_{n\to\infty}\frac{[l]}{n} \tag{3-20}$$

式（3-20）说明，当 $n\to\infty$ 时，观测值的算术平均值就趋于未知量的真值了。当 $n$ 有限时，通常取算术平均值作为未知量的最可靠值。

### 3.5.2 观测值的中误差

在利用式（3-7）计算等精度独立观测值的中误差 $m$ 时，需要知道观测值的真误差。但在大多情况下，观测值的真值是未知的，因此，真误差也就无法求得。但由于算术平均值是真值的最可靠值，所以，可以用算术平均值代替真值来计算中误差。

在实际应用中，采用观测值的改正数计算观测值的中误差。算术平均值与观测值之差，称为观测值的改正数，观测值改正数通常采用 $v$ 表示，即

$$v_i=\overline{X}-l_i \qquad (i=1、2、\cdots、n) \tag{3-21}$$

对 $v_i$ 求和，得

$$[v]=n\overline{X}-[l]=0 \tag{3-22}$$

将式（3-21）和式（3-18）相加，得

$$v_i+\Delta_i=\overline{X}-X \qquad (i=1、2、\cdots、n)$$

令 $\delta=\overline{X}-X$，代入上式可得

$$\Delta_i=\delta-v_i \qquad (i=1、2、\cdots、n) \tag{3-23}$$

对式（3-23）各项平方后求和，并将式（3-22）代入，得

$$[\Delta\Delta]=[vv]-2[v]\delta+n\delta^2=[vv]+n\delta^2 \tag{3-24}$$

将式（3-24）除以 $n$ 并取极限，得

$$\lim_{n\to\infty}\frac{[\Delta\Delta]}{n}=\lim_{n\to\infty}\frac{[vv]}{n}+\lim_{n\to\infty}\delta^2 \tag{3-25}$$

下面化简 $\lim\limits_{n\to\infty}\delta^2$：

$$\begin{aligned}\delta&=\overline{X}-X\\&=\frac{1}{n}(l_1-X+l_2-X+\cdots+l_n-X)\\&=\frac{1}{n}(\Delta_1+\Delta_2+\cdots+\Delta_n)\end{aligned}$$

$$\delta^2=\frac{1}{n^2}(\Delta_1^2+\Delta_2^2+\cdots+\Delta_n^2+2\Delta_1\Delta_2+2\Delta_1\Delta_3+\cdots+2\Delta_{n-1}\Delta_n)$$

$$= \frac{[\Delta\Delta]}{n^2} + \frac{2}{n^2}(\Delta_1\Delta_2 + \Delta_1\Delta_3 + \cdots + \Delta_{n-1}\Delta_n)$$

取极限

$$\lim_{n\to\infty}\delta^2 = \lim_{n\to\infty}\frac{[\Delta\Delta]}{n^2} + \lim_{n\to\infty}\frac{2}{n^2}(\Delta_1\Delta_2 + \Delta_1\Delta_3 + \cdots + \Delta_{n-1}\Delta_n) \tag{3-26}$$

因为观测值 $l_1$、$l_2$、…、$l_n$ 相互独立，所以观测值两两之间的协方差应等于零，即

$$\lim_{n\to\infty}\frac{2}{n^2}(\Delta_1\Delta_2 + \Delta_1\Delta_3 + \cdots + \Delta_{n-1}\Delta_n) = 0 \tag{3-27}$$

将式（3-27）代入式（3-26），得

$$\lim_{n\to\infty}\delta^2 = \lim_{n\to\infty}\frac{[\Delta\Delta]}{n^2} \tag{3-28}$$

再将式（3-28）代入式（3-25），得

$$\lim_{n\to\infty}\frac{[\Delta\Delta]}{n} = \lim_{n\to\infty}\frac{[vv]}{n} + \lim_{n\to\infty}\delta^2 = \lim_{n\to\infty}\frac{[vv]}{n} + \lim_{n\to\infty}\frac{[\Delta\Delta]}{n^2} \tag{3-29}$$

当观测次数 $n$ 有限时，式（3-29）可变为

$$m^2 = \frac{[vv]}{n} + \frac{m^2}{n} \tag{3-30}$$

整理得

$$m = \sqrt{\frac{[vv]}{n-1}} \tag{3-31}$$

式（3-31）就是对某量进行 $n$ 次等精度独立观测后，利用观测值改正数计算一次观测中误差的公式，此式又称为白塞尔公式。

### 3.5.3　等精度独立观测量算术平均值的中误差

设对某未知量等精度独立观测了 $n$ 次，观测值为 $l_1$、$l_2$、…、$l_n$，其算术平均值为

$$\overline{X} = \frac{l_1 + l_2 + \cdots + l_n}{n} = \frac{1}{n}l_1 + \frac{1}{n}l_2 + \cdots + \frac{1}{n}l_n \tag{3-32}$$

设每个观测值的中误差为 $m$，按照线性函数的误差传播定律，得算术平均值的中误差为

$$m_{\overline{X}} = \sqrt{\frac{1}{n^2}m^2 + \frac{1}{n^2}m^2 + \cdots + \frac{1}{n^2}m^2} = \sqrt{\frac{n}{n^2}m^2} = \frac{m}{\sqrt{n}} \tag{3-33}$$

由式（3-33）可知，$n$ 次等精度独立观测量算术平均值的中误差为一次观测中误差的 $\frac{1}{\sqrt{n}}$。

将式（3-31）代入式（3-33），可得用观测值改正数计算算术平均值中误差的计算公式为

$$m_{\overline{X}} = \sqrt{\frac{[vv]}{n(n-1)}} \tag{3-34}$$

【例 3-4】　设对某直线等精度独立观测了 6 次，观测结果列入表 3-2，试计算其算术平

均值、观测值的中误差、算术平均值的中误差和其相对误差。

解：容易求出 6 次距离丈量的算术平均值$\overline{X}$=118.840m，其余计算过程及结果见表 3-2。

表 3-2　观测值精度计算表

| 观测次序 | 观测值/m | 改正数 $v$/mm | $vv$ | 计算 $\overline{X}$、$m$、$m_{\overline{X}}$、$K$ |
|---|---|---|---|---|
| 1 | 118.835 | 5 | 25 | 算术平均值：$\overline{X}$ = 118.840m |
| 2 | 118.848 | -8 | 64 | 观测值中误差：$m=\sqrt{\frac{[vv]}{n-1}}=9.9\text{mm}$ |
| 3 | 118.824 | 16 | 256 | 算术平均值中误差：$m_{\overline{X}}=\frac{m}{\sqrt{n}}=4.0\text{mm}$ |
| 4 | 118.846 | -6 | 36 | 算术平均值相对中误差：$K=\frac{m_{\overline{X}}}{\overline{X}}=\frac{1}{29710}$ |
| 5 | 118.850 | -10 | 100 | |
| 6 | 118.837 | 3 | 9 | |
| Σ | | 0 | 490 | |

### 3.5.4　用等精度双次观测列差值求观测值中误差

在测量工作中，为了对观测值进行检核和提高精度，通常需对一些量观测两次，如距离测量时采用往测与返测，水准测量时对各测段高差采用往返观测，三角高程测量时采用对向观测等，这种观测称为双次观测。对一个未知量进行的两次观测，称为一个观测对。多个双次观测值称为双次观测列。设同一个量两次观测值的差为 $d$，则有

$$d_i = l_i' - l_i'' \qquad (i=1、2、\cdots、n) \tag{3-35}$$

因双次观测值之差的真值为零，故 $d_i$ 就是差值的真误差。根据中误差定义式（3-7），差值的中误差应为

$$m_d = \sqrt{\frac{[dd]}{n}} \tag{3-36}$$

式中，$n$ 为双次观测的个数。

设观测值的中误差为 $m$，由式（3-35）可得

$$m_d^2 = m_{l'}^2 + m_{l''}^2 = 2m^2$$

由此可得观测值中误差为

$$m = \frac{m_d}{\sqrt{2}} = \sqrt{\frac{[dd]}{2n}} \tag{3-37}$$

观测量的最或然值是两次观测结果的算术平均值，即

$$\overline{X_i} = \frac{l_i' + l_i''}{2}$$

根据式（3-33），算术平均值的中误差为

$$m_{\overline{X_i}} = \frac{m}{\sqrt{2}} = \pm\frac{1}{2}\sqrt{\frac{[dd]}{n}} \tag{3-38}$$

【例 3-5】　对某导线的 6 条边做等精度观测，观测结果见表 3-3，取每条边两次观测值的算术平均值作为该边的最或然值，求观测值中误差和每条边最或然值的中误差。

表 3-3　双次观测序列表

| 边号 | $l'$/m | $l''$/m | $d$/mm | $dd$ |
| --- | --- | --- | --- | --- |
| 1 | 125.403 | 125.412 | −9 | 81 |
| 2 | 108.652 | 108.641 | 11 | 121 |
| 3 | 118.386 | 118.380 | 6 | 36 |
| 4 | 95.137 | 95.145 | −8 | 64 |
| 5 | 98.568 | 98.575 | 7 | 49 |
| 6 | 105.265 | 105.271 | −6 | 36 |
| $[dd]=387$ | | | | |

解：因为是等精度观测，所以按式（3-37）求观测值中误差，即

$$m=\sqrt{\frac{[dd]}{2n}}=\sqrt{\frac{387}{2\times 6}}\text{mm}=5.7\text{mm}$$

按式（3-38）求各边最或然值的中误差，即

$$m_{\overline{X}_i}=\frac{m}{\sqrt{2}}=4.0\text{mm}$$

## 3.6　不等精度独立观测量的最可靠值与精度评定

### 3.6.1　不等精度观测及观测值的权

在测量实际工作中，除等精度观测外，还有不等精度观测。例如，有一个待定水准点，需要从两个已知点经过两条不同长度的水准路线测定其高程，因两条水准路线的长度不同，则从两条路线测得的待定点高程的精度是不相等的，不能简单地取其算术平均值作为最可靠值，并据此评定其精度。

为了表示观测值的可靠性，需引入“权”的概念，“权”本意为秤锤，此处表示“权衡轻重”之意，权为不同精度观测值在计算未知量的最可靠值时所占的比例。某一观测值或观测值函数的精度越高（中误差 $m$ 越小），其权应越大。测量误差理论中，以 $P$ 表示权，定义权与中误差的平方成反比，即

$$P_i=\frac{C}{m_i^2} \tag{3-39}$$

式中，$C$ 为任意正数。权等于 1 的中误差称为单位权中误差，一般用 $m_0$ 表示。因此，权的另一种表达式为

$$P_i=\frac{m_0^2}{m_i^2} \tag{3-40}$$

中误差的另一种表达式为

$$m_i=m_0\sqrt{\frac{1}{P_i}} \tag{3-41}$$

为了计算方便，通常取一次观测、单位长度等的测量误差作为单位权中误差 $m_0$。

例如，设一测回的水平角观测中误差 $m_\beta$ 作为单位权中误差，则 $N$ 测回算术平均值的水平角中误差为

$$m_{\beta(N)} = \frac{m_\beta}{\sqrt{N}} \tag{3-42}$$

按式（3-40），$N$ 测回水平角的权为

$$P_{\beta(N)} = \frac{Nm_\beta^2}{m_\beta^2} = N \tag{3-43}$$

由式（3-43）可以得到：水平角测量时，测回数越多，其算术平均值的精度越高，权值越大，权值与测回数成正比。

又如，水准测量中，取 1km 长路线的高差测量中误差 $m_{1\text{km}}$ 作为单位权中误差，则线路长度为 $L$ 的高差测量中误差为

$$m_L = m_{1\text{km}} \sqrt{L}$$

按式（3-40），线路长度为 $L$ 的高差测量的权为

$$P_L = \frac{m_{1\text{km}}^2}{m_{1\text{km}}^2 L} = \frac{1}{L} \tag{3-44}$$

由式（3-44）可以得到：水准测量时，水准路线越长，高差测量的精度越低，权值越小，权值与路线长度成反比。

### 3.6.2 加权平均值

设对某量进行了 $n$ 次不等精度观测，其观测值分别为 $l_1$、$l_2$、…、$l_n$，相应的权为 $P_1$、$P_2$、…、$P_n$，按下式计算其加权平均值作为该量的最或然值。

$$\overline{X} = \frac{P_1 l_1 + P_2 l_2 + \cdots + P_n l_n}{P_1 + P_2 + \cdots + P_n} = \frac{[Pl]}{[P]} \tag{3-45}$$

由于同一量的各个观测值都相差不大，为了便于计算，通常采用加权平均值计算的实用公式，即

$$l_i = l_0 + \Delta l_i \tag{3-46}$$

$$\overline{X} = l_0 + \frac{[P\Delta l_i]}{[P]} \tag{3-47}$$

根据同一量的 $n$ 次不等精度观测值，计算其加权平均值后，用按式（3-21）计算观测值的改正值，即

$$v_i = \overline{X} - l_i \qquad (i = 1、2、\cdots、n)$$

这些不等精度观测值的改正值，也应符合最小二乘原则。其数学表达式为

$$[Pvv] = [P(\overline{X} - l)^2] = \min \tag{3-48}$$

以 $\overline{X}$ 为自变量，对式（3-48）求一阶导数，并令其等于零，即

$$\frac{\mathrm{d}[Pvv]}{\mathrm{d}\overline{X}} = 2[P(\overline{X} - l)] = 0$$

则

$$[P]\overline{X}-[Pl]=0$$

$$\overline{X}=\frac{[Pl]}{[P]} \tag{3-49}$$

### 3.6.3　加权平均值的中误差

不等精度观测值的加权平均值计算公式（3-45）可以写成线性函数的形式，即

$$\overline{X}=\frac{P_1}{[P]}l_1+\frac{P_2}{[P]}l_2+\cdots+\frac{P_n}{[P]}l_n$$

根据线性函数的误差传播定律，得

$$m_{\overline{X}}=\sqrt{\left(\frac{P_1}{[P]}\right)^2 m_1^2+\left(\frac{P_2}{[P]}\right)^2 m_2^2+\cdots+\left(\frac{P_n}{[P]}\right)^2 m_n^2}$$

按式（3-40），上式中以 $m_i^2=\dfrac{m_0^2}{P_i}$（$m_0$ 为单位权中误差）代入并整理，得

$$m_{\overline{X}}=m_0\sqrt{\frac{P_1}{[P]^2}+\frac{P_2}{[P]^2}+\cdots+\frac{P_n}{[P]^2}}$$

$$m_{\overline{X}}=\frac{m_0}{\sqrt{[P]}} \tag{3-50}$$

按式（3-40），加权平均值的权即为观测值的权之和，即

$$P_{\overline{X}}=[P] \tag{3-51}$$

### 3.6.4　单位权中误差的计算

设对某量进行了 $n$ 次不等精度观测，其观测值分别为 $l_1$、$l_2$、…、$l_n$，相应的权为 $P_1$、$P_2$、…、$P_n$，相应的中误差分别为 $m_1$、$m_2$、…、$m_n$。根据对同一量进行的一组不等精度观测值，可以计算这组观测值的单位权中误差。

由式（3-40）得

$$m_0^2=P_i m_i^2 \qquad (i=1,2,\cdots,n) \tag{3-52}$$

对式（3-52）两边求和并除以 $n$，得

$$m_0^2=\frac{[Pm^2]}{n}=\frac{[Pmm]}{n}$$

上式中用真误差代替中误差，得到在观测量的真值已知的情况下用真误差求单位权中误差的计算公式为

$$m_0=\sqrt{\frac{[P\Delta\Delta]}{n}} \tag{3-53}$$

在观测量的真值未知的情况下，用观测值的加权平均值 $\overline{X}$ 代替真值 $X$，用观测值的改正值 $v_i$ 代替真误差 $\Delta_i$，并仿照式（3-31）的推导，得到按不等精度观测值的改正值计算单位权中误差的公式为

$$m_0=\sqrt{\frac{[Pvv]}{n-1}} \tag{3-54}$$

【例 3-6】 某水平角用同一全站仪进行了 4 组观测，各组分别观测了 2、3、4、6 测回，各组观测值见表 3-4，试求该水平角的最或然值及其中误差。

解：本例以测回数作为各组平差值的权值。以一测回观测的权为单位权，所以求得的单位权中误差为角度一测回观测的中误差。全部计算过程及结果见表 3-4。

**表 3-4 例 3-6 中的加权平均值及其中误差的计算**

| 组号 | 测回数 | 各组平均值 $l$ /(° ′ ″) | $\Delta l$/(″) | 权 $P$ | $P\Delta l$ /(″) | 改正数 $v$ /(″) | $Pv$ /(″) | $Pvv$ /(″)$^2$ |
|---|---|---|---|---|---|---|---|---|
| 1 | 2 | 89 42 35 | 5 | 2 | 10 | 0 | 0 | 0 |
| 2 | 3 | 89 42 39 | 9 | 3 | 27 | −4 | −12 | 48 |
| 3 | 4 | 89 42 38 | 8 | 4 | 32 | −3 | −12 | 36 |
| 4 | 6 | 89 42 31 | 1 | 6 | 6 | 4 | 24 | 96 |
| | 合计 | $l_0 = 89°42'30''$ | | 15 | 75 | | 0 | 180 |
| 加权平均值及其中误差 | | $\overline{X} = l_0 + \frac{[P\Delta l_i]}{[P]} = 89°42'30'' + \frac{75''}{15} = 89°42'35''$；$[Pvv] = 180('')^2$，$m_0 = \sqrt{\frac{[Pvv]}{n-1}} = \sqrt{\frac{180('')^2}{4-1}} = 7.7''$；$P_{\overline{X}} = 15$，$m_{\overline{X}} = \frac{m_0}{\sqrt{P_{\overline{X}}}} = \frac{7.7''}{\sqrt{15}} = 2.0''$ | | | | | | |

【例 3-7】 如图 3-4 所示，$A$、$B$、$C$ 点为已知高等级水准点，其高程值的误差很小，可以忽略不计。为求 $P$ 点的高程，使用 $S_3$ 水准仪独立观测了三段水准路线的高差，已知水准点高程、每段高差的观测值及其线路长，标于图 3-4 中。试求 $P$ 点高程的最或然值及其中误差。

解：本例以水准路线 1km 长的观测值作为单位权观测值，则有

$$P_i = \frac{1}{L_i}$$

式中，$P_i$ 为各条水准路线的权，$L_i$ 为各条水准路线的长度。全部计算过程及结果见表 3-5。

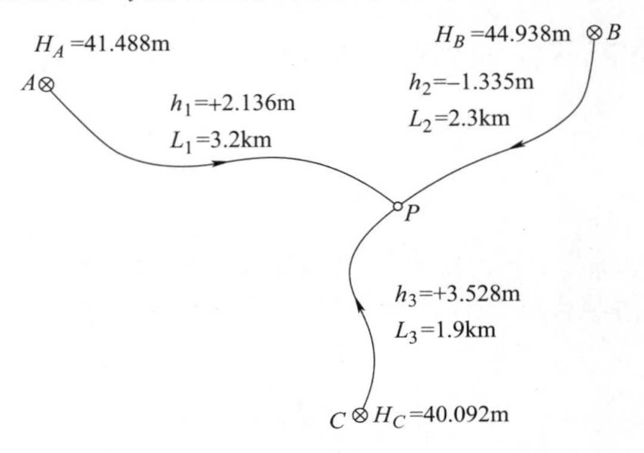


图 3-4 单节点水准路线图［例 3-7］

表 3-5 例 3-7 中的加权平均值及其中误差的计算

| 路线 | 起点 | 起点高程/m | 高差/m | 观测高程/m | 路线长/km | 权 $P_i=\frac{1}{L_i}$ | $v$/mm | $Pvv$/$mm^2$ |
|---|---|---|---|---|---|---|---|---|
| 1 | $A$ | 41.488 | 2.136 | 43.624 | 3.2 | 0.31 | −9 | 25.11 |
| 2 | $B$ | 44.938 | −1.335 | 43.603 | 2.3 | 0.43 | 12 | 61.92 |
| 3 | $C$ | 40.092 | 3.528 | 43.620 | 1.9 | 0.53 | −5 | 13.25 |
| Σ | | | | | | 1.27 | | 100.28 |
| 加权平均值及其中误差 | $\overline{X}=\frac{[Pl]}{[P]}=\frac{0.31\times43.624+0.43\times43.603+0.53\times43.620}{0.31+0.43+0.53}=43.615\text{m}$<br>$[Pvv]=100.28\text{mm}^2$ $m_0=\sqrt{\frac{[Pvv]}{n-1}}=\sqrt{\frac{100.28\text{mm}^2}{3-1}}=7.1\text{mm}$<br>$P_{\overline{X}}=1.27$ $m_{\overline{X}}=\frac{m_0}{\sqrt{P_{\overline{X}}}}=\frac{7.1\text{mm}}{\sqrt{1.27}}=6.3\text{mm}$ | | | | | | | |

## 思考题与习题

1. 何谓测量误差？测量误差产生的原因有哪些？

2. 测量误差是如何分类的？各有何特性？在测量工作中如何消除或减弱其影响？

3. 偶然误差有哪些特性？

4. 何谓标准差、中误差、极限误差和相对误差？各适用于何种场合？

5.《工程测量标准》（GB 50026—2020）中规定极限误差为 2 倍中误差有何依据？实际测量工作中极限误差有何作用？

6. 三鼎 STS-720 系列全站仪一测回方向观测中误差 $m_0=2''$，试计算用该仪器观测一个水平角 $\beta$ 一测回的中误差 $m_\beta$。

7. 已知用 $J_6$ 经纬仪一测回的测角中误差 $m_\beta=8.5''$，采用多次测量取平均值的方法可以提高角度测量精度，如需使所测角的中误差达到±6″，需要观测几个测回？

8. 已知三角高程测量的高差计算公式为 $h=D\sin\alpha+i-v$，观测数据及其中误差分别为：$D=106.785\text{m}$，$m_D=6.0\text{mm}$；$\alpha=1°23'46''$，$m_\alpha=10.0''$；$m_i=m_v=2.0\text{mm}$。试计算 $m_h$。

9. 对于某个水平角以等精度观测了 6 个测回，观测值列于表 3-6。试计算其算术平均值、一测回的中误差和算术平均值的中误差。

10. 何谓不等精度观测？何谓权？权有何实用意义？

11. 如图 3-5 所示，$A$、$B$、$C$ 点为已知高等级水准点，其高程值的误差很小，可以忽略不计。为求 $P$ 点的高程，使用 $S_3$ 水准仪独立观测了三段水准路线的高差，已知水准点高程、每段高差的观测值及其线路长标于图 3-5 中。试在表 3-7 中完成 $P$ 点高程的最或然值及其中误差的计算。

表 3-6　水平角算术平均值和中误差计算表

| 观测次序 | 观测值 $l$ /(° ′ ″) | 改正数 $v$ /(″) | $vv$/(″)$^2$ | 计算 $\overline{X}$、$m$、$m_{\overline{X}}$ |
|---|---|---|---|---|
| 1 | 86 23 37 | | | 算术平均值： |
| 2 | 86 23 23 | | | |
| 3 | 86 23 33 | | | 观测值中误差： |
| 4 | 86 23 25 | | | |
| 5 | 86 23 39 | | | |
| 6 | 86 23 24 | | | 算术平均值中误差： |
| Σ | | | | |

表 3-7　单节点水准路线加权平均值及其中误差的计算

| 路线 | 起点 | 起点高程 /m | 高差 /m | 观测高程 /m | 路线长 /km | 权 $P_i=\frac{1}{L_i}$ | $v$ /mm | $Pvv$ /mm$^2$ |
|---|---|---|---|---|---|---|---|---|
| | | | | | | | | |
| | | | | | | | | |
| | | | | | | | | |
| Σ | | | | | | | | |
| 加权平均值及其中误差 | | | | | | | | |

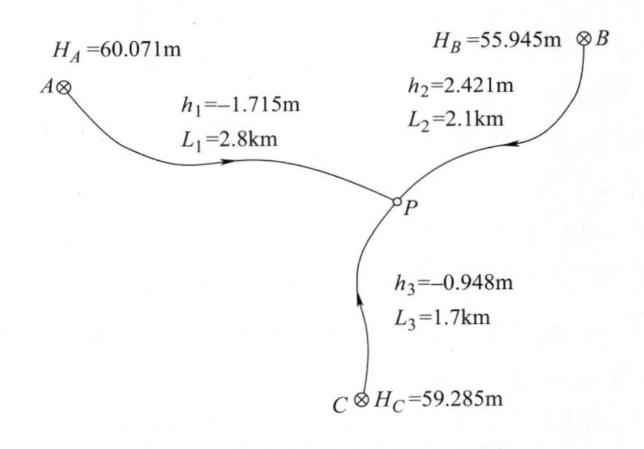


图 3-5　单节点水准路线图（习题 11）

第 2 篇

Part 2

2

# 技术方法

# 第4章 角度测量

角度测量是测量的三项基本工作之一，包括水平角测量和竖直角测量。角度测量的仪器有全站仪和经纬仪，它们既能测量水平角，又能测量竖直角。水平角用于求算地面点的坐标和两点间的坐标方位角，竖直角用于求算高差或将倾斜距离换算成水平距离。

全站仪电子测角原理

## ■ 4.1 角度测量原理

### 4.1.1 水平角测量原理

地面上某一点（称为测站点）到两目标点的方向线铅垂投影到水平面上所成的角度，称为水平角。一般用 $\beta$ 表示，取值范围为0°~360°。如图4-1所示，$A$、$O$、$B$ 为地面上高程不同的三个点，沿铅垂线方向投影到水平面 $P$ 上，得到相应 $a'$、$O$、$b'$ 点，则水平投影线 $Oa'$ 与 $Ob'$ 构成的夹角 $\beta$，称为地面方向线 $OA$ 与 $OB$ 两方向线间的水平角。

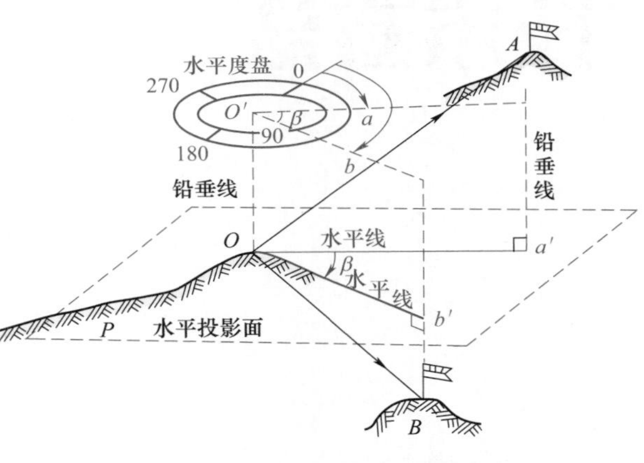

图4-1 水平角测量原理

为了测定水平角的大小，设想在 $O$ 点铅垂线上任一处 $O'$ 点水平安置一个带有顺时针均匀刻划的水平度盘，通过左方向 $OA$ 和右方向 $OB$ 各作一铅垂面与水平度盘平面相交，在度盘上截取相应的读数为 $a$ 和 $b$（图4-1），则水平角 $\beta$ 为右方向读数 $b$ 减去左方向读数 $a$，即 $\beta = b - a$。

### 4.1.2 竖直角测量原理

同一竖直面内目标方向与水平方向间的夹角称为竖直角，又称高度角，一般用 $\alpha$ 表示。目标的方向线在水平线的上方所构成的仰角为正，目标的方向线在水平线的下方所构成的俯角为负。竖直角角值为-90°~90°。目标方向与天顶方向（即铅垂线的反方向）所构成的角，称为天顶距，一般用 $Z$ 表示，天顶距的大小为0°~180°，没有负值，如图4-2所示。

为了测定竖直角的大小，可在 $O$ 点铅垂线上垂直安置带有均匀刻划的竖直度盘，竖直度盘上的两个方向的读数之差即为所要测定的竖直角。与水平角测定不同的是，竖直角测定两方向中一个方向是水平视线方向。为测量和计算方便，在仪器制造时，水平视线方向的竖直度盘读数为 90°的整倍数，因此测量竖直角时，只要瞄准目标，读取竖直度盘读数，就可以计算出竖直角。

光学经纬仪和全站仪就是根据上述测角原理及其要求制成的一种测角仪器。

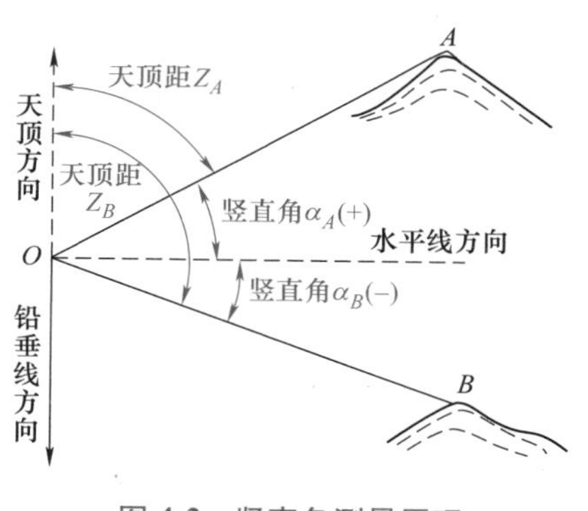


图 4-2　竖直角测量原理

## ■ 4.2　角度测量仪器

### 4.2.1　光学经纬仪及其构造

在我国光学经纬仪按精度从高到低划分为 $DJ_{07}$、$DJ_1$、$DJ_2$、$DJ_6$、$DJ_{15}$ 和 $DJ_{60}$ 六个级别，其中“D”“J”分别为“大地测量”和“经纬仪”的汉语拼音的第一个字母，下标数字表示仪器的精度，即一测回水平方向中误差的秒数。下面以 $DJ_6$ 级经纬仪为例介绍光学经纬仪的构造及工作原理。

1. $DJ_6$ 型光学经纬仪的基本构造

各种型号 $DJ_6$ 型（简称 $J_6$ 型）光学经纬仪的基本构造是大致相同的，图 4-3 所示为国产 $DJ_6$ 型光学经纬仪，它主要由照准部、水平度盘和基座三部分组成。

（1）照准部　照准部为经纬仪上部可转动的部分，由望远镜、竖直度盘、横轴、支架、竖轴、照准部管水准器、读数显微镜及其光学读数系统等组成。

1）望远镜。望远镜用于精确瞄准目标。它在支架上可绕横轴在竖直面内做仰俯转动，并由望远镜制动扳钮和望远镜微动螺旋控制。经纬仪的望远镜与水准仪的望远镜相同，由物镜、调焦镜、十字丝分划板、目镜和固定它们的镜筒组成。望远镜的放大倍率一般为 20～40 倍。

2）竖直度盘。竖直度盘（简称竖盘）用于观测竖直角。它是由光学玻璃制成的圆盘，安装在横轴的一端，并随望远镜一起转动。其竖直度盘同侧的支架上没有竖盘指标水准管，而在竖盘内部装有自动归零装置，只要将支架上的自动归零开关转到“ON”，竖盘指标即处于正确位置。不测竖直角时，将竖盘指标自动归零开关转到“OFF”，以保护其自动归零装置。

3）水准器。照准部上设有一个管水准器，基座上设有一个圆水准器，与脚螺旋配合，用于整平仪器。和水准仪一样，圆水准器用作粗平，而管水准器则用于精平。

4）竖轴。照准部的旋转轴即为仪器的竖轴，竖轴插入竖轴轴套中，该轴套下端与轴座固连，置于基座内，并用轴座固定螺旋固紧，使用仪器时切勿松动该螺旋，以防仪器分离坠落。

照准部可绕竖轴在水平方向旋转，并由水平制动扳钮和水平微动螺旋控制。图 4-3 所示

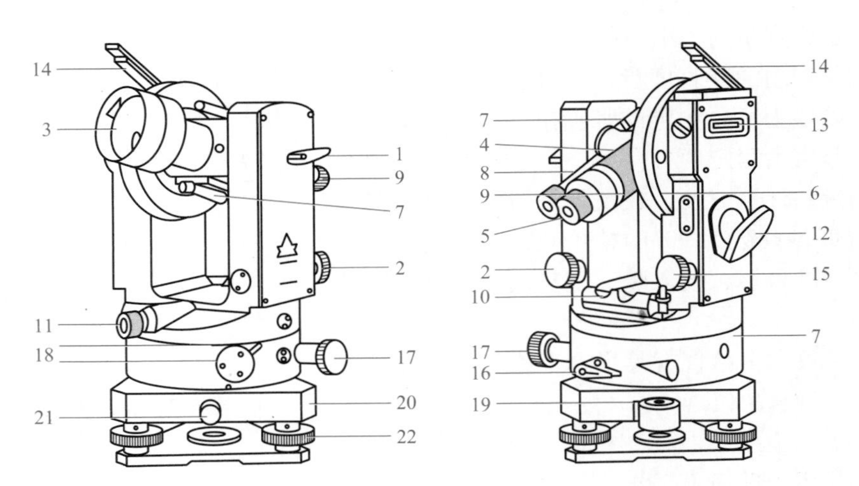


图 4-3 国产 $DJ_6$ 型光学经纬仪

1—望远镜制动扳钮（螺旋） 2—望远镜微动螺旋 3—物镜 4—物镜调焦螺旋 5—目镜 6—目镜调焦螺旋 7—粗瞄准器 8—度盘读数显微镜 9—度盘读数显微镜调焦螺旋 10—照准部管水准器 11—光学对中器 12—度盘照明反光镜 13—竖盘指标管水准器 14—竖盘指标管水准器观察反射镜 15—竖盘指标管水准器微动螺旋 16—水平制动扳钮（螺旋） 17—水平微动螺旋 18—水平度盘变换手轮与保护盖 19—圆水准器 20—基座 21—轴套固定螺旋 22—脚螺旋

的经纬仪，其照准部上还装有光学对中器，用于仪器的精确对中。

（2）水平度盘 水平度盘是由光学玻璃制成的圆盘，其边缘按顺时针方向刻有0°~360°的分划，用于测量水平角。水平度盘与一金属的空心轴套结合，套在竖轴轴套的外面，并可自由转动。当照准部转动时，水平度盘并不随之转动。若需要将水平度盘安置在某一读数的位置，可拨动专门的机构，$DJ_6$型光学经纬仪变动（配置）水平度盘位置的机构有以下两种形式：

1）水平度盘变换手轮：按下度盘变换手轮下的保险手柄，将手轮推压进去并转动，就可将水平度盘转到需要的读数位置上。此时，将手松开手轮退出，注意把保险手柄倒回。有的经纬仪装有一小轮（称为位置轮）与水平度盘相连，使用时先打开位置轮护盖，转动位置轮，度盘也随之转动（照准部不动），转到需要的水平度盘读数位置为止，最后盖上护盖。

2）复测机钮（扳手）：当复测机钮扳下时，水平度盘与照准部结合在一起，两者一起转动，此时照准部转动时度盘读数不变。不需要一起转动时，将复测机钮扳上，水平度盘就与照准部脱开。

（3）基座 基座在仪器的最下部，是支承整个仪器的底座。此外，它借助基座的中心螺母和三脚架上的中心连接螺旋，将仪器与三脚架固连在一起。基座上有三个脚螺旋，用来整平仪器。水平度盘的旋转轴套套在竖轴轴套外面，拧紧轴套固定螺旋，可将仪器固定在基座上，松开该固定螺旋，可将仪器从基座中提出，便于置换照准标牌，但平时或作业时务必将基座上的固定螺旋拧紧，不得随意松动，以免仪器脱出基座而摔坏。

2. 读数设备及方法

$DJ_6$型光学经纬仪的读数设备包括：度盘、光路系统及测微器。当光线通过一组棱镜和透镜作用后，将光学玻璃度盘上的分划成像放大，反映到望远镜旁的读数显微镜内，利用光学测微器进行读数。各种 $DJ_6$ 型光学经纬仪的读数装置不完全相同，其相应读数方法也有所不同，归纳为两大类：

（1）分微尺读数装置及其读数方法　分微尺读数装置是在显微镜读数窗与物镜上设置一个带有分微尺的分划板，度盘上的分划线经读数显微镜的水平物镜放大后成像于分微尺上。分微尺 1°的分划间隔长度正好等于度盘的一格，即 1°的宽度。如图 4-4 所示是读数显微镜内看到的度盘和分微尺的影像，上面注有“H”（或水平）的窗口为水平度盘读数窗，下面注有“V”（或竖直）的窗口为竖直度盘读数窗，其中长线和大号数字为度盘上分划线影像及其注记，短线和小号数字为分微尺上的分划线及其注记。

每个读数窗内的分微尺分成 60 小格，每小格代表 1′，每 10 小格注有小号数字，表示 10′的倍数，因此，分微尺可直接读到 1′，估读到 0.1′（即 6″）。读数时，首先打开并转动反光镜，使读数窗内亮度适中，调节读数显微镜的目镜，使度盘和分微尺分划线清晰；然后，“度”可从分微尺中的度盘分划线上的注字直接读得，“分”则用度盘分划线作为指标，在分微尺中直接读出，并估读至 0.1′，两者相加，即得度盘读数。如图 4-4 所示，水平度盘的读数为 126°＋54′42″＝126°54′42″；竖盘读数为 82°＋06′54″＝82°06′54″。

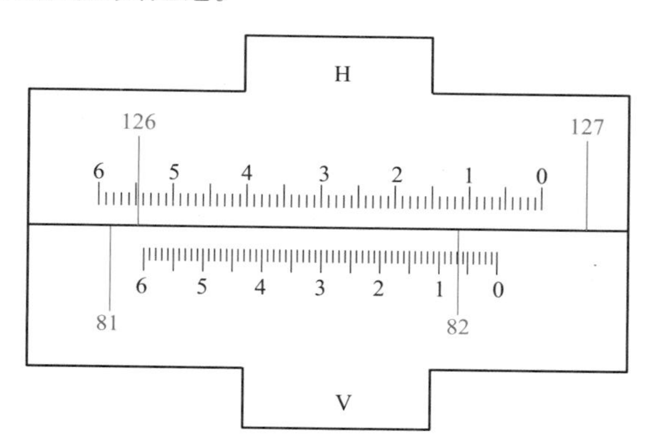


图 4-4　分微尺读数测微器读数窗

（2）单平板玻璃测微器装置及其读数方法　单平板玻璃测微器装置主要由平板玻璃、测微尺、测微轮及传动装置组成。单平板玻璃与测微尺用金属机构连在一起，当转动测微轮时，单平板玻璃与测微尺一起绕同一轴转动。从读数显微镜中看到，当平板玻璃转动时，度盘分划线的影像也随之移动，当读数窗上的双指标线精确地夹准度盘某分划线像时，其分划线移动的角值可在测微尺上根据单指标读出。

如图 4-5 所示的读数窗，上部窗为测微尺像，中部窗为竖直度盘分划像，下部窗为水平度盘分划像。读数窗中单指标线为测微器指标线，双指标线为度盘指标线。度盘凡整度注

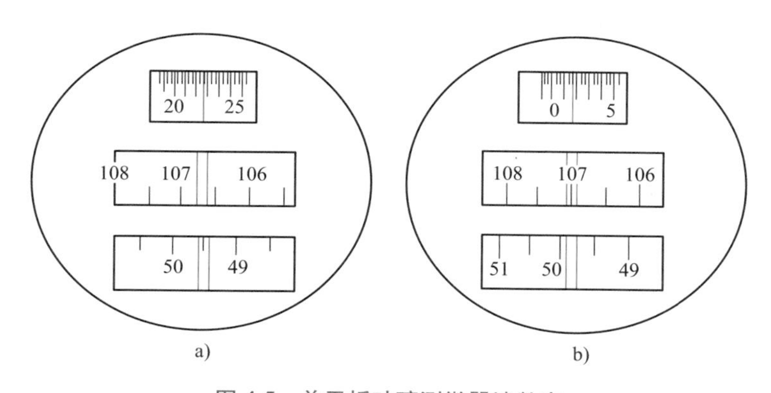


图 4-5　单平板玻璃测微器读数窗

记，每度分两格，最小分划值为30′；测微盘把度盘上30′弧长分为30大格，一大格为1′，每5′一注记，每一大格又分三小格，每小格20″，不足20″的部分可估读，一般可估读到四分之一格，即5″。

读数前，应先转动测微轮，使度盘双指标线夹准（平分）某一度盘分划线像，读出度数和30′的整分数。不足30′的部分再从测微盘上读出，并估读到5″，两者相加，即得度盘读数。每次水平度盘读数和竖直度盘读数都应先调节测微轮，然后分别读取，两者共用测微盘，但互不影响。图4-5a所示水平度盘的读数为49°30′+ 22′40″= 49°52′40″。图4-5b所示竖直度盘的读数为107°+ 01′40″=107°01′40″。

### 4.2.2 全站仪的特点及其基础功能介绍

1. 全站仪的特点

全站仪是由电子测角、光电测距、微型机及其软件组合而成的智能型光电测量仪器。世界上第一台商品化的全站仪是1971年西德OPTON公司生产的Regelda14。

全站仪的基本功能是测量水平角、竖直角和斜距，借助于机内固化的软件，具有多种测量功能，如可以计算并显示平距、高差及三维坐标，进行偏心测量、悬高测量、对边测量、面积测算等。全站仪结构如图4-6所示。

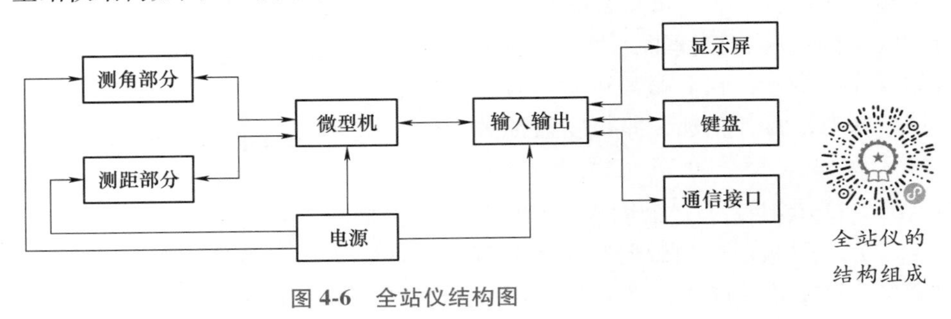


图4-6　全站仪结构图

全站仪具有以下特点：

（1）三同轴望远镜　在全站仪的望远镜中，照准目标的视准轴、光电测距的红外光发射光轴和接收光轴三者是同轴的，其光路如图4-7所示。因此，测量时只要用望远镜照准目标棱镜中心，就能同时测定水平角、竖直角和斜距。

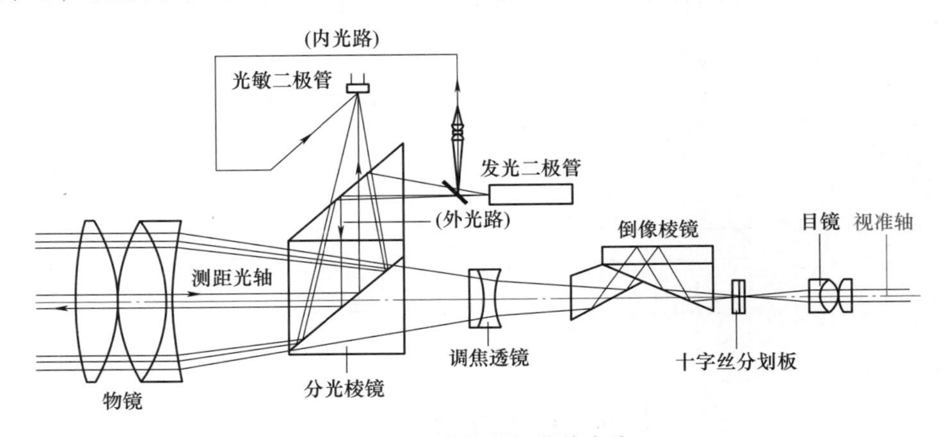


图4-7　全站仪望远镜的光路

（2）键盘操作　全站仪都是通过操作面板键盘输入指令进行测量的，键盘上的键分为硬键和软键两种。每个硬键一个固定功能，或兼有第二、第三功能；软键（一般为F1、F2、F3、F4）的功能通过屏幕最下一行相应位置显示的文字来实现，在不同的菜单下，软键具有不同的功能。现在的国产全站仪和大部分进口全站仪一般都实现了全中文显示，操作界面非常直观和友好，极大地方便了全站仪的操作。

（3）数据存储与通信　全站仪机内一般都带有可以存储2000个以上点观测数据的内存，有些配有CF卡来增加存储容量。仪器设有一个标准的RS-232C通信接口，使用专用电缆与计算机连接可以实现全站仪与计算机的双向数据传输。

（4）电子倾斜传感器　为了消除仪器竖轴倾斜误差对角度测量的影响，全站仪上一般设有电子倾斜传感器，当它处于打开状态时，仪器能自动测出竖轴倾斜的角度，据此计算出对角度观测的影响，并自动对角度观测值进行改正。单轴补偿的电子传感器只能修正竖直角，双轴补偿的电子传感器可以修正水平角。

2. 全站仪的构造

全站仪生产厂商很多，精度高低不同，仪器型号也很多，但基本功能大同小异，以下将以NTS-300R系列全站仪为例介绍其构造及相关功能。

NTS-300R系列全站仪是南方测绘仪器公司生产的，其外形和结构如图4-8所示，主要技术参数如下：

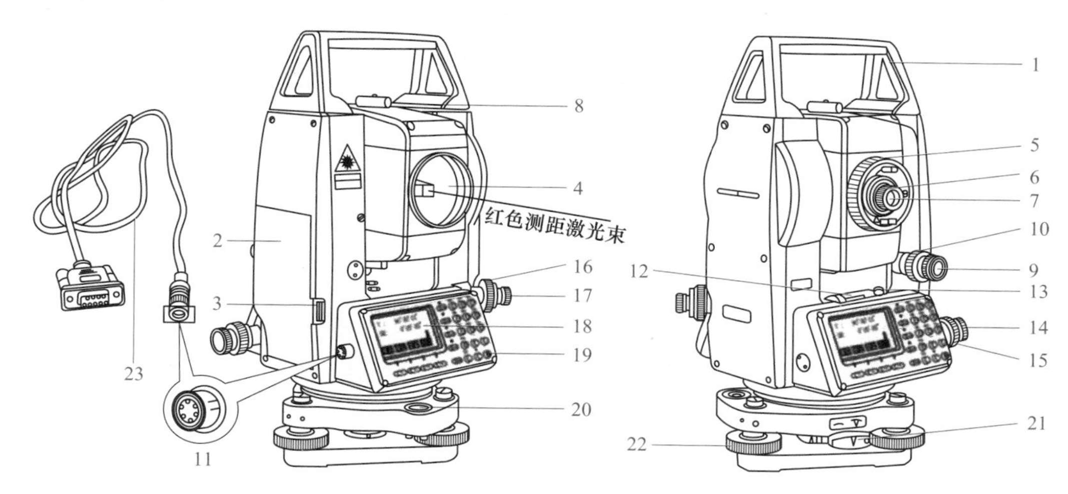


**图4-8　NTS-300R系列全站仪外形和结构图**

1—手柄　2—电池盒　3—电池盒按钮　4—物镜　5—物镜调焦螺旋　6—目镜调焦螺旋　7—目镜　8—光学粗瞄器　9—望远镜制动螺旋　10—望远镜微动螺旋　11—RS232C通信接口　12—管水准器　13—管水准器校正螺钉　14—水平制动螺旋　15—水平微动螺旋　16—光学对中器物镜调焦螺旋　17—光学对中器目镜调焦螺旋　18—显示窗　19—电源开关键　20—圆水准器　21—轴套锁定钮　22—脚螺旋　23—CE-203数据线

1）角度测量精度（一测回方向观测中误差）：NTS-302B为±2″，NTS-305B为±5″，NTS-305S为±5″。

2）竖盘指标自动归零补偿：采用液体电子传感补偿器，补偿范围为±3′。

3）测程：在良好大气条件下使用三块棱镜时为3.0km，采用反射片时为800m，无合作目标时为120m。

4）距离测量误差：使用棱镜时为 3mm + 2ppm㊀，采用反射片或无合作目标时为5mm+2ppm。

5）带有内存的程序模块可以储存 3456 个点的测量数据和坐标数据。

6）仪器采用 6V 镍氢可充电电池供电，一块充满电的电池可供连续测量 6h。

NTS-300R 系列全站仪的操作面板如图 4-9 所示，仪器有角度测量、距离测量、坐标测量、放样和菜单共五种模式。功能选择通过(F1)、(F2)、(F3)、(F4)四个软键来实现。

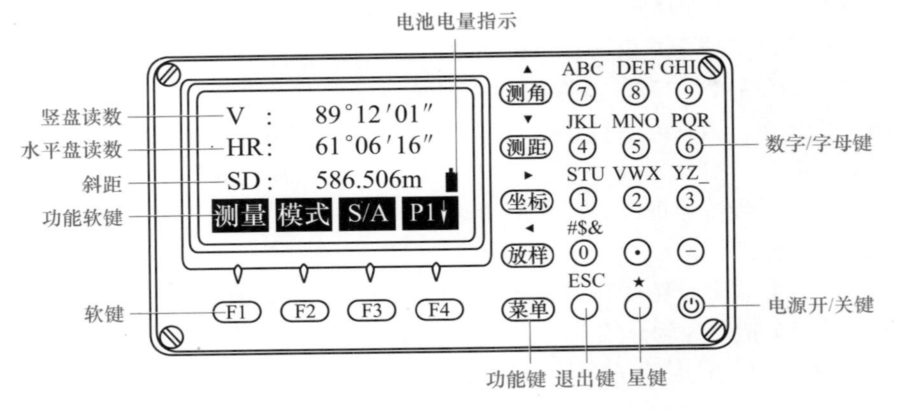


图 4-9　NTS-300R 系列全站仪的操作面板

现有的全站仪基本都支持与反射棱镜、反射片进行协作获取较高精度的测量结果（与距离相关），同时也支持免棱镜操作。反射棱镜及其配套如图 4-10 所示。

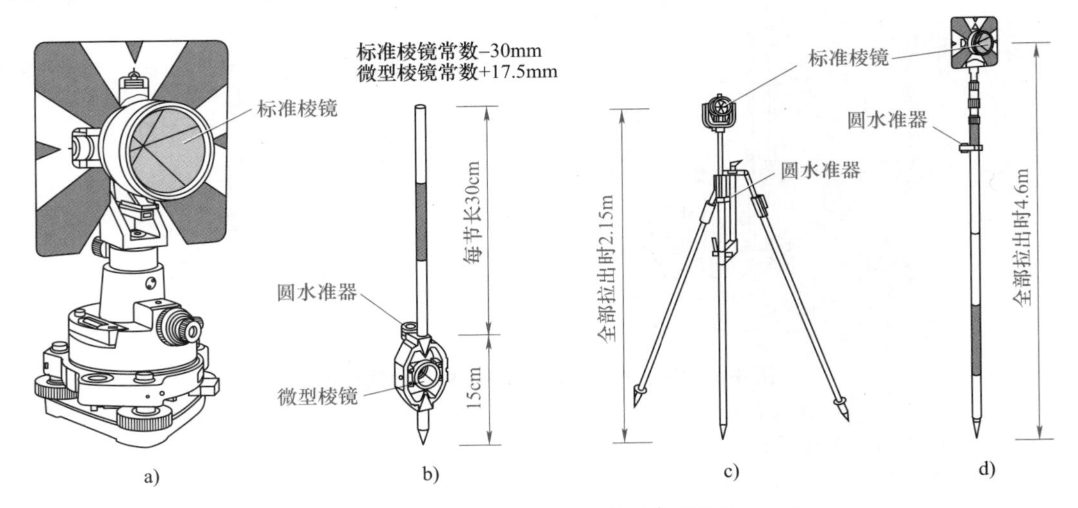


图 4-10　全站仪协作组件（棱镜等）

a）单棱镜与基座　b）微型棱镜对中杆　c）标准型棱镜对中杆　d）加长型棱镜对中杆

---

㊀ 3mm+2ppm 是测量领域对精度（误差）的习惯性表示。1ppm = 1mm/km = $10^{-6}$，表示每测量 1km 的距离将产生 1mm 的比例误差。

3. NTS-300R 系列全站仪的基础功能

如图 4-11 所示，全站仪一般都包括角度测量、距离测量、坐标测量、坐标放样等基本测量功能，某些厂家仪器还会有悬高测量、后方交会及其他一些复杂的衍生功能。以下以 NTS-300R 为例对全站仪的测角及测距功能进行简要介绍。

（1）角度测量模式　仪器出厂设置是开机自动进入角度测量模式，当仪器在其他模式状态时，按【测角】键进入角度测量模式。角度测量模式下有 P1、P2、P3 三页菜单，如图 4-12 所示。

| 按键 | 名称 | 功能 |
|---|---|---|
| 测角 | 角度测量键 | 进入角度测量模式(▲上移键) |
| 测距 | 距离测量键 | 进入距离测量模式(▼下移键) |
| 坐标 | 坐标测量键 | 进入坐标测量模式(▶右移键) |
| 放样 | 坐标放样键 | 进入坐标放样模式(◀左移键) |
| 菜单 | 菜单键 | 进入菜单模式 |
| ESC | 退出键 | 返回上一级状态或返回测量模式 |
| POWER | 电源开关键 | 电源开关 |
| F1–F4 | 软键(功能键) | 对应于显示的软键信息 |
| 0–9 | 数字字母键盘 | 输入数字和字母、小数点、符号 |
| ★ | 星键 | 进入星键模式或直接开启背景光 |
| • | 点号键 | 开启或关闭激光指向功能 |

图 4-11　NTS-300R 系列全站仪各键功能表

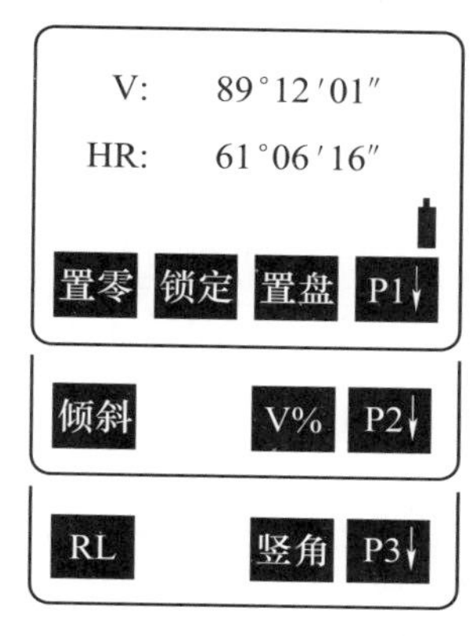


图 4-12　角度测量界面

1）P1 页菜单有“置零”“锁定”“置盘”三个选项。

①“置零”：将当前视线方向的水平度盘读数设置为 0°00′00″。

②“锁定”：将当前水平度盘读数锁定，该选项用于将某个照准方向的水平度盘读数配置为指定的角度值。

③“置盘”：将当前视线方向的水平度盘读数设置为输入值。

2）P2 页菜单。

①“倾斜”：当仪器竖轴发生微小的倾斜时，打开倾斜补偿器可以自动改正竖直角。

②“V%”：使竖盘读数在以角度制显示或以斜率百分比（也称坡度）显示间切换。

3）P3 页菜单。

①“RL”：使水平度盘读数在右旋和左旋水平角之间切换。右旋等价于水平度盘为顺时针注记，左旋等价于水平度盘为逆时针注记。

②“竖角”：使竖盘读数在天顶距（竖盘 0 位于天顶方向）和高度角（竖盘 0 位于水平方向）之间切换。

水平角和竖直角的测量程序如图 4-13 所示。

（2）距离测量模式　仪器照准棱镜中心，按【测距】键，进入距离测量模式。距离测量模式下有 P1、P2 两页菜单，如图 4-14 所示。

1）P1 页菜单。

①“测量”：按设置的测距模式与合作目标进行距离测量。

②“模式”：距离测量有“精测”和“跟踪”两种模式。“精测”测量模式距离显示到“mm”，“跟踪”测量模式距离显示到“cm”。

| 操作过程 | 操作 | 显示 |
|---|---|---|
| ①照准第一个目标A: | 照准A | V: 82°09′30″<br>HR: 90°09′30″<br>置零 锁定 置盘 P1↓ |
| ②设置目标A的水平角为0°00′00″<br>按[F1](置零)键和[F3](确认)键 | [F1] | 水平角置零<br>>OK?<br>确认 退出 |
| | [F3] | V: 82°09′30″<br>HR: 0°00′00″<br>置零 锁定 置盘 P1↓ |
| ③照准第二个目标B,显示目标B的V/H。 | 照准目标B | V: 92°09′30″<br>HR: 67°09′30″<br>置零 锁定 置盘 P1↓ |

图 4-13　水平角和竖直角的测量程序

③“S/A”：设置棱镜常数和气象改正比例系数。按【F3】键后的子菜单中有“棱镜”“PPM”“温度”和“气压”四个选项，分别用于设置棱镜常数、比例改正值、温度和气压。南方测绘仪器公司的棱镜常数出厂设置为-30mm，若使用其他厂家的棱镜，可通过检测确定其棱镜常数。

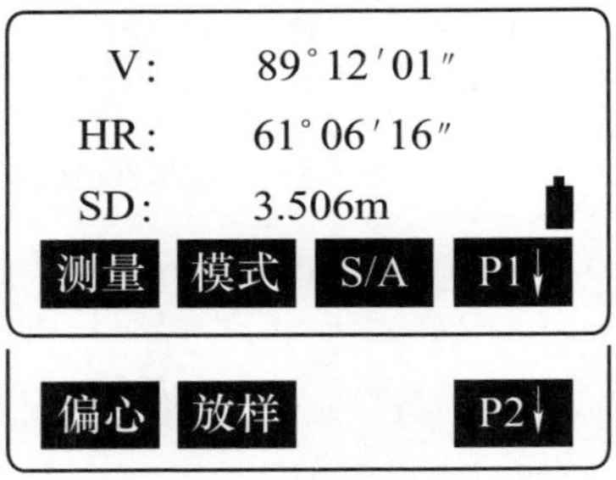

| V: | 89°12′01″ |
|---|---|
| HR: | 61°06′16″ |
| SD: | 3.506m |
| 测量 模式 S/A P1↓ | |
| 偏心 放样 P2↓ | |

图 4-14　距离测量界面

NTS-300R 系列全站仪气象改正比例系数 $\Delta S$ 计算公式为

$$\Delta S = 273.8 - \frac{0.29P}{1 + 0.00366T}$$

式中，$\Delta S$ 的单位为 mm/km，业内习惯用 ppm 表示。

可用现场测得的温度（$T$）和气压（$P$）代入上式计算，也可直接输入温度和气压由仪器自动计算并对所测距离施加改正。

2）P2 页菜单。

①“偏心”：偏心测量模式有“角度偏心”“距离偏心”“平面偏心”和“圆柱偏心”等四种，如图 4-15 所示。

a. 角度偏心。如图 4-15a 所示，当目标点 $P$ 不便安置棱镜时，可以先在 $P$ 点附近的 $P'$ 点安置棱镜，要求水平距离 $OP=OP'$，执行角度偏心测量命令测量 $P'$ 点的距离；然后照准 $P$ 点方向，多次按【测距】键切换，屏幕依次显示测站 $O$ 点至 $P$ 点的平距、高差与斜距，按【坐标】键显示 $P$ 点的坐标。

b. 距离偏心。如图 4-15b 所示，当待测点 $P$ 不便于安置棱镜时，可以先在 $P$ 点附近的 $P'$ 点安置棱镜，执行距离偏心测量命令，输入 $P$ 点相对于 $P'$ 点的左右与前后偏距（右偏为正，左偏为负；后偏为正，前偏为负）；然后照准 $P'$ 点棱镜测量。多次按【测距】键切换，屏幕依次显示测站 $O$ 点至 $P$ 点的平距、高差与斜距；按【坐标】键显示 $P$ 点的坐标。

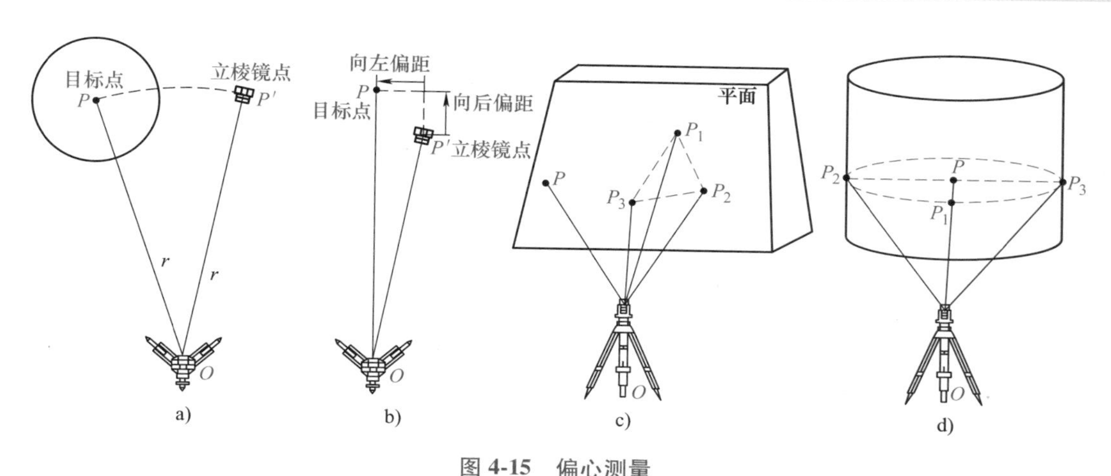


图 4-15　偏心测量

a）角度偏心　b）距离偏心　c）平面偏心　d）圆柱偏心

c. 平面偏心。如图 4-15c 所示，首先执行平面偏心测量命令，依次瞄准平面上不在一条直线上的任意三点 $P_1$、$P_2$、$P_3$ 测量；然后瞄准 $P$ 点，屏幕显示测站 $O$ 点至 $P$ 点的平距与高差。多次按【测距】键切换显示内容，按【坐标】键显示 $P$ 点的坐标。

d. 圆柱偏心。如图 4-15d 所示，设 $P$ 点为圆柱的圆心，$P_1$ 点为直线 $OP$ 与圆的交点，$P_2$、$P_3$ 点分别为圆直径的左、右端点。执行圆柱偏心测量命令，先瞄准 $P_1$ 点测量，再瞄准 $P_2$，按【F4】（设置），最后瞄准 $P_3$，按【F4】（设置），屏幕显示测站 $O$ 至圆心 $P$ 的水平方向值与平距。多次按【测距】键切换显示内容，按【坐标】键显示 $P$ 点的坐标。

②“放样”：放样平距、高差与斜距。执行放样命令的界面如图 4-16a 所示，按【F1】键进入图 4-16b 所示的界面，按【F1】键输入待放样的平距值，瞄准棱镜，按【F4】键测距，进入图 4-16c 所示的界面。图 4-16c 中显示的“dHD”值为实测平距与设计平距之差，根据显示的数据在视线方向上前后移动棱镜（正值前移，负值后移）。多次按【测距】键切换显示内容；按【坐标】键显示棱镜点的坐标。

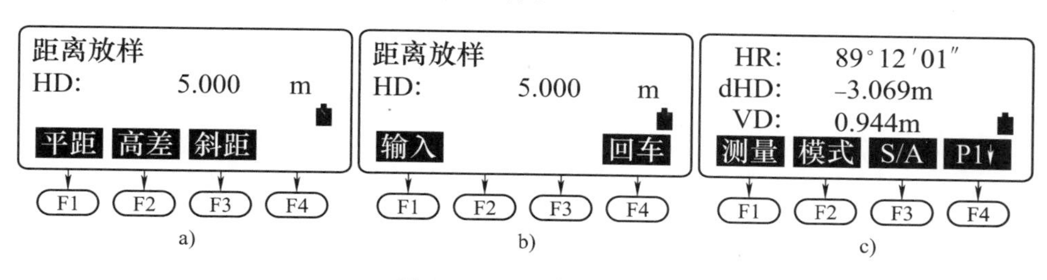


图 4-16　平距放样界面

## 4.3　角度测量方法

### 4.3.1　经纬仪和全站仪的操作方法

无论是光学经纬仪还是全站仪，在使用过程中都需要依次完成“对中→整平→瞄准→

读数”等操作步骤。对中与整平工作称为经纬仪在测站上的安置。

1. 光学经纬仪的基本操作

（1）测站上安置经纬仪　对中的目的是使仪器的水平度盘中心与测站点（标志中心）处于同一铅垂线上；整平的目的是使仪器的竖轴竖直，且水平度盘处于水平位置。具体操作方法如下：

1）对中。先打开三脚架，安在测站点上，使架头大致水平，架头的中心大致对准测站标志，并注意脚架高度适中。然后踩紧三脚架，装上仪器，旋紧中心连接螺旋，挂上垂球（图 4-17a）。若垂球尖偏离测站标志，就稍松动中心连接螺旋，在架头上移动仪器，使垂球尖精确对中标志，再旋紧中心螺旋。若在架头上移动仪器无法精确对中，则要调整三脚架的脚位，此时应注意先旋紧中心连接螺旋，以防仪器摔下。用垂球进行对中的误差一般可控制在 3mm 以内。

若仪器上有光学对中器装置时，可利用光学对中器进行对中（图 4-17b）。首先使架头大致水平和用垂球（或目估）初步对中；然后转动（拉出）对中器目镜，使测站标志的影像清晰；转动脚螺旋，使标志影像位于对中器小圆圈（或十字分划线）中心，此时仪器圆水准气泡偏离，伸缩脚架使圆气泡居中，但须注意脚架尖位置不得移动，再转动脚螺旋使水准管气泡精确居中；最后还要检查一下标志是否仍位于小圆圈中心，若有很小偏差可稍松中心连接螺旋，在架头上移动仪器，使其精确对中。用光学对中器对中的误差可控制在 1mm 以内。由于此法对中的误差小且不受风力等影响，常用于建筑施工测量和导线测量中。

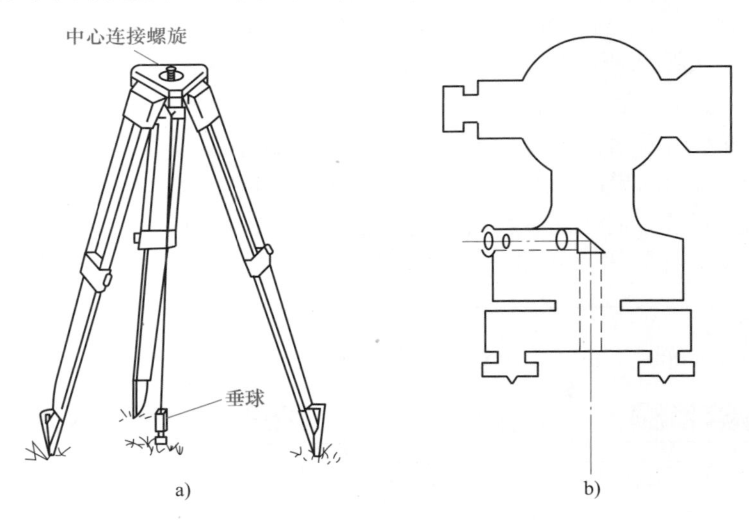


**图 4-17　经纬仪的对中操作**

a）垂球对中　b）光学对中

2）整平。整平的目的是使仪器的竖轴铅垂，水平度盘水平。进行整平时，首先使水准管平行于两脚螺旋的连线，如图 4-18a 所示。操作时，两手同时向内（或向外）旋转两个脚螺旋使气泡居中。气泡移动方向和左手大拇指转动的方向相同；然后将仪器绕竖轴旋转 90°，如图 4-18b 所示，旋转另一个脚螺旋使气泡居中。按上述方法反复进行，直至仪器旋转到任何位置时，水准管气泡都居中为止。

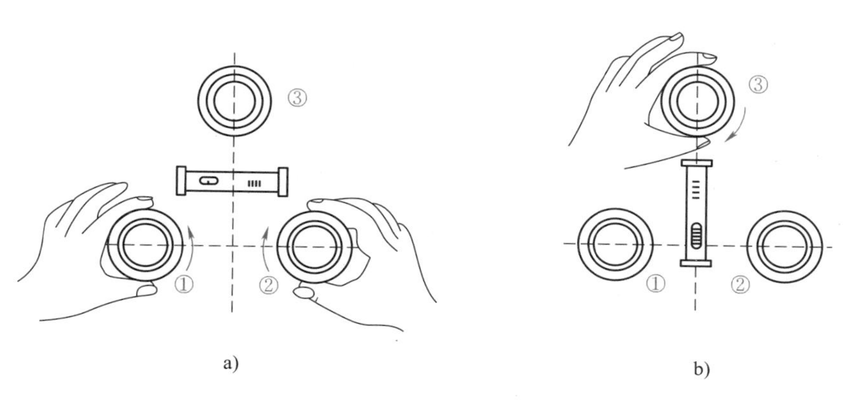


图 4-18　经纬仪的整平操作

（2）瞄准目标　经纬仪安置好后，紧接着要用望远镜瞄准目标。角度测量时瞄准的目标一般是竖立在地面点上的测钎、花杆、觇牌等，其主要操作顺序如下：

1）目镜对光：将望远镜对向明亮背景，转动目镜对光螺旋，使十字丝成像清晰。

2）粗略瞄准：先松开水平制动螺旋与望远镜制动螺旋，转动照准部与望远镜，通过望远镜上的瞄准器对准目标，然后旋紧制动螺旋。

3）物镜对光：转动位于镜筒上的物镜对光螺旋，使目标成像清晰并检查有无视差存在，如果发现有视差存在，应重新进行对光，直至消除视差。

4）精确瞄准：旋转微动螺旋，使十字丝准确对准目标。观测水平角时，应尽量瞄准目标的基部。当目标宽于十字丝双丝距时，宜用单丝平分，如图 4-19a 所示；目标窄于双丝距时，宜用双丝夹住，如图 4-19b 所示；观测竖直角时，用十字丝横丝的中心部分对准目标位，如图 4-19c 所示。

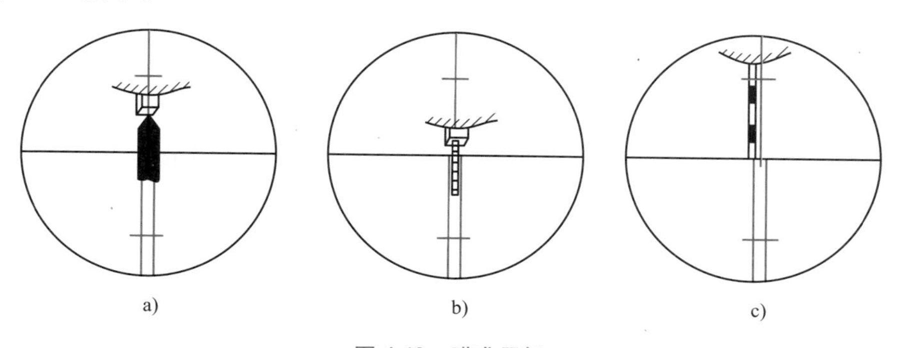


图 4-19　瞄准目标

（3）经纬仪读数　打开读数反光镜，调节视场亮度，转动读数显微镜对光螺旋，使读数窗影像清晰可见。读数时，除分微尺读数装置可直接读数外，凡在支架上装有测微轮的（单平板玻璃测微器装置），均须先转动测微轮，使度盘双指标线夹准（平分）某一度盘分划线像后方能读数。最后，将度盘读数加分微尺读数或测微尺读数，才是整个读数值。

2. 全站仪的基本操作

全站仪的基本操作和光学经纬仪的基本操作一致，但在对中、读数等方面有一些区别。部分全站仪除了提供光学经纬仪的铅锤、光学对中外，还提供激光对中功能；全站仪在瞄准目标后可直接显示角度数字结果，同时还具备记存功能；此外，全站仪还具备整平辅助等功能。

## 4.3.2 水平角测量

在水平角观测中，为发现错误并提高测角精度，一般要用盘左和盘右两个位置进行观测。观测者对着望远镜的目镜，竖盘在望远镜的左边时称为盘左位置，又称正镜；竖盘在望远镜的右边时称为盘右位置，又称倒镜。水平角观测的方法，根据目标的多少和精度要求而定，常用的水平角观测方法有测回法和方向观测法。

### 1. 测回法

测回法测量水平角

测回法是测角的基本方法，用于两个目标方向之间的水平角观测。

设 $O$ 为测站点，$A$、$B$ 为观测目标，$\angle AOB$ 为观测角，如图 4-20 所示。先在 $O$ 点安置仪器，进行对中、整平，然后按以下步骤进行观测：

1）盘左位置：先精确照准左方目标 $A$，读取水平度盘读数为 $a_{左}$，并记入测回法测角记录表中，见表 4-1；然后顺时针转动照准部精确照准右方目标 $B$，读取水平度盘读数为 $b_{左}$，并记入记录表中。以上称为上半测回，其观测角值为

$$\beta_{左} = b_{左} - a_{左} \tag{4-1}$$

2）盘右位置：先精确照准右方目标 $B$，读取水平度盘读数为 $b_{右}$，并记入记录表中，再逆时针转动照准部精确照准左方目标 $A$，读取水平度盘读数为 $a_{右}$，并记入记录表中，则得下半测回观测角值为

$$\beta_{右} = b_{右} - a_{右} \tag{4-2}$$

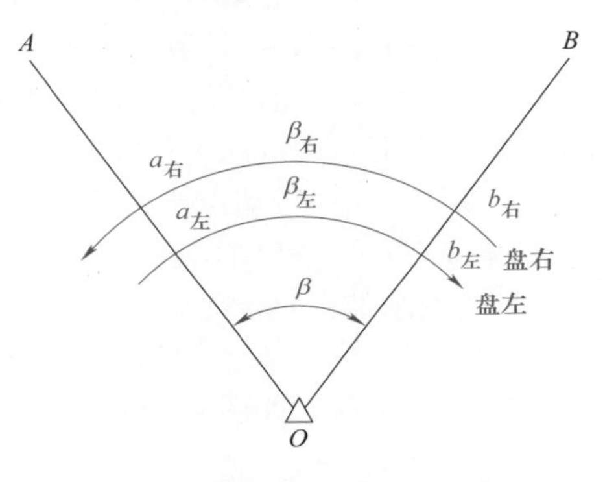


图 4-20 测回法观测水平角示意图

表 4-1 测回法测角记录表

| 测站 | 盘位 | 目标 | 水平度盘读数 | 水平角 | | 备注 |
|---|---|---|---|---|---|---|
| | | | | 半测回角 | 测回角 | |
| O | 左 | A | 0°01′24″ | 60°49′06″ | 60°49′03″ | A<br>60°49′03″<br>B |
| | | B | 60°50′30″ | | | |
| | 右 | B | 240°50′30″ | 60°49′00″ | | |
| | | A | 180°01′30″ | | | |

3）上、下半测回合起来称为一测回。一般规定，用 $DJ_6$ 级光学经纬仪进行观测，上半测回、下半测回角值之差不超过 40″时，可取其平均值作为一测回的角值，即

$$\beta = \frac{1}{2}(\beta_{左} + \beta_{右}) \tag{4-3}$$

表 4-1 所列为测回法观测水平角记录，在记录数据计算中应注意：由于水平度盘是顺时针刻划和注记，故计算水平角总是以右目标的读数减去左目标的读数，如遇到不够减，则应在右目标的读数上加上 360°，再减去左目标的读数，决不可倒过来减。

当测角精度要求较高，需要对一个角度观测若干个测回时，为了减小因度盘分划不均匀而引起的误差的影响，在各测回之间，应使用度盘变换手轮或复测机钮，按测回数 $m$，将水平度盘位置依次变换 $180°/m$。例如，某角要求观测两个测回，第一测回起始方向（左目标）的水平度盘位置应配置在 0°0′或稍大于 0°处；第二测回起始方向的水平度盘位置应配置在 $180°/2=90°0'$或稍大于 90°处。

采用盘左、盘右两个位置观测角值的平均值，可以消除仪器误差（如视准轴误差、横轴水平误差）对测角的影响，提高了测角精度，同时也可作为观测中有无错误的检核。

2. 方向观测法

（1）方向观测法的操作步骤　上面介绍的测回法是对两个方向的单角观测。如果要观测三个以上的方向，则采用方向观测法（又称为全圆测回法）进行观测。

方向观测法测量水平角

方向观测法应首先选择一起始方向作为零方向，如图 4-21 所示，设 $A$ 方向为零方向。零方向应选择距离适中、通视良好、成像清晰稳定、俯仰角和折光影响较小的方向。

将经纬仪安置于 $O$ 站，对中、整平后按下列步骤进行观测：

1）盘左位置，瞄准起始方向 $A$，转动度盘变换手轮把水平度盘读数配置为 0°00′，松开制动，重新照准 $A$ 方向，读取水平度盘读数 $a$，并记入方向观测法记录表中，见表 4-2。

2）按照顺时针方向转动照准部，依次瞄准 $B$、$C$、$D$ 目标，并分别读取水平度盘读数为 $b$、$c$、$d$，并记入记录表中。

图 4-21　方向观测法观测水平角示意图

3）最后回到起始方向 $A$，再读取水平度盘读数为 $a'$。这一步称为“归零”。$a$ 与 $a'$之差称为“归零差”，其目的是为了检查水平度盘在观测过程中是否发生变动。“归零差”不能超过允许限值（$DJ_6$级经纬仪为 18″）。

以上操作称为上半测回观测。

4）盘右位置，按逆时针方向旋转照准部，依次瞄准 $A$、$D$、$C$、$B$、$A$ 目标，分别读取水平度盘读数，记入记录表中，并算出盘右的“归零差”。该过程称为下半测回观测。

上半测回、下半测回合称一测回。为了提高精度，有时需要观测 $m$ 个测回，则各测回间起始方向（零方向）水平度盘读数应变换 $180°/m$。

（2）方向观测法的计算　现就表 4-2 说明方向观测法记录数据计算及其限差。

1）计算上半测回、下半测回归零差，即两次瞄准零方向 $A$ 的读数之差。如表 4-2 第 1 测回上半测回、下半测回归零差分别为 0″和 12″，对于用 $DJ_6$ 型仪器观测，通常归零的限差为±18″，本例归零差均满足限差要求。

2）计算两倍视准轴误差 $2c$ 值：

$$2c = L - (R \pm 180°) \tag{4-4}$$

式中，$L$ 为盘左读数，$R$ 为盘右读数。当盘右读数大于 180°时，公式中的 180°取“-”号，反之取“+”号。

表 4-2　方向观测法记录表

| 测站 | 测回 | 目标 | 水平度盘读数 盘左 $L$ (° ′ ″) | 水平度盘读数 盘右 $R$ (° ′ ″) | $2c=L-(R\pm180)$ (″) | 平均读数 $=[L+(R\pm180)]/2$ (° ′ ″) | 归零后的方向值 (° ′ ″) | 各测回归零方向值平均值 (° ′ ″) | 简图与角值 |
|---|---|---|---|---|---|---|---|---|---|
| 1 | 2 | 3 | 4 | 5 | 6 | 7 | 8 | 9 | 10 |
| O | 1 | A | 0 00 06 | 180 00 06 | 0 | (0 00 09)<br>0 00 06 | 0 00 00 | 0 00 00 | 31°45′04″ 60°40′58″ 52°51′30″ |
| | | B | 31 45 18 | 211 45 06 | +12 | 31 45 12 | 31 45 03 | 31 45 04 | |
| | | C | 92 26 12 | 272 26 06 | +6 | 92 26 09 | 92 26 00 | 92 26 02 | |
| | | D | 145 17 39 | 325 17 47 | −8 | 145 17 43 | 145 17 34 | 145 17 32 | |
| | | A | 0 00 18 | 180 00 06 | +12 | 0 00 12 | | | |
| | 2 | A | 90 02 30 | 270 02 24 | +6 | (90 02 24)<br>90 02 27 | 0 00 00 | | |
| | | B | 121 47 36 | 301 47 24 | +12 | 121 47 30 | 31 45 06 | | |
| | | C | 182 28 24 | 2 28 32 | −8 | 182 28 28 | 92 26 04 | | |
| | | D | 235 20 00 | 55 19 48 | +12 | 235 19 54 | 145 17 30 | | |
| | | A | 90 02 24 | 270 02 18 | +6 | 90 02 21 | | | |

$2c$ 值的变化范围（同测回各方向的 $2c$ 最大值与最小值之差）是衡量观测质量的一个重要指标。如表 4-2 第 1 测回 $B$ 方向 $2c=31°45'18''-(211°45'06''-180°)=+12''$，第 2 测回 $C$ 方向 $2c=182°28'24''-(2°28'32''+180°)=-8''$等。由此可以计算各测回内各方向 $2c$ 值的变化范围，如第 1 测回 $2c$ 值变化范围为 $12''-(-8'')=20''$，第 2 测回 $2c$ 值变化范围为 $12''-(-8'')=20''$。对于用 $DJ_6$ 型仪器观测，对 $2c$ 值的变化范围不做规定，但对于用 $DJ_2$ 型以上仪器精密测角时，$2c$ 值的变化范围均有相应的限差。

3）计算各方向的平均读数：

$$平均读数=[盘左读数+(盘右读数\pm180°)]/2=[L+(R\pm180°)]/2 \tag{4-5}$$

由于零方向 $A$ 有两个平均读数，故应再取平均值，填入表 4-2 第 7 列上方小括号内，如第 1 测回括号内数值 $(0°00'09'')=(0°00'06''+0°00'12'')/2$。各方向的平均读数填入第 7 列。

4）计算各方面归零后的方向值。将各方向的平均读数减去零方向最后平均值（括号内数值），即得各方向归零后的方向值，填入表 4-2 第 8 列，注意零方向归零后的方向值为$0°00'00''$。

5）计算各测回归零方向值的平均值。表 4-2 记录了两个测回的测角数据，故取两个测回归零后方向值的平均值作为各方向最后成果，填入表 4-2 第 9 列。在填入此栏之前应先计算各测回同方向的归零后方向值之差，称为各测回方向差。对于用 $DJ_6$ 型仪器观测，各测回方向差的限差为$\pm24''$。表 4-2 中两测回方向差均满足限差要求。

为了查用角值方便，在表 4-2 第 10 列绘出方向观测简图，并注出两方向间的角度值。

## 4.3.3 竖直角测量

### 1. 竖直度盘及读数系统

图 4-22 所示为 $DJ_6$ 型光学经纬仪竖直度盘的构造示意图，各个部件如图上所注，它固定在望远镜横轴的一端，望远镜在铅直面内转动而带动竖盘一起转动。竖盘指标是同竖盘水准管连接在一起的，不随望远镜转动而转动，只有通过调节竖盘水准管微动螺旋，才能使竖盘指标与竖盘水准管气泡一起做微小移动。在正常情况下，当竖盘水准管气泡居中时，竖盘指标就处于正确的位置。所以每次读数前，均应先调节竖盘水准管微动螺旋使竖盘水准管气泡居中。

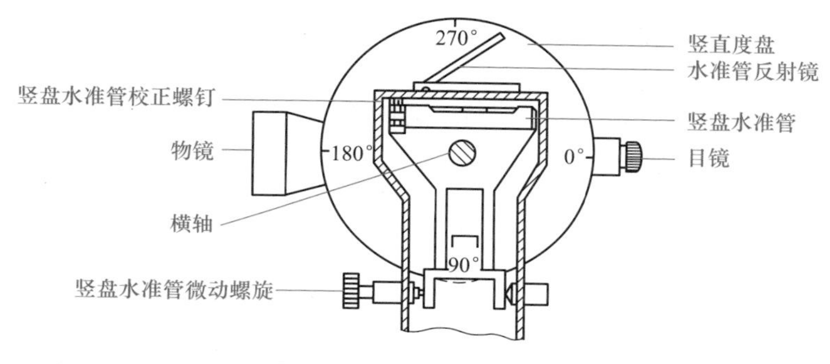


图 4-22 竖直度盘的构造

竖直度盘也是玻璃圆盘，分划与水平度盘相似，但其注记形式较多，对于 $DJ_6$ 型光学经纬仪，竖盘刻度通常有 0°~360°顺时针和逆时针注记两种形式，如图 4-23 所示。当视线水平（视准轴水平），竖盘水准管气泡居中时，竖盘盘左位置竖盘指标正确读数为 90°；同理，当视线水平且竖盘水准管气泡居中时，竖盘盘右位置竖盘指标正确读数为 270°。有些 $DJ_6$ 型光学经纬仪当视线水平且竖盘水准管气泡居中时，盘左位置竖盘指标正确读数为 0°，盘右位置竖盘指标正确读数为 180°。因此在使用前应仔细阅读仪器使用说明书。

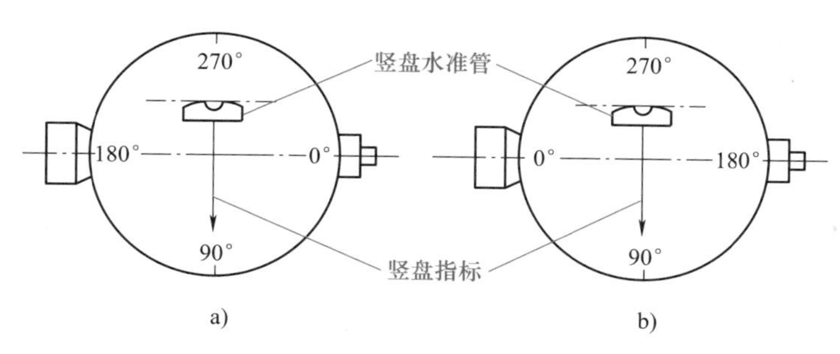


图 4-23 竖盘刻度注记（盘左位置）

a）顺时针注记 b）逆时针注记

目前新型的光学经纬仪多采用自动归零装置取代竖盘水准管结构与功能，它能自动调整光路，使竖盘及其指标满足正确关系，仪器整平后照准目标可立即读取竖盘读数。

2. 竖直角计算

竖盘刻度注记形式不同，则根据竖盘读数计算竖直角的公式也不同。本节仅以图 4-23a 所示的顺时针注记的竖盘形式为例，加以说明。

由表 4-3 看出：盘左位置时，望远镜视线向上（仰角）瞄准目标，竖盘水准管气泡居中，竖盘正确读数为 $L$，根据竖直角测量原理，则盘左位置时的竖直角为

$$\alpha_{左} = 90° - L \tag{4-6}$$

同理，盘右位置时，竖盘水准管气泡居中，竖盘正确读数为 $R$，则盘右位置时的竖直角为

$$\alpha_{右} = R - 270° \tag{4-7}$$

将盘左、盘右位置的两个竖直角取平均值，即得竖直角 $\alpha$ 计算公式为

$$\alpha = \frac{1}{2}(\alpha_{左} + \alpha_{右}) = \frac{1}{2}[(R - L) - 180°] \tag{4-8}$$

式（4-8）同样适用于视线向下（俯角）时的情况，此时 $\alpha$ 为负。

**表 4-3　竖盘读数与竖直角计算**

| 竖盘位置 | 视线水平 | 视线向上（仰角） |
|---|---|---|
| 盘左 | 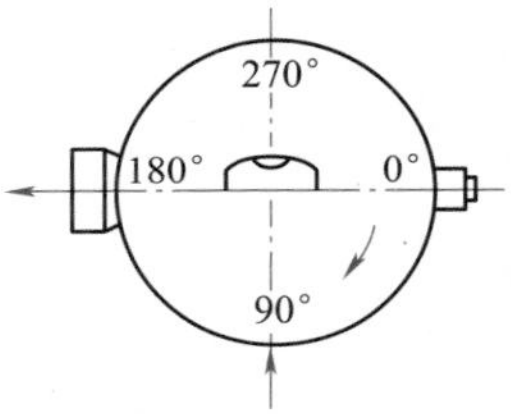 270°　180°　0°　90° | 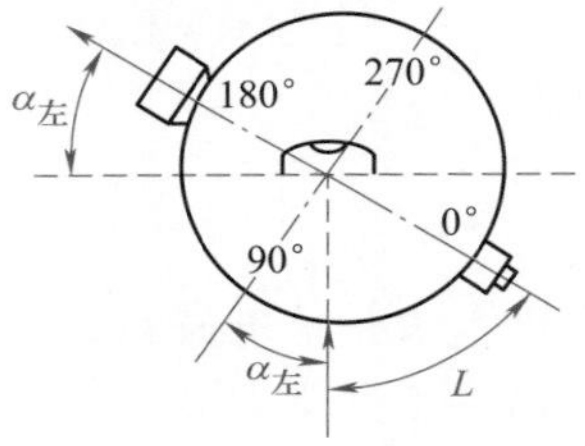 $\alpha_{左}$　180°　270°　0°　90°　$\alpha_{左}$　$L$　$\alpha_{左}=90°-L$ |
| 盘右 | 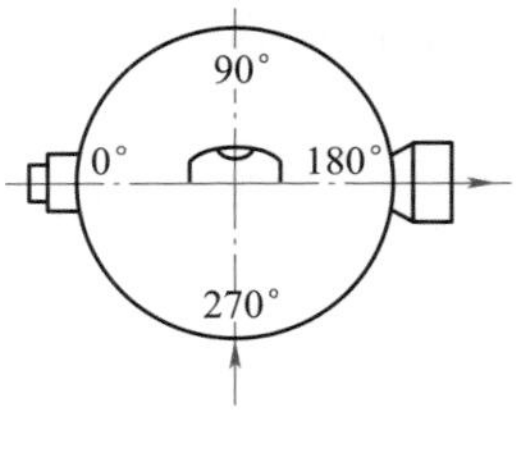 90°　0°　180°　270° | 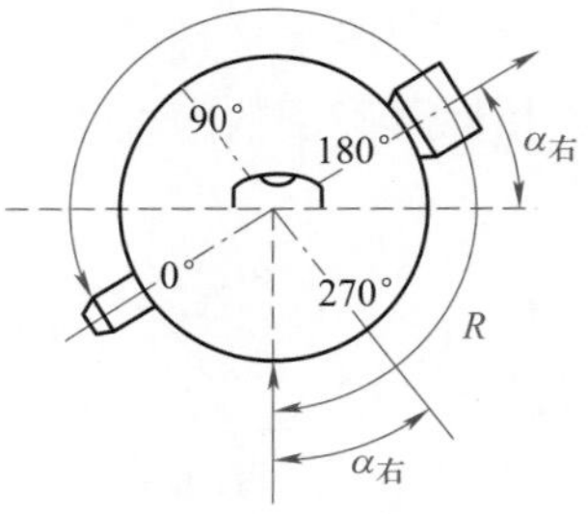 90°　180°　$\alpha_{右}$　0°　270°　$R$　$\alpha_{右}$　$\alpha_{右}=R-270°$ |

在实际测量工作中，可以按照以下两条规则确定任何一种竖盘注记形式（盘左或盘右）竖直角计算公式：

1）若抬高望远镜时，竖盘读数增加，则竖直角为

$$\alpha = 瞄准目标竖盘读数 - 视线水平时竖盘读数$$

2）若抬高望远镜时，竖盘读数减少，则竖直角为

$$\alpha = 视线水平时竖盘读数 - 瞄准目标竖盘读数$$

3. 竖盘指标差

由上述讨论可知，望远镜视线水平且竖盘水准管气泡居中时，竖盘指标的正确读数应是90°的整倍数。但是由于竖盘水准管与竖盘读数指标的关系难以完全正确，当视线水平且竖盘水准管气泡居中时，竖盘读数与应有的竖盘指标正确读数（即90°的整倍数）有一个小的角度差 $i$ ，称为竖盘指标差，即竖盘指标偏离正确位置引起的差值。竖盘指标差 $i$ 本身有正负号，一般规定当竖盘读数指标偏移方向与竖盘注记方向一致时，$i$ 取正号，反之 $i$ 取负号。表 4-4 所列的竖盘注记与指标偏移方向一致，竖盘指标差 $i$ 取正号。

表 4-4　竖盘指标差

| 竖盘位置 | 视线水平 | 瞄准目标 |
|---|---|---|
| 盘左 | 270° 180° 0° x 90° | α 180° 270° x 90° 0° L |
| 盘右 | 90° 0° 180° x 270° | 90° 180° α 0° x 270° R |

由于表 4-4 竖盘是顺时针方向注记的，按照上述规则并顾及竖盘指标差 $i$ ，得到

$$\alpha_{左} = 90° - L + i \tag{4-9}$$

$$\alpha_{右} = R - 270° - i \tag{4-10}$$

两者取平均得竖直角 $\alpha$ 为

$$\alpha = \frac{1}{2}(\alpha_{左} + \alpha_{右}) = \frac{1}{2}[(R - L) - 180°] \tag{4-11}$$

可见，式（4-11）与式（4-8）计算竖直角 $\alpha$ 的公式相同。说明采用盘左、盘右位置观测取平均计算得竖直角，其角值不受竖盘指标差的影响。

若将式（4-9）减去式（4-10），则得

$$i = \frac{1}{2}[(L + R) - 360°] \tag{4-12}$$

式（4-12）为图 4-23a 所示竖盘注记形式的竖盘指标差计算公式。

4. 竖直角观测的方法

竖直角观测方法有中丝法和三丝法，$DJ_6$ 型光学经纬仪常用中丝法观测竖直角，其方法如下：

1）在测站点 $P$ 安置仪器，对中、整平。

2）盘左位置：用望远镜十字丝的中丝切于目标 $A$ 某一位置（如测钎或花杆顶部，或水准尺某一分划），转动竖盘指标水准管微动螺旋使竖盘指标水准管气泡居中，读取竖盘读数 $L(L=85°43'42'')$，记入表 4-5 竖直角观测记录表第 4 列。

3）盘右位置：方法同第 2）步，读取竖盘读数 $R(R=274°15'48'')$，记入表 4-5 第 4 列。

4）根据竖盘注记形式，确定竖直角和竖盘指标差的计算公式。本例竖盘注记形式如图 4-23a 所示，应按上述式（4-6）~式（4-8）计算竖直角 $\alpha$，按式（4-12）计算竖盘指标差 $i$ 。将结果分别填入表 4-5 第 5~7 列。

表 4-5　竖直角观测记录表（中丝法）

| 测站 | 目标 | 竖盘位置 | 竖盘读数/（°　′　″） | 竖直角 | | 竖盘指标差/（″） | 备注 |
|---|---|---|---|---|---|---|---|
| | | | | 半测回/（°　′　″） | 半测回/（°　′　″） | | |
| 1 | 2 | 3 | 4 | 5 | 6 | 7 | 8 |
| P | A | 左 | 85　43　42 | 4　16　18 | 4　16　03 | −15 | 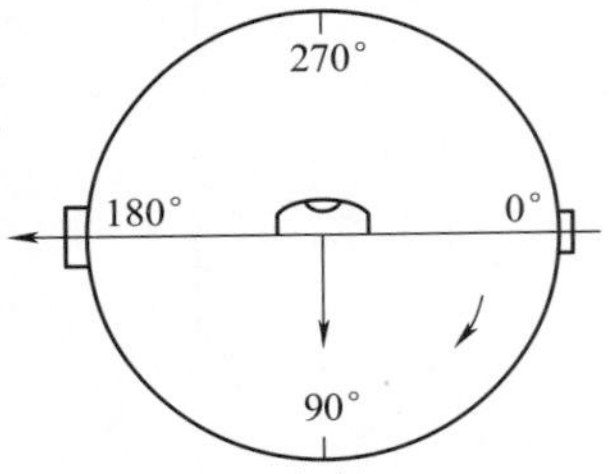 270°<br>180°　0°<br>90°<br>盘左 |
| | | 右 | 274　15　48 | 4　15　48 | | | |
| | B | 左 | 96　23　36 | −6　23　36 | −6　23　54 | −18 | |
| | | 右 | 263　35　48 | −6　24　12 | | | |

竖盘指标差 $i$ 值对同一台仪器在某一段时间内连续观测的变化应该很少，可以视为定值。但由于仪器误差、观测误差及外界条件的影响，计算出的竖盘指标差也会发生变化。通常规范规定了竖盘指标差变化的容许范围，如《城市测量规范》（CJJ/T 8—2011）规定 $DJ_6$ 型仪器观测竖直角竖盘指标差变化范围的容许值为 25″，同方向竖直角各测回互差的限差为 25″；若超限，则应重测。

## 4.4　经纬仪的检验和校正

如图 4-24 所示，经纬仪（包括光学经纬仪和全站仪）各部件主要轴线有：竖轴 $VV$ 、横轴 $HH$ 、望远镜视准轴 $CC$ 和照准部水准管轴 $LL$ 。

根据角度测量原理和保证角度观测精度的要求，经纬仪的主要轴线之间应满足以下条件：

1）照准部水准管轴 $LL$ 应垂直于竖轴 $VV$。

2）十字丝竖丝应垂直于横轴 $HH$。

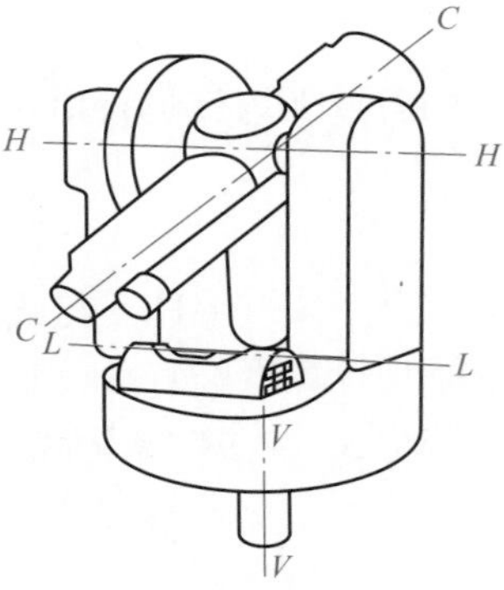

图 4-24　经纬仪的轴线

3）视准轴 $CC$ 应垂直于横轴 $HH$。

4）横轴 $HH$ 应垂直于竖轴 $VV$。

5）竖盘指标差应为零。

在使用光学经纬仪测量角度前需查明仪器各部件主要轴线之间是否满足上述条件，此项工作称为检验。如果检验不满足这些条件，则需要进行校正。本节仅就 $DJ_6$ 光学经纬仪的检验和校正分述如下。

### 4.4.1 照准部水准管的检验和校正

1. 检校目的

使照准部水准管轴垂直于竖轴，即 $LL \perp VV$。

2. 检验方法

先整平仪器，再转动照准部使水准管大致平行于任意两个脚螺旋，相对地旋转这两个脚螺旋，使水准管气泡居中；然后将照准部旋转 180°后，如果水准管气泡仍居中，说明水准管轴垂直于竖轴，如果水准管气泡偏离中心（可允许在一格以内），则说明水准管轴不垂直于竖轴，需要校正。

3. 校正方法

首先在上述位置相对地旋转这两个脚螺旋，使水准管气泡向中心移动偏离值的一半；然后用校正针拨动水准管一端的校正螺钉，使水准管气泡居中（即校正偏离值的另一半）。此项检验和校正需反复进行，直至水准管气泡居中，且转动照准部 180°后，水准管气泡的偏离在一格以内。当经纬仪照准部上装有圆水准器时，可用已校正好的水准管将仪器严格整平后观察圆水准器气泡是否居中，若不居中，可直接调节圆水准器底部校正螺钉使圆水准器气泡居中。

4. 检校原理

如图 4-25a 所示，若水准管轴与竖轴不垂直，倾斜了 $\alpha$ 角，当气泡居中时竖轴就倾斜了 $\alpha$ 角。照准部绕竖轴旋转 180°后，竖轴方向不变而水准管轴与水平方向相差 $2\alpha$ 角，表现为气泡偏离中心的格数（偏离值），如图 4-25b 所示。

当用两个脚螺旋调整水准管气泡偏离值一半时，竖轴已处于竖直位置，但水准管轴尚未与竖轴垂直，如图 4-25c 所示。当用校正针拨动水准管一端校正螺钉使水准管气泡居中时，则水准管轴就处于水平位置，如图 4-25d 所示，达到了校正的目的。

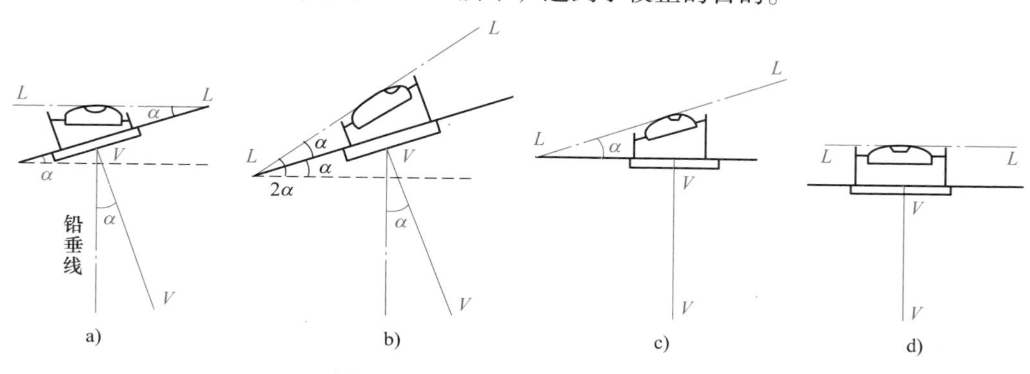


图 4-25 水准管的检验和校正原理

### 4.4.2 十字丝的检验和校正

1. 检校目的

仪器整平后，十字丝竖丝在铅垂面内，横丝水平。

2. 检验方法

首先整平仪器，然后用十字丝交点照准一明显的点状目标 $P$，固定照准部和望远镜，旋转水平微动螺旋。若点状目标 $P$ 始终沿着横丝移动，则满足要求；若 $P$ 点明显偏离横丝，则需要校正。

3. 校正方法

卸下十字丝环护盖，松开十字丝环的四个十字丝固定螺钉，微微转动十字丝环，直至水平微动时，$P$ 点始终在横丝上移动为止，最后旋紧十字丝固定螺钉，如图 4-26 所示。

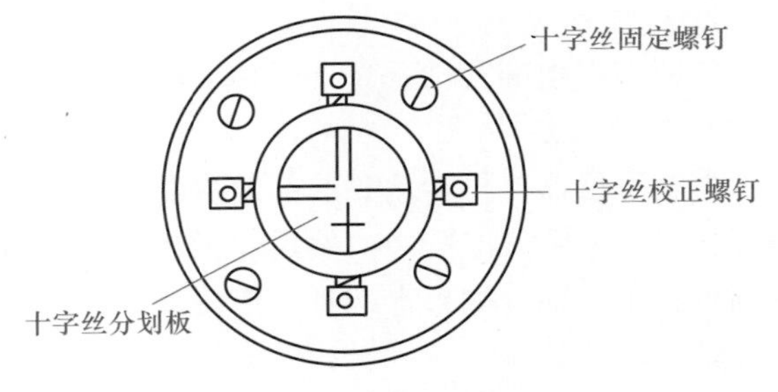


图 4-26　十字丝的校正

### 4.4.3 视准轴的检验和校正

1. 检校目的

使视准轴垂直于横轴，即 $CC \perp HH$，从而使视准面成为平面，而不是圆锥面。

2. 检验方法

全站仪
2c 值检验

望远镜视准轴是等效物镜光心与十字丝交点的连线。望远镜物镜光心是固定的，而十字丝交点的位置是可以变动的。所以，视准轴是否垂直于横轴，取决于十字丝交点是否处于正确位置。当十字丝交点不在正确位置时，导致视准轴不与横轴垂直，偏离一个小角度 $c$，称为视准轴误差。这个视准轴误差将使视准面不是一个平面，而为一个锥面，这样对于同一视准面内的不同倾角的视线，其水平度盘的读数将不同，带来了测角误差，所以这项检验工作十分重要。现介绍以下两种检验方法：

（1）盘左盘右读数法　实地安置仪器并认真整平，选择一水平方向的目标 $A$，用盘左、盘右位置观测。盘左位置时水平度盘读数为 $L'$，盘右位置时水平度盘读数为 $R'$，如图 4-27 所示。

设视准轴误差为 $c$（若 $c$ 为正号），则盘左、盘右的正确读数 $L$、$R$ 分别为

$$\begin{cases} L = L' - \Delta c \\ R = R' + \Delta c \end{cases} \tag{4-13}$$

式中，$\Delta c$ 为视准轴误差 $c$ 对目标 $A$ 水平方向值的影响，$\Delta c = c/\cos\alpha$。由于目标 $A$ 为水平目标，故 $\Delta c = c$，考虑到 $L = R \pm 180°$，故

$$c = \frac{1}{2}(L' - R' \pm 180°) \tag{4-14}$$

对于 $DJ_6$ 型光学经纬仪，若 $c$ 值不超过±60″，认为满足要求，否则需要校正。

（2）四分之一法　盘左盘右读数法对于单指标的经纬仪，仅在水平度盘无偏心或偏心

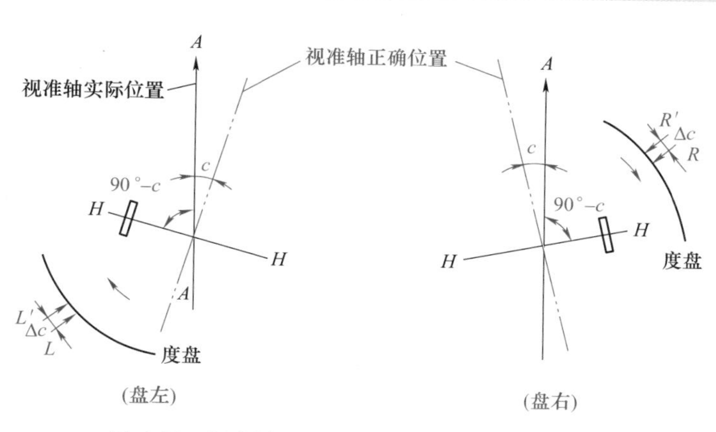


图 4-27　视准轴误差的检校（盘左盘右读数法）

差的影响小于估读误差时才见效。若水平度盘偏心差的影响大于估读误差，则式（4-14）计算得视准轴误差 $c$ 值可能是偏心差引起的，或者偏心差的影响占主要的。这样检验将得不到正确的结果。此时，宜选用四分之一法。

在一平坦场地，选择 $A$、$B$ 两点（相距约 100m）。安置仪器于 $AB$ 连线中点 $O$，如图 4-28 所示，在 $A$ 点竖立一照准标志，在 $B$ 点横置一根刻有毫米分划的直尺，使其垂直于视线 $OB$，并使 $B$ 点直尺与仪器大致同高。先在盘左位置瞄准 $A$ 点标志，固定照准部，然后纵转望远镜，在 $B$ 点直尺上读得 $B_1$（图 4-28a）；接着在盘右位置再瞄准 $A$ 点标志，固定照准部，再纵转望远镜在 $B$ 点直尺上读得 $B_2$（图 4-28b）。如果 $B_1$ 与 $B_2$ 两点重合，说明视准轴垂直于横轴，否则就需要校正。

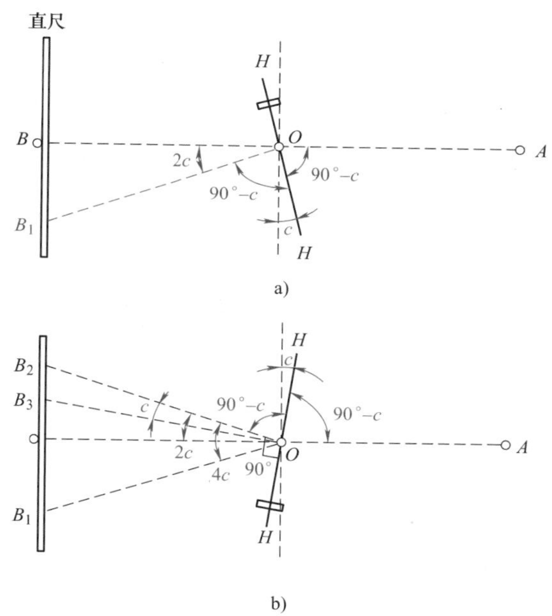


图 4-28　视准轴误差的检校（四分之一法）

3. 校正方法

1）盘左盘右读数法的校正：按式（4-14）计算得视准轴误差 $c$，由此求得盘右位置时正确水平度盘读数 $R=R'+c$，转动照准部微动螺旋，使水平度盘读数为 $R$ 值。此时十字丝的交点必定偏离目标 $A$，卸下十字丝环护盖，略放松上、下两十字丝校正螺钉，将左、右两十字丝校正螺钉一松一紧地移动十字丝环，使十字丝交点对准目标 $A$ 点。校正结束后应将上、下两十字丝校正螺钉旋紧。然后变动度盘位置重复上述检校，直至视准轴误差 $c$ 满足规定要求为止。

2）四分之一法的校正：在直尺上由 $B_2$ 点向 $B_1$ 点方向量取 $\overline{B_2B_3}=\overline{B_1B_2}/4$，标定出 $B_3$ 点，此时 $OB_3$ 视线便垂直于横轴 $HH$。用校正针拨动十字丝环的左、右两十字丝校正螺钉（上、下两十字丝校正螺钉先略松动），一松一紧地使十字丝交点与 $B_3$ 点重合。这项检校也要重复多次，直至 $\overline{B_1B_2}$ 长度小于 1cm（相当于视准轴误差 $c\leqslant\pm10''$）。

### 4.4.4 横轴的检验和校正

1. 检校目的

使横轴垂直于竖轴（$HH \perp VV$）。

2. 检验方法

在离墙面 20m 左右处安置经纬仪，整平仪器后，先用盘左位置瞄准墙面高处的一点 $P$（其仰角宜在 30°左右），固定照准部，然后大致放平望远镜，在墙面上标出一点 $A$，如图 4-29 所示。同样再用盘右位置瞄准 $P$ 点，放平望远镜，在墙面上又标出一点 $B$，如果 $A$ 点与 $B$ 点重合，则表示横轴垂直于竖轴，否则应进行校正。

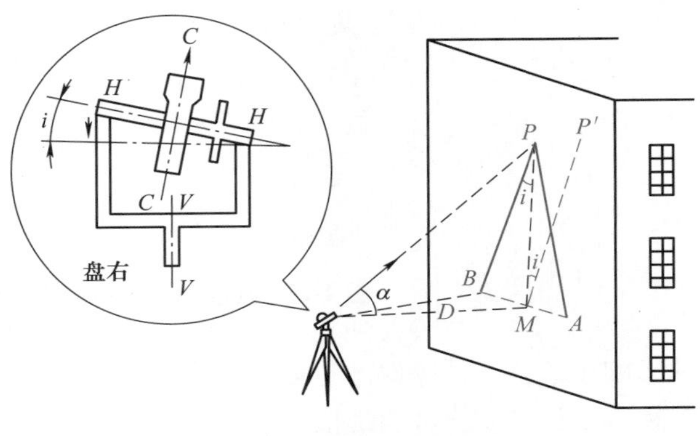

图 4-29　横轴误差的检校

3. 校正方法

取 $AB$ 连线的中点 $M$，仍以盘右位置瞄准 $M$ 点，抬高望远镜，此时视线必然偏离高处的 $P$ 点而在 $P'$ 的位置。由于这项检校时竖轴已铅垂，视准轴也与横轴垂直，但横轴不水平，所以用校正工具拨动横轴支架上的偏心轴承，使横轴左端（右端）降低（升高），直至使十字丝交点对准 $P$ 点为止，此时横轴就处于与竖轴相垂直的位置。由于光学经纬仪的横轴是密封的，一般来说仪器出厂时均能满足横轴垂直于竖轴的正确关系，如发现经检验此项要求不满足，应将仪器送到专门检修部门校正为宜。

由图 4-29 看出，若 $A$ 点与 $B$ 点不重合，其长度 $AB$ 与横轴不水平（倾斜）误差 $i$ 角之间存在一定关系，设经纬仪距墙面平距为 $D$，墙面上高处 $P$ 点竖直角为 $\alpha$，则

$$i=\frac{BM}{PM}\cdot\rho=\frac{1}{2}\times\frac{AB}{D\cdot\tan\alpha}\cdot\rho=\frac{1}{2}\times\frac{AB\cdot\cot\alpha}{D}\cdot\rho \tag{4-15}$$

式中，$\rho=206265''$。

对于 $DJ_6$ 型经纬仪，$i$ 角不超过±20″可不校正。例如本例检校时，已知 $D=20\text{m}$，$\alpha=30°$，当要求 $i\leq\pm20''$时，求得 $AB\leq2.2\text{mm}$，表明 $A$ 点与 $B$ 点相距小于 2.2mm 时可不校正。式（4-15）可用来计算横轴不水平误差。

### 4.4.5 竖盘指标差的检验和校正

1. 检校目的

使竖盘指标差为零。

2. 检验方法

仪器整平后，以盘左、盘右位置分别用十字丝交点瞄准同一水平的明显目标，当竖盘水准管气泡居中时读取竖盘读数 $L$、$R$，按竖盘指标差计算公式求得指标差 $i$。一般要观测另一水平的明显目标验证上述求得指标差 $i$ 是否正确，若两者相差甚微或相同，表明检验无误。对于 $DJ_6$ 型经纬仪，竖盘指标差 $i$ 值不超过±60″可不校正，否则应进行校正。

3. 校正方法

校正时一般以盘右位置进行，照准目标后获得盘右读数 $R$ 及计算得竖盘指标差 $i$，则盘

右位置竖盘正确读数为 $R_{正}=R-i$。

转动竖盘水准管微动螺旋，使竖盘读数为 $R_{正}$ 值，这时竖盘水准管气泡肯定不再居中，用校正针拨动竖盘水准管校正螺钉，使气泡居中。此项检校需反复进行，直至竖盘指标差 $i$ 为零或在限差要求以内。

具有自动归零装置的仪器，竖盘指标差的检验方法与上述相同，但校正宜送仪器专门检修部门进行。

### 4.4.6　光学对中器的检验和校正

光学对中器由物镜、分划板和目镜等组成，如图 4-30 所示。分划板刻划中心与物镜光学中心的连线是光学对中器的视准轴。光学对中器的视准轴由转向棱镜折射 90°后，应与仪器的竖轴重合，否则将产生对中误差，影响测角精度。

1. 检校目的

使对中器的视准轴与仪器竖轴重合。

2. 检验方法

如图 4-31 所示，首先安置仪器于平坦地面，严格整平仪器，在三脚架中央的地面上固定一张白纸板，调节对中器目镜，使分划成像清晰；然后伸拉调节筒身看清地面上白纸板，再根据分划圈中心在白纸板上标记 $A_1$ 点，转动照准部 180°，按分划圈中心又在白纸板上标记 $A_2$ 点。若 $A_1$ 与 $A_2$ 两点重合，说明光学对中器的视准轴与竖轴重合，否则应进行校正。

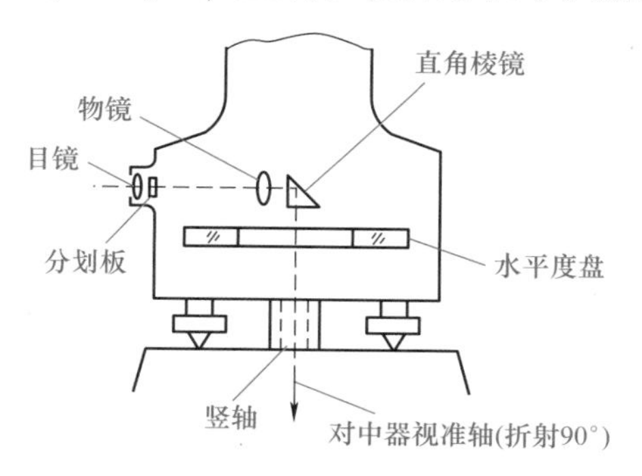


图 4-30　光学对中器示意图

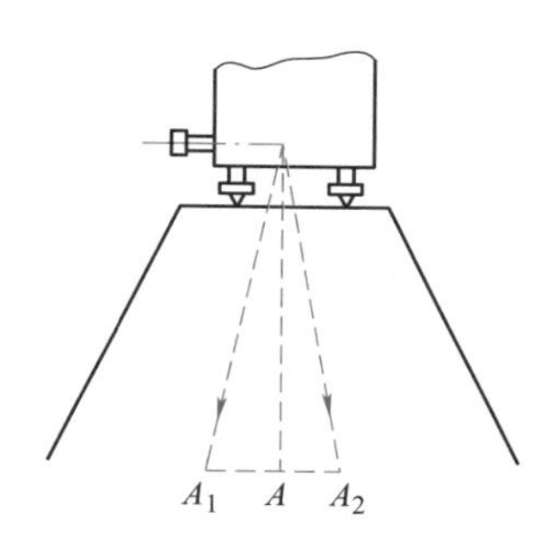


图 4-31　光学对中器检校

3. 校正方法

在白纸板上定出 $A_1$、$A_2$ 两点连线的中点 $A$，调节对中器校正螺钉使分划圈中心对准 $A$ 点。校正时应注意光学对中器上的校正螺钉随仪器类型而异，有些仪器是校正直角棱镜位置，有些仪器是校正分划板。光学对中器本身安装部位也有不同（基座或照准部），其校正方法有所不同（详见仪器使用说明书），图 4-30 所示的光学对中器是安装在照准部上。

## ■ 4.5　角度测量的误差分析与注意事项

仪器误差、观测误差及外界影响都会对角度测量的精度带来影响，为了得到符合规定要求的角度测量成果，必须分析这些误差的影响，采取相应的措施，将其消除或控制在容许的范围以内。

### 4.5.1 角度测量的误差

1. 仪器误差的影响

仪器误差主要包括以下两个方面：一是由于仪器的几何轴线检校不完善（残余误差）而引起的误差，如视准轴不垂直于横轴的误差（视准轴误差），横轴不垂直于竖轴的误差（横轴不水平误差）等。二是由于仪器制造与加工不完善而引起的误差，如照准部偏心差、度盘刻划不均匀误差等。这些误差影响可以通过适当的观测方法和相应的措施加以消除或减弱。

（1）视准轴误差的影响　如图 4-32 所示，设视准轴 $OM$ 垂直于横轴 $HH$，由于存在视准轴误差 $c$，视准轴实际瞄准了 $M'$，其竖直角为 $\alpha$，此时 $M$、$M'$两点同高。$m$、$m'$为 $M$、$M'$点在水平位置上的投影，则 $\angle mOm'=\Delta c$，即为视准轴误差 $c$ 对目标 $M$ 的水平方向观测值的影响。

利用三角函数关系，不难推出视准轴误差 $c$ 对水平方向的影响 $\Delta c$ 为

$$\Delta c=\frac{c}{\cos\alpha} \tag{4-16}$$

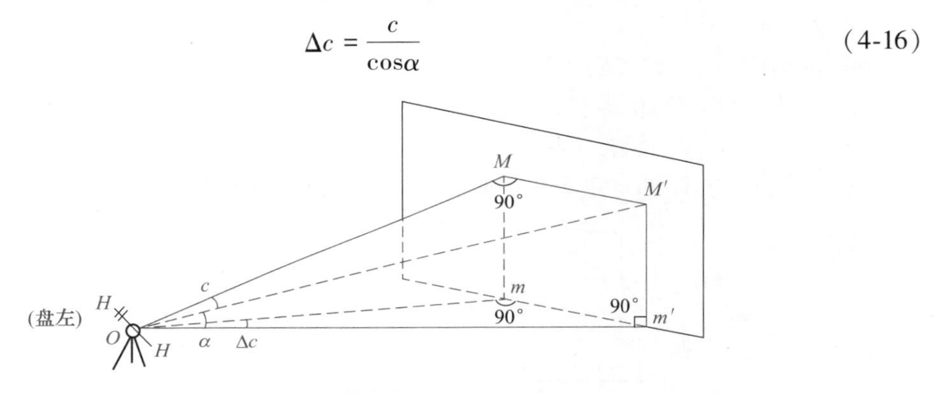


图 4-32　视准轴误差对水平方向的影响

由于水平角是两个方向观测值之差，故视准轴误差 $c$ 对水平角的影响 $\Delta\beta$ 为

$$\Delta\beta=\Delta c_2-\Delta c_1=c\left(\frac{1}{\cos\alpha_2}-\frac{1}{\cos\alpha_1}\right) \tag{4-17}$$

式（4-16）和式（4-17）中：$\alpha$ 为目标的竖直角，$c$ 为视准轴误差。

由式（4-16）看出，$\Delta c$ 随竖直角 $\alpha$ 的增大而增大，当 $\alpha=0°$时，$\Delta c=c$，说明视准轴误差 $c$ 对水平方向观测值影响最小。由式（4-17）看出，视准轴误差 $c$ 也对水平角带来影响，但由于视准轴误差 $c$ 在盘左、盘右位置时符号相反而数值相等，故用盘左、盘右位置观测取其平均值就可以消除视准轴误差的影响。

（2）横轴不水平误差的影响　如图 4-33 所示，当横轴 $HH$ 水平时，则视准面为 $OMm$。当

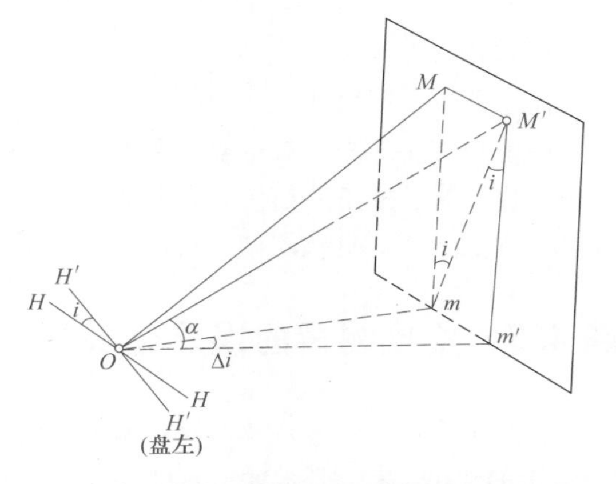


图 4-33　横轴不水平误差对水平方向的影响

横轴 $HH$ 不水平而倾斜了 $i$ 角处于 $H'H'$ 位置时，则视准面 $OMm$ 也倾斜了一个 $i$ 角，成为倾斜面 $OM'm$，此时对水平方向观测值的影响为 $\Delta i$。同样由于 $i$ 和 $\Delta i$ 均为小角，所以

$$i = \tan i = \frac{MM'}{mM}\rho, \Delta i = \sin\Delta i = \frac{mm'}{Om'}\rho$$

式中，$\rho = 206265''$。

因 $mm' = MM'$，$Om' = m'M'/\tan\alpha$，$m'M' = mM$，则对水平方向的影响 $\Delta i$ 为

$$\Delta i = i\tan\alpha \tag{4-18}$$

同样横轴不水平误差 $i$ 对水平角的影响 $\Delta\beta$ 为

$$\Delta\beta = \Delta i_2 - \Delta i_1 = i(\tan\alpha_2 - \tan\alpha_1) \tag{4-19}$$

式（4-18）中，$\alpha$ 为目标竖直角，$i$ 为横轴不水平误差。当 $\alpha = 0°$ 时，$\Delta i = 0$，表明在视线水平时横轴不水平误差对水平方向观测值没有影响。由式（4-19）看出，横轴不水平误差 $i$ 也对水平角带来影响，但由于横轴不水平误差 $i$ 在盘左、盘右位置时符号相反而数值相等，故用盘左、盘右位置观测取平均值可以消除横轴不水平误差的影响。

（3）照准部偏心差的影响　照准部旋转中心应该与水平度盘刻划中心重合。如图 4-34 所示，设 $O$ 为水平度盘刻划中心，$O_1$ 为照准部旋转中心，两个中心不重合，称为照准部偏心差。此时仪器瞄准目标 $A$ 和 $B$ 的实际读数为 $M_1'$ 和 $N_1'$。由图 4-34 可知，$M_1'$ 和 $N_1'$ 比正确读数 $M_1$ 和 $N_1$ 分别多出 $\delta_a$ 和 $\delta_b$，$\delta_a$ 和 $\delta_b$ 称为因照准部偏心差引起的偏心读数误差。显然，在度盘的不同位置上读数，其偏心读数误差是不相同的。

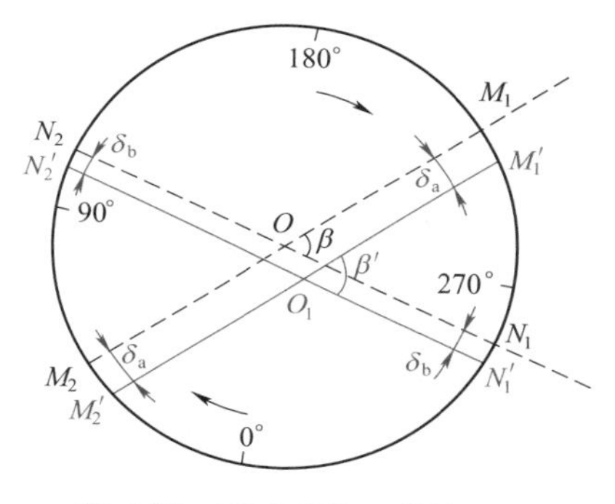


图 4-34　照准部偏心差的影响

瞄准目标 $A$ 和 $B$ 的正确水平方向读数应为

$$M_1 = M_1' - \delta_a, N_1 = N_1' - \delta_b$$

相应地，正确水平角应为

$$\begin{aligned}\beta &= N_1 - M_1 \\ &= (N_1' - \delta_b) - (M_1' - \delta_b) \\ &= (N_1' - M_1') + (\delta_a - \delta_b) \\ &= \beta' + (\delta_a - \delta_b)\end{aligned}$$

式中，$(\delta_a - \delta_b)$ 即为照准部偏心差对水平角的影响。

由图 4-34 可以看出，在水平度盘对径方向上的读数其偏心误差影响恰好大小相等而符号相反，如目标 $A$ 对径方向两个读数为 $M_1 = M_1' - \delta_a$，$M_2 = M_2' + \delta_a$。因此采用对径方向两个读数取其平均值就可以消除照准部偏心差对读数的影响。对于单指标读数的 $DJ_6$ 型光学经纬仪，取同一方向盘左、盘右位置读数的平均值，亦相当于同一方向在水平度盘上对径方向两个读数取平均，因此也可以基本消除偏心差的影响。

（4）其他仪器误差的影响　度盘刻划不均匀误差属仪器制造误差，一般此项误差的影响很小，在水平角观测中，采取测回之间变换度盘位置的方法可以减弱此项误差的影响。

竖盘指标差经检校后的残余误差对竖直角的影响，可以采取盘左、盘右位置观测取平均值的方法加以消除。

对于无法用观测方法消除的竖轴倾斜误差，可以采取在观测前仔细进行照准部水准管的

检校，安置仪器时认真进行整平来减小误差；对于较精密的角度测量，还可以采取在各测回之间重新整平仪器以及施加竖轴倾斜改正数等办法减弱其影响。

2. 仪器对中误差的影响

如图 4-35 所示，$O$ 为测站中心，$O'$ 为仪器中心，由于对中不准确，使 $OO'$ 不在同一铅垂线上。设 $OO'=e$（偏心距），$\theta$ 为偏心角，即观测方向与偏心距 $e$ 方向的夹角。

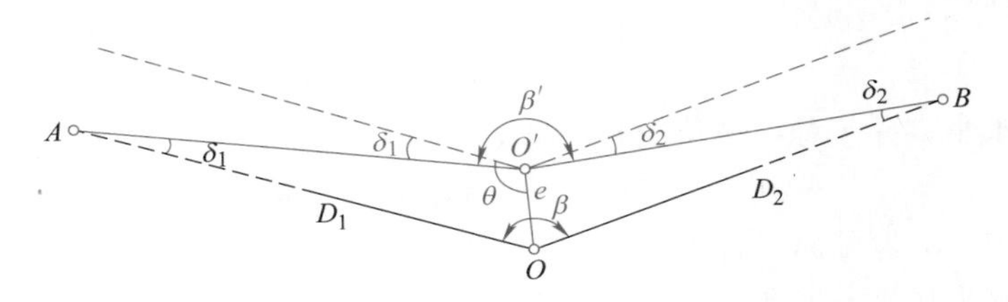


图 4-35　仪器对中误差的影响

由图 4-35 可知

$$\beta = \beta' - (\delta_1 + \delta_2) \tag{4-20}$$

式中，$\beta$ 为正确的角值；$\beta'$ 为有对中误差时观测的角值；$\delta_1$、$\delta_2$ 为 $A$、$B$ 两目标方向的改正值。

在$\triangle AOO'$和$\triangle BOO'$中，因为 $\delta_1$、$\delta_2$ 为小角度，则

$$\delta_1 = \frac{e\sin\theta}{D_1}\rho$$

$$\delta_2 = -\frac{e\sin(\beta' + \theta)}{D_2}\rho$$

式中，$\theta$ 及（$\beta'+\theta$）等角值均自 $O'O$ 方向按顺时针方向计。

因此，仪器对中误差对水平角的影响 $\Delta\beta$ 为

$$\Delta\beta = \beta' - \beta = \delta_1 + \delta_2 = e\rho\left[\frac{\sin\theta}{D_1} - \frac{\sin(\beta' + \theta)}{D_2}\right] \tag{4-21}$$

由式（4-21）可知：

1）当 $\beta'$ 和 $\theta$ 一定时，$\delta_1$、$\delta_2$ 与偏心距 $e$ 成正比，即偏心距越大，则 $\Delta\beta$ 越大。

2）当 $e$ 和 $\theta$ 一定时，$\Delta\beta$ 与所测角的边长 $D_1$，$D_2$ 成反比，即边长越短，$\Delta\beta$ 越大，表明对短边测角必须十分注意仪器的对中。

仪器对中误差对竖直角观测的影响较小，可忽略不计。

3. 目标偏心误差的影响

目标偏心误差的影响是由于目标照准点上所竖立的标志（如测钎、花杆）与地面点的标志中心不在同一铅垂线上所引起的测角误差。如图 4-36 所示，$O$ 为测站点，$A$、$B$ 为照准点的标志实际中心，$A'$、$B'$为目标照准点的中心，$e_1$、$e_2$ 为目标的偏心距，$\theta_1$、$\theta_2$ 为观测方向与偏心距方向的夹角（称为偏心角），$\beta$ 为正确角度，$\beta'$为有目标偏心误差时观测的角度（假设测站无对中误差），则目标偏心对方向观测值的影响分别为

$$\delta_1 = \frac{e_1\sin\theta_1}{D_1}\rho$$

$$\delta_2 = \frac{e_2 \sin\theta_2}{D_2}\rho \quad (\rho = 206265'') \tag{4-22}$$

故目标偏心误差对水平角的影响 $\Delta\beta'$ 为

$$\Delta\beta' = \beta' - \beta = \delta_1 - \delta_2 = \rho\left(\frac{e_1 \sin\theta_1}{D_1} - \frac{e_2 \sin\theta_2}{D_2}\right) \tag{4-23}$$

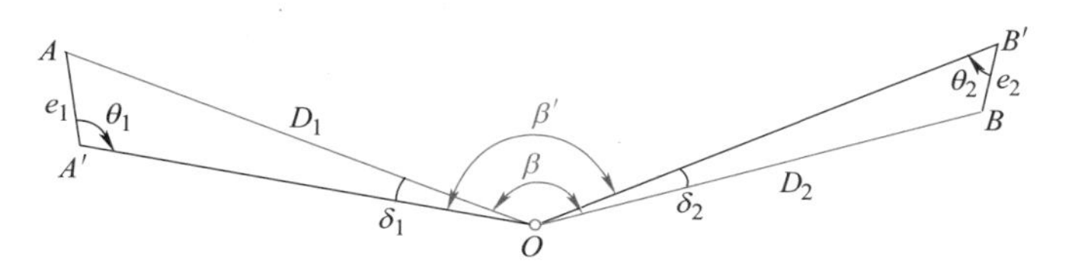


图 4-36　目标偏心误差的影响

由式（4-22）和式（4-23）看出：

1）当 $\theta_1(\theta_2)$ 一定时，目标偏心误差对水平方向观测值的影响与偏心距 $e_1(e_2)$ 成正比，与相应边长 $D_1(D_2)$ 成反比。

2）当 $e_1(e_2)$、$D_1(D_2)$ 一定时，若 $\theta_1(\theta_2)=90°$，表明垂直于瞄准视线方向的目标偏心对水平方向观测值的影响最大；对水平角的影响 $\Delta\beta'$ 随着 $\theta_1(\theta_2)$ 的方位及大小而定，但与 $\beta$ 角大小无关。

4. 观测本身误差的影响

观测本身的误差包括照准误差和读数误差。影响照准精度的因素很多，主要因素有：望远镜的放大率、目标和照准标志的形状及大小、目标影像的亮度和清晰度以及人眼的判断能力等。所以，尽管观测者认真仔细地照准目标，但仍不可避免地存在照准误差，故此项误差无法消除，只能注意改善影响照准精度的多项因素，仔细完成照准操作，来减小此项误差的影响。

读数误差主要取决于仪器的读数设备。对于 $DJ_6$ 型光学经纬仪，其估读的误差一般不超过测微器最小格值的1/10。例如，分微尺测微器读数装置的读数误差为±0. 1′(±6″)，单平板玻璃测微器的读数误差（综合影响）也大致为±6″。为使读数误差控制在上述范围内，观测中必须仔细操作，照明亮度均匀，读数显微镜仔细调焦，准确估读，否则读数误差将会较大。

5. 外界条件的影响

外界条件的影响因素很多，也比较复杂。外界条件对测角的主要影响有：

1）温度变化会影响仪器（如视准轴位置）的正常状态。

2）大风会影响仪器和目标的稳定。

3）大气折光会导致视线改变方向。

4）大气透明度（如雾气）会影响照准精度。

5）地面的坚实与否、车辆的振动等会影响仪器的稳定。

这些因素都会给测角的精度带来影响。要完全避免这些影响是不可能的，但如果选择有利的观测时间和避开不利的外界条件，并采取相应的措施，可以使这些外界条件的影响降低到较小的程度。

### 4.5.2 角度测量的注意事项

通过上述分析，为了保证测角的精度，观测时必须注意下列事项：

1）观测前应先检验仪器，如不符合要求应进行校正。

2）安置仪器要稳定，脚架应踩实，应仔细对中和整平。尤其对短边进行观测时应特别注意仪器对中，在地形起伏较大地区观测时，应严格整平。一测回内不得重新对中、整平。

3）目标应竖直，仔细对准地上标志中心，根据远近选择不同粗细的标杆，尽可能瞄准标杆底部，最好直接瞄准地面上标志中心。

4）严格遵守各项操作规定和限差要求。采用盘左、盘右位置观测取平均的观测方法。照准时应消除视差，一测回内观测避免碰动度盘。竖直角观测时，竖盘指标水准管气泡居中后，才能读取竖盘读数。

5）当对一水平角进行 $m$ 个测回（次）观测时，各测回间应变换度盘起始位置，每测回观测度盘起始读数变动值为 180°/$m$（$m$ 为测回数），这样便于减小度盘刻划不均匀误差。

6）水平角观测时，应以十字丝交点附近的竖丝仔细瞄准目标底部；竖直角观测时，应以十字丝交点附近的横丝照准目标的顶部（或某一标志）。

7）读数应果断、准确，特别注意估读数。观测结果应及时记录在正规的记录手簿上，当场计算。当各项限差满足规定要求后，方能搬站。如有超限或错误，应立即重测。

8）选择有利的观测时间，注意打伞。

## ■ 4.6 直线定向

确定地面直线与标准方向间的水平夹角称为直线定向。

### 4.6.1 标准方向

由于我国位于北半球，所以取以下三个方向的北方向作为直线定向用的标准方向，即真北方向、磁北方向、坐标北方向（统称三北方向）。

1. 真北方向

地表任一点 $P$ 与地球旋转轴所组成的平面与地球表面的交线称为 $P$ 点的真子午线，过 $P$ 点的真子午线切线方向的指北向称为 $P$ 点的真北方向，如图 4-37 所示。可以应用天文测量方法或陀螺经纬仪来测定地表任一点的真北方向。

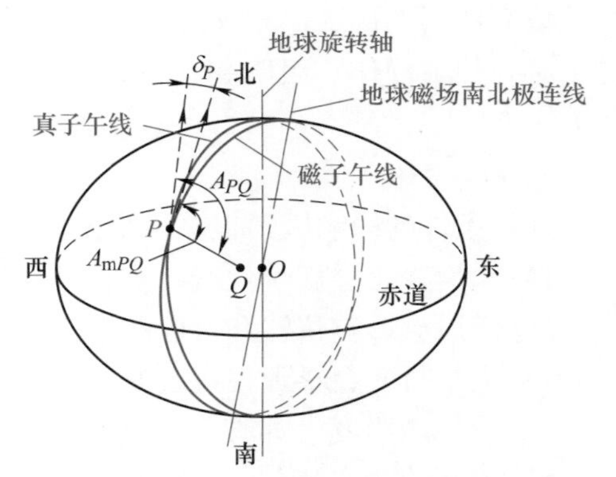


图 4-37 真子午线、磁子午线及磁偏角

2. 磁北方向

过地球上某点及地球磁场南北极所组成的平面与地球表面的交线称为该点的磁子午线，如图 4-37 所示。磁子午线方向可用罗盘仪来确定。自由旋转的磁针静止下来所指的方向，就是磁子午线方向。其北端所示方向，称为磁北方向。

3. 坐标北方向

过不同点的真北方向或磁北方向都是不平行的，这使直线方向的计算很不方便。如果采用平面直角坐标系的纵轴方向作为标准方向，那么过各点的标准方向都是平行的，这也就使方向的计算比较方便。坐标纵轴正向所示方向，称为坐标北方向，也称轴北方向。

### 4.6.2 三种标准方向之间的关系

1. 真北和磁北之间的关系

由于地磁的两极与地球的两极并不一致，北磁极约位于西经 100.0°、北纬 76.1°；南磁极约位于东经 139.4°、南纬 65.8°。所以过地面上同一点 $P$ 的磁北方向与真北方向并不重合，其间夹角称为磁偏角，用符号 $\delta_P$ 表示，如图 4-37 所示。当磁北方向在真北方向东侧时，称东偏，$\delta_P$ 为正；磁北方向在真北方向西侧时；称西偏，$\delta_P$ 为负。磁偏角的大小因地点、时间的不同而异，在我国磁偏角的变化约在+6°（西北地区）到−10°（东北地区）之间。由于地球磁极的位置不断地在变动，以及磁针受局部吸引等影响，所以磁子午线方向不宜作为精确定向的基本方向。但由于用磁子午线定向方法简便，所以在精度要求不高的独立小区域测量工作中仍可采用。

2. 真北与坐标北之间的关系

在高斯平面直角坐标系，中央子午线在高斯平面上是一条直线，作为该坐标系的坐标纵轴，而其他子午线投影后为收敛于两极的曲线，如图 4-38 所示。这样过某点 $P$ 的真北方向与坐标北方向之间就存在一个夹角，这个夹角就称为子午线收敛角，以 $\gamma_P$ 表示。当坐标北方向在真北方向东侧时称东偏，$\gamma_P$ 为正；坐标北方向在真北方向西侧时称西偏，$\gamma_P$ 为负。

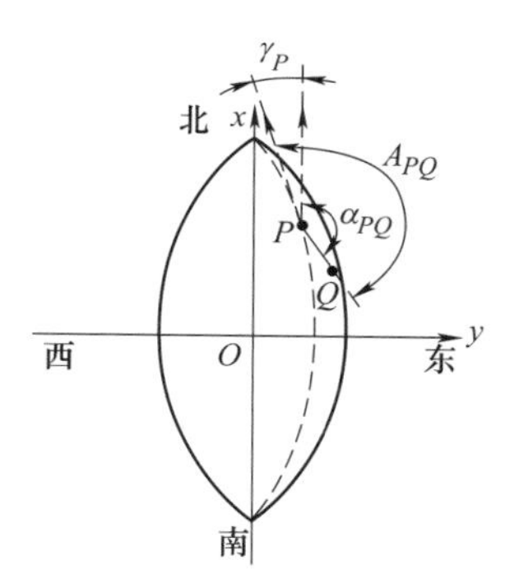


图 4-38 子午线收敛角和真方位角

### 4.6.3 直线方向的表示方法

1. 方位角

测量中常用方位角来表示直线的方向。由标准方向的北端起，顺时针量至某直线的水平角，称为该直线的方位角。方位角的取值范围是 0°~360°。根据标准方向的不同，方位角又可分为真方位角、磁方位角和坐标方位角三种。

（1）真方位角　由真北方向起，顺时针量到某直线的水平角，称为该直线的真方位角，用 $A$ 表示，如图 4-38 中的 $A_{PQ}$。

（2）磁方位角　由磁北方向起，顺时针量到某直线的水平角，称为该直线的磁方位角，用 $A_{\mathrm{m}}$ 表示，如图 4-37 中的 $A_{\mathrm{m}PQ}$。

（3）坐标方位角　由坐标北方向起，顺时针量到某直线的水平角，称为该直线的坐标方位角，用 $\alpha$ 表示，如图 4-38 中的 $\alpha_{PQ}$ 及图 4-39 中的 $\alpha_{AB}$ 和 $\alpha_{BA}$。顺便指出，图 4-39 中的 $\alpha_{AB}$ 和 $\alpha_{BA}$ 互为正反坐标方位角，且相差 180°，即有

$$\alpha_{AB} = \alpha_{BA} \pm 180° \tag{4-24}$$

真方位角、磁方位角和坐标方位角之间的关系也就是三北之间的关系。根据图 4-37 可以得出

$$A_{PQ} = A_{\mathrm{m}PQ} + \delta_P \tag{4-25}$$

根据图 4-38 可以得出

$$A_{PQ} = \alpha_{PQ} + \gamma_P \tag{4-26}$$

2. 象限角

在测量工作中，有时用象限角来表示直线的方向。从标准方向的北端或南端起算，逆时针或顺时针量至直线的水平角，称为象限角，用 $R$ 表示，其取值范围是 0°~90°，如图 4-40 所示，直线 $OA$、$OB$、$OC$、$OD$ 的象限角分别为 $R_{OA}$、$R_{OB}$、$R_{OC}$、$R_{OD}$。

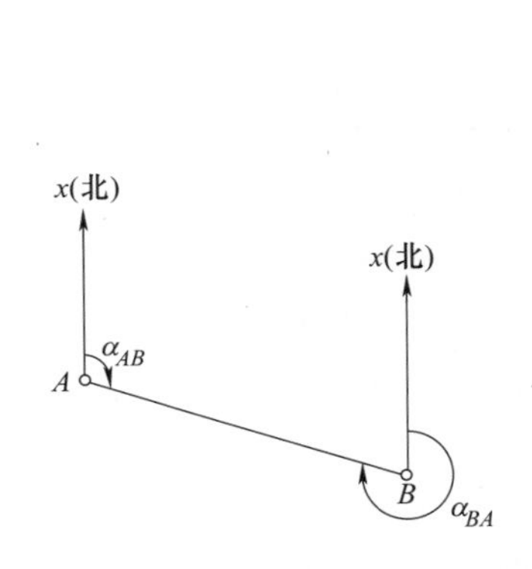


图 4-39　正反坐标方位角

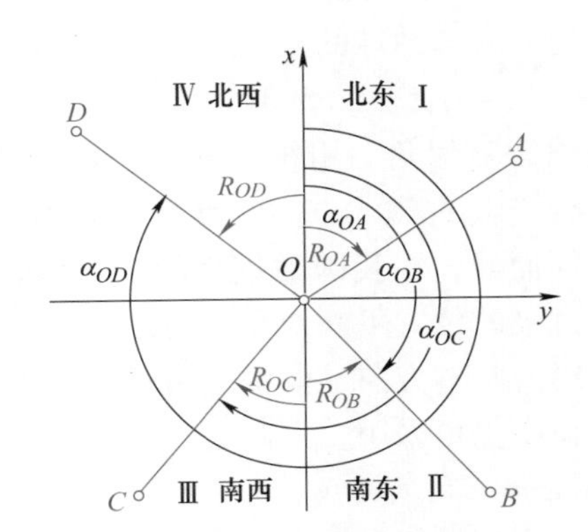


图 4-40　象限角与方位角的关系

用象限角表示直线方向时，还需在角度前注明该直线所在的象限。Ⅰ~Ⅳ象限分别用北东、南东、南西和北西表示。如 $R_{OA}$=NE55°26′38″，$R_{OC}$=SW34°33′22″。

在测量计算中，常需要将直线的象限角与坐标方位角进行相互转换。象限角与坐标方位角之间的关系如下：Ⅰ象限：$\alpha=R$，Ⅱ象限：$\alpha=180°-R$，Ⅲ象限：$\alpha=180°+R$，Ⅳ象限：$\alpha=360°-R$。

## 4.6.4　坐标方位角的推算

在实际测量工作中绝大多数直线的坐标方位角并不是直接测定的，而是通过与已知点（已知坐标和方位角）的连测，观测相关的水平角，推算出来的。

如图 4-41 所示，已知 $\alpha_{12}$，观测了 2、3、4 点转折角 $\beta_{2左}$、$\beta_{3左}$、$\beta_{4左}$（左角）或 $\beta_{2右}$、$\beta_{3右}$、$\beta_{4右}$（右角），左角为位于方位角推算前进方向左侧的转折角，右角为位于方位角推算前进方向右侧的转折角。利用正、反坐标方位角的关系以及测定的转折角，可以推算出各线段的坐标方位角。

图 4-41 中利用左角计算则有：

$$\alpha_{23} = \alpha_{12} + \beta_{2左} - 180°$$
$$\alpha_{34} = \alpha_{23} + \beta_{3左} - 180°$$
$$\alpha_{45} = \alpha_{34} + \beta_{4左} - 180°$$

图 4-41 中利用右角计算则有：

$$\alpha_{23} = \alpha_{12} - \beta_{2右} + 180°$$
$$\alpha_{34} = \alpha_{23} - \beta_{3右} + 180°$$
$$\alpha_{45} = \alpha_{34} - \beta_{4右} + 180°$$

根据上面推算结果可以得出坐标方位角推算的通用公式为

$$\alpha_{前边} = \alpha_{后边} \pm\beta_{右}^{左} \mp 180° \tag{4-27}$$

推算坐标方位角的规律用文字可概括为：前一边的坐标方位角等于后一边的坐标方位角加左角（或减右角），再±180°。若计算结果大于 360°，应减去 360°；若计算结果为负值，则应加 360°。

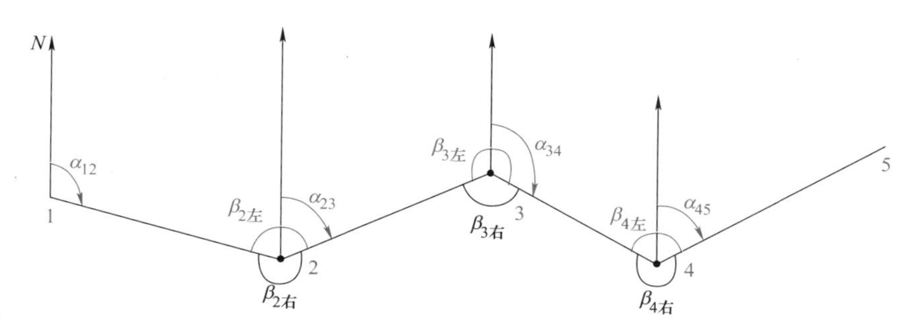


图 4-41　坐标方位角推算示意图

## 思考题与习题

1. 什么是水平角？水平角测量的原理是什么？
2. 什么是竖直角？竖直角测量的原理是什么？
3. 水平角、竖直角的取值范围各是什么？
4. 经纬仪的安置包括哪两项内容？各自的目的是什么？
5. 简述测回法观测水平角的操作步骤。
6. 简述竖直角观测的操作步骤。

7. $DJ_6$ 经纬仪有哪些主要的轴线？各轴线之间要满足怎样的几何关系？如果这些关系不满足将会产生什么后果？

8. 表 4-6 为测回法水平角观测记录，请完成计算。

表 4-6　测回法水平角观测记录

| 测站 | 盘位 | 目标 | 水平盘读数/(°　′　″) | 半测回水平角/(°　′　″) | 一测回水平角/(°　′　″) | 测回平均角/(°　′　″) |
|---|---|---|---|---|---|---|
| O | 左 | A | 0　00　54 | | | |
| | | B | 57　25　24 | | | |
| | 右 | B | 237　25　36 | | | |
| | | A | 180　01　24 | | | |
| | 左 | A | 90　00　32 | | | |
| | | B | 147　24　48 | | | |
| | 右 | B | 327　25　42 | | | |
| | | A | 270　00　54 | | | |

9. 完成下面全圆方向观测法表格（表 4-7）的计算。

表 4-7　全圆方向观测法观测记录

| 测站 | 目标 | 水平度盘读数 | | 2c/(″) | 平均读数/(°　′　″) | 归零方向值/(°　′　″) | 各测回归零方向值/(°　′　″) |
|---|---|---|---|---|---|---|---|
| | | 盘左/(°　′　″) | 盘右/(°　′　″) | | | | |
| O | A | 0　01　10 | 180　01　40 | | | | |
| | B | 95　48　15 | 275　48　30 | | | | |
| | C | 157　33　05 | 337　33　10 | | | | |
| | D | 218　07　30 | 38　07　30 | | | | |
| | A | 0　01　20 | 180　01　36 | | | | |

10. 完成表 4-8 竖直角记录和计算。

表 4-8　竖直角观测记录

| 测站 | 目标 | 盘位 | 竖盘读数/(°　′　″) | 半测回竖直角/(°　′　″) | 指标差/(″) | 一测回竖直角/(°　′　″) | 备注 |
|---|---|---|---|---|---|---|---|
| O | A | 左 | 74　00　12 | | | | 270°　180°　0°　90° |
| | | 右 | 286　00　12 | | | | |
| | B | 左 | 114　03　42 | | | | |
| | | 右 | 245　56　54 | | | | |

11. 在角度测量中，盘左盘右取平均值的方法可以消除或减弱哪些误差的影响？

12. 某水平角需要观测 $n$ 个测回时，各测回起始方向应配置在什么度数附近？

13. 何谓直线定向？测量中用于直线定向的基本方向有哪几种？它们之间有何关系？

14. 何谓坐标方位角？同一直线的正、反坐标方位角有何关系？

15. 用陀螺全站仪测得某直线的真方位角为 182°30′，子午线收敛角为西偏 3°，试求该直线的坐标方位角和象限角。

16. 根据图 4-42 所示的起始边坐标方位角 $\alpha_{BA}$ 以及各水平角值，计算其余各边坐标方位角。

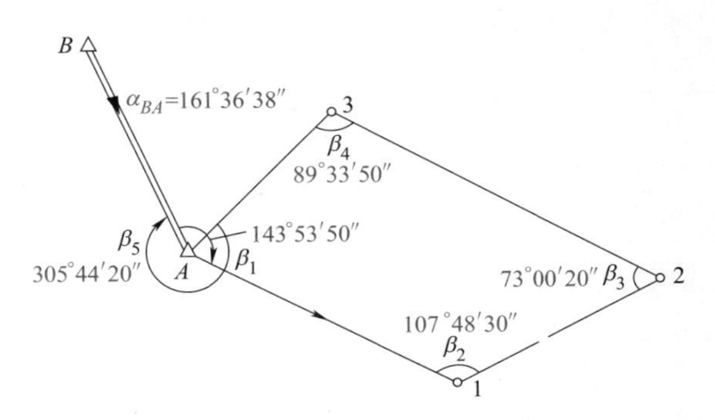


图 4-42　坐标方位角的计算（习题 16）

# 第5章

# 高程测量

## ■ 5.1 概述

高程测量（elevation measurement）是测定地球表面上点的高程。一般是先测量两点之间的高差，然后根据已知点的高程计算得到待求点的高程。因此，高程测量主要是进行高差的测量，是确定点的空间位置的三个基本要素之一，也是测量的基本工作之一。高程测量按照测量方法和仪器设备的不同，可以分为几何高程测量（geometrical levelling）、物理高程测量（physical levelling）、全球导航卫星系统高程测量（GNSS levelling）。

几何高程测量主要有水准测量（levelling）和三角高程测量（trigonometric levelling）两种方法。水准测量是利用水准仪（level）、水准尺（level staff，levelling rod）和几何原理来测定高差，是一种精度较高、应用广泛的高程测量方法。三角高程测量是利用全站仪（或经纬仪）和三角学原理来测定高差，是一种不受地形条件制约的高程测量方法，广泛应用于山区或者不适宜开展水准测量的地区。

物理高程测量主要有气压高程测量（barometric levelling）、声波高程测量（sonic levelling）、雷达高程测量（radar levelling）和液体静力水准测量（hydrostatic levelling）等方法。气压高程测量是一种通过测量大气压力获得高程的方法，它的高程测量精度较低，常常制作成气压高度计（pressure altimeter，barometric altimeter），广泛应用于徒步旅行和攀登的高程测量以及飞行器的高程测量。声波高程测量是一种利用高频声波来测量高程的方法。1931年美国空军和通用电气公司合作研制成功了第一台声波测高计（sonic altimeter），主要应用于飞行器的高程测量。通过飞行器向地面发射和接收高频声波，来测量两者之间的距离，从而计算出高程。声波高程测量的精度和可靠性优于气压高程测量，可以在浓雾或者雨天的环境下进行高程测量。雷达高程测量是一种利用电磁波来测量高程的方法，该方法的测量精度较高，且具有全天候、全天时的特点。雷达测高计（radar altimeter）广泛应用于各类飞行器的高程测量。目前星载和机载合成孔径雷达测高技术可以快速、高精度地获取地面的高程。液体静力水准测量是一种利用连通器原理测量高程变化的方法，主要应用于测量局部地面点高程的变化。将装满液体的容器用连通管连接，用传感器测量每个测点容器内液面的相对变化，从而得到各测点间相对高程的变化。

全球导航卫星系统高程测量是利用GNSS信号接收机和卫星来测定高程的方法。通过同时接收四颗及以上GNSS卫星的信号，利用空间距离交会的原理，得到接收机的高程。该方法施测简便，受地形影响较小，可以较高精度的获取地面点位的大地高，应用广泛。

本章重点讲述几何高程测量的方法。主要内容有：水准测量的原理、水准测量的仪器和工具、水准测量的方法、水准仪和水准尺的检验与校正、水准测量的误差来源及精度分析、数字水准仪、三角高程测量、三角高程测量的误差来源及精度分析等。

## ■ 5.2　水准测量原理

水准测量中用来测量两点之间高差的仪器，称为水准仪。水准测量的原理是：先利用水准仪提供的水平视线，依次在前后两根直立的带有分划的尺子（称为水准尺）上读数，计算两立尺点间的高差；然后根据已知点的高程，推算出待测点的高程。

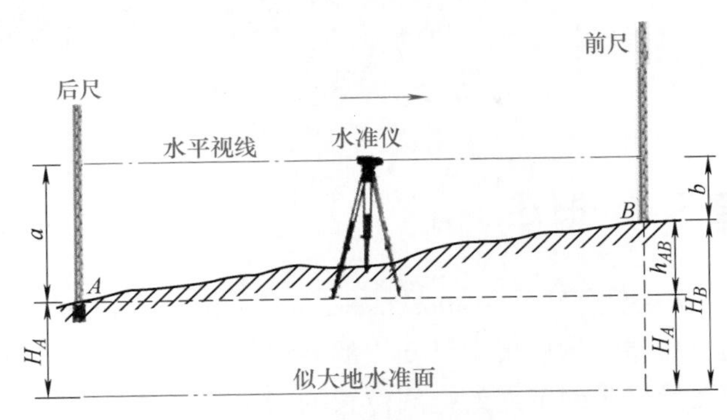


图 5-1　水准测量原理示意图

如图 5-1 所示，已知地面上 $A$ 点的高程是 $H_A$，待测点 $B$ 的高程为 $H_B$。水准测量的前进方向是从 $A$ 到 $B$。在 $A$、$B$ 两点上各竖立一根水准尺，水准仪安置在三脚架上并放置于两点之间。利用水准仪所提供的水平视线，在后视点 $A$ 的水准尺上读数为 $a$（称为后视读数），在前视点 $B$ 的水准尺上读数为 $b$（称为前视读数），则从已知点 $A$ 到待测点 $B$ 的高差 $h_{AB}$ 为后视读数减去前视读数，即

$$h_{AB} = a - b \tag{5-1}$$

式中，$h_{AB}$表示从 $A$ 点至 $B$ 点的高差，因此 $h_{AB}=-h_{BA}$。

如果后视读数大于前视读数（$a>b$），则高差为正（$h_{AB}>0$），表示 $B$ 点比 $A$ 点高，从 $A$ 至 $B$ 是上坡。如果后视读数小于前视读数（$a<b$），则高差为负（$h_{AB}<0$），表示 $B$ 点比 $A$ 点低，从 $A$ 至 $B$ 是下坡。

待测点 $B$ 的高程 $H_B$ 可以由高差法或视线高法求得。

1. 高差法

高差法是通过观测两点间的高差，由已知高程点计算未知点高程的方法。已知 $A$ 点的高程是 $H_A$，在测得 $A$、$B$ 两点间高差 $h_{AB}$后，则待测点 $B$ 的高程 $H_B$ 为

$$H_B = H_A + h_{AB} \tag{5-2}$$

将式（5-1）代入式（5-2），得到

$$H_B = H_A + (a - b) \tag{5-3}$$

高差法适用于由一个高程已知点出发，通过连续测量两点间的高差，推算前进路线中任一点高程的情况，如线路工程高程测量。

如图 5-2 所示，地面上已知 $A$ 点的高程是 $H_A$，欲求得 $B$ 的高程 $H_B$。$A$，$B$ 两点相距较远或者高差较大，安置一次水准仪不能测出两点高差 $h_{AB}$，则在两点之间加设若干个临时的立尺点（TP1、TP2、…、TP$n$），作为高程的传递点（称为转点，turning points）。则从 $A$ 至 $B$ 沿着前进方向，依次连续设站观测，测出各站的高差为

$$h_1 = a_1 - b_1$$
$$h_2 = a_2 - b_2$$

……

$$h_n = a_n - b_n$$

将上式求和，得

$$h_{AB} = \sum_{i=1}^{n} h_i = \sum_{i=1}^{n} a_i - \sum_{i=1}^{n} b_i \tag{5-4}$$

$$H_B = H_A + h_{AB} = H_A + \sum_{i=1}^{n} h_i \tag{5-5}$$

由此可见，从起点 $A$ 至终点 $B$ 的高差等于各测站高差之和，还等于所有后视读数之和减去前视读数之和。常常用此来检核高差计算的正确性。

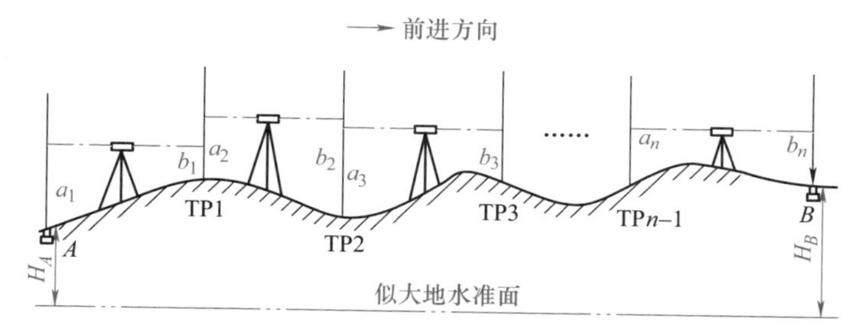


图 5-2　高差法水准测量示意图

2. 视线高法

视线高法也称为仪高法，是利用水准仪的水平视线的高程 $H_i$ 来计算待测点高程的方法。在图 5-1 中，设水平视线的高程为 $H_i$，则有

$$H_i = H_A + a = H_B + b \tag{5-6}$$

待测点 $B$ 的高程 $H_B$ 为

$$H_B = H_A + (a - b) = H_i - b \tag{5-7}$$

视线高法主要适用于安置一次水准仪，以一个已知高程点作为后视，同时求取多个前视点高程的情况，如平整土地测量，施工抄平工作等。

## 5.3　水准测量的仪器和工具

水准测量的主要仪器为水准仪（level），工具有三脚架（tripod）、水准尺（level staff）和尺垫（levelling rod turning plate）等。

### 5.3.1　水准仪

水准仪是通过提供一条水平视线来测量两点之间高差的仪器。水准仪是在 17 世纪望远镜被发明后出现的（图 5-3），并在 18 世纪发明了水准器后逐渐完善的（图 5-4）。20 世纪初，在研

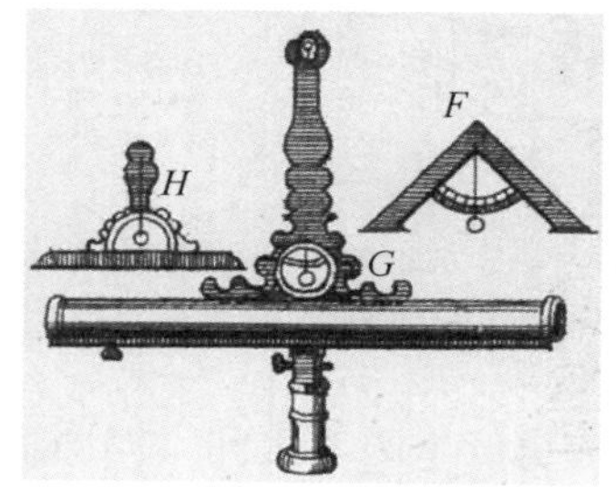


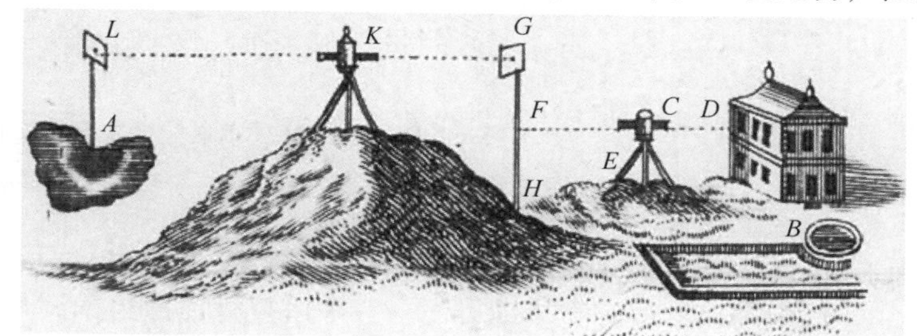


图 5-3　早期的水准测量示意图

制出内调焦望远镜和符合水准器的基础上生产出微倾式水准仪（tilting level）。20 世纪 50 年代初出现了自动安平式水准仪（automatic level），60 年代出现了激光水准仪（laser level），90 年代出现了数字水准仪（digital electronic level）。本节主要介绍微倾式水准仪的结构。

国产微倾式水准仪按其精度分，有 $DS_{05}$、$DS_1$、$DS_3$等型号。其中“D”表示大地测量；“S”表示水准仪；05、1、3 是水准仪精度等级，表示每公里往返测高差中数偶然中误差分别为 0.5mm、1.0mm、3.0mm。在土木工程建设中，使用最多的水准仪是 $DS_3$型水准仪（图 5-5）。微倾式水准仪主要由望远镜、水准器、基座三部分组成，其各组成部件的名称如图 5-6 所示。

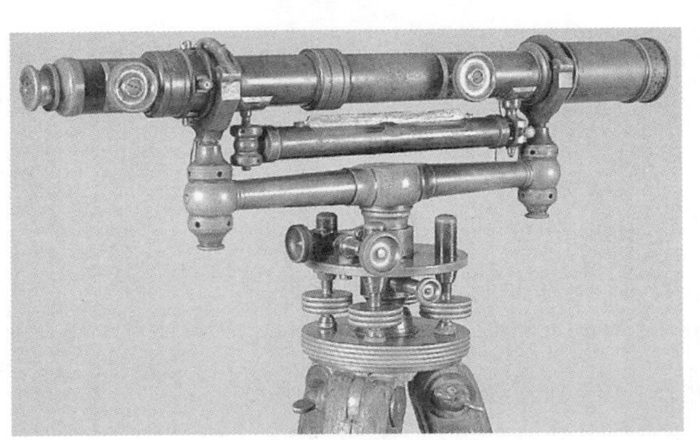

图 5-4　早期的水准仪

1. 望远镜

望远镜主要用来照准目标和读数。望远镜由物镜、目镜、调焦透镜、十字丝分划板等部分组成。望远镜的构造如图 5-7 所示。

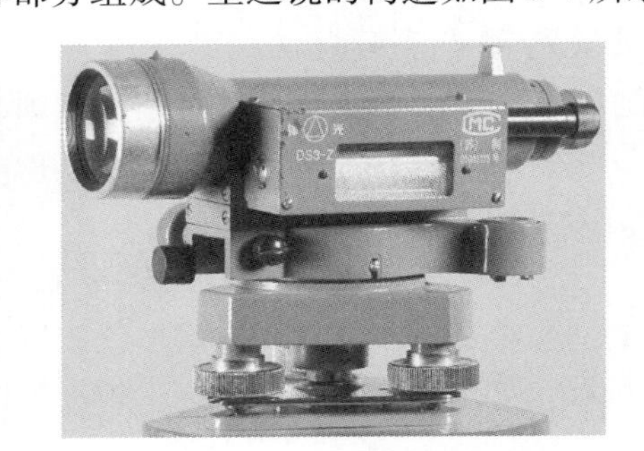

图 5-5　$DS_3$ 型微倾式水准仪

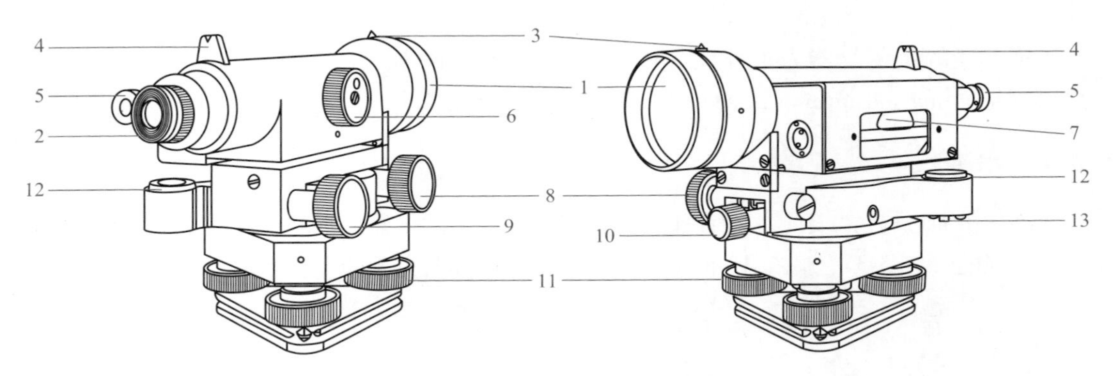


图 5-6　$DS_3$ 型微倾式水准仪的主要构造图

1—物镜　2—目镜　3—准星　4—照门　5—符合气泡观察镜　6—物镜调焦螺旋　7—管水准器　8—水平微动螺旋　9—微倾螺旋　10—水平制动螺旋　11—脚螺旋　12—圆水准器　13—圆水准器校正螺钉

（1）物镜和目镜　物镜和目镜一般采用复合透镜组，调焦透镜位于两者之间。如图 5-8 所示，当目标 $AB$ 所发光线经过物镜成像后形成一个倒立而缩小的实像 $ab$，通过调焦螺旋可

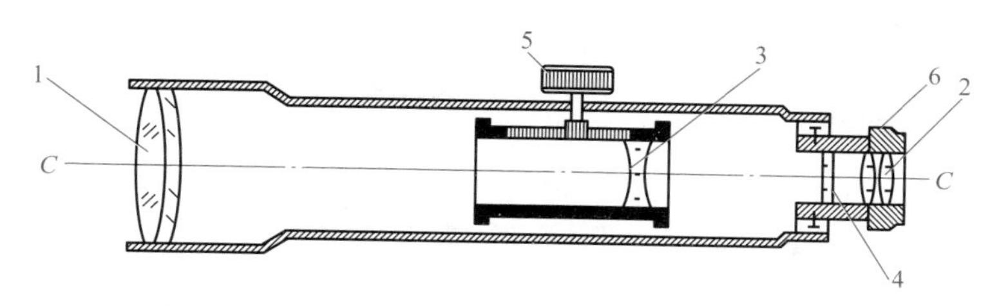


图 5-7 望远镜的主要构造图

1—物镜 2—目镜 3—物镜调焦透镜 4—十字丝分划板 5—物镜调焦螺旋 6—目镜调焦螺旋

使不同距离的目标均能清晰地成像在十字丝分划板上。人眼通过目镜可以看到同时放大的十字丝和目标影像 $a'b'$。由于目标在望远镜中的影像是倒立的，此类水准仪的望远镜称为倒像望远镜。为了方便观测，在目镜中增加转像透镜，将目标影像正立，此类望远镜称为正像望远镜。

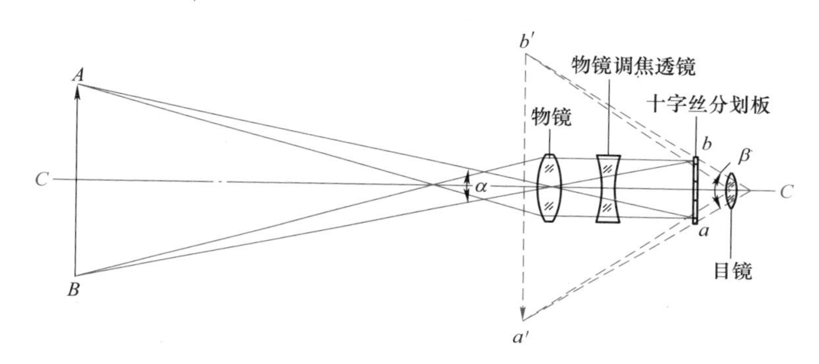


图 5-8 望远镜的成像原理示意图

望远镜的性能主要由分辨率、放大倍数、亮度、视场等因素决定。

1）分辨率，也称为清晰度，是望远镜成像的清晰程度，以望远镜分辨角的倒数来衡量。分辨角（$\delta$）以角秒为单位，是望远镜明确分辨的两发光点之间的最小角距。根据光的衍射原理可得

$$\delta = \frac{1.22\lambda}{D}$$

式中，$\lambda$ 为入射光的波长；$D$ 为望远镜的有效孔径（mm）。

对于水准仪的光学望远镜，以人眼最敏感的黄绿波长 $\lambda = 555\text{nm}$ 计算，可得 $\delta = \frac{141''}{D}$。分辨角 $\delta$ 经目镜放大后应与人眼的最小分辨角（60″）相适应。可知孔径越大，其分辨率越大，清晰度越佳。

2）放大倍数，也称为放大率，是眼睛经由目镜所见虚像和眼睛所夹的角 $\beta$ 与物体直接由眼睛观测所夹角 $\alpha$ 之比，约等于物镜与目镜焦距之比。$DS_3$ 型水准仪望远镜的放大倍数一般不小于 28 倍。

3）亮度，是望远镜所能造成影像明亮的程度。亮度越佳，则分辨率越大。但放大倍数越大者，亮度越小。

4）视场，也称为视角、视界、视野。当望远镜固定时，通过望远镜所能看到的空间称为望远镜的视场。视场越大，观测的范围就越宽广、找寻目标越快速。望远镜的视场与放大倍数成反比，放大倍数越大，视场越小。常有两种表示视场的方法：一是用角度，以人眼为中心经过望远镜最外两视线间的夹角表示视场。二是用“$L$‰”表示视场，其意义为“距望远镜外 1000 单位，望远镜所能看见的圆的直径为 $L$ 单位。”我国常指 1km 处的可视范围，如 $D=1000$m，$L=29$m，即视场为 29‰。国外常用千码处英尺表示。

（2）十字丝分划板　十字丝分划板是用来瞄准目标和读数的。十字丝分划板的构造如图 5-9 所示，是一个刻有十字丝的直径约为 10mm 的透明玻璃圆板。十字丝分划板有三根横丝和一根竖丝。上、下两根短的横丝称为上丝和下丝，也称为视距丝。利用视距丝和视距法可以粗略测量水准仪和水准尺的间距。十字丝分划板由 4 颗校正螺钉固定在望远镜筒上，调节校正螺钉可以在小范围内移动十字丝分划板。

（3）视准轴　物镜光心与十字丝交点的连线，称为视准轴（collimation axis），通常用 $CC$ 表示。视准轴所在的直线即为视线，水准测量就是在视准轴水平时，用十字丝的中丝在水准尺上进行读数。

物镜与十字丝分划板之间的距离是固定的，而观测目标和望远镜的距离有远有近。目标在望远镜的成像和十字丝分划板重合才可以正确读数。当两者不重合时，观测者的眼睛在目镜处上下微动，目标影像和十字丝之间也会变动，此状态下的读数是不正确的，这种现象称为视差（图 5-10）。消除视差的方法是：首先调节目镜调焦螺旋，使十字丝清晰；然后调节物镜调焦螺旋，使目标影像清晰。

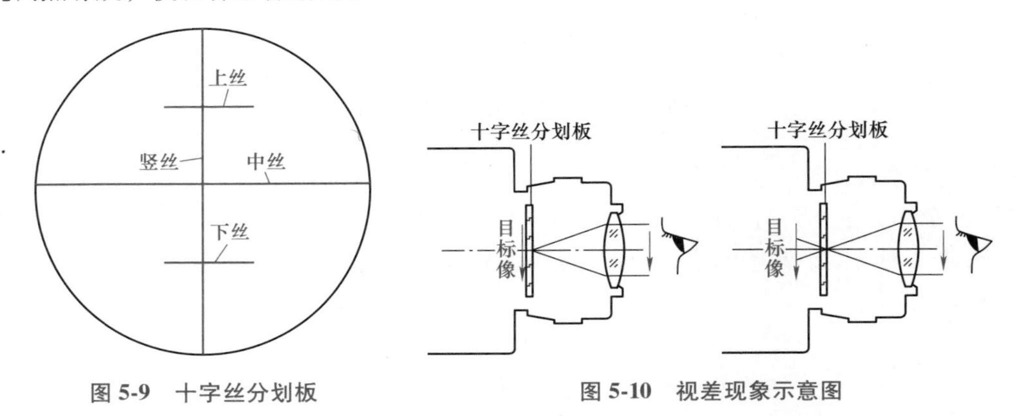


图 5-9　十字丝分划板　　　图 5-10　视差现象示意图

2. 水准器

水准器是一种指示平面水平或者铅垂状态的装置。在一个封闭的中间轻微凸起、两边有刻划的玻璃容器中装入乙醇等醇类液体，在重力作用下，气泡总是移向最高点。乙醇等醇类液体具有低黏度、低表面张力和大温差范围液体状态的特点，使得气泡可以稳定且准确地在玻璃容器中快速移动。

水准器用来置平水准仪，从而使水准仪的视准轴水平。水准器根据其形状主要分为管水准器（图 5-11a）和圆水准器（图 5-11b）。

（1）管水准器　管水准器又称为水准管，其玻璃管纵剖面方向为具有一定曲率的圆弧形（图 5-12）。水准管上刻有间隔为 2mm 的分划线，分划线的中点 $O$ 称为水准管零点。通

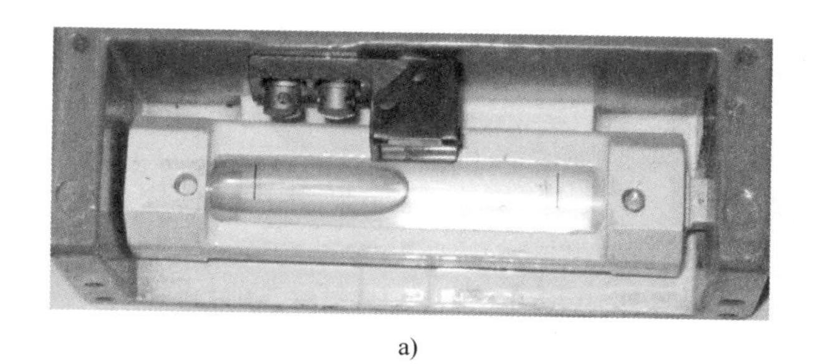

a)

b)

图 5-11 水准器

a）管水准器 b）圆水准器

过零点与圆弧相切的纵向切线 $LL$ 称为水准管轴。水准管和水准仪的望远镜固定在一起，且水准管轴平行于视准轴 $CC$。

水准管上相邻两分划线（2mm）间弧长所对的圆心角 $\tau$，称为水准管的分划值。

$$\tau = \frac{2\text{mm}}{R}\rho \tag{5-8}$$

式中，$R$ 为水准管纵向内圆弧的半径（mm）；$\rho = 206265''$。

水准管分划值越小，水准管灵敏度越高，视准轴整平越精确。$DS_3$ 型水准仪的水准管分划值为 $20''$。为了方便观测，同时提高水准管气泡居中的精度，常在水准器上方装有棱镜组。将水准气泡两端的影像反射到望远镜旁的符合气泡观察镜中。通过调节微倾螺旋，当水准管气泡两端的影像符合时，表示气泡居中（图 5-13）。

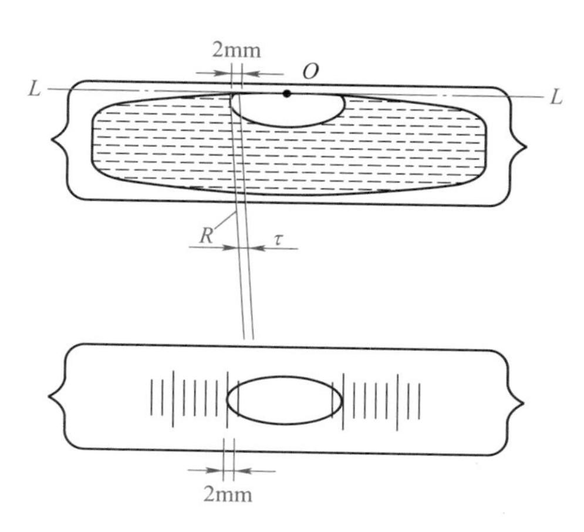


图 5-12 管水准器结构示意图

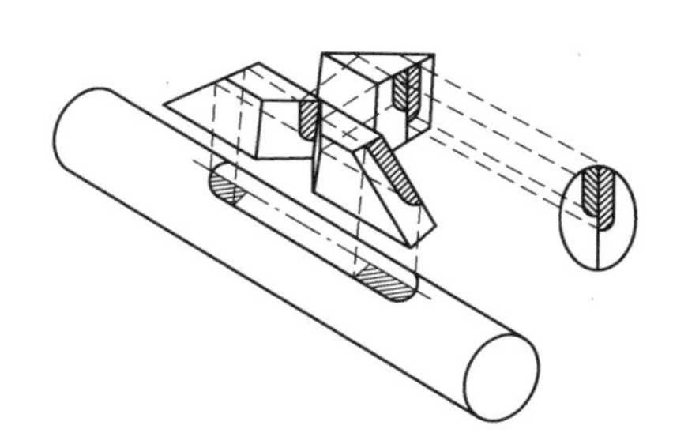

图 5-13 符合水准器

（2）圆水准器 圆水准器是由圆柱形玻璃管制成，其顶部内壁为一球面。圆水准器球面的正中刻有圆圈，其圆心为圆水准器零点。过零点的球面法线 $L'L'$，称为圆水准器轴，如图 5-14 所示。圆水准器轴 $L'L'$ 平行于水准仪的旋转轴即竖轴 $VV$。水准仪的圆水准器分划值一般为 $8'$，精度较低。把它装在水准仪基座上，用于水准仪的快速粗略整平。

3. 基座

基座的作用是支承水准仪的上部结构，并通过中心连接螺旋与三脚架连接。基座主要由轴座、脚螺旋、底板和三脚压板等部分构成。转动三个脚螺旋，可进行水准仪的粗略整平操作。

### 5.3.2 水准测量工具

水准测量工具

在进行水准测量时，需要三脚架、水准尺、尺垫等工具配合水准仪使用。

1. 三脚架

三脚架用来支撑和安置测绘仪器，主要由架头、三条支撑腿和中心连接螺栓构成（图 5-15）。三脚架的材质有木、钢、铝合金、高强塑料、碳纤维等多种。水准仪的三脚架多由木质或铝合金制成，其优点是重量较轻、坚固、稳定性较好。

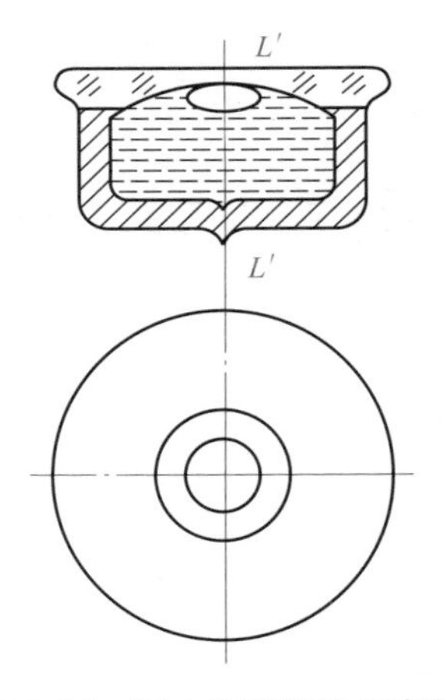


图 5-14 圆水准器结构示意图

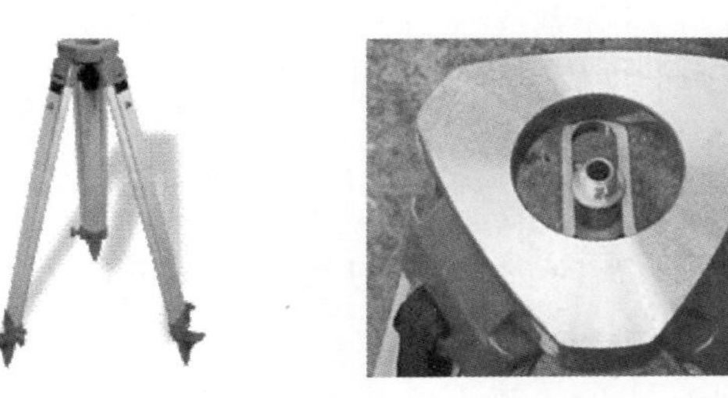

图 5-15 三脚架

2. 水准尺

水准尺是在水准测量中与水准仪配合使用的标尺（图 5-16）。水准尺多由木、玻璃钢、铝合金等材料制成。用于精密水准测量的水准尺多是因钢水准尺（invar level staff），又称为因瓦水准尺、因瓦合金水准尺等，其是由热膨胀系数很小的因瓦合金（镍铁合金，其成分为镍 36%，铁 63.8%，碳 0.2%）制成的带有高精度刻划的因钢尺，并按自由状态固定在木质或铝合金的尺框内。水准尺长度一般从 2m 到 5m 不等，构造有直尺、塔尺、折尺等形式。塔尺可以伸缩、折尺可以折叠，这两种水准尺运输方便，便于携带，但是接头处容易损坏，影响尺长精度。在高精度的水准测量中一般采用直尺。直尺分为单面水准尺和双面水准尺两种。

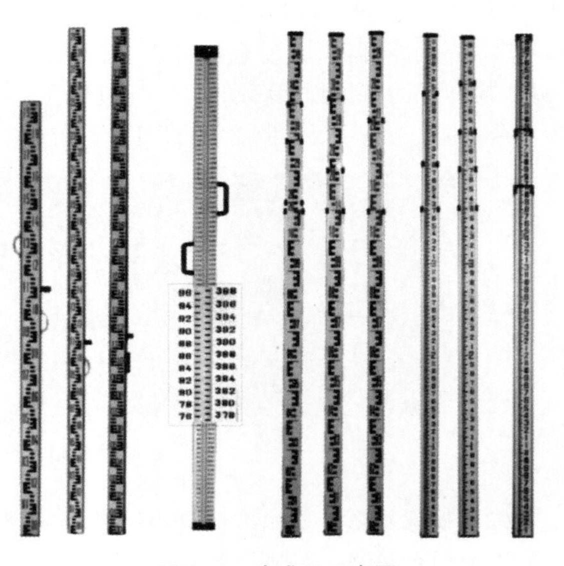

图 5-16 水准尺示意图

水准尺的尺面每隔 1cm 涂有黑白或红白相间的分格，每整分米或整厘米处标有数字注记。为了避免观测时读数错误及计算检核，常常制成带有基本分划和辅助分划的水准尺。双

面尺的两面均有刻划（图5-17）：一面为黑白相间，称为黑面尺，是基本分划，尺底从零开始；另一面为红白相间，称为红面尺，是辅助分划，尺底从4.687m或4.787m开始。双面尺必须成对使用，以便进行测量检核。

3. 尺垫和尺桩

尺垫（图5-18），又称为尺台，一般由生铁铸成。尺垫为台状结构，顶面有一半球状凸起，用于放置水准尺。尺垫下方有三个脚，用来保证尺垫的稳固。水准测量中，为了减少水准尺水平旋转操作时零点高度的沉降变化，常用尺垫作为转点使用。

尺桩为锥体状结构，顶部结构和尺垫类似，有一半球状凸起，底部结构常为圆锥状，以方便扎入地面。尺桩主要用于松软或倾斜地面。

图5-17 双面尺

图5-18 尺垫

## 5.4 水准测量的方法

水准测量布设形式与数据处理

### 5.4.1 微倾式水准仪的使用

微倾式水准仪的基本操作步骤为：安置、粗平、瞄准、精平、读数。

1. 安置

首先在测站上松开三脚架的固定螺栓，按照观测者的身高调整三脚架的架腿长度，拧紧固定螺栓。然后打开三脚架，将三个脚尖踩实于地面，并使架头面大致水平。接下来从仪器箱中取出水准仪，用中心连接螺栓将水准仪固定在三脚架上。

2. 粗平

粗平是通过调节三个脚螺旋使圆水准器的气泡居中，从而达到粗略整平水准仪的目的。具体的操作步骤如图5-19所示。用双手同时相向转动两个脚螺旋，使气泡沿两个脚螺旋的沿线方向移动至中心位置。然后用单手转动第三个脚螺旋，使气泡进入圆水准器中心。

以上两个操作步骤需要交替进行，气泡的移动方向和左手大拇指的移动方向一致，直至圆水准器气泡完全居中为止。

3. 瞄准

瞄准是指使望远镜对准水准尺，清晰成像，并使十字丝的中心位于水准尺的尺面中央，如图 5-20 所示。具体的操作步骤如下：

1）目镜调焦：转动望远镜的目镜调焦螺旋，使十字丝成像清晰。

2）初步瞄准：通过望远镜的照门和准星瞄准水准尺，旋紧水平制动螺旋。

3）物镜调焦：转动望远镜的物镜调焦螺旋，使水准尺的成像清晰，消除视差。

4）精确瞄准：转动水平微动螺旋，使十字丝的竖丝位于水准尺中央。

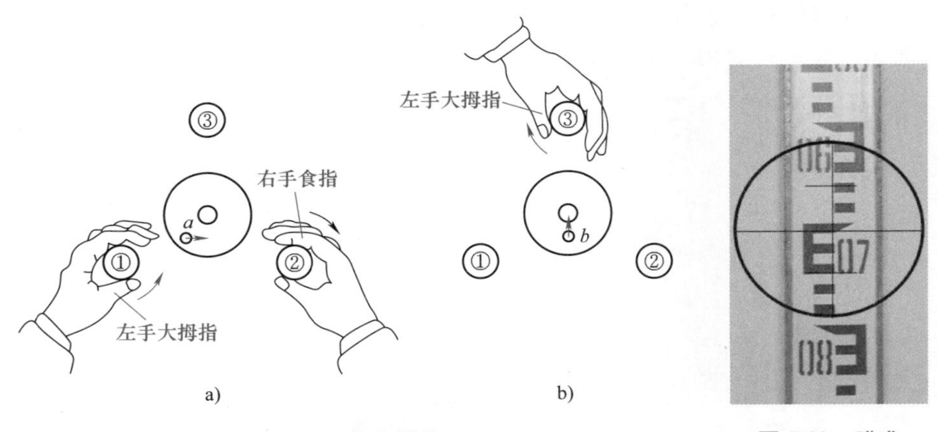


图 5-19 粗平操作　　图 5-20 瞄准

4. 精平

精平是通过调节微倾螺旋，使管水准器的气泡居中，视准轴达到精确水平。具体的操作步骤如图 5-21 所示，通过符合气泡观察窗观测管水准器气泡的位置，转动微倾螺旋（左侧气泡的移动方向和微倾螺旋的移动方向一致），使气泡两端的成像严密吻合。此时视准轴水平，完成精平操作。

5. 读数

读数是用十字丝的中丝在水准尺上读数。精确读取米、分米、厘米，估读毫米位。如图 5-22 所示，左图读数为 1609，即 1. 609m；右图读数为 6295，即 6. 295m。

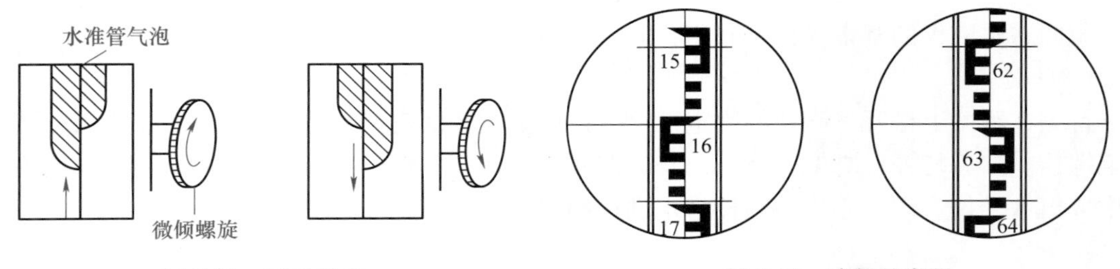


图 5-21 精平操作　　图 5-22 读数示意图

## 5. 4. 2 新式水准仪介绍

随着光、机、电技术的发展，陆续产生多种新式水准仪，如自动安平水准仪（automatic level）、数字水准仪（digital level）、激光水准仪（laser level）



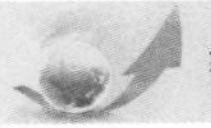

等。这些新式水准仪的推出和应用，有效减轻了水准测量外业工作的劳动量，提高了生产效率。

1. 自动安平水准仪

自动安平水准仪（图 5-23）是通过补偿器（Compensator）来保证水准视线水平。如图 5-24 所示，自动安平水准仪没有水准管和微倾螺旋，因此比微倾式水准仪操作更加容易和快捷。

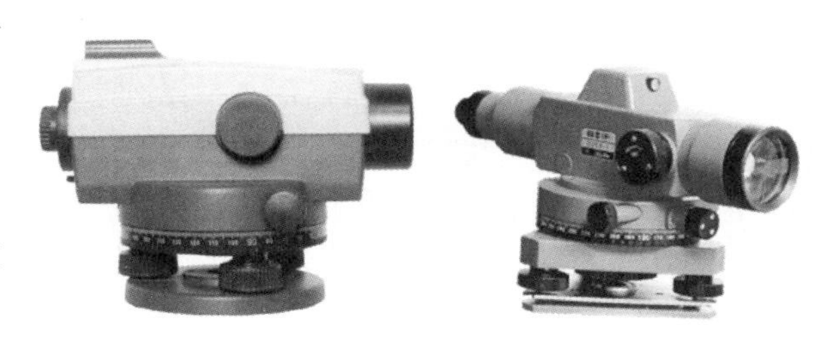

图 5-23 自动安平水准仪示例

自动安平水准仪的补偿器按照阻尼方式的不同可以分为空气阻尼式补偿器和磁阻尼式补偿器，其作用是当望远镜轻微倾斜时，仍能在十字丝上读得视准轴水平时的正确读数。其原理如下：通过调节三个脚螺旋完成粗略整平。此时望远镜没有精确水平，视准轴和水平线间有一个微小的倾角。在望远镜的光路上安置一个光学补偿器，通过重力作用，使通过物镜光心的水平光线经过补偿器后偏转通过十字丝交点，从而使望远镜的视准轴水平，得到目标水准尺的正确读数。

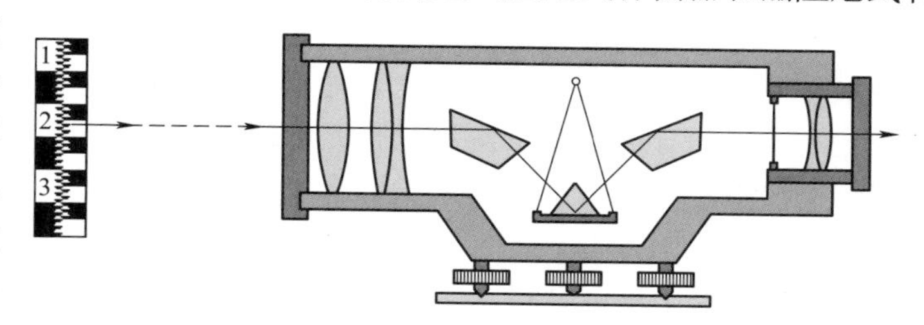


图 5-24 自动安平水准仪结构示意

2. 数字水准仪

数字水准仪（digital level），又称为电子水准仪（digital electronic level），是一种通过自动读取水准尺上条码刻度来进行水准测量的仪器设备（图 5-25）。数字水准仪是在望远镜光路中增加了分光镜和光电探测器（CCD 阵列）等部件，采用图像处理系统构成光、机、电及信息存储与处理的一体化水准测量设备。

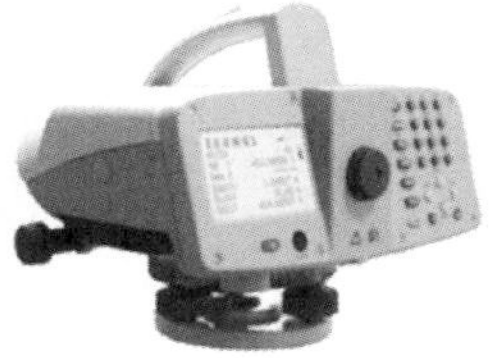
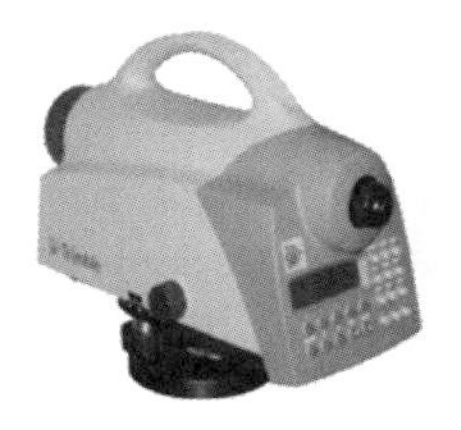

图 5-25 数字水准仪示例

数字水准仪的水准尺为条形码标尺，条码明暗相间，通过改变明暗条码的宽度实现编码，且条码不存在重复的码段。数字水准仪的自动读数功能就是条形码的解码过程（图 5-26），主要包括粗测和精测两个步骤。

粗测是通过传感器接收条码尺的光学影像，用图像识别的技术将其与预先存储的标准条码尺进行比较，确定光电传感器所截获条码片段在标尺上的位置。精测是确定中丝在条码片段中的位置。因此，测量结果是粗测值和精测值所得到的中丝在水准尺上的读数。数字水准仪的图像识别的方法有相关法、相位法、载码相位法等。瑞士徕卡（Leica）的NA系列数字水准仪采用相关法；日本拓普康（Topcon）的DL系列数字水准仪采用相位法；美国天宝（Trimble）的DiNi系列、日本索佳（Sokkia）的SDL系列、我国的博飞DAL系列和苏一光EL系列数字水准仪采用载码相位法。

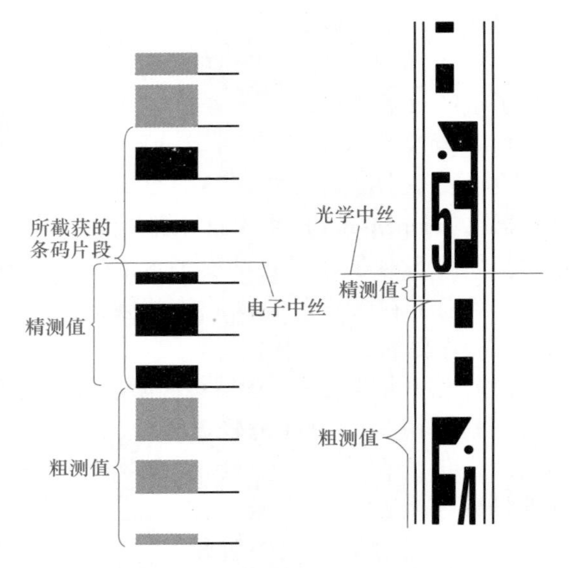


图 5-26　数字水准仪解码过程示意

3. 激光水准仪

激光水准仪（laser level）是一种在光学水准仪上安装激光发射装置，以可视激光束代替水平视线的水准仪。它可与配有光电接收靶的水准尺配合进行水准测量。与光学水准仪相比，激光水准仪具有测程长、水平视线可视等特点（图 5-27）。

激光水准仪不仅可以同光学水准仪一样进行水准测量工作，而且在土木工程中常常利用可视的激光建立水平线、水平面或者铅垂线（面）。

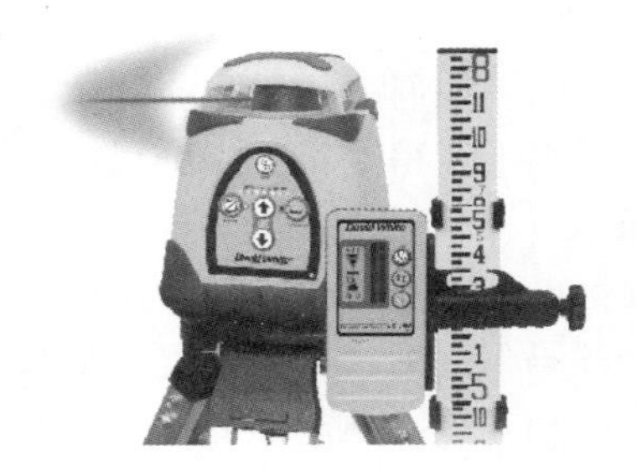

图 5-27　激光水准仪示例

## 5.4.3　水准点

用水准测量方法测定的地面上点的高程，这些点称为水准点（图 5-28），一般用BM（bench mark）表示。

图 5-28　水准点

我国水准点的高程采用正常高系统，高程基准是1985国家高程基准。国家水准点高程是从青岛国家水准原点（图5-29）起算的，高程为72.260m。

图5-29　青岛观象山国家水准原点

按照国家水准测量标准测定高程的水准点组成的网称为国家水准网。其按精度从高到低分为一、二、三、四等。各等水准点标志的埋设工作称为埋石。水准点标石根据其埋设地点、制作材料和埋石规格的不同，可分为基岩水准标石、基本水准标石、普通水准标石、墙角水准标志、道路水准标石等（图5-30）。水准标石顶面的水准标志，采用加接铁质根络的铜或不锈钢半球顶的标志，也有玻璃钢、石质等材料的标志。临时性的水准点可用地面上突出的坚硬岩石或用大木桩打入地下，桩顶安装半球状钢钉，作为水准点的标志（图5-31）。

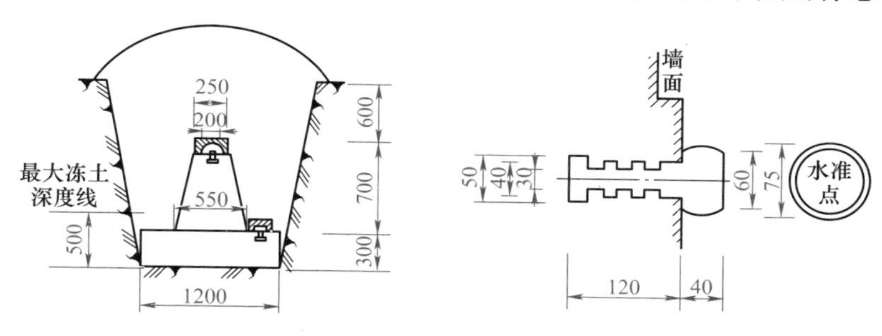


图5-30　水准标石

## 5.4.4　水准测量的等级及布设形式

《工程测量标准》（GB 50026—2020）中对高程测量精度等级的划分，按照从高到低依次为一等、二等、三等、四等、五等，共5个等级。各等级高程测量宜采用水准测量，四等及以下等级也可采用电磁波测距三角高程测量，五等还可采用卫星定位高程测量。水准测量的技术要求见表5-1。

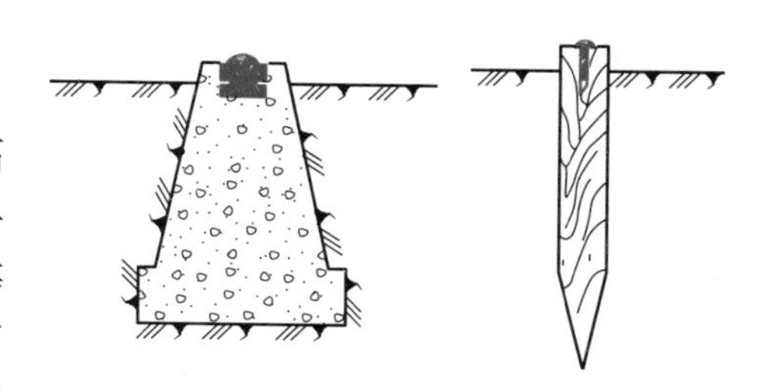

图5-31　临时水准标志

在水准点间进行水准测量所经过的路线，称为水准路线（levelling line）。水准路线分为单一水准路线和水准网。按照已知高程水准点的分布情况不同，单一水准路线的布设形式有附合水准路线（annexed levelling line）、闭合水准路线（closed levelling line）、支水准路线（spur levelling line）。水准网是由多条单一水准路线连接而成。

1. 附合水准路线

如图5-32所示，从一个已知高程的水准点（BM1）出发，沿各高程待定点（1、2、3、4）进行水准测量，最后附合到另一个已知高程的水准点（BM2），称为附合水准路线。附合水准路线各测站高差之和的理论值等于起、终两个水准点间的高差。

$$\sum h_{理} = H_{终} - H_{起} \tag{5-9}$$

表 5-1　水准测量的主要技术要求

<table>
<tr><th rowspan="2">等级</th><th rowspan="2">每千米高差全中误差/mm</th><th rowspan="2">水准仪级别</th><th rowspan="2">水准尺</th><th rowspan="2">视线长度/m</th><th rowspan="2">前后视的距离较差/m</th><th rowspan="2">前后视的距离较差累积/m</th><th rowspan="2">视线离地面最低高度/m</th><th rowspan="2">基辅分划读数较差/mm</th><th rowspan="2">基辅分划所测高差较差（测站两次观测高差较差）/mm</th><th colspan="2">往返较差、附合或环线闭合差/mm</th></tr>
<tr><th>平地</th><th>山地</th></tr>
<tr><td>一等</td><td>1</td><td>$DS_{05}$（$DSZ_{05}$）</td><td>线条式因瓦尺（条码因瓦尺）</td><td>30</td><td>0.5</td><td>1.5</td><td>0.5（0.65）</td><td>0.3（—）</td><td>0.4</td><td>$1.8\sqrt{L}$</td><td>—</td></tr>
<tr><td>二等</td><td>2</td><td>$DS_1$（$DSZ_1$）</td><td>线条式因瓦尺（条码式因瓦尺）</td><td>50</td><td>1.0（1.5）</td><td>3.0</td><td>0.5（0.55）</td><td>0.5（—）</td><td>0.7</td><td>$4\sqrt{L}$</td><td>—</td></tr>
<tr><td rowspan="2">三等</td><td rowspan="2">6</td><td>$DS_1$（$DSZ_1$）</td><td>线条式因瓦尺（条码式因瓦尺）</td><td>100</td><td rowspan="2">3.0（2.0）</td><td rowspan="2">6.0（5.0）</td><td rowspan="2">0.3（0.45）</td><td>1.0（—）</td><td>1.5</td><td rowspan="2">$12\sqrt{L}$</td><td rowspan="2">$4\sqrt{n}$</td></tr>
<tr><td>$DS_3$（$DSZ_3$）</td><td>双面尺（条码式玻璃钢尺）</td><td>75（100）</td><td>2.0（—）</td><td>3.0</td></tr>
<tr><td>四等</td><td>10</td><td>$DS_3$（$DSZ_3$）</td><td>双面尺（条码式玻璃钢尺）</td><td>100</td><td>5.0（3.0）</td><td>10.0</td><td>0.2（0.35）</td><td>3.0（—）</td><td>5.0</td><td>$20\sqrt{L}$</td><td>$6\sqrt{n}$</td></tr>
<tr><td>五等</td><td>15</td><td>$DS_3$（$DSZ_3$）</td><td>单面尺（条码式玻璃钢尺）</td><td>100</td><td>近似相等</td><td>—</td><td>—</td><td>—</td><td>—</td><td>$30\sqrt{L}$</td><td>—</td></tr>
</table>

注：1. $L$ 为水准路线长度（km），$n$ 为测站数。

2. 括号外为光学水准仪的指标要求，括号内为数字水准仪的指标要求。

3. 一、二等水准测量观测顺序：往测时，奇数站为后—前—前—后，偶数站为前—后—后—前。当使用光学水准仪返测时，奇偶站顺序对调。

4. 三等水准测量观测顺序为后—前—前—后；四等水准测量观测顺序为后—后—前—前。

2. 闭合水准路线

如图 5-33 所示，从一个已知高程的水准点（BM3）出发，沿各高程待定点（1、2、3、4）进行水准测量，最后回到原已知水准点（BM3），称为闭合水准路线。闭合水准路线各测站高差之和的理论值等于零。

$$\sum h_{理} = H_{终} - H_{起} = 0 \tag{5-10}$$

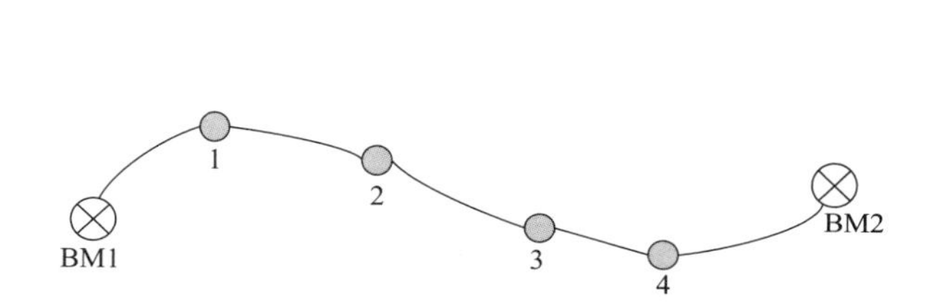


图 5-32　附合水准路线示意图

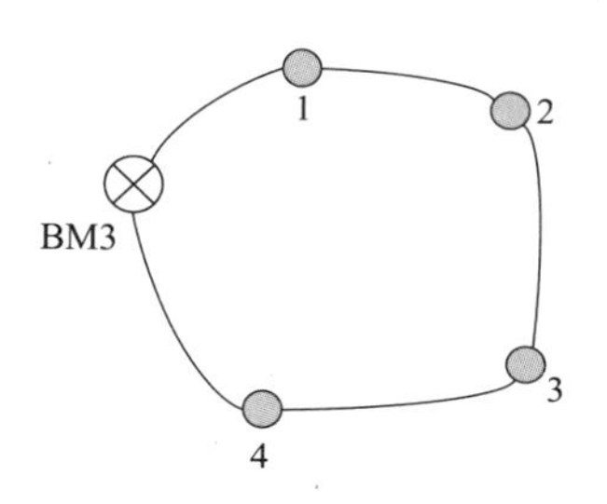


图 5-33　闭合水准路线示意图

3. 支水准路线

如图 5-34 所示，从一个已知高程的水准点（BM4）出发，沿各高程待定点（1、2、3）进行水准测量，然后原路返回，称为支水准路线。支水准路线往返测高差之和的理论值等于零。

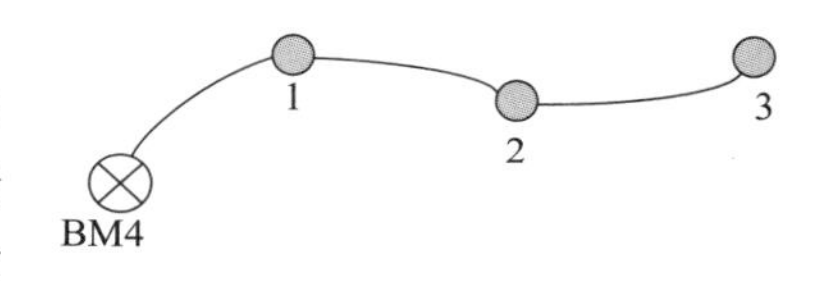


图 5-34　支水准路线示意图

$$\sum h_{往} + \sum h_{返} = 0 \tag{5-11}$$

式（5-9）、式（5-10）、式（5-11）分别是附合水准路线、闭合水准路线、支水准路线的各测站高差之和理论值的检核条件。由于测量误差的存在，水准路线的实测高差 $\sum h_{测}$ 和理论高差 $\sum h_{理}$ 往往不相等。水准路线的高差实测值和理论值之差，称为高差闭合差，用 $f_h$ 表示。

$$f_h = \sum h_{测} - \sum h_{理} \tag{5-12}$$

因此可知，单一水准路线的布设形式和高差闭合差见表 5-2。

表 5-2　高差闭合差计算公式

| 布设形式 | 高差闭合差 $f_h$ |
|---|---|
| 附合水准路线 | $\sum h_{测} - (H_{终} - H_{起})$ |
| 闭合水准路线 | $\sum h_{测}$ |
| 支水准路线 | $\sum h_{往} + \sum h_{返}$ |

### 5.4.5　水准测量的外业施测

1. 五等水准测量

五等水准测量（也称为等外水准测量、普通水准测量）在一个测站上的观测步骤为：

1）在前后视距近似相等的地方安置水准仪。

2）照准后视水准尺，读取中丝读数 $a$，记录在水准测量手簿中。

3）照准前视水准尺，读取中丝读数 $b$，记录在水准测量手簿中。

4）计算出该测站的高差 $h=a-b$，该测站结束。

接下来进行下一测站的测量，将后视水准尺向前移动至下一个转点，同时将水准仪迁至下一测站，并把前视水准尺转动尺面对准水准仪。

【例 5-1】 如图 5-35 所示，已知水准点 BM1 的高程为 72.242m，按照五等水准测量的方法测定 BM2 点的高程，每一测站的观测数据如图中所示。请将观测数据填入水准测量手簿中，并计算出 BM2 点的高程，完成计算检核。

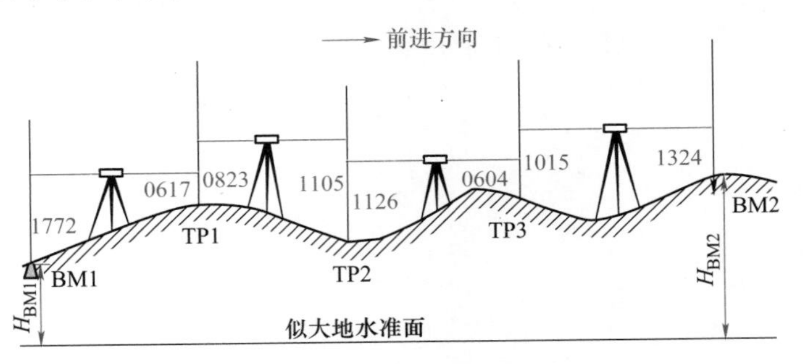


图 5-35　五等水准测量

解：观测数据及计算过程见表 5-3。

表 5-3　五等水准测量手簿

| 测站 | 点名 | 水准尺读数/mm | | 高差/m | 高程/m | 备注 |
|---|---|---|---|---|---|---|
| | | 后视 $a$ | 前视 $b$ | | | |
| | BM1 | 1772 | | | 72. 242 | |
| 1 | | | | +1. 155 | | |
| | TP1 | 0823 | 0617 | | | |
| 2 | | | | −0. 282 | | |
| | TP2 | 1126 | 1105 | | | |
| 3 | | | | +0. 522 | | |
| | TP3 | 1015 | 0604 | | | |
| 4 | | | | −0. 309 | | |
| | BM2 | | 1324 | | 73. 328 | |
| Σ | | 4736 | 3650 | +1. 086 | | |
| 计算检核 | $\sum a=4.736\text{m}$，$\sum b=3.650\text{m}$，$\sum h=+1.086\text{m}$<br>$\sum a-\sum b=4.736\text{m}-3.650\text{m}=+1.086\text{m}=\sum h$<br>$H_{BM2}=H_{BM1}+\sum h=72.242\text{m}+1.086\text{m}=73.328\text{m}$ | | | | | |

在五等水准测量中，有可能会出现读数错误、水准仪操作错误等产生测量粗差情况。为了及时发现观测中的错误，通常采用双仪高法或双面尺法实施外业测量的检核，称为测站检核。

1）双仪高法，又称为两次仪器高法。在水准测量的每一测站上两次安置水准仪，通过改变水准仪的高度，获取不同高度的水平视线读数，以进行测站检核。如果两次高差观测值之差满足限差要求，则取平均值作为该测站的高差。

2）双面尺法。首先选取双面水准尺进行水准测量，在每一测站上分别读取前、后水准尺的黑面（基本分划）和红面（辅助分划）读数。然后分别计算出黑面高差和红面高差。如果黑面高差和红面高差之差（基辅分划所测高差较差）满足限差要求，则取平均值作为该测站的高差。

2. 三、四等水准测量

三、四等水准测量除了用于建立国家三、四等水准网（高程控制网）外，还用于建立小测区高程控制网。三、四等水准网是在国家一、二等水准网的基础上进一步加密，根据需要在高等级水准网内布设附合路线、环线或结点网，提供地形测图或工程建设所需高程控制点。

三、四等水准测量一般选用 $DS_1$ 或 $DS_3$ 型水准仪，配合双面水准尺（或线条式因瓦尺、条码式玻璃钢尺）进行水准测量的外业工作。双面水准尺一般选用木质的黑、红双面标尺，并成对使用。双面尺的黑面从零开始刻划，是基本分划；红面是辅助分划，一根从 4.687m 开始刻划，另一根从 4.787m 开始刻划。因此，一对双面水准尺红面的零点差为 100mm，每测站计算出的红面高差要进行零点差的改正（加或减 100mm）才能和黑面高差进行比较和取平均值。

三等水准测量如果使用 $DS_1$ 型水准仪，只进行单程观测（往一次）；如果使用 $DS_3$ 型水准仪，需要进行往返各一次观测。四等水准测量只进行往一次观测。参照表 5-1，三等水准测量每测站照准标尺顺序为“后(黑)—前(黑)—前(红)—后(红)”：

1）后视标尺黑面（基本分划），记录上丝（1）、下丝（2）、中丝读数（3）。

2）前视标尺黑面（基本分划），记录上丝（4）、下丝（5）、中丝读数（6）。

3）前视标尺红面（辅助分划），记录中丝读数（7）。

4）后视标尺红面（辅助分划），记录中丝读数（8）。

四等水准测量每测站照准标尺按照“后(黑)—后(红)—前(黑)—前(红)”的顺序进行。

表 5-4 为三、四等水准测量的观测手簿。

**表 5-4　三、四等水准测量观测手簿**

测量线路：自Ⅲ宜新 3 至Ⅲ宜新 4　　　　2012 年 1 月 1 日

时间：始 08 时 05 分，末 10 时 35 分　　天气：晴　　成像：清晰

| 测站编号 | 后尺/mm 上丝 下丝 | 前尺/mm 上丝 下丝 | 方向及点号 | 标尺读数/mm | | K 加黑减红/mm | 高差中数/m |
|---|---|---|---|---|---|---|---|
| | 后视距/m | 前视距/m | | 黑面 | 红面 | | |
| | 视距差 $d$/m | 前后视距差累积 $\sum d$/m | | | | | |
| | (1) | (4) | 后 | (3) | (8) | (13) | |
| | (2) | (5) | 前 | (6) | (7) | (14) | |
| | (9) | (10) | 后—前 | (16) | (17) | (15) | (18) |
| | (11) | (12) | | | | | |
| 1 | 1571 | 0739 | 后 A1 | 1384 | 6171 | 0 | |
| | 1197 | 0363 | 前 TP1 | 0551 | 5239 | −1 | |
| | 37.4 | 37.6 | 后—前 | +0833 | +0932 | +1 | +0.8325 |
| | −0.2 | −0.2 | | | | | |

（续）

| 测站编号 | 后尺/mm 上丝 | 下丝 | 前尺/mm 上丝 | 下丝 | 方向及点号 | 标尺读数/mm 黑面 | 红面 | K加黑减红/mm | 高差中数/m |
|---|---|---|---|---|---|---|---|---|---|
| | 后视距/m | | 前视距/m | | | | | | |
| | 视距差 d /m | | 前后视距差累积∑d /m | | | | | | |
| 2 | 2121 | | 2196 | | 后 TP1 | 1934 | 6621 | 0 | |
| | 1747 | | 1821 | | 前 TP2 | 2008 | 6796 | -1 | |
| | 37.4 | | 37.5 | | 后—前 | -0074 | -0175 | +1 | -0.0745 |
| | -0.1 | | -0.3 | | | | | | |
| 3 | 1914 | | 2055 | | 后 TP2 | 1832 | 6519 | 0 | |
| | 1539 | | 1678 | | 前 A2 | 2007 | 6796 | +2 | |
| | 37.5 | | 37.7 | | 后—前 | -0175 | -0277 | -2 | -0.1760 |
| | -0.2 | | -0.5 | | | | | | |

三、四等水准测量观测手簿的计算和检核方法介绍如下，计算时须注意单位换算。

1）视距计算。

后视距： $(9)=[(1)-(2)]\times 100$

前视距： $(10)=[(4)-(5)]\times 100$

前后视距差 $d$： $(11)=(9)-(10)$

前后视距差累积 $\sum d$： (12) = 本测站(11) + 上测站(12)

2）水准尺读数检核计算。

后视标尺： $(13)=K+(3)-(8)$

前视标尺： $(14)=K+(6)-(7)$

式中，$K$ 为双面尺零点差（常数），为 4.687m 或 4.787m。

黑面高差： $(16)=(3)-(6)$

红面高差： $(17)=(8)-(7)$

高差计算检核： $(15)=(13)-(14)=(16)-[(17)\pm 100]$

3）高差计算。

本测站高差： $(18)=\dfrac{(16)+[(17)\pm 100]}{2}$

4）观测结束后的计算和检核。

高差的检核：

$$\sum(3)-\sum(6)=\sum(16)$$

$$\sum(8)-\sum(7)=\sum(17)$$

$$\sum(18)=\frac{\sum(16)+\sum(17)}{2}\text{（测站数为偶数）}$$

视距的检核：

$$\sum(9) - \sum(10) = \text{末测站}(12)$$

$$\text{总视距} = \sum(9) + \sum(10)$$

### 5.4.6　水准测量的成果处理

水准测量的成果处理包括：观测手簿的计算检核，高差闭合差计算，高差改正，高程计算。

1）高差闭合差计算（表5-2）。高差闭合差要小于国家标准中对相应等级测量限差的要求（表5-1）。如果观测成果精度符合要求，再进行高差闭合差的调整。

2）高差的改正，也称为高差闭合差的调整。每测站的高差改正采用将高差闭合差按照测站数 $n$ 或路线长度 $L$(km) 成正比例并反号分配的原则：$v_i = -\frac{L_i}{\sum L_i}f_h = -\frac{n_i}{\sum n_i}f_h$。计算检核：$\sum v_i = -f_h$。由于在计算中存在舍入误差，当不满足检核式时，可将余数凑至测段较长或者测站数较多的测段改正数上。改正后的高差：$h_{i改} = h_i + v_i$。检核条件：$\sum h_{改} = H_{终} - H_{起}$。

3）高程计算。从起始水准点开始，按照 $H_{i+1} = H_i + h_{i改}$，依次计算出各水准点高程。

【例5-2】　图5-36为一条附合水准路线。已知起点BM1和终点BM2的高程分别为65.452m和68.706m。TP1、TP2、TP3为水准路线内待测水准点。$h_1$、$h_2$、$h_3$、$h_4$ 为各测段实测高差。$n_1$、$n_2$、$n_3$、$n_4$ 为各测段的测站数。$f_{h允} = \pm 12\sqrt{n}$ mm。请完成该路线水准测量的成果计算。

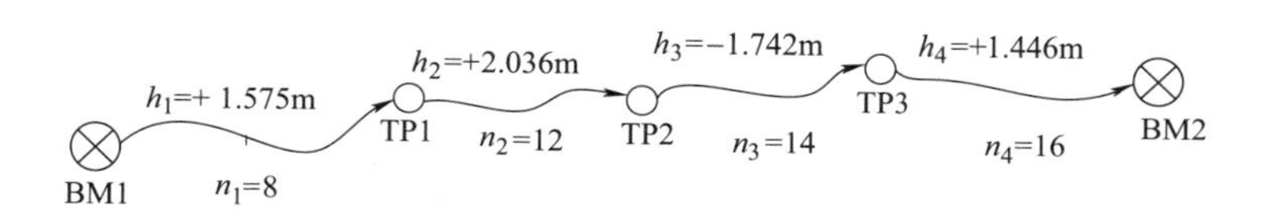


图5-36　附合水准路线

解：计算过程如下：

1）将题目中给出的相关数据填入水准测量成果计算表，见表5-5。

2）计算高差闭合差 $f_h$、高差闭合差的限差（允许误差）$f_{h允}$。当 $|f_h| < |f_{h允}|$ 时，测量成果的精度合格，可以进行高差闭合差的调整。

3）计算各测段高差改正数 $v_i = -\frac{n_i}{\sum n_i}f_h$。得到：$v_1 = -\frac{8}{50}\times(+61)\text{mm} = -10\text{mm}$；$v_2 = -\frac{12}{50}\times(+61)\text{mm} = -15\text{mm}$；$v_3 = -\frac{14}{50}\times(+61)\text{mm} = -17\text{mm}$；$v_4 = -\frac{16}{50}\times(+61)\text{mm} = -19\text{mm}$。并进行检核 $\sum v_i = -f_h = -61\text{mm}$。

4）计算各测段改正后的高差 $h_{i改} = h_i + v_i$。

5）计算各水准点高程 $H_{i+1} = H_i + h_{i改}$。并用 $H_{BM2} = H_{TP3} + h_{TP3,BM2}$ 检核。

表 5-5　水准测量成果计算表

| 点名 | 测站数 $n$ | 实测高差/m | 高差改正数/mm | 改正后高差/m | 高程/m |
|---|---|---|---|---|---|
| BM1 | | | | | 65.452 |
| | 8 | +1.575 | -10 | +1.565 | |
| TP1 | | | | | 67.017 |
| | 12 | +2.036 | -15 | +2.021 | |
| TP2 | | | | | 69.038 |
| | 14 | -1.742 | -17 | -1.759 | |
| TP3 | | | | | 67.279 |
| | 16 | +1.446 | -19 | +1.427 | |
| BM2 | | | | | 68.706 |
| Σ | 50 | +3.315 | -61 | +3.254 | |
| 计算检核 | $f_h=\sum h_{测}-(H_{终}-H_{起})=[+3.315-(68.706-65.452)]\mathrm{mm}=+61\mathrm{mm}$<br>$f_{h允}=\pm12\sqrt{n}\mathrm{mm}=\pm12\sqrt{50}\mathrm{mm}=\pm85\mathrm{mm}$<br>$\lvert f_h\rvert<\lvert f_{h允}\rvert$，成果合格 | | | | |

## 5.5　微倾式水准仪的检验与校正

由水准测量的原理可知，水准仪要提供一条水平视线。因此水准仪的仪器结构需要满足一定的几何条件。在进行水准测量作业前，需要对水准仪进行检验，检查其结构是否能达到条件要求。如果不能达到条件要求，需进行校正。

如图 5-37 所示，水准仪的基本轴线有：视准轴 $CC$、水准管轴 $LL$、竖轴 $VV$、圆水准器轴 $L'L'$。这些基本轴线应满足下列三个几何条件：

1）水准管轴平行于视准轴：$LL/\!/CC$。

2）圆水准器轴平行于竖轴：$L'L'/\!/VV$。

3）十字丝横丝垂直于竖轴 $VV$。

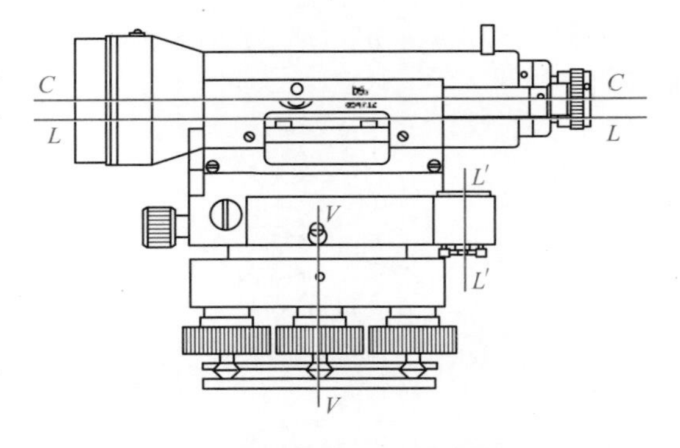

图 5-37　水准仪的基本轴线

条件 1）是一台合格水准仪应满足的主要条件，其目的是保证在水准管气泡居中时，视准轴水平。条件 2）、3）是水准仪应满足的次要条件。条件 2）目的是能快速安置水准仪，当圆水准器气泡居中时，仪器旋转轴铅垂，使望远镜旋转至任何位置时，都易于水准管轴水平。条件 3）目的是当旋转轴铅垂时，用十字丝的横丝可以读数，而不必严格用十字丝交点读数。

在进行水准测量工作前，应对水准仪进行检验和校正，使水准仪的基本轴线满足三个几何条件，从而使仪器精度达到规定要求。

1. 圆水准器轴和竖轴的平行关系（$L'L'/\!/VV$）的检验与校正

（1）检验　先调节三个脚螺旋使圆水准器气泡居中，然后将望远镜旋转 180°。若气泡仍居中，则表明 $L'L'/\!/VV$（图 5-38d）；若气泡不居中，则表示该条件不满足，两轴线存在夹角 $\delta$（图 5-38a）。

（2）校正　校正原理：如图 5-38a 所示，设圆水准器轴和竖轴不平行，存在夹角 $\delta$。调

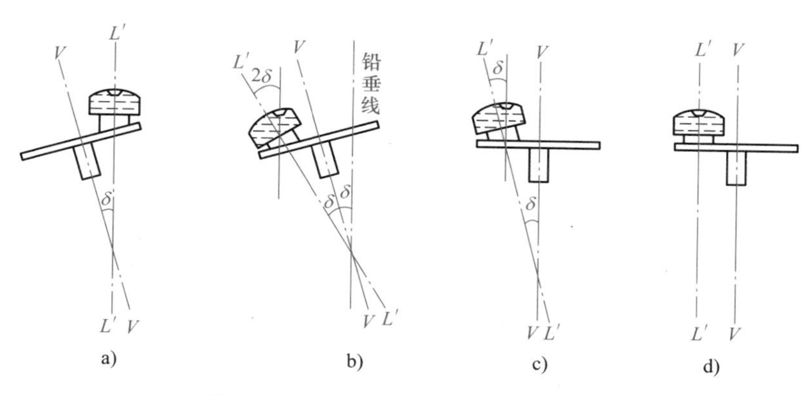


图 5-38　圆水准器轴和竖轴的关系原理

节三个脚螺旋，圆水准器的气泡居中，此时圆水准器轴 $L'L'$ 铅垂。由于竖轴 $VV$ 是旋转轴，将望远镜旋转 180°后，圆水准器轴围绕竖轴做圆锥形旋转，得到 5-38b 所示的形式，即旋转后的圆水准器轴和铅垂线（旋转前的圆水准器轴）的夹角为 $2\delta$。此时圆水准器的气泡偏离中心 $2\delta$。

校正方法：校正需要用到图 5-39 所示的在圆水准器下部的三个校正螺钉。校正时调节脚螺旋，使圆水准器气泡向中心零点位置移动偏离值的一半（图 5-38c），即气泡移动 $\delta$，此时竖轴铅直。接下来调节三个校正螺钉使气泡居中，则圆水准器轴也铅直（图 5-38d）。因在实际操作中存在多种因素的影响，校正工作需要反复进行，直至仪器任意旋转，圆水准器的气泡均居中，校正工作结束。

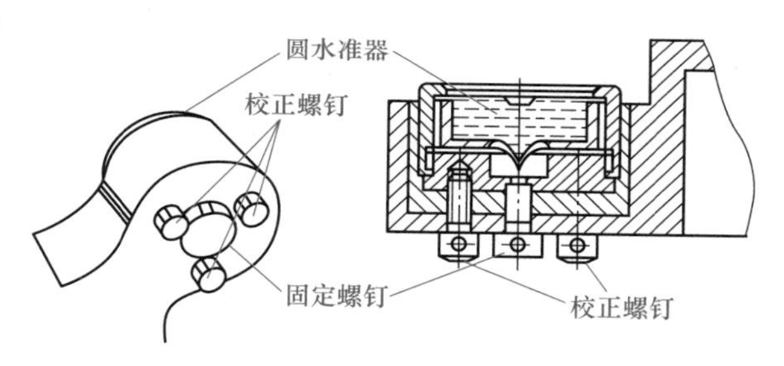


图 5-39　圆水准器校正结构示意

2. 十字丝横丝和竖轴 $VV$ 的垂直关系的检验与校正

（1）检验　首先安置水准仪，完成粗略整平操作。用十字丝横丝的一端瞄准点状目标 $P$（图 5-40a），然后转动水平微动螺旋，观察 $P$ 点在视场中的移动轨迹。如果 $P$ 点始终在横丝上移动（图 5-40b），说明横丝与竖轴（仪器旋转轴）垂直。如果 $P$ 点的移动轨迹离开横丝，如图 5-40c 和图 5-40d 所示，说明横丝与竖轴不垂直，需要进行校正。

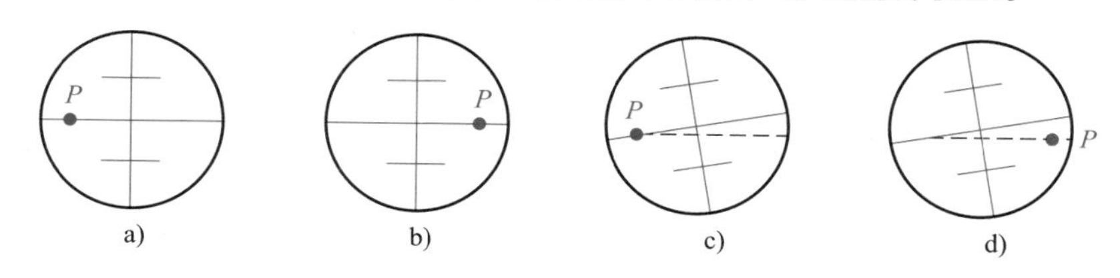


图 5-40　十字丝横丝检验

（2）校正　如图 5-41 所示，旋下目镜处的十字丝分划板护罩，松开压环螺钉，使十字丝环转动，让横丝与 $P$ 点的轨迹重合或平行，再拧紧压环螺钉。该项工作需要反复检验和校正。

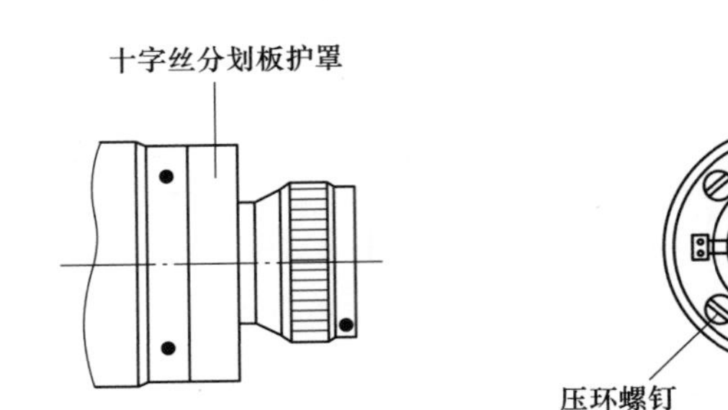


图 5-41　十字丝横丝校正

3. 水准管轴 $LL$ 和视准轴 $CC$ 的平行关系的检验与校正

水准管轴和视准轴是空间上两条直线。如果它们不相互平行，在竖直面上的投影的夹角称为 $i$ 角，相应的检验称为 $i$ 角检验。在水平面上的投影的夹角称为交叉角，相应的检验称为交叉误差检验。

根据水准仪测量的原理，可知最为重要的是 $i$ 角检验。只有在精密水准测量才进行交叉误差检验和校正。

（1）$i$ 角检验　如图5-42所示，在较平坦的地面上选取 $A$、$B$ 两点（相距 60～80m），打下尺桩或尺垫。测量出 $AB$ 的中点（$S_1=S_2$），安置水准仪。首先测出 $A$、$B$ 两点的高差 $h_{AB}$，由图 5-42 可知存在 $i$ 角的水准仪在后尺和前尺的读数误差均为 $x=S_1\dfrac{i}{\rho}=S_2\dfrac{i}{\rho}$（式中，$\rho=206265''$）。高差 $h_{AB}=(a_1+x)-(b_1+x)=a_1-b_1$（后视正确读数-前视正确读数）。因此在前后视距相等时，所测高差为正确高差，消除了 $i$ 角的影响。

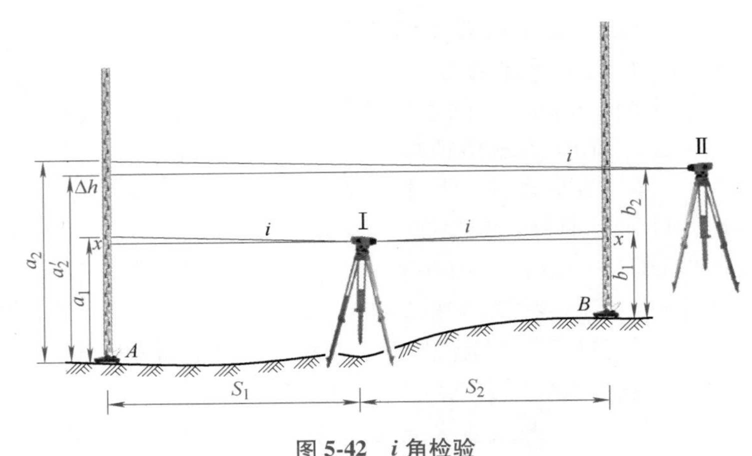


图 5-42　$i$ 角检验

自动安平水准仪 $i$ 角检验

然后将水准仪安置在两点中任一点附近，如距 $B$ 点 2～3m 处。测得后尺 $A$、前尺 $B$ 的读数分别为 $a_2$、$b_2$，高差 $h_2=a_2-b_2$。因水准仪离 $B$ 点很近，两轴不平行对前尺 $B$ 引起的读数误差可以忽略不计。在 $A$ 尺上的正确读数为 $a_2'$（$a_2'=b_2+h_{AB}$），则 $a_2-a_2'=S_{AB}\dfrac{i}{\rho}$。根据图5-42可以推出 $i$ 角计算公式为

$$i=\frac{h_2-h_{AB}}{S_{AB}}\rho \tag{5-13}$$

（2）校正　水准仪视准轴与水准管轴的夹角 $i$，$DS_1$ 型不应超过 15″；$DS_3$ 型不应超过 20″。对于自动安平水准仪，应送具有资质的仪器检校单位进行校正。对于微倾式水准仪，

校正方法如下：首先用微倾螺旋将望远镜视线对准 $A$ 尺的正确读数 $a_2'$，此时，视准轴已处于水平位置，而管水准气泡必然偏离中心；用校正针拨动管水准器一端的上、下两个校正螺钉（图5-43），使气泡的两个影像符合（气泡居中）。注意，这种成对的校正螺钉在校正时应遵循“先松后紧”的规则，如要抬高管水准器的一端，必须先松开上校正螺钉，让出一定的空隙，然后再紧下校正螺钉。校正需反复进行，使 $i$ 角满足要求。

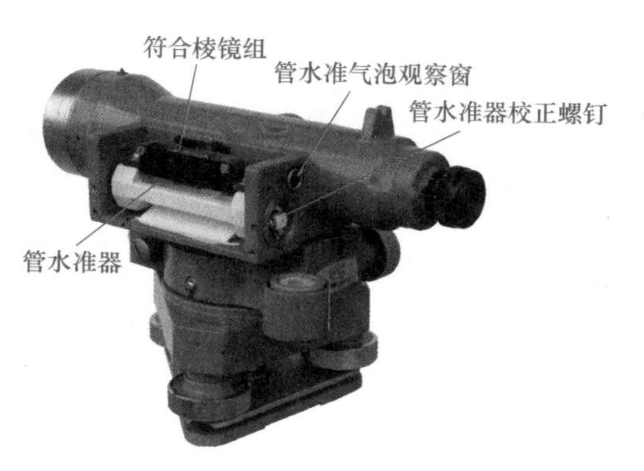


图 5-43 管水准器结构

## 5.6 水准测量的误差分析与注意事项

在水准测量外业工作中，受到仪器误差、观测误差、外界环境影响，测量结果会产生误差，降低了测量结果的精度。因此要对水准测量误差进行分析，采取一定的措施来消除或减弱水准测量的误差影响。

1. 仪器误差

1）水准管轴与视准轴不平行误差（$i$ 角误差）。水准管轴与视准轴不平行，虽然经过校正，仍然可存在少量的残余误差。这种误差的影响与前后视距差成正比，只要观测时注意使前、后视距离相等，便可消除此项误差对测量结果的影响。在国家水准测量标准中，对“前后视距差”和“前后视距差累积”的限定就是针对 $i$ 角误差的。

2）水准尺误差。由于水准尺刻划不准确、尺长变化、弯曲等原因，会影响水准测量的精度。因此，水准尺要经过检核才能使用。水准标尺的零点差，可以在一个测段中采用偶数站来消除。

2. 观测误差

1）水准管气泡的居中误差。水准仪的基本功能是提供水平的视准轴，这个功能是通过水准管气泡的居中来实现的。因此水准管气泡的居中误差会影响高差测量的精度。需要在每次读数前都进行严格的精平操作来削弱这种误差的影响。

2）读数误差。在读取水准尺分划时，最后一位读数是估读产生的。估读误差的大小和望远镜的放大倍数、视距长度有关。望远镜的放大倍数越小、视距长度越大，则读数误差越大。在国家水准测量标准中对望远镜放大倍数和视线长度的限定，就是为了减弱读数误差的影响。

3）视差。当水准尺的影像和十字丝分划板不重合时，会产生视差，从而导致读数的误差。因此观测时要仔细调焦，严格消除视差。

4）水准尺倾斜误差。在水准测量中，水准尺应竖直读数。如果水准尺横向倾斜，在望远镜视场中通过和十字丝的比较，很容易发现并改正。如果水准尺前后倾斜，仪器测量人员很难察觉，此时读取的水准尺读数是增大的。而且视准轴越高，误差越大。在水准尺上安装水准器且保证水准尺扶直是消除该项误差的主要方法。

3. 外界环境影响

1）水准仪下沉和水准尺下沉。水准仪或水准尺安置时没有踩实，或者在软土、冻土上安置时，容易造成水准仪下沉或水准尺下沉。采用一定的观测程序（如“后—前—前—后”）可以削弱水准仪下沉的影响。采用往返观测的方法可以削弱水准尺下沉的影响。

2）地球曲率和大气折光（简称球气差）的影响。地球曲率和大气折光的影响使测量成果误差加大。一般采用前后视距相等的方法减弱地球曲率的影响。由于大气密度的不均匀，视线在大气中穿过时发生折射弯曲现象，离地面越近，折射越大。一般对视线离地面的高度进行限制就是为了削弱大气折光的影响。

3）温度的影响。温度的变化会引起大气折光、仪器各部件的受热不规则变化等；影响测量成果的精度。一般在测量工作开始时，提前从箱子中取出仪器，以适应环境温度，并在观测时给仪器撑伞遮阳。

## 5.7 三角高程测量

三角高程测量（trigonometric levelling），是通过观测两点间的距离（水平距离或斜距）和竖直角，求定两点间高差的方法。三角高程测量观测方法简单，不受地形条件限制，适用于地形起伏较大的地区进行高程测量。

### 5.7.1 三角高程测量原理

已知 $A$ 点的高程为 $H_A$，用三角高程测量的方法得出 $A$、$B$ 两点之间的高差 $h_{AB}$，从而获得 $B$ 点的高程 $H_B$。如图 5-44 所示，在 $A$ 点安置仪器（全站仪），在 $B$ 点安置觇标（或棱镜）。分别量取仪器高 $i$、目标高 $v$，测出竖直角 $\alpha$，斜距 $S$（或平距 $D$）。根据三角形原理，可知

$$h_{AB} = D\tan\alpha + i - v = S\sin\alpha + i - v \tag{5-14}$$

则 $B$ 点的高程 $H_B = H_A + h_{AB}$。

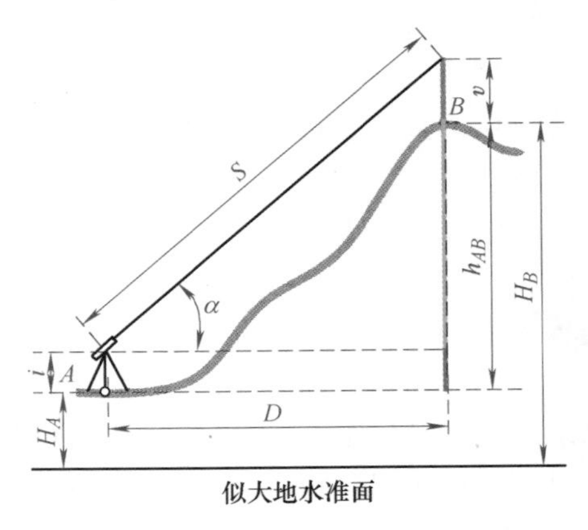

图 5-44 三角高程测量

### 5.7.2　地球曲率和大气折光的影响

式（5-14）是在假定地球曲面为水平面，观测视线为直线的条件下获得的。当 $AB$ 两点距离较近（如小于300m）时适用该公式。如果 $AB$ 两点很远，需要考虑地球曲率和大气折光的影响。加上球差改正 $f_1$ 和气差改正 $f_2$。

（1）球差改正 $f_1$　在图5-45中，$O$ 为地球质心，$R$ 为地球半径。通过仪器观测中心的水平线和水准面分别与目标的交点为 $E$ 和 $F$，则 $EF$ 就是地球曲率的改正 $f_1$。根据三角形关系，有

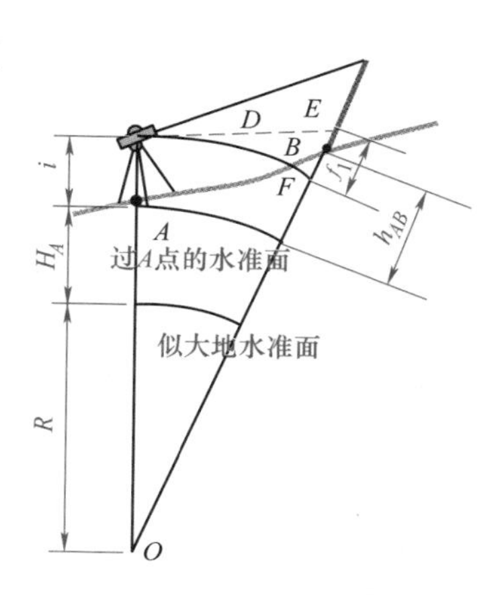

图5-45　地球曲率的影响

$$(R + H_A + i + f_1)^2 = (R + H_A + i)^2 + D^2$$

设 $R' = R + H_A + i$，则

$$(R' + f_1)^2 = R'^2 + D^2$$

即

$$f_1 = \frac{D^2}{2R' + f_1}$$

因为 $f_1$ 远远小于 $R'$，可略去。并且 $H_A + i$ 远远小于地球半径 $R$，所以球差改正为

$$f_1 = \frac{D^2}{2R} \tag{5-15}$$

球差的影响总是使所测高差减小。

（2）气差改正 $f_2$　地球表面的大气受重力作用，低层的大气密度高于高层的大气密度，观测的视线由于大气折射形成凹向地面的曲线，从而导致观测的高差变大（图5-46）。因此大气折光差（气差）总是使所测高差增大。

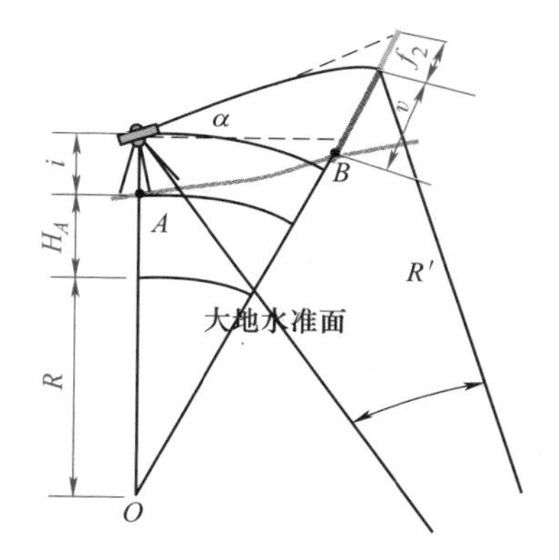

图5-46　大气折光的影响

假设受大气垂直折光影响的视线为圆曲线，半径为 $\frac{R}{k}$。其中 $k$ 为大气折光系数，是光线穿透大气的角度比值。$k$ 值的变化比较复杂，随气温、气压、日照、时间、地面情况和视线高度等因素而改变，很难也不可能确定每一方向的折光系数。因此只能求出某一地区折光系数平均值，一般取（0.11～0.16）中的某一值，其平均值为0.14。可推出气差改正为

$$f_2 = k\frac{D^2}{2R} \tag{5-16}$$

球差改正与气差改正综合在一起，称为两差改正 $f$。

$$f = f_1 - f_2 = (1 - k)\frac{D^2}{2R} = 0.43\frac{D^2}{R} \tag{5-17}$$

顾及两差改正，式（5-14）写为

$$h_{AB} = D\tan\alpha + i - v + f = S\sin\alpha + i - v + f \tag{5-18}$$

三角高程测量一般采用对向观测，取平均高差来消除两差的影响。

### 5.7.3 三角高程测量的观测与计算

三角高程测量的观测步骤：

1）安置全站仪于测站上，觇标或棱镜于目标点上，分别量取仪器高 $i$ 和目标高 $v$。

2）当中丝瞄准目标时，观测竖直角。一般采用盘左、盘右观测取均值。

3）测量两点间的倾斜距离 $S$，或水平距离 $D$。

三角高程测量的计算可在表格中进行，见表 5-6。

**表 5-6 三角高程测量计算表**

| 起算点 | A | | B | |
|---|---|---|---|---|
| 待定点 | B | | C | |
| 往返测 | 往 | 返 | 往 | 返 |
| 斜距 $S$/m | 593.391 | 593.400 | 491.360 | 491.301 |
| 竖直角 $\alpha$ | +11°32′49″ | −11°33′06″ | +6°41′48″ | −6°42′04″ |
| $S\sin\alpha$/m | 118.780 | −118.829 | 57.299 | −57.330 |
| 仪器高 $i$/m | 1.440 | 1.491 | 1.491 | 1.502 |
| 目标高 $v$/m | 1.502 | 1.400 | 10522 | 1.441 |
| 两差改正 $f$/m | 0.022 | 0.022 | 0.016 | 0.016 |
| 单向高差/m | +118.740 | −118.716 | +57.284 | −57.253 |
| 往返平均高差/m | +118.728 | | +57.268 | |

## 思考题与习题

1. 简述水准测量的基本原理。
2. 水准仪上有几条基本轴线？各轴线间满足什么关系？
3. 简述视差的产生原因和消除方法。
4. 在水准测量中要求前后视距相等，可以消除或减弱哪些误差的影响？
5. 水准测量测站校核和路线校核的方法有哪些？
6. 简述四等水准测量一个测站的测量程序和限差要求。
7. 根据图 5-47 所示水准路线中的数据，计算 $P$、$Q$、$R$ 点的高程。($f_{h允}=\pm30\sqrt{L}$mm)

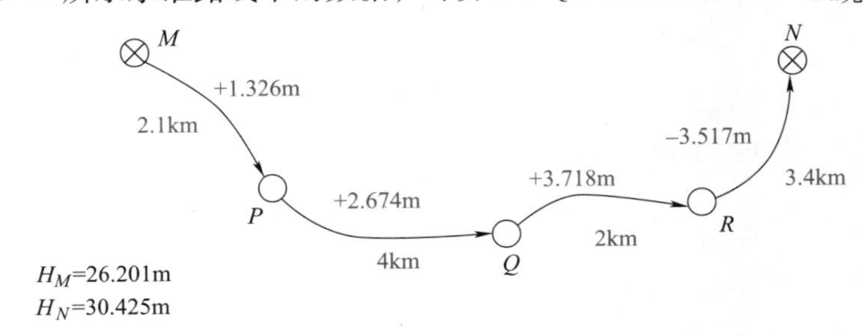


图 5-47 水准路线

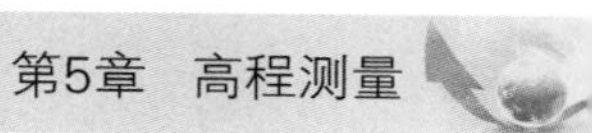

8. 整理表 5-7 中附合水准测量成果，计算各点高程，并进行计算检核（$f_{h允}=\pm12\sqrt{n}$ mm）。

表 5-7　附合水准测量成果计算表

| 点号 | 水准尺读数 | | 高差/m | 高差改正数/mm | 改正后高差/m | 高程/m |
|---|---|---|---|---|---|---|
| | 后视 | 前视 | | | | |
| BM1 | 1825 | | | | | 20.000 |
| 1 | 1546 | 1245 | | | | |
| 2 | 1764 | 1300 | | | | |
| 3 | 1400 | 1434 | | | | |
| BM2 | | 1540 | | | | 21.000 |
| Σ | | | | | | |
| 计算检核 | | | | | | |

9. 五等闭合水准测量，$A$ 为已知高程水准点，观测成果已列于表 5-8 中。试求各未知点高程。

表 5-8　五等闭合水准测量成果计算表

| 点号 | 测站数 | 高差 /m | 高差改正数/m | 改正后高差/m | 高程/m |
|---|---|---|---|---|---|
| $A$ | | | | | 75.189 |
| | 9 | −2.101 | | | |
| 1 | | | | | |
| | 5 | +1.468 | | | |
| 2 | | | | | |
| | 7 | +1.469 | | | |
| 3 | | | | | |
| | 7 | −0.801 | | | |
| $A$ | | | | | 75.189 |
| Σ | | | | | |

$f_h=$　　　　　　　$f_{h允}=\pm40\sqrt{D}=$

10. 四等水准测量 2 个测站的数据记录见表 5-9，完成表中各项计算。

11. 简述三角高程测量的原理，它与水准测量相比有何优缺点？

12. 已知 $A$ 点高程为 39.830m，用三角高程测量方法进行了往、返观测，观测数据列入表 5-10 中。已知 $AB$ 的水平距离为 581.380m，求 $B$ 点的高程。

表 5-9　四等水准测量记录表

| 测站编号 | 后尺/mm 上丝 下丝<br>后视距/m<br>视距差 d/m | 前尺/mm 上丝 下丝<br>前视距/m<br>∑d/m | 方向及点号 | 标尺读数/mm 黑面 | 标尺读数/mm 红面 | (K+黑-红)/mm | 平均高差/m |
|---|---|---|---|---|---|---|---|
| 1 | 1571 | 0739 | 后 A1 | 1384 | 6171 | | |
| | 1197 | 0363 | 前 TP1 | 0551 | 5239 | | |
| | | | 后-前 | | | | |
| | | | | | | | |
| 2 | 2121 | 2196 | 后 TP1 | 1934 | 6621 | | |
| | 1747 | 1821 | 前 A2 | 2008 | 6796 | | |
| | | | 后-前 | | | | |
| | | | | | | | |

表 5-10　三角高程测量记录表

| 测站 | 目标 | 竖直角 /(° ′ ″) | 仪器高 /m | 觇标高 /m |
|---|---|---|---|---|
| *A* | *B* | 11　38　30 | 1.440 | 2.500 |
| *B* | *A* | −11　24　00 | 1.490 | 3.000 |

# 第6章 距离测量

确定地面点的平面位置，需要确定两个地面点之间的水平距离和该直线的方向，故距离测量以及直线定向是测量的基本工作之一。根据所使用的测量仪器和方法的不同，距离测量可分为钢尺量距、视距测量和光电测距等。

## 6.1 钢尺量距

钢尺量距是利用经检定的钢尺直接量测地面两点间的距离，又称为距离丈量。其基本步骤有直线定线、尺段丈量和成果计算。

### 6.1.1 钢尺量距工具

钢尺量距的工具主要包括：钢尺、标杆、测钎和垂球。精密量距时，还需配有弹簧秤、温度计。钢尺是钢制的带尺，一般宽 10～15mm、厚 0.2～0.4mm，长度有 20m、30m、50m 等几种，卷放在圆形盒内或金属架上。钢尺的基本分划为 cm，最小分划为 mm，在 m 和 dm 处有数字注记，如图 6-1 所示。

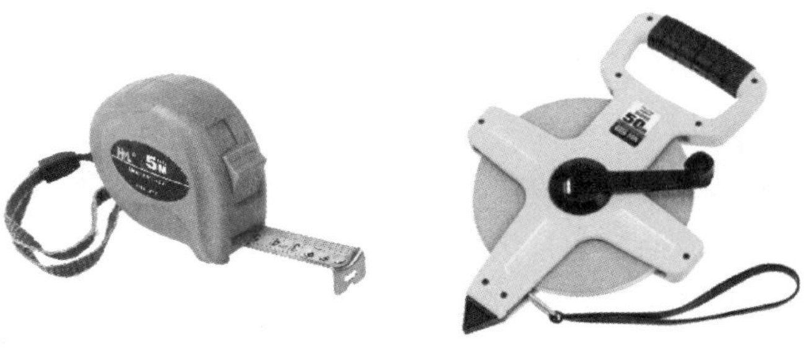

图 6-1 钢尺

由于钢尺的零点位置不同，有端点尺和刻线尺的区别。端点尺是以尺的最外端作为尺的零点，如图 6-2a 所示；刻线尺是以尺前端的一刻线（通常有指向箭头）作为尺的零点，如图 6-2b 所示。当从建筑物墙边开始丈量时，使用端点尺比较方便。

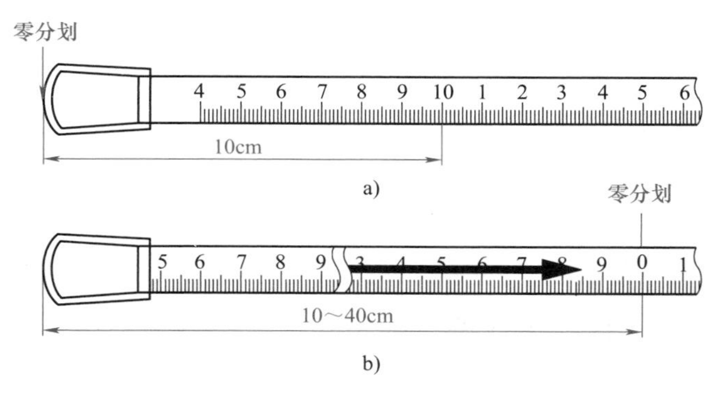


图 6-2 钢尺的分划

a）端点尺 b）刻线尺

测钎用于标定尺段（图 6-3a）；标杆用于直线定

线（图 6-3b）；垂球用于在不平坦地面丈量时将钢尺的端点垂直投影到地面；弹簧秤用于对钢尺施加规定的拉力（图 6-3c）；温度计用于测定钢尺量距时的温度（图 6-3d），以便对钢尺丈量的距离施加温度改正。

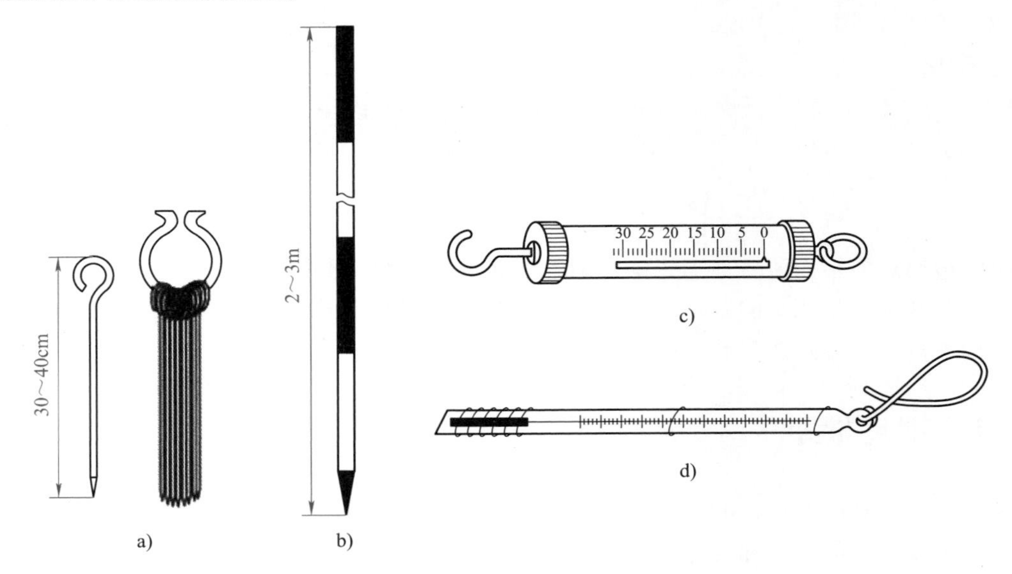


图 6-3　钢尺量距的辅助工具

a）测钎　b）标杆　c）弹簧秤　d）温度计

## 6.1.2　直线定线

当地面两点之间的距离较长或地形起伏较大时，需要用钢尺分段进行丈量。为了使所量各尺段在同一条直线上，需要将每一尺段首尾标定在待测直线上，这种在直线方向上标定若干点位的工作称为直线定线。直线定线的方法有目测花杆定线和经纬仪定线。

1. 目测花杆定线

目测花杆定线适用于一般钢尺量距。设 *A*、*B* 两点互相通视，要在 *A*、*B* 两点的直线上标出分段点 1、2 点。先在 *A*、*B* 点上竖立标杆，甲站在 *A* 点标杆后约 1m 处，指挥乙左右移动标杆，直到甲从在 *A* 点沿标杆的同一侧看到 *A*、1、*B* 三支标杆成一条线为止。同法可以定出直线上的其他点。两点间定线，一般由远及近，即先定 1 点，再定 2 点。定线时，乙所持标杆应竖直，此外，为了不挡住甲的视线，乙应持标杆站立在直线方向的一侧。

2. 经纬仪定线

经纬仪定线适用于钢尺精密量距。设 *A*、*B* 两点互相通视，将经纬仪安置在 *A* 点，用望远镜纵丝瞄准 *B* 点，制动照准部，上下转动望远镜，指挥在两点间某一点上的助手，左右移动测钎，直至测钎像与纵丝重合。

## 6.1.3　钢尺量距的一般方法

1. 平坦地面的距离丈量

如图 6-4 所示，丈量工作一般由两人来做。清除待量直线上的障碍物后，在直线两端点

$A$、$B$ 竖立标杆，后尺手持钢尺的零端位于 $A$ 点，前尺手持钢尺的末端和测钎沿 $AB$ 方向前进，行至一个尺段处停下。后尺手用手势指挥前尺手将钢尺拉在 $AB$ 直线上，后尺手将钢尺的零点对准 $A$ 点，当两人同时把钢尺拉紧拉平后，前尺手在钢尺末端的整尺段分划处竖直插下一根测钎得到 1 点，即量完一个尺段。前、后尺手抬尺前进，用同样的方法量第二尺段。后尺手拔起地上的测钎依次前进，直到量完 $AB$ 直线的最后一段为止。

后尺手手中的测钎数即为整尺段数。最后一段距离一般为不足整尺段的长度，称为余长。丈量余长时，前尺手在钢尺上读取读数（读至 mm），则 $A$、$B$ 两点间的水平距离为

$$D_{AB} = nl + q \qquad (6\text{-}1)$$

式中，$n$ 为整尺段数；$l$ 为钢尺尺长；$q$ 为不足整尺段的余长。

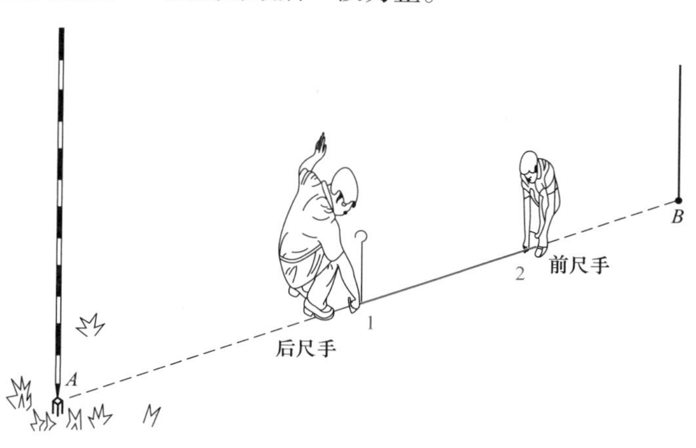

图 6-4　平坦地面的距离丈量

在平坦地面上用钢尺丈量的距离可视为水平距离。为了对丈量结果进行校核和提高量距的精度，需往、返丈量。返测时钢尺要调头。往、返丈量距离的相对误差 $K$ 为

$$K = \frac{|D_{往} - D_{返}|}{D_{平均}} = \frac{\Delta D}{D_{平均}} = \frac{1}{\dfrac{D_{平均}}{\Delta D}} \qquad (6\text{-}2)$$

相对误差为分子为 1 的分数，相对误差的分母越大，说明量距的精度越高。对图根钢尺量距导线，钢尺量距往返丈量的相对误差不应大于 1/3000。当量距的相对误差没有超过规定时，取往、返丈量的平均值作为两点间的水平距离。

例如，$A$、$B$ 两点间用钢尺量距，往测距离为 125.468m，返测距离为 125.436m，则其相对误差为 $K=\dfrac{|125.468-125.436|}{125.452}=\dfrac{1}{3900}<\dfrac{1}{3000}$。

在计算相对误差时，因分子为 1 故只需计算其分母值；计算分母时只需计算出前两位有效数字，后面补零。

2. 倾斜地面的距离丈量

1）平量法：沿倾斜地面丈量距离，当地势起伏不大时，可将钢尺拉平分段丈量（图 6-5a），各段平距的总和即为要量的直线距离。

2）斜量法：当倾斜地面的坡度比较均匀时，如图 6-5b 所示，可以按平坦地面量距方法先沿倾斜地面丈量出 $AB$ 的斜距 $L$，再测出 $AB$ 的倾斜角 $\alpha$ 或高差 $h$，然后按下式计算 $A$、$B$ 两点间的水平距离 $D$：

$$D = L\cos\alpha = \sqrt{L^2 - h^2} \qquad (6\text{-}3)$$

### 6.1.4　钢尺量距的精密方法

用一般方法量距，其相对误差只能达到 1/1000～1/5000，当要求量距的相对误差达到

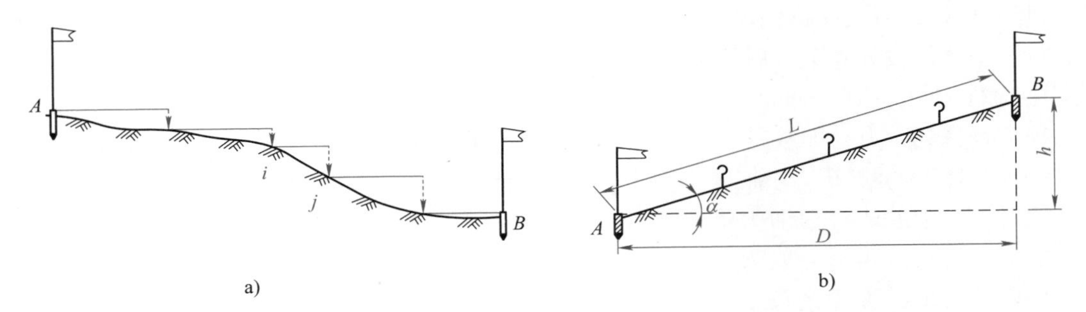


图 6-5　倾斜地面的距离丈量

a）平量法　b）斜量法

1/10000 以下时，需采用精密方法丈量。精密方法量距的主要工具为钢尺、弹簧秤、温度计等。其中，钢尺应经过检定，并得到其检定的尺长方程式。

钢尺精密量距中的成果计算包含尺长改正、温度改正和高差改正三项改正。

1. 尺长改正

设 $l$ 为钢尺在标准温度、标准拉力下的实际长度，名义长度为 $l_0$，$D$ 为丈量的距离，尺长改正数为

$$\Delta l_l = \frac{l - l_0}{l_0} D \tag{6-4}$$

2. 温度改正

设钢尺检定时温度时 $t_0$，丈量时温度为 $t$，钢尺的线膨胀系数 $\alpha$ 一般为 $1.25\times10^{-5}/℃$，则丈量一段距离 $D$ 的温度改正数为

$$\Delta l_t = \alpha(t - t_0)D \tag{6-5}$$

3. 高差改正

设量得的倾斜距离为 $D$，两点间测得的高差为 $h$，则高差改正数为

$$\Delta l_h = -\frac{h^2}{2D} \tag{6-6}$$

当量距精度要求不低于 1/3000 时，在下列情况下，才需要进行有关项目的改正：

1）尺长改正值大于尺长的 1/10000 时，应加尺长改正。

2）量距时温度与标准温度相差±10℃，应加温度改正。

3）沿地面丈量的地面坡度大于 1%时，应加高差改正。

由于电磁波测距仪的普及，已经很少使用钢尺精密方法丈量距离。

### 6.1.5　钢尺量距的误差分析及注意事项

通常对于同一距离，进行几次丈量，其结果一般不会相同，这说明丈量中不可避免地存在着误差，钢尺量距的误差主要有以下几种：

1）尺长误差。如果钢尺的名义长度和实际长度不符，则产生尺长误差。尺长误差对量距的影响是累积的，丈量的距离越长，误差就越大。因此，新购置的钢尺必须经过检定，测出其尺长改正值。

2）温度误差。钢尺的长度会随温度而变化，当丈量时的温度和标准温度不一致时，将产生温度误差。按照钢的膨胀系数计算，温度每变化1℃，丈量距离为30m时对距离的影响为0.4mm。

3）钢尺倾斜和垂曲误差。在高低不平的地面上采用钢尺水平法量距时，钢尺不水平或中间下垂而成曲线时，都会使量得的长度比实际大，因此丈量时必须注意钢尺水平。

4）定线误差。丈量时钢尺没有准确地放在所量距离的直线方向上，使所量距离不是直线长度而是折线长度，使丈量结果偏大，这种误差称为定线误差。丈量30m长的距离，当偏差为0.25m时，所量距离偏大1mm。

5）拉力误差。钢尺在丈量时所受到的拉力应与检定时拉力相同，若拉力变化±2.6kg，尺长将改变±1mm。

6）丈量误差。丈量时在地面上标志尺端点位置处插测钎不准，前、后尺手配合不好，余长读数不准等都会引起丈量误差，这种误差对丈量结果的影响符号、大小不定。在丈量中要尽力做到对点读数准确，配合协调。

为了削弱上述误差的影响，钢尺量距时应注意以下事项：

1）新购置的钢尺必须经过严格检定，以获得其尺长方程式。还要注意将钢尺放置在干燥的地方以防生锈，使用的过程中要做到防折、防碾压和不在地面上拖拉。

2）量距宜选择在阴天、无风或微风的天气条件下进行，测量温度时，要尽可能直接测定钢尺本身的温度。

3）进行精密量距时应使用检定过的弹簧秤以控制拉力。

4）在丈量中采用垂球投点，对点、读数、插测钎时尽量做到配合协调。

5）采用悬空方式测量时，应采用悬空情况下的尺长改正式或进行垂曲改正。

6）一般量距时，尺子要拉到尽量水平；精密量距时，应限制每一尺段的高差或直接按式（6-3）计算水平距离。

## 6.2　视距测量

视距测量是一种间接测距方法，它是利用望远镜内十字丝分划板上的视距丝（上、下丝）及标尺（水准尺），根据光学原理同时测定两地面点间水平距离和高差的一种简易方法。其测距的相对误差约为1/300，精度低于钢尺量距；测定高差的精度低于水准测量。视距测量主要用于模拟法地形测量的碎部测量中。

### 6.2.1　视线水平时的视距测量

如图6-6所示，$A$、$B$为待测距离的两地面点，在$A$点安置经纬仪，调望远镜视线水平，瞄准$B$点竖立的水准尺，此时，视线与水准尺垂直。

在图6-6中，$p$为望远镜十字丝分划板上、下视距丝的间距，$l$为标尺上视距间隔，$f$为望远镜物镜的焦距，$\delta$为物镜中心到仪器中心的距离。

由于望远镜上、下视距丝的间距$p$固定，因此从这两根丝引出去的视线在竖直面内的夹角也是固定的。设上、下视距丝$n$、$m$的视线在标尺上的交点分别为$N$、$M$，则望远镜视场内可以通过读取交点的读数$N$、$M$，求出视距间隔$l=M-N$。

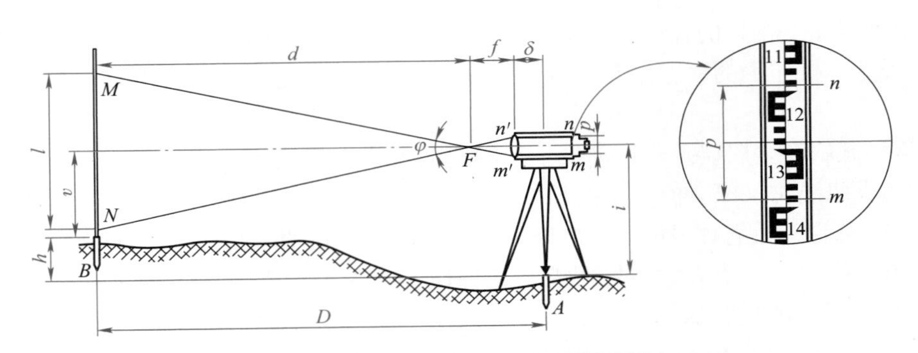


图 6-6 视线水平时的视距测量原理图

由$\triangle n'm'F \backsim \triangle NMF$，得

$$\frac{d}{f}=\frac{l}{p}$$

则

$$d=\frac{f}{p}l \tag{6-7}$$

$A$、$B$ 间水平距离为

$$D=d+f+\delta=\frac{f}{p}l+(f+\delta) \tag{6-8}$$

令
$$\frac{f}{p}=k,\ f+\delta=c$$

则
$$D=kl+c \tag{6-9}$$

式中，$k$、$c$ 分别为视距乘常数和视距加常数。在设计望远镜时，通常使 $k=100$，内调焦望远镜的 $c$ 接近于零。因此，视线水平时的视距计算公式为

$$D=kl=100l \tag{6-10}$$

如果再在望远镜中读出中丝读数 $v$(或者取上、下丝读数的平均值)，用小钢尺量出仪器高 $i$，则 $A$、$B$ 两点的高差为

$$h_{AB}=i-v \tag{6-11}$$

### 6.2.2 视线倾斜时的视距测量

如图 6-7 所示，当视线倾斜时，设视线与水平面间的竖直角为 $\alpha$，由于视线不垂直于水准尺，所以不能直接应用式（6-10）计算视距。假想将水准尺绕与望远镜视线的交点 $O'$旋转图示的 $\alpha$ 角后就能与视线垂直，由于 $\varphi$ 角很小（约为 34′），$\angle M'MO'$与$\angle N'NO'$均可视为直角，所以有

$$l'=l\cos\alpha \tag{6-12}$$

则望远镜旋转中心 $O$ 与视距尺旋转中心 $O'$之间的视距为

$$S=kl'=kl\cos\alpha \tag{6-13}$$

$A$、$B$ 间的水平距离为

$$D=S\cos\alpha=kl\cos^2\alpha \tag{6-14}$$

由图 6-7 可得

$$h + v = h' + i$$

式中，$h' = S\sin\alpha = kl\cos\alpha\sin\alpha = \frac{1}{2}kl\sin2\alpha$，或 $h' = D\tan\alpha$。

则 $A$、$B$ 间的高差为

$$h = h' + i - v = \frac{1}{2}kl\sin2\alpha + i - v$$

或

$$h = D\tan\alpha + i - v \tag{6-15}$$

### 6.2.3 视距测量的观测与计算

1）在测站点 $A$ 上安置经纬仪，对中、整平后，量取仪器高 $i$，在待测点 $B$ 上竖立水准尺。

2）转动仪器照准部，照准 $B$ 点上竖立的水准尺，先将中丝照准尺上 $i$ 处附近，并将上丝对准附近一整分米数，由上、下丝读数直接读取视距。

3）用中丝对仪器高（以使 $i-v=0$），调竖盘指标水准管气泡居中（有竖盘指标自动补偿器的经纬仪，无需此项操作），读取竖盘读数，再计算竖直角。

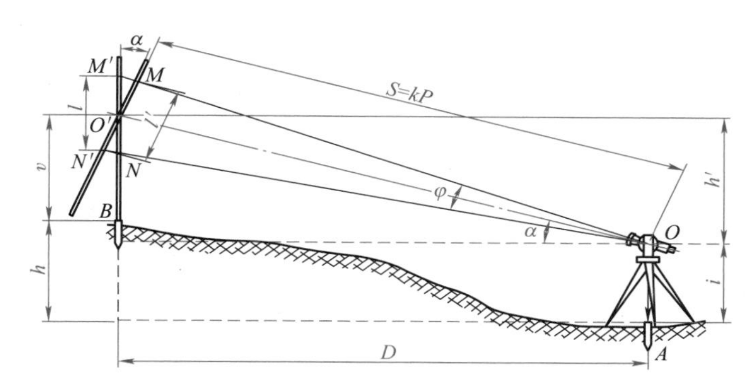


图 6-7 视线倾斜时的视距测量原理图

4）将有关数据代入式（6-14）、式（6-15），即可计算得到相应的水平距离和高差。

将观测数据记入视距测量记录计算表（表 6-1），并在表中完成所有计算。

表 6-1 视距测量记录计算表

仪器型号：西北厂 $DJ_6$　$i$=1.45m　测站点：A　观测日期：2003.4.25　观测者：× ×

仪器编号：№860243　$x$= 0″　测站高：36.428m　天　气：晴　记录者：× ×

| 目标点号 | 下丝读数/m | 上丝读数/m | 尺间隔 $l$/m | 中丝读数 $v$/m | 竖盘读数 ° ′ | 竖直角 $\alpha$ ° ′ | 初算高差 $h'$/m | 改正数 $i-v$ /m | 改正后高差 $h$/m | 水平距离 $D$/m | 高程 /m | 备注 |
|---|---|---|---|---|---|---|---|---|---|---|---|---|
| 1 | 1.426 | 0.995 | 0.431 | 1.211 | 92 42 | −2 42 | −2.028 | 0.239 | −1.79 | 43.00 | 34.64 | |
| 2 | 1.812 | 1.298 | 0.514 | 1.555 | 88 12 | 1 48 | 1.614 | −0.105 | 1.51 | 51.35 | 37.94 | |
| 3 | 1.763 | 1.137 | 0.626 | 1.45 | 93 42 | −3 42 | −4.031 | 0.000 | −4.03 | 62.34 | 32.40 | |
| 4 | 1.528 | 1.000 | 0.528 | 1.714 | 89 44 | 0 16 | 0.246 | −0.264 | −0.02 | 52.80 | 36.41 | |
| 5 | 1.702 | 1.200 | 0.502 | 1.45 | 94 36 | −4 36 | −4.013 | 0.000 | −4.01 | 49.88 | 32.42 | |
| 6 | 2.805 | 2.100 | 0.705 | 2.45 | 76 24 | 3 36 | 4.418 | −1.000 | 3.418 | 70.22 | 39.85 | |

## 6.3 光电测距

钢尺量距劳动强度大、效率低，在复杂地形的山区、沼泽区等甚至无法工作。以普通的视距测量方法测距，虽然迅速、简便，但其精度较低。因此，在很长一个时期，测距成为制约测量工作的一个重要因素。

为了提高测距速度和精度，20 世纪 40 年代末人们研制成了光电测距仪。但当时的光电测距仪，主要采用白炽灯、高压汞灯等普通光源，再加上受到电子元件的限制，仪器较重，操作和计算也比较复杂，而且需在夜间观测，难以在测量中得到应用。20 世纪 60 年代初，随着激光技术的出现及电子与计算机技术的发展，各种类型的光电测距仪相继出现。激光技术的出现，提高了光源的质量；电子技术的高度发展，又大大提高了仪器的自动化水平。而 20 世纪 90 年代又出现了将测距仪和电子经纬仪组合为一体的全站型电子速测仪，即全站仪。它可以同时测量角度和距离，经内部程序计算还可得到平距、高差、坐标增量等，并能自动显示在液晶屏上。

电磁波测距（Electro-magnetic Distance Measuring，EDM）是用电磁波（光波或微波）作为载波传输测距信号，以测量两点间距离的一种方法。用无线电微波作为载波的测距仪称为微波测距仪，用光波作为载波的称为光电测距仪。无线电波和光波都属于电磁波，所以统称为电磁波测距仪。

光电测距仪按其光源不同分为普通光测距仪、激光测距仪和红外测距仪。按测定载波传播时间的方式不同分为脉冲式测距仪和相位式测距仪。按测程不同又可分为短程、中程和远程测距仪。按其精度不同分为Ⅰ、Ⅱ、Ⅲ和Ⅳ级四个级别（表 6-2）。红外测距仪主要用于中、短程测距，在工程测量中应用较广。

表 6-2　光电测距仪的精度分级

| 精度等级 | 测距标准偏差 |
|---|---|
| Ⅰ | $m_D \leqslant (1+D)$ mm |
| Ⅱ | $(1+D)$ mm $< m_D \leqslant (3+2D)$ mm |
| Ⅲ | $(3+2D)$ mm $< m_D \leqslant (5+5D)$ mm |
| Ⅳ（等外级） | $(5+5D)$ mm $< m_D$ |

注：$D$ 为测量距离单位为 km 时的数值。

### 6.3.1　光电测距仪的测距原理

光电测距原理

光电测距是通过测量光波在待测距离上往返一次所经历的时间，来计算两点之间的距离的。如图 6-8 所示，在 $A$ 点安置测距仪，在 $B$ 点安置反射棱镜，测距仪发射的调制光波到达反射棱镜后又返回到测距仪。设光速 $c$ 为已知，如果调制光波在待测距离 $D$ 上的往返传播时间为 $t_{2D}$，则距离 $D$ 的计算式为

$$D = \frac{1}{2}ct_{2D} \qquad (6\text{-}16)$$

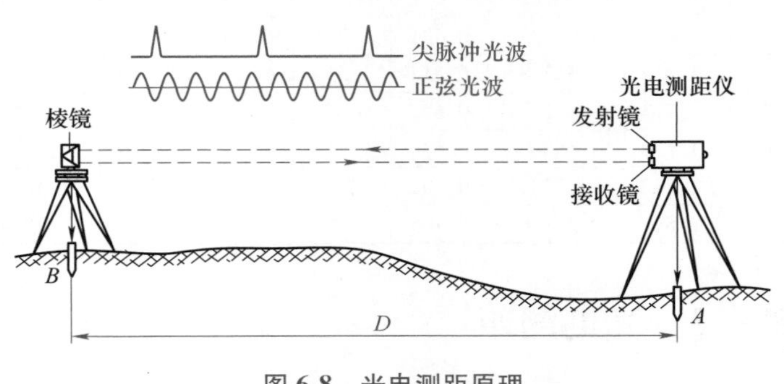


图 6-8　光电测距原理

式中，$c=\frac{c_0}{n}$。其中，$c$ 为光在大

气中的传播速度；$c_0$为光在真空中的传播速度，$c_0=299792458\text{m/s}\pm1.2\text{m/s}$；$n$ 为大气折射率（$n\geqslant1$），它是光波波长、测线上的大气温度、气压和湿度的函数。因此，测距时还需测定气象元素，以对所测距离进行气象改正。

由距离 $D$ 的计算式（6-16）可知，测距精度主要取决于时间 $t$ 的测定精度。由于 $\mathrm{d}D=\frac{1}{2}c\mathrm{d}t$，当要求测距误差 $\mathrm{d}D<1\text{cm}$ 时，时间测定精度 $\mathrm{d}t$ 要求准确到 $6.7\times10^{-11}\text{s}$，现今直接测量时间难以达到这样高的精度。因此，时间的测定一般采用间接测量的方式来实现。间接测定时间的方法有相位法。

1. 脉冲法测距

脉冲法测距是指由测距仪的发射系统发出光脉冲，经反射棱镜反射后，又回到测距仪而被其接收系统接收，测出这一光脉冲往返所需时间间隔，进而求得距离。受脉冲计数器的频率所限，测距精度只能达到0.6~1m。此法常用在激光雷达、微波雷达等远距离测距上。

20 世纪 80 年代，出现了将测线上往返的时间延迟 $\Delta t$ 变成电信号，对一个精密电容进行充电，同时记录充电次数，然后用电容放电来测定 $\Delta t$ 的方法，这种方法的测量精度可达到毫米级。1985 年，徕卡公司推出了测程为 14km、标称测距精度为（3~5mm+1ppm×$D$）[㊀]的 DI3000 红外测距仪，它是当时世界上测距精度最高的脉冲式光电测距仪。该仪器采用了一个特殊的电容器做充、放电用，它的放电时间是充电时间的数千倍。

2. 相位法测距

相位法测距是将发射光波的光强调制成正弦波的形式，通过测量正弦光波在待测距离上往返传播的相位移来解算距离。红外测距仪就是典型的相位式测距仪。

如图 6-9 所示，测距仪在 $A$ 点发射的调制光在待测距离上传播，被 $B$ 点反射棱镜反射后又回到 $A$ 点而被接收机接收，然后由相位计将发射信号与接收信号进行相位比较，得到调制光在待测距离上往返传播所产生的相位移 $\varphi$，其相应的往返传播时间为 $t_{2D}$。图 6-9 所示是将调制好的正弦波的往程和返程沿测线方向展开图。

正弦光波振荡一个周期的相位移是 $2\pi$，设发射的正弦光波经过 $2D$ 距离后的相位移为 $\varphi$，由图 6-9 可知 $\varphi$ 可以分解为 $N$ 个 $2\pi$ 整周期和不足一个整周期相位移 $\Delta\varphi$，即

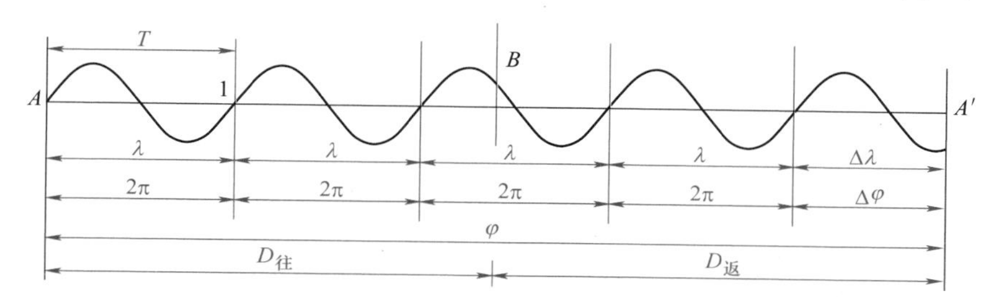


图 6-9 相位法测距原理图

$$\varphi = 2\pi N + \Delta\varphi \tag{6-17}$$

㊀ 表示测距精度为[(3~5)+$D$×1]mm，$D$ 为测量距离为 km 时的数值。有时精度表达会省略 $D$，如上述精度可写为 3~5mm+1ppm。

正弦光波振荡频率 $f$ 的意义是一秒钟振荡的次数，则正弦光波经过 $t_{2D}$ 秒钟后振荡的相位移为

$$\varphi = 2\pi f t_{2D} \tag{6-18}$$

由式（6-17）、式（6-18）得

$$t_{2D} = \frac{2\pi N + \Delta\varphi}{2\pi f} = \frac{1}{f}\left(N + \frac{\Delta\varphi}{2\pi}\right) = \frac{1}{f}(N + \Delta N) \tag{6-19}$$

式中，$\Delta N = \dfrac{\Delta\varphi}{2\pi}$，$0<\Delta N<1$。

将式（6-19）代入式（6-16），得

$$D = \frac{c}{2f}(N + \Delta N) = \frac{\lambda}{2}(N + \Delta N) \tag{6-20}$$

式中，$\lambda = \dfrac{c}{f}$为正弦波波长，把$\dfrac{\lambda}{2}$称为测距仪的测尺。将式（6-20）与钢尺量距公式相比，测距仪就是用这把长为$\dfrac{\lambda}{2}$的“光尺”去测量距离，$N$ 为整尺段数，$\Delta N$ 为不足一整尺段之余数。

测距仪的测相装置（相位计）只能分辨出 $0\sim2\pi$ 的相位变化，故只能测出不足整周（$2\pi$）的尾数相位值 $\Delta\varphi$，而不能测定整周数 $N$，这样相位法测距公式（6-20）将产生多值解。只有当待测距离小于测尺长度时才有确定的距离值。又由于仪器测相装置的测相精度一般小于$\dfrac{1}{1000}$，故测尺越长测距误差越大，其关系见表 6-3。人们通过在相位式光电测距仪中设置多个测尺，用各测尺分别测距，然后将测距结果组合起来的方法来解决距离的多值解问题。在仪器的多个测尺中，称长度最短的测尺为精测尺，其余为粗测尺。用精测尺测定距离的尾数，以保证测距的精度；用粗测尺测定距离的大数，以满足测程的需要。

**表 6-3　测尺长度、测尺频率与测距精度**

| 测尺长度 $\lambda/2$ | 10m | 20m | 100m | 1km | 2km | 10km |
|---|---|---|---|---|---|---|
| 测尺频率 $f$ | 15MHz | 7.5MHz | 1.5MHz | 150kHz | 75kHz | 15kHz |
| 测距精度 | 1cm | 2cm | 10cm | 1m | 2m | 10m |

例如：某测程为 1km 的光电测距仪设置了 10m 和 1000m 两把测尺，以 10m 作精尺，显示米及米以下的距离值，以 1000m 作粗尺，显示百米位、十米位距离值。如实测距离为 386.118m，则粗测尺测距结果为 380，精测尺测距结果为 6.118，显示距离值为 386.118m。

### 6.3.2　全站仪测距

全站仪距离测量

全站仪种类、型号很多，全站仪测距的基本操作大同小异。本节以三鼎 STS-722 系列全站仪为例（图 6-10）进行介绍。STS-722 全站仪的免棱镜测程 800m，单棱镜测程 5000m，测距精度 2mm+2ppm。精选简化的测量程序，IP55 级防固的坚固机身，为工程测量量身设计。绝对编码测角、激光免棱镜测角，保证测量的速度与精度。

1. 安置仪器

将仪器安装在三脚架上，精确整平和对中，以保证测量成果的精度。

1）架设三脚架。

2）安置仪器和对点。

3）利用圆水准器粗平仪器。

4）利用管水准器精平仪器。

5）精确对中与整平。

图 6-10　三鼎 STS-722 系列全站仪

2. 瞄准目标

1）对准明亮的地方，旋转目镜筒，调焦看清十字丝（先朝一个方向旋转目镜筒，再慢慢旋进调焦清楚十字丝）。

2）利用粗瞄准器内的三角形标志的顶尖瞄准目标点，照准时眼睛与瞄准器之间应保留有一定距离。

3）利用望远镜调焦螺旋使目标成像清晰。

当目镜端上下或左右移动发现有视差时，说明调焦或目镜屈光度未调好（这将影响观测的精度），应仔细调焦并调节目镜筒消除视差。

3. EDM 设置

（1）设置 EDM 模式（图 6-11）

| 操作步骤 | 按键 | 显示 |
| --- | --- | --- |
| 1.按【★】键，进入【常用设置】<br>【F1】(指向)是激光指向开关 | 【★】 | 【常用设置】<br>十字丝照明：3◀▶<br>激 光 对 点：0◀▶<br>对　比　度：8◀▶<br>背　景　光：关闭◀▶<br>指向　补偿　EDM　作业 |
| ●按【F3】(EDM),进入EDM设置功能。在此界面用上下导航键移动光标选择功能<br>●然后用左右导航键◀ ▶选择该功能的状态<br>●测距模式可选择：“精测1次”～“精测5次”/“精测连续”/“跟踪测量” | 【F3】(EDM) | 【EDM设置】<br>测距模式：精测1次◀▶<br>目标类型：棱镜◀▶<br>棱镜常数：0.0mm<br>气象　格网　常数　信号 |

图 6-11　设置 EDM 模式

（2）设置目标类型（图 6-12）

（3）设置棱镜常数（图 6-13）　当使用棱镜作为反射体时，需在测量前设置好棱镜常数。一旦设置了棱镜常数，关机后该常数将被保存。

（4）设置气象数据（图 6-14）　该仪器的大气折光系数出厂时已设置为 $k=0.14$。也可

| 操作步骤 | 按键 | 显示 |
|---|---|---|
| ●在此界面中用上下导航键移动光标到“目标类型”<br>●然后用左右导航键◀▶选择反射体类型：棱镜/无棱镜/反射片 | 【F3】<br>(EDM) | 【EDM设置】<br>测距模式： 精测1次◀▶<br>目标类型： 棱镜◀▶<br>棱镜常数： 0.0mm<br>气象 格网 常数 信号 |

图 6-12　设置目标类型

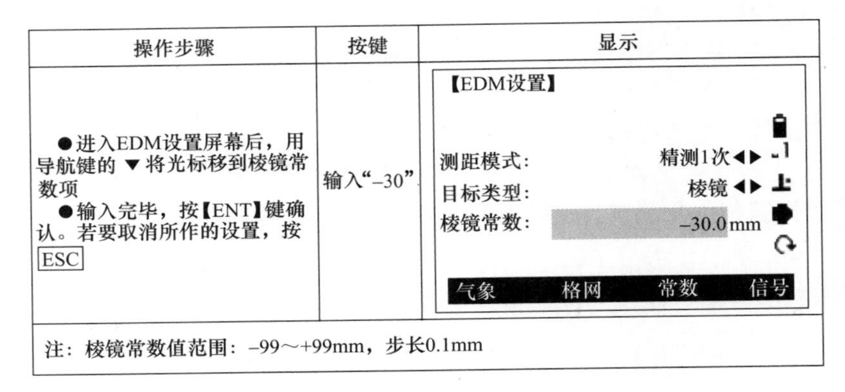

| 操作步骤 | 按键 | 显示 |
|---|---|---|
| ●进入EDM设置屏幕后，用导航键的▼将光标移到棱镜常数项<br>●输入完毕，按【ENT】键确认。若要取消所作的设置，按 ESC | 输入“-30” | 【EDM设置】<br>测距模式： 精测1次◀▶<br>目标类型： 棱镜◀▶<br>棱镜常数： -30.0mm<br>气象 格网 常数 信号 |
| 注：棱镜常数值范围：-99～+99mm，步长0.1mm | | |

图 6-13　设置棱镜常数

以设置为关闭（0 值）。

4. 距离测量

图 6-15 所示为基本测量界面，基本测量分两页显示和两页功能菜单，包括了所有常用的测量功能，如角度测量、距离测量以及坐标测量。按【F1】翻到第 2 页，按【F2】（测量）键，约 1s 后，屏幕上就会显示斜距、平距。

### 6.3.3　光电测距的误差分析

将 $c=\dfrac{c_0}{n}$ 代入式（6-20），得

$$D=\frac{c_0}{2fn}(N+\Delta N)+K \tag{6-21}$$

式中，$K$ 是测距仪的加常数，它是通过将测距仪安置在标准基线长度上进行比测，经回归统计计算求得。

由式（6-21）可知，待测距离 $D$ 的误差与 $c_0$、$f$、$n$、$\Delta N$ 和 $K$ 的测定误差有关。利用误差传播定律可求得 $D$ 的方差 $m_D^2$ 为

$$m_D^2 = \left(\frac{m_{c_0}^2}{c_0^2} + \frac{m_n^2}{n^2} + \frac{m_f^2}{f^2}\right) D^2 + \frac{\lambda_{精}^2}{4} m_{\Delta N}^2 + m_K^2 \tag{6-22}$$

式中，因 $c_0$、$f$、$n$ 的误差与距离成正比，故合称为比例误差，因 $\Delta N$ 和 $K$ 的误差与距离无关，故合称为固定误差。式（6-22）可缩写成

$$m_D^2 = A^2 + B^2 D^2 \tag{6-23}$$

或可写成常用的经验公式

$$m_D = \pm(a + bD) \tag{6-24}$$

| 操作步骤 | 按键 | 显示 |
| --- | --- | --- |
| 在EDM设置屏幕中，按【F1】(气象)进入大气改正功能 | 【F1】 | 【EDM设置】<br>测距模式：精测1次◀▶<br>目标类型：棱镜◀▶<br>棱镜常数：-30.0 mm<br>气象　格网　常数　信号 |
| ● 用上下导航键移动光标，当光标在"折光系数"上时，按左右◀▶选择折光系数：关闭/0.14/0.20，选好后按【ENT】键确定或按F4【确定】键退出 | | 【气象数据】<br>折光系数：0.14◀▶<br>温　度：20℃<br>气　压：1013.2hPa<br>气象改正：0.0ppm<br>PPM=0　确定 |
| 1.在EDM设置屏幕中，按【F1】(气象)进入大气改正功能 | 【F1】(气象) | 【EDM设置】<br>测距模式：精测1次◀▶<br>目标类型：棱镜◀▶<br>棱镜常数：-30.0 mm<br>气象　格网　常数　信号 |
| 2.屏幕显示现有设置值，用导航键的 ▼ 将光标移到温度项 | ▼ | 【气象数据】<br>折光系数：0.14◀▶<br>温　度：20℃<br>气　压：1013.2hPa<br>气象改正：0.0ppm<br>PPM=0　确定 |

图 6-14　设置气象数据

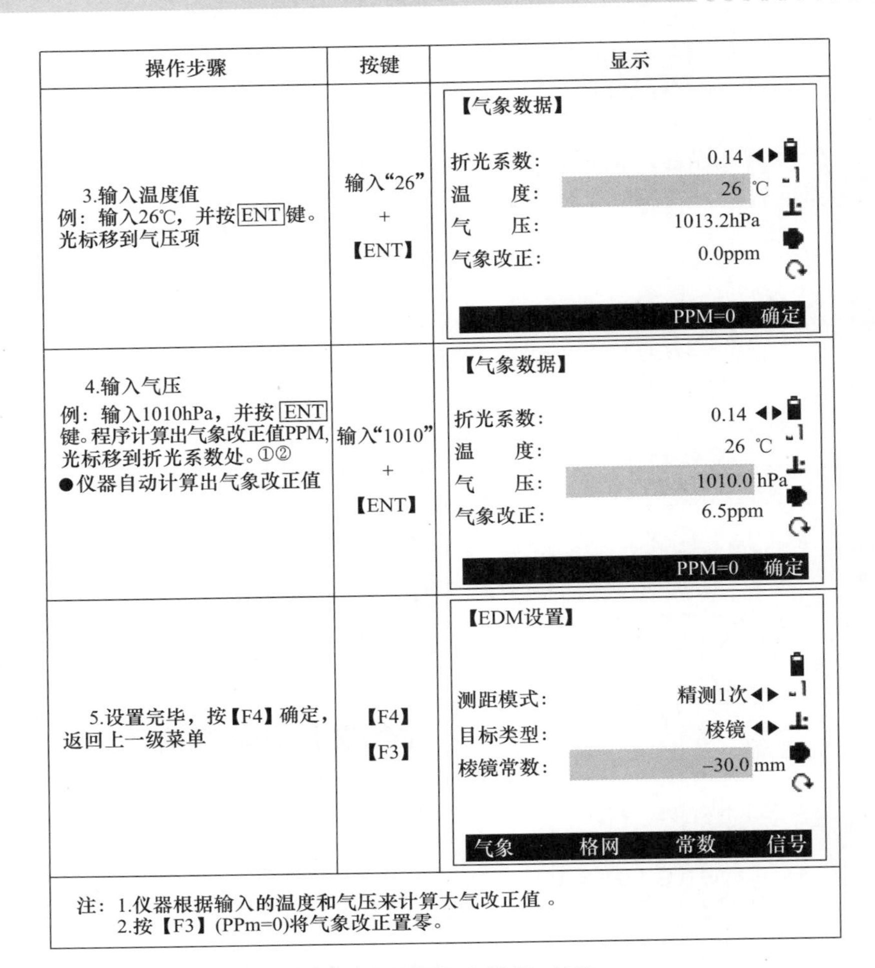

| 操作步骤 | 按键 | 显示 |
|---|---|---|
| 3.输入温度值<br>例：输入26℃，并按[ENT]键。光标移到气压项 | 输入“26”<br>+<br>【ENT】 | 【气象数据】<br>折光系数： 0.14<br>温　度： 26 ℃<br>气　压： 1013.2hPa<br>气象改正： 0.0ppm<br>PPM=0 确定 |
| 4.输入气压<br>例：输入1010hPa，并按[ENT]键。程序计算出气象改正值PPM，光标移到折光系数处。①②<br>●仪器自动计算出气象改正值 | 输入“1010”<br>+<br>【ENT】 | 【气象数据】<br>折光系数： 0.14<br>温　度： 26 ℃<br>气　压： 1010.0 hPa<br>气象改正： 6.5ppm<br>PPM=0 确定 |
| 5.设置完毕，按【F4】确定，返回上一级菜单 | 【F4】<br>【F3】 | 【EDM设置】<br>测距模式： 精测1次<br>目标类型： 棱镜<br>棱镜常数： -30.0 mm<br>气象 格网 常数 信号 |

注：1.仪器根据输入的温度和气压来计算大气改正值。
　　2.按【F3】(PPm=0)将气象改正置零。

图 6-14　设置气象数据（续）

如三鼎 STS-722 系列全站仪的标称精度可按式（6-24）表示为±(2mm+2ppm)。其中 2ppm = 2mm/1km = 2×10$^{-6}$，即每测量 1km 的距离将产生 2mm 的比例误差。

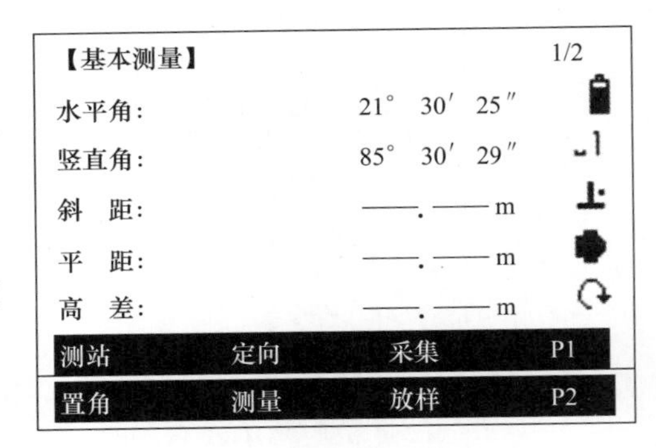


图 6-15　基本测量界面

下面对光电测距的误差进行简要分析。

1）真空光速测定误差 $m_{c_0}$。真空光速测定误差 $m_{c_0}$ = ±1.2m/s，其相对误差为

$$\frac{m_{c_0}}{c_0} = \frac{1.2\text{m/s}}{299792458\text{m/s}} = 4.03 \times 10^{-9} = 0.004\text{ppm}$$

也就是说，真空光速测定误差对测距的影响是 1km 产生 0.004mm 的比例误差，可以忽略不计。

2）精测尺调制频率误差 $m_f$。目前，国内外厂商生产的红外测距仪的精测尺调制频率的相对误差一般为 $\frac{m_f}{f} = (1 \sim 5) \times 10^{-6} = 1 \sim 5\text{ppm}$，其对测距的影响是 1km 产生 1～5mm 的比例误

差，误差大小与距离长度成正比。因此，需要通过对测距仪进行检定，以求出比例改正数对所测距离进行改正。

3）气象参数误差 $m_n$。大气折射率主要是大气温度 $t$ 和大气压力 $p$ 的函数。一般情况下，大气温度测量误差为1℃或者大气压力测量误差为3mmHg时，都会产生1ppm的比例误差。严格地说，计算大气折射率 $n$ 所用的气象参数 $t$、$p$ 应该是测距光波沿线的积分平均值，由于在实践中难以测到，所以一般是在测距的同时测定测站和镜站的 $t$、$p$ 并取其平均值来代替其积分值。由此引起的折射率误差称为气象代表性误差。实验表明，选择阴天、有微风的天气测距时，气象代表性误差较小。

4）测相误差 $m_{\Delta N}$。测相误差包括自动数字测相系统的误差、测距信号在大气传输中的信噪比误差等。信噪比为接收到的测距信号强度与大气中杂散光的强度之比。前者决定于测距仪的性能与精度，后者与测距时的自然环境有关，例如空气透明度的大小、干扰因素的多少、视线离地面及障碍物的远近等。

5）仪器对中误差。光电测距是测定测距仪中心至反射棱镜中心的距离，因此仪器对中误差包括测距仪的对中误差和反射棱镜的对中误差。用经过校准的光学对中器对中，此项误差一般不大于2mm。

## 6.4 传感器测距

随着测绘技术的发展，除了钢尺量距、视距测量以及光电测距等常规测距方法之外，还有多种传感器测距（sensors distance measuring）方法，例如：激光测距、雷达测距、超声波测距等。

### 6.4.1 激光测距

激光测距是以激光器作为光源进行测距的（图6-16）。激光器根据激光工作的方式分为连续激光器和脉冲激光器。氦氖、氩离子、氪镉等气体连续激光器用于相位式激光测距；双异质砷化镓半导体激光器用于红外测距；红宝石、钕玻璃等固体激光器用于脉冲式激光测距。激光具有高强度、高度方向性、空间同调性、窄带宽和高度单色性等优点，加上电子线路半导体化和集成化，激光测距仪比光电测距仪的测距精度更高。

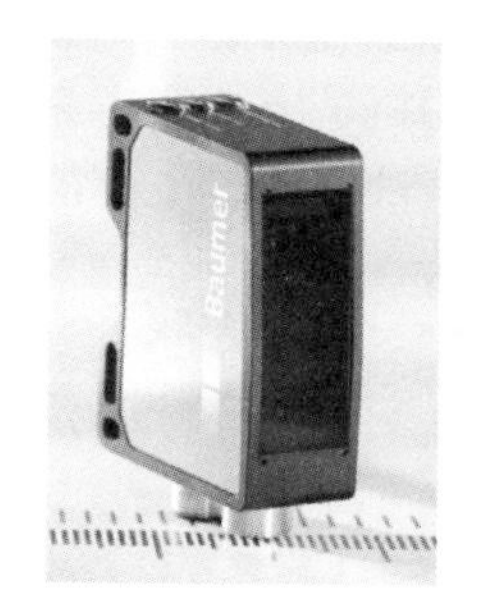

图6-16 激光测距仪

激光干涉仪（laser interferometer）是以稳频氦氖激光为光源构成的干涉测距系统。激光干涉仪以迈克尔逊干涉仪为主，并可配合折射镜、反射镜等进行线性位置、速度、角度、真平度、真直度、平行度和垂直度等测量工作。激光干涉仪的测距精度可以达到微米级，以激光跟踪仪（Laser Tracker System）为代表（图 6-17），可用于高精度的距离测量。

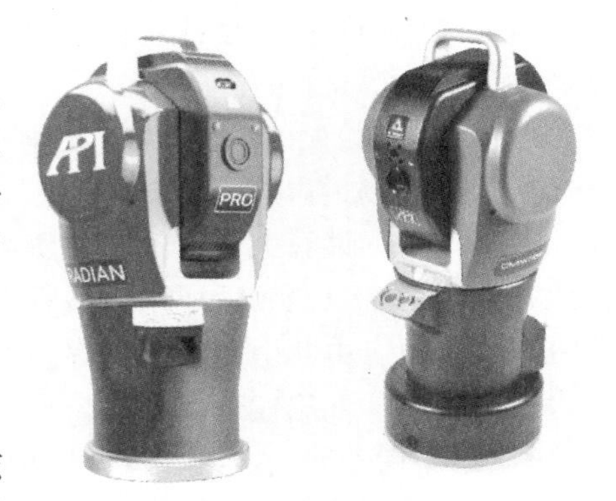


图 6-17　API 激光跟踪仪

## 6.4.2　雷达测距

雷达测距是通过发射电磁波照准目标，根据电磁波频率的衰减时间和反射回来衰减时间，计算目标距离。雷达测距仪（图 6-18）根据电磁波的波长不同分为微波雷达、毫米波雷达、厘米波雷达等多种。例如，毫米波雷达是工作在 30～300GHz 频域（波长为 1～10mm）的毫米波波段（millimeter wave）的雷达。毫米波雷达兼有微波雷达和光电雷达的一些优点，同厘米波导引头相比，毫米波导引头具有体积小、质量轻和空间分辨率高的特点。与红外、激光、电视等光学导引头相比，毫米波导引头穿透雾、烟、灰尘的能力强，具有全天候全天时的特点。

图 6-18　雷达测距传感器

## 6.4.3　超声波测距

超声波指向性强，能量消耗缓慢，在介质中传播的距离较远，因此经常用于距离的测量，如测距仪和物位测量仪等都可以通过超声波来实现。超声波测距仪（图 6-19）根据超声波发生器不同可以分为两大类：一类用电气方式产生超声波，另一类用机械方式产生超声波。电气方式包括压电型、磁致伸缩型和电动型等；机械方式有加尔统笛、液哨和气流旋笛等。

图 6-19　超声波测距传感器

随着科学技术的飞速发展，超声波测距仪广泛应用于日常生活，如泊车辅助系统、智能导盲系统、移动机器人等距离测量都会用到超声波测距。超声波测距仪能够对目标实施精确距离测量。

## 思考题与习题

1. 距离测量有哪些方法？各适用于什么情况？

2. 用钢尺丈量倾斜地面距离有哪些方法？各适用于什么情况？

3. 如何衡量距离测量精度？用钢尺丈量了 $AB$、$CD$ 两段水平距离。$AB$ 往测为 126.780m，返测为 126.735m；$CD$ 往测为 357.235m，返测为 357.190m。问哪一段丈量精度高？为什么？两段距离的丈量结果各为多少？

4. 简述钢尺量距的误差来源及注意事项。

5. 何谓视距测量？其有哪些特点和用途？

6. 推导在普通视距测量中视线水平和视线倾斜两种情况下计算水平距离和高差的公式。

7. 表 6-4 所列为视距测量成果，计算各点所测水平距离和高差。已知测站高程 $H_0=50.00\text{m}$，仪器高 $i=1.56\text{m}$，$\alpha_{左}=90°-L$

表　6-4

| 点号 | 上丝读数/m<br>下丝读数/m | 中丝读数/m | 竖盘读数 | 竖直角 | 高差/m | 水平距离/m | 高程/m | 备注 |
|---|---|---|---|---|---|---|---|---|
| 1 | 1.845<br>0.960 | 1.40 | 86°28′ | | | | | |
| 2 | 2.165<br>0.635 | 1.40 | 97°24′ | | | | | |
| 3 | 1.880<br>1.242 | 1.56 | 87°18′ | | | | | |
| 4 | 2.875<br>1.120 | 2.00 | 93°18′ | | | | | |

8. 简述相位法测距原理。

9. 写出光电测距仪的标称精度公式，并举例说明其含义。

10. 简述光电测距仪测距误差来源及注意事项。

# 第7章

# 控制测量

## 7.1 控制测量概述

### 7.1.1 控制测量基本概念

1. 控制测量的目的

测量工作是由测量人员用测量仪器在外界环境下进行的，测量条件决定了测量误差是不可避免的，所以必须采取一定的测量程序和方法，即遵循一定的测量实施原则，以防止误差的积累。例如，从一个碎部点开始逐点进行测量，最后虽然也能得到欲测点的坐标，但由于前一点的测量误差会传递到下一点，这样逐点积累起来的误差有可能达到不可容许的程度。为了防止误差的积累，提高测量精度，在实际测量工作中必须遵循“从整体到局部，先控制后碎部，由高级到低级”的测量基本原则，即首先在测区内选择一些具有控制意义的点（称为控制点），用相对精确的测量方法和数据处理方法，在统一坐标系中，确定这些控制点的平面坐标和高程，然后以它为基础来测定其他地面点的点位或进行施工放样。由控制点组成的几何图形称为控制网，对控制网进行布设、观测、计算，确定控制点位置的工作称为控制测量。

控制测量所提供的控制点成果具有统一的坐标系统和高程系统，全国各局部地区的测量工作可分期分批进行，分期分批所测地形图可以相互拼接共同使用。控制测量为地形图测绘和各种工程测量提供控制基础和起算基准。

控制测量在国民经济建设中也具有重要作用，它为地球科学研究、空间技术及宇宙航行提供了控制基础。

2. 控制测量的分类

控制测量按照其测量工作的内容不同，可分为平面控制测量和高程控制测量。测定控制点平面位置的工作，称为平面控制测量；测定控制点高程的工作，称为高程控制测量。在传统测量工作中，平面控制网与高程控制网通常分别单独布设；目前，有时候也将两种控制网合起来布设成三维控制网。

按其范围和用途不同，测量控制网可分为四大类：全球测量控制网、国家测量控制网、城市测量控制网和工程测量控制网。

控制测量按精度高低划分为等与级两种规格，各个等级有不同的精度指标与技术要求。国家平面控制测量和高程控制测量都是分为一、二、三、四等4个等级。直接服务于大比例尺测图和工程测量的平面控制网的精度，等次由高向低依次划分为二、三、四等，级次由高

向低依次划分为一、二、三级；高程控制测量精度等级的划分，依次为二、三、四、五等。

3. 控制测量应遵循的原则

控制测量应遵循“从高级到低级、由整体到局部、逐级控制、逐级加密”的原则。首先在全国范围内布设一系列控制点形成首级控制网，用最精密的仪器和严密的方法，测定其平面坐标和高程；而后再先急后缓、分期分区逐级布设低一级控制网。这样，就形成了控制等级系列，在点位精度上逐级降低，在点的密度上逐级加大。只有按这个原则开展控制测量才能确保平面坐标和高程系统的统一，同级控制网的规格和精度比较均衡，点位误差的积累得到有效的控制。

各等级控制网的布网形式、技术要求、实施方法和精度要求，都在国家和行业测量规范中做了明确规定。国家和行业测量规范是保障测绘成果质量的技术法规，在各种测绘工作中必须严格执行。

4. 控制测量的作业流程

1）技术设计。控制测量的技术设计主要包括精度指标的确定和控制网的网形设计。在实际工作中，控制网的等级和精度标准应根据测区大小和控制网的用途来确定。当测区范围较大时，为了既能使控制网形成一个整体，又能相互独立地进行工作，必须采用“从整体到局部，分级布网，逐级控制”的布网程序。若测区面积不大，也可布设同级全面网。控制网的网形设计是在收集测区已有地形图、已有控制点成果及测区的人文、地理、气象、交通、电力等资料的基础上，进行的控制网的图上设计。首先在地形图上标出测区范围和已有的控制点，再根据测量任务对控制网的具体要求，结合地形条件在图上选定控制点的位置并形成控制网的形式；然后到实地踏勘，判明图上标定的已知点是否与实地相符，并查明标石是否完好；查看图上预选的路线和控制点点位是否满足控制点选点要求，对不满足选点要求的点需做调整并在图上标明。

2）选点、埋石。根据图上设计的控制网方案，到实地选定控制点的最适宜位置。控制点点位应满足：点位稳定，等级控制点应能长期保存；视野开阔，便于扩展、加密和观测。经选点确定的控制点点位，要进行标石埋设，将它们在地面上固定下来。控制点的测量成果是以标石中心的标志为准的，因此要根据控制网的等级及测量任务的需要在实地埋设相应的标石。标石用石料、钢筋混凝土等材料制成，在顶面中嵌入金属标志，其几何中心表示点位。标石类型很多，按控制网种类、等级和埋设地区地表条件的不同而有所差别，图 7-1 所示为二、三等平面控制点标石埋设图，图 7-2 所示为一、二级平面控制点标石埋设图，图 7-3 所示为二、三等水准点标石埋设图，图 7-4 所示为四等水准点标石埋设图。

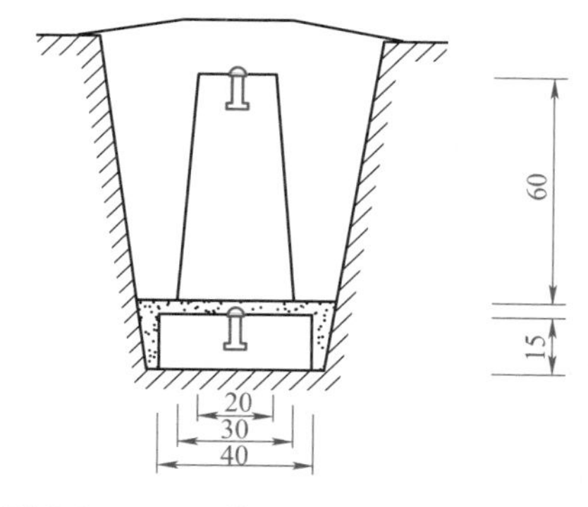


图 7-1　二、三等平面控制点标石埋设图

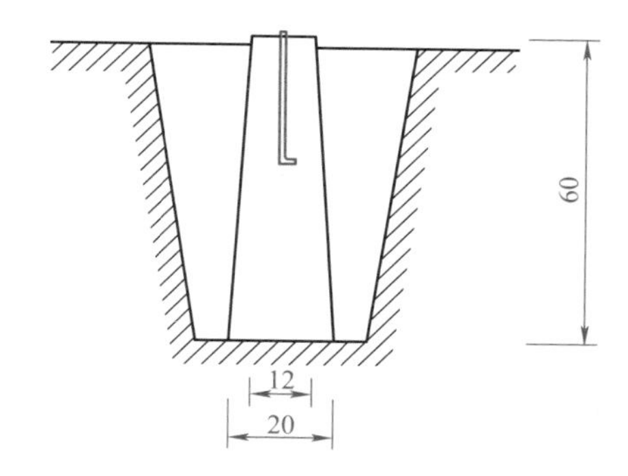


图 7-2　一、二级平面控制点标石埋设图

3）观测。用测量仪器采集控制点之间的边长、方向、高差或 GNSS 基线等观测量。

4）数据处理。数据处理的工作内容包括对观测数据的检查、平差计算，求出控制点的坐标和高程并评定其精度。

5）成果验收与上交。根据相关测量规范对控制测量观测资料和最后成果进行检查验收，以确保提交的成果可靠，并依据测绘成果验收标准，评定成果的优良等级。

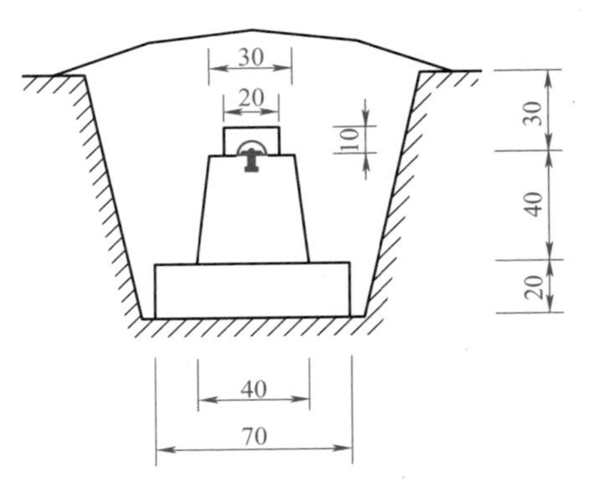


图 7-3　二、三等水准点标石埋设图

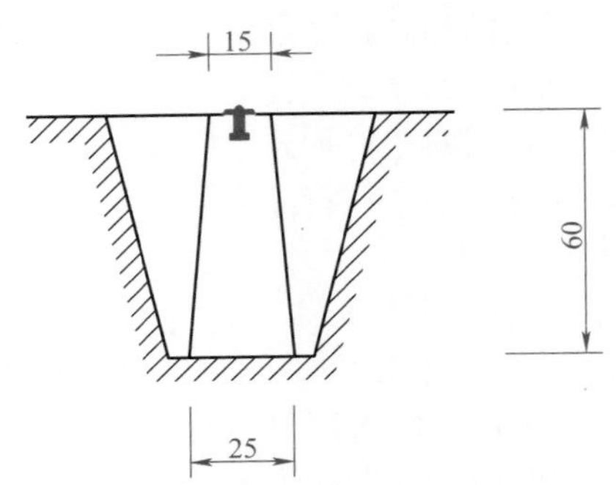


图 7-4　四等水准点标石埋设图

## 7.1.2　平面控制测量

平面控制网的建立，可采用卫星定位测量、卫星定位实时动态测量、导线测量、三角形网测量和交会测量等方法。必要时，还要进行天文测量。

1. 国家平面控制网

在全国范围内建立的控制网，称为国家控制网。国家平面控制网由国家测绘部门用精密仪器和精密测量方法按一、二、三、四等四个等级，由高级向低级逐级布设，如图 7-5 所示。

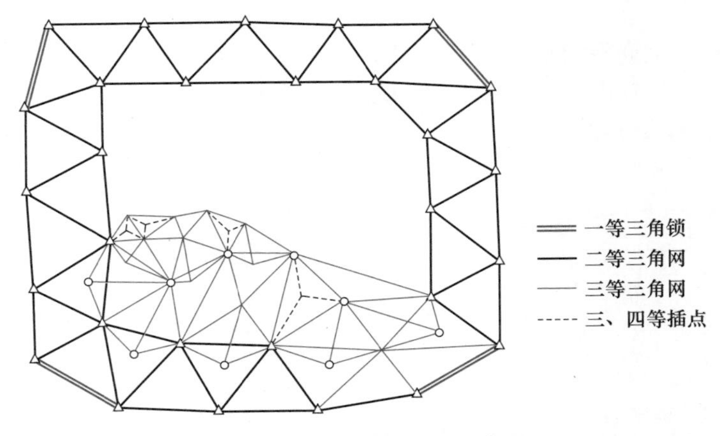


图 7-5　国家平面控制网示意图

首先在全国范围内建立一等三角锁作为国家平面控制网的框架。一等三角锁沿经线和纬线布设成纵横交错的三角锁系，锁长 200～250km，构成 120 个锁环，一等三角锁由近于等

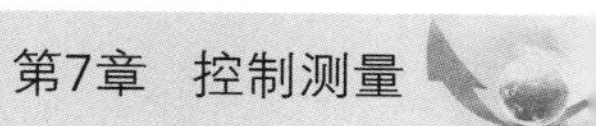

边的三角形组成，平均边长20~30km。

二等三角网有两种布网形式，一种是由纵横交叉的两条二等基本锁将一等锁环划分成4个大致相等的部分，这4个空白部分用二等补充网填充，称纵横锁系布网方案；另一种是在一等锁环内布设全面二等三角网，称全面布网方案。二等基本锁的边长为20~25km，二等三角网的平均边长为13km。

一等锁的两端和二等网的中间，都要测定起算边长、天文经纬度和方位角。国家一、二等网合称为天文大地网。我国天文大地网于1951年开始布设，1961年基本完成，1975年修补测工作全部结束。

三、四等三角网是二等三角网的进一步加密，有插网和插点两种形式。三等网平均边长8km，测角中误差不大于±1.8″。四等平均边长2~6km，测角中误差不大于±2.5″，用以满足测图和各项工程建设的需要。

我国的国家平面控制网主要采用三角测量方法布设，在西部困难地区采用精密导线测量法布设。

“2000国家GNSS大地控制网”是由国家测绘局布设的高精度GNSS A、B级网，总参测绘局布设的GNSS一、二级网，中国地震局、总参测绘局、中国科学院、国家测绘局共建的中国地壳运动观测网组成。该控制网整合了上述三个大型的、有重要影响力的GNSS观测网的成果，共2609个点。通过联合处理将其归于一个坐标参考框架，形成了紧密的联系体系，可满足现代测量技术对地心坐标的需求，是2000国家大地坐标系的框架点。

2. 城市平面控制网

在城市或厂矿地区，一般是在国家平面控制点的基础上，根据测区大小和施工测量的要求，布设不同等级的城市平面控制网。城市平面控制网是国家平面控制网的继续和发展。它可以直接为城市大比例尺测图、城市规划、市政建设、施工管理、沉降观测等提供平面控制点。

《工程测量标准》（GB 50026—2020）规定，平面控制网的精度，按高低划分为等与级两种规格。等次由高向低依次划分为二、三、四等，级次由高向低依次划分为一、二、三级。平面控制网的建立，可采用卫星定位测量、卫星定位实时动态测量、导线测量、三角形网测量等方法。卫星定位测量，适用于二、三、四等和一、二级控制网的建立；卫星定位实时动态测量，适用于一、二、三级控制网的建立；导线测量适用于三、四等和一、二、三级控制网的建立；三角形网测量，适用于二、三、四等和一、二级控制网的建立。

各等级导线测量的主要技术要求应符合表7-1的规定。

**表7-1　导线测量的主要技术要求**

| 等级 | 导线长度/km | 平均边长/km | 测角中误差/(″) | 测距中误差/mm | 测距相对中误差 | 测回数 | | | | 方位角闭合差/(″) | 导线全长相对闭合差 |
|---|---|---|---|---|---|---|---|---|---|---|---|
| | | | | | | 0.5″级仪器 | 1″级仪器 | 2″级仪器 | 6″级仪器 | | |
| 三等 | 14 | 3 | 1.8 | 20 | 1/15万 | 4 | 6 | 10 | — | $3.6\sqrt{n}$ | ≤1/5.5万 |
| 四等 | 9 | 1.5 | 2.5 | 18 | 1/8万 | 2 | 4 | 6 | — | $5\sqrt{n}$ | ≤1/3.5万 |
| 一级 | 4 | 0.5 | 5 | 15 | 1/3万 | 4 | 6 | 2 | 4 | $10\sqrt{n}$ | ≤1/1.5万 |
| 二级 | 2.4 | 0.25 | 8 | 15 | 1/1.4万 | — | — | 1 | 3 | $16\sqrt{n}$ | ≤1/1万 |
| 三级 | 1.2 | 0.1 | 12 | 15 | 1/7000 | — | — | 1 | 2 | $24\sqrt{n}$ | ≤1/5000 |

直接供测绘地形图使用的控制点称为图根控制点（mapping control point），简称图根点。图根导线测量的主要技术要求应符合表 7-2 的规定。

表 7-2　全站仪图根导线测量的技术要求

| 导线长度/m | 相对闭合差 | 测角中误差/(″) | | 方位角闭合差/(″) | |
|---|---|---|---|---|---|
| | | 一般 | 首级控制 | 一般 | 首级控制 |
| $\leqslant \alpha M$ | $\leqslant 1/(2000\alpha)$ | 30 | 20 | $60\sqrt{n}$ | $40\sqrt{n}$ |

注：1. $\alpha$ 为比例系数，取值宜为 1，当采用 1∶500、1∶1000 比例尺测图时，$\alpha$ 值可在 1~2 之间选用。

2. $M$ 为测图比例尺的分母；但对于工矿区现状图测量，不论测图比例尺大小，$M$ 均应取值为 500。

3. 隐蔽或施测困难地区导线相对闭合差可放宽，但不应大于 $1/(1000\alpha)$。

平面控制网的布设，应遵循下列原则：

1）首级控制网的布设，应因地制宜且要兼顾网的拓展；当与国家坐标系统联测时，还应顾及联测方案。

2）首级控制网的等级，应根据工程规模、控制网的用途和精度要求确定。

3）加密控制网，可越级布设或同等级扩展。

3. 小区域平面控制网

在面积为 15km$^2$ 以内的小地区范围，为大比例尺测图和某项工程建设而建立的控制网，称为小地区控制网。小区域平面控制网主要采用 GNSS 测量和导线测量方法布设。

相对于国家和城市控制测量，小区域平面控制测量的工作区域比较小，在此区域范围内可不必考虑地球曲率对水平角和水平距离影响的范围。小区域平面控制测量应尽可能与国家或城市平面控制网进行联测，即将国家或城市控制点的平面坐标作为小区域平面控制网的起算数据。如果测区内或附近没有国家或城市平面控制点，也可建立独立平面控制网。

### 7.1.3　高程控制测量

高程控制测量的方法有水准测量、电磁波测距三角高程测量和卫星定位高程测量。高程控制测量精度等级的划分，依次为一、二、三、四、五等。各等级高程控制宜采用水准测量，四等及以下等级可采用电磁波测距三角高程测量，五等也可采用卫星定位高程测量。

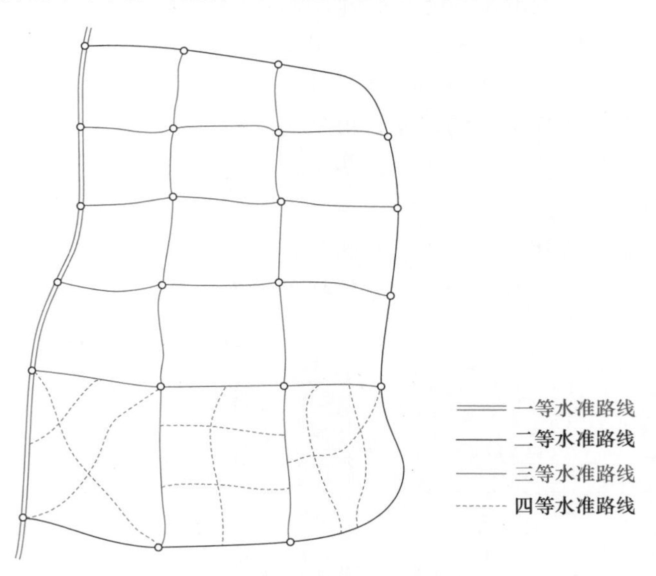

图 7-6　国家高程控制网示意图

在全国范围内，由一系列按国家统一规范测定的水准点构成的网称为国家水准网。水准点上设有固定标志，以便长期保存，为国家各项建设和科学研究提供高程资料。国家水准网按一、二、三、四等四个等级布设，如图 7-6 所示。一等水准网是国家高程控制的骨干，沿地质构造稳定和坡度平

缓的交通线布满全国；二等水准网是国家高程控制网的全面基础，一般沿铁路、公路和河流布设。二等水准环线布设在一等水准环内。沿一、二等水准路线还要进行重力测量，提供重力改正数据。一、二等水准环线要定期复测，检查水准点的高程变化供研究地壳垂直运动用。

三、四等水准网是二等水准网的进一步加密，直接为各种测图和工程建设提供必需的高程控制点。三等水准环长度不超过300km；四等水准一般布设为附合在高等级水准点上的附合路线，其长度不超过80km。全国各地的高程，都是根据国家水准网的水准点高程测算的。

为城市建设需要建立的高程控制网称为城市高程控制网，城市高程控制网一般应与国家高程控制网联测。按城市范围的大小，可分为二、三、四等以及直接供测图使用的等外水准测量（图根水准测量）。随着全站仪的普及，电磁波测距三角高程测量可以达到四等水准测量的精度，所以，在山区、城市及小地区高程控制测量中，使用全站仪进行的三角高程测量被广泛采用。

## ■ 7.2　GNSS控制测量

GNSS控制测量外业（选点、观测）

全球导航卫星系统（Global Navigation Satellite System，GNSS）。是能在地球表面或近地空间的任何地点为用户提供全天候的三维坐标和速度以及时间信息的空基无线电导航定位系统。它具有定位精度高、作业速度快、费用省、相邻点间无需通视、不受天气条件的影响等诸多常规技术不可比拟的优点，因此在控制测量领域得到了广泛的应用，成为一种利用高新技术进行定位的控制测量方法。

全球卫星导航系统国际委员会公布的全球4大卫星导航系统供应商，包括中国的北斗卫星导航系统（BDS）、美国的全球定位系统（GPS）、俄罗斯的格洛纳斯卫星导航系统（GLONASS）和欧盟的伽利略卫星导航系统（GALILEO）。其中GPS是世界上第一个建立并用于导航定位的全球系统，BDS是中国自主建设运行的全球卫星导航系统，为全球用户提供全天候、全天时、高精度的定位、导航和授时服务。

中国北斗系统是党中央决策实施的国家重大科技工程。工程自1994年启动，2000年完成北斗一号系统建设，2012年完成北斗二号系统建设。2020年，北斗三号全球卫星导航系统建成暨开通仪式7月31日上午在北京举行，中共中央总书记、国家主席、中央军委主席习近平出席仪式，宣布北斗三号全球卫星导航系统正式开通。北斗三号全球卫星导航系统的建成开通，充分体现了我国社会主义制度集中力量办大事的政治优势，对提升我国综合国力，对推动当前国际经济形势下我国对外开放，对进一步增强民族自信心、努力实现“两个一百年”奋斗目标，具有十分重要的意义。26年来，参与北斗系统研制建设的全体人员迎难而上、敢打硬仗、接续奋斗，发扬“两弹一星”精神，培育了新时代北斗精神。北斗三号全球卫星导航系统全面建成并开通服务，标志着工程“三步走”发展战略取得决战决胜，我国成为世界上第三个独立拥有全球卫星导航系统的国家。

北斗系统由空间段、地面段和用户段三部分组成。

1）空间段。北斗系统空间段由若干地球静止轨道卫星、倾斜地球同步轨道卫星和中圆地球轨道卫星等组成。

2）地面段。北斗系统地面段包括主控站、时间同步/注入站和监测站等若干地面站，以及星间链路运行管理设施。

3）用户段。北斗系统用户段包括北斗兼容其他卫星导航系统的芯片、模块、天线等基础产品，以及终端产品、应用系统与应用服务等。

### 7.2.1 GNSS 定位的基本原理

由距离交会点位的原理，在二维平面上需要两个边长就能确定另一点，而在三维空间里就需要三条边长确定第三点。GNSS 的定位原理也是基于距离交会定位原理确定点位的。

利用固定于地球表面的三个以上的地面点（控制站）可交会确定出天空中的卫星位置，反之利用三个及以上卫星的已知空间位置又可交会出地面未知点（GNSS 接收机天线中心）的位置。这就是 GNSS 定位的基本原理。

如图 7-7 所示，设在地面上的三个已知点 $P_1$、$P_2$、$P_3$ 和待定点 $P$，在其上对卫星 $S_1$、$S_2$、$S_3$ 进行同步观测，测得距离 $S_{11}$、$S_{21}$、$S_{31}$ 和 $S_{P1}$，则可由三个距离 $S_{11}$、$S_{21}$、$S_{31}$确定出卫星 $S_1$ 的位置，同理可确定出卫星 $S_2$、$S_3$ 的空间位置以及相应的距离 $S_{P2}$、$S_{P3}$，则待定点 $P$ 的位置可由三个卫星（位置已知，可以更多）的距离 $S_{P1}$、$S_{P2}$、$S_{P3}$交会而确定。

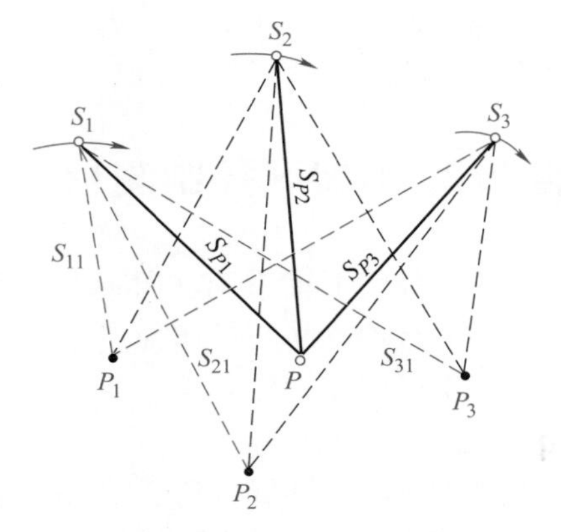


图 7-7　GNSS 定位原理

### 7.2.2 GNSS 定位方法

依据测距的原理，GNSS 定位方法主要有伪距法定位、载波相位测量定位以及差分 GNSS 定位等。对于待定点来说，根据其运动状态又可分为静态定位和动态定位。静态定位指的是把 GNSS 接收机安置于固定不动的待定点上，进行数分钟及更长时间的观测，以确定出该点的三维坐标，所以又称绝对静态定位。若以两台及以上的接收机安置在不同的测站上，通过一定时间的观测，可以确定出这些待定点上接收机天线之间的相对位置（坐标差），故又称相对静态定位。若待定点相对于周围固定点的位置有可觉察的运动，确定这些运动的待定点的位置就是动态定位。本书介绍的是 GNSS 的静态定位。

### 7.2.3 GNSS 网的精度和布网形式

1. GNSS 测量的精度等级及其主要技术指标

《全球定位系统（GPS）测量规范》（GB/T 18314—2009）规定，GNSS 测量按照精度和用途不同划分为 A、B、C、D、E 五个等级。各级 GNSS 测量的主要用途见表 7-3。

表 7-3　各级 GNSS 测量的主要用途

| 等级 | 用　途 |
|---|---|
| A | 用于建立国家一等大地控制网，进行全球性的地球动力学研究、地壳形变测量和精密定轨等 |
| B | 用于建立国家二等大地控制网，建立地方或城市坐标基准框架、区域性的地球动力学研究、地壳形变测量、局部形变监测和各种精密工程测量等 |

（续）

| 等级 | 用　途 |
|---|---|
| C | 用于建立三等大地控制网，以及建立区域、城市及工程测量的基本控制网等 |
| D | 用于建立四等大地控制网 |
| E | 用于中小城市、城镇以及测图、地籍、土地信息、房产、物探、勘测、建筑施工等的控制测量等 |

《工程测量标准》（GB 50026—2020）规定，GNSS测量按照精度和用途不同划分为二、三、四等和一、二级。各等级卫星定位测量控制网的主要技术指标，应符合表7-4的规定。

**表7-4　卫星定位测量控制网的主要技术指标**

| 等级 | 基线平均长度/km | 固定误差 $A$/mm | 比例误差系数 $B$/(mm/km) | 约束点间的边长相对中误差 | 约束平差后最弱边相对中误差 |
|---|---|---|---|---|---|
| 二等 | 9 | ≤10 | ≤2 | ≤1/25万 | ≤1/12万 |
| 三等 | 4.5 | ≤10 | ≤5 | ≤1/15万 | ≤1/7万 |
| 四等 | 2 | ≤10 | ≤10 | ≤1/10万 | ≤1/4万 |
| 一级 | 1 | ≤10 | ≤20 | ≤1/4万 | ≤1/2万 |
| 二级 | 0.5 | ≤10 | ≤40 | ≤1/2万 | ≤1/1万 |

1）各等级控制网的基线精度，按式（7-1）计算：

$$\sigma = \sqrt{A^2 + (Bd)^2} \tag{7-1}$$

式中，$\sigma$为基线长度中误差（mm）；$A$为固定误差（mm）；$B$为比例误差系数（mm/km）；$d$为基线平均长度（km）。

2）控制网的测量中误差，按式（7-2）计算：

$$m = \sqrt{\frac{1}{3N}\left[\frac{WW}{n}\right]} \tag{7-2}$$

式中，$m$为控制网的测量中误差（mm）；$N$为控制网中异步环的个数；$n$为异步环的边数；$W$为异步环环线全长闭合差（mm）。

3）控制网的测量中误差应满足相应等级控制网的基线精度要求，并应符合下式的要求：

$$m \leqslant \sigma \tag{7-3}$$

2. GNSS网的布网形式

（1）GNSS测量中的几个基本概念

1）观测时段。从测站上开始接收卫星信号起至停止观测间的连续工作时间段，简称时段。其持续的时间称为时段长度。时段是GNSS测量中的基本单位。不同等级的GNSS测量对时段数及时段长度均有不同的要求。

2）同步观测。同步观测是指两台或两台以上的GNSS接收机对同一组卫星信号进行的观测。只有进行同步观测，才能保证卫星星历误差、卫星钟钟差、电离层延迟等误差的强相关性，才有可能通过在接收机间求差来消除或大幅度削弱这些误差。因此，同步观测是进行相对静态定位时必须遵循的一条原则。

3）同步观测环和同步环检验。三台或三台以上的GNSS接收机进行同步观测所获得的

基线向量构成的闭合环，简称同步环。同步环闭合差从理论上讲应等于零，但由于计算环中各基线向量时所用的观测资料实际上并不严格相同，数据处理软件不够完善以及计算过程中舍入误差等原因，同步环闭合差实际上并不为零。同步环闭合差可以从某一侧面反映 GNSS 测量的质量，故有些规范中规定要进行同步环闭合差的检验。但是由于许多误差（如对中误差、量取天线高时出现的粗差等）无法在同步环闭合差中得以反映，因此，即使同步环闭合差很小也不意味着 GNSS 测量的质量一定很好，故有些规范中不做此项检验。

4）异步观测环。异步观测环是指由非同步观测获得的基线所构成的闭合环。可根据 GNSS 测量的精度要求，为异步环闭合差制定一个合适的限差（GNSS 测量规范中已做了相应的规定）。这样，用户就能通过此项检验较为科学地评定 GNSS 测量的质量。与同步环检验相比，异步环检验能更加充分地暴露出基线向量中存在的问题，更客观地反映 GNSS 测量的质量。

5）独立基线。GNSS 控制网中相互之间不能构成检核条件的边，称为独立基线。$N$ 台 GNSSS 接收机同步观测可得到基线边条数 $J$ 为 $N(N-1)/2$，独立基线数 $J_D$ 为 $N-1$。

除独立基线外的其他基线叫非独立基线，总基线数与独立基线之差即为非独立基线数。

（2）GNSS 网布设方式　GNSS 网的布设灵活，根据工程的精度要求和交通状况等采用不同的布网方式，一般的 GNSS 网布设方式有以下几种：

1）跟踪站式。将若干台 GNSS 接收机长期固定在测站上，进行常年不间断的观测，这种布网方式称为跟踪站式。用这种方式布设的网有很高的精度和框架基准特性，而普通的 GNSS 网一般不采用这种观测时间长、成本高的布网方式。

2）会战式。一次组织多台 GNSS 接收机，集中在不太长的时间内共同作业。在观测时，所有接收机在同一时间里分别在一批测站上观测多天或较长时段，在完成一批点后所有接收机再迁至下一批测站，我们把这种方法称为会战式布网。这种网的各基线都进行了较长时间和多时段的观测，具有特高的尺度精度，一般在布设 A、B 级 GNSS 网时采用此法。

3）多基准站式。把几台接收机在一段时间里固定在某几个测站上进行长时间的观测，而另几台接收机流动作业进行同步观测，我们把固定不动的测站称为基准站，此布设方式称为多基准站式，如图 7-8 所示。这种 GNSS 网由于各基准站之间的观测时间较长，有较高的定位精度，可起到控制整个 GNSS 网的作用，加上其他流动站之间不但有自身的基线相连，还和基准站也存在同步基线，故这种网有较好的图形强度。该法适用于布设 C、D 级 GNSS 网。

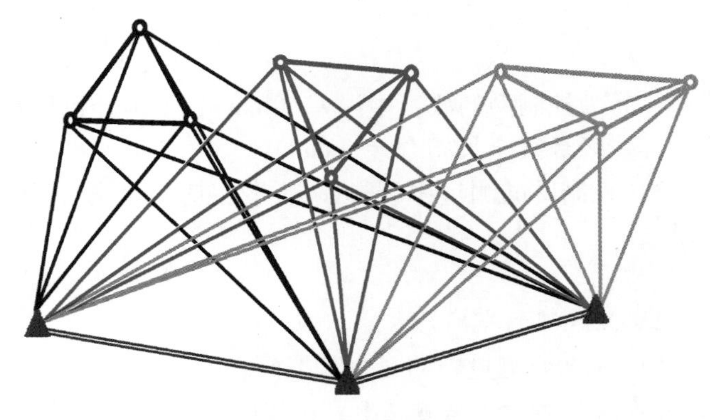
图 7-8　多基准站式

4）同步图形扩展式。这是在布设 GNSS 网时最常用的方式，就是把多台接收机在不同的测站上进行同步观测，完成一个时段的观测后再把其中的几台接收机搬至下几个测站，在作业时，不同的同步图形之间有若干公共点相连。这种布网方式具有测量速度快、方法简单、图形强度较好等优点，是主要的 GNSS 布网形式。如图 7-9 所示，根据相邻两个同步图形之间公共点的多少，又分为：

① 点连式：相邻两个同步图形之间有一个公共点相连。

② 边连式：相邻两个同步图形之间有一条边相连。

③ 网连式：相邻两个同步图形之间有 3 个及 3 个以上的公共点相连。

④ 混连式：一般来说，单独采用以上哪一种方式都是不可取的，在实际工作时，是根据情况灵活采用几种方式作业，这就是所谓的混连式。

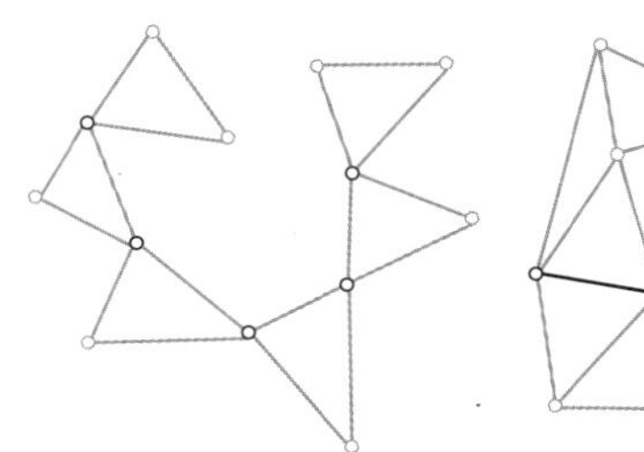
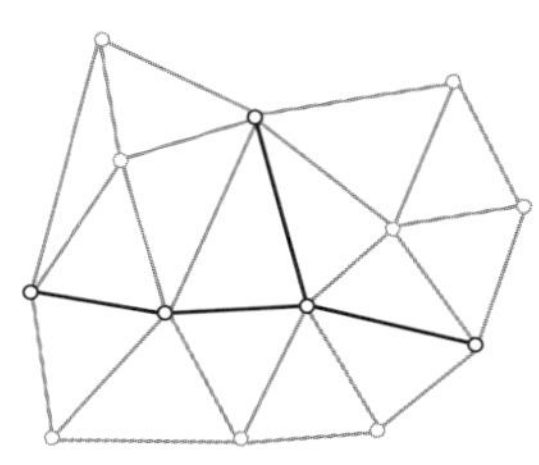
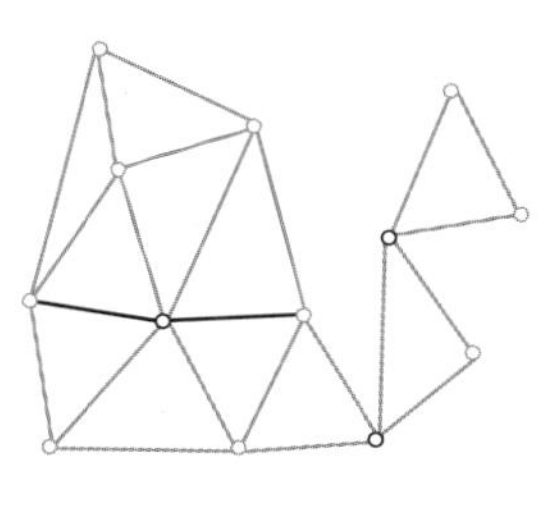

图 7-9　同步图形扩展式

5）星形布网方式。这是用一台接收机作为基准站，在某个测站上进行连续观测，而其他接收机在基准站周围流动观测，每到一站即开机，结束后即迁站，也就是不强求流动的接收机之间必须同步观测。这样测得的同步基线就构成了一个以基准站为中心的星形，故称星形布网方式。这种方式布网效率高，但图形强度弱，可靠性较差。

（3）GNSS 网的图形设计原则

1）GNSS 网应根据测区实际需要和交通状况进行设计。GNSS 网的点间不要求通视，但应考虑下一步采用常规测量方法加密时的需要，每点应有一个以上的通视方向。

2）在 GNSS 网设计中应顾及原有测绘成果资料以及各种大比例尺地形图的沿用，宜采用既有坐标系统。应充分利用符合 GNSS 网布点要求的原控制点。

3）各等级控制网应由独立观测边构成一个或若干个闭合环或附合路线，构成闭合环或附合路线的边数不宜多于 6 条。

4）各等级控制网中独立基线的观测总数，不宜少于必要观测基线数的 1.5 倍。

5）为求定 GNSS 点在地面坐标系的坐标，应在地面坐标系中选定起算数据和联测原有地方控制点若干个。首级网布设时，宜联测 2 个以上国家高等级控制点、国家连续运行参考站点或地方坐标系的高等级控制点。

6）为了求得 GNSS 网点的正常高，应进行水准测量的高程联测，并应按下列要求实施：

① 高程联测应采用不低于四等水准测量或与其精度相当的方法进行。

② 平原地区，高程联测点应不少于 5 个点，并应均匀分布于网中。

③ 丘陵或山地，高程联测点应按测区地形特征，适当增加高程联测点，其点数不宜少于 10 个点。

④ GNSS 点高程（正常高）经计算分析后符合精度要求的可供测图或一般工程测量使用。

### 7.2.4　GNSS 网的外业观测

1. 选点与埋石

卫星定位测量控制点位的选定，应符合下列要求：

1）点位应选在土质坚实、稳固可靠、易于长期保存的地方，同时要利于加密和扩展，每个控制点至少应有一个通视方向。

2）点位要求视野开阔，在高度角 15°以上的范围内应无障碍物；点位附近不应有强烈干扰接收卫星信号的干扰源或强烈反射卫星信号的物体，距大功率无线电发射源宜大于 200m，距高压输电线路或微波信号传输通道宜大于 50m。

3）充分利用符合要求的既有控制点。

4）按要求做好控制点埋石，并绘制点之记。

2. 外业观测

GNSS 网的技术设计完成后，准备好 GNSS 接收机和各种必要的设备并进行必要的检查，根据测区的地理地形条件和交通情况安排好每天的工作计划和调度命令，就可进行外业观测。

卫星定位测量测站作业，应满足下列要求：

1）观测前，应对接收机进行预热和静置，同时应检查电池的容量、接收机的内存和可储存空间是否充足。

2）天线安置的对中误差，不应大于 2mm；天线高的量取应精确至 1mm。

3）观测中，应避免在接收机近旁使用无线电通信工具，并应防止人员和其他物体触碰天线或阻挡卫星信号。

4）雷雨天气时，应停止作业。

5）作业过程中不得进行接收机关闭又重新启动、改变卫星截止高度角、改变数据采样间隔和改变天线位置等操作。

6）做好测站记录，包括控制点点名、接收机序列号、仪器高、开关机时间等相关的测站信息，并记录在观测手簿上（表 7-5）。

**表 7-5　GNSS 外业观测记录手簿**

<table>
<tr><td>点　号</td><td></td><td>点　名</td><td></td><td>图幅编号</td><td></td></tr>
<tr><td>观测记录员</td><td></td><td>观测日期</td><td></td><td>时段号</td><td></td></tr>
<tr><td>接收机型号<br>及编号</td><td></td><td>天线类型<br>及编号</td><td></td><td>存储介质类型及编号</td><td></td></tr>
<tr><td>原始观测数据文件名</td><td></td><td>RINEX 格式数据<br>文件名</td><td></td><td>备份存储介质<br>类型及编号</td><td></td></tr>
<tr><td>近似纬度</td><td>°　′　″N</td><td>近似经度</td><td>°　′　″E</td><td>近似高程</td><td>m</td></tr>
<tr><td>采样间隔</td><td>s</td><td>开始记录时间</td><td>h　min</td><td>结束记录时间</td><td>h　min</td></tr>
<tr><td colspan="2">天线高测定</td><td colspan="2">天线高测定方法及略图</td><td colspan="2">点位略图</td></tr>
<tr><td colspan="2">测前：　　　测后：<br>测定值________　________m<br>修正值________　________m<br>天线高________　________m<br>平均值________　________m</td><td colspan="2"></td><td colspan="2"></td></tr>
</table>

（续）

| 时间（UTC） | 卫星跟踪数 | PDOP |
|---|---|---|
| | | |
| | | |
| 记事 | | |

《工程测量标准》（GB 50026—2020）规定，静态测量卫星定位接收机的选用及观测的基本技术要求应符合表7-6的规定。

**表7-6　静态测量卫星定位接收机的选用及观测的基本技术要求**

| 等级 | | 二等 | 三等 | 四等 | 一等 | 二等 |
|---|---|---|---|---|---|---|
| 接收机类型 | | 多频或多系统 | 多频或多系统 | 多频或多系统 | 多频 | 多频 |
| 仪器标称精度 | | 3mm+1ppm | 5mm+2ppm | 5mm+2ppm | 10mm+5ppm | 10mm+5ppm |
| 观测量 | | 载波相位 | 载波相位 | 载波相位 | 载波相位 | 载波相位 |
| 卫星高度角/(°) | 静态 | ≥15 | ≥15 | ≥15 | ≥15 | ≥15 |
| | 快速静态 | — | — | — | ≥15 | ≥15 |
| 有效观测卫星数 | 静态 | ≥5 | ≥5 | ≥4 | ≥4 | ≥4 |
| | 快速静态 | — | — | — | ≥5 | ≥5 |
| 观测时段长度/min | 静态 | 30~90 | 20~60 | 15~45 | 10~30 | 10~30 |
| | 快速静态 | — | — | — | 10~15 | 10~15 |
| 数据采样间隔/s | 静态 | 10~30 | 10~30 | 10~30 | 10~30 | 10~30 |
| | 快速静态 | — | — | — | 5~15 | 5~15 |
| 点位几何图形强度因子（PDOP） | | ≤6 | ≤6 | ≤6 | ≤8 | ≤8 |

## 7.2.5　卫星定位测量数据处理

卫星定位测量数据处理过程：数据预处理，基线解算，GNSS网平差。

1. 数据预处理

1）数据传输。GNSS接收机在野外所采集的观测数据是存储在接收机的内部存储器上的，在完成观测后，如果要对数据进行处理，就必须首先将其下载到计算机中。

2）格式转换。下载到计算机中的数据是按GNSS接收机的专有格式存储的，一般为二进制文件。通常，只有厂商所提供的数据处理软件能够直接读取这种数据以进行处理。当采用第三方软件进行数据处理时，该数据处理软件有可能无法读取该格式的数据，则需要事先通过格式转换，将下载的原始观测数据转换为所采用数据处理软件能够直接读取的数据格式，如常用的RINEX格式的数据。

2. 基线解算

1）数据检查：将原始观测数据导入数据处理软件后，首先需对数据进行检查，检查观测文件，检查观测时段长，复核点名、天线类型、天线高量取方式、天线高等信息。

2）基线解算设置：基线解算模式选择，对流层、电离层、多路径等改正模型设置，卫星截止高度角设置，误差设置等各种解算参数设置，以及对卫星数据的剔除。

3）解算基线：按设置好的参数和解算模式软件自动解算。一般工程控制网采用广播星历和随机商用软件。当基线长度大于 30km 或需要高精度处理时，比如铁路工程中的 CPO 网，应采用精密星历和长基线解算专用计算软件（如 GAMIT）。基线长度小于 15km 应采用双差固定解；15km 以上的基线可在双差固定解和双差浮点解中选择最优结果；30km 以上的基线宜采用三差解。

4）基线质量检查：基线解算结果并不能马上用于后续的处理，还必须对其质量进行评估，只有质量合格的基线才能用于后续的处理。若基线解算结果质量不合格，则需要对基线进行重新解算或重新测量。基线质量检查主要有：

① 基线固定解质量：Ratio 值、RDOP 值、基线单位权方差、观测值残差 RMS 等。

② 数据剔除率：被删除观测值的数量与观测值的总数的比值。一般应满足规范中规定的剔除率小于 10%。

③ 同步环闭合差检验。同步环闭合差是由同步观测基线所组成的闭合环的闭合差。同步环各坐标分量闭合差及环线全长闭合差，应满足式（7-4）~式（7-8）的要求：

$$W_X \leqslant \frac{\sqrt{n}}{5}\sigma \tag{7-4}$$

$$W_Y \leqslant \frac{\sqrt{n}}{5}\sigma \tag{7-5}$$

$$W_Z \leqslant \frac{\sqrt{n}}{5}\sigma \tag{7-6}$$

$$W \leqslant \frac{\sqrt{3n}}{5}\sigma \tag{7-7}$$

$$W = \sqrt{W_X^2 + W_Y^2 + W_Z^2} \tag{7-8}$$

式中，$n$ 为同步环中基线边的个数；$W_X$、$W_Y$、$W_Z$为同步环各坐标分量闭合差（mm）；$W$ 为同步环环线全长闭合差（mm）。

如果同步环闭合差超限，则说明组成同步环的基线中至少存在一条基线向量是错误的；但反过来，如果同步环闭合差没有超限，还不能说明组成同步环的所有基线在质量上均合格。当采用批处理进行基线向量解算时，基线向量合格后也可不用进行同步环闭合差检验。

④ 异步环闭合差检验。不是完全由同步观测基线所组成的闭合环称为异步环。异步环或附合线路各坐标分量闭合差及全长闭合差，应满足式（7-9）~式（7-13）的要求：

$$W_X \leqslant 2\sqrt{n}\sigma \tag{7-9}$$

$$W_Y \leqslant 2\sqrt{n}\sigma \tag{7-10}$$

$$W_Z \leqslant 2\sqrt{n}\sigma \tag{7-11}$$

$$W \leqslant 2\sqrt{3n}\sigma \tag{7-12}$$

$$W = \sqrt{W_X^2 + W_Y^2 + W_Z^2} \tag{7-13}$$

当异步环闭合差不满足限差要求时，则表明组成异步环的基线向量中至少有一条基线向量的质量不合格，要确定出哪些基线向量的质量不合格，可以通过综合分析多个相邻的异步

环或重复基线来进行。

⑤ 重复基线的长度较差检验。重复基线长应满足：

$$\Delta d \leqslant 2\sqrt{2}\sigma \tag{7-14}$$

当同步环、异步环或附合路线、复测基线（重复基线）中的观测数据不能满足检核要求时，应对成果进行全面分析，并舍弃不合格基线后重新构成异步环，应保证舍弃基线后，所构成异步环的边数不应超过6条。否则，应重测该基线或有关的同步图形。

3. GNSS网平差

（1）选取基线构网　选取独立基线或合格基线构网，理论上应选取相互独立的基线构网。但在工程实践中，若基线采用商用软件进行解算，也可选取所有质量合格的基线构网。

（2）无约束平差　卫星定位测量控制网的无约束平差，应符合下列规定：

1）选用与导航定位卫星系统一致的坐标系进行三维无约束平差，并提供各观测点在该坐标系中的三维坐标、各基线向量三个坐标差观测值的改正数、基线长度、基线方位及相关的精度信息等。

2）无约束平差的基线向量改正数的绝对值，不应超过相应等级的基线长度中误差的3倍。

在无约束平差中，网的几何形状完全取决于基线向量，而与外部起算数据无关，因此，无约束平差结果实际上也完全取决于基线向量。所以，无约束平差结果质量的优劣，以及在平差过程中所反映出的观测值间几何不一致性的大小，都是观测值本身质量的真实反映。由于GNSS网无约束平差的这一特点，一方面，通过无约束平差所得到的网精度指标被作为衡量其内符合精度的指标；另一方面，通过无约束平差所反映出的观测值的质量，又被作为判断粗差观测值及进行相应处理的依据。若无约束平差的基线向量改正数的绝对值超过相应等级的基线长度中误差的3倍，则认为所对应基线向量或其附近的基线向量可能存在质量问题，应对基线进行重新解算或重新补测，直至合格。

（3）约束平差　无约束平差合格后，引入会使网的尺度和方位发生变化的已知起算数据进行平差。卫星定位测量控制网的约束平差，应符合下列规定：

1）选用国家坐标系或地方坐标系，对无约束平差后的观测量进行二维或三维约束平差。

2）对于已知坐标、距离或方位，可以强制约束，也可加权约束。约束点间的边长相对中误差，应满足表7-4中相应等级的规定。

3）约束平差的基线向量改正数与经过剔除粗差后无约束平差结果的同一基线相应改正数较差的绝对值，不应超过相应等级基线中误差的2倍。

4）平差结果，应输出观测点在相应坐标系中的二维或三维坐标、基线向量的改正数、基线长度、基线方位角等，以及相关的精度信息。需要时，还应输出坐标转换参数及其精度信息。

5）控制网约束平差的最弱边边长相对中误差，应满足表7-4中相应等级的规定。

## 7.3 导线测量

导线测量不仅是建立国家基本平面控制方法之一，也可用于各种工程建设、城市建设和地形测图的平面控制测量。

将相邻控制点连成直线而构成的折线图形称为导线，构成导线的控制点称为导线点。每条直线称为导线边，其边长可用全站仪或钢卷尺测定。相邻两直线之间的水平角叫作转折角，可用全站仪或经纬仪观测。导线测量是依次测定导线边的水平距离和两相邻导线边的水平夹角，然后根据起算数据，推算各边的坐标方位角，计算相邻点间坐标差，最后计算得到导线点的平面坐标。

## 7.3.1 导线的布设形式

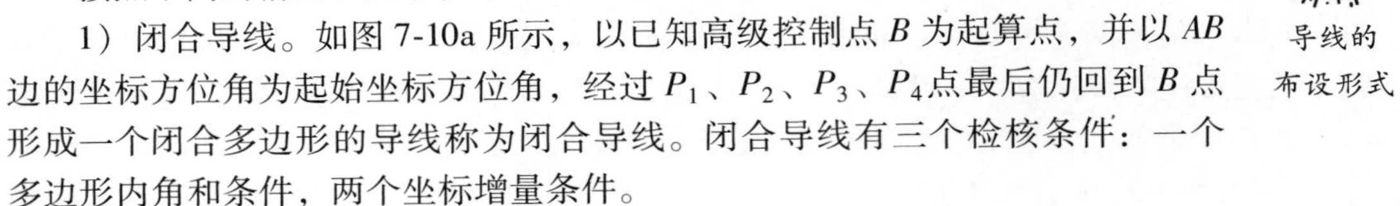


按照不同的情况和要求，导线可以布置成下列几种形式：

1）闭合导线。如图 7-10a 所示，以已知高级控制点 $B$ 为起算点，并以 $AB$ 边的坐标方位角为起始坐标方位角，经过 $P_1$、$P_2$、$P_3$、$P_4$点最后仍回到 $B$ 点形成一个闭合多边形的导线称为闭合导线。闭合导线有三个检核条件：一个多边形内角和条件，两个坐标增量条件。

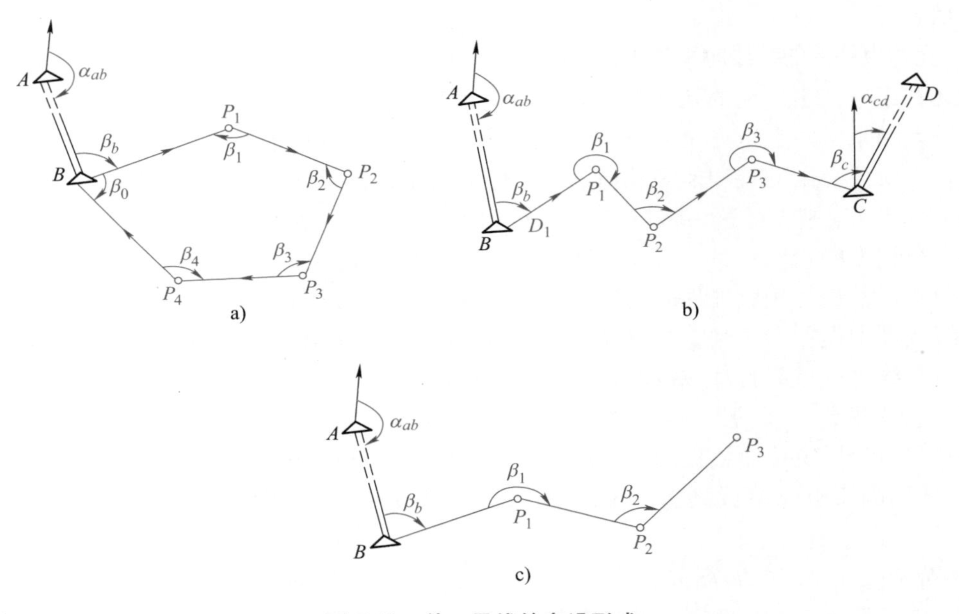


图 7-10 单一导线的布设形式

2）附合导线。如图 7-10b 所示，导线从已知高级控制点 $B$ 和已知方向 $AB$ 出发，经过 $P_1$、$P_2$、$P_3$ 点，最后附合到另一已知高级点 $C$ 和已知方向 $CD$。附合导线有三个检核条件：一个坐标方位角条件，两个坐标增量条件。

3）支导线。如图 7-10c 所示，从一个已知高级控制点 $B$ 和已知方向 $AB$ 出发，延伸出去（如 $P_1$、$P_2$、$P_3$ 三点）的导线称为支导线。支导线没有校核条件，不易发现错误，只限于在图根导线中使用，且支导线的点数一般不应超过 3 个。

4）导线网。从三个或更多的已知控制点开始，几条导线汇合于一个或多个结点，构成导线网。如图 7-11 所示为一个结点的导线网，图 7-12 所示为两个结点的导线网，图 7-13 所示为三个闭合环组成的导线网。

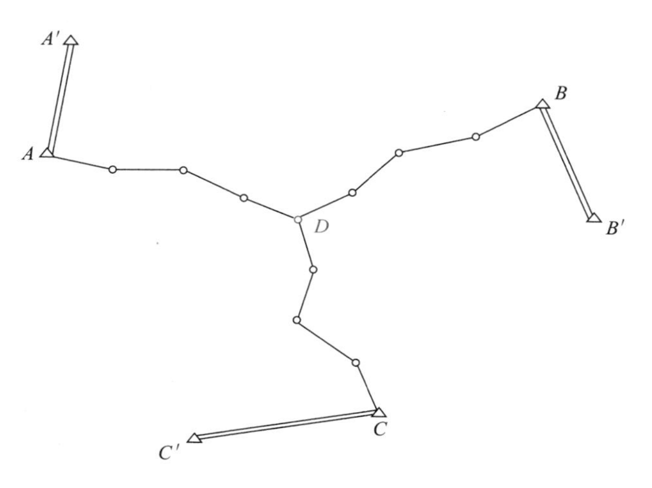


图 7-11 一个结点的导线网

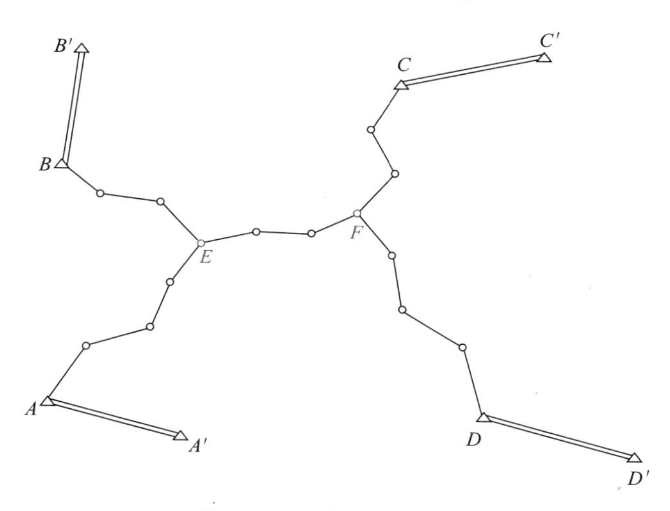


图 7-12 两个结点的导线网

### 7.3.2 导线测量的外业工作

导线测量
（三联脚架法）

导线测量的外业工作包括选点埋石、水平角测量、边长测量和导线定向等。

1. 选点埋石

不同的测量目的，对导线的形式、平均边长、导线总长以及导线点的位置都有一定的要求。为了能够更好地满足这些要求，在踏勘选点之前，应收集测区已有地形图和高一等级控制点的成果资料，然后在地形图上进行导线的初步设计，最后按照设计方案到实地踏勘选点。若测区没有现成的地形图或者测区范围不大，就直接到实地边勘查边选点。实地踏勘选点时，应注意以下几点：

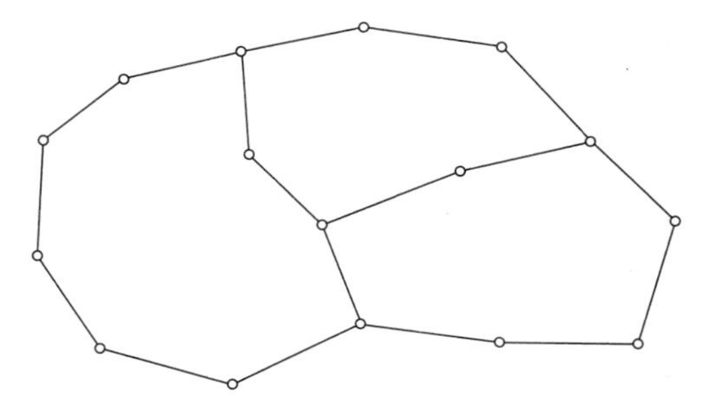

图 7-13 三个闭合环组成的导线网

1）相邻导线点间应通视良好，以便于角度和距离测量。

2）点位应选在土质坚实处，以便于保存标志和安置仪器。

3）点位上的视野应开阔，便于施工放样或测绘周围的地物和地貌。

4）导线边长应符合相应等级导线的规定，导线各边的长度应尽量相等。

5）导线点应有足够的密度且应均匀分布在测区内，以便于控制整个测区。

导线点位置选定后，在土质地面上打一木桩并在桩顶钉一小钉，作为临时性标志，如图7-14a所示。在水泥或沥青路面上，可打入测钉或水泥钉作为导线点标志，如图7-14b所示。在混凝土场地或路面上，可以用钢凿凿一个十字纹，再涂上红油漆作为导线点标志。对于一、二级导线点，需要长期保存时，就要埋设混凝土导线点标石，如图7-14c所示。

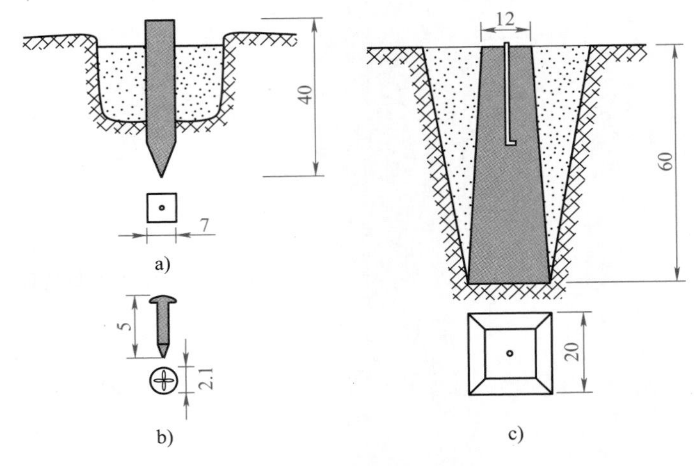


图7-14　导线点的埋设

a）三级、四根导线点（木桩）　b）测钉　c）一、二级导线点（标石）

导线点应统一编号。导线点埋设后，为便于观测时寻找，可在点位附近房角或电线杆等明显地物上用红油漆写上点号、方向及桩距，以指示导线点的位置。此外还应为每一个导线点绘制“点之记”，在“点之记”上注记地名、路名、导线点编号及导线点与邻近明显地物点的距离，如图7-15所示。

2. 水平角测量

导线转折角是指在导线点上由相邻导线边构成的水平角，导线转折角可用全站仪或经纬仪测量。导线转折角分为左角和右角，在导线计算前进方向左侧的水平角称为左角，右侧的水平角称为右角。在同一个导线点测得的左角与右角之和理论上应等于360°。导线转折角测量的要求应符合表7-1或表7-2的规定。

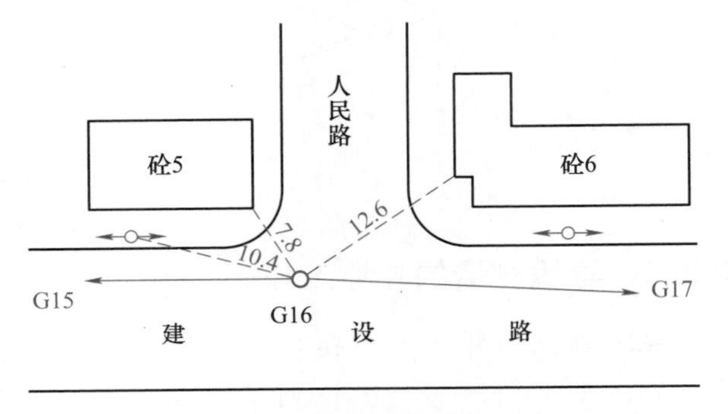


图7-15　导线点的“点之记”

当观测短边的转折角时，应特别仔细地进行仪器和照准目标的对中，或用三联脚架法。水平角观测之前，应对所用的仪器、标牌和光学对中器等进行检验校正；在观测过程中也要随时检查。

3. 边长测量

导线边长现在大多都是使用全站仪测量，测量时要对所测边长施加气象改正。图根导线边长也可用钢尺直接丈量。

4. 导线定向

如图 7-16 所示，导线与测区内或测区附近的高级控制点 $A$、$B$ 连接，必须测量连接角和连接边，作为传递坐标方位角和传递坐标之用。

### 7.3.3 导线测量的内业工作

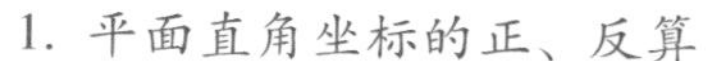

1. 平面直角坐标的正、反算

导线测量内业计算

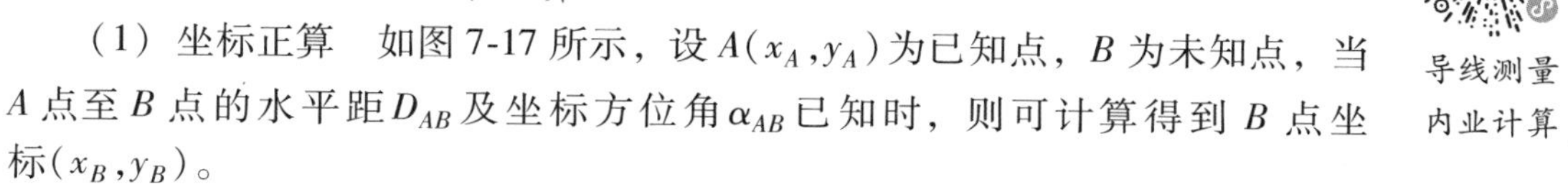

（1）坐标正算　如图 7-17 所示，设 $A(x_A, y_A)$ 为已知点，$B$ 为未知点，当 $A$ 点至 $B$ 点的水平距 $D_{AB}$ 及坐标方位角 $\alpha_{AB}$ 已知时，则可计算得到 $B$ 点坐标 $(x_B, y_B)$。

由图 7-17 可知：

$$\begin{cases} x_B = x_A + \Delta x_{AB} \\ y_B = y_A + \Delta y_{AB} \end{cases} \tag{7-15}$$

式中，$\Delta x_{AB}$ 为纵坐标增量；$\Delta y_{AB}$ 为横坐标增量。

$$\begin{cases} \Delta x_{AB} = D_{AB}\cos\alpha_{AB} \\ \Delta y_{AB} = D_{AB}\sin\alpha_{AB} \end{cases} \tag{7-16}$$

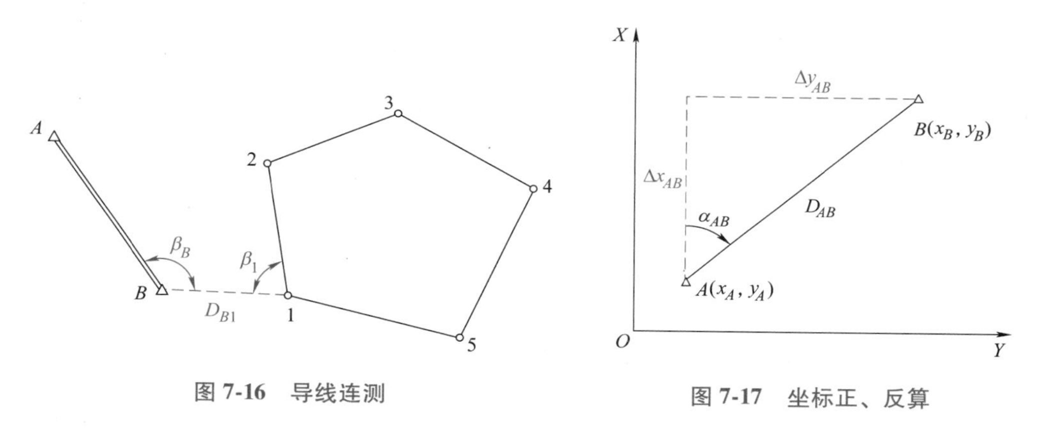


图 7-16　导线连测

图 7-17　坐标正、反算

（2）坐标反算　如图 7-17 所示，设 $A$、$B$ 两点的坐标分别为 $(x_A, y_A)$ 和 $(x_B, y_B)$，则 $A$、$B$ 两点的坐标增量为

$$\begin{cases} \Delta x_{AB} = x_B - x_A \\ \Delta y_{AB} = y_B - y_A \end{cases} \tag{7-17}$$

使用勾股定理计算 $AB$ 的水平距离 $D_{AB}$，即

$$D_{AB} = \sqrt{\Delta x_{AB}^2 + \Delta y_{AB}^2} \tag{7-18}$$

图 7-18 所示为坐标方位角与象限角关系图。由图可知，可先根据坐标增量按反正切函数计算象限角，再根据坐标增量的符号判断该直线方向所在象限，最后按表 7-7 将象限角转换为坐标方位角。由直线 $OA$ 的坐标增量 $\Delta x_{OA}$、$\Delta y_{OA}$ 计算该直线象限角 $R_{OA}$ 的公式为

$$R_{OA} = \arctan\frac{\Delta y_{OA}}{\Delta x_{OA}} \tag{7-19}$$

表 7-7　坐标方位角与象限角的关系

| 象限 | 坐标增量 | 坐标方位角公式 |
|---|---|---|
| Ⅰ | $\Delta x_{OA}>0$，$\Delta y_{OA}>0$ | $\alpha_{OA}=R_{OA}$ |
| Ⅱ | $\Delta x_{OB}<0$，$\Delta y_{OB}>0$ | $\alpha_{OB}=R_{OB}+180°$ |
| Ⅲ | $\Delta x_{OC}<0$，$\Delta y_{OC}<0$ | $\alpha_{OC}=R_{OC}+180°$ |
| Ⅳ | $\Delta x_{OD}>0$，$\Delta y_{OD}<0$ | $\alpha_{OD}=R_{OD}+360°$ |

2. 单一闭合导线近似平差

导线测量内业计算的目的是计算各待定导线点的平面坐标。在计算之前，应首先检查导线测量的外业记录是否正确，外业观测成果是否符合规范要求等。在检查合格后，即可绘制导线计算略图，并将已知数据和观测数据标入图中，图 7-19 所示为某二级闭合导线的计算略图。

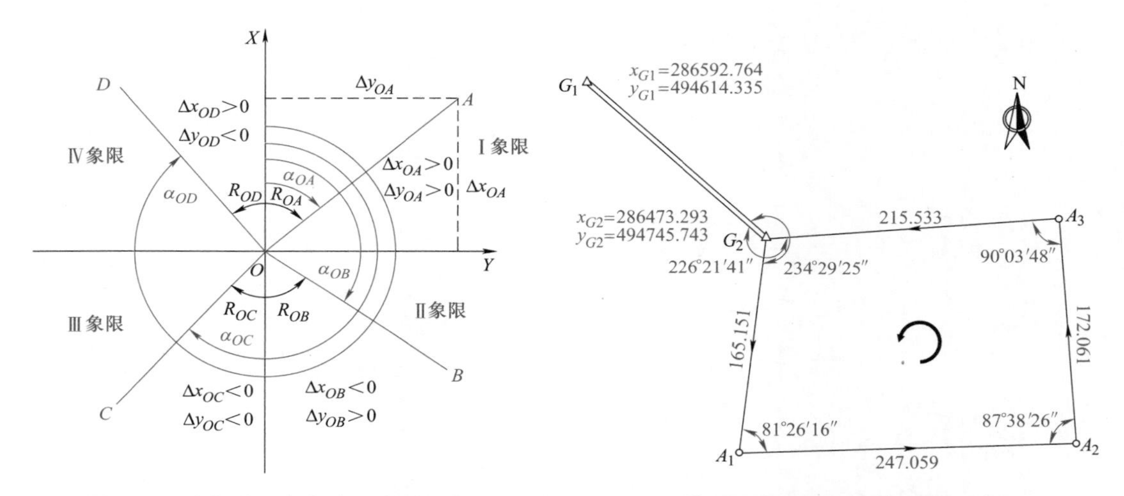


图 7-18　坐标方位角与象限角关系图　　图 7-19　某二级闭合导线计算略图（单位：m）

在图 7-19 中，已知两个高级控制点 $G_1$、$G_2$ 的坐标，可以按坐标反算公式计算出 $G_1G_2$ 边的坐标方位角 $\alpha_{G1G2}$，如选方位角推算方向为 $G_1 \to G_2 \to A_1 \to A_2 \to A_3 \to G_2 \to G_1$，则图中观测的 5 个水平角均为左角。导线计算的目的是求出 $A_1$、$A_2$、$A_3$ 点的平面坐标，全部计算在表 7-8 中进行，具体计算步骤如下：

（1）角度闭合差的计算与调整

1）角度闭合差的计算。设 $n$ 边形闭合导线的各内角分别为 $\beta_1$、$\beta_2$、…、$\beta_n$，则闭合导线内角和的理论值应为

$$\sum\beta_{理} = (n-2) \times 180° \qquad (7\text{-}20)$$

按图 7-19 所示路线推算方位角时，$G_1G_2$ 边使用了两次，加上 $G_2A_1$、$A_1A_2$、$A_2A_3$、$A_3G_2$ 四条边应构成一个六边形，角度和的理论值应为

$$\sum\beta_{理} = (6-2) \times 180° = 720°$$

表 7-8 闭合导线坐标计算表

| 点号 | 改正数<br>角度观测值<br>/(° ′ ″) | 改正后角值<br>/(° ′ ″) | 坐标方位角<br>/(° ′ ″) | 水平距离<br>/m | 改正数<br>纵坐标增量<br>/m | 纵坐标 $x$<br>/m | 改正数<br>横坐标增量<br>/m | 横坐标 $y$<br>/m |
|---|---|---|---|---|---|---|---|---|
| $G_1$ | | | | | | 286592.764 | | 494614.335 |
| | | | 132 16 33 | | | | | |
| $G_2$ | +4<br>234 29 25 | 234 29 29 | | | | 286473.293 | | 494745.743 |
| | | | 186 46 02 | 165.151 | +0.004<br>−164.000 | | −0.007<br>−19.461 | |
| $A_1$ | +5<br>81 26 16 | 81 26 21 | | | | 286309.297 | | 494726.275 |
| | | | 88 12 23 | 247.059 | +0.006<br>7.733 | | −0.011<br>246.938 | |
| $A_2$ | +5<br>87 38 26 | 87 38 31 | | | | 286347.036 | | 494973.202 |
| | | | 355 50 54 | 172.061 | +0.004<br>171.609 | | −0.008<br>−12.457 | |
| $A_3$ | +5<br>90 03 48 | 90 03 53 | | | | 286488.649 | | 494960.737 |
| | | | 265 54 47 | 215.533 | +0.005<br>−15.361 | | −0.009<br>−214.985 | |
| $G_2$ | +5<br>226 21 41 | 226 21 46 | | | | 286473.293 | | 494745.743 |
| | | | 312 16 33 | | | | | |
| $G_1$ | | | | | | | | |
| Σ | 719 59 36 | 720 00 00 | | 799.799 | −0.019 | | 0.035 | |
| 辅助计算 | $\sum\beta_{测}=719°59'36''$　$\sum\beta_{理}=720°$<br>$f_\beta=719°59'36''-720°=-24''$<br>$f_{\beta容}=16''\sqrt{n}=35''$（二级导线限差） | | | | $f_x=\sum\Delta x=-0.019\text{m}$，$f_y=\sum\Delta y=0.035\text{m}$<br>$f=\sqrt{f_x^2+f_y^2}=\sqrt{0.019^2+0.035^2}\text{m}=0.040\text{m}$<br>$K=\dfrac{f}{\sum D}\approx\dfrac{1}{19990}<\dfrac{1}{10000}$（二级导线限差） | | | |

因为水平角观测值有误差，致使内角和的观测值之和不等于内角和的理论值，其角度闭合差$f_\beta$定义为

$$f_\beta=\sum\beta_{测}-\sum\beta_{理}=\sum\beta_{测}-(n-2)\times180° \tag{7-21}$$

2）角度闭合差的调整。不同等级导线的角度闭合差容许值见表 7-1 及表 7-2。二级导线角度闭合差的容许值$f_{\beta容}=16''\sqrt{n}$，式中 $n$ 为导线中转折角的个数。若$f_\beta\leqslant f_{\beta容}$，说明水平角测量精度合格，可将角度闭合差反号平均分配到各观测角中。即有

$$\nu_\beta=-\frac{f_\beta}{n} \tag{7-22}$$

改正后的角值：

$$\beta_{改}=\beta_i+\nu_\beta \tag{7-23}$$

计算检核：

$$\sum\beta_{改}=(n-2)\times180° \tag{7-24}$$

若$f_\beta>f_{\beta容}$，则应查找原因，重测有问题的转折角。

（2）推算各边的坐标方位角　根据起始边的坐标方位角及改正后的导线折角即可推算

导线各边的坐标方位角。坐标方位角的推算公式为

$$\alpha_{前} = \alpha_{后} \pm \beta_{右}^{左} \pm 180° \tag{7-25}$$

式中第三项的处理：若前两项的计算结果小于 180°，则加 180°，否则减 180°。

若最终计算结果大于 360°，则减 360°；若最终计算结果小于 0，则加 360°。

（3）坐标增量及其闭合差的计算和调整

1）坐标增量的计算。如图 7-20 所示，根据边长和坐标方位角计算该边坐标增量。

$$\begin{cases}\Delta x_{12} = D_{12}\cos\alpha_{12} \\ \Delta y_{12} = D_{12}\sin\alpha_{12}\end{cases} \tag{7-26}$$

2）坐标增量闭合差的计算。如图 7-21 所示，闭合导线纵、横坐标增量代数和的理论值应为零，即

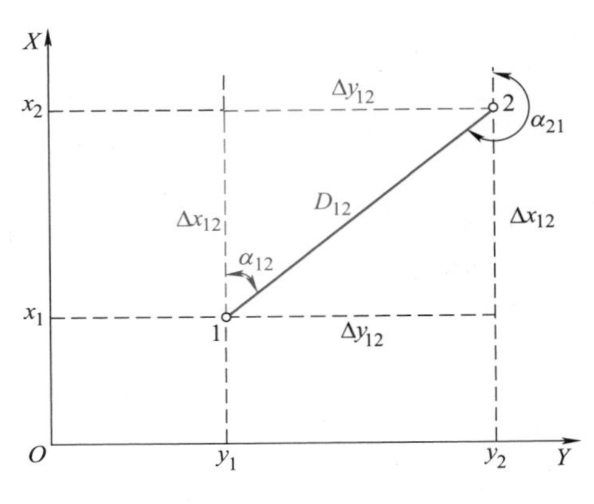


图 7-20　坐标增量计算

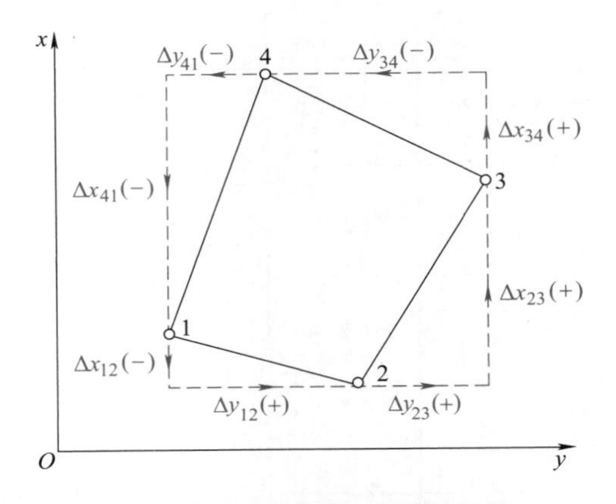


图 7-21　坐标增量闭合差的计算

$$\begin{cases}\sum \Delta X_{理} = 0 \\ \sum \Delta Y_{理} = 0\end{cases} \tag{7-27}$$

因边长观测值和调整后的角度值存在误差，故坐标增量也有误差。设坐标增量闭合差分别为$f_x$、$f_y$，则闭合导线纵、横坐标增量闭合差的计算公式为

$$\begin{cases}f_x = \sum \Delta x_{测} - \sum \Delta x_{理} = \sum \Delta x_{测} \\ f_y = \sum \Delta y_{测} - \sum \Delta y_{理} = \sum \Delta y_{测}\end{cases} \tag{7-28}$$

如图 7-22 所示，由于坐标增量闭合差$f_x$、$f_y$的存在，使导线在平面图形上不能闭合，即由已知点 1 出发，沿方位角推算方向 1→2→3→4→1′计算出的 1′点的坐标不等于 1 点的已知坐标，1-1′的长度 $f$ 称为导线全长闭合差，其计算式为

$$f = \sqrt{f_x^2 + f_y^2} \tag{7-29}$$

仅根据导线全长闭合差的大小还不能客观评定导线测量的精度是否满足要求，故应当将导线全长闭合差除以导线全长 $\sum D$，并以分子为 1 的分数表示，称为导线全长相对闭合差，其表达式为

$$K = \frac{f}{\sum D} = \frac{1}{\frac{\sum D}{f}} \tag{7-30}$$

不同等级导线的全长相对闭合差容许值见表7-1和表7-2。

3）坐标增量闭合差的调整。由表7-1可知，二级导线的全长相对闭合差容许值 $K_{限}=1/10000$。当 $K \leqslant K_{限}$ 时，可将坐标增量闭合差反其符号按边长成正比分配到各边的纵、横坐标增量中去。纵、横坐标增量改正数计算公式为

$$\begin{cases} v_{\Delta x_i} = -\dfrac{f_x}{\sum D} D_i \\ v_{\Delta y_i} = -\dfrac{f_y}{\sum D} D_i \end{cases} \tag{7-31}$$

改正后的纵、横坐标增量的总和应等于零。

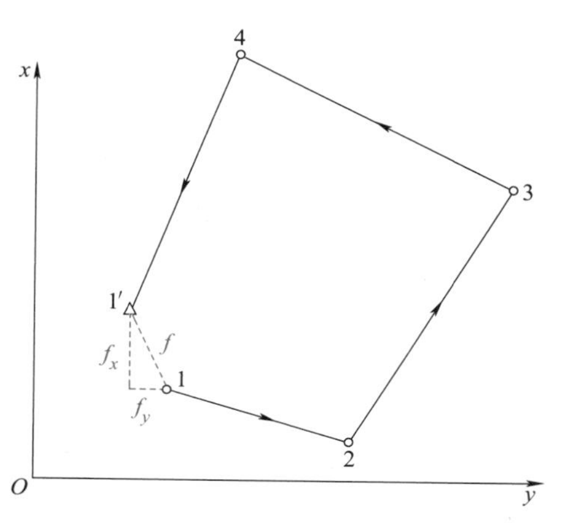

图 7-22　导线全长闭合差

（4）导线点的坐标推算　根据起始点坐标和改正后的坐标增量依次推算各导线点的坐标，计算公式为

$$\begin{cases} x_{前} = x_{后} + \Delta x_{改} \\ y_{前} = y_{后} + \Delta y_{改} \end{cases} \tag{7-32}$$

图7-19所示闭合导线从已知点 $G_2$ 开始，依次推算 $A_1$、$A_2$、$A_3$ 点的坐标，最后返回到起始点 $G_2$，计算结果应与 $G_2$ 点的已知坐标相同，以此作为坐标推算正确性的检核。

3. 单一附合导线近似平差

附合导线的计算步骤与闭合导线完全相同，仅角度闭合差和坐标增量闭合差的计算公式有所不同，以下主要介绍其不同点。

（1）附合导线角度闭合差的计算　首先根据起始边坐标方位角及导线右角或左角，计算终边坐标方位角 $\alpha'_{终}$，其计算公式为

$$\begin{cases} \alpha'_{终} = \alpha_{始} - \sum \beta_{右} + m \cdot 180° \\ \alpha'_{终} = \alpha_{始} + \sum \beta_{左} - m \cdot 180° \end{cases} \tag{7-33}$$

则附合导线的角度闭合差的计算公式为

$$f_\beta = \alpha'_{终} - \alpha_{终} \tag{7-34}$$

式中，$\alpha_{终}$ 为终边坐标方位角已知值。

（2）附合导线坐标增量闭合差的计算　附合导线坐标增量闭合差的计算公式为

$$\begin{cases} f_x = \sum \Delta x_{测} - \sum \Delta x_{理} = \sum \Delta x_{测} - (x_{终} - x_{始}) \\ f_y = \sum \Delta y_{测} - \sum \Delta y_{理} = \sum \Delta y_{测} - (y_{终} - y_{始}) \end{cases} \tag{7-35}$$

如图7-23所示为某附合导线计算略图，其全部内业计算见表7-9。

4. 无定向导线近似平差

附合导线两端各需要有两个高级控制点，但由于以下原因无法布设附合导线：高级控制点受到破坏；地下工程联系测量采用两井定向时，导线两端无法提供两个高级控制点。这种导线因无法获得起始方位角，故称为无定向导线。

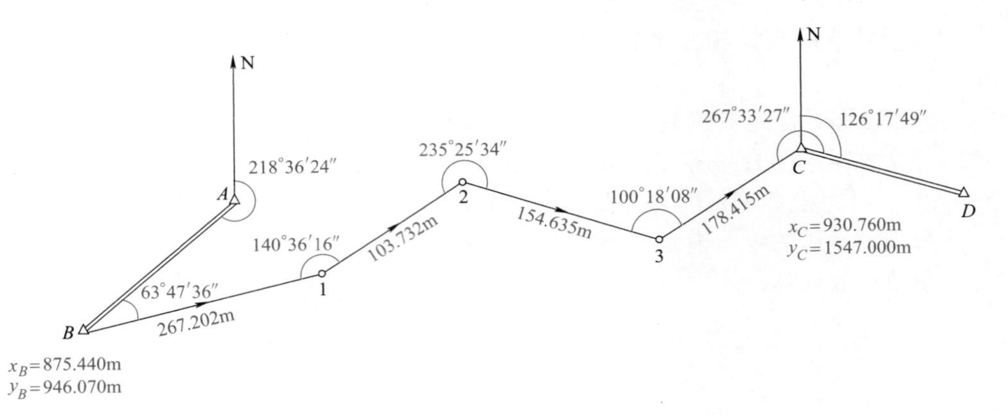


图 7-23 附合导线计算略图

表 7-9 附合导线坐标计算表

| 点号 | 改正数<br>角度观测值<br>/(° ′ ″) | 改正后角值<br>/(° ′ ″) | 坐标方位角<br>/(° ′ ″) | 水平距离<br>/m | 改正数<br>纵坐标增量<br>/m | 纵坐标 $x$<br>/m | 改正数<br>横坐标增量<br>/m | 横坐标 $y$<br>/m |
|---|---|---|---|---|---|---|---|---|
| $A$ | | | | | | | | |
| | | | 218 36 24 | | | | | |
| $B$ | +5<br>63 47 36 | 63 47 41 | | | | 875.440 | | 946.070 |
| | | | 102 24 05 | 267.202 | +0.033<br>−57.384 | | −0.036<br>260.967 | |
| 1 | +5<br>140 36 16 | 140 36 21 | | | | 818.089 | | 1207.001 |
| | | | 63 00 26 | 103.732 | +0.013<br>47.082 | | −0.014<br>92.432 | |
| 2 | +5<br>235 25 34 | 235 25 39 | | | | 865.184 | | 1299.419 |
| | | | 118 26 05 | 154.635 | +0.019<br>−73.631 | | −0.021<br>135.980 | |
| 3 | +5<br>100 18 08 | 100 18 13 | | | | 791.572 | | 1435.378 |
| | | | 38 44 18 | 178.415 | +0.022<br>139.166 | | −0.024<br>111.646 | |
| $C$ | +4<br>267 33 27 | 267 33 31 | | | | 930.760 | | 1547.000 |
| | | | 126 17 49 | | | | | |
| $D$ | | | | | | | | |
| | | | | | | | | |
| Σ | 807 41 01 | 807 41 25 | | 703.984 | 55.233 | 55.320 | 601.025 | 600.93 |

辅助计算：

$\alpha'_{CD}=126°17'25''$

$f_\beta=\alpha'_{CD}-\alpha_{CD}=-24''$

$f_{\beta容}=40''\sqrt{5}=89''$（图根导线限差）

$f_x=\sum\Delta x-(x_C-x_B)=[55.233-(930.760-875.440)]\text{m}=-0.087\text{m}$

$f_y=\sum\Delta y-(y_C-y_B)=[601.025-(1547.000-946.070)]\text{m}=0.095\text{m}$

$f=\sqrt{f_x^2+f_y^2}=0.129\text{m}$

$K=\dfrac{f}{\sum D}=\dfrac{1}{5456}<\dfrac{1}{4000}$（图根导线限差）

由于无定向导线两端没有已知坐标方位角，无法推算出各导线边在测量坐标系或施工坐标系中的坐标方位角。解决这一问题的方法是：首先假定导线第一条边的坐标方位角为起始方向，依次推算出各导线边的假定坐标方位角；然后按支导线的计算方法推求各导线点的假定坐标。由于起始边的定向不正确以及转折角和导线边观测误差的影响，导致终点的假定坐标与已知坐标不相等。为消除这一矛盾，可用导线起终点的已知长度和已知坐标方位角分别作为尺度标准和定向标准对导线进行缩放和旋转，使终点的假定坐标与已知坐标相等，进而计算出各导线点的坐标平差值。

如图 7-24 所示为一无定向导线，$A(x_A, y_A)$、$B(x_B, y_B)$ 为已知点，$D_{AB}$、$\alpha_{AB}$ 分别为导线两端已知点之间的水平距离和坐标方位角；$\beta_i$、$D_i$ 分别为导线转折角和导线边的观测值；$(x_i', y_i')$、$(x_i, y_i)$ 分别为导线点坐标计算的假定值和平差值。

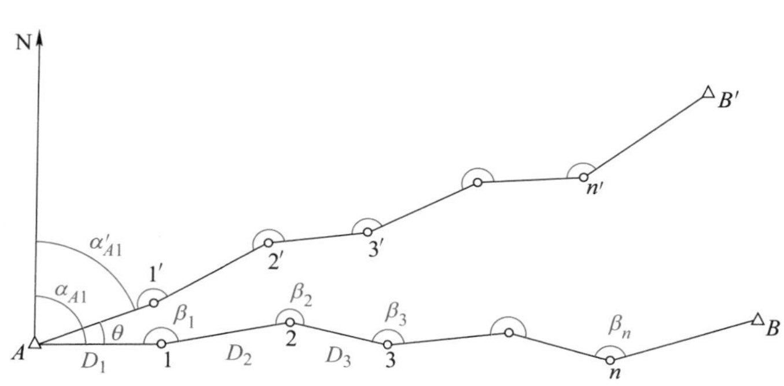


图 7-24　无定向导线示意图

设起始边 A—1 的假定坐标方位角为 $\alpha_{A1}'$，根据导线转折角的观测值可推算各导线边的假定坐标方位角，再根据导线边长观测值进而计算各导线边假定坐标增量，最终算得导线两端已知点之间的假定坐标增量 $\Delta x_{AB}'$、$\Delta y_{AB}'$。由此可按坐标反算公式计算出已知点之间的水平距离计算值 $D_{AB}'$ 和坐标方位角计算值 $\alpha_{AB}'$。

若令导线的缩放比为 $k$，旋转角为 $\theta$，则有

$$\frac{D_{A1}}{D_{A1}'} = \frac{D_{A2}}{D_{A2}'} = \cdots = \frac{D_{Ai}}{D_{Ai}'} = \cdots = \frac{D_{AB}}{D_{AB}'} = k \tag{7-36}$$

$$\alpha_{A1} - \alpha_{A1}' = \alpha_{A2} - \alpha_{A2}' = \cdots = \alpha_{Ai} - \alpha_{Ai}' = \cdots = \alpha_{AB} - \alpha_{AB}' = \theta \tag{7-37}$$

由于 $\Delta x_{Ai} = x_i - x_A = D_{Ai}\cos\alpha_{Ai}$；$\Delta y_{Ai} = y_i - y_A = D_{Ai}\sin\alpha_{Ai}$，顾及式（7-36）和式（7-37），得

$$\begin{aligned}\Delta x_{Ai} &= kD_{Ai}'\cos(\alpha_{Ai}' + \theta)\\ &= kD_{Ai}'(\cos\alpha_{Ai}'\cos\theta - \sin\alpha_{Ai}'\sin\theta)\\ \Delta y_{Ai} &= kD_{Ai}'\sin(\alpha_{Ai}' + \theta)\\ &= kD_{Ai}'(\sin\alpha_{Ai}'\cos\theta + \cos\alpha_{Ai}'\sin\theta)\end{aligned}$$

令 $k_1 = k\cos\theta$；$k_2 = k\sin\theta$，则有

$$\begin{cases}\Delta x_{Ai} = k_1\Delta x_{Ai}' - k_2\Delta y_{Ai}'\\ \Delta y_{Ai} = k_1\Delta y_{Ai}' + k_2\Delta x_{Ai}'\end{cases} \tag{7-38}$$

当导线点 $i$ 为终点 $B$ 时，式（7-38）可变为

$$\begin{cases}\Delta x_{AB} = k_1 \cdot \Delta x_{AB}' - k_2 \cdot \Delta y_{AB}'\\ \Delta y_{AB} = k_1 \cdot \Delta y_{AB}' + k_2 \cdot \Delta x_{AB}'\end{cases} \tag{7-39}$$

式（7-39）中，$\Delta x_{AB}$、$\Delta y_{AB}$ 为已知值，$\Delta x_{AB}'$、$\Delta y_{AB}'$ 为假定坐标增量计算值，由式（7-39）可解算出 $k_1$ 和 $k_2$，即

$$\begin{cases} k_1 = \dfrac{\Delta x'_{AB}\Delta x_{AB} + \Delta y'_{AB}\Delta y_{AB}}{(\Delta x'_{AB})^2 + (\Delta y'_{AB})^2} \\ k_2 = \dfrac{\Delta x'_{AB}\Delta y_{AB} - \Delta y'_{AB}\Delta x_{AB}}{(\Delta x'_{AB})^2 + (\Delta y'_{AB})^2} \end{cases}$$

将$k_1$、$k_2$带入式（7-38），可得计算各导线点坐标的公式

$$\begin{cases} x_i = x_A + k_1(x'_i - x_A) - k_2(y'_i - y_A) \\ y_i = y_A + k_1(y'_i - y_A) + k_2(x'_i - x_A) \end{cases} \tag{7-40}$$

无定向导线的精度可采用固定边长相对闭合差 $K$ 来评定，即

$$K = \frac{1}{\dfrac{D_{AB}}{|f_D|}}$$

式中，$f_D = D'_{AB} - D_{AB}$，$D'_{AB}$、$D_{AB}$可按式（7-18）计算。

无定向导线算例见表 7-10。

**表 7-10　无定向导线计算表**

| 点名 | 观测角值 /(° ′ ″) | 观测边长 /m | 假定坐标方位角 /(° ′ ″) | 假定坐标增量 | | 假定坐标 | | 坐标平差值 | |
|---|---|---|---|---|---|---|---|---|---|
| | | | | $\Delta x'$/m | $\Delta y'$/m | $x'$/m | $y'$/m | $x$/m | $y$/m |
| A | | | | | | | | 1897. 489 | 2927. 090 |
| | | 125. 605 | 45 00 00 | 88. 816 | 88. 816 | | | | |
| 1 | 171 07 22 | | | | | 1986. 305 | 3015. 906 | 1900. 500 | 3052. 666 |
| | | 129. 105 | 36 07 22 | 104. 285 | 76. 110 | | | | |
| 2 | 202 19 56 | | | | | 2090. 590 | 3092. 016 | 1924. 923 | 3179. 717 |
| | | 99. 171 | 58 27 18 | 51. 883 | 84. 516 | | | | |
| 3 | 160 43 41 | | | | | 2142. 473 | 3176. 532 | 1902. 717 | 3276. 697 |
| | | 121. 205 | 39 10 59 | 93. 950 | 76. 577 | | | | |
| 4 | 202 27 18 | | | | | 2236. 423 | 3253. 109 | 1917. 889 | 3396. 955 |
| | | 104. 635 | 61 38 17 | 49. 706 | 92. 075 | | | | |
| 5 | 147 47 21 | | | | | 2286. 129 | 3345. 184 | 1890. 340 | 3497. 904 |
| | | 152. 198 | 29 25 38 | 132. 561 | 74. 778 | | | | |
| B | | | | | | 2418. 690 | 3419. 962 | 1934. 703 | 3643. 502 |
| | | | Σ | 521. 201 | 492. 872 | | | | |
| $\Delta x'_{AB}=521.201$　$\Delta y'_{AB}=492.872$ | | | | | | $\Delta x_{AB}=37.214$　$\Delta y_{AB}=716.412$ | | | |
| $D_{AB}=717.378\text{m}$　$D'_{AB}=717.338\text{m}$　$k=1.00005576$ | | | | | | $k_1=0.72389181$　$k_2=0.68999483$ | | | |
| $\alpha_{AB}=87°01'35''$　$\alpha'_{AB}=43°23'59''$　$\theta=43°37'36''$ | | | | | | | | | |
| $f_D=D'_{AB}-D_{AB}=0.04\text{m}$　$K=\dfrac{\lvert f_D\rvert}{D_{AB}}=\dfrac{1}{17900}$ | | | | | | | | | |

## 7.4　三角形网测量

### 7.4.1　三角形网测量的技术要求

三角形网测量是平面控制测量的一种经典方法，由于全站仪测量和 GNSS 定位方法的普遍

采用，平面控制测量采用三角形网测量方法的情况相对较少，但在工程测量施工控制网的建立中会有采用。图7-25所示是某大型水利枢纽工程采用三角形网测量方法布设的施工控制网。

三角形网是由一系列相连的三角形构成的测量控制网，是对已往三角网、三边网和边角网的统称。通过测定三角形网中各三角形的顶点水平角、边的长度，确定控制点位置的方法，称为三角形网测量。其是对已往三角测量、三边测量和边角网测量的统称。

按观测值的不同，三角形网测量可分为三角测量、三边测量和边角测量。三角测量观测各三角形内角和少数边长（称为基线），三边测量观测所有的三角形边长和少量用于确定方位角的角度，而边角测量是在三角测量中多测一些边或在三边测量中多测一些角度或观测三角网中的所有角度和边长。由于全站仪具有边、角同测的功能，实际工作中常采用边角测量的三角形网。

《工程测量标准》（GB 50026—2020）规定，三角形网测量的等级分为二、三、四等和一、二级。各等级三角形网测量的主要技术要求，应符合表7-11的规定。

表7-11 三角形网测量的主要技术要求

| 等级 | 平均边长/km | 测角中误差/（″） | 测边相对中误差 | 最弱边边长相对中误差 | 测回数 | | | | 三角形最大闭合差/（″） |
|---|---|---|---|---|---|---|---|---|---|
| | | | | | 0.5″级仪器 | 1″级仪器 | 2″级仪器 | 6″级仪器 | |
| 二等 | 9 | 1 | ≤1/25万 | ≤1/12万 | 9 | 12 | — | — | 3.5 |
| 三等 | 4.5 | 1.8 | ≤1/15万 | ≤1/7万 | 4 | 6 | 9 | — | 7 |
| 四等 | 2 | 2.5 | ≤1/10万 | ≤1/4万 | 2 | 4 | 6 | — | 9 |
| 一级 | 1 | 5 | ≤1/4万 | ≤1/2万 | — | — | 2 | 4 | 15 |
| 二级 | 0.5 | 10 | ≤1/2万 | ≤1/1万 | — | — | 1 | 2 | 30 |

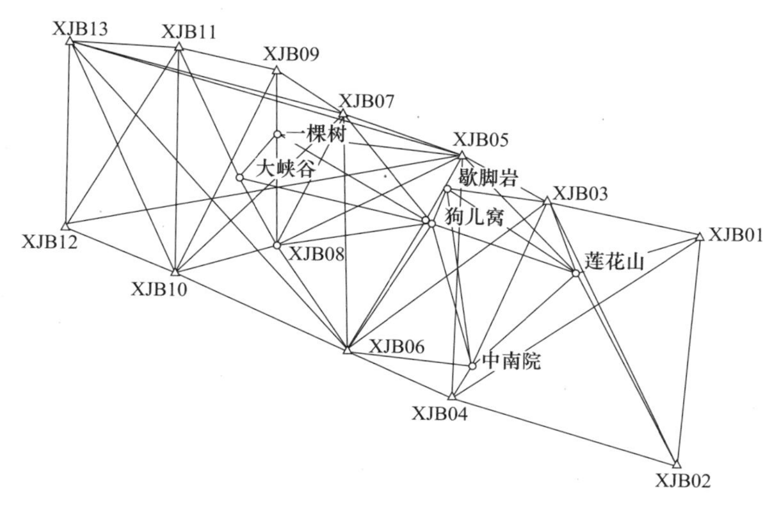


图7-25 某大型水利枢纽工程的施工控制网

## 7.4.2 三角形网的设计、选点与埋石

工程进场前，应进行资料收集和现场踏勘，对收集到的相关控制资料和地形图应进行综

合分析并在图上进行网形设计和精度估算，在满足精度要求的前提下，合理确定网的精度等级和观测方案。

三角形网由一系列连续的三角形构成，单个图形可以是单三角形、双对角线四边形（又称大地四边形）和中心多边形，如图 7-26 所示。

三角形网的布设，应符合下列要求：

1）首级控制网中的三角形，宜布设为近似等边三角形。三角形的内角不应小于 30°，受地形条件限制时，个别角可放宽，但不应小于 25°。为增强图形结构，宜适当加测对角线。

2）加密的控制网，可采用插网、线形网或插点等形式。

3）三角形网点位的选定，应符合下列规定：

① 点位应选在土质坚实、稳固可靠、便于保存的地方，视野应相对开阔，便于加密、扩展和寻找。

② 相邻点之间应通视良好，其视线距障碍物的距离，二等不宜小于 2m，三、四等不宜小于 1.5m；四等以下宜保证便于观测，以不受旁折光的影响为原则。

③ 当采用电磁波测距时，相邻点之间视线应避开烟囱、散热塔、散热池等发热体及强电磁场。

④ 相邻两点之间的视线倾角不宜过大。

⑤ 充分利用既有控制点。

三角形网点位的埋石应符合《工程测量标准》（GB 50026—2020）的规定，二、三、四等点应绘制点之记，其他控制点可视需要而定。

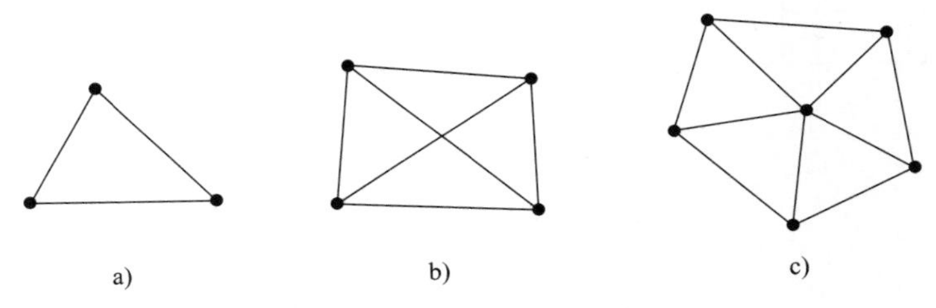


图 7-26 三角形网的单个图形

a）单三角形 b）大地四边形 c）中心多边形

### 7.4.3 三角形网的观测

三角形网的水平角观测，宜采用方向法观测。二等三角形网亦可采用全组合观测法。

三角形网的水平角观测，除满足表 7-1 的规定外，还应满足表 7-12 的规定。

表 7-12 水平角方向观测法的技术要求

| 等级 | 仪器精度等级 | 半测回归零差限差（″） | 一测回内 2c 互差限差（″） | 同一方向值各测回较差限差（″） |
|---|---|---|---|---|
| 三、四等 | 1″级仪器 | 6 | 9 | 6 |
| | 2″级仪器 | 8 | 13 | 9 |
| 一级及以下 | 2″级仪器 | 12 | 18 | 12 |

二等三角形网测距边的边长测量应满足表 7-13 的规定。

表 7-13 二等三角形网边长测量主要技术要求

| 平面控制网等级 | 仪器精度等级 | 每边测回数 | | 一测回读数较差/mm | 单程各测回较差/mm | 往返较差/mm |
|---|---|---|---|---|---|---|
| | | 往 | 返 | | | |
| 二等 | 5mm 级仪器 | 3 | 3 | ≤5 | ≤7 | $\leq 2(a+bD)$ |

注：1. 测回是指照准目标一次，读数 2~4 次的过程。

2. 根据具体情况，测边可采取不同时间段测量代替往返观测。

## 7.4.4 边角三角形网的数据处理

1. 三角形网的条件闭合差的计算

三角形网外业观测结束后，应计算网的各项条件闭合差。各项条件闭合差不应大于规范规定的相应限值。

三角形网的各项条件闭合差，包括三角形闭合差、大地四边形及中心多边形极条件闭合差、三角形中观测值与计算值之间的较差等，当三角形网为附合网时，还有方位角闭合差和坐标闭合差。

（1）计算三角形角度闭合差与测角中误差

1）三角形角度闭合差为

$$W_i = a_i + b_i + c_i - 180° \tag{7-41}$$

式中，$a_i$、$b_i$、$c_i$为第 $i$ 个三角形的三个内角。

2）测角中误差计算。由三角形角度闭合差计算测角中误差的公式为

$$m_\beta = \sqrt{\frac{[WW]}{3n}} \tag{7-42}$$

式中，$n$ 为三角形个数。

（2）计算大地四边形、中心多边形极条件闭合差

在中心多边形和大地四边形中，任一边的边长都能通过两条路线求得。因角度观测值含有误差，故由基线和角度观测值推算出来的边长会不相等。极条件就是在这些图形中当由两条不同路线推求同一条边长时，保证其所得结果完全相同的条件。一个中心多边形和一个大地四边形都只有一个独立的极条件。以图 7-27 所示的中心多边形为例，选取中心点 $O$ 为极点则可得到

$$\frac{OA}{OB}\cdot\frac{OB}{OC}\cdot\frac{OC}{OD}\cdot\frac{OD}{OE}\cdot\frac{OE}{OA}=1$$

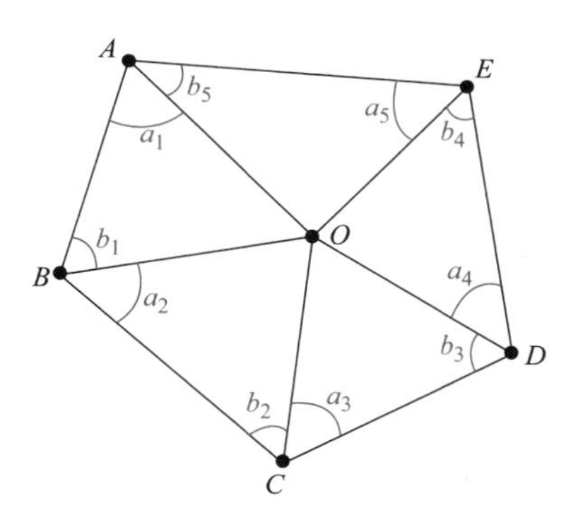


图 7-27 中心多边形

根据正弦定理可得到

$$\frac{\sin b_1\cdot\sin b_2\cdot\sin b_3\cdot\sin b_4\cdot\sin b_5}{\sin a_1\cdot\sin a_2\cdot\sin a_3\cdot\sin a_4\cdot\sin a_5}=1 \tag{7-43}$$

中心多边形极条件闭合差为

$$\omega = \left(1-\frac{\sin b_1\cdot\sin b_2\cdot\sin b_3\cdot\sin b_4\cdot\sin b_5}{\sin a_1\cdot\sin a_2\cdot\sin a_3\cdot\sin a_4\cdot\sin a_5}\right)\cdot\rho \tag{7-44}$$

式中，$\rho=206265''$。

（3）计算三角形中观测值与计算值之间的较差　如图 7-28 所示，在三角形中观测了全部内角和边长，$a$、$b$、$c$ 为观测角，$S_a$、$S_b$、$S_c$ 为观测边长。根据余弦定理，由三条观测边长可计算出三角形的三个角度，因边长观测值含有误差，按余弦定理计算所得的三个内角与其角度观测值之间会出现较差。其中计算值 $a'$ 与观测角 $a$ 的较差为

$$d_a = \arccos\left(\frac{S_b^2 + S_c^2 - S_a^2}{2S_bS_c}\right) - a \qquad (7\text{-}45)$$

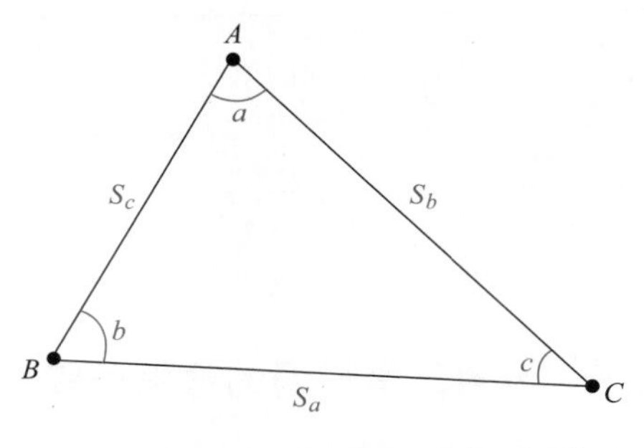

图 7-28　边、角全部观测的三角形

2. 三角形网的平差计算

三角形网平差通常采用间接平差。选择待定点的坐标为未知参数，观测角（观测方向）和观测边均应视为独立观测值参与平差，由必要的起算数据和观测值计算各待定点的近似坐标，按近似坐标计算各待定边的近似坐标方位角和近似边长。首先列出每个方向和边长观测值的误差方程式，若是附合三角形网，还应列出附合条件方程式；然后由误差方程式以及附加条件方程式组成法方程式，最后解算法方程式计算出各待定点的坐标，并评定精度。

## 7.5　交会定点

当控制点的密度尚不能满足大比例尺测图或施工放样需要，而需加密的点数不多时，可采用交会定点的方法加密图根点。

交会定点是加密控制点常用的方法，它可以采用在数个已知控制点上设站，分别向待定点观测方向或距离，也可以在待定点上设站向数个已知控制点观测方向或距离，然后根据已知点坐标和角度或距离观测值计算待定点的坐标。常用的交会定点方法有前方交会、后方交会、边长交会和自由设站法。

### 7.5.1　前方交会

如图 7-29 所示，在已知控制点 $A$、$B$ 上设站观测水平角 $\alpha$、$\beta$，根据已知点坐标和水平角观测值，计算待定点 $P$ 的坐标，这种交会定点方法称为前方交会。在前方交会图中，未知点至相邻两已知点间的夹角（$\gamma$）称为交会角。当交会角过小（或过大）时，待定点的交会精度会较低，故要求交会角应为 30°~150°。

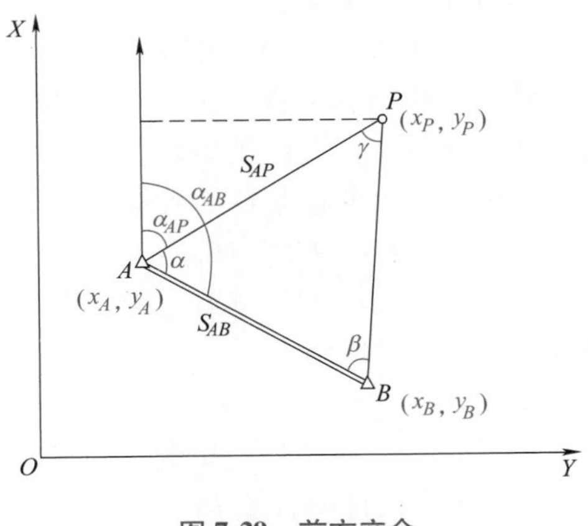

图 7-29　前方交会

如图 7-29 所示，在三角形 $ABP$ 中，根据已知控制点 $A$、$B$ 的坐标$(x_A, y_A)$、$(x_B, y_B)$，通过坐标反算可获得 $AB$ 边的坐标方位角 $\alpha_{AB}$ 和边长 $S_{AB}$，

由坐标方位角 $\alpha_{AB}$ 和观测角 $\alpha$ 可推算出 $AP$ 边的坐标方位角 $\alpha_{AP}$，由正弦定理可计算得到 $AP$ 边的边长 $S_{AP}$。由此，根据平面直角坐标正算公式，即可求得待定点 $P$ 的坐标，即

$$\begin{cases} x_P = x_A + S_{AP}\cos\alpha_{AP} \\ x_P = x_A + S_{AP}\sin\alpha_{AP} \end{cases} \tag{7-46}$$

图 7-29 中，当 $A$、$B$、$P$ 按逆时针编号时，$\alpha_{AP}=\alpha_{AB}-\alpha$，代入上式则得

$$\begin{aligned} x_P &= x_A + S_{AP}\cos(\alpha_{AB} - \alpha) \\ &= x_A + S_{AP}(\cos\alpha_{AB}\cos\alpha + \sin\alpha_{AB}\sin\alpha) \\ y_P &= y_A + S_{AP}\sin(\alpha_{AB} - \alpha) \\ &= y_A + S_{AP}(\sin\alpha_{AB}\cos\alpha - \cos\alpha_{AB}\sin\alpha) \end{aligned}$$

因为 $\cos\alpha_{AB}=\dfrac{x_B-x_A}{S_{AB}}$，$\sin\alpha_{AB}=\dfrac{y_B-y_A}{S_{AB}}$，则有

$$\begin{cases} x_P = x_A + \dfrac{S_{AP}\sin\alpha}{S_{AB}}[(x_B - x_A)\cot\alpha + (y_B - y_A)] \\ y_P = y_A + \dfrac{S_{AP}\sin\alpha}{S_{AB}}[(y_B - y_A)\cot\alpha - (x_B - x_A)] \end{cases} \tag{7-47}$$

根据正弦定理，得

$$\frac{S_{AP}}{S_{AB}} = \frac{\sin\beta}{\sin\gamma} = \frac{\sin\beta}{\sin(\alpha + \beta)}$$

则

$$\frac{S_{AP}\sin\alpha}{S_{AB}} = \frac{\sin\alpha\sin\beta}{\sin(\alpha + \beta)} = \frac{1}{\cot\alpha + \cot\beta}$$

将上式代入式（7-47），并整理得

$$\begin{cases} x_P = \dfrac{x_A\cot\beta + x_B\cot\alpha - y_A + y_B}{\cot\alpha + \cot\beta} \\ y_P = \dfrac{y_A\cot\beta + y_B\cot\alpha + x_A - x_B}{\cot\alpha + \cot\beta} \end{cases} \tag{7-48}$$

式（7-48）为前方交会计算公式，通常称为余切公式。

式（7-48）是在假定三角形 $ABP$ 的点号 $A$（已知点）、$B$（已知点）、$P$（待定点）按逆时针编号的情况下推导出的。若 $A$、$B$、$P$ 按顺时针编号，则相应的余切公式为

$$\begin{cases} x_P = \dfrac{x_A\cot\beta + x_B\cot\alpha + y_A - y_B}{\cot\alpha + \cot\beta} \\ y_P = \dfrac{y_A\cot\beta + y_B\cot\alpha - x_A + x_B}{\cot\alpha + \cot\beta} \end{cases} \tag{7-49}$$

为了对前方交会结果进行检核和提高精度，一般要求前方交会要以三个已知点向未知点进行观测，测得两组角度 $\alpha_1$、$\beta_1$ 和 $\alpha_2$、$\beta_2$（图 7-30）。设由三角形 $ABP$ 和三角形 $BCP$ 按上述余切公式计算得到的 $P$ 点坐标分别为 $(x'_P, y'_P)$、$(x''_P, y''_P)$，如两组坐标的较差 $\Delta S$ 符合下式要求，则取其平均值作为 $P$ 点的最后坐标。

$$\Delta S = \sqrt{\delta x^2 + \delta y^2} \leqslant 2 \times 0.1M \tag{7-50}$$

式中，$\delta x = x'_P - x''_P$；$\delta y = y'_P - y''_P$；$M$ 为测图比例尺分母；$\Delta S$ 单位为 mm。

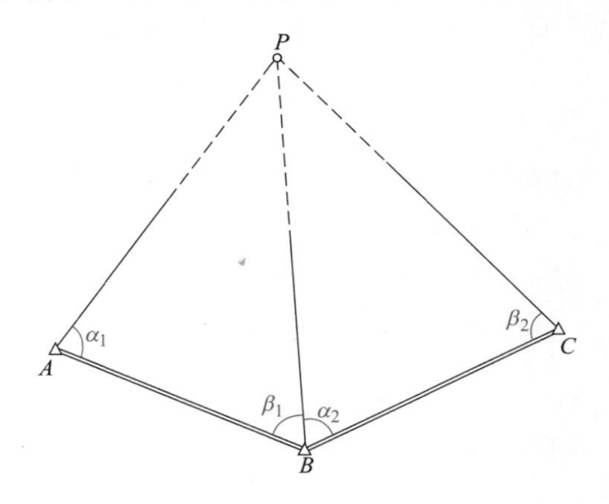


图 7-30　标准前方交会

前方交会点坐标计算的算例见表 7-14。前方交会略图、已知点坐标与角度观测值列于表中，设测图比例尺为 1∶1000，试计算未知点 $P$ 的坐标。

表 7-14　前方交会计算

| 略图 | 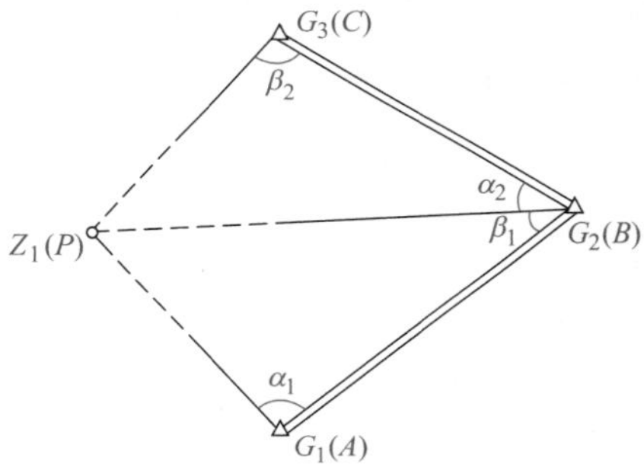 | 公式 | $x_P=\dfrac{x_A\cot\beta+x_B\cot\alpha-y_A+y_B}{\cot\alpha+\cot\beta}$<br>$y_P=\dfrac{y_A\cot\beta+y_B\cot\alpha+x_A-X_B}{\cot\alpha+\cot\beta}$ |
|---|---|---|---|

| 点名 | | 角度观测值/(° ′ ″) | | | | X/m | | Y/m | |
|---|---|---|---|---|---|---|---|---|---|
| $A$ | $G_1$ | $\alpha_1$ | 93　55　31 | $\cot\alpha$ | −0. 068616 | $x_A$ | 285933. 404 | $y_A$ | 494404. 596 |
| $B$ | $G_2$ | $\beta_1$ | 35　31　28 | $\cot\beta$ | 1. 400684 | $x_B$ | 286072. 336 | $y_B$ | 494580. 802 |
| $P$ | $Z_1$ | | | | | $x'_P$ | 286058. 528 | $y'_P$ | 494291. 222 |
| $B$ | $G_2$ | $\alpha_2$ | 34　23　35 | $\cot\alpha$ | 1. 460843 | $x_B$ | 286072. 336 | $y_B$ | 494580. 802 |
| $C$ | $G_3$ | $\beta_2$ | 99　49　40 | $\cot\beta$ | −0. 173229 | $x_C$ | 286183. 016 | $y_C$ | 494401. 348 |
| $P$ | $Z_1$ | | | | | $x''_P$ | 286058. 537 | $y''_P$ | 494291. 248 |
| | | | 中数 | | | $x_P$ | 286058. 532 | $y_P$ | 494291. 235 |

## 7. 5. 2　后方交会

如图 7-31 所示，在待定点 $P$ 设站，向三个已知控制点观测三个水平夹角 $\alpha$、$\beta$ 和 $\gamma$，从而求得待定点坐标的方法称为后方交会。

计算后方交会点坐标的实用公式很多，通常采用的是一种仿权计算法。其计算公式的形式与加权平均值的计算公式相似，因此得名仿权公式。未知点 $P$ 的坐标按下式计算

$$\begin{cases} x_P = \dfrac{P_A x_A + P_B x_B + P_C x_C}{P_A + P_B + P_C} \\ y_P = \dfrac{P_A y_A + P_B y_B + P_C y_C}{P_A + P_B + P_C} \end{cases} \tag{7-51}$$

式中

$$\begin{cases} P_A = \dfrac{1}{\cot\angle A - \cot\alpha} \\ P_B = \dfrac{1}{\cot\angle B - \cot\beta} \\ P_C = \dfrac{1}{\cot\angle C - \cot\gamma} \end{cases} \tag{7-52}$$

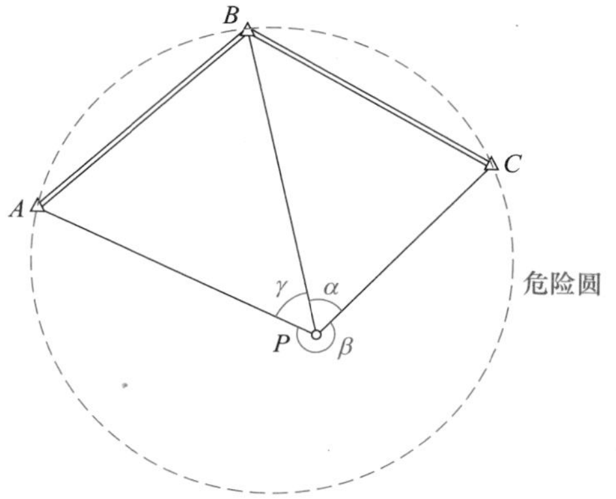

图 7-31 后方交会

如果将 $P_A$，$P_B$，$P_C$看作是三个已知点 $A$，$B$，$C$ 的权，则待定点 $P$ 的坐标就是三个已知点坐标的加权平均值。后方交会点坐标按仿权公式计算的算例见表 7-15。

$A$、$B$、$C$ 三个已知点编排时无一定顺序，$\angle A$、$\angle B$、$\angle C$ 为它们构成的三角形的内角，其值根据三条已知边的方位角计算。未知点 $P$ 上的三个角 $\alpha$、$\beta$、$\gamma$ 必须分别与已知点 $A$、$B$、$C$ 按图 7-31 所示的关系相对应，这三个角值可按方向观测法获得，其总和应等于 360°。

在选定 $P$ 点时，应特别注意 $P$ 点不能位于或接近三个已知点的外接圆上（此圆称为危险圆），否则 $P$ 点坐标为不定解或计算精度低。

表 7-15 后方交会计算

| 示意图 | | | | 野外图 | |
|---|---|---|---|---|---|
| 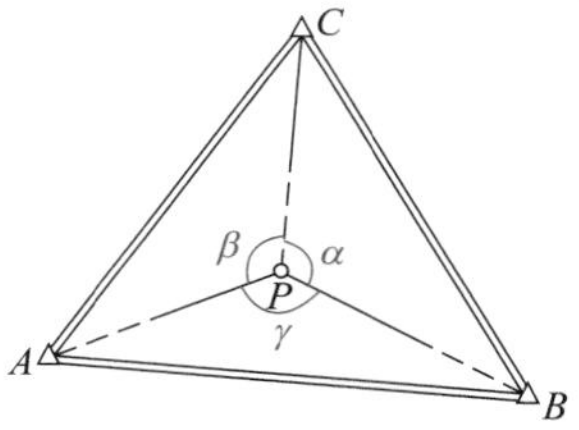 C, A, B, P, α, β, γ | | | | 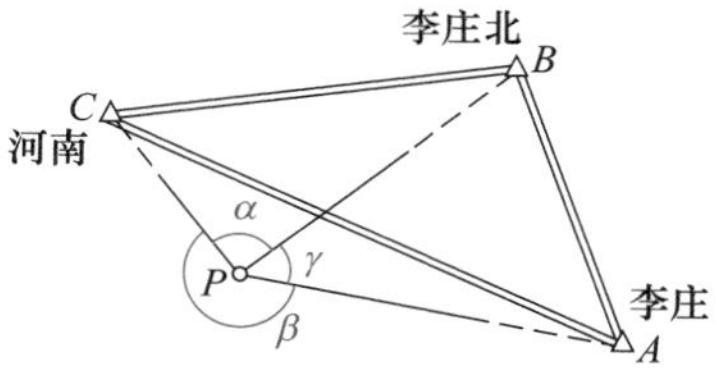 李庄北 B, 河南 C, 李庄 A, P, α, β, γ | |
| 已知点坐标 | | | | 角度观测值 | |
| $x_A$ | 286432. 566 | $y_A$ | 494488. 226 | $\alpha$ | 79°25′24″ |
| $x_B$ | 286946. 723 | $y_B$ | 494463. 519 | $\beta$ | 216°52′04″ |
| $x_C$ | 286923. 556 | $y_C$ | 493925. 008 | $\gamma$ | 63°42′32″ |
| 待定点坐标之计算 | | | | | |
| $x_B-x_A$ | 514. 157 | $y_B-y_A$ | -24. 707 | $\alpha_{AB}$ | 357°14′55. 9″ |
| $x_C-x_B$ | -23. 167 | $y_C-y_B$ | -538. 511 | $\alpha_{BC}$ | 267°32′11. 9″ |
| $x_A-x_C$ | -490. 990 | $y_A-y_C$ | 563. 218 | $\alpha_{CA}$ | 131°04′50. 0″ |
| $\angle A$ | 46°10′05. 9″ | $P_A$ | 1. 293152 | 待定点坐标 | |
| $\angle B$ | 90°17′16. 0″ | $P_B$ | -0. 747128 | $x_P$ | 286644. 554 |
| $\angle C$ | 43°32′38. 1″ | $P_C$ | 1. 791710 | $y_P$ | 494064. 455 |
| Σ | 180°00′00. 0″ | Σ | 2. 337734 | | |

### 7.5.3 边长交会

除了上述通过观测水平角交会定点外，也可测量边长交会定点。如图 7-32 所示，$A$、$B$ 为已知点（按逆时针排列），$P$ 为待定点，$a$、$b$ 为边长观测值。由两个已知点坐标可反算出 $AB$ 边的坐标方位角 $\alpha_{AB}$ 和边长 $D_{AB}$，在 $\triangle ABP$ 中由余弦定理得

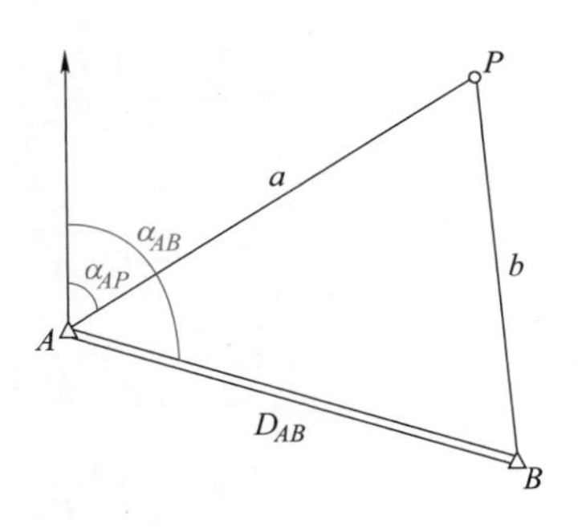


图 7-32 边长交会

$$\cos A = \frac{D_{AB}^2 + a^2 - b^2}{2D_{AB}a}$$

顾及 $\alpha_{AP} = \alpha_{AB} - \angle A$，则

$$\begin{cases} x_P = x_A + a\cos\alpha_{AP} \\ y_P = y_A + a\sin\alpha_{AP} \end{cases} \tag{7-53}$$

### 7.5.4 自由设站法（边角后方交会法）

（1）自由设站法定点原理　在实际测量工作中，由于地形复杂或者施工现场的影响，常常需要随时增设控制点。传统的方法是采用支导线、前方交会、后方交会增加控制点，但这些方法都存在其不足。由于全站仪的普及，全站仪自由设站法得到了较广泛的应用。自由设站法是在待定控制点上设站，瞄准两个或多个已知点，测量其距离和方向值，通过平差计算即可确定待定点的坐标。

如图 7-33 所示，设 $A$、$B$、$C$ 为已知控制点，$P$ 为根据工作现场情况选定的待定点。以测站点 $P$ 为原点，全站仪水平度盘零方向为 $X'$ 轴，由 $X'$ 轴方向顺时针（右旋）旋转 90°得到 $Y'$ 轴，由此建立的坐标系简称为测站坐标系 $X'PY'$。

首先在 $P$ 点安置全站仪，依次瞄准控制点测量其水平方向 $\alpha_{PA}$、$\alpha_{PB}$、$\alpha_{PC}$ 及水平距离 $D_{PA}$、$D_{PB}$、$D_{PC}$。全站仪观测已知点的水平度盘读数即为该边在测站坐标系的方位角，则控制点 $A$ 在测站坐标系的坐标为

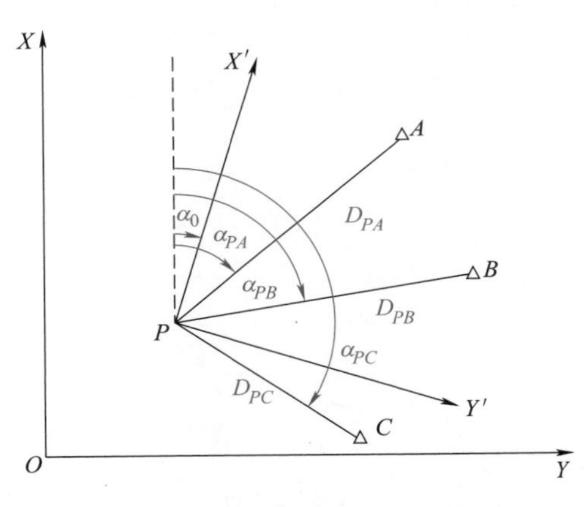


图 7-33 自由设站法坐标解算原理

$$\begin{cases} x'_A = D_{PA}\cos\alpha_{PA} \\ y'_A = D_{PA}\sin\alpha_{PA} \end{cases} \tag{7-54}$$

同理可得到控制点 $B$、$C$ 在测站坐标系的坐标。

然后根据已知控制点在测站坐标系中的坐标和在高斯平面坐标系中的已知坐标，经最小二乘拟合（后续课程会做详细介绍），求得两个坐标系的转换参数（自由设站点 $P$ 在高斯平面坐标系中的坐标 $X_P$、$Y_P$，测站坐标系纵轴 $X'$ 方向在高斯平面坐标系中的方位角 $\alpha_0$，以及长度比例系数 $K$）。最后通过坐标转换的数学模型求得 $P$ 点的统一坐标。

（2）全站仪后方交会操作步骤　以三鼎 STS720 系列全站仪为例。

1）在【基本测量】界面中，按【菜单】键进入图 7-34a 所示界面，按【F1】或数字

【1】进入图 7-34b 所示应用程序界面。

2）按【F1】或数字【1】进入图 7-34c 所示【后方交会　测站点】信息输入界面。先设置测站点名及仪器高，输入完一项后按【ENT】键，待所有的项目都输入完成后，按【F4】（确认）键进入图 7-34d 所示【后方交会　目标点】（已知点）信息输入界面，可以用上下导航键移动光标，直接输入目标点的坐标（N，E，Z），也可以按【F1】（坐标），调用坐标文件，从中选取坐标。

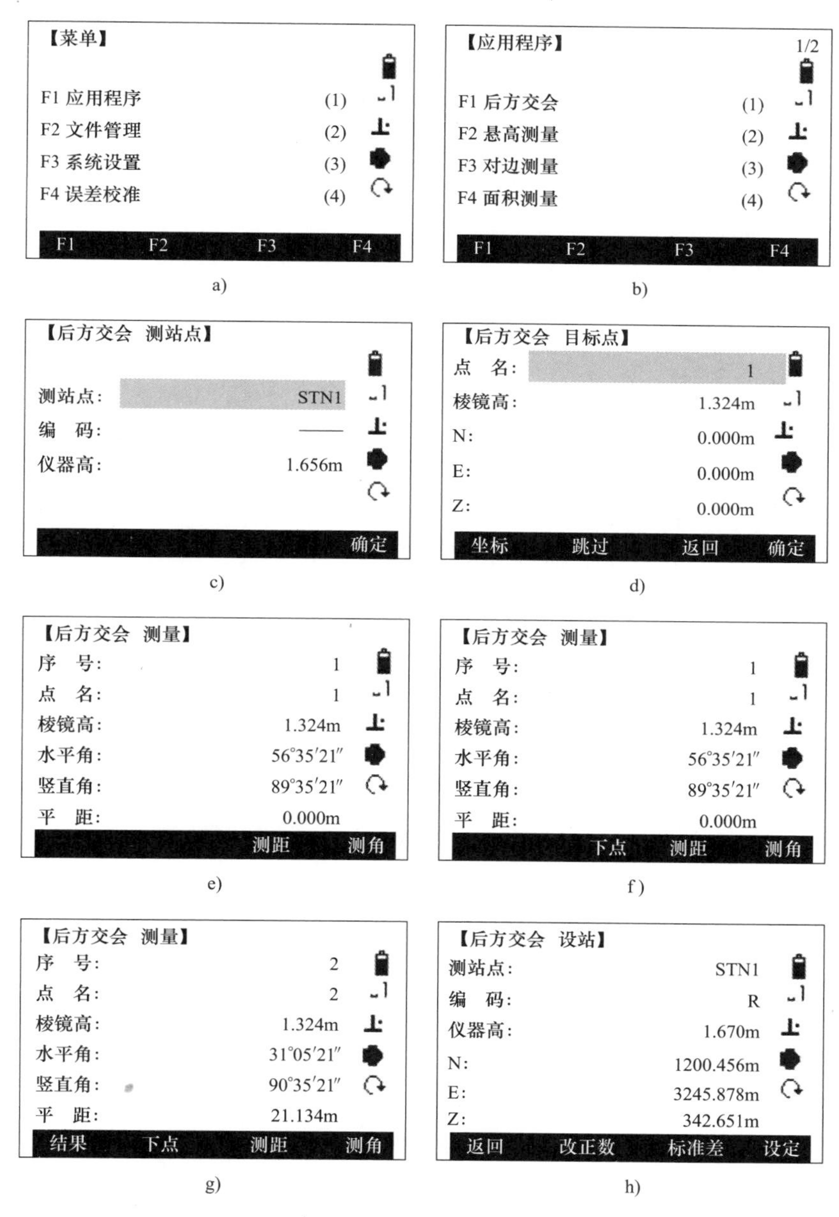


图 7-34　全站仪后方交会操作界面

3）按【F4】（确认）键进入图 7-34e 所示【后方交会　测量】界面，照准目标点 1，当需要测距时，按【F3】（测距）进行测距，出结果后按【F3】（确定）键。当只测角度时，直接按【F4】（测角+确定）键。

4）当测量完一个点后，按【确定】进入图 7-34f 所示【后方交会 测量】界面，按【F2】（下点）键进入下一个目标点的选择。同法按提示输入第二个目标点的点号、棱镜高和坐标，照准第二个目标点进行距离和角度测量。

5）用测距方法，至少要测 2 个点，才能计算结果。用测角方法，至少要测 3 个点，才能计算结果。当计算条件满足后，按【F1】（结果）键（图 7-34g），查看计算结果（图 7-34h）。

## 思考题与习题

1. 何谓控制测量？控制测量的目的和原则分别是什么？
2. 简述控制测量的分类。
3. 简述控制测量的一般作业步骤。
4. 建立平面和高程控制网的方法有哪些？
5. GNSS 定位方法有哪些？
6. 何谓 GNSS 同步观测环？何谓 GNSS 异步观测环？
7. 试述 GNSS 控制网测量的观测步骤。
8. 何谓导线测量？它的布设形式有几种？
9. 简述导线测量的外业工作。
10. 何谓坐标正、反算？试分别写出其计算公式。
11. 试述单一闭合（附合）导线近似平差计算的步骤。附合导线和闭合导线的内业计算有哪些不同？
12. 图 7-35 所示为二级闭合导线略图，已知数据和观测数据标于图上。试用表格完成该闭合导线的近似平差计算。

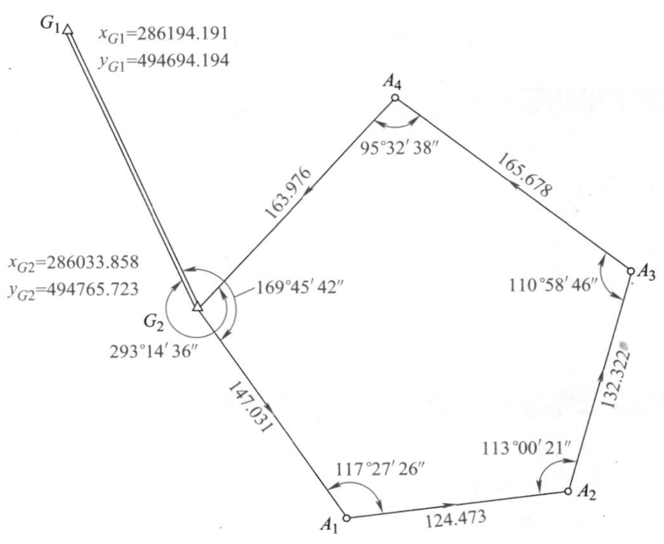


图 7-35 二级闭合导线略图（单位：m）

13. 图 7-36 所示为图根附合导线略图，已知数据和观测数据已标于图上。试用表格完成该附合导线的近似平差计算。

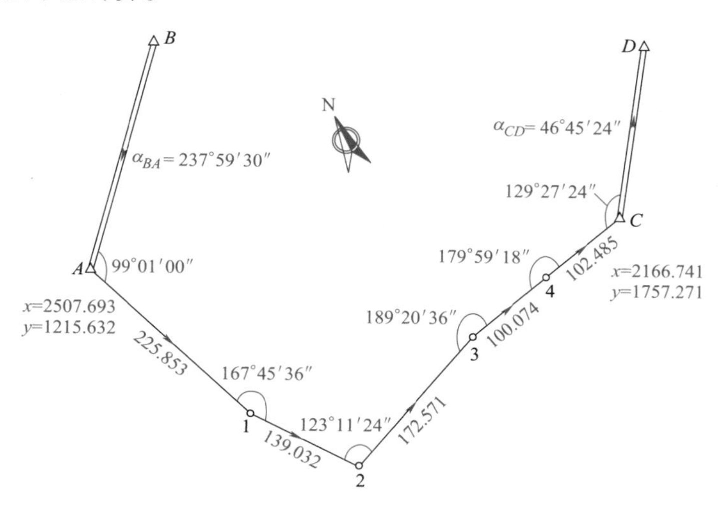


图 7-36　图根附合导线略图（单位：m）

14. 图 7-37 所示为图根无定向导线略图，已知数据和观测数据已标于图上，试用表格完成该无定向导线的近似平差计算。

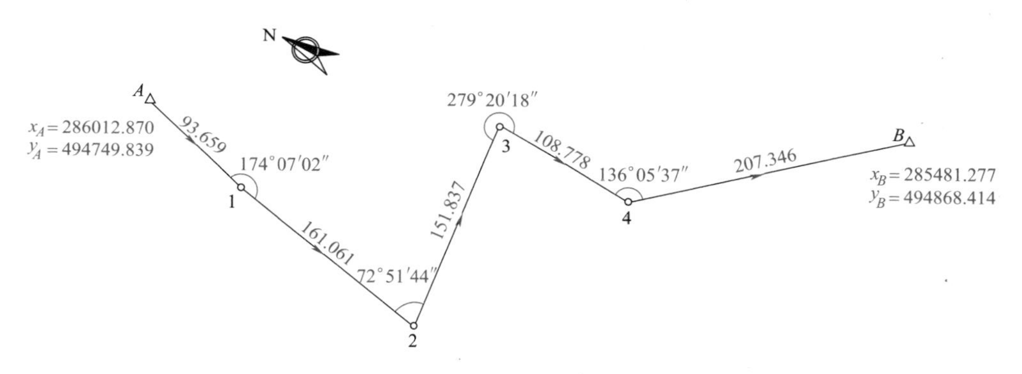


图 7-37　图根无定向导线略图（单位：m）

15. 简述边角三角形网的外业测量与数据处理方法。

16. 交会定点的方法有哪几种?

17. 图 7-38 所示为前方交法测点 $P$ 点坐标的略图。起算数据和观测数据见表 7-16。设测图比例尺为 1：2000，试计算 $P$ 点平面坐标。

表 7-16　前方交会测点起算数据与观测数据

| 坐标 $x$/m | | 坐标 $y$/m | | 角度观测值/(°　′　″) | |
|---|---|---|---|---|---|
| | | | | $\alpha_1$ | 87　17　41 |
| $x_A$ | 286984. 933 | $y_A$ | 494384. 883 | $\beta_1$ | 44　24　22 |
| $x_B$ | 287123. 870 | $y_B$ | 494561. 098 | $\alpha_2$ | 41　29　46 |
| $x_C$ | 287279. 414 | $y_C$ | 494419. 311 | $\beta_2$ | 91　10　23 |

18. 图 7-39 所示为后方交会测点 $P$ 点坐标的略图。起算数据和观测数据见表 7-17。设测图比例尺为 1∶2000，试计算 $P$ 点平面坐标。

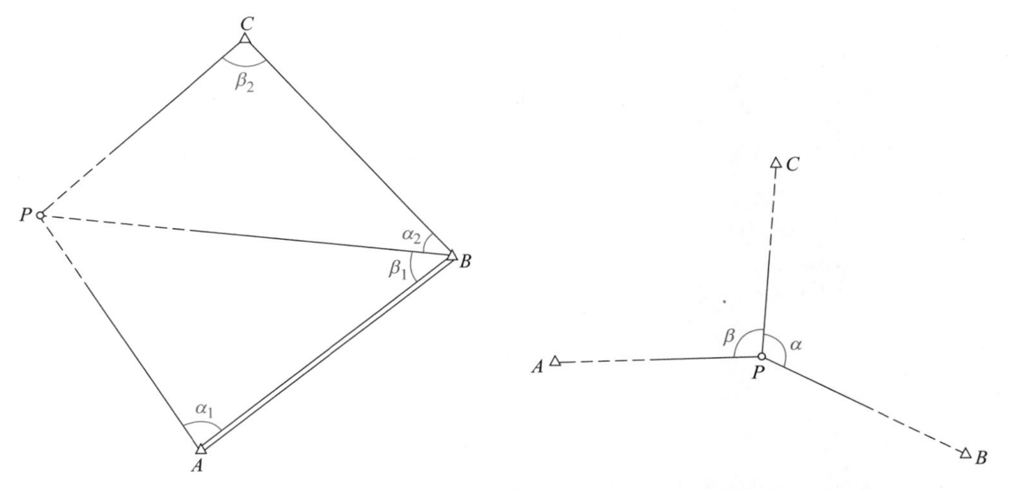


图 7-38　前方交会计算略图　　图 7-39　后方交会计算略图

表 7-17　后方交会测点起算数据与观测数据

| 坐标 $x$/m | | 坐标 $y$/m | | 角度观测值/（°　′　″） | |
|---|---|---|---|---|---|
| $x_A$ | 286697.255 | $y_A$ | 494294.018 | $\alpha$ | 113　01　18 |
| $x_B$ | 286643.261 | $y_B$ | 494514.370 | $\beta$ | 95　07　22 |
| $x_C$ | 286807.953 | $y_C$ | 494413.685 | | |

19. 简述自由设站法的基本原理和作业过程。

# 第8章

# 地形图测绘

## ■ 8.1　概述

无人机航测

机载雷达

地形图测绘是测定地物、地貌特征点（通称碎部点）的平面位置和高程，并按一定的比例尺用规定的符号绘制成地形图的测量工作，也称地形测量。

传统的地形图测绘方法是将测得的观测值用图解的方法转化为图形，故称为图解法测图，也称白纸测图。图解法测图是在测区现场测量碎部点的相关角度和距离，并将其展绘在图纸上，以手工方式描绘地物和地貌。在白纸测图过程中，图纸的精度由于刺点、绘图、图纸伸缩变形等因素的影响会大大降低，而且还存在工序多、劳动强度大、质量管理难等问题。特别是在信息量剧增，建设日新月异的今天，一纸之图已难载诸多图形信息，纸质地形图的变更、修改也极不方便，实在难以适应当前经济建设的需要。

随着科学技术的进步与电子、计算机和测绘新仪器、新技术的发展及其在测绘领域的广泛应用，20 世纪 80 年代逐步地形成野外测量数据采集系统与内业机助成图系统结合，建立了从野外数据采集到内业绘图全过程实现数字化和半自动化的地形图成图系统，通常称为数字测图。

数字测图的基本思想是将地面上的地形和地理要素用数字形式表达与存储，经由电子计算机处理后得到内容丰富的数字地形图，需要时由图形输出设备（如显示器、绘图仪）输出地形图或各种专题图。

获取地物地貌数字点位信息的过程称为数据采集。数据采集方法主要有野外地面数据采集法、航片数据采集法、原图数字化法。

数字测图系统是以计算机为核心，以全站仪、GNSS、三维激光扫描仪、数码相机、坐标测量仪、数字化仪等为数据采集工具，在硬、软件的支持下，对地形空间数据进行采集、输入、绘图、输出、管理的测绘系统。全过程可分为数据采集、数据处理与成图、成果输出与存储三个阶段。

由于成图方式的不同，广义的数字测图可分为三种类型：

1）利用全站仪、GNSS、三维激光扫描仪等大地测量仪器进行野外地面数字测图。

2）利用数字化仪或扫描仪对已有纸质地形图的数字化。

3）对航摄像片和遥感影像进行处理的摄影测量与遥感数字化测图。

数字测图系统的软、硬件配置及工作模式如图 8-1 所示。

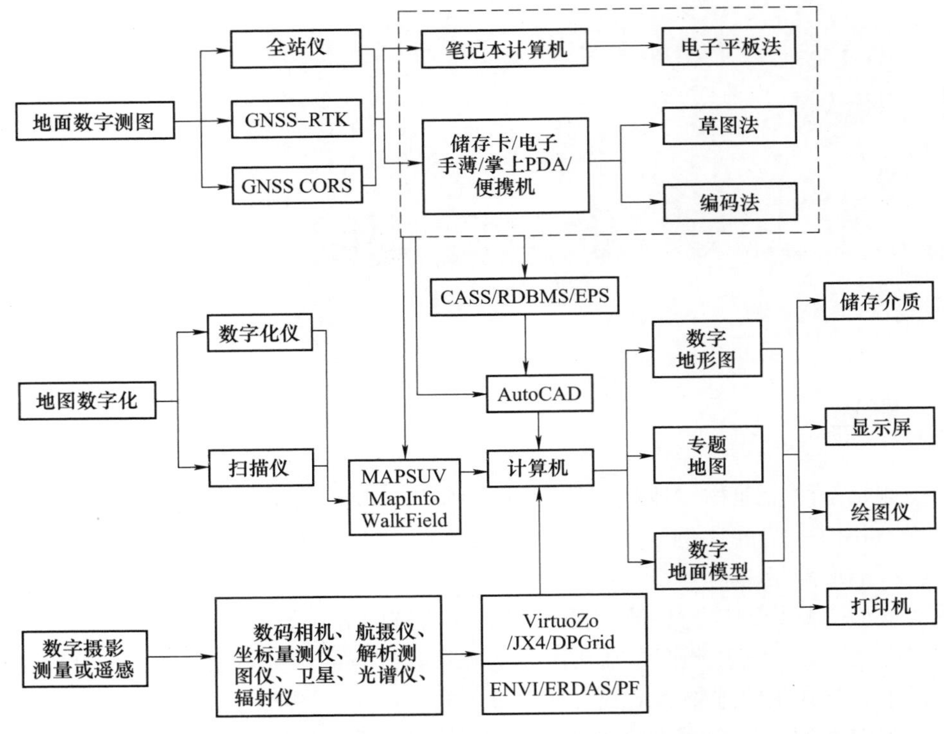


图 8-1　数字测图系统的软、硬件配置及工作模式

数字地形测量图形成果包括数字地形图、数字线划图（DLG）、数字高程模型（DEM）、数字正射影像图（DOM）和数字三维模型，其分类特征见表 8-1。本章重点介绍地形图测绘的技术方法，数字线划图、数字高程模型、数字正射影像图的有关内容将在相关课程中学习。

表 8-1　数字地形测量图形成果的分类特征

| 产品特征 | 图形成果类型 | | | | | |
|---|---|---|---|---|---|---|
| | 纸质地形图原图 | 数字地形测量图形成果 | | | | |
| | | 数字地形图 | 数字线划图 | 数字高程模型 | 数字正射影像图 | 数字三维模型 |
| 数据来源 | 平板测图、人工手绘、模拟航测成图 | 全站仪测图、卫星定位实时动态测图、扫描数字化 | 数字测图、数字航空摄影测量、扫描数字化 | 数字航空摄影、机载激光雷达、3D 激光扫描 | 数字航空摄影、低空无人机摄影、遥感影像 | 倾斜摄影测量 |
| 技术特性 | 纸质图可量测、透明底图可晒图复制 | 地形要素的分类与代码、可量测、编辑、计算、查询 | 矢量格式、自由缩放、可量测、叠加、漫游、查询 | 立体直观、自由旋转、可量测切割 | 精度高、信息丰富、直观逼真、现势性强等 | 真实性强、性价比高、立体直观、自由旋转、单张影像可量测 |

（续）

| 产品特征 | 图形成果类型 | | | | | |
|---|---|---|---|---|---|---|
| | 纸质地形图原图 | 数字地形测量图形成果 | | | | |
| | | 数字地形图 | 数字线划图 | 数字高程模型 | 数字正射影像图 | 数字三维模型 |
| 表达方法 | 线划、颜色、符号、注记、等高线、分幅、图廓整饰 | 线划、颜色、符号、注记、等高线、分幅、图廓整饰 | 计算机可识别的代码系统和属性特征 | 矩形格网或三角网（TIN）构建模型 | 同时具有地图几何精度和影像特征的图像 | 真实反映地物外观、位置、高度等属性的三维数据模型 |
| 数学精度 | 测量及图解精度 | 测量精度 | 测量精度 | 格网精度、分辨率 | 空间分辨率 | 空间分辨率、纹理质量 |
| 提交成果 | 纸图，必要时附细部点成果表 | 各类文件，如原始文件、成果文件、图形信息数据文件等 | DLG 数据、元数据和文档资料 | DEM 数据、元数据和文档资料 | DOM 数据、元数据和文档资料 | DSM 数据、纹理数据和文档资料 |
| 工程应用 | 几何作图 | 借助计算机及其外部设备供规划设计使用 | 生成地理空间数据库和数字地形图供规划设计使用 | 数字沙盘、土石方量计算、线路工程选线 | 城市规划管理、农村土地调查、区（流）域生态监测 | 应急指挥、国土资源管理、数字城市、灾害评估、房产税收等 |

根据数字地形测量数据源获取方式的不同，数字测图方法有 RTK 测图、全站仪测图、地面三维激光扫描测图、移动测量系统测图、低空数字摄影测图和机载激光雷达扫描测图等。本章重点介绍 RTK 测图、全站仪测图两种数字测图方法。

## ■ 8.2　图解法测图

图解法测图是在测区现场测量碎部点的相关角度和距离，并将其展绘在图纸上，以手工方式描绘地物和地貌。由于数字测图方法的普及，现今已很少采用图解法测图，但因数字测图的基本原理同图解法测图，所以有必要了解图解法测图。

图解法测图方法有经纬仪测绘法、大平板仪测图法、小平板仪与经纬仪联合测图法，本节只介绍经纬仪测绘法。经纬仪测绘法的工作程序：

1）在收集资料和现场初步踏勘的基础上，编写技术设计书。

2）基本控制测量和图根控制测量。

3）测图前的准备工作。

4）逐站完成碎部点测量，对照实地绘制铅笔原图。

5）原图整饰及清绘等工作。

6）地形图成果的检查和验收。

## 8.2.1 测图前的准备工作

1. 资料和仪器准备

测图前应明确任务和要求，核实并抄录测区内控制点的成果资料，对测区进行踏勘，制定施测方案。根据测图方法和成图方式备好仪器和器具，并对其进行仔细检查，对主要仪器进行必要的检校。

2. 图纸准备

地形图测绘应选用质地较好的聚酯薄膜图纸。聚酯薄膜为一面打毛的半透明图纸，其厚度为0.07~0.1mm，伸缩率很小且坚韧耐湿，沾污后可洗图，着墨后可直接复晒蓝图。

3. 绘制坐标方格网

为能准确地将控制点展绘在绘图纸上，必须事先精确地绘制直角坐标方格网，方格网的边长为10cm。绘制坐标方格网的工具有坐标格网尺、绘图仪等。坐标方格网绘制好后一定要进行检查，检查内容：各方格交点不在一直线上的偏离≤0.2mm，各方格边长误差≤ 0.2mm，对角线长度与理论值之差≤0.3mm。

4. 控制点展绘

控制点展绘就是把各控制点绘制到绘有方格网的图幅中，简称展点。展点时，先由控制点的坐标确定它所在的方格。如图8-2所示，控制点$A_1$的坐标值$x_1=668.5$m，$y_1=135.8$m，该点位于1234方格内。地形图比例尺为1∶1000，从1、2点分别向右沿格网线量取35.8mm得$a$、$b$两点；又从1、4点分别向上沿格网线量取68.5mm得$c$、$d$两点。连接$ab$和$cd$，其交点即为控制点$A_1$在图上的位置。同法将其他各控制点展绘在图纸上。所有控制点展绘好后，必须进行展点精度检查：量取图上相邻控制点之间的距离和已知的距离相比较，其最大误差应不超过图上±0.3mm，否则应重新展绘。经检查无误，按图式规定根据控制点类别绘出控制点符号，并在其右侧用分数形式注记其点号和高程。

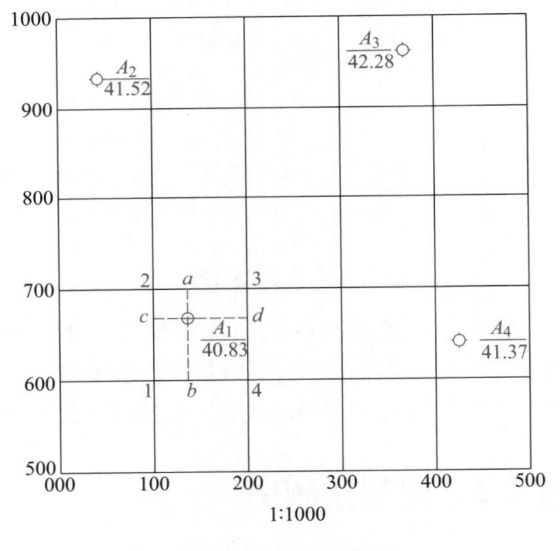


图8-2 控制点展绘

## 8.2.2 经纬仪测绘法

经纬仪测绘法的实质是极坐标法定点测图。如图8-3所示，测图时先将经纬仪安置在控制点上，在经纬仪旁架好小平板，用透明胶带纸将聚酯薄膜图纸固定在图板上；用经纬仪测定碎部点与已知方向之间的水平角、测站点至碎部点的距离和高差。然后根据测定数据用量角器和比例尺把碎部点位展绘于图纸上，并在点的右侧注明其高程，再对照实地描绘地物，勾绘地貌。经纬仪测绘法测绘一个测站的工作步骤如下。

图 8-3　经纬仪测绘法测图

1. 安置仪器

安置经纬仪于测站点（控制点）$A$ 上，对中、整平，量取仪器高 $i$，并将测图板安置在测站旁；用直尺和铅笔在图纸上绘出另一控制点 $B$ 与 $A$ 点的直线 $ab$ 作为量角器的零方向线，用一颗大头针插入专用量角器的中心，并将大头针准确地钉入图纸上的 $a$ 点，如图 8-3 所示。

2. 定向

盘左位置，用经纬仪望远镜照准控制点 $B$ 作为后视方向，水平度盘读数配置为 $0°00'00''$，作为碎部点测量的起始方向。

3. 立尺、观测与记录计算

依次将标尺立在地物、地貌特征点上。经纬仪瞄准碎部点 1 上竖立的标尺（图 8-3），先让中丝在仪器高附近，调上丝使之对好一整读数（米或分米），根据下丝读数直接读出视距，视距 $=kl=100\times$（下丝−上丝），上下微动望远镜使中丝对好仪器高，读出视线方向的水平度盘读数 $\beta_1$、竖盘读数 $L_1$，则测站到碎部点 1 的水平距离 $D_1$ 及碎部点 1 的高程 $H_1$ 的计算公式为

$$\alpha = 90° - L$$

$$D = kl\cos^2\alpha \tag{8-1}$$

$$h' = \frac{1}{2}kl\sin 2\alpha$$

$$H_i = H_A + h_i' + i - v \tag{8-2}$$

式中，$h'$ 为初算高差，$i$ 为仪器高，$v$ 为中丝读数。

将上述观测数据和计算结果记入碎部测量手簿中。碎部测量手簿示例见表 8-2。

表 8-2 碎部测量手簿

测站点：A 定向点：B 测站高：40. 83m 仪器高：1. 48m

| 点号 | 视距/m | 中丝读数/m | 竖盘读数/(° ′) | | 竖直角/(° ′) | | 初算高差/m | $i-v$/m | 高差/m | 水平角/(° ′) | | 水平距离/m | 高程/m | 备注 |
|---|---|---|---|---|---|---|---|---|---|---|---|---|---|---|
| 1 | 28. 1 | 1. 48 | 90 | 25 | −0 | 25 | −0. 20 | 0. 00 | −0. 20 | 85 | 32 | 28. 10 | 40. 63 | 房角 |
| 2 | 45. 6 | 1. 48 | 88 | 28 | 1 | 32 | 1. 22 | 0. 00 | 1. 22 | 90 | 18 | 45. 57 | 42. 05 | 加固坎 |
| ⋮ | | | | | | | | | | | | | | |
| 50 | 78. 5 | 2. 48 | 100 | 32 | 10 | 32 | 14. 11 | −1. 00 | 13. 11 | 318 | 26 | 75. 88 | 53. 94 | 山头 |

4. 展绘碎部点

以图纸上 $A$、$B$ 两点的连线为零方向线，转动量角器，使量角器上的 $\beta_1$ 角位置对准零方向线，在 $\beta_1$ 角的方向上量取距离 $D_1/M$（式中 $M$ 为地形图比例尺的分母值），用铅笔标定碎部点 1 的位置，在碎部点旁注记上其高程值 $H_1$。如图 8-4 所示，地形图比例尺为 1∶1000，碎部点 1 的水平角为 59°15′，水平距离为 64. 5m。

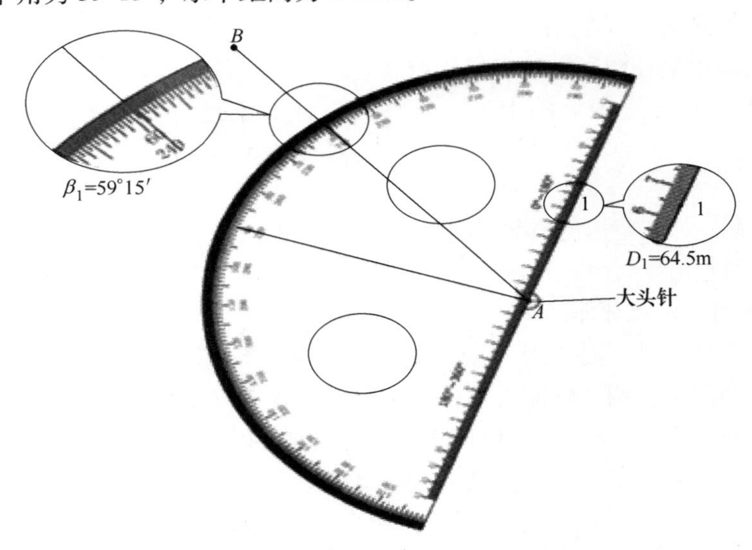


图 8-4 用量角器展绘碎部点示意图

用同样的操作方法，可以依次测绘出图 8-3 中房屋另外两个角点，根据实地地物在图纸上连线，通过推平行线即可将房屋画出。

经纬仪测绘法一般需要 4~5 个人操作，其分工是：1 人观测，1 人记录计算，1 人绘图，1~2 人立尺。

# 8.3　大比例尺地面数字测图技术设计

## 8.3.1　技术设计的目的

《测绘技术设计规定》（CH/T 1004—2005）规定了测绘项目设计和专业技术设计的基本要求、设计过程及其主要内容。

测绘技术设计的目的是制定切实可行的技术方案，保证测绘成果（或产品）符合技术标准和满足顾客要求，并获得最佳的社会效益和经济效益。因此，每个测绘项目作业前应进行技术设计。

大比例尺地面数字测图，尤其是大面积的测图项目，是一项精度要求高、作业环节多、组织管理繁杂的测绘工作。必须在项目实测前进行技术设计，以确保后面的数字测图工作能够按时、保质、保量完成。

大比例尺地面数字测图技术设计，就是按照数字测图有关规范的技术规定，依据测图比例尺、测图面积及用图单位的具体要求，结合测区的自然地理条件和测量单位的仪器设备、技术力量情况，制定出技术可行、经济合理的技术方案、作业方法和实施计划，并将其编写成技术设计书。技术设计书应呈报上级主管部门或测图项目的委托单位审批，未经批准不得实施。对于小范围的大比例尺地形测图及修测、补测等，只需写简单的技术说明即可。

## 8.3.2　技术设计的依据和基本原则

技术设计文件是测绘生产的主要技术依据，也是影响测绘成果（或产品）能否满足顾客要求和技术标准的关键因素。为了确保技术设计文件满足规定要求的适宜性、充分性和有效性，测绘技术设计应按照策划、设计输入、设计输出、审评、验证（必要时）、审批的程序进行。

1. 技术设计的依据

1）有关的测绘法规和技术规范。

2）测绘任务书或合同的有关要求。

3）地形测量的生产定额、成本定额和装备标准等。

4）测区已有地形图、控制点资料，测区地形情况等。

2. 技术设计的基本原则

技术设计是一项技术性和政策性很强的工作，设计时应遵循以下原则：

1）技术设计应依据技术输入内容，充分考虑顾客的要求，引用适用的国家、行业或地方的相关标准，重视社会效益和经济效益。

2）技术设计方案应先考虑整体而后局部，且顾及发展；要根据作业区实际情况，考虑作业单位的资源条件（如人员的技术能力和软、硬件配置情况等），挖掘潜力，选择最适用的方案。

3）积极采用适用的新技术、新方法和新工艺。

4）认真分析和充分利用已有的测绘成果（或产品）和资料；对于外业测量，必要时应进行实地勘察，并编写踏勘报告。

### 8.3.3 技术设计书的内容

为了设计出数字测图的最佳方案，设计人员必须明确数字测图项目的特点、工作量、要求和设计原则，认真做好测区踏勘、资料收集和分析工作。大比例尺地面数字测图技术设计的内容包括：

（1）任务概述　说明任务来源、测区范围、测区面积、地理位置、行政隶属、成图比例尺、测图要求、任务量、计划开工日期及完成期限等基本情况。

（2）测区自然地理概况和已有资料情况

1）测区自然地理概况。根据需要说明与设计方案或作业有关的测区地理特征、居民地、交通、气候情况和困难类别等，内容包括测区地形类别、海拔高程、相对高差、困难类别，居民地、水系、植被等要素的分布与主要特征，交通条件、气候及生活条件等。

2）已有资料情况。说明已有资料的施测单位和年代，采用的平面、高程基准，控制测量成果的数量、等级、精度、来源和稳定性，现有图的比例尺、等高距，在对已有资料的主要质量情况进行分析和评价的基础上，提出已有资料利用的可能性和利用方案。

（3）引用文件　说明数字测图技术设计书编写中所引用的国家标准、行业规范或其他技术文件。

（4）成果（或产品）规格和主要技术指标　说明测图比例尺、采用的平面和高程基准、投影方式、成图方法、成图基本等高距、数据精度、格式、基本内容以及其他主要技术指标等。

（5）设计方案　设计方案内容主要包括：

1）测图项目作业需要的技术人员、测量仪器的数量、等级，包括使用仪器的检定证书，项目作业所需的专业应用软件及其他配置。

2）控制测量设计：规定各类控制的布设，标志的设置，观测使用的仪器、测量方法、数据处理方法和测量限差的要求等。

① 平面控制测量设计，内容包括平面控制网的等级、加密层次、施测方法和使用的仪器，起算数据的配置，控制点的密度，觇标和标石规格要求，平差计算方法，各项测量限差及应达到的精度指标。

② 高程控制测量设计，内容包括高程控制的等级、加密层次、施测方法和使用的仪器，起算数据的选取，路线形式和点的密度，标石类型和规格，平差计算方法，各项测量限差及应达到的精度指标。

3）地形测图设计：地形图采用的分幅和编号方法，野外地形数据采集的作业模式、作业方法、内容及精度要求，对地形要素的表示要求，数字测图软件的选用，数字地形图的绘制、编辑方法及质量控制措施。

采用新技术、新仪器测图时，需要规定具体的作业方法、技术要求、限差规定和必要时的精度估算和说明。

（6）工作量统计、计划安排和经费预算

1）工作量统计：根据设计方案，分别计算各工序的工作量。

2）进度计划：根据工作量统计和计划投入的人力物力，参照生产定额，分别列出各期进度计划和各工序的衔接计划。

3）经费预算：根据设计方案和进度计划，参照有关生产定额和成本定额，编制分期经费和总经费计划，并做必要的说明。

工作量统计、计划安排和经费预算一般应编制专门的图表，这些图表可以形象地反映劳动组织、工作进程、工序衔接和经费开支，便于迅速准确地了解工作任务的全貌，及时指挥生产。

（7）上交成果资料清单　数字测图的成果除地形原图外，还有各种各样的其他资料。用图单位根据生产建设的需要，对地形测图的成果资料也有具体的要求，技术设计书中应列出用图单位要求提交的所有资料的清单。

（8）建议和措施　为顺利地完成测图任务，还应就如何组织力量、提高效益、保证质量等方面提出合理的建议，并指出业务管理、物资供应、膳宿安排、交通设备、安全保障等方面必须采取的措施。

## 8.4　图根控制测量

RTK 图根控制测量

数字测图工作也必须遵循“由整体到局部、先控制后碎部、从高级到低级”的基本原则，按照数字测图技术设计的控制测量方案实施测图控制。

测图控制网的布设原则：分级布网、逐级控制、具有足够的精度、具有足够的密度、要有统一的规格。首先根据测区大小、地形类别、自然地理情况、已有测量控制点情况确定控制测量加密层次。在一个测区中，最高一级的控制网称为首级控制网。首级网的等级应根据测区面积、测图比例尺、测区自然地理情况、已有测量控制点情况和精度要求选定。首级平面控制网按精度由高向低依次为二、三、四等和一、二、三级。首级平面控制网的建立，可采用卫星定位测量、导线测量、三角形网测量等方法。首级高程控制网按精度等级划分为二、三、四、五等。各等级高程控制宜采用水准测量，四等及以下等级也可采用电磁波测距三角高程测量，五等还可采用卫星定位高程测量。

各等级平面控制测量的最弱点相对于起算点点位中误差不应大于5cm，各等级高程控制测量的最弱点相对于起算点的高程中误差不应大于2cm。

测区高级控制点的密度不可能满足大比例尺测图的需要，此时需在各等级控制点的基础上加密图根控制点。图根控制一般不超过两次附合。在较小测区测图时，图根控制可作为首级控制。图根平面控制和高程控制测量，可同时进行，也可分别施测。

### 8.4.1　图根控制点的精度要求和密度

图根点的精度要求：图根点相对于邻近高等级控制点的点位中误差不应大于图上0.1mm，高程中误差不应大于基本等高距的1/10。

图根点点位标志宜采用木（铁）桩，当图根点作为首级控制或等级点稀少时，应埋设适当数量的标石。

图根控制点的密度，应以满足测图需要为原则，根据测图比例尺、测图方法、地形复杂程度及隐蔽情况来定。根据《工程测量标准》（GB 50026—2020），一般地区解析图根控制点（包括高级控制点）的数量不宜少于表8-3的规定。

表 8-3　一般地区解析图根点的数量

| 测图比例尺 | 图幅尺寸 /mm×mm | 图根点数量（个） | |
|---|---|---|---|
| | | 全站仪测图 | RTK 测图 |
| 1∶500 | 500×500 | 2 | 1 |
| 1∶1000 | 500×500 | 3 | 1~2 |
| 1∶2000 | 500×500 | 4 | 2 |
| 1∶5000 | 400×400 | 6 | 3 |

注：表中所列数量，是指施测该幅图可利用的全部解析控制点数量。

## 8.4.2　图根平面控制测量

图根平面控制测量可采用卫星定位实时动态法、图根导线、极坐标法和边角交会等测量方法。

1. 卫星定位实时动态法

根据《工程测量标准》（GB 50026—2020），卫星定位实时动态图根控制测量的主要技术要求，应符合下列规定：

1）卫星定位实时动态图根控制测量，可采用单基站 RTK 测量模式也可采用网络 RTK 测量模式直接测定图根点的坐标和高程。在已建立连续运行参考站系统的区域，宜采用网络 RTK 测量；困难地区，也可采用后处理动态测量模式。

2）卫星定位实时动态控制测量接收机的选用，宜采用动态水平方向固定误差不超过 10mm、比例误差系数不超过 2mm/km 和垂直方向固定误差不超过 20mm、比例误差系数不超过 4mm/km 的双频 RTK 接收机。

3）卫星定位实时动态控制测量作业时，截止高度角 15°以上的卫星个数不应少于 5 颗，卫星分布几何精度因子不应大于 6。

4）流动站接收机的点位校核，应符合下列规定：

①作业前应在同等级或高等级点位上进行校核，且不少于 2 点。

②作业中若出现卫星失锁或数据通信中断，也应在同等级或高等级点位上进行校核，且不少于 1 点。

③平面位置偏差不应大于 50mm，高程偏差不应大于 70mm。否则，应重新设置流动站。

5）卫星定位实时动态法图根平面控制测量的主要技术要求，应符合表 8-4 的规定。

表 8-4　卫星定位实时动态法图根平面控制测量的主要技术要求

| 等级 | 相邻点间距离 /m | 点位中误差 /m | 边长相对中误差 | 起算点等级 | 流动站到单基准站间距离/km | 测回数 |
|---|---|---|---|---|---|---|
| 图根 | ≤100 | 50 | ≤1/4000 | 四等及以上 | ≤6 | ≥2 |
| | | | | 三等及以上 | ≤3 | |

注：1. 网络 RTK 测量可不受起算点等级、流动站到单基准站间距离的限制，但应在 CORS 系统有效服务范围内。
2. 困难地区相邻点间距离缩短至表中的 2/3，边长较差不应大于 2cm。

2. 图根导线测量

根据《工程测量标准》（GB 50026—2020），图根导线测量的主要技术要求，应符合下

列规定：

1）图根导线测量，宜采用6″级仪器1测回测定水平角。主要技术要求，不应超过表8-5的规定。

表8-5　图根导线测量的主要技术要求

| 导线长度/m | 相对闭合差 | 测角中误差/(″) | | 方位角闭合差/(″) | |
|---|---|---|---|---|---|
| | | 一般 | 首级控制 | 一般 | 首级控制 |
| $\leqslant \alpha M$ | $\leqslant 1/(2000\alpha)$ | 30 | 20 | $60\sqrt{n}$ | $40\sqrt{n}$ |

注：1. $\alpha$ 为比例系数，取值宜为1，当采用1∶500、1∶1000比例尺测图时，$\alpha$ 值可在1~2之间选用。
2. $M$ 为测图比例尺的分母；但对于工矿区现状图测量，不论测图比例尺大小，$M$ 均应取值为500。
3. 隐蔽或施测困难地区导线相对闭合差可放宽，但不应大于 $1/(1000\alpha)$。

2）在等级点下加密图根控制时，不宜超过2次附合。

3）图根导线的边长，宜采用电磁波测距仪器单向施测，也可采用钢尺单向丈量。

4）图根钢尺量距导线，还应符合下列规定：

①对于首级控制，边长应进行往返丈量，较差的相对误差不应大于1/4000。

②量距时，当坡度大于2%、温度超过钢尺检定温度范围±10℃或尺长修正大于1/10000时，应分别进行坡度、温度、尺长的修正。

③导线长度小于规定长度的1/3时，绝对闭合差不应大于图上0.3mm。

④对于测定细部坐标点的图根导线，当长度小于200m时，绝对闭合差不应大于0.13m。

5）对于难以布设附合导线的困难地区，可布设成支导线。支导线的水平角观测可用6″级经纬仪施测左、右角各1测回，其圆周角闭合差不应超过40″。边长应往返测定，其较差的相对误差不应大于1/3000。图根支导线平均边长及边数，不应超过表8-6的规定。

表8-6　图根支导线平均边长及边数

| 测图比例尺 | 平均边长/m | 导线边数 |
|---|---|---|
| 1∶500 | 100 | 3 |
| 1∶1000 | 150 | 3 |
| 1∶2000 | 250 | 4 |
| 1∶5000 | 350 | 4 |

3. 极坐标法图根点测量

根据《工程测量标准》（GB 50026—2020），极坐标法图根点测量的主要技术要求，应符合下列规定：

1）宜采用6″级全站仪或6″级经纬仪加电磁波测距仪，角度、距离1测回测定。

2）观测限差，不应超过表8-7的规定。

表8-7　极坐标法图根点测量限差

| 半测回归零差/(″) | 两半测回角度较差/(″) | 测距读数较差/m | 正倒镜高程较差/m |
|---|---|---|---|
| ≤20 | ≤30 | ≤20 | $\leqslant h_d/10$ |

注：$h_d$ 为基本等高距（m）。

3）测设时，可与图根导线或二级导线一并测设，也可在等级控制点上独立测设。独立测设的后视点，应为等级控制点。

4）在等级控制点上独立测设时，可直接测定图根点的坐标和高程，并应将上、下两半测回的观测值取平均值作为最终观测成果。

5）极坐标法图根点测量的边长，不应大于表 8-8 的规定。

表 8-8　极坐标法图根点测量的最大边长

| 比例尺 | 1 : 500 | 1 : 1000 | 1 : 2000 | 1 : 5000 |
|---|---|---|---|---|
| 最大边长/m | 300 | 500 | 700 | 1000 |

4. 边角交会法

图根解析补点，可采用有校核条件的测边交会、测角交会、边角交会或内外分点等方法。采用测边交会和测角交会时，交会角应在 30°～150°之间，观测限差应满足表 8-7 的要求。分组计算所得坐标较差，不应大于图上 0.2mm。

5. 全站仪自由设站法

全站仪自由设站法是一种非常方便灵活的增补测站点（图根点）的方法，其定点原理是边角交会法。作业时，可根据现场情况灵活选择一个地方做测站点，该点既能方便测量碎部点又能同时看到至少两个已知控制点。在该点安置全站仪，瞄准至少两个控制点测边和测角，按边角交会原理可计算得到该增设测站点坐标。

自由设站法测量，宜按下列步骤进行：

1）在选定的测站点上架设全站仪，在周边可通视的既有控制点（不少于 2 点）架设觇标和反射棱镜，并分别精确量取仪器高和觇标高。

2）在全站仪中依次输入既有控制点的点名、坐标与高程值，也可提前录入相关控制点的信息。

3）依次选择并瞄准既有控制点，采用全圆方向法逐点逐测回进行方向和距离测量并自动记录。

4）利用自由设站法数据处理软件，对观测数据进行处理。也可利用全站仪内置软件直接计算测站坐标与交会残差，并进行残差分析。

### 8.4.3　图根高程控制测量

图根高程控制测量可采用图根水准测量、图根电磁波测距三角高程测量和卫星定位 RTK 测量等测量方法。

1. 图根水准测量

根据《工程测量标准》（GB 50026—2020），图根水准测量的主要技术要求，应符合下列规定：

1）起算点的精度，不应低于四等水准高程点。

2）图根水准测量的主要技术要求，应符合表 8-9 的规定。

表 8-9　图根水准测量的主要技术要求

| 每千米高差全中误差/mm | 附合路线长度/km | 水准仪型号 | 视线长度/m | 观测次数 | | 往返较差、附合或环线闭合差/mm | |
|---|---|---|---|---|---|---|---|
| | | | | 附合或闭合路线 | 支水准路线 | 平地 | 山地 |
| 20 | ≤5 | $DS_{10}$ | ≤100 | 往一次 | 往返各一次 | $40\sqrt{L}$ | $12\sqrt{n}$ |

注：1. $L$ 为往返测段、附合或环线的水准路线的长度（km）；$n$ 为测站数。

2. 水准路线布设成支线时，路线长度不应大于 2.5km。

2. 图根电磁波测距三角高程测量

根据《工程测量标准》（GB 50026—2020），图根电磁波测距三角高程测量的主要技术要求，应符合下列规定：

1）起算点的精度，不应低于四等水准高程点。

2）仪器高和觇标高的量取，应精确至 1mm。

3）图根电磁波测距三角高程测量的主要技术要求，应符合表 8-10 的规定。

表 8-10　图根电磁波测距三角高程测量的主要技术要求

| 每千米高差全中误差/mm | 附合路线长度/km | 仪器精度等级 | 中丝法测回数 | 指标差较差/(″) | 竖直角较差/(″) | 对向观测高差较差/mm | 附合或环形闭合差 |
|---|---|---|---|---|---|---|---|
| 20 | 5 | 6″级仪器 | 2 | 25 | 25 | $80\sqrt{D}$ | $40\sqrt{\sum D}$ |

注：$D$ 为电磁波测距边的长度（km）。

3. 卫星定位 RTK 图根高程控制测量

卫星定位 RTK 图根高程控制测量作业方法，应符合本章 8.4.2 中的卫星定位实时动态图根控制测量的规定。

## 8.5　地形数据采集

控制测量完成后，就可以控制点为测站来测定其周边地物、地貌特征点的平面位置与高程，并用规定的图式符号按测图比例尺将其缩绘在图上，形成地形图。通常将地物、地貌特征点称为碎部点，测定测区内碎部点的平面位置和高程并记录碎部点属性和连接关系的测量工作称为碎部测量，亦称为地形数据采集。

地物特征点：地物轮廓线的转折点、交叉点、弯曲变化点和独立地物中心点等，如图 8-5 所示。

地貌特征点：反映地貌特征的地性线上最高点、最低点、坡度与方向变化点，如图 8-6 所示。

### 8.5.1　地物和地貌测绘

1. 地物测绘

地形图上表示的地物主要有：居民地及设施、交通及附属设施、水系及附属设施、管线及附属设施、植被与土质等。为了正确表示各种地物在地形图上的位置、形状、属性，在测

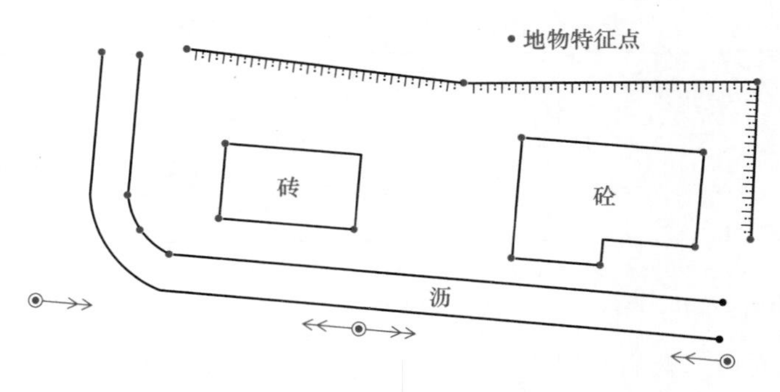


图 8-5　地物特征点示意图

图 8-6　地貌特征点示意图

绘地物时需选取地物特征点立镜，量取绘图需要的长度或距离，并现场记录地物相关属性。

（1）居民地及设施　居民地是人类工作生活相对集中的区域，居民地内的地物主要有建筑物及其附属设施，它是地形图上的重要内容之一。在居民地测绘时，应在地形图上表示出居民地内各建筑物的位置、形状、质量和行政意义等。

根据测图比例尺和用图目的的不同，测绘居民地的综合取舍会有所不同。1∶500、1∶1000 比例尺测图，各类建筑物、构筑物及主要附属设施，应按实地轮廓逐个测绘。但有些尺寸太小的房屋在 1∶2000、1∶5000 地形图上难以一一独立绘出时可酌情综合取舍。临时性建筑可不测。

建筑物外廓以墙基为准立镜测绘，并注明结构和层数。外廓为矩形的房屋至少测量三个基角点，并检查它们是否构成直角。当建（构）筑物轮廓凸凹部分在 1∶500 比例尺图上小于 1mm 或在其他比例尺图上小于 0.5mm 时，可综合舍去。

圆形建筑物（如油库、烟囱、水 塔等）应尽可能实测出其中心位置并量其直径，也可在圆形建筑物外墙上实测三个点，通过三点绘圆即可绘制出圆形建筑物。

房屋、街巷的测量，对于 1∶500 和 1∶1000 比例尺地形图，应分别实测；对于 1∶2000

比例尺地形图，小于1m 宽的小巷，可适当合并；对于1∶5000 比例尺地形图，小巷和院落连片的，可合并测绘。

一般地区的居民地名称、政府机关、工厂、学校、农场、企业单位以及具有标志性作用的建筑物等均应注记。

城墙、围墙及永久性的栅栏、篱笆、铁丝网、活树篱笆等均应实测。

（2）交通及附属设施　道路包括铁路、公路及其他道路。所有铁路、有轨电车道、公路、大车路、乡村路均应测绘。车站及其附属建筑物、隧道、桥涵、路堑、路堤、里程碑等均须表示。在道路稠密地区，次要的人行路可适当取舍。

交通及附属设施，均应按实际形状测绘，并注记清楚道路的类别、等级、路面材料、相交关系及各级道路通过关系。并应符合下列规定：

1）铁路测绘应立镜于铁轨的中心线，1∶500、1∶1000 比例尺测图时，需依比例绘制铁路符号，标准轨距为1.435m。铁路应测注轨面高程，在曲线段应测注内轨面高程；公路路中、道路交叉口、桥面等，应测注高程；涵洞应测注洞底高程。1∶2000、1∶5000 比例尺地形图，可适当舍去火车站范围内的附属设施。

2）铁路与公路平面相交时，不应中断铁路符号；立交桥应按投影原则，上层保持完整，下层被上层遮盖部分断开，桥墩柱根据需要测绘。

3）高架铁路、高架公路应实测边线投影位置和墩柱。路堤、路堑、挡土墙等应实测并测注坡顶、坡脚高程。

4）道路通过居民地并继续通往别处的，宜连续测绘道路；房屋等建筑物与道路边线重合时可不绘路边线。

5）公路一律按实际位置测绘路面位置，并测注公路中心高程。高速公路应实测出两侧围护栏杆、收费站，中央分隔带视用图需要测绘。公路、街道的测量方法：测一条边线和对边一点，或测一条边线、量取路宽，或测路、街道两条边线。在公路弯道的圆弧处至少要测取起、中、终三点，并用圆滑曲线绘制。现场记录公路、街道路面的铺装材料，并在图上注记水泥、沥青、碎石、砾石等，路面铺装材料改变处应实测其位置并用点线分离。公园、工矿、机关、学校、居民小区等内部有铺装材料的道路用内部道路表示。公路两旁的附属建筑物应按实际位置测出。

6）其他道路测绘。其他道路有机耕路、乡村路和小路等，一般在中心线上取点立镜测绘，道路宽度能依比例表示时，按道路宽度的二分之一在两侧绘平行线。对于宽度在图上小于0.6mm 的小路，在小路中线上立镜测量，并用半比例符号表示。坡状路面：每15m 测1个高程点。

7）桥梁测绘。铁路、公路桥应实测桥头、桥身和桥墩位置，桥面应测定高程，桥面上的人行道图上宽度大于1mm 的应实测。各种人行桥图上宽度大于1mm 的应实测桥面位置，不能依比例的，实测桥面中心线。

（3）水系及附属设施　水系包括河流、沟渠、湖泊、水库、池塘、泉、井、海洋、水利要素及附属设施等。水系及附属设施应按实际形状测绘，河流、沟渠、湖泊等通常以岸边为界，在河流两岸不规则处，在保证精度的前提下，对于小的弯曲和岸边不甚明显的地段可进行适当取舍。水涯线（水面与地面的交线）宜按当日水位测定。时令河应测注河底高程，水渠应测注渠顶边高程；堤、坝应测注顶部及坡脚高程；泉、井应测注泉的出水口或井台高程；水塘应测量塘顶边，小型鱼塘、水塘根据需要测注水面高程。当河沟、水渠在地形图上的宽度小于1mm时，可用单线表示。

（4）管线及附属设施　架空、地面、管堤敷设的管道均应实测，并绘制相应符号，注记使用性质；线路密集部分或居民区的低压电力线和通信线，可选择主干线测绘；当管线直线部分的支架、线杆和附属设施密集时，可适当取舍；当多种线路在同一杆柱上时，应择其主要表示。地下管线检修井宜实测表示。

（5）植被与土质　植被与土质的测绘，应按其经济价值和面积大小适当取舍，并应符合下列规定：

1）农业用地的稻田、旱地、菜地、水生作物地、园地、林木地等应按边界或地类界实测区分，并配置相应符号。土质应按类别测绘，并配置符号表示。

2）地类界与线状地物重合时，只绘线状地物符号。

3）同一地段生长多种植物时，可按经济价值和数量适当取舍，植被符号连同土质符号配合表示，但不应大于3种。大面积分布的植被、土质在能表达清楚时，可采用注记说明。

4）稻田应测出田间的代表性高程，当田埂宽在地形图上小于1mm时，可用单线表示。

2. 地貌测绘

为了正确表示测区地面的高低起伏形态，在测绘地貌时需选取地貌特征点立镜。根据《工程测量标准》（GB 50026—2020），地貌要素的测绘应符合下列规定：

1）地貌宜用等高线表示，崩塌残蚀地貌、坡、坎和其他地貌，应用相应符号或配合等高线表示。居民地建筑区、乱掘、乱堆、垃圾堆等地域可不绘等高线。大面积的盐田、基塘区，根据需要可不绘等高线；

2）山顶、鞍部、凹地、山脊、谷底、台地及倾斜变换处，应测注高程点。露岩、独立石、土堆、陡坎等，应注记高程或比高。

3）人工修成或自然形成的坡、坎，应实测其上棱线；当有明显坡、坎脚线时，应测绘坡、坎脚线。坡度在70°以上时应以陡坎表示，70°以下时应以斜坡表示；在图上投影宽度小于2mm的斜坡，应以陡坎表示。

4）斜坡、陡坎、梯田坎的坡面投影宽度在地形图上大于2mm时，应实测坡脚；小于2mm时，可量注比高。当两坎间距在1∶500比例尺地形图上小于10mm、在其他比例尺地形图上小于5mm时或坎高小于基本等高距的1/2时，可适当取舍。

### 8.5.2　地形要素的分类与编码

在绘制数字地形图时，计算机是通过碎部点的属性信息来识别碎部点的类别并采用对应图式符号来表示。为此，《国家基本比例尺地图图式　第1部分：1∶500　1∶1000　1∶2000地形图图式》（GB/T 20257.1—2017）、《基础地理信息要素分类与代码》（GB/T 13923—2022）及测绘企业的数字测图软件，都设计了一套完整的地形要素编码，以标明测点的属性信息。

1. 要素分类

《基础地理信息要素分类与代码》（GB/T 13923—2022）规定：基础地理信息要素分类采用线分类法，要素类型按从属关系依次分为四级：大类、中类、小类、子类。

大类共划分9类，包括：定位基础、水系、居民地及设施、交通、管线、境界与政区、

地貌、植被与土质、地名；中类在上述各大类基础上划分出共48类；小类、子类按照1∶500~1∶2000、1∶5000~1∶1万、1∶2.5万~1∶10万、1∶25万~1∶100万四个比例尺段进行类别划分。地名类仅规定至中类，其小类、子类自行设计。

2. 要素代码

要素代码采用6位十进制数字码，分别为按数字顺序排列的大类码、中类码、小类码和子类码，具体代码结构如下：

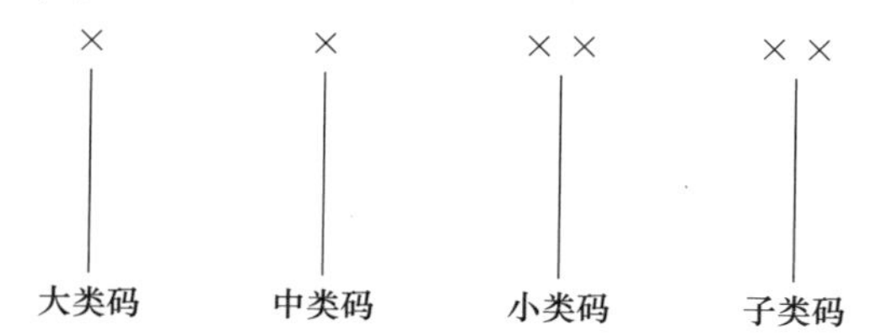


1）左起第一位为大类码。

2）左起第二位为中类码，在大类基础上细分形成的要素类。

3）左起第三、四位为小类码，在中类基础上细分形成的要素类。

4）左起第五、六位为子类码，为小类的进一步细分。

例如，第一个大类定位基础的代码为100000，定位基础下面分为2个中类：测量控制点的代码110000和数学基础的代码120000。测量控制点下面又分为4个小类，其中第一个小类平面控制点的代码为110100，平面控制点下面又分为4个子类，其中第三个子类图根点的代码为110103。又如普通建成房屋的代码为310301，城市道路中的内部道路的代码为430600。

### 8.5.3 地形数据采集模式

地形数据采集是碎部测量的外业工作，也称野外数据采集。地形数据采集需在野外获得数字地形图绘制所需的绘图信息，包括碎部点的空间信息（$X$、$Y$、$H$）、碎部点的属性（地形要素名称、特征）、碎部点之间的连接关系等。野外数据采集的模式根据数据记录方式和图形绘制方法的不同可分为草图法、编码法和电子平板法三种。

1. 草图法

草图法模式又称无码作业模式，是一种野外测记、室内成图的数字测图方法。测量员在野外用仪器测量并记录碎部点的三维坐标，绘图员现场绘制测点的连接关系和实体属性信息的草图，在室内利用数字成图软件，根据碎部点坐标和草图用计算机绘制和编辑数字地形图。

（1）外业观测

1）使用数字测量仪器测定每个地物、地貌特征点的三维坐标，并按一定的规则赋予每个测点编号，可用仪器自动生成序号方式生成编号。每个测点的点号和三维坐标会自动记录在仪器的内存中。

2）在测量碎部点坐标的同时，绘图员现场绘制标注测点点号、测点间连接关系和地物实体属性的工作草图，如图8-7所示。草图尽量用地形图图式符号表示，现场绘制的草图一定要与测区实际地形一致，草图上标注的测点号一定要与仪器内存中的点号一致。草图绘制是草图法数据采集模式外业工作的关键技术环节，需要由绘图技术好、测图经验丰富的专业技术人员担任。

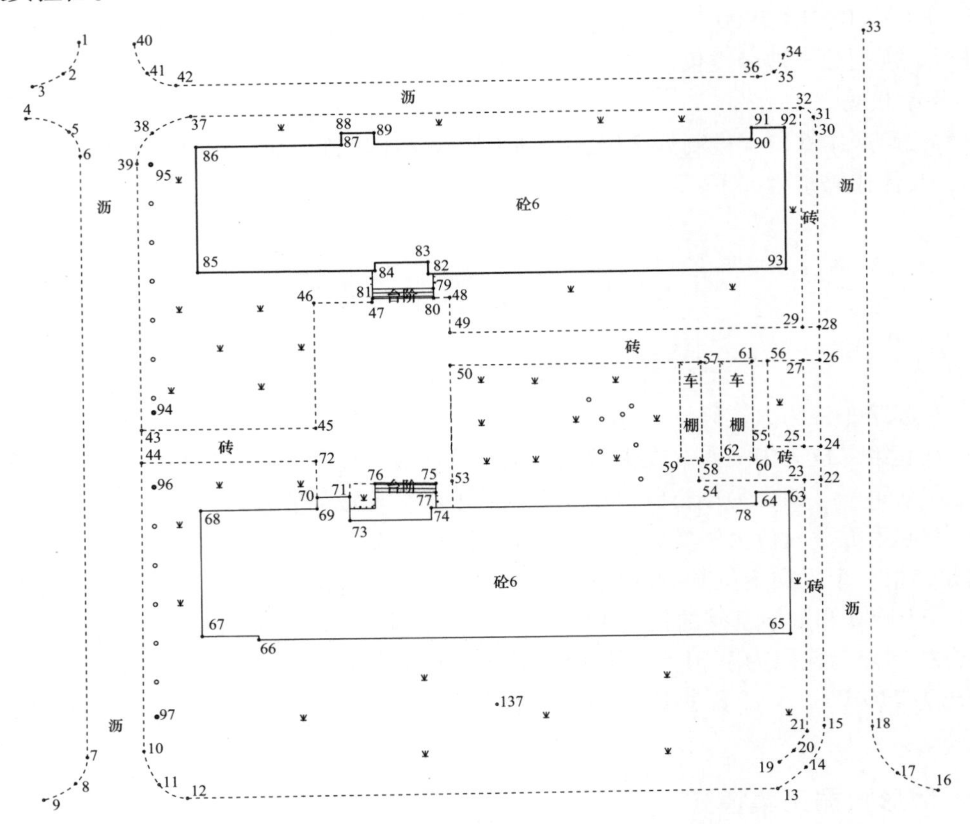


**路灯**：104、121、138、143、147、148、149、151、157、161、163。 **给水检修井**：98、109、116、124、130。
**排水、雨水检修井**：100、101、103、107、110、113、114、120、125、131、146、153、159、164。
**方雨水篦子**：102、106、111、115、118、119、122、126、127、132、133、139、140、144、145。
**通信井**：123、152。 **电力井**：155。 **热力井**：156。
**行树**：94+95、96+97。

图 **8-7** 工作草图

（2）内业绘图 室内通过数据线、内存卡或蓝牙将仪器中野外采集的坐标数据传输到计算机，并用专业数字成图软件将点位及其编号、高程等一起展绘出来。根据外业绘制的工作草图，利用数字成图软件的绘图和编辑功能，用人机交互方式绘制和编辑数字地形图。

这种作业模式外业有专业的绘制草图人员，弥补了编码法的不足；外业观测效率较高，硬件配置要求低，但内业工作量大。草图法作业模式是大多数作业单位首选的数字测图作业方式。

*2. 编码法*

编码法数据采集模式是指在野外碎部测量时给测点赋予由成图软件特别约定的、表示测点地理属性和连接关系的编码。该法需测量员在用仪器测得测点的三维坐标后再将该点的编码输入到仪器中，最后将含有测点点号、编码和坐标的数据文件一起传输到计算机，并通过数字成图软件识别编码后自动生成数字地形图。编码采用地形码+信息码的方式，其中地形

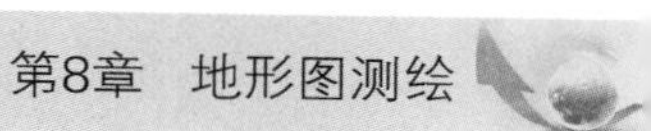

码即前述地形图要素代码；信息码是表示某一地形要素测点与测点之间的连接关系。

不同的数字测图软件，因设计思路不同，其数据编码方法会有所不同。目前，测绘技术人员在野外测图时采用的编码方案主要有简编码（简码）和块结构编码等。

（1）简码作业　简码是一种简单的提示性编码，是在测定碎部点的三维坐标的同时现场输入的简码。简码作业一般不需要绘制草图，但需要及时输入测点的简码和连接信息。带简码的数据经绘图软件识别后自动转换为绘图程序的内部码（地形码），实现自动绘图。南方 CASS 地形地籍成图软件的有码作业模式，就是一种代表性的简码输入方案。CASS 系统的野外操作码（即简码）分为类别码、关系码和独立符号码三种，每种由 1~3 位字符组成。其形式简单、规律性强、易记忆，能够适应多人跑尺（镜）、交叉观测不同地物等复杂情况。

CASS10. 1 的野外操作码由描述实体属性的野外地物码和一些描述连接关系的野外连接码组成。CASS10. 1 专门有一个野外操作码定义文件 jcode. def，该文件是用来描述野外操作码与 CASS10. 1 内部编码的对应关系的，用户可编辑此文件使之符合自己的要求。

（2）块结构编码作业　对于测绘人员而言，使用编码的主要障碍是难记。为此，一些测图软件采用“无记忆编码”（块结构编码）系统。块结构编码是将每一个地物编码和它的图式符号及汉字说明都编在一个图块里，形成一个图式符号编码表，存储在电子手簿里，只要按一个键，编码表就可以显示出来。观测时用鼠标点选所要的符号，其编码将自动载入测量记录中，用户无须记忆编码，随时可以调用。

有码作业时，对于地形复杂的区域，仍需绘制简易工作草图用于内业处理后图形检查和图形编辑时参考。若观测人员经验丰富且能熟练使用相应数字成图软件的编码方法，采用有码作业的方式具有作业效率高、成图方便等优点。但该方法需要记忆和输入编码，对于作业人员业务素质要求较高，作业难度较大，且成图过程不够直观，数据出错不易检查，因此只有经过系统培训的技术人员才使用有码作业方法。

在测站上将全站仪或 GNSS RTK 测得的碎部点的三维坐标及编码信息记录到仪器的内存或电子手簿中，室内连接装有成图软件的计算机编辑成图，这种方法对硬件要求不高，但要求作业员熟记各种复杂的地形编码（或简码），当地物比较凌乱或者地形较复杂时，用此法作业速度慢且容易输错编码，因而这种方法只适用于地形较简单、地物较规整的场合使用。

3. 电子平板法

将装有数字成图软件的笔记本计算机或掌上计算机（统称电子平板），通过电缆线（或蓝牙）与仪器连接，所测的碎部点直接在屏幕上显示，如同图解测图，绘图员可在电子平板屏幕上按成图软件操作绘制地形图。电子平板法的优点是现场成图，效果直观，但一般的笔记本计算机或掌上计算机在野外屏幕不易看清，实际作业中使用受到限制。

## 8. 5. 4　全站仪测图

极坐标法碎部测量原理

采用全站仪进行数字测图与以前的经纬仪测绘法原理与步骤基本一致，其原理还是极坐标法，只是利用了全站仪的电子测角、电子测距、坐标计算与数据存储功能。在外业碎部点数据采集时，应用全站仪的内部存储器，以数据文件形式存储碎部点的点号、编码、三维坐标等。

1. 极坐标法数据采集

(1) 安置全站仪、EDM 设置和作业设置

1) 在测站点上安置全站仪（以三鼎光电 STS722 全站仪为例），对中、整平。

2) 按【★】键，进入【常用设置】，如图 8-8a 所示；按【F3】(EDM)，进入【EDM 设置】界面，如图 8-8b 所示；在此界面先用上下导航键移动光标选择功能，然后用左右导航键选择该功能的状态，例如测距模式选择“精测 1 次”，目标类型选择“棱镜”，棱镜常数选择“-30mm”；在【EDM 设置】界面（图 8-8b）中，按【F1】（气象）进入【气象数据】界面，如图 8-8c 所示，折光系数选择“0. 14”，再依次输入测量现场所测温度与气压。

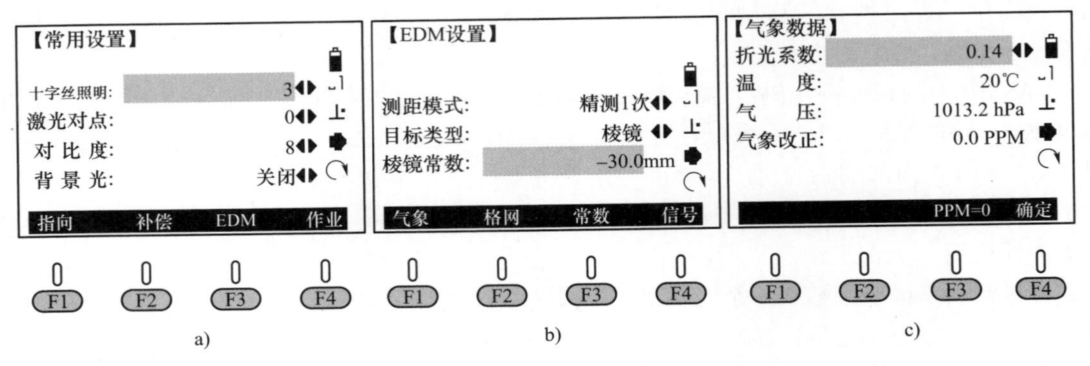


图 8-8 全站仪 EDM 设置界面

3) 作业设置。作业设置就是在全站仪中新建或调用一个存储数据的文件。

三鼎光电 STS722 全站仪存储数的文件分两种格式，仪器记录数据时会同时在两个文件中分别存储数据：一种文件是测量文件（×××. MES），此文件记录的是测量数据，也叫原始数据，数据的信息量比较丰富，所记录的数据允许重名；另一种文件是坐标文件（×××. CRD)，此文件记录的是坐标数据，包括五个元素：点名、编码、N（北坐标)、E（东坐标)、Z（高程)，所记录的坐标点名不允许重名。

先按【★】键，进入【常用设置】界面，如图 8-8a 所示；再按【F4】（作业)，进入【作业设置】功能（图 8-9a)，在此界面可以直接输入作业名，然后按【F4】（确定）键；还可以按【F3】（列表)，进入【作业文件】的文件列表中选择作业（图 8-9b)。

(2) 设置测站　在全站仪【基本测量】界面 P1 功能页中（图 8-10a）按【F1】（测站）进入【测站】设置界面，如图 8-10b 所示，屏幕显示当前测站点的信息，观测员可以用上下导航键移动光标到所需编辑的测站点元素上直接输入：测站点名、测站的编码（可不输入)、仪器高和 NEZ 坐标。如已将控制点点号和坐标保存于全站仪内存中，可在【测站】界面按【F3】（坐标)，进入到调用坐标文件中，调用文件中的坐标点设为测站点。

(3) 设置后视与定向　在全站仪【基本测量】界面 P1 功能页中（图 8-10a）按【F2】（定向）进入【定向】界面（图 8-11a)。定向有两种方式：角度定向、坐标定向。

1) 角度定向。按【F1】或数字键【1】进入【角度定向】界面（图 8-11b)，输入方位角，例如输入 172°55′18″，其中“°”“′”“″”用小数点【.】键输入。按【F1】（设置）只是设置方位角，不记录数据，按【F4】（保存）设置方位角，还会在存储测量文件中记录后视数据。照准后视点，按【F4】（确定）完成后视定向（图 8-11c)。按【ESC】退出设置。

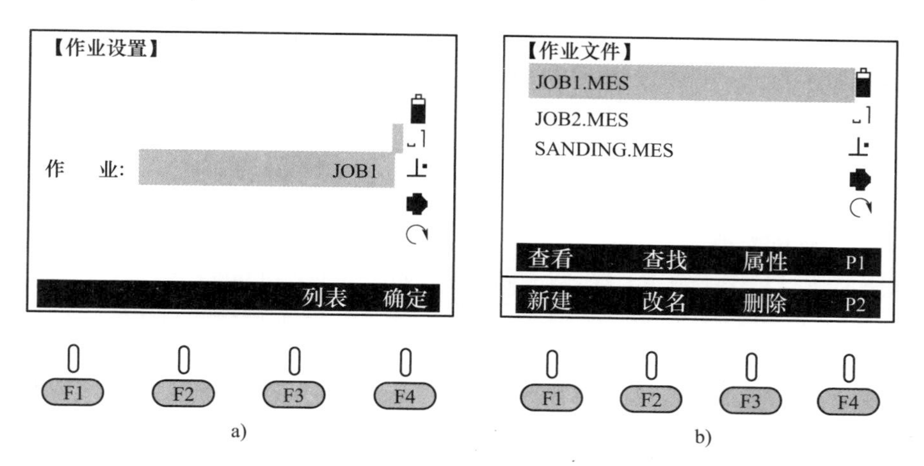


图 8-9 全站仪作业设置界面

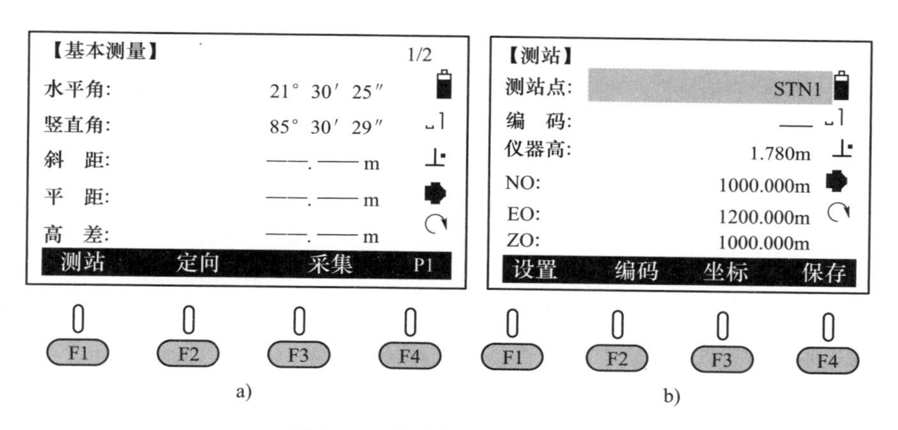


图 8-10 全站仪设置测站界面

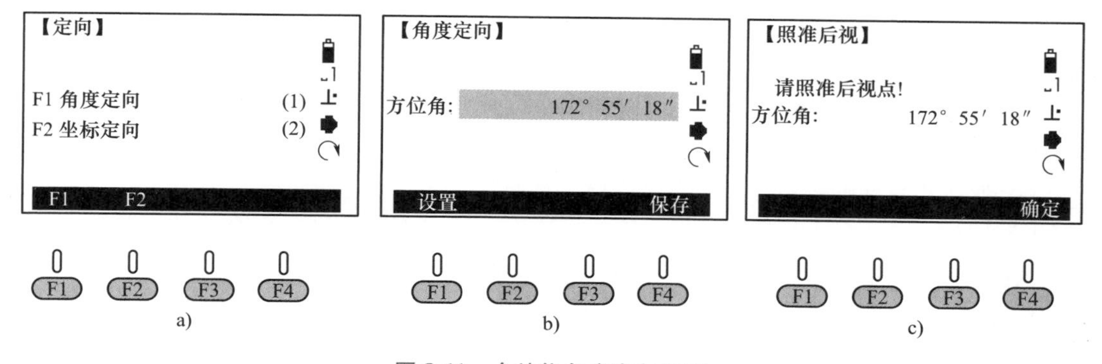


图 8-11 全站仪角度定向界面

2）坐标定向。在图 8-11a 界面按【F2】或数字键【2】进入【坐标定向】界面（图 8-12a），屏幕显示当前后视点的信息。观测员可以用上下导航键移动光标到所需编辑的后视点元素上直接输入：后视点名、后视点编码（可不输入）、棱镜高和 NEZ 坐标。如已将控制点点号和坐标保存于全站仪内存中，可在【坐标定向】界面按【F3】（坐标），进入到调用坐标文件中，调用文件中的坐标点设为后视点。确认后视点信息正确后，可以按【F1】（设置）或【F4】（保存），完成设置后视点，进入图 8-12b 界面，精确照准后视点后，按【F1】（检查）可通过对后视点的测量检查后视点的测量坐标与已知坐标的差值：

ΔN：表示北坐标的差值。

ΔE：表示东坐标的差值。

ΔZ：表示高程的差值。

确认无误后按【F4】（确定）完成后视定向，如图 8-12c 所示。

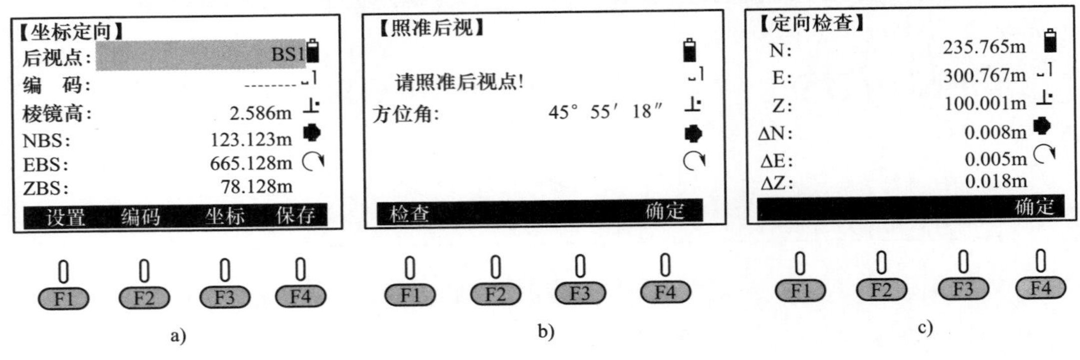


图 8-12 全站仪坐标定向界面

（4）碎部点数据采集 在【基本测量】界面 P1 功能页中按【F3】（采集）（图 8-13a）进入【数据采集】界面（图 8-13b）。输入碎部点的点名、棱镜高和编码（采用编码法时输入编码，草图法可忽略）。瞄准立于待测地物或地貌特征点上的反射棱镜，使用免棱镜模式时则可直接照准特征点，按【F1】（测存），显示正在测距（图 8-13b），约 2 秒后显示“数据记录成功!”（图 8-13c）。此时仪器已经在当前测量文件中，记录了一个以“S1”为点名的测量数据（原始数据），同时也在当前坐标文件中，记录了一个也是以“S1”为点名的坐标数据，如果坐标文件中有同名点会出现覆盖提示。0.5s 后显示图 8-13d 界面，点名自动加 1，同法瞄准下一个碎部点采集其坐标数据。如按【F2】测量，只显示测量结果，但不记录保存。在【数据采集】界面可以按【翻页】查看斜距、高差和 NEZ 坐标。

用全站仪进行碎部数据采集时，可以利用全站仪所提供的角度偏心观测、距离偏心观测等功能，以提高碎部点测量的精度和效率。

2. 一步测量法数据采集

传统的地形图测绘都遵循先控制后碎部、先整体后局部的原则，现今的数字测图可按照这种原则施测，也可将图根控制测量和碎部点数据采集同时进行，即采用“一步测量法”或“同步测量法”作业，该方法可少设一次站，少跑一遍路，从而能提高数字测图的工作效率。

“一步测量法”是在图根导线选点埋桩后，图根导线和碎部测量同步进行：即在每个测站上，先在图根导线点上安置棱镜（对中、整平），测记该导线点的测量数据（角度、边长、坐标等），紧接着在该测站上测量周边的碎部点，现以图 8-14 所示的附合导线为例加以说明。

全站仪安置于控制点 $G_2$，后视 $G_1$ 点，先在图根导线点 $A_1$ 上安置棱镜（对中、整平），

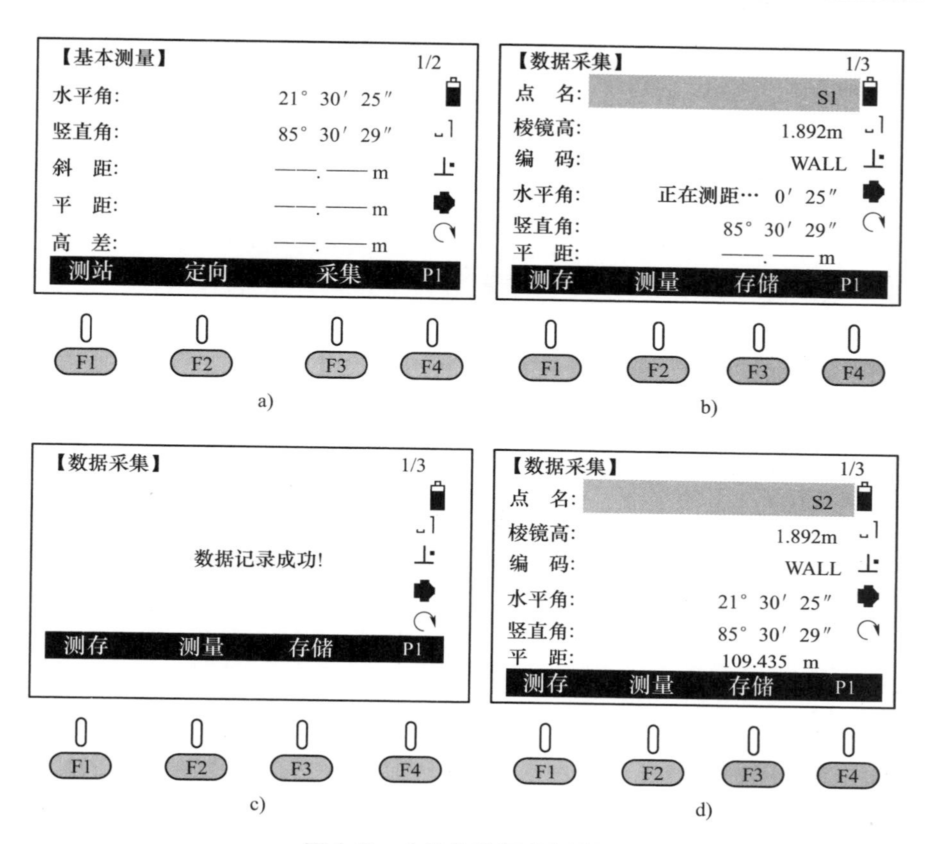


图 8-13 全站仪数据采集界面

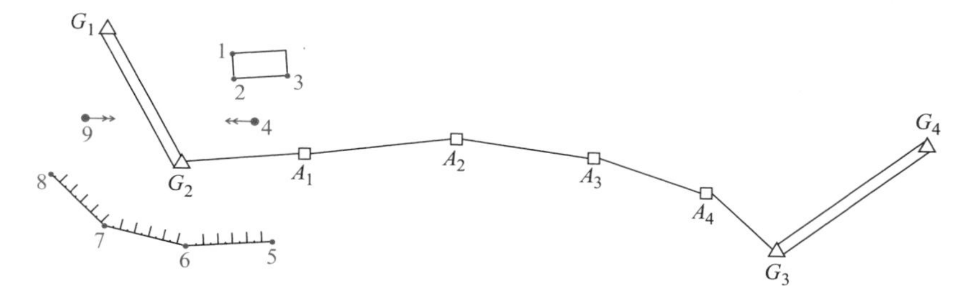


图 8-14 一步测量法示意图

测量并记录 $A_1$ 点对应的水平角、天顶距、斜距和坐标，再依次测量并记录测站 $G_2$ 周围的碎部点 1、2 等。

全站仪安置于新测的图根导线点 $A_1$，后视 $G_2$ 点，先在图根导线点 $A_2$ 上安置棱镜（对中、整平），测量并记录 $A_2$ 点对应的水平角、天顶距、斜距和坐标，再依次测量并记录测站 $A_1$ 周围的碎部点。

同理，依次测量并记录各图根导线点坐标和其周边碎部点坐标。

待导线测到 $G_3$ 点，根据 $G_2$ 点至 $G_3$ 点的导线测量数据计算附合导线的闭合差。若其在限差范围内，则平差计算出各导线点的坐标值。如图根导线点平差前、后的坐标值相差较大时，可根据平差后的坐标值重新计算各站碎部点坐标，或在内业用CASS软件绘制数字地形图时进行测站改正。

3. 全站仪测图的有关规定

1）按照《工程测量标准》（GB 50026—2020）的规定，全站仪测图的仪器安置及测站检核，应符合下列要求：

① 仪器的对中偏差不应大于5mm，仪器高和反光镜高应量至1mm。

② 数据采集开始前和结束后，应对后视点的距离和高程进行检核，检核的距离较差不应大于图上0.2mm，高程较差不应大于基本等高距的1/5。

③ 作业过程中和作业结束前，应对定向方位进行检查。

2）全站仪测图的测距长度不应超过表8-11的规定。

表8-11　全站仪测图的最大测距长度

| 比例尺 | 最大测距长度/m | |
|---|---|---|
| | 地物点 | 地形点 |
| 1∶500 | 160 | 300 |
| 1∶1000 | 300 | 500 |
| 1∶2000 | 450 | 700 |
| 1∶5000 | 700 | 1000 |

3）在建筑密集的地区做数字测图时，对于全站仪无法直接测量的点位，可采用支距法、交会法等几何作图方法进行测量，并记录相关数据。

4）全站仪测图，可按图幅施测，也可分区施测。按图幅施测时，每幅图应测出图廓线外5mm；分区施测时，应测出各区界线外图上5mm。

5）对采集的数据应进行检查处理，删除或标注作废数据、重测超限数据、补测错漏数据。对检查修改后的数据，应及时与计算机联机通信，生成原始数据文件并做备份。

## 8.5.5　动态GNSS-RTK数字测图

动态GNSS-RTK数字测图法是以动态GNSS-RTK系统作为获取碎部点三维坐标的手段，适用于开阔地区测图。

根据应用基准站方式的不同，动态GNSS数字测图作业可采用单基站RTK模式，也可采用网络RTK模式。在已建立连续运行参考站系统的区域，宜采用网络RTK测量。在建筑物或林木密集区域，宜采用多星座系统。

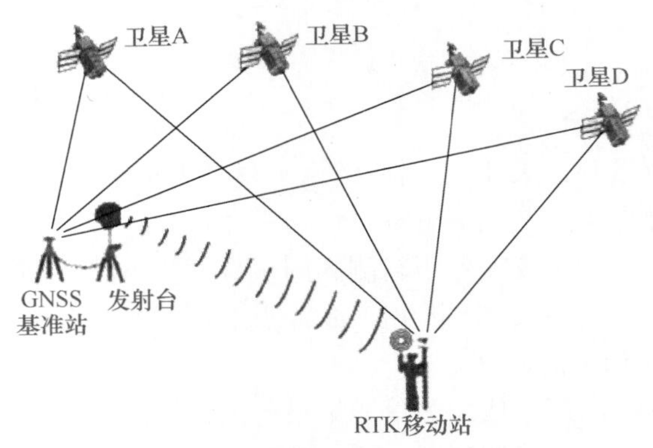

图8-15　GNSS-RTK测量示意图

1. GNSS-RTK测图

GNSS-RTK测量的作业模式如图8-15所示，一台接收机固定不动，称为基准站或参考站，另一台为移动站，两接收机之

间通过无线电建立实时数据通信。

RTK(Real Time Kinematic) 实时动态定位技术，是一项以载波相位观测为基础的实时差分 GNSS 测量技术，是利用两台或两台以上 GNSS 接收机同时接收卫星信号，其中一台接收机固定不动作为基站，其他作为移动站。基站通过数据链将其观测值和测站坐标信息一起传送给移动站。移动站在接收卫星导航信息的同时，还可以实时获得基准站的观测信息，并在系统内组成差分观测值进行实时处理，实时地计算并显示移动站的三维坐标及其精度。

GNSS-RTK 测图作业过程：

（1）准备工作

1）收集已有控制点资料。RTK 作业之前首先要搜集测区已有的控制点成果资料，对成果资料进行可靠性检验，若满足精度要求，可以从中选择 3~4 个控制点用于求取测区的转换参数，这些点最好均匀分布于测区四周，避免点位过于集中或分布在一条直线上，这样 RTK 定位测量的精度会更高。

2）手簿设置。在进行外业数据采集之前可以提前在手簿中将工程项目和有关参数设定好以提高外业的作业效率。打开手簿，新建一个工程项目，选择相应的坐标系统和投影参数，注意输入作业区域正确的中央子午线经度，最后保存任务。同时可以把测区拟求取转换参数的已知点坐标也事先输入，若也已知了这些控制点对应的 WGS 84 坐标，则可以在室内完成点校正工作。

（2）架设基准站　单基站 RTK 作业时需要自架基准站。单基站 RTK 又因发送差分数据方式不同，可分为电台模式和网络模式两种，但不论哪种模式基准站架设的要求是一致的。基准站接收机要尽量架设在地势较高、视野开阔的地方，要避开大面积水域等信号反射源以减少多路径效应的影响，同时要远离电视发射塔、手机信号发射天线、高压线路等大型电磁辐射源。

（3）基准站与移动站设置　手簿与基准站接收机通过蓝牙连接成功后，首先进行基准站接收机内置电台频率或通道号的设置，然后进行广播格式、高度角、天线高、天线类型等参数设置，完成基准站的设置。断开基准站连接，然后连接移动站接收机，通过对移动站接收机进行与基准站相同的参数设置，完成移动站设置。此时若接收到来自于基准站的差分信号，移动站接收机上的数据链指示灯会闪烁，待数据解算得到固定解后方可进行测量工作。

（4）测量与计算转换参数　待仪器达到固定解之后，新建作业文件，采集三个已知点数据进行坐标参数转换。在数字测图中我们需要的是测图控制采用的坐标，而 GNSS 定位测量采集的 WGS 84 的坐标，因此需要将 GNSS 测量得到的 WGS 84 坐标转换成用户使用的测图坐标，这就需要根据测区内已有的测图控制点测量和计算转换参数。计算 4 参数时至少需要 2 个已知点，计算 7 参数至少需要 3 个已知点。通过用 GNSS-RTK 实地测量已知点的 WGS 84 坐标后再用手簿计算转换参数，求取转换参数后要注意查看水平和垂直残差，一般不应超过 2cm，若超过 2cm 应检查已知点输入和 RTK 测量是否有误。

（5）数据采集　测量与计算转换参数后就可进行碎部点数据采集。数据采集时只需将移动站接收机对中杆立于地物地貌特征点上，在手簿上执行测量菜单下的点测量命令，输入点号、接收机天线高，就可实时测得碎部点的三维坐标并记录，同时手簿图形界面可以概略显示测量点的位置。

在室内将 GNSS-RTK 采集的碎部点坐标数据下载至计算机，再利用计算机中的数字地形图绘制软件绘制地形图。

相对于全站仪测图，GNSS-RTK 测图具有以下优点：

① 不要求点间通视，也不受基准站和移动站之间的地物影响，在一般地区采集数据时，其作业半径可高达 6km，大大节省了操作仪器的时间。

② 可全天候作业，并且可以用多个移动站同时测图，工作效率可以成倍提高。

GNSS-RTK 测图的缺点是对空间条件要求较高，在建筑密集区、沟壑区和植被覆盖区受到较大限制。

2. GNSS-CORS 系统测图法

CORS 又称为连续运行参考站系统，是由若干个位置固定连续运行的 GNSS 参考站通过数据通信实时地为移动站用户提供 GNSS 差分观测值及改正数等信息，以满足各种用户的需求。与传统的 RTK 相比，连续运行参考站不仅精度高，而且其有效的作业范围更广。如果作业区域已建设有 CORS 网，可以向 CORS 管理中心申请账号，不用架设基站，用户直接使用移动站即可作业，连接方式也为 NTRIP-VRS，输入 CORS 管理中心提供的 RTK 服务器 IP 地址、端口号、账号、密码，获取并输入接入点，单击“确定”完成网络设置并进行连接直至得到固定解即可。

与 RTK 作业方法相比，CORS 系统自身能够提供坐标转换参数，可不需采集国家点或已知点的坐标，这对于国家点破坏比较严重的测区，或是较远的、难以收集国家点资料的测区，避免了资料收集的各种不便和实地找点的种种困难，既方便、高效，也更经济、实惠。因此，利用 CORS 系统进行数字测图，是全野外数字测图的发展方向。

## ■ 8.6 数字地形图的编绘

### 8.6.1 数字测图软件简介

通过不同数据采集手段获取地物地貌特征点坐标数据并传输到计算机之后，还需要对这些数据进行加工处理，提取对绘图有用的各种信息，对其进行计算和整理，再按规定的数据结构存储，建立起适合绘图、编辑处理和能与 GIS 接轨的地图数据库，生成地图制图数据产品或空间数据库产品。这种利用计算机对原始数据进行计算、整理和地形图绘制的过程称为地形图的计算机编绘。

数字测图软件是指根据地形图图式对地物地貌符号、线型、注记等的规定，在计算机中完成地形图的绘制、编辑、修改、检查、输出、转换等功能的专业软件。

数字测图软件众多，开发思路、功能各有不同。目前，市场上比较成熟的数字化成图软件主要有：南方数码科技股份有限公司的数字化地形地籍成图软件 CASS、清华山维新技术开发有限公司的 GIS 数据采集处理与管理系列软件 EPSW、武汉瑞得的数字测图系统 RDMS、中地数码的 MapGIS 软件、广州开思的 SCSG 软件等。本书介绍南方 CASS 地形地籍成图软件的使用方法。

南方 CASS 地形地籍成图软件，是由南方数码科技股份有限公司基于 AutoCAD 平台技术研发，具有完全知识产权的 GIS 前端数据处理系统。广泛应用于地形成图、地籍成图、工程测量应用、空间数据建库和更新、市政监管等领域。

南方 CASS10 的操作主界面如图 8-16 所示。在绘图区右侧的屏幕菜单为 CASS 地物绘制菜单，地物绘制菜单的功能是绘制各类地物与地貌符号。CASS10 的地物绘制菜单是严格按照《国家基本比例尺地图图式　第 1 部分：1 ：500　1：1000　1：2000 地形图图式》（GB/T 20571. 1—2017）中的符号分类设计的。在数字地形图绘制时可以按现场绘制的草图点选调用右侧的地物绘制菜单中的符号绘制出规范的地物地貌符号。

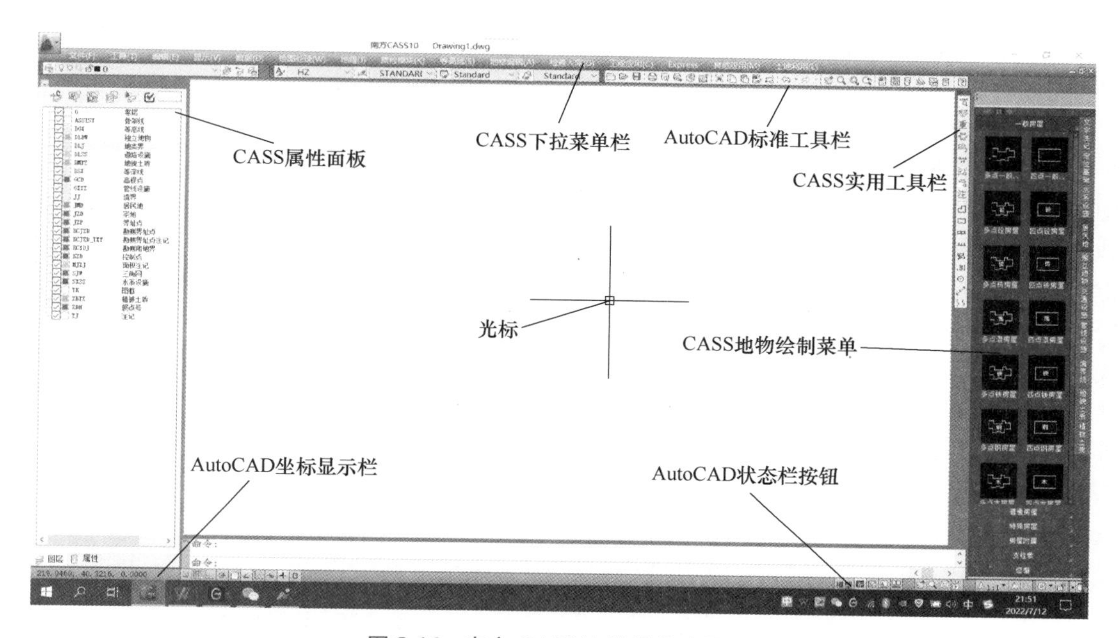


图 8-16　南方 CASS10 的操作主界面

## 8. 6. 2　数据传输

数字测图软件均提供与内存卡、电子手簿或者带内存的全站仪之间的数据传输功能，能够进行数据的双向传输。内存卡可直接插入计算机接口，电子手簿或者带内存的全站仪则需用通信电缆、蓝牙或红外传输等方式与微机连接。

1. 带内存全站仪的数据传输

用适当的通信电缆连接全站仪与计算机，打开 CASS 软件，选择下拉菜单“数据”→“读取全站仪数据”命令，在弹出的选择对话框中选择全站仪的型号、通信口，同时在全站仪和计算机数据通信设置项中选择相同的通信参数：波特率、数据位、停止位和检验方式等，先在计算机上确认，后在全站仪上确认，即可将全站仪采集的坐标数据传输到计算机，如图 8-17 所示。

2. PC-E500 电子手簿的数据传输

PC-E500 是南方测绘仪器公司开发的电子手簿，PC-E500 电子手簿与计算机可实现双向数据传输。PC-E500 电子手簿与计算机间进行数据传输的步骤为：用 E5-232C 电缆连接 PC-E500 手簿和计算机，然后进入 CASS 系统，移动鼠标至“数据”处单击，选择“读取全站仪数据”项。在“仪器”下拉列表中找到“E500 南方手簿”，接着在对话框下面的“CASS 坐标文件:”下的空栏里输入要保存的文件名，单击“转换”即可进行数据传输。

### 8.6.3 地形图的绘制

地形图的绘制是利用传输到计算机中的碎部点坐标和属性信息，在计算机屏幕上绘制地物、地貌图形，经人机交互编辑，生成数字地形图。下面以最常用的草图法测图模式，说明数字地形图绘制工作的内容和方法。

1. 测点展绘

执行下拉菜单“绘图处理”→“展野外测点点号”命令（图 8-18a），CAD 命令提示行显示“绘图比例尺<1 : 500>”，如果需要绘制其他比例尺的地形图，可在输入比例尺分母数值后按〈Enter〉键。在弹出的文件选择对话框中选择坐标文件“STUDY. DAT”，单击“打开”按钮，将所选坐标文件的点位和点号展绘在 CASS 绘图区，如图 8-19 所示。执行 AutoCAD 的“ddptype”命令可修改点样式。该展点命令创建的点位和点号对象位于“ZDH”（展点号）图层。

用户可以根据需要执行下拉菜单“绘图处理”→“切换展点注记”命令（图 8-18b），在弹出的对话框中（图 8-18c）切换注记内容为测点点位、测点代码或测点高程。

图 8-17 读取全站仪数据界面

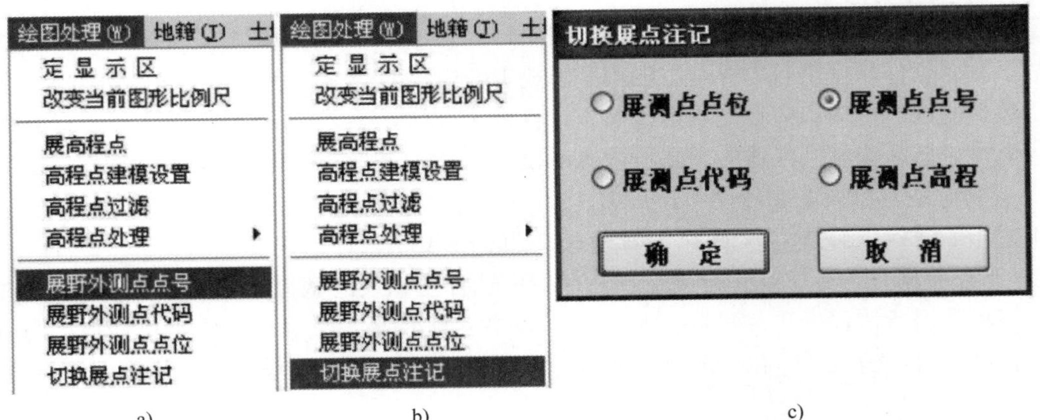


图 8-18 执行“绘图处理”下拉菜单“展野外测点点号”及“切换展点注记”命令

采用 CASS 绘制地物

2. 根据草图绘制地物

（1）CASS 参数配置　绘图员可通过 CASS 参数配置对话框设置 CASS 的各种参数，用户通过设置该菜单选项，可自定义多种常用设置。

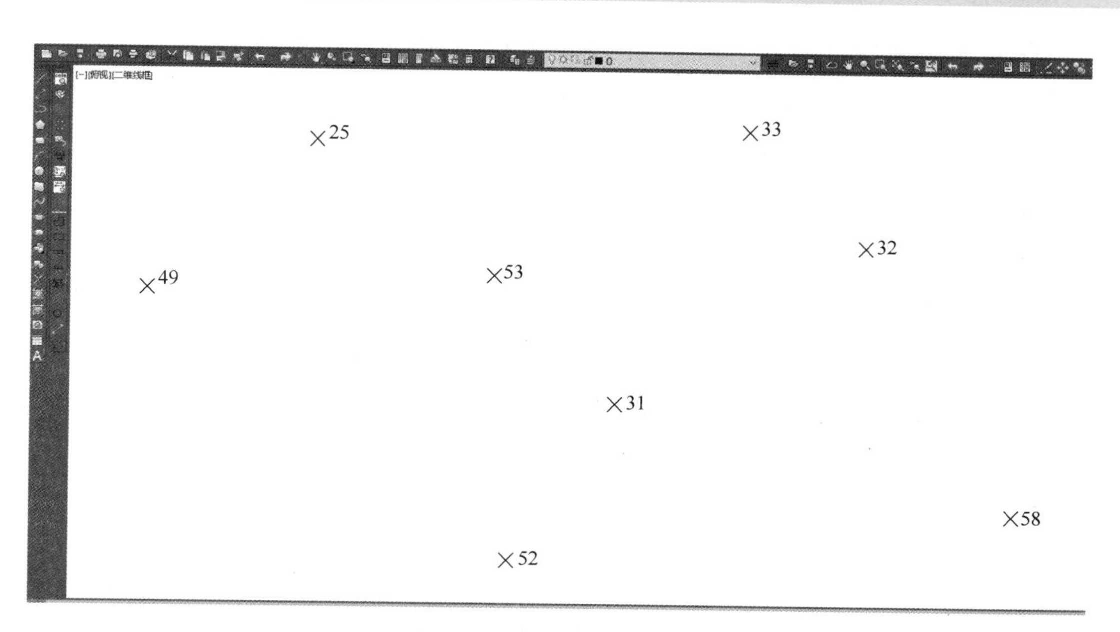


图 8-19　在绘图区展绘的点位和点号

操作：单击“文件”菜单的“CASS 参数配置”项，系统会弹出一个对话框，如图 8-20 所示。地物绘制参数设置内容很多，绘图员根据最新地形图图式要求来设置参数，其中的连续绘制应设置为“是”。

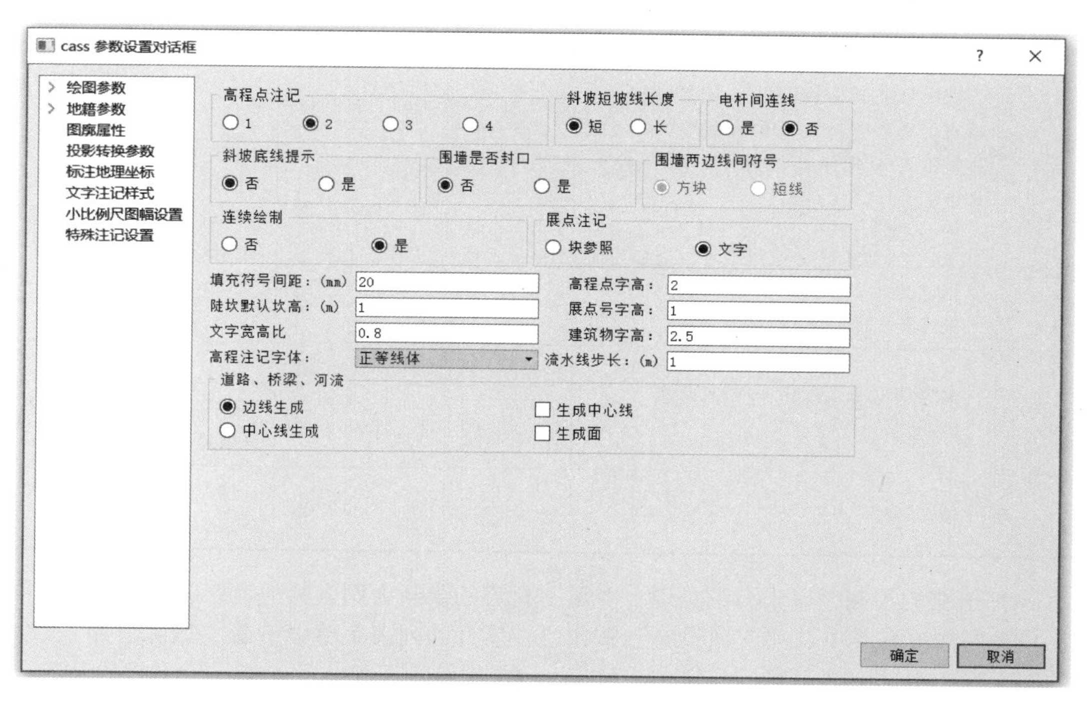


图 8-20　地物绘制参数设置对话框

（2）绘图测点定位模式的选择　CASS 绘图软件设置了两种测点定位方式：坐标定位和点号定位，为方便快捷地绘制地物，可在屏幕菜单右上角进行两种定位方式的切换。

1）坐标定位模式。在该模式下，在绘图命令执行过程中直接使用鼠标的十字光标，定位绘图区内测点点位来连接绘制指定的地物。在坐标定位模式下绘图，最好只打开 CAD 对象捕捉选项中的“节点”，以便鼠标捕捉到野外测点的准确坐标位置上。

2）点号定位模式。在该模式下，在绘图命令执行过程中直接输入野外测点点号，在绘图区内按测点点号定位绘制指定的地物。选择点号定位方式后，会弹出“选择点号对应的坐标点数据文件名”对话框，指定并打开坐标数据文件，才能按点号定位方式绘图。

（3）建筑物的绘制　在右侧屏幕菜单中选择“点号定位”方式，指定并打开 CASS 自带的坐标数据文件 STUDY. DAT。

以“多点砼房屋”的绘制为例，其他建筑物的绘制方法相同。

单击右侧屏幕菜单的“居民地”按钮，在展开的列表菜单中单击“一般房屋”，在弹出的图示列表中选中“多点砼房屋”，按表 8-12 操作步骤绘制一栋“多点砼房屋”，如图 8-21 所示。

表 8-12　“多点砼房屋”的绘制步骤

<table>
<tr><th>步骤</th><th>命令行提示信息</th><th>输入字符</th><th>键操作</th><th>说明</th></tr>
<tr><td>1</td><td>第一点：<br>鼠标定点 P/<点号></td><td>49</td><td>按〈Enter〉键</td><td></td></tr>
<tr><td>2</td><td>曲线 Q/边长交会 B/跟踪 T/区间跟踪 N/垂直距离 Z/平行线 X/两边距离 L/点 P/<点号></td><td>50</td><td>按〈Enter〉键</td><td></td></tr>
<tr><td>3</td><td rowspan="2">曲线 Q/边长交会 B/跟踪 T/区间跟踪 N/垂直距离 Z/平行线 X/两边距离 L/隔一点 J/微导线 A/延伸 E/插点 I/回退 U/换向 H 点<br>P/<点号></td><td>51</td><td>按〈Enter〉键</td><td rowspan="3">J—隔一点选项，系统自动计算出一点，该点可以使前一测点 51 与后一测点 52 之间构成直角</td></tr>
<tr><td>4</td><td>J</td><td>按〈Enter〉键</td></tr>
<tr><td>5</td><td>指定点：<br>鼠标定点 P/<点号>52</td><td>52</td><td>按〈Enter〉键</td></tr>
<tr><td>6</td><td rowspan="2">曲线 Q/边长交会 B/…/换向 H 点<br>P/<点号></td><td>53</td><td>按〈Enter〉键</td><td></td></tr>
<tr><td>7</td><td>C</td><td>按〈Enter〉键</td><td>C—闭合选项，使房屋闭合至起点 49</td></tr>
<tr><td>8</td><td>输入层数：<1></td><td>1</td><td>按〈Enter〉键</td><td>输入房屋层数，完成多点砼房绘制</td></tr>
</table>

（4）道路的绘制　以平行的县道、乡道、村道的绘制为例，其他道路的绘制方法相同。

单击右侧屏幕菜单的“交通设施”按钮，在展开的列表菜单中单击“城际公路”，在弹出的图示列表中选中“平行的县道乡道村道”，按表 8-13 操作步骤绘制一段平行的县道、乡道、村道，如图 8-22 所示。

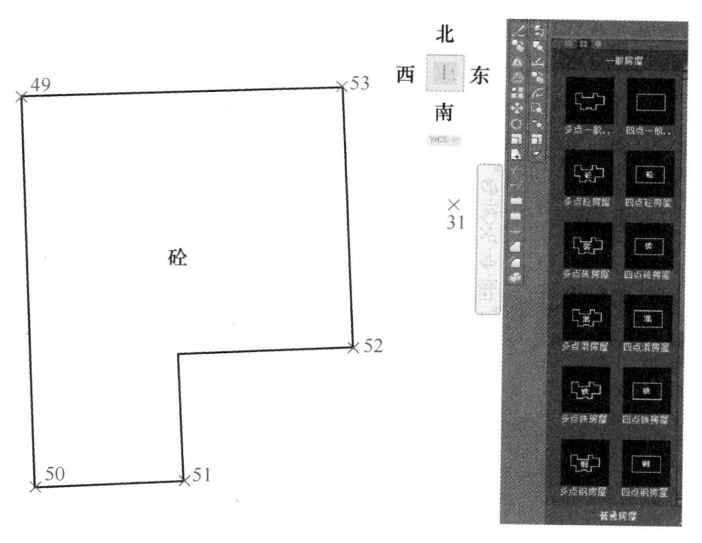


图 8-21 “多点砼房屋”的绘制

表 8-13 平行的县道、乡道、村道的绘制步骤

| 步骤 | 命令行提示信息 | 输入字符 | 键操作 | 说明 |
| --- | --- | --- | --- | --- |
| 1 | 第一点：<br>鼠标定点 P/<点号> | 92 | 按〈Enter〉键 | 使用折线依次连接道路一侧的测点点号 |
| 2 | 曲线 Q/边长交会 B/跟踪 T/区间跟踪 N/垂直距离 Z/平行线 X/两边距离 L/点 P/<点号> | 45 | 按〈Enter〉键 | |
| 3 | 曲线 Q/边长交会 B/跟踪 T/区间跟踪 N/垂直距离 Z/平行线 X/两边距离 L/隔一点 J/微导线 A/延伸 E/插点 I/回退 U/换向 H 点<br>P/<点号> | 46 | 按〈Enter〉键 | |
| 4 | | 13 | 按〈Enter〉键 | |
| 5 | | 47 | 按〈Enter〉键 | |
| 6 | | 48 | 按〈Enter〉键 | |
| 7 | | | 按〈Enter〉键 | 结束道路一侧的测点连接 |
| 8 | 拟合线<N>? | Y | 按〈Enter〉键 | Y—拟合为光滑曲线<br>N—不拟合为光滑曲线 |
| 9 | 1. 边点式/2. 边宽式/(按〈Esc〉键退出) | 1 | 按〈Enter〉键 | 1—要求输入道路另一侧测点<br>2—要求输入道路宽度 |
| 10 | 对面一点：<br>鼠标定点 P/点号> | 19 | 按〈Enter〉键 | 输入道路另一侧测点确定路宽完成道路绘制 |

（5）地貌土质的绘制　以未加固陡坎的绘制为例，其他地貌土质的绘制方法相同。

单击右侧屏幕菜单的“地貌土质”按钮，在展开的列表菜单中单击“人工地貌”，在弹出的图示列表中选中“未加固陡坎”，按表 8-14 操作步骤绘制一段未加固陡坎，如图 8-23 所示。

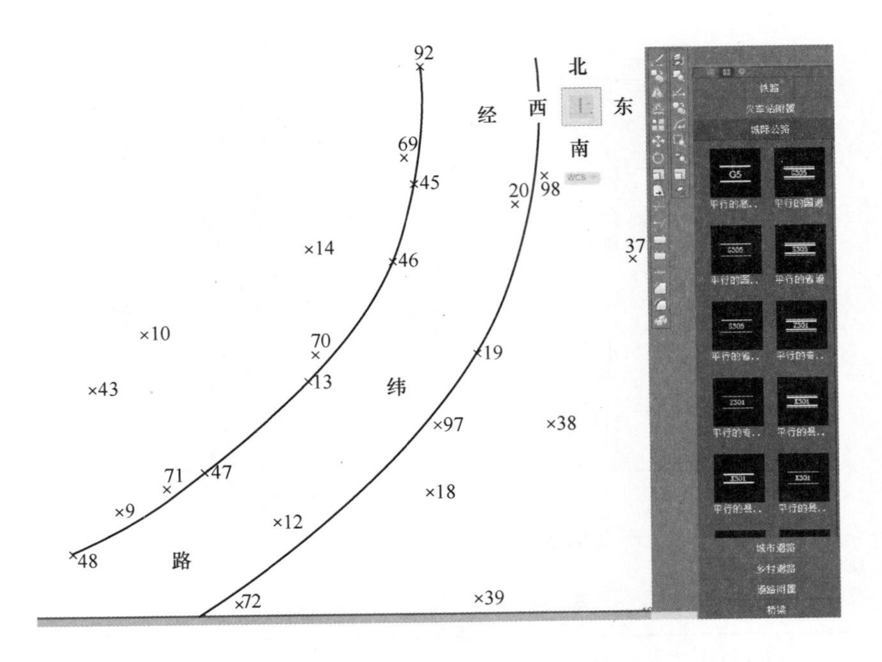


图 8-22　平行的县道、乡道、村道的绘制

表 8-14　未加固陡坎的绘制步骤

| 步骤 | 命令行提示信息 | 输入字符 | 键操作 | 说明 |
|---|---|---|---|---|
| 1 | 输入坎高：（米）<1.000> | 1 | 按〈Enter〉键 | 输入陡坎顶部与底部的高差，默认为 1m |
| 2 | 第一点：<br>鼠标定点 P/<点号> | 54 | 按〈Enter〉键 | 依次连接未加固陡坎测点点号<br>注意：陡坎示坡齿的朝向在连接点号前进方向的左侧<br>如果逆序输入测点点号，陡坎示坡齿的朝向正好相反。当陡坎绘制完成后，可以使用 CASS 快捷命令“H”，对陡坎示坡齿进行换向 |
| 3 | 曲线 Q/边长交会 B/跟踪 T/区间跟踪 N/垂直距离 Z/平行线 X/两边距离 L/隔一点 J/微导线 A/延伸 E/插点 I/回退 U/换向 H<br>P/<点号> | 55 | 按〈Enter〉键 | |
| 4 | | 56 | 按〈Enter〉键 | |
| 5 | | 57 | 按〈Enter〉键 | |
| 6 | | | 按〈Enter〉键 | 结束未加固陡坎测点连接 |
| 7 | 拟合线<N>? | Y | 按〈Enter〉键 | Y—拟合为光滑曲线<br>N—不拟合为光滑曲线 |

（6）管线的绘制　以地面上的输电线的绘制为例，其他管线的绘制方法相同。单击右侧屏幕菜单的“管线设施”按钮，在展开的列表菜单中单击“电力线”，在弹出的图示列表中选中“地面上的输电线”，按表 8-15 操作步骤绘制一条地面上的输电线。

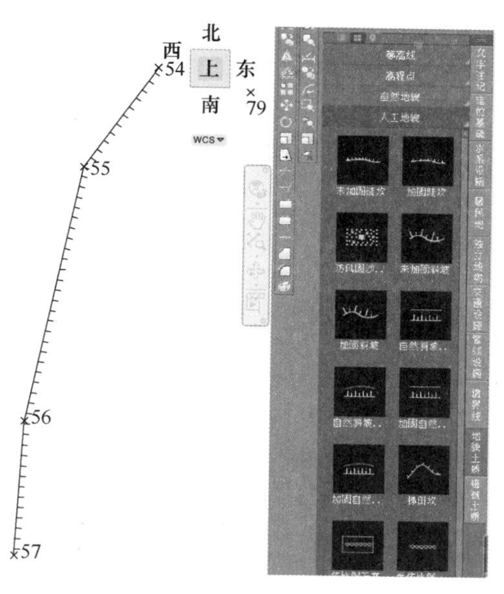


图 8-23　未加固陡坎的绘制

表 8-15　“地面上的输电线”的绘制步骤

| 步骤 | 命令行提示信息 | 输入字符 | 键操作 | 说明 |
| --- | --- | --- | --- | --- |
| 1 | 第一点：<br>鼠标定点 P<点号> | 75 | 按〈Enter〉键 | 依次连接输电线电杆测点点号。通常输电线电杆为方形的塔架。大比例尺地形图中应先绘出塔架后再用输电线连接<br>注意：在输电线上的白色线条为 Assist 图层上的骨架线，Assist 图层上的对象不会被打印出来 |
| 2 | 曲线 Q/边长交会 B/跟踪 T/区间跟踪 N/垂直距离 Z/平行线 X/两边距离 L/点 P/<点号> | 83 | 按〈Enter〉键 | |
| 3 | 曲线 Q/边长交会 B/跟踪 T/区间跟踪 N/垂直距离 Z/平行线 X/两边距离 L/隔一点 J/微导线 A/延伸 L/插点 I/回退 U/换向 H 点 | 84 | 按〈Enter〉键 | |
| 4 | | 85 | 按〈Enter〉键 | |
| 5 | | | 按〈Enter〉键 | 结束输电线测点连接 |
| 6 | 是否在端点绘制电杆：<br>（1）绘制（2）不绘制<1> | 1 | 按〈Enter〉键 | 1—在端点处绘制电杆<br>2—在端点处不绘制电杆 |

（7）植被的绘制　以菜地的绘制为例，其他植被的绘制方法相同。单击右侧屏幕菜单的“植被土质”按钮，在展开的列表菜单中单击“耕地”，在弹出的图示列表中选中“菜地”，按表 8-16 操作步骤绘制一块菜地，如图 8-24 所示。

表 8-16　菜地的绘制步骤

| 步骤 | 命令行提示信息 | 输入字符 | 键操作 | 说明 |
| --- | --- | --- | --- | --- |
| 1 | 请选择：（1）绘制区域边界（2）绘出单个符号（3）查找封闭区域<1> | 1 | 按〈Enter〉键 | 1—要求输入测点点号，围成封闭区域<br>2—绘制出单个独立的植被符号<br>3—需先绘制封闭多边形，用单击封闭多边形后，系统会对选中区域进行符号填充 |

（续）

<table>
<tr><th>步骤</th><th>命令行提示信息</th><th>输入字符</th><th>键操作</th><th>说明</th></tr>
<tr><td>2</td><td>第一点：<br>鼠标定点 P/<点号></td><td>58</td><td>按〈Enter〉键</td><td rowspan="4">依次连接测点点号，形成封闭区域。可在“文件”→“CASS 参数配置”→“地物绘制”选项卡中，“填充符号间距”中设置植被填充的密度</td></tr>
<tr><td>3</td><td>曲线 Q/边长交会 B/跟踪 T/区间跟踪 N/垂直距离 Z/平行线 X/两边距离 L/点 P/<点号></td><td>80</td><td>按〈Enter〉键</td></tr>
<tr><td>4</td><td rowspan="3">曲线 Q/边长交会 B/跟踪 T/区间跟踪 N/垂直距离 Z/平行 X/两边距离 L/隔一点 J/微导线 A/延伸</td><td>81</td><td>按〈Enter〉键</td></tr>
<tr><td>5</td><td>82</td><td>按〈Enter〉键</td></tr>
<tr><td>6</td><td>C</td><td>按〈Enter〉键</td><td>C—闭合选项，形成封闭多边形界线</td></tr>
<tr><td>7</td><td>拟合线<N>?</td><td>N</td><td>按〈Enter〉键</td><td>Y—封闭多边形拟合为光滑曲线<br>N—封闭多边形不拟合为光滑曲线</td></tr>
<tr><td>8</td><td>请选择：（1）保留边界（2）不保留边界<1></td><td>1</td><td>按〈Enter〉键</td><td>1—保留点状地类线构成的封闭多边形界线</td></tr>
</table>

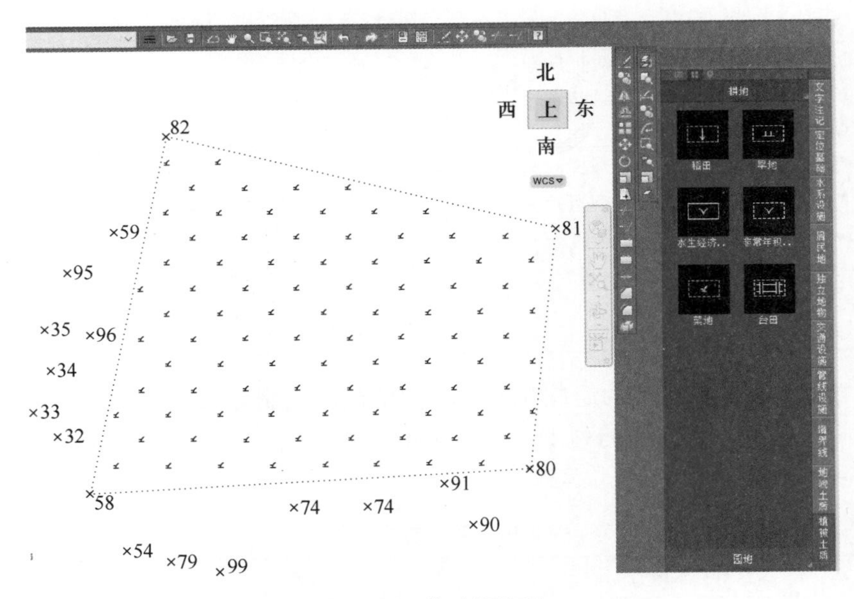


图 8-24　菜地的绘制

（8）独立地物的绘制　2017 年版图式并没有“独立地物”这一类，实际上，CASS 中“独立地物”符号库是将图式中常用的独立地物符号归总到该类符号库。独立地物是最适合用点号定位方式绘图的。以路灯的绘制为例，其他独立地物的绘制方法相同。单击右侧屏幕菜单的“独立地物”按钮，在展开的列表菜单中单击“其他设施”，在弹出的图示列表中选

中“路灯”，在命令行显示的“鼠标定点 P/<点号>”后依次输入点号 69、70、71、72、97、98，就能看到绘图区在这六个点上绘制出了路灯符号。

3. 等高线的绘制

采用 CASS 绘制等高线

等高线在 CASS 中是通过创建数字地面模型 DTM（Digital Terrestrial Model）后自动生成的。DTM 是指在一定区域范围内，规则格网点或三角形点的平面坐标（$X$，$Y$）和其他地形属性的数据集合。如果该地形属性是该点的高程 $H$，则该数字地面模型又称为数字高程模型 DEM（Digital Elevation Model）。DEM 从微分角度三维地描述了测区地形的空间分布，应用它可以按用户设定的等高距生成等高线，绘制任意方向的断面图、坡度图，计算指定区域的土方量等。

下面以 CASS10 自带的地形点坐标数据文件“dgx. dat”为例，介绍等高线的绘制过程。

（1）建立 DTM　执行下拉菜单“等高线”→“建立 DTM”命令，在弹出的图 8-25a 的“建立 DTM”对话框中点选“由数据文件生成”单选框，在“坐标数据文件名”下单击“…”按钮，选择坐标数据文件 dgx. dat，其余设置如图 8-25 所示。单击“确定”按钮，屏幕显示图 8-25b 所示的三角网，它位于“SJW”（三角网）图层。

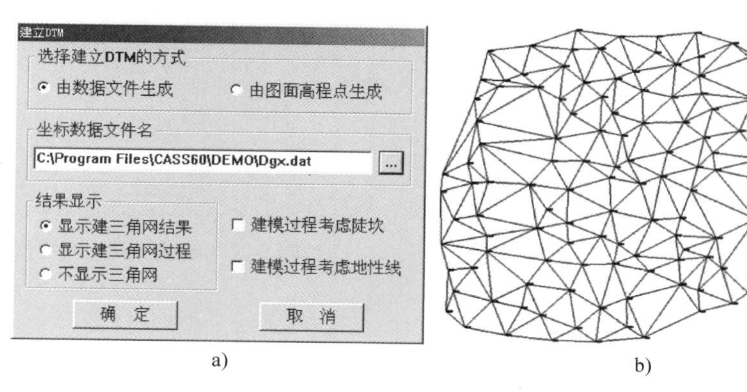


图 8-25　“建立 DTM”对话框的设置与 DTM 三角网结果

（2）修改数字地面模型　由于现实地貌的多样性、复杂性和某些点的高程缺陷（如山上有房屋），直接使用外业采集的碎部点数据很难一次性生成准确的数字地面模型，这就需要对生成的数字地面模型进行修改，它是通过修改三角网来实现的。

修改三角网命令位于下拉菜单“等高线”下，如图 8-26 所示。

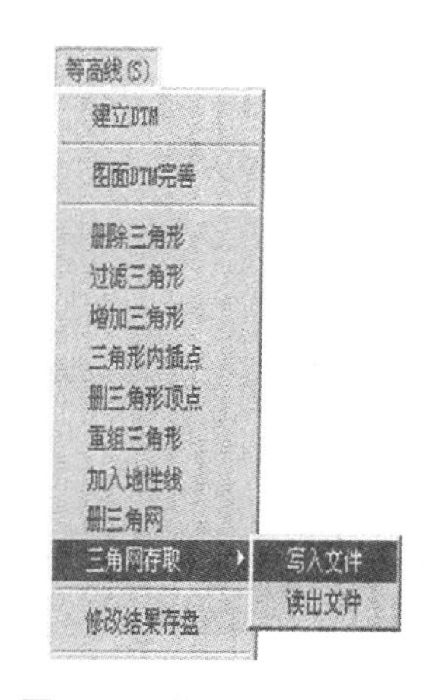


图 8-26　修改三角网命令

1）删除三角形：当某局部内没有等高线通过时，可以删除周围相关的三角形。

2）过滤三角形：如果 CASS 无法绘制等高线或绘制的等高线不光滑，这是由于某些三角形的内角太小或三角形的边长悬殊太大所致，可使用该命令过滤掉部分形状特殊的三角形。

3）增加三角形：点取屏幕上任意三个点可以增加一个三角

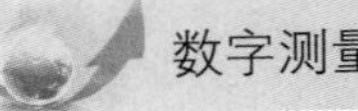

形，当所点取的点没有高程时，CASS 将提示用户手工输入高程值。

4）三角形内插点：用户可以在任一个三角形内指定一个点，CASS 自动将内插点与该三角形的三个顶点连接构成三个三角形。当所点取的点没有高程时，CASS 将提示用户手工输入高程值。

5）删三角形顶点：当某一个点的坐标或高程有误时，可以使用该命令删除它，CASS 会自动删除与该点连接的所有三角形。

6）重组三角形：在一个四边形内可以组成两个三角形，如果认为三角形的组合不合理，可以使用该命令重组三角形。

7）删三角网：生成等高线后就不需要三角网了，可以执行该命令删除三角网。

8）三角网存取：有“写入文件”和“读出文件”两个子命令。“写入文件”是将当前图形中的三角网写入用户给定的文件，CASS 自动为该文件加上扩展名 dgx（意为等高线）；读出文件是读取扩展名为 dgx 的三角网文件。

9）修改结果存盘：三角形修改完成以后，要执行该命令才能使修改结果有效。

（3）绘制等高线　执行下拉菜单“等高线/绘制等高线”命令，弹出图 8-27 所示的“绘制等值线”对话框，根据需要完成对话框的设置后，单击“确定”按钮，CASS 开始自动绘制等高线。采用图 8-27 中设置绘制的坐标数据文件 dgx. dat 的等高线如图 8-28 所示。

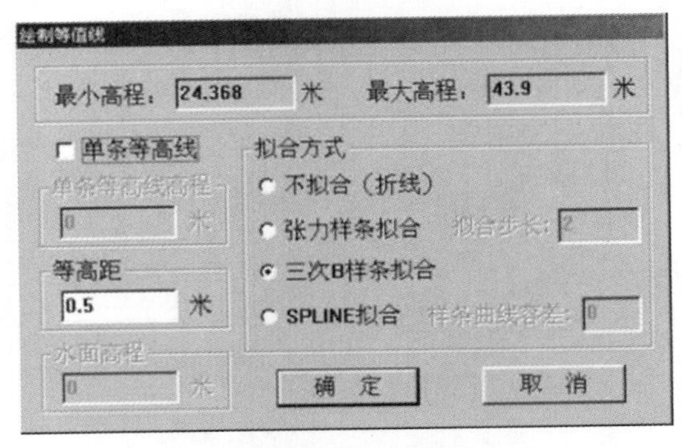


图 8-27　绘制等高线的设置

（4）等高线的注记与修剪

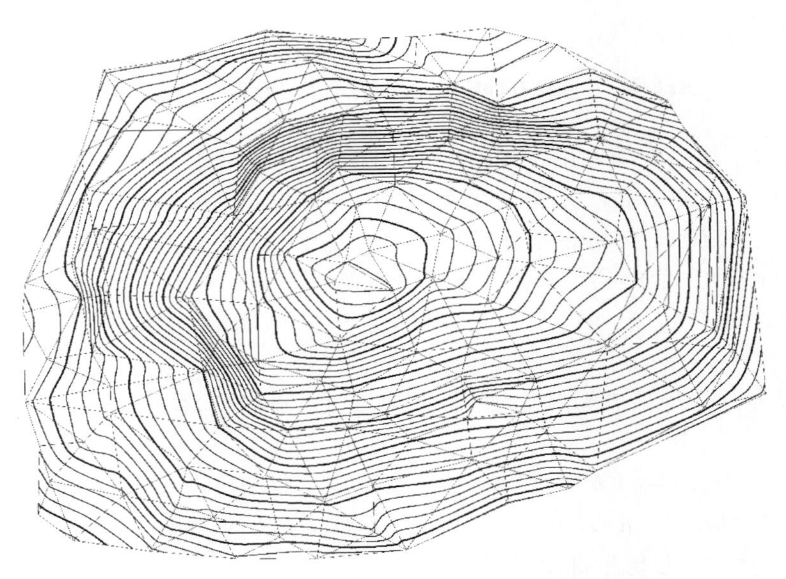

图 8-28　使用坐标数据文件“dgx. dat”绘制的等高线

1）注记等高线：有四种注记等高线的方法，其命令位于下拉菜单“等高线”→“等高线注记”下，如图 8-29a 所示。批量注记等高线时，一般选择“沿直线高程注记”，它要求用户先使用 AutoCAD 的 Line 命令绘制一条垂直于等高线的辅助直线，绘制直线的方向应为注记高程字符字头的朝向（由低往高处绘）。命令执行完成后，CASS 自动删除该辅助直线，注记的字符自动放置在 DGX 图层。

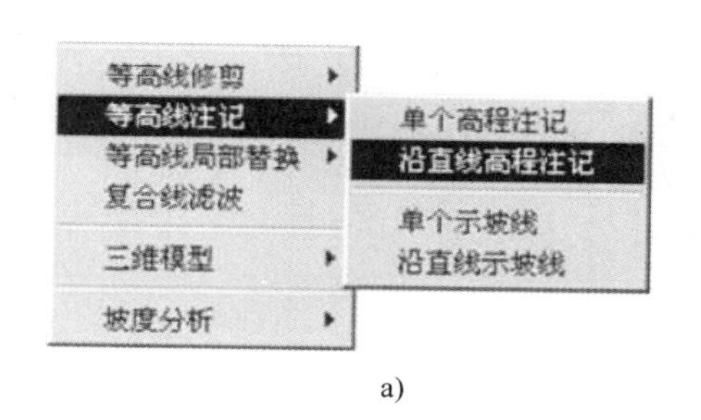


a)

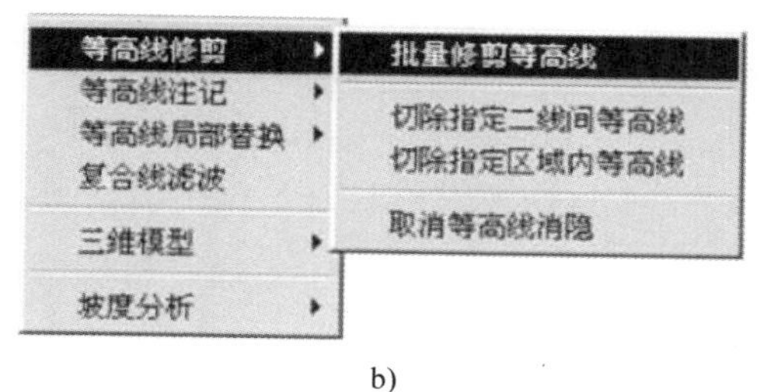


b)

图 8-29　等高线注记与修剪命令选项

2）等高线修剪：有多种修剪等高线的方法，命令位于下拉菜单“等高线”→“等高线修剪”下，如图 8-29b 所示。

4. 高程注记

地形图上除了表示测区内地物符号和等高线外，还需测绘一定数量的高程点，《工程测量标准》（GB 50026—2020）规定了地形点的最大点位间距，见表 8-17。

表 8-17　地形点的最大点间距离　　（单位：m）

| 比例尺 | | 1：500 | 1：1000 | 1：2000 | 1：5000 |
|---|---|---|---|---|---|
| 一般地区 | | 15 | 30 | 50 | 100 |
| 水域 | 断面间 | 10 | 20 | 40 | 100 |
| | 断面上测点间 | 5 | 10 | 20 | 50 |

1）先执行下拉菜单“绘图处理”→“展高程点”命令，命令行提示：“注记高程点的距离（米）<直接按〈Enter〉键全部注记>”，根据测图比例尺选择注记高程点距离，1：500 图通常输入 15m。

2）对图上已注记高程点进行编辑。首先删除不需注记高程点的高程；然后用交互展点命令（快捷命令“G”）展绘出上一步漏注的高程点，如路中高程、坎上坎下高程、坡度变化点的高程等。

5. 地形图加注记

以如图 8-30 所示的道路上加路名“迎宾路”为例。

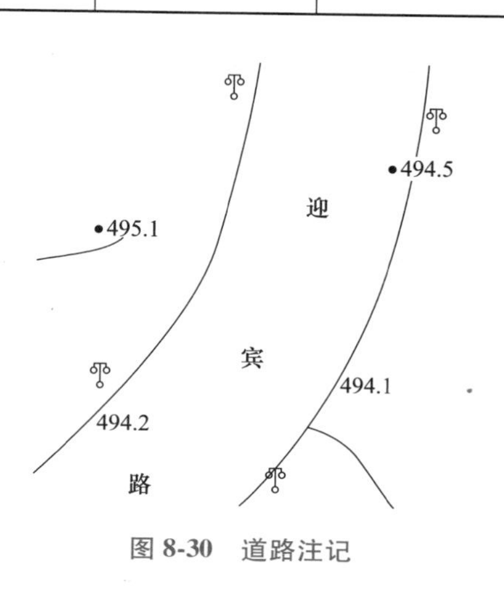


图 8-30　道路注记

单击屏幕菜单的“文字注记”按钮，弹出图 8-31

所示的“注记”对话框，选中“注记文字”，单击“确定”按钮，弹出图 8-32 所示的“文字注记信息”对话框，输入注记内容“迎宾路”，并根据需要完成设置后单击“确定”按钮，这样就完成了该道路的文字注记。有时还需要根据图式的要求编辑注记文字。如需要沿道路走向放置文字，应使用 AutoCAD 的 Rotate 命令旋转文字至适当方向，使用 Move 命令移动文字至适当地方。

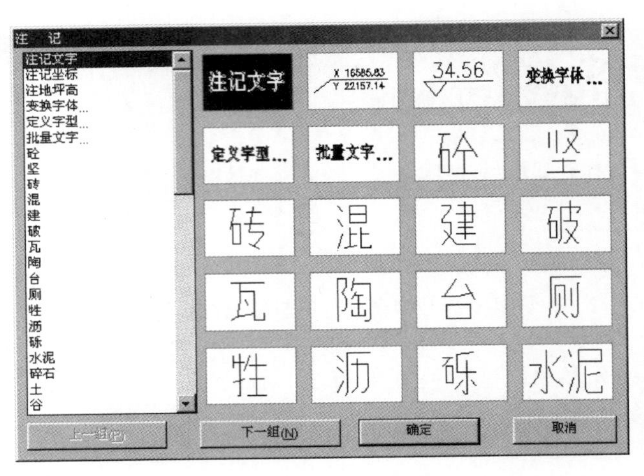


图 8-31　“注记”对话框

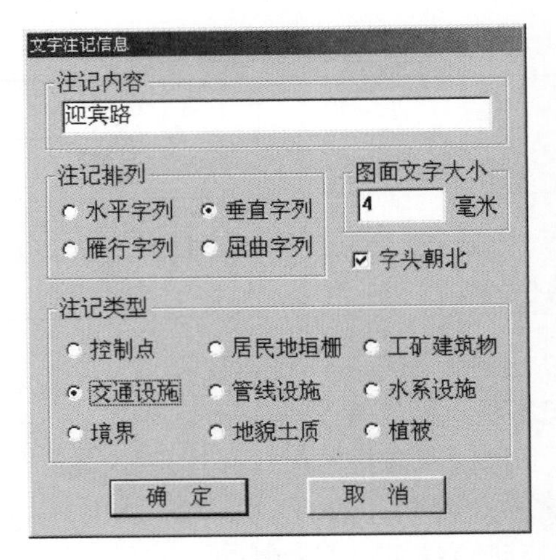


图 8-32　注记内容的输入及设置

6. 地形图加图廓

1）先执行下拉菜单“文件”→“CASS 参数配置”命令，在弹出的“cass 参数设置对话框”中，选择“图廓属性”，在如图 8-33 所示选项卡中设置好分幅图图廓外的部分注记内容。

地形图分幅

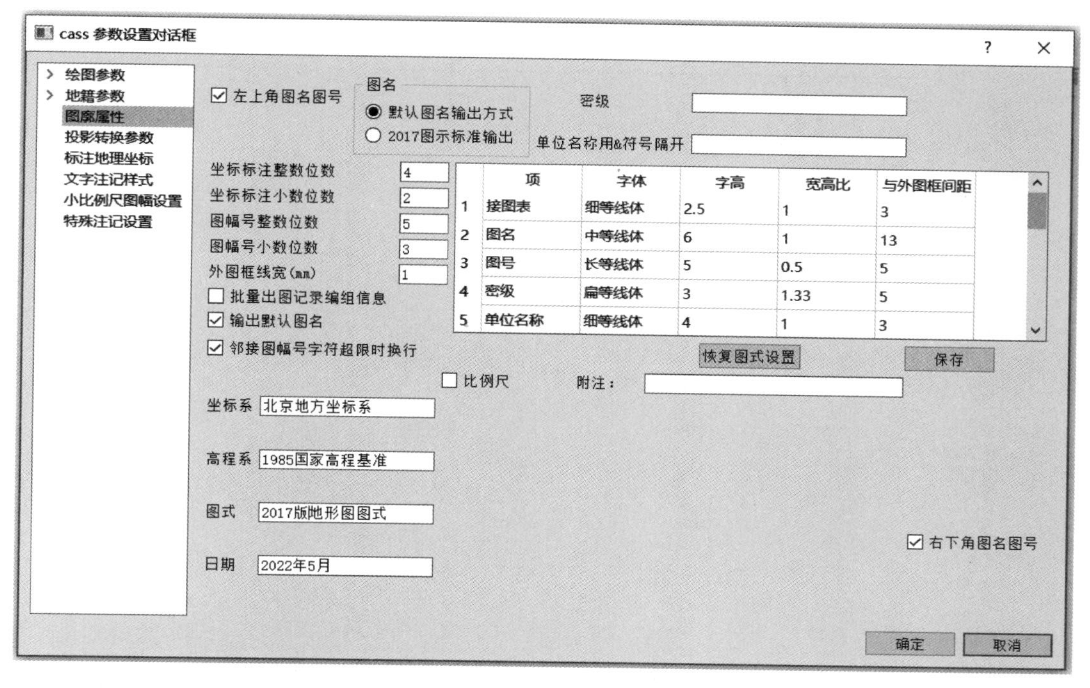


图 8-33 “cass 参数设置对话框”中的“图廓属性”设置

2）执行下拉菜单“绘图处理”→“标准图幅（50cm×40cm）”命令，弹出图 8-34 所示的“图幅整饰”对话框，完成设置后单击“确定”按钮，CASS 自动按照对话框的设置为所选地形图加上图廓。图 8-35 所示为一幅经过编辑和整饰好的数字地形图。

图幅整饰
图名
附注(输入\n换行)
图幅尺寸
横向：5 分米
纵向：4 分米
接图表
左下角坐标
东：0 北：0
取整到图幅 取整到十米 取整到米
不取整，四角坐标与注记可能不符
十字丝位置取整 删除图框外实体
去除坐标带号
确 认 取 消

图 8-34 “图幅整饰”对话框

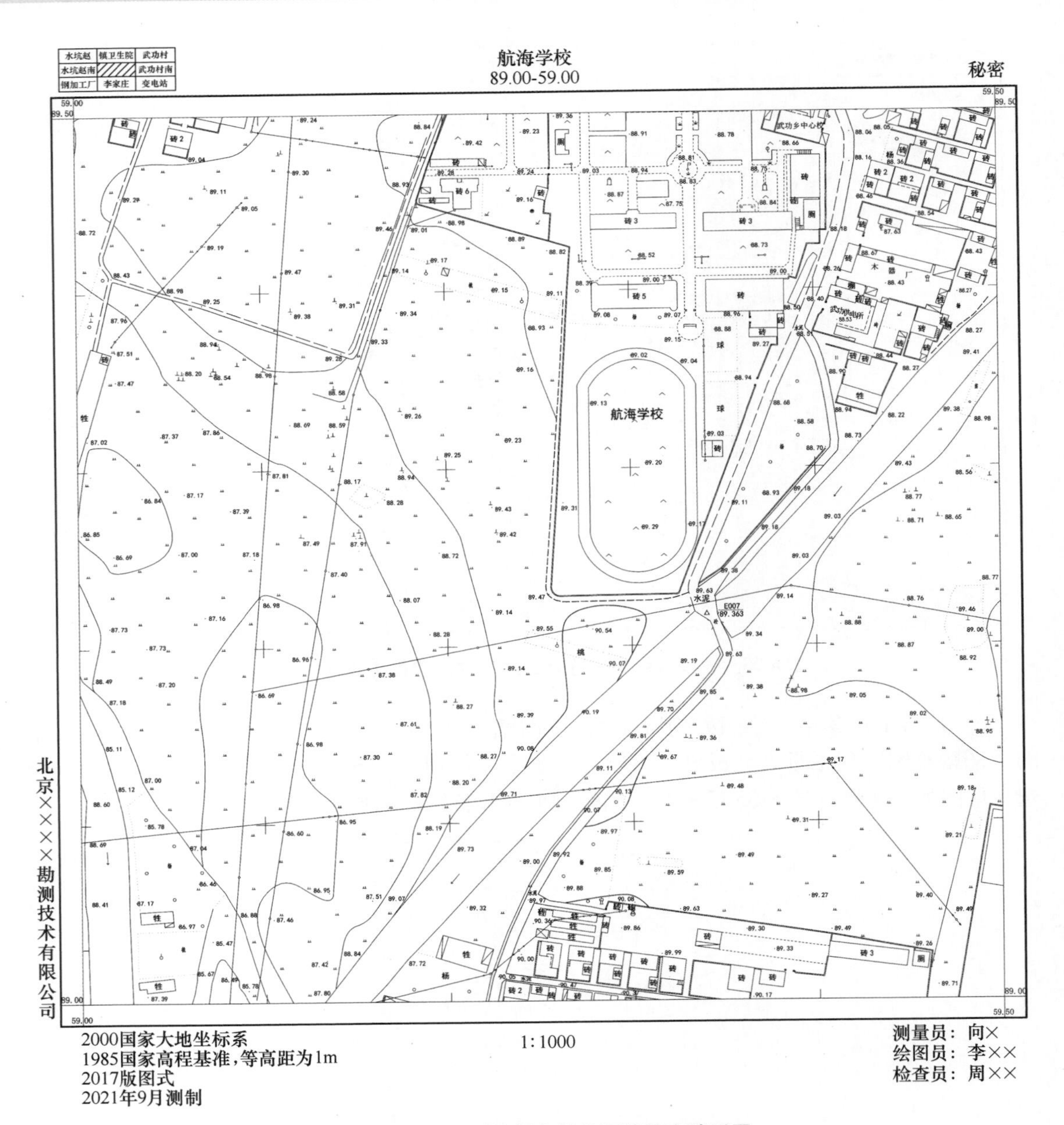


图 8-35　一幅经过编辑和整饰好的数字地形图

## 8.7　数字测图成果检查验收与技术总结

### 8.7.1　数字测图成果的精度要求

地形测量的区域类型，可划分为一般地区、城镇建筑区、工矿区和水域。《工程测量标准》（GB 50026—2020）对数字地形测量的基本精度要求做了规定。

1）地形图图上地物点相对于邻近图根点的点位中误差，不应超过表 8-18 的规定。

表 8-18　图上地物点的点位中误差

| 区域类型 | 点位中误差/mm |
| --- | --- |
| 一般地区 | 0.8 |
| 城镇建筑区、工矿区 | 0.6 |
| 水域 | 1.5 |

注：1. 隐蔽或施测困难的一般地区测图，可放宽 50%。

2. 1∶500 比例尺水域测图、其他比例尺的大面积平坦水域或水深超出 20m 的开阔水域测图，根据具体情况，可放宽至 2.0mm。

2）等高（深）线的插求点或数字高程模型格网点相对于邻近图根点的高程中误差，不应超过表 8-19 的规定。

表 8-19　等高（深）线插求点的高程中误差

| | | | | | |
| --- | --- | --- | --- | --- | --- |
| 一般地区 | 地形类别 | 平坦地 | 丘陵地 | 山地 | 高山地 |
| | 高程中误差/m | $\frac{1}{3}h_d$ | $\frac{1}{2}h_d$ | $\frac{2}{3}h_d$ | $1h_d$ |
| 水域 | 水底地形倾角 $\alpha$ | $\alpha<3°$ | $3\leqslant\alpha<10°$ | $10°\leqslant\alpha<25°$ | $\alpha\geqslant25°$ |
| | 高程中误差/m | $\frac{1}{2}h_d$ | $\frac{2}{3}h_d$ | $1h_d$ | $\frac{3}{2}h_d$ |

注：1. $h_d$ 为地形图的基本等高距（m）。

2. 隐蔽或施测困难的一般地区测图，可放宽 50%。

3. 当作业困难、水深大于 20m 或工程精度要求不高时，水域测图可放宽 1 倍。

3）工矿区细部坐标点的点位和高程中误差，不应超过表 8-20 的规定。

表 8-20　工矿区细部坐标点的点位和高程中误差

| 地物类别 | 点位中误差/mm | 高程中误差/mm |
| --- | --- | --- |
| 主要建（构）筑物 | 50 | 20 |
| 一般建（构）筑物 | 70 | 30 |

## 8.7.2　数字测图成果的检查验收

数字测图成果的检查和验收是数字测图工作质量控制的重要环节，根据《数字测绘成果质量检查与验收》（GB/T 18316—2008）的规定，测绘成果质量通过二级检查一级验收方式进行控制，测绘成果应依次通过测绘单位作业部门的过程检查、测绘单位质量管理部门的最终检查和项目管理单位组织的验收或委托具有资质的质量检验机构进行质量验收。

1. 检查验收的成果、依据与规定

（1）提交检查验收的成果资料　成果资料包括：数字测图技术设计文件，数字测图技术总结文件，控制测量原始观测记录和点之记资料，控制测量平差计算和控制网图形文件，控制测量成果文件，地形数据采集原始数据资料，地形图整图和分幅电子图形文件，地形图分幅纸质图。

（2）检查验收的依据　依据包括：有关的法律法规，有关国家标准、行业标准、设计书、测绘任务书、合同书和委托验收文件等。

（3）数字测绘产品检验后的处理　检查中发现有不符合技术标准、技术设计书或其他有关技术规定的产品时，应及时提出处理意见，交测绘单位进行改正。当问题较多或性质较重时，可将部分或全部产品退回测绘单位重新处理，然后再进行检查直至合格为止。

经验收判为合格的产品，测绘单位要对验收中发现的问题进行处理。经验收判为不合格的产品，要将检验产品全部退回测绘单位进行处理，然后再次申请验收。

检查验收人员认真做好包括质量问题记录、问题处理记录以及质量评定记录等。记录必须及时、认真、规范、清晰。检查、验收工作完成后，需编写检查、验收报告，并随产品一起归档。

2. 检查验收的方式

为保证数字测图成果的质量，测绘单位必须有合理的质量检查制度，测绘人员必须具有严肃认真的工作态度和熟练的技术水平。按照规范的规定要求，应在自查互查的基础上进行二级检查一级验收。

（1）自查互查　自查互查是保证数字测图质量的第一个关键环节。小组作业人员应经常检查自己的操作程序、作业方法和绘图内容是否正确，如测站检查、地形检查，确认地物有无遗漏、地貌是否相像，并按项目部的要求进行各作业小组的互查。

（2）二级检查一级验收　测绘产品实行过程检查、最终检查和验收制度。过程检查一般由项目部负责，是在作业组自查互查的基础上，按相应技术标准、技术设计书规定，对作业组生产的产品进行全面检查。通过过程检查的产品才能进行最终检查，即由生产单位的质量管理机构负责实施，对作业组生产的产品进行一次全面检查。经最终检查合格后，测绘单位以书面形式向委托生产单位或者上级部门申请验收，验收后提出的检验报告，是测绘成果是否合格的依据。

过程检查、最终检查工作中，当对质量问题的判定存在分歧时，由测绘单位总工程师裁定；验收工作中，当对质量问题的判定存在分歧时，由委托方或项目管理单位裁定。

3. 检查验收的方法

对数字测图产品进行检查验收的方法一般包括室内检查和外业检查两个方面，作业人员应当积极协助和支持全面检查及验收工作。

（1）室内检查

1）对各等级控制网的布设方案，控制网点的密度、位置的合理性，标石的类型和质量，手簿的记录和注记的正确性、完备性，电子手簿的记录程序正确性和输出格式的标准化程度，各项误差与限差的符合情况，各项验算的正确性，资料的完整性等进行全面详查。

2）数据采集原始资料的检验。

3）数字图形的检查，包括空间数据检查、逻辑一致性检查和数据完整性检查，主要是对计算机中图形的检查，是常规测图难以做到的检查内容。

空间数据检查，主要包括数学基础的检查，各类地形要素的精度及表示是否符合要求。

逻辑一致性检查，包括地理要素的协调性、图幅接边和拓扑关系是否正确。

数据完整性检查，主要包括图层数量、图层名、颜色、属性等是否正确完整，有无非本层要素，如房屋层中有道路存在、道路层中有水系地物等。图层质量好坏是数据将来进入

GIS 数据库的关键。

4）数据文件检查，包括控制点数据库、控制点成果文件和地图数据库检查等。

（2）外业检查　外业检查主要是对地形图数学精度和地理精度的检查。

1）地物点位置精度的检测。用与数字测图采集数据时精度相同的仪器，在相同的测站上设站，选择地形图上测量过的地物特征点测定其平面位置，通过计算机提取数字地形图上同名地物点的坐标，与检查点的坐标比较，计算出坐标差和位置差，按式（8-3）计算地物点的单位检测中误差 $m_{检}$:

$$m_{检} = \pm\sqrt{\frac{[\Delta_{s_i}\Delta_{s_i}]}{2n}} \tag{8-3}$$

式中，$\Delta_{s_i}$ 为由同名地物点检测坐标与实测坐标差计算出的位置偏差量，$\Delta_{s_i}=\sqrt{(\Delta_{x_i}^2+\Delta_{y_i}^2)}$；$n$ 为检测点数量。

2）地物点相对精度的检测。用钢尺丈量地物点间距与计算机屏幕采集的同名边长比较，计算边长差值 $\Delta l_i$，按式（8-4）计算地物点间距检测中误差 $m_l$。

$$m_l = \pm\sqrt{\frac{[\Delta l_i \Delta l_i]}{2n}} \tag{8-4}$$

式中，$\Delta l_i$ 为同名边长之差；$n$ 为被检测地物点的间距个数。

3）注记点高程精度的检测。采用原数字测图仪器测量图上高程注记点的检测高程，计算同名高程的较差值 $\Delta h_i$，按式（8-5）计算图上注记高程点的高程检测中误差 $m_h$。

$$m_h = \pm\sqrt{\frac{[\Delta h_i \Delta h_i]}{2n}} \tag{8-5}$$

式中，$\Delta h_i$ 为检测的高程注记点高程与实测高程之差；$n$ 为被检测高程注记点的个数。

4）地理精度的检查。对于进行详查的图幅，通过野外巡视的方法，全数检查地理要素表示的完整性与正确性、地理要素的协调性、注记和符号的正确性、综合取舍的合理性及地理要素接边质量。

4. 数字测图产品质量评定

对数字测图产品经上述检查、验收后，应按项目质量依据《数字测绘成果质量检查与验收》（GB/T 18316—2008）采用缺陷扣分标准，在控制成果、数学精度、地理精度和交验资料的完整性等方面，按验收评分细则在质量评定标准中的规定进行质量评定。

评定控制测量的品级时，要考虑点的分布与密度、各项边长、线路总长、图形、扩展次数是否符合要求，各种手簿、成果、图历表的填写是否正确，资料是否齐全，字迹是否工整清晰，主要误差与次要误差的比例关系等。全面考虑与平衡，确定控制测量的品级并反映到报告中。

地形图的数学精度评定包括平面和高程精度，应根据地物位置表示的正确程度、高程注记点的高程中误差和等高线的高程中误差来评定。

地形图的内容质量评定，要根据地物地貌表示的正确程度、综合取舍、符号运用、高程注记点密度及位置分布是否恰当、图面美观程度等综合评定。

5. 编写检查验收报告

检查验收报告是测绘成果质量认证书，随成果资料一并上交，为用图单位正确使用测绘成果提供可靠依据。检查验收报告由检查验收主持人负责编写。

检查报告的主要内容：任务概要；检查工作概况（包括仪器、设备和人员组织情况）；检查的技术报告；主要质量问题及处理意见；对遗留问题的处理意见；质量统计和检查结论。

验收报告的主要内容：验收工作进展情况；对全部内、外业资料和原图的评价；验收成果和图件的数量与质量统计；验收过程中发现的问题及处理情况。

验收报告中的评价以检查结果为依据，有统计数据的最好用数据说明问题。验收报告必须以明确的词语对整个测绘工作做出肯定或者否定的结论。

### 8.7.3 数字测图技术总结

数字测图技术总结是在测图任务和质量检查完成后，对测绘技术设计文件、技术标准和规范等的执行情况，技术设计方案实施中出现的主要技术问题和处理方法，成果质量、新技术的应用等进行分析研究、认真总结，并做出客观描述和评价。测绘技术总结为用户对成果的合理使用提供方便，为测绘单位持续质量改进提供依据，同时也为测绘技术设计、有关技术标准和规定的制定提供资料。测绘技术总结是与测绘成果有直接关系的技术性文件，是长期保存的重要技术档案。可参照《测绘技术总结编写规定》（GB/T 1001—2005）进行编写。

1. 技术总结编写的依据

1）测绘任务书或合同的有关要求，任务委托方书面要求或者口头要求的记录，市场的需求或期望。

2）测绘技术设计文件，相关的法律、法规、技术标准和规范。

3）测绘成果的质量检查报告。

4）以往测绘技术设计、测绘技术总结提供的信息以及现有生产过程和产品的质量记录和有关数据。

5）其他有关文件和资料。

2. 技术总结编写的原则

1）内容真实、全面，重点突出。说明和评价技术要求的执行情况时，不应简单抄录技术设计和相关规范的有关技术要求。应重点说明作业过程中出现的主要技术问题和处理方法、特殊情况的处理及其达到的效果、经验、教训和遗留问题等。

2）文字应简洁扼要，公式、数据和图表应准确，名词、术语、符号和计量单位等均应与有关法规和标准一致。

3. 数字测图技术总结的编制

数字测图技术总结一般由概述、技术设计执行情况、成果质量说明和评价、上交和归档的成果及其资料清单等四部分组成。

（1）概述　简要说明测绘任务的来源、内容、目标、工作量等，项目的组织、实施和完成情况，作业区概况和已有资料的利用情况。

（2）技术设计执行情况　说明作业所依据的技术性文件，包括项目设计书和有关技术标准、规范及其执行情况，重点描述项目实施过程中出现的技术问题和处理方法、特殊情况

的处理及其达到的效果等，说明项目实施中质量保证措施（包括组织管理措施、资源保证措施、质量控制措施以及数据安全措施）的执行情况，应详细描述和总结作业过程中采用新技术、新方法、新材料的应用情况，总结项目实施中的经验、教训（包括重大的缺陷和失败）和遗留问题，并对今后生产提出改进意见和建议。

（3）成果质量说明与评价　说明与评价项目最终测绘成果的质量情况，包括必要的精度统计，产品达到的技术指标，并说明最终测绘成果的质量检查报告的名称和编号。

（4）上交成果及其资料清单

1）数字测图成果：控制测量成果、电子版和纸质版地形图，说明其名称、数量、类型等。

2）文档资料：数字测图技术设计书，数字测图技术总结，质量检查报告，控制测量的观测、记录、点位信息及平差计算报告，地形图测绘的观测、记录等及其他作业过程中形成的重要记录。

## 思考题与习题

1. 何谓地形测量？地形测量的方法有哪些？
2. 简述数字测图系统的构成及其作用。
3. 根据数字地形测量数据源获取方式的不同，数字测图方法有哪些？
4. 简述用经纬仪测绘法测绘大比例尺地形图的程序。
5. 数字测图技术设计的主要内容包括哪些方面？
6. 简述地物地貌特征点的选择方法。
7. 简述图根控制测量的方法。
8. 何谓地形数据采集？地形数据采集的模式有哪几种？
9. 简述全站仪数字测图的工作程序。
10. 简述 GNSS-RTK 数字测图的工作程序。
11. 简述用南方 CASS 数字测图软件绘制数字地形图的程序。
12. 数字测图成果的质量与验收包括哪些内容？简述数字测图成果质量评定的方法。
13. 计算表 8-21 中各碎部点的水平距离和高程。

表 8-21　某碎部测量记录

测站点：$A$　测站高程：$H_A=94.05$m　仪器高：$i=1.37$m　竖盘指标差：$x=0$

| 点号 | 尺间隔 /m | 中丝读数 /m | 竖盘读数 /(° ′) | 竖直角 /(° ′) | 初算高差 /m | 高差/m | 水平距离 /m | 高程 /m |
|---|---|---|---|---|---|---|---|---|
| 1 | 0.647 | 1.53 | 84　17 | | | | | |
| 2 | 0.772 | 1.37 | 81　52 | | | | | |
| 3 | 0.396 | 2.37 | 93　55 | | | | | |
| 4 | 0.827 | 2.07 | 80　17 | | | | | |

注：盘左视线水平时竖盘读数为 90°，视线向上倾斜时竖盘读数减少。

14. 根据图 8-36 中的高程注记绘制等高距为 1m 的等高线，图中实线为山脊线虚线为山谷线。

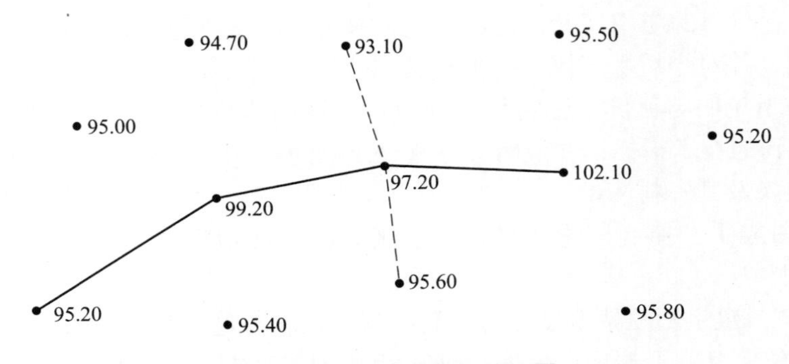


图 8-36　碎部点高程注记图

# 第 9 章

# 地形图的应用

地形图是自然地理、人文地理和社会经济信息的载体，并且具有可量测性、可定向性等特点。在工程建设中，利用地形图可使勘测、设计能充分利用地形条件，优化设计和施工方案，有效地节省工程建设费用。

地形图应用的内容包括：在地形图上，确定点的坐标与高程、点与点之间的距离、高差及坡度；确定直线的方位、两直线间的夹角；勾绘集水线和分水线，标绘洪水线和淹没线；绘制断面图等；计算指定范围的面积和体积，由此确定房屋与土地面积、土石方量、蓄水量、矿产量等；在地形图上了解某区域地物、地貌的分布及社会经济状况等。

## ■ 9.1　地形图的识读

地形图是用各种规定的符号和注记表示地物、地貌及其他有关信息的。通过对地形图上这些符号和注记的识读，地形图所对应的实地立体模型便会展现在人们面前，进而判断其相互关系和自然形态，这就是地形图识读的主要目的。

### 9.1.1　地形图的图廓及图廓外注记

地形图图廓外注记的内容包括：图名、图号、接图表、比例尺、坐标系、图式版本、等高距、测图日期与测图方法、测绘单位、图廓线、坐标格网、三北方向线和坡度尺等，如图 9-1 所示。

### 9.1.2　地物与地貌的识读

为了正确识读与使用地形图，必须熟悉地形图图式，熟悉一些常用的地物和地貌符号，了解图上文字注记和数字注记的确切含义。我国当前使用的国家基本比例尺地图图式有四种：《国家基本比例尺地图图式　第 1 部分：1∶500　1∶1 000　1∶2000 地形图图式》（GB/T 20257. 1—2017），《国家基本比例尺地图图式　第 2 部分：1∶5000　1∶10000 地形图图式》（GB/T 20257. 2—2017），《国家基本比例尺地图图式　第 3 部分：1∶25000　1∶50000　1∶100000 地形图式》（GB/T 20257. 3—2017），《国家基本比例尺地图图式　第 4 部分：1∶250000　1∶500000　1∶1000000 地形图式》（GB/T 20257. 4—2017）。

地形图上的地物、地貌是用不同的地物符号和地貌符号表示的。比例尺不同，地物、地貌的取舍标准也不同。要正确识别地物、地貌，用图前应先熟悉测图所用的地形图图式、规范和测图日期。

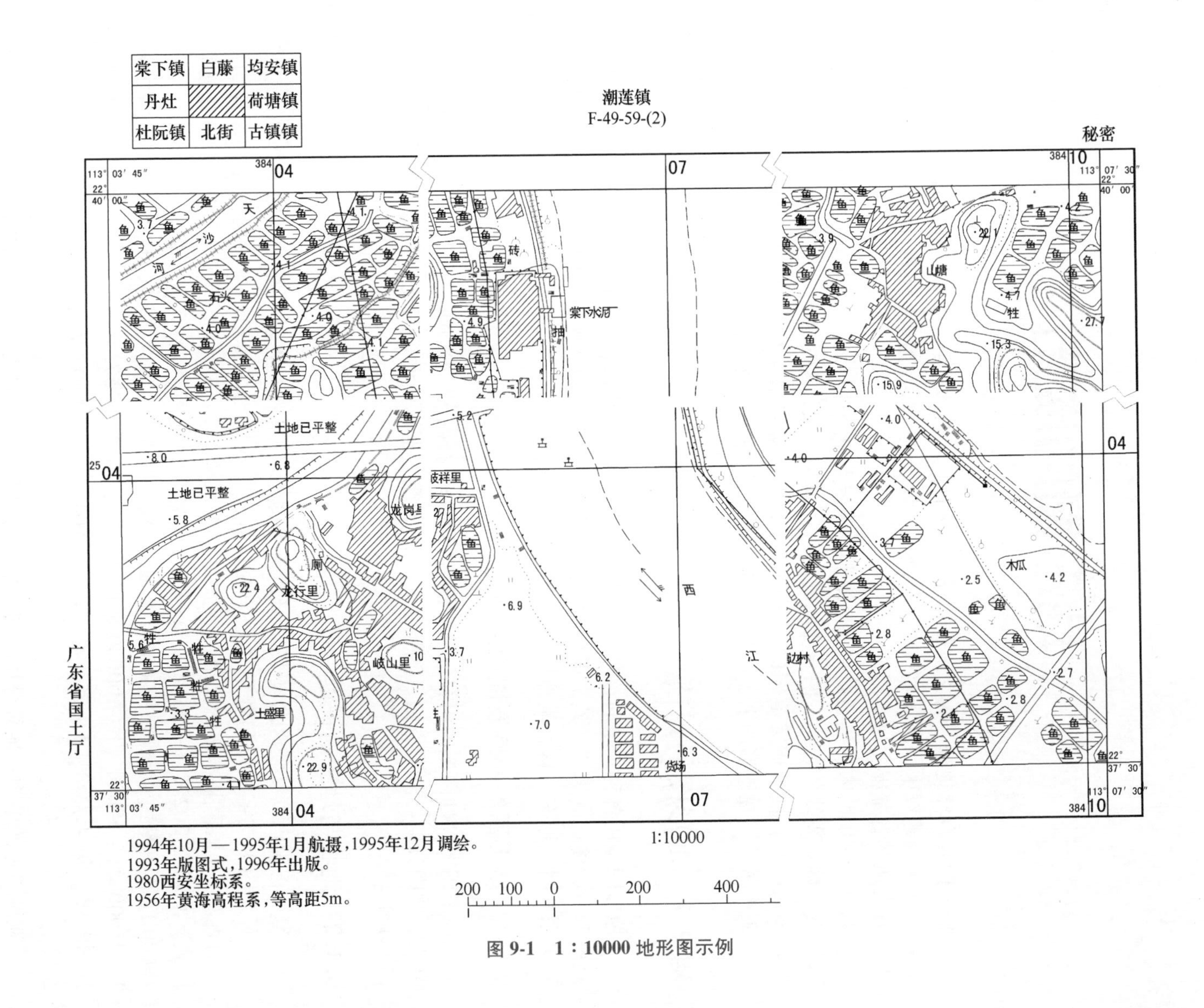


图 9-1　1：10000 地形图示例

1. 地物的识读

识读地物的目的是了解地物的种类、位置、大小和分布情况。按先主后次的程序，并顾及取舍的内容与标准进行判读。先识别大的居民点、主要道路和用图需要的地物；然后再识别小的居民点、次要道路、植被和其他地物。通过分析，就会对主、次地物的分布情况，主要地物的位置和大小形成较全面的了解。

2. 地貌的识读

识读地貌的目的是了解各种地貌的分布和地面的高低起伏状况，主要根据基本地貌的等高线特征和特殊地貌（如陡崖、冲沟等）符号进行识别。山区坡陡，地貌形态复杂，尤其是山脊和山谷等高线犬牙交错，不易识别。这时可先根据水系的江河、溪流找出山谷、山脊，无河流时，可根据相邻山头找出山脊，再按照两山谷间必有一山脊、两山脊间必有一山谷的地貌特征，识别山脊、山谷地貌的分布情况。之后结合特殊地貌符号和等高线的疏密进行分析，就可以较清楚地了解地貌的分布和高低起伏状况。最后将地物、地貌综合在一起，整幅地形图就像三维模型一样展现在眼前。同时，通过对居民地、交通网、各种管线等重要地物的判读，可以了解该地区的社会经济发展情况。

阅读地形图时应注意以下两点：

1）必须了解地形图成图时，对于不同比例尺地形图遵照地物、地貌的综合取舍原则。

2）要用发展的眼光读图。因为地形图成图之后，实地的地物地貌仍在不断地变化，虽然测绘部门在不断地修测或者重新测绘，但地形图总是赶不上实际的变化。因此用图时应当适应并接受这种变化，用发展的眼光读图、用图，只有这样才能最大限度地从地形图上获得所需的信息。

### 9.1.3 野外使用地形图

地形图是野外实地调查的重要工具，野外使用地形图的方法步骤包括：准备工作、地形图的定向、在地形图上确定站立点的位置、地形图与实地对照以及野外填图等。

1. 准备工作

野外调查之前，应先根据调查地区的范围和调查目的，选择、收集需要的地形图。如为了进行规划或图上作业，应选择大比例尺地形图。为了便于阅读和研究问题，可以用彩色铅笔突出标绘与工作有关的个别要素。

2. 地形图的定向

在野外使用地形图时，首先要使地形图的方向与实地方向一致。常用的方法有：利用罗盘定向（图9-2）、利用地物定向。利用地物定向时，首先在地形图上找到与实地相应的地物，如道路、河流、山顶、突出树、道路交叉点、小桥和一些方位物等，然后在站立点转动地形图，使图上地物与实地地物一致来定向。

3. 在地形图上确定站立点的位置

地形图定向后，在图上确定本人站立的位置，常用方法有：

1）根据明显地貌和地物判定。当站立点附近有明显地貌和地物时，可利用它与实地对照，迅速确定站立点在图上的位置。

2）后方交会法。当站立点附近没有明显地形、地物时，多采用后方交会方法确定站立点在图上的位置。

图 9-2　罗盘定向

3）GNSS 辅助定位。随着 GNSS 技术的发展及其在智能设备中的普及，手持 GNSS 设备辅助定位能够更加方便快捷地确定站立点的位置。

4. 地形图与实地对照

确定了地形图的方向和地形图上站立点的位置以后，就可以根据图上站立点周围地物和地貌的符号，找出与实地相应的地物和地貌。一般采用目估法，由右至左，由近及远，先识别主要而明显的地物、地貌，再按关系位置识别其他地物、地貌。

5. 野外填图调查

野外填图调查的目的在于根据填图的任务，如土地利用调查、土壤调查，正确、明显地把填图对象填绘于图上。在进行野外填图之前，根据填图任务收集和阅读调查地区的资料，初步确定填图对象的主要类型，并按类型拟定图例，同时，根据地形图选择调查与填图路线。

## ■ 9.2　地形图的基本应用

### 9.2.1　单点坐标的量测

在大比例尺地形图内图廓的四角注有实地坐标值，如图 9-3 所示。欲在图上量测 $A$ 点的坐标，可在 $A$ 点所在方格，过 $A$ 点分别作平行于 $X$ 轴和 $Y$ 轴的直线 $eg$ 和 $fh$，按地形图比例尺量取 $af$ 和 $ae$ 的长度，分别乘以地形图比例尺的分母 $M$ 即得实地水平距离，则 $A$ 点坐标可按下式计算

$$\begin{cases} X_A = X_a + \overline{af} \times M \\ Y_A = Y_a + \overline{ae} \times M \end{cases} \tag{9-1}$$

式中，$X_a$、$Y_a$ 为 $A$ 点所在方格西南角点（$a$ 点）的坐标；$M$ 为比例尺分母；$\overline{af}$ 和 $\overline{ae}$为图上长度。图 9-3 中，$X_a$ = 10100. 000m，$Y_a$ = 21100. 000m，$af$ = 29. 9mm×1000 = 29. 9m，$ae$ = 35. 7mm×1000 = 35. 7m，则 $A$ 点坐标为：$X_A$ = 10100m+29. 9m = 10129. 9m，$Y_A$ = 21100m+35. 7m=21135. 7m。

为检核量测结果，并消减图纸伸缩的影响，还需要量取 $bf$ 和 $de$ 的长度，若 $af+bf$ 和 $ae+de$ 不等于坐标格网的理论长度 $l(l=ab=ad)$（一般为 10cm），则 $A$ 点的坐标应按下式计算

$$\begin{cases} X_A = X_a + \dfrac{l}{\overline{af} + \overline{bf}}\overline{af} \times M \\ Y_A = Y_a + \dfrac{l}{\overline{ae} + \overline{de}}\overline{ae} \times M \end{cases} \tag{9-2}$$

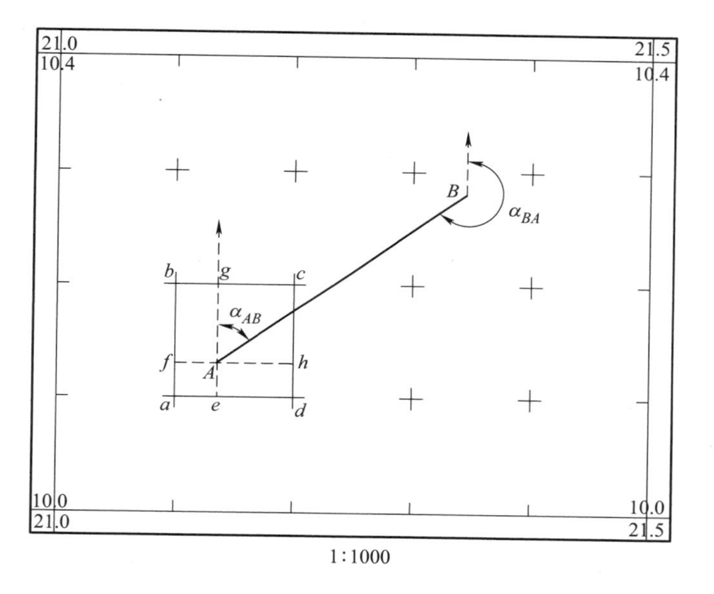


图 9-3　图上量取点的坐标

量测两点间的距离和方位角

## 9. 2. 2　两点间水平距离的量测

1. 解析法

根据已经量得的 $A$、$B$ 两点的平面坐标 $x_A$、$y_A$ 和 $x_B$、$y_B$，两点间水平距离可按下式计算

$$D_{AB} = \sqrt{(x_B - x_A)^2 + (y_B - y_A)^2} \tag{9-3}$$

2. 图解法

1）在地形图上量得两点间长度（设为 $d$），则该线段的实地水平距离为 $D=dM$，$M$ 为地形图比例尺分母。

2）用圆规在图上直接卡出 $A$、$B$ 两点的长度，再与地形图上的直线比例尺比较，即可得 $AB$ 的水平距离。

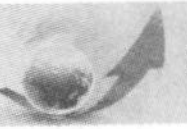



### 9.2.3 直线坐标方位角的量测

1. 解析法

如图 9-3 所示若要确定直线 $AB$ 的坐标方位角 $\alpha_{AB}$，可根据已经量得的 $A$、$B$ 两点的平面坐标用坐标反算公式先计算出象限角 $R_{AB}$

$$R_{AB} = \arctan\left(\frac{y_B - y_A}{x_B - x_A}\right) \tag{9-4}$$

然后，根据 $\Delta x$ 与 $\Delta y$ 的正负号判断直线所在的象限，从而计算其坐标方位角。

2. 图解法

当量测精度要求不高时，用量角器在图上直接量取坐标方位角，如图 9-4 所示；两次正反测量取平均值 $\overline{\alpha_{AB}}$，即

$$\overline{\alpha_{AB}} = \frac{\alpha_{AB} + \alpha_{BA} \pm 180°}{2} \tag{9-5}$$

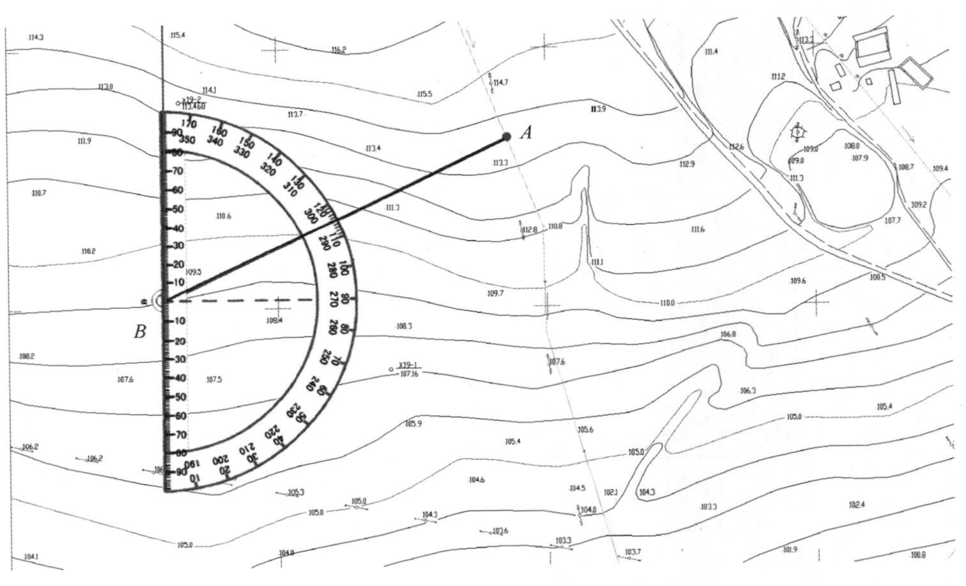


图 9-4　量取坐标方位角

### 9.2.4 单点高程与两点间坡度的量测

1. 确定地面点高程

如图 9-5 所示，$p$ 点正好落在等高线上，则其高程与所在等高线高程相同。

若所求点不在等高线上，如 $k$ 点，则过 $k$ 点作一条大致垂直于相邻等高线的线段 $mn$，量取 $mn$ 的长度 $d$，再量取 $mk$ 的长度 $d_1$，$k$ 点的高程 $H_k$ 可按比例内插求得，即

$$H_k = H_m + \frac{d_1}{d}h \tag{9-6}$$

式中，$H_m$ 为 $m$ 点的高程；$h$ 为等高距。

2. 确定两点间坡度

在地形图上求得相邻两点间的水平距离 $D$ 和高差 $h$ 后，可计算两点间的坡度。坡度是指直线两端点间高差与其水平距离之比，以 $i$ 表示，即

$$i = \tan\alpha = \frac{h}{D} = \frac{h}{dM} \tag{9-7}$$

式中，$d$ 为图上直线的长度；$h$ 为直线两端点间的高差；$D$ 为该直线的实地水平距离；$M$ 为比例尺分母。坡度一般用百分率（%）或千分率（‰）表示，上坡为正，下坡为负。

### 9.2.5 面积的量测

面积量算

在地形图上量测面积的方法有坐标解析法、图解法、电子地图面积查询法和求积仪法，本节只介绍坐标解析法、图解法与电子地图面积查询法。

1. 坐标解析法

坐标解析法的优点是能以较高的精度测定面积。如果图形为规则多边形，且各顶点的坐标已在图上量出或已在实地测定为已知数据，则可利用各点坐标以解析法计算面积。

如图 9-6 所示，欲求四边形 1234 的面积，已知 1、2、3、4 顶点的坐标，可以利用两梯形（梯形 11′4′4 和梯形 33′4′4）的面积之和减去另外两个梯形（梯形 11′2′2 和梯形 22′3′3）面积之和。

$$S = \frac{1}{2}\sum_{i=1}^{n} x_i(y_{i+1} - y_{i-1}) \tag{9-8}$$

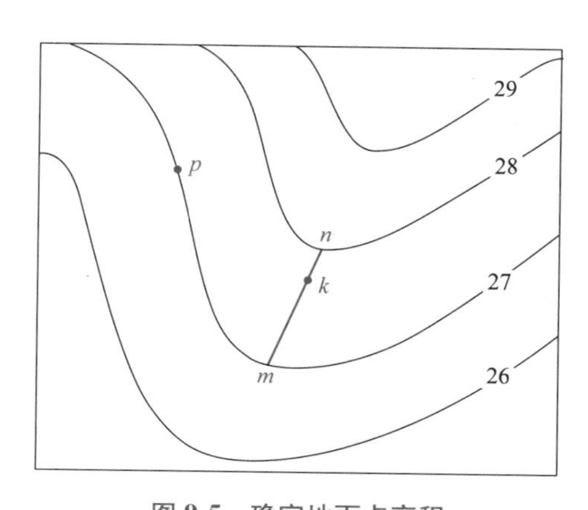


图 9-5 确定地面点高程

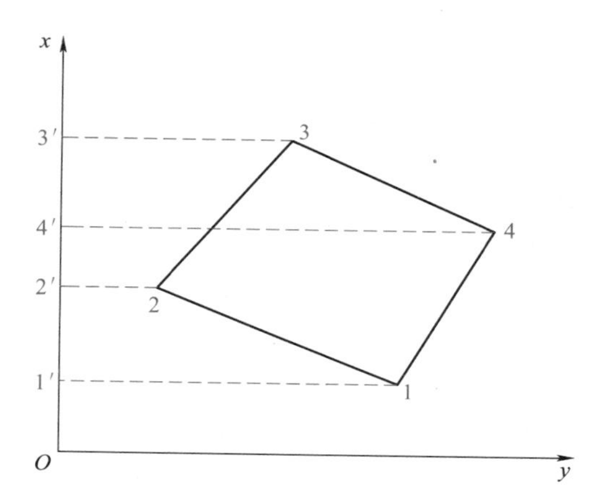


图 9-6 坐标解析法求面积

2. 图解法

图解法的优点是能快速地测定任意多边形面积，但精度较低。如图 9-7a 中图形为任意多边形，无法用坐标解析法完成，可以用透明方格纸蒙在图形表面，通过数图形内方格数可得到图形的图上面积。

如图 9-7b 中的任意多边形，可以用平行线法量测出多边形落在平行格网的上下平行边长，利用式（9-9）计算该图形的图上面积。

$$S = h\sum_{i=1}^{n}(L_i + L_{i+1}) \tag{9-9}$$

最后再把图上面积换算成实地面积，即

$$实地面积 = 图上面积 \times M^2$$

式中，$M$ 为比例尺分母。

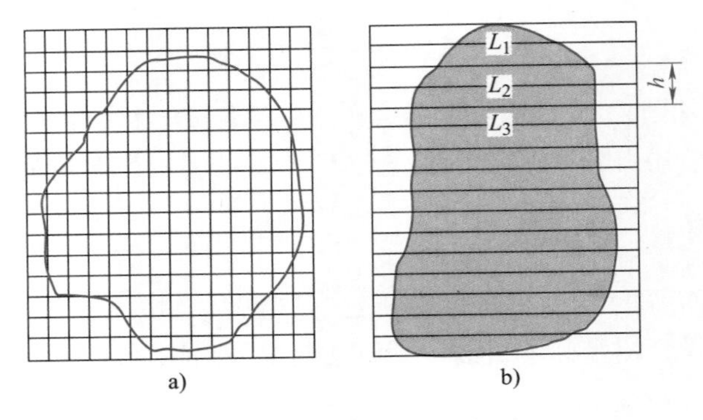


图 9-7　图解法求面积

3. 电子地图面积查询法

对不规则的纸质地图量测面积，可以先数字化图纸，进行几何校正和投影校正之后，再使用 AutoCAD（或 CASS、SouthMap 软件）的面积量测功能进行查询。

1）图纸扫描。在不规则图形上绘制一条确定比例的基线，选取实地 $A$、$B$ 两点的实际水平距离 $d$，其目的是将图形矢量化后确定其比例，然后将图纸扫描为 JPG 格式图像文件。

2）插入图像，在 AutoCAD 中执行图像命令 Image，选择将 JPG 格式图像附着到 AutoCAD 绘图区或在 AutoCAD 菜单栏中选择“插入”→“光栅图像”，插入扫描图纸文件。

3）在 CAD 中绘制一条标准长度为 $d$ 的直线。

4）比例校正。将图像中 $A$、$B$ 两点的长度校准为实际距离 $d$，执行对齐命令 Align，CAD 绘图命令中选择对象为 JPG 图像，指定第一个源点为图像中的 $A$ 点，指定第一个目标点为标准长度 $d$ 的端点，指定第二个源点为图像中的 $B$ 点，第二个目标点为标准长度 $d$ 的另一端点。

5）面积查询。校准图像尺寸后，栅格图像矢量化。利用 CAD 绘图功能，执行多段线命令 Pline，跟踪图像中的边界，形成闭合多边形。为保证面积计算精度，跟踪图形时尽量不要偏离轮廓线。执行面积命令 Area 计算封闭多段线的面积。也可以全选封闭多边形，在属性查询中得到面积。

## 9.3　地形图在工程中的应用

按一定方向
绘制断面图

### 9.3.1　在图上按设计坡度选线

在山地或丘陵地区进行道路、管线等工程设计时，要求在不超过某一设计坡度条件下，选定最短线路或等坡度线路。此时，可根据下式求出地形图上相邻两条等高线之间满足设计坡度要求的最小平距

$$d_{\min} = \frac{h_0}{iM} \tag{9-10}$$

式中，$h_0$ 为等高线的等高距；$i$ 为设计坡度；$M$ 为比例尺分母。

如图 9-8 所示，需要从山坡上低处 $A$ 点到高处 $B$ 点选定一条路线，按地形图的比例尺，用两脚规截取相应于 $d_{\min}$ 的长度，然后在地形图上以 $A$ 点为圆心，以此长度为半径，交 54m 等高线得到 $a$ 点；再以 $a$ 点为圆心，交 55m 等高线得到 $b$；依此进行，直到 $B$ 点。然后将相邻点连接，便得到符合设计坡度要求的路线。同法可在地形图上沿另一方向定出第二条路线 $A—a'—b'—\cdots—B$，作为比较方案。

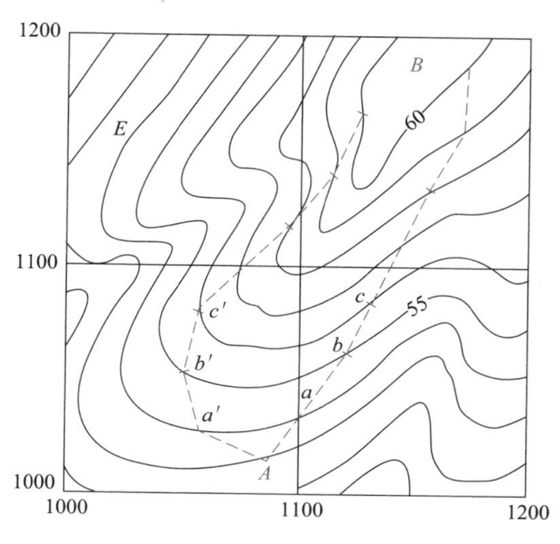


图 9-8　按设计方向选线

## 9.3.2　利用地形图确定汇水面积

当设计的道路或渠道要跨越河流或山谷时，为了排水必须建造桥梁或涵洞；兴修水库必须筑坝拦水。而桥梁、涵洞孔径的大小，水坝的设计位置与坝高，水库的蓄水量等，都要根据汇集于这个地区的水流量来确定。汇集水流量的面积称为汇水面积。

由于雨水是沿山脊线（分水线）向山坡两侧分流的，所以，汇水面积的边界线是由一系列的分水线连接而成的。如图 9-9 所示，一条公路经过山谷，拟在 $P$ 处架桥或修涵洞，其

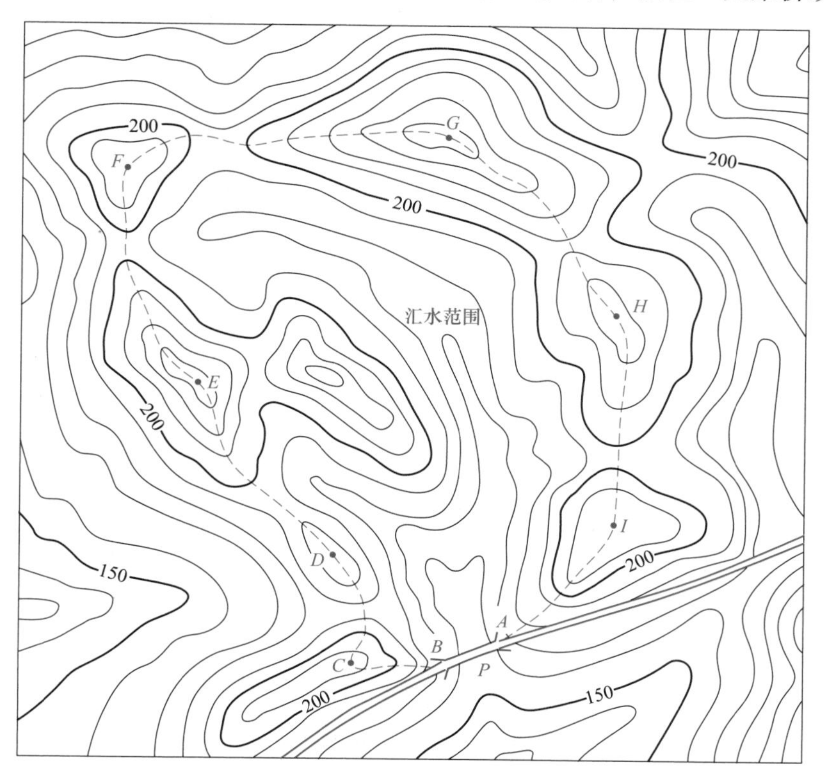


图 9-9　确定汇水面积

孔径大小应根据流经该处的水量决定，而流水量又与山谷的汇水面积有关。由图 9-9 可以看出，由山脊线和公路所围成的封闭区域 *A—B—C—D—E—F—G—H—I—A* 的面积，就是这个山谷的汇水面积。用前述适当方法量算出该封闭区域的面积，再结合当地的气象水文资料，便可进一步确定流经公路 *P* 处的水量，从而为桥梁或涵洞的孔径设计提供依据。

确定汇水面积的边界线时，应注意以下几点：

1）边界线（除公路 *AB* 段外）应与山脊线一致，且与等高线垂直。

2）边界线是经过一系列的山脊线、山头和鞍部的曲线，并在河谷的指定断面（公路或水坝的中心线）闭合。

### 9.3.3 在地形图上按指定方向绘制纵断面图

1. 图解法

在各种线路工程设计中，需要了解该线路方向的地面起伏情况，为此要求绘出某一方向的断面图。步骤如下：

1）如图 9-10a 所示，欲沿 *AB* 方向绘制断面图，首先在图上作 *AB* 直线，找出与各等高

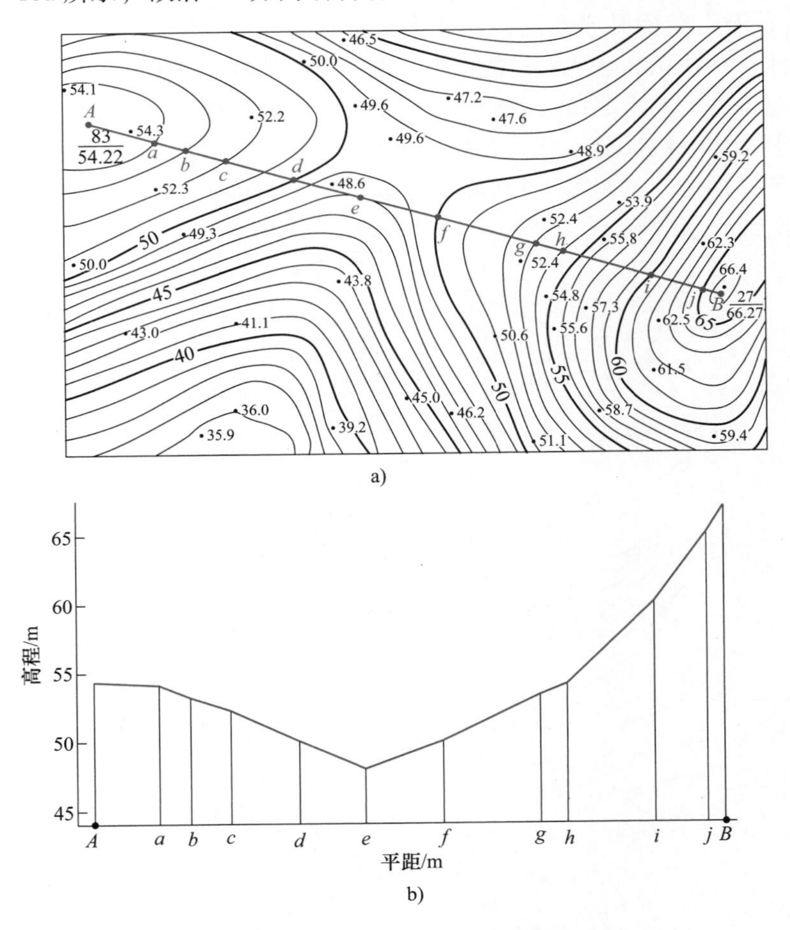


图 9-10　按一定方向绘制断面图

a）地形图　b）纵断面图（比例尺：横向 1∶1000，纵向 1∶200）

线及地性线相交点 $a$、$b$、$c$、…、$j$ 各点。

2）如图 9-10b 所示，在绘图纸上绘制水平线 $AB$ 作为横轴，表示水平距离；过 $A$ 点作 $AB$ 的垂线作为纵轴，表示高程。

3）在地形图上自 $A$ 点分别量取至 $a$、$b$、$c$、…、$B$ 各点的距离，并在图 9-10b 上自 $A$ 点沿 $AB$ 方向截出相应的 $a$、$b$、$c$、…、$B$ 各点。

4）在地形图上读取各点高程，在图 9-10b 上以各点高程作为纵坐标，向上画出相应的垂线，得到各交点在断面图上的位置，用光滑曲线连接这些点，即得 $AB$ 方向的断面图。

2. 数字法

CASS 软件是广东南方数码科技股份有限公司基于 CAD 平台开发的一套集地形、地籍、空间数据建库、工程应用、土石方工程量计算等功能为一体的软件系统。提供的绘制断面图的方法有四种：由坐标文件生成、根据里程文件生成、根据等高线生成、根据三角网生成。本节只介绍由坐标文件生成断面图的方法。

由坐标文件生成断面图的步骤：

1）先用复合线生成断面线，点取“工程应用”→“绘断面图”→“根据已知坐标”。用鼠标点取所绘断面线，屏幕上弹出“断面线上取值”的对话框。

2）在“坐标获取方式”栏中选择“由数据文件生成”，在“坐标数据文件名”栏中选择带高程点的坐标数据文件。

输入采样点间距：系统的默认值为 20m。采样点间距的含义是复合线上两顶点之间距离若大于此间距，则每隔此间距内插一个点。

输入起始里程，系统默认起始里程为 0+000。单击“确定”之后，屏幕弹出“绘制纵断面图”对话框，如图 9-11a 所示。

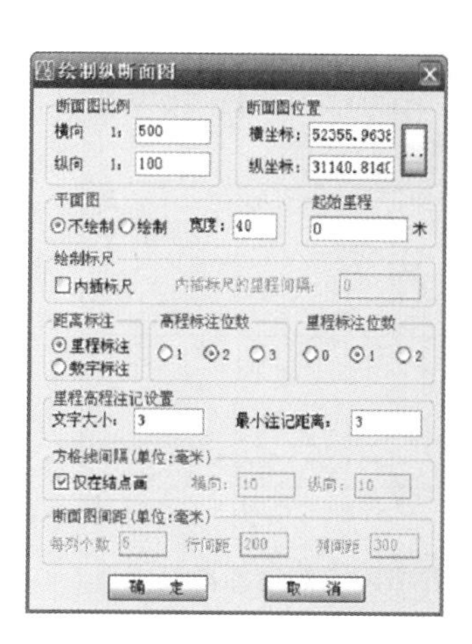


a)

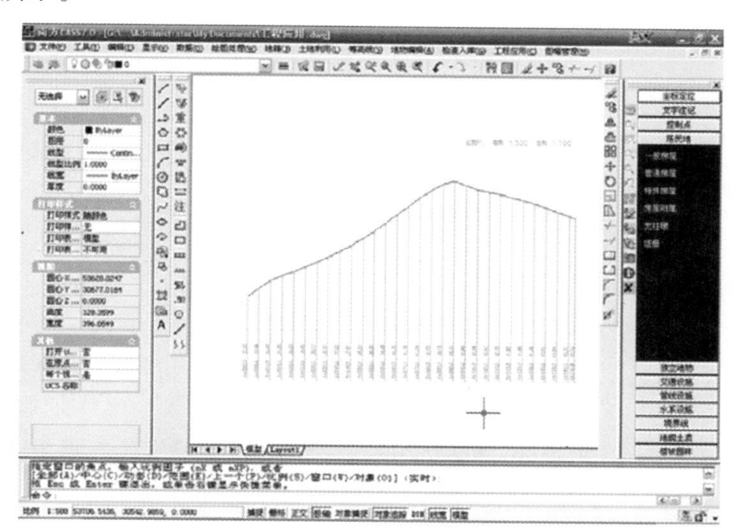

b)

**图 9-11 用 CASS 绘制的纵断面图**

a）绘制断面图对话框 b）绘制的纵断面图结果

3）设置横纵轴比例尺，输入相关参数：

输入横向比例，系统的默认值为 1∶500。

输入纵向比例，系统的默认值为 1∶100。

4）断面图位置：可以手工输入，也可在图面上拾取。

可以选择是否绘制平面图、标尺、标注；还有一些关于注记的设置。单击“确定”之后，在屏幕上出现所选断面线的断面图，如图 9-11b 所示。

## 9.3.4 土地平整时的土方量计算

土方量计算

将施工场地的自然地表按要求整成一定高程的倾斜地面的工作，称为平整场地。在符合工程总体规划的前提下，平整场地的原则是：根据填挖土石方量相等或者大概接近、最大限度地节省土石方的搬运量。场地平整时计算土方量的方法有方格网法、等高线法和断面法，其中最常用的是方格网法。

1. 方格网法

如图 9-12 所示，设有矩形场地 $A_1A_5D_5D_1$，要求整理为倾斜平面的场地，并且填挖方量平衡。设计倾斜平面：南北长为 60m，坡度为 2%；东西长为 80m，坡度为 1.5%。具体计算步骤如下：

（1）绘制方格网　在地形图上的矩形场地上绘制方格网，方格网的边长一般为 20m，40m 或 100m，方格网边长越短，计算土方量越精确，如图 9-12 中方格网采用边长 $S=20$m，将方格网点的编号写在方格网点的左下方。

（2）确定方格网点的地面高程　根据地形图的等高线按比例内插出各方格网点的高程 $H_i$，写在各方格网点的右上方，如图 9-13 所示。

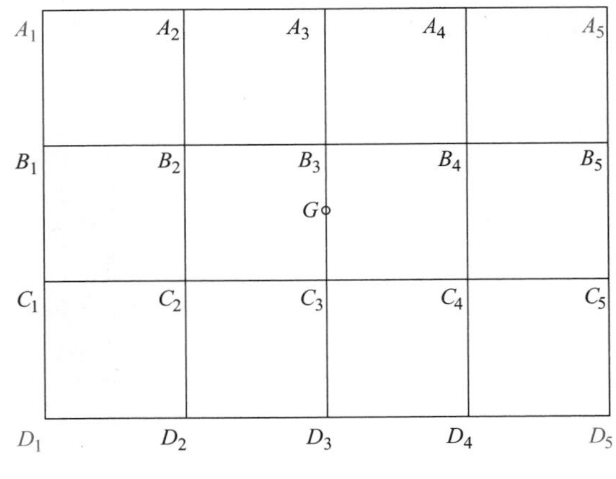


图 9-12　绘制方格网

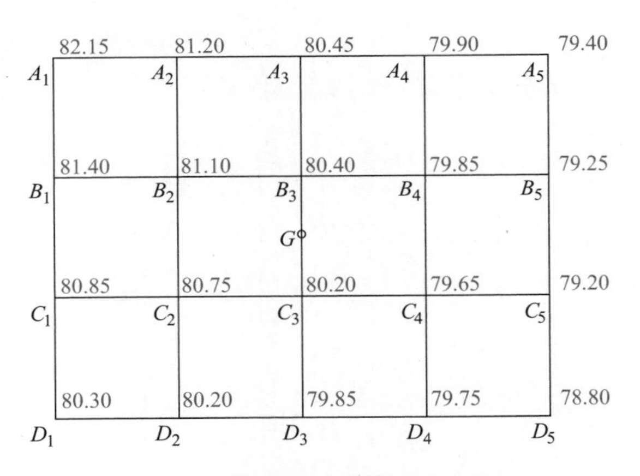


图 9-13　方格网点的地面高程

（3）计算场地的设计平均高程

$$H_{平均} = \frac{P_1H_1 + P_2H_2 + \cdots + P_nH_n}{P_1 + P_2 + \cdots + P_n} = \frac{[PH]}{[P]} \tag{9-11}$$

式中，$H_i$ 为各方格网点的地面高程；$P_i$ 为各方格网点的权，权等于该方格网点与几个小方

格连接的个数。例如 $A_1$ 的权为 1，$B_1$ 的权为 2，$C_2$ 的权为 4。

则图 9-13 场地的地面平均高程为

$$H_{平均} = \frac{[PH]}{[P]} = \frac{3852.48}{48}\text{m} = 80.26\text{m} \tag{9-12}$$

在地形图上绘出 80.26m 的等高线，称为填挖边界线，用虚线表示，如图 9-14 所示。

（4）计算各方格网点的设计高程　为了使场地的填挖方量相等，把矩形场地重心 $G$ 的设计高程 $H_G$ 等于场地的平均地面高程 $H_{平均}$，这样通过 $G$ 点找到小方格点的设计高程，使得整个场地在填挖完毕后满足设计要求。通过 $G$ 点的任何倾斜平面它的填挖方量都相等。重心点 $G$ 及其高程 $H_G$ 确定后，根据方格点间距 $d$ 和设计坡度 $i$，自重心点高程起沿方格方向，向四周推算各方格网点的设计高程，写在方格网点的右下方，计算公式为

$$H_i = H_G \pm di \tag{9-13}$$

式中，$i$ 为设计坡度；$d$ 为方格水平距离（此例为 20m）。

此例中，南北方向两方格网点间的设计高差 = 20m×2% = 0.4m，东西方向两方格点间的设计高差 = 20m×1.5% = 0.3m，则此例中的各方格网点的设计高程在图上网格点右下方，如图 9-14 所示，虚线为填挖边界线。

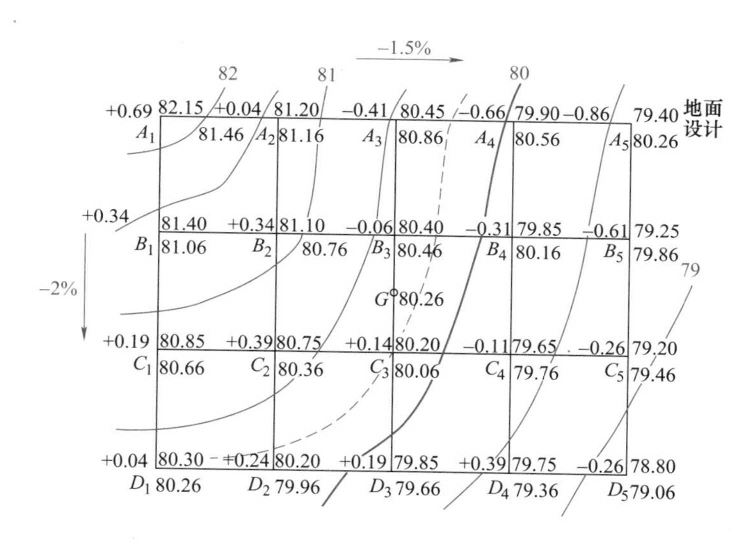


图 9-14　各网格点的设计高程

（5）计算各方格网点的填挖数 $h_i$

$$h_i = 各方格网点地面高程 - 各方格网点设计高程 \tag{9-14}$$

把它写在方格网点的左上方，$h_i$ 为正值表示需要挖的深度，$h_i$ 为负值表示需要填的高度。

（6）计算填挖方量

1）每个小方格的填挖方量 $v_i$ 的近似计算公式为

$$v_i = \frac{(h_{ai} + h_{bi} + h_{ci} + h_{di})S^2}{4} \tag{9-15}$$

式中，$h$ 表示每个方格四角的填挖数；$S$ 为小方格的边长；$v_i$ 是正值表示挖方量，是负值表示填方量。

把每个小方格的填挖方量写在每个小方格的圆圈内，如图 9-15 所示。

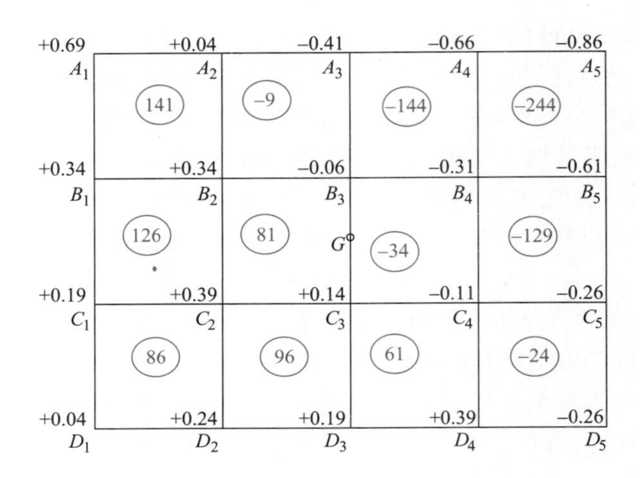


**图 9-15　每个小格的填挖方量**

2）计算场地总的填、挖方量。

$$\begin{cases} v_{挖} = \sum v_{挖} \\ v_{填} = \sum v_{填} \end{cases} \tag{9-16}$$

在图 9-15 中，总的挖方量为 $591\text{m}^3$，总的填方量为 $584\text{m}^3$。两者在理论上应相等，但因计算小方格土方量采用近似公式，计算场地的地面高程尾数取舍关系，实际上有微小的差异。

2. 数字法

CASS 软件提供的计算土方量的方法有三种，包括方格网法土方计算、DTM 法土方计算、等高线法土方计算。

（1）方格网法土方计算　由方格网来计算土方量是根据实地测定的地面点坐标（X，Y，Z）和设计高程，通过生成方格网来计算每个方格内的填挖方量，最后累计得到指定范围内填方和挖方的土方量，并绘出填挖方分界线。

系统首先将方格网四个角上的高程相加，取平均值与设计高程相减，将修改的高程乘以节点权重计算每个格子的填挖方体积，最后统计整个测区的填挖方体积。运行 CASS 时，首先是导入“高程点坐标数据文件”，然后选择设计面：

1）当设计面为平面时，需要输入“目标高程”，在“方格宽度”一项中输入需要设置的方格网规格，如输入 20m，则为采用 20m×20m 的方格网进行土方计算。

2）当设计面为斜面时，有“基准点”和“基准线”两种方法，其原理是相同的，只是计算条件不同而已。以“基准点”法为例，它首先需要确定斜面的“坡度”，然后是“基准点”，也就是坡顶点的“坐标”和“高程”，再者就是坡线的“下边点”的坐标了，也就是

斜坡方向，最后再确定“方格宽度”即可计算出土方量。

3）当设计面非平面也非斜面时，这种情况在土方工程中比较常见，场地经开挖或回填后变得杂乱无章就属于这种情况，假如有场地前期的“高程点坐标数据文件”，那么则可以利用它生成“三角网文件”，然后在设计面选项中选择“三角网文件”，然后导入文件，最后再确定“方格宽度”即可计算出土方量。

（2）DTM 法土方计算 DTM 法土方计算以外业所采集的测量数据为基础，首先建立 DTM 模型，然后通过生成三角网（即相邻的三个点连成互不重叠的三角形）来计算每一个三棱锥的挖填方量，最后累计得到指定范围内填方和挖方的土方量。CASS10.0 的 DTM 土方计算方法共有三种，一是由坐标数据文件计算，二是依照图上高程点进行计算，三是依照图上的三角网进行计算。前两种方法包含重新建立三角网的过程，第三种方法则是直接采用图上已有的三角网。

1）根据坐标数据计算：首先用闭合的复合线圈定所要计算土方的区域，然后依次单击“工程应用”→“DTM 法土方计算”→“根据坐标文件”，根据计算机提示在图上选取计算区域“边界线”，导入计算区域的坐标数据，这时会弹出土方计算参数设置对话框，填入“平场标高”和“边界采样间距”按“确定”即可得到土方计算结果。如果计算区域需要进行边坡的处理，那么还可以在参数设置里面进行“边坡设置”，平场高程高于地面高程则设置为向下放坡，反之，则为向上放坡。在计算结束后，计算机会在操作者指定的位置绘制一个“计算结果表格”。

2）根据图上高程点计算：此方法首先是按数据文件展绘高程点，然后用闭合的复合线圈定所要计算土方的区域，然后依次单击“工程应用”→“DTM 法土方计算”→“根据图上高程点”，根据计算机的提示进行后面的操作，操作与根据坐标数据计算相同。

3）根据图上的三角网计算：在计算区域先建立 DTM 模型，生成三角网，然后根据地形的实际情况，对既有的三角网进行必要的添加和删除，使结果更接近实际地形，最后依次单击“工程应用”→“DTM 法土方计算”→“根据图上三角网”，根据计算机的提示，输入平场标高，选取计算所需的所有三角形按〈Enter〉键即得计算结果。

4）两期间土方计算。两期间土方计算指的是对同一区域进行了两期测量，利用两次观测得到的高程数据建模后叠加，计算出该区域两期之中的土方变化情况，此方法比较适合两次观测时该区域都是不规则表面的情况。计算时，首先对计算区域前后两次的地形生成不同的三角网文件，然后依次单击“工程应用”→“DTM 法土方计算”→“计算两期间土方”，根据计算机的提示在“第一期三角网”导入前期的三角网文件，在“第二期三角网”导入后期的三角网文件，按〈Enter〉键即得计算结果。

（3）等高线法土方计算 在没有高程数据文件时，无法使用前面几种方法计算土方量，此时用等高线法可以计算任意两条闭合等高线之间的土方量，但所选等高线必须闭合。

1）“工程应用”菜单→“等高线法土方计算”。

2）选择参与计算的封闭等高线，可逐个选取，也可按住鼠标左键拖框选取。按〈Enter〉键后屏幕提示“输入最高点高程”（直接按〈Enter〉键不考虑最高点）。

3）按〈Enter〉键后，弹出“总方量=×××立方米”。按〈Enter〉键后屏幕提示“请指定表格左上角位置”，在图上空白处右击，系统在该点位置自动计算出表格成果。从表格可以看出每条等高线围成的面积和两条相邻等高线之间的土方量。

## 9.4 数字高程模型的建立与应用

### 9.4.1 DTM 和 DEM

1. 数字地面模型及分类

（1）数字地面模型 DTM（Digital Terrain Models） 描述地球表面形态多种信息空间分布（如地面温度、降雨、地球磁力、重力、土地利用、土壤类型等其他地面诸特征）的有序数值阵列，从数学的角度，可以用下述二维函数系列取值的有序集合来概括地表示数字地面模型的丰富内容和多样形式

$$K_p = fk(x_i, y_i, z_i) \quad (i = 1、2、3、\cdots、m; k = 1、2、3、\cdots、n) \tag{9-17}$$

式中，$K_p$ 为第 $p$ 号地面点上的第 $k$ 类地面特性信息；$x_i$，$y_i$，$z_i$ 为第 $p$ 号地面点的三维坐标。

例如，假定将土壤类型编作第 $i$ 类地面特性信息，则数字地面模型的第 $i$ 个组成部分为

$$I_p = fz(x_i, y_i, z_i)(i = 1、2、3、\cdots、m) \tag{9-18}$$

（2）DTM 的分类 按不同的分类方法，DTM 有不同的类型，现归纳如下：

1）按区域分类，有综合性 DTM（全国范围），区域性 DTM（某行政区、某自然区），专题性 DTM（某专题数据）。

2）按结构形式分类（图 9-16），有规则网格 DTM，平面多边形 DTM，曲面多边形 DTM，空间多边形 DTM，等值线 DTM 和散点 DTM。

3）按内容分类，有数字地貌模型（Digital Geomorphic Model）（地表起伏形态的数据）和非数字地貌模型（地理背景、社会经济数据）。

2. 数字高程模型及应用

（1）数字高程模型 DEM 数字高程模型（Digital Elevation Model，DEM）是表示区域 $D$ 上地形的三维向量有限序列，用函数的形式描述为

$$Z_p = \{x_i, y_i\}(i = 1、2、3、\cdots、m) \tag{9-19}$$

式中，$x_i$、$y_i$ 为平面坐标；$Z_p$ 为（$x_i$，$y_i$）对应的高程。

（2）DEM 的几种表达（图 9-17）

（3）DEM 的主要应用 一般而言，可将 DEM 的主要应用归纳如下：

1）作为国家地理信息的基础数据。我国现在强调 4D 产品的建设，即数字线划图（Digital Line Graphic，DLG），数字高程模型（Digital Elevation Model，DEM），数字正射影像（Digital Orthophoto Map，DOM），数字栅格图（Digital Raster Graphic，DRG）。

2）土木工程、景观建筑与矿山工程的规划与设计。DEM 被用于各种线路选线（铁路、公路、输电线）的设计以及各种工程的面积、体积、坡度计算，任意两点间的通视判断及任意断面图绘制。

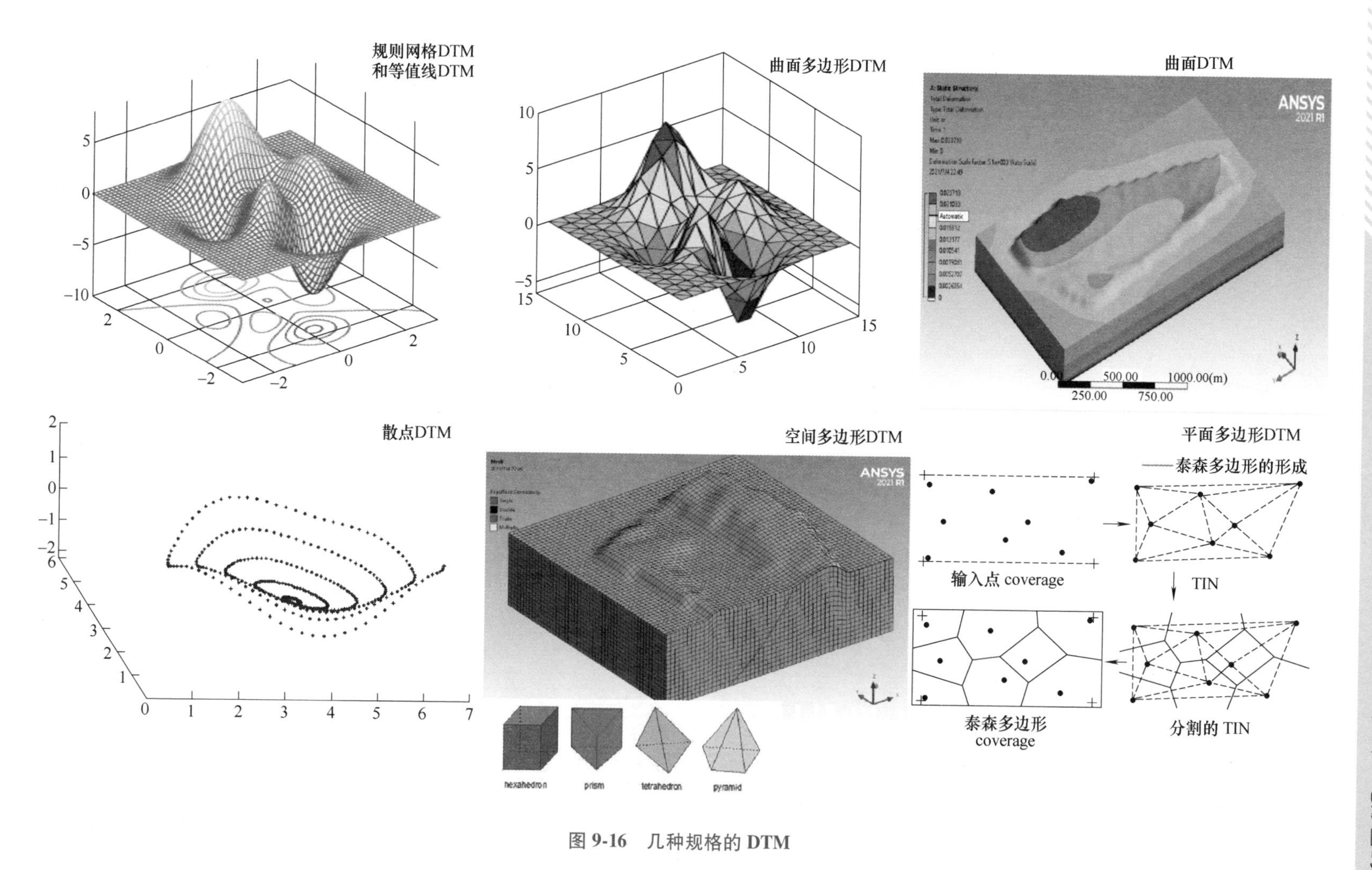


图 9-16 几种规格的 DTM

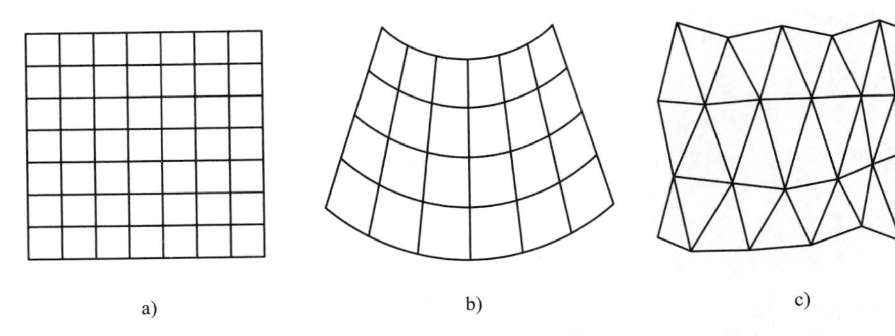


图 9-17　几种规格的 DEM 网型

a）按矩形交点布网　b）按圆锥形交点布网　c）按三角形交点布网

3）为军事目的（军事模拟等）而进行的地表三维显示。在军事上 DEM 可用于导航及导弹制导、作战电子沙盘等。

4）景观设计与城市规划。

5）流水线分析、可视性分析。

6）交通路线的规划与大坝的选址。

7）不同地表的统计分析与比较。

8）生成坡度图、坡向图、剖面图，辅助地貌分析，估计侵蚀和径流等。

9）作为背景叠加各种专题信息，如土壤、土地利用及植被覆盖数据等，以进行显示与分析等。

### 9.4.2　DEM 的数据采集与表示

1. 四种 DEM 的数据来源

（1）以地面实测记录为数据源　用 GNSS、全站仪、三维激光扫描仪等在野外采集目标点的 $x$、$y$、$z$ 三维坐标，并将其存储于计算机中，成为建立 DEM 的原始数据。

（2）以地形图为数据源　以地形图为数据源可采用手工采集方式，手扶跟踪数字化仪采集方式和扫描数字化仪采集方式来建立 DEM。

（3）以航空或航天遥感图像为数据源　这是 DEM 数据采集最常用的方法之一。根据航空或航天影像，通过摄影测量途径获取，如立体坐标仪观测及空三加密法、解析测图、数字摄影测量等，进行人工、半自动或全自动的量测来获取数据。基于卫星遥感技术获取全球 DEM 数据的系统类型主要有以下四种：光学立体像对、合成孔径雷达、雷达测高、激光测高。最出名的包括：SRTM C、ASTER GDEM、DLR、GMTED2010、ETOPO、GTOPO30、ALOS（图 9-18）。

2. DEM 的采样方法

为了获得地面的高程信息，需要在研究区内部按一定密度进行测量要素采集。具体采样方法如下：

（1）规则采样　为了准确地反映地形，在整个研究区均匀按一定密度进行测量要素采集。缺点是采样过程中发现某些地面没有包括必要信息时，会产生冗余数据。

（2）自适应性采样　目的是使采样点分布合理，即平坦地区样点少，地形复杂区的样

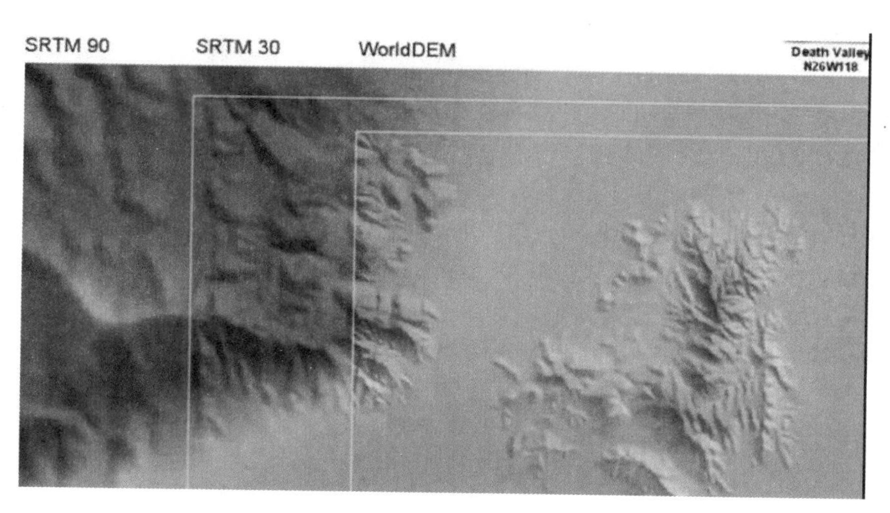


图 9-18　以航空或航天遥感图像为数据源获取 DEM

点较多。采样首先按预定比较稀疏的间隔进行采样，获得一个较稀疏的格网，然后分析是否需要对格网进行加密。例如，可根据地形特征进行选择采样，沿山脊线、山谷线、断裂线进行采集，以及离散碎部点（如山顶）的采集。这种方法获取的数据尤其适合于不规则三角网 DEM 的建立。

3. DEM 的表示方法

（1）规则格网表示法　规则格网表示法是把 DEM 表示成高程矩阵，即

$$Z_p = \{x_i, y_i\} \quad (i = 1、2、3、\cdots、m)$$

式中，$x_i$、$y_i$ 为平面坐标；$Z_p$ 为（$x_i$，$y_i$）对应的高程。

规则格网的高程矩阵，可以很容易地用计算机进行处理，特别是栅格数据结构的地理信息系统。它还可以很容易地计算等高线、坡度坡向、山坡阴影和自动提取流域地形，因此，它成为 DEM 最广泛使用的格式，目前许多国家的 DEM 数据都是以规则格网的数据矩阵形式提供的。

规则的格网系统也有下列缺点：

1）地形简单的地区存在大量冗余数据。

2）如不改变格网大小，则无法适用于起伏程度不同的地区。

3）对于某些特殊计算如视线计算时，格网的轴线方向被夸大。

4）由于栅格过于粗略，不能精确表示地形的关键特征，如山峰、洼坑、山脊、山谷等。

为了压缩栅格 DEM 的冗余数据，可采用游程编码或四叉树编码方法。

（2）数学分块曲面表示法　这种方法把地面分成若干个块，每块用一种数学函数，如傅里叶级数高次多项式、随机布朗运动函数等，以连续的三维函数高平滑度地表示复杂曲面，并通过离散采样点拟合函数曲面。

数学分块曲面表示法生成的格网系统也有下列缺点：

1）局部会出现过度拟合，即由于高次多项式带来的局部振荡，拟合有效性降低。

2）追求数学函数的精度越高，参数数量越多，造成计算机内存与精度之间的不平衡。

（3）不规则三角网（TIN）表示法　不规则三角网（Triangulated Irregular Network，TIN）是专为产生 DEM 数据而设计的一种采样表示系统。

1）狄洛尼三角网（Delaunay，1934）。对于不规则分布的高程点，可以形式化地描述为平面的一个无序的点集 $P$，点集中每个点 $p$ 对应于它的高程值。将该点集转成 TIN，最常用的方法是 Delaunay 三角剖分方法。生成 TIN 的关键是 Delaunay 三角网的产生算法，下面先对 Delaunay 三角网和它的偶图 Voronoi 图做简要的描述。

① Voronoi 图。Voronoi 图，又叫泰森多边形或 Dirichlet 图，它由一组连续多边形组成，多边形的边界是由连接两邻点线段的垂直平分线组成。$N$ 个在平面上有区别的点，按照最近邻原则划分平面：每个点与它的最近邻区域相关联。Delaunay 三角形是由与相邻 Voronoi 多边形共享一条边的相关点连接而成的三角形。Delaunay 三角形的外接圆圆心是与三角形相关的 Voronoi 多边形的一个顶点（图 9-19）。

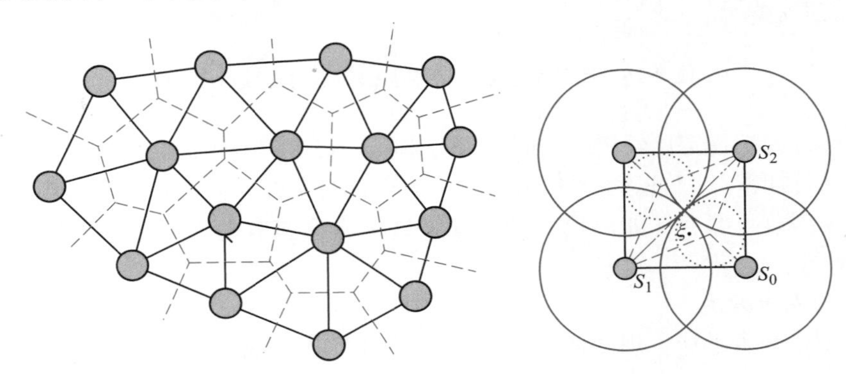


**图 9-19　Voronoi 图和 Delaunay 三角剖分**

虚线为 Voronoi 图，实线为 Delaunay 三角剖分

对于给定的初始点集 $P$，有多种三角网剖分方式，而 Delaunay 三角网有以下特性：

a. 其 Delaunay 三角网是唯一的。

b. 三角网的外边界构成了点集 $P$ 的凸多边形“外壳”。

c. 没有任何点在三角形的外接圆内部，反之，如果一个三角网满足此条件，那么它就是 Delaunay 三角网。

d. 如果将三角网中的每个三角形的最小角进行升序排列，则 Delaunay 三角网的排列得到的数值最大，从这个意义上讲，Delaunay 三角网是“最接近于规则化”的三角网。

② Delaunay 三角网。任何一个 Delaunay 三角形的外接圆的内部不能包含其他任何点（空外接圆准则）。

采用最短距离和准则选择候选点，应用空外接圆准则构建 Delaunay 三角网。

2）三角形构网方法。不规则三角形构网的方法有很多，不同方法构网的结果可能完全不相同。但理论上说，三角网的建立应基于最佳三角形的原则，即尽可能保证每个三角形都是锐角三角形或者三边的长度近似相等，避免出现过大的钝角和过小锐角。下面了解一下三角形构网的准则（图 9-20）。

TIN 模型根据区域有限个点集将区域划分为相连的三角面网络，区域中任意点落在三角面的顶点、边上或三角形内。它克服了高程矩阵中冗余数据的问题，而且能更加有效地用于

空外接圆准则

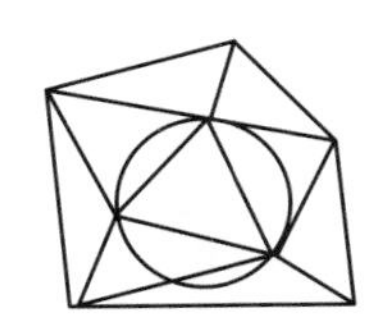

在TIN中，过每个三角形的外接圆均不包含点集的其余任何点

最大最小角准则

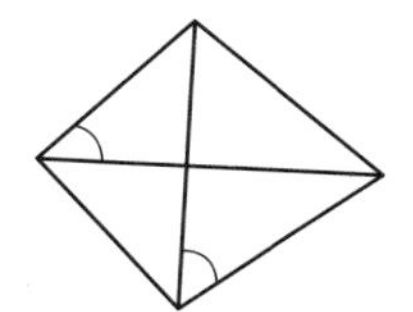

在TIN中的两相邻三角形形成的凸四边形中，这两三角形中的最小内角一定大于交换凸四边形对角线后所形成的两三角形的最小内角

最短距离和准则

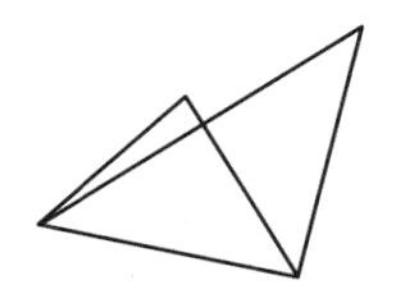

一点到基边的两端的距离和为最小

张角最大准则

一点到基边的张角为最大

面积比准则

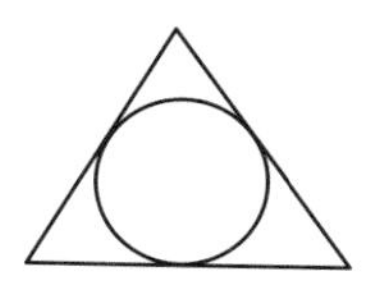

三角形内切圆面积与三角形面积或三角形面积与周长平方之比最小

对角线准则

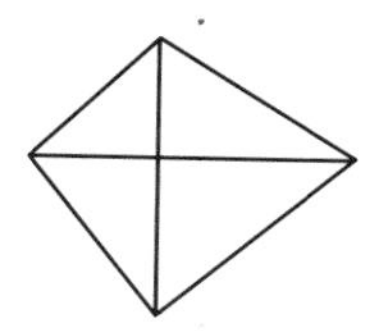

两三角形组成的凸四边形的两条对角线之比。这一准则的比值限定值，须给定，即当计算值超过限定值才进行优化

图 9-20 三角构网准则

各类以 DEM 为基础的计算。

3）TIN 的数据存储方式。TIN 的数据存储方式比格网 DEM 复杂，它不仅要存储每个点的高程，还要存储其平面坐标，节点连接的拓扑关系，三角形及邻接三角形等关系（图 9-21）。

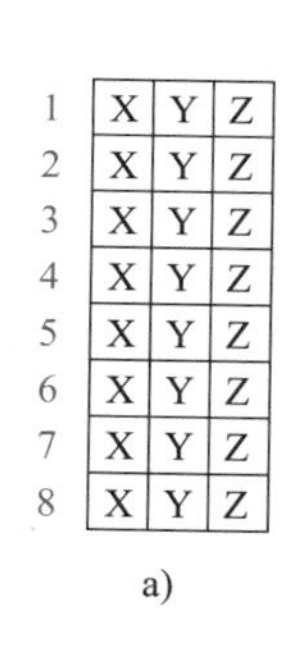

| | | | |
|---|---|---|---|
| 1 | X | Y | Z |
| 2 | X | Y | Z |
| 3 | X | Y | Z |
| 4 | X | Y | Z |
| 5 | X | Y | Z |
| 6 | X | Y | Z |
| 7 | X | Y | Z |
| 8 | X | Y | Z |

a)

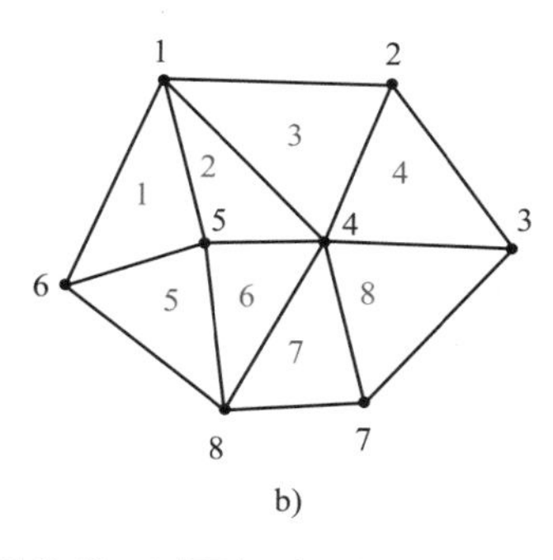


b)

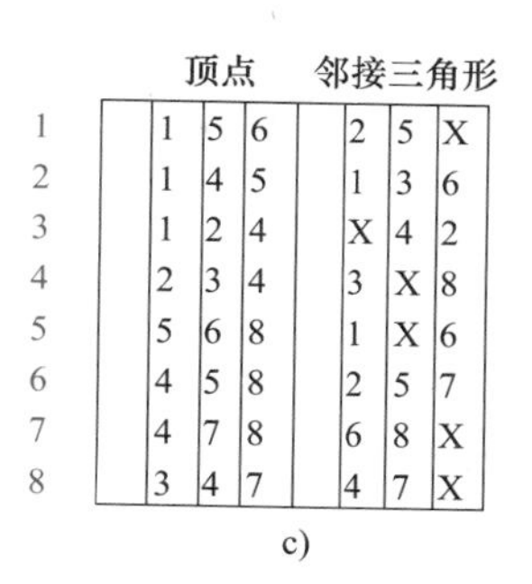

| | 顶点 | | | 邻接三角形 | | |
|---|---|---|---|---|---|---|
| 1 | 1 | 5 | 6 | 2 | 5 | X |
| 2 | 1 | 4 | 5 | 1 | 3 | 6 |
| 3 | 1 | 2 | 4 | X | 4 | 2 |
| 4 | 2 | 3 | 4 | 3 | X | 8 |
| 5 | 5 | 6 | 8 | 1 | X | 6 |
| 6 | 4 | 5 | 8 | 2 | 5 | 7 |
| 7 | 4 | 7 | 8 | 6 | 8 | X |
| 8 | 3 | 4 | 7 | 4 | 7 | X |

c)

图 9-21 以不规则三角网（TIN）记录高程信息

a）DEM 点文件 b）TIN 网 c）三角形文件

有许多种表达 TIN 拓扑结构的存储方式，一个简单的记录方式是：对于每一个三角形、边和节点都对应一个记录，三角形的记录包括三个指向它三个边的记录的指针；边的记录有四个指针字段，包括两个指向相邻三角形记录的指针和它的两个顶点的记录的指针；也可以直接对每个三角形记录其顶点和相邻三角形。

构建三维狄洛尼三角网如图 9-22 所示，道路表面三角网模型设计叠加到原始 DEM 上的结果如图 9-23 所示。

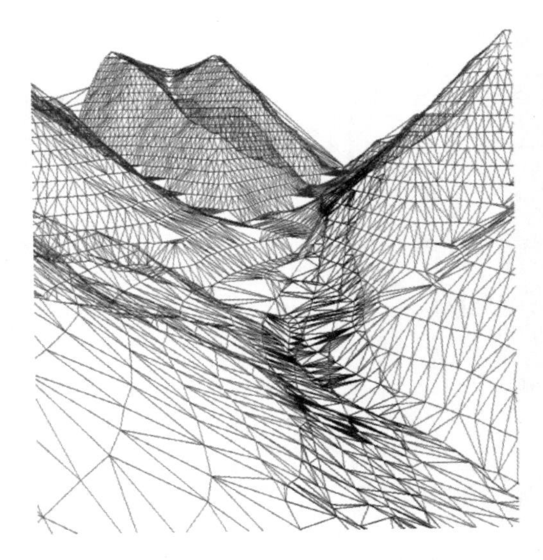

图 9-22　构建三维狄洛尼三角网

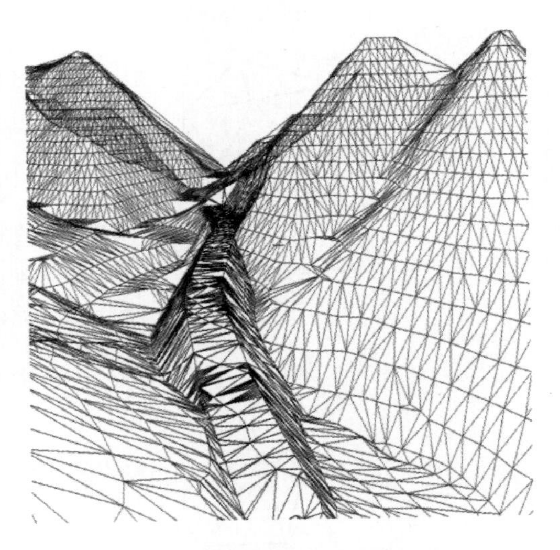

图 9-23　道路表面三角网模型设计叠加到原始 DEM 的结果

### 9.4.3　DEM 的地图制图

1. 利用 DEM 绘制等高线图

等高线指的是地形图上高程相等的相邻各点所连成的闭合曲线。把地面上海拔高度相同的点连成的闭合曲线，并垂直投影到一个水平面上，并按比例缩绘在图纸上，就得到等高线。等高线也可以看作是不同海拔高度的水平面与实际地面的交线，所以等高线是闭合曲线，等高线上标注的数字为该等高线的高程。

生成等高线图的原理如下：

1）收集地形数据：使用卫星图像、飞行器扫描或地面测量仪器等数据收集工具，获取地形数据。

2）处理 DEM 数据：将获得的地形数据存储在数字高程模型（DEM）中，并使用计算机程序对 DEM 数据进行处理。

3）确定等高距：根据使用者的需求，确定等高距，即相邻两条等高线之间的高差。

4）生成等高线：使用计算机程序在 DEM 数据中根据设定的等高距绘制等高线。

5）渲染等高线图：将生成的等高线图进行渲染，使其具备更加直观、美观的呈现方式。

总之，DEM 生成等高线图的过程主要是根据收集到的地形数据，计算出地形的高低信息，然后根据设定的等高距生成相应的等高线，并进行渲染处理，以便更好地呈现出地形高程信息。具体可以首先下载 DEM 数据，之后利用 ArcGIS、Global Mapper 等软件模块生成等高线（图 9-24，图 9-25）。

2. 利用 DEM 绘制地面晕渲图

晕渲图是以通过模拟实际地面本影与落影的方法有效反映地形起伏的重要的地图制图方法。在各种小比例尺地形图、地理图，以及各类专题地图上得到非常广泛的应用。

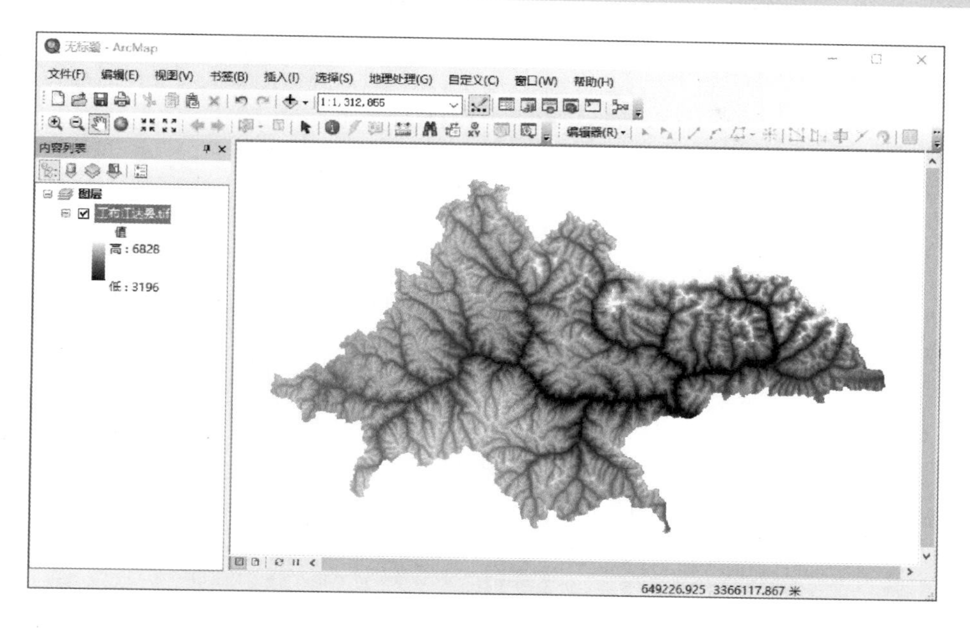


图 9-24　DEM 原始数据

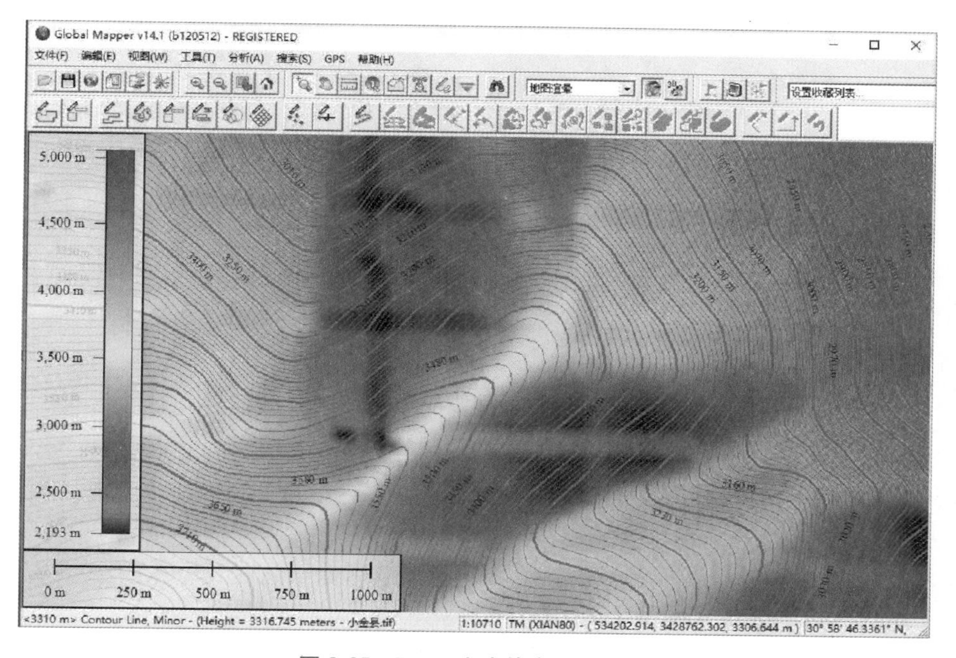


图 9-25　DEM 生成等高线的结果

利用 DEM 数据作为信息源，以地面光照通量数学函数为自变量，计算该栅格应选用输出的灰度值。由此产生的晕渲图具有相当逼真的立体效果图 9-26 和图 9-27。

3. DEM 与正射影像叠合的立体地形模型

立体地形模型，又称地面三维模型，可以生动逼真地描述制图对象在平面和空间上分布的形态特征和构造关系。通过分析地面三维模型，可以了解地理模型表面的平缓起伏，而且

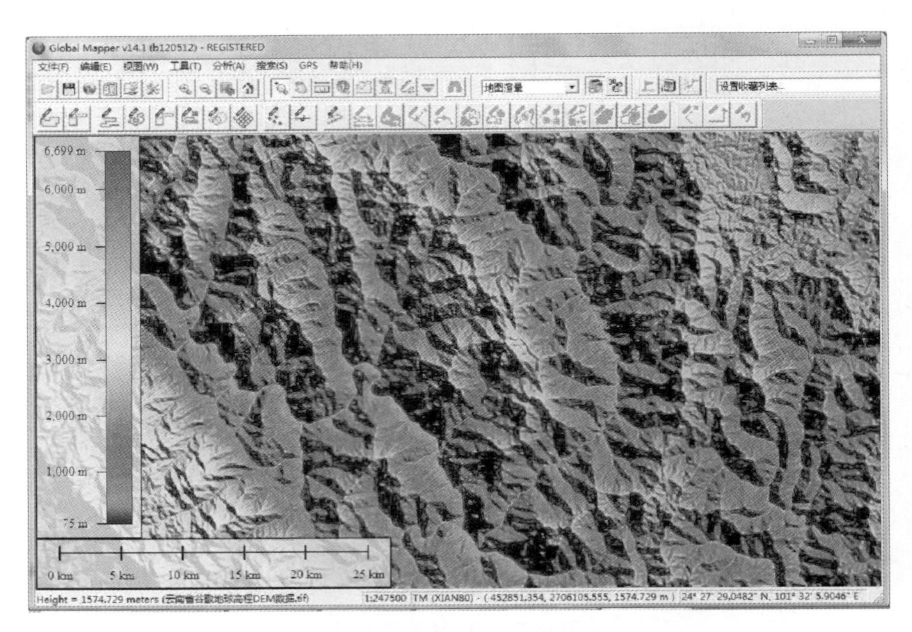


图 9-26　DEM 生成地面渲染图的结果

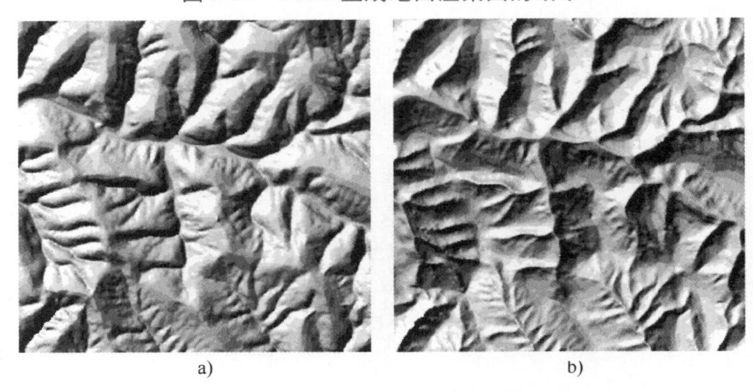

图 9-27　由 DEM 产生的地面晕渲图

a）光源来自西北产生正立体　b）光源来自东南产生反立体

可以看出其各个断面的状况，这对研究区域的轮廓形态、变化规律以及内部结构是非常有益的。

首先将 DEM 文件显示为高程渲染图，将正射遥感影像粘贴在 DEM 渲染图表面，作为纹理显示（图 9-28）。

这个结果适用于三维仿真、三维地形建模或构建虚拟三维场景等应用。

### 9.4.4　DEM 数据质量控制

DEM 数据来源于地形图，所以 DEM 的精度取决于原始的地形图。首先，数据采集点太稀会降低 DEM 的精度；数据点过密，又会增大数据量、处理的工作量和不必要的存储量。这需要在 DEM 数据采集之前，按照所需的精度要求确定合理的取样密度，或者在 DEM 数据采集过程中根据地形复杂程度动态调整采样点密度。其次，研究结果表明，任何一种 DEM

图 9-28 由 DEM 与正射影像叠合的地面三维模型

内插方法，均不能弥补取样不当所造成的信息损失。通常用某种数学拟合曲面生产的 DEM，往往存在未知的精度问题，即使是正式出版的地形图同样存在某种误差，所以在生产和使用 DEM 时应该注意到它的误差类型。

基于统计分析，主要通过高程互差的误差（error）、准确度（accuracy）、精度（precision）、不确定性（uncertainty）等统计指标来定量评价实验结果（表 9-1）。

表 9-1 三种遥感影像获取的 DEM 质量比较

| DEM | RMSE | MAE | NMAD | AVE | MAX | MIN |
|---|---|---|---|---|---|---|
| AW3D30 DEM | 2. 152 | 1. 704 | 1. 747 | 1. 108 | 6. 267 | -4. 012 |
| SRTM1 DEM | 2. 284 | 1. 842 | 2. 081 | 0. 876 | 6. 260 | -4. 602 |
| ASTER GDEM | 10. 803 | 9. 780 | 4. 608 | -9. 785 | 1. 292 | -21. 120 |

DEM 的数据质量可以参考美国地质勘探局（United States Geological Survey，USGS）的分级标准，见表 9-2。

表 9-2 3D 激光雷达 DEM 数据质量等级

| 质量定级 | 数据源 | 竖直精度 RMSEz /cm | 标称脉冲间隔 /m | 米标称脉冲间隔 (点/m²) | 数字高程模型单元分辨率 /m |
|---|---|---|---|---|---|
| QL0 | Lidar | 5 | ≤0. 35 | ≥8 | 0. 5 |
| QL1 | Lidar | 10 | ≤0. 35 | ≥8 | 0. 5 |
| QL2 | Lidar | 10 | ≤0. 71 | ≥2 | 1 |
| QL3 | Lidar | 20 | ≤0. 35 | ≥0. 5 | 2 |
| QL4 | Imagery | 139 | N/A | N/A | 5 |
| QL5 | IfSAR | 185 | N/A | N/A | 5 |

# ■ 9.5　数字地形图的空间分析

## 9.5.1　基于 DEM 的信息提取

1. 坡度

定义为地表单元的法向与 $z$ 轴的夹角，即切平面与水平面的夹角，如图 9-29 所示。

在计算出各地表单元的坡度后，可对不同的坡度设定不同的灰度级，可得到坡度图，如图 9-29 所示。

2. 坡向

坡向是地表单元的法向量在水平面上的投影与 $x$ 轴之间的夹角（图 9-29）。

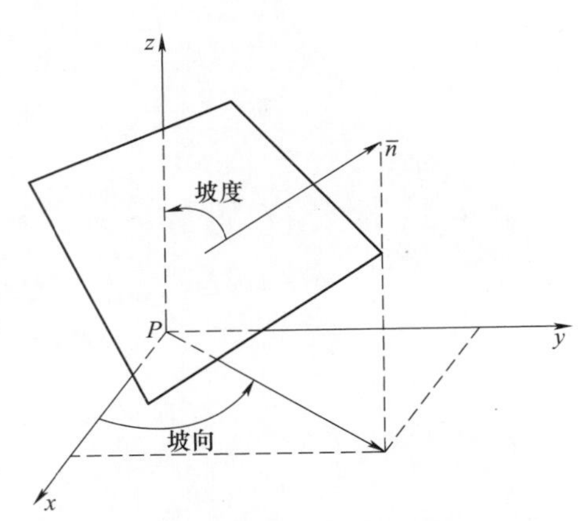

图 9-29　坡度、坡向矢量示意图

在计算出每个地表单元的坡向后，可制作坡向图，通常把坡向分为东、南、西、北、东北、西北、东南、西南 8 类，再加上平地，共 9 类，用不同的色彩显示，即可得到坡向图（图 9-30）。

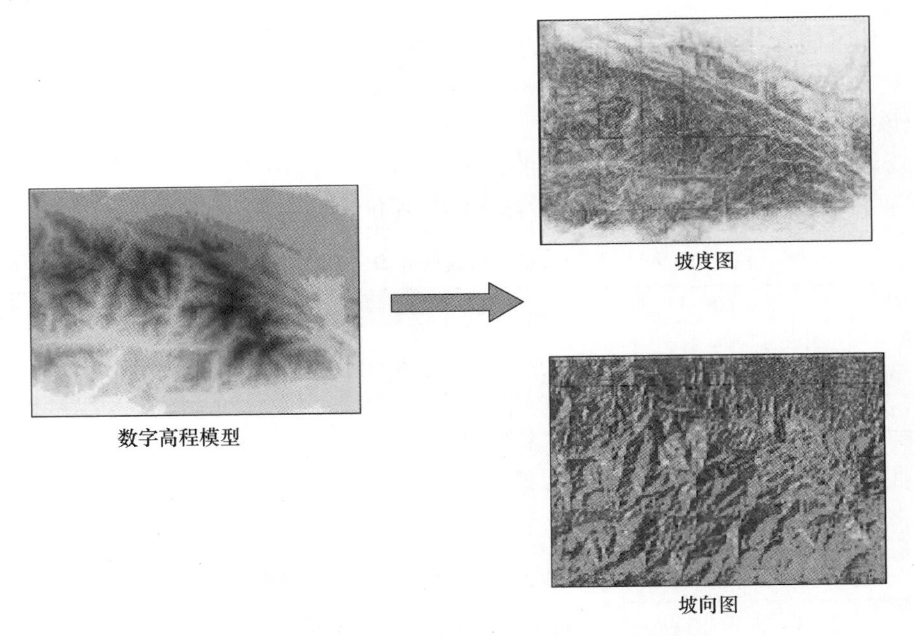

图 9-30　由 Grid DEM 制作坡度图、坡向图

3. 地表粗糙度（破碎度）

地表粗糙度是反映地表的起伏变化和侵蚀程度的指标，一般定义为地表单元的曲面面积与其水平面上的投影面积之比。

4. 高程变异分析

高程变异分析包括平均高程、相对高程、高程标准差。

高程变异：为格网顶点的高程标准差与平均高程的比值。

## 9.5.2　基于 DEM 的可视化分析

1. 剖面分析

（1）原理　剖面分析是在地形表面按指定的曲线剖切高程。可以以线代面，研究区域的地貌形态、轮廓形状、地势变化、地质构造、斜坡特征、地表切割强度等。如果在地形剖面上叠加其他地理变量，如坡度、土壤、植被、土地利用现状等，可以提供土地利用规划、工程选线和选址等的决策依据。

（2）绘制　可在格网 DEM 或三角网 DEM 上进行（图 9-31）。

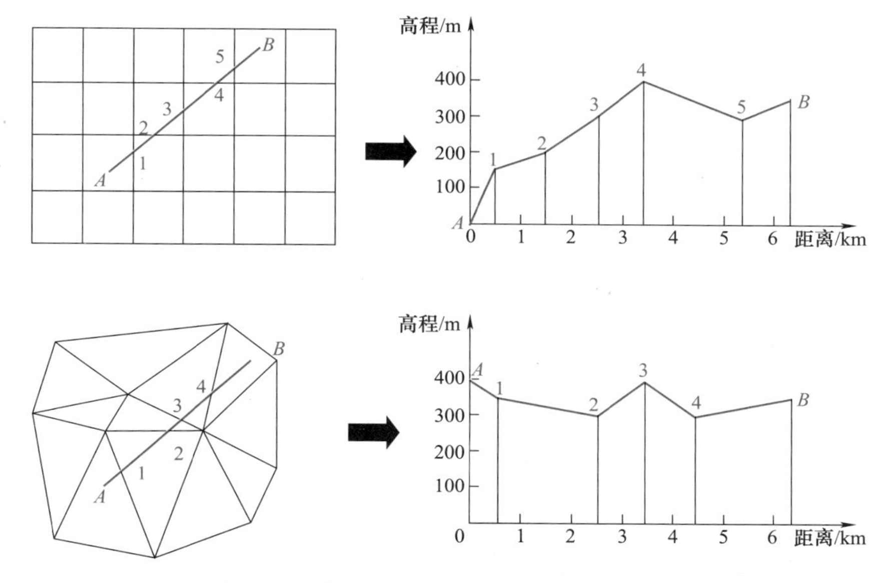


图 9-31　由 Grid DEM、TIN 制作剖面高程

已知两点的坐标 $A(x_1, y_1)$，$B(x_2, y_2)$，则可求出两点连线与格网或三角网的交点，并内插交点上的高程，以及各交点之间的距离。然后按选定的垂直比例尺和水平比例尺，按距离和高程绘出剖面图。

剖面图不一定必须沿直线绘制，也可沿一条曲线绘制。

2. 水文分析

（1）原理　水文分析是 DEM 数据应用的一个重要方面，ArcGIS 的水文分析使用 DEM 作为计算的参数，生成集水流域和水流网络数据。基于 DEM 的地表水文分析的主要内容，是利用水文分析工具，提取相关模型所需的水流方向、汇流累积量、水流长度、河流网络（包括河流网络的分级等）数据，以及对研究区的流域进行分割等。

（2）方法　ArcGIS 提供了相当不错的水文分析工具。重点处理的是水在地表上的运动情况，辅助分析地表水流从哪里产生、流向何处，再现水流的流动过程。

1）无洼地的 DEM。DEM 被认为是比较光滑的地形表面的模拟，但由于内插的原因以及一些真实地形，如喀斯特地貌存在，DEM 表面有一些不存在的凹陷，这些区域再进行地表水流模拟的时候，由于低高程栅格的存在，使得水流计算得到不合理或错误的结果，因此，在预处理阶段应对原始 DEM 数据进行洼地填充，得到无洼地 DEM。

2）流向分析。水流方向是指水流离开每一个栅格单元时的指向。在 ArcGIS 中将通过中心栅格的八个邻域栅格编码（D8 算法）来确定水流方向。水流的流向是通过计算中心栅格与邻域栅格的最大距离权落差来确定的。距离权落差是指中心栅格与邻域栅格的高差除以两栅格之间的距离。栅格之间的距离与方向有关，如果邻域栅格对中心栅格方向值为 2、8、32、128，则栅格间的距离为 SQRT(2) = 1.414，否则距离为 1。如果高差为正值，则为流出；负值，则为流入（图 9-32）。

3）汇流累积量。在地表径流模拟过程中，汇流累积量是基于水流方向计算得到的。对于每个栅格来说，其汇流累积量大小代表其上游有多少个栅格的水流方向最终会流经过该栅格，汇流累积数值越大，该区域容易形成地表径流（图 9-32）。

| | | |
|---|---|---|
| 32 | 64 | 128 |
| 16 | $x$ | 1 |
| 8 | 4 | 2 |

方向约定如左图：共有八个方向，分别是2的$n$次方。

水流方向分析

| | | | | | |
|---|---|---|---|---|---|
| 2 | 2 | 2 | 4 | 4 | 8 |
| 2 | 2 | 2 | 4 | 4 | 8 |
| 1 | 1 | 2 | 4 | 8 | 4 |
| 128 | 128 | 1 | 2 | 4 | 8 |
| 2 | 2 | 1 | 4 | 4 | 4 |
| 1 | 1 | 1 | 1 | 4 | 16 |

水流方向数据

=

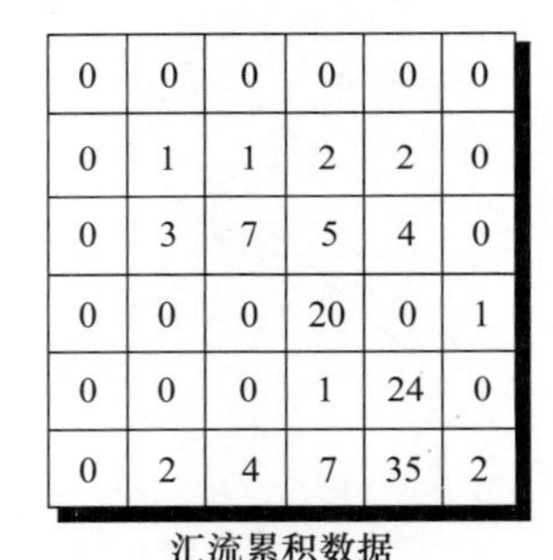

| | | | | | |
|---|---|---|---|---|---|
| 0 | 0 | 0 | 0 | 0 | 0 |
| 0 | 1 | 1 | 2 | 2 | 0 |
| 0 | 3 | 7 | 5 | 4 | 0 |
| 0 | 0 | 0 | 20 | 0 | 1 |
| 0 | 0 | 0 | 1 | 24 | 0 |
| 0 | 2 | 4 | 7 | 35 | 2 |

汇流累积数据

汇流累积量分析

**图 9-32　由 Grid DEM 生成水流方向、汇流累积量方法**

4）水流长度（流程）。水流长度通常是在地面一点沿水流方向到其流向起点或终点间的最大地面距离在水平面上的投影。目前水流长度的提取方式主要有两种，另一种是顺流计算（down stream），另一种是溯流计算（upstream）。顺流计算是指计算地面上面一点沿水流方向到达该点所在流域出水口最大地面距离的水平投影。溯流计算是指计算地面每一点沿水流方向到其流向起点间的最大距离的水平投影。

5）提取河流网络。目前常采用地表径流漫流模型计算提取河流网络。首先是在无洼地 DEM 上，利用最大坡降的方法得到每一个栅格的水流方向；然后利用水流方向栅格数据计算出每一个栅格在水流方向上累积的栅格数，即汇流累积量。所得到的汇流累积量则代表在一个栅格位置上有多少个栅格的水流方向流经该栅格。假设每一个栅格处携带一份水流，那么，栅格汇流累积量则代表着该栅格的水流量。基于上述思想，当汇流量达到一定值的时候，就会产生地表水流，那么这些水流路径构成的网络就是河网。

流域，又称集水区域，是指流经其中的水流从一个公共的出水口排出，从而形成一个集中的排水区域。用来描述流域的还有流域盆地、集水盆地或水流区域。Water shed 的数据显示了区域内每个流域汇水面积的大小。汇水面积是从某个出水口流出的河流的总面积；出水口及流域内水流的出口，是整个流域的最低处。流域内间的分界线即为分水岭，流域分水线所包围的区域面积就是流域面积。

以上五种水文分析的方法如图 9-33 所示，结果如图 9-34 所示。

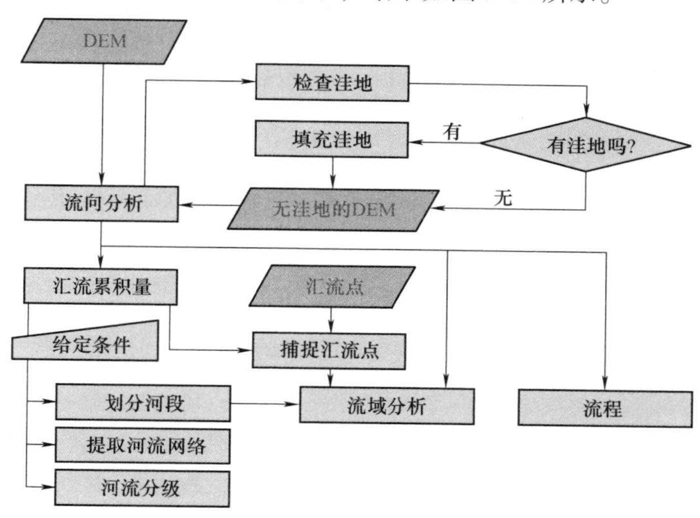


图 9-33　Grid DEM 水文分析方法

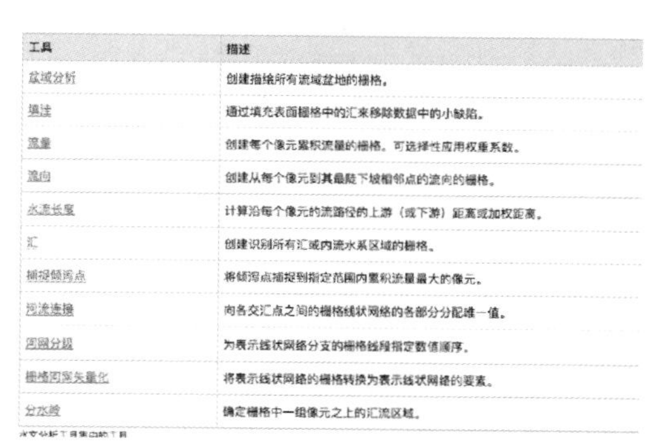

| 工具 | 描述 |
| --- | --- |
| 盆域分析 | 创建描绘所有流域盆地的栅格。 |
| 填洼 | 通过填充表面栅格中的汇来移除数据中的小缺陷。 |
| 流量 | 创建每个像元累积流量的栅格。可选择性应用权重系数。 |
| 流向 | 创建从每个像元到其最陡下坡相邻点的流向的栅格。 |
| 水流长度 | 计算沿每个像元的流路径的上游（或下游）距离或加权距离。 |
| 汇 | 创建识别所有汇或内流水系区域的栅格。 |
| 捕捉倾泻点 | 将倾泻点捕捉到指定范围内累积流量最大的像元。 |
| 河流连接 | 向各交汇点之间的栅格线状网络的各部分分配唯一值。 |
| 河网分级 | 为表示线状网络分支的栅格线段指定数值顺序。 |
| 栅格河网矢量化 | 将表示线状网络的栅格转换为表示线状网络的要素。 |
| 分水岭 | 确定栅格中一组像元之上的汇流区域。 |

水文分析工具集中的工具

ArcGIS水文分析功能模块

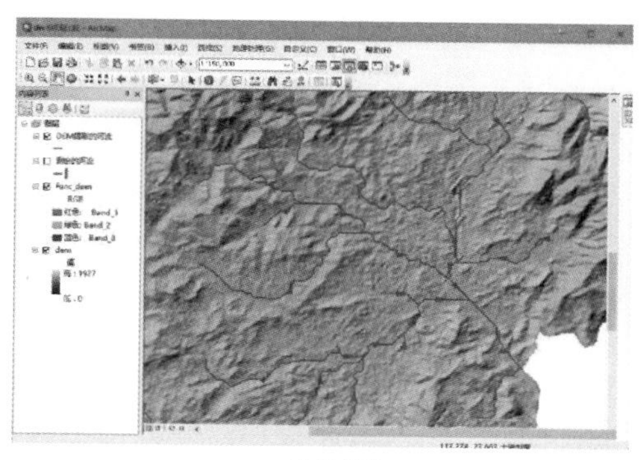

提取流向

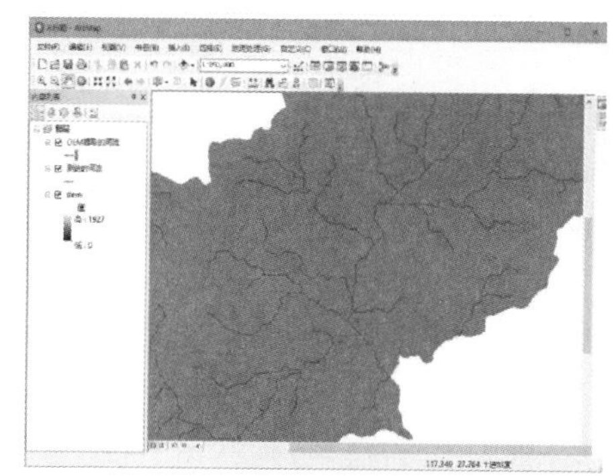

提取与真实河流叠加检查

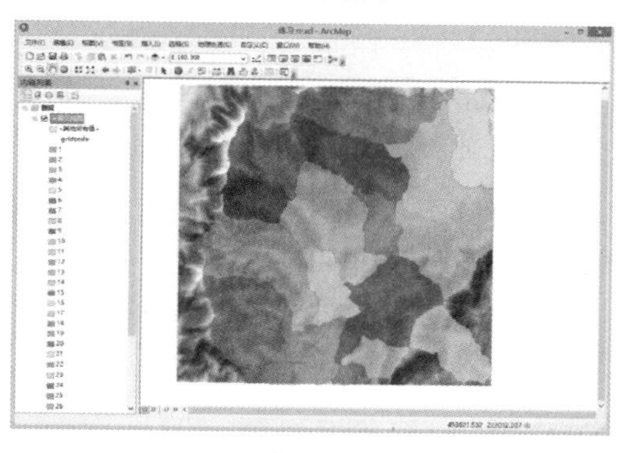

流域分析

图 9-34　几种由 Grid DEM 水文分析结果

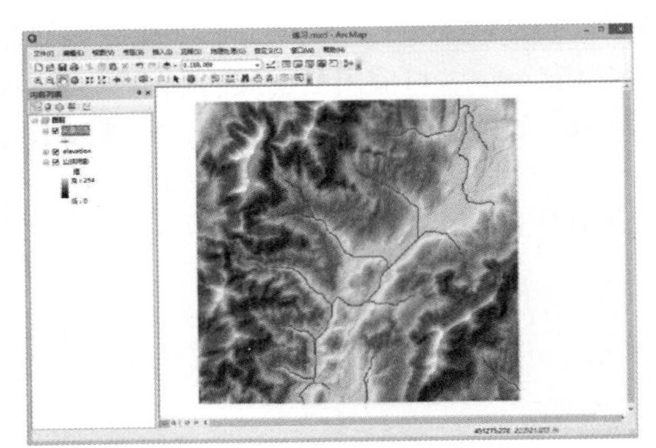

河网分析

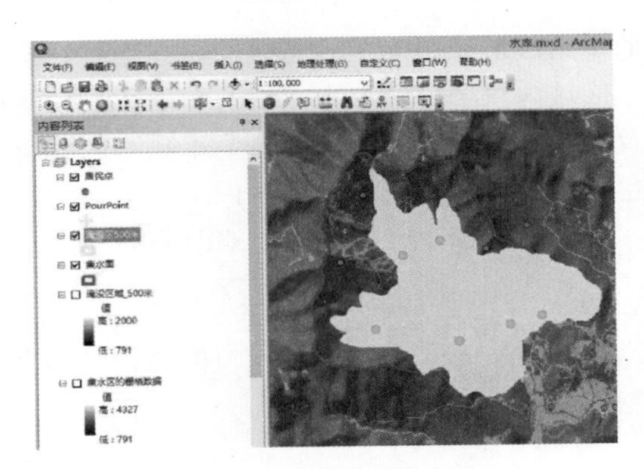

水库库容工程对周边的影响

图 9-34　几种由 Grid DEM 水文分析结果（续）

3. 通视分析

通视分析是指以某一点为观察点，研究某一区域通视情况的地形分析（图 9-35）。

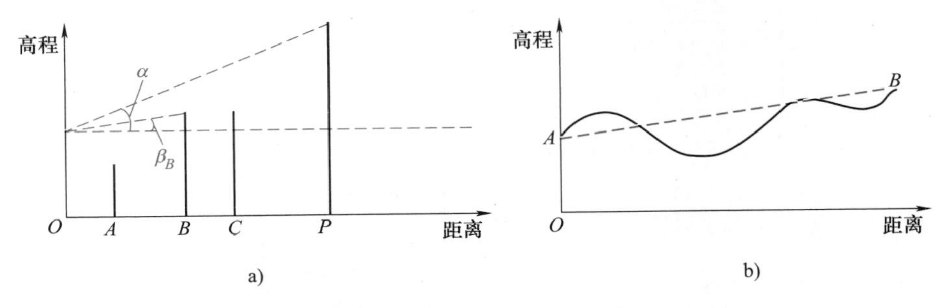


a)　　　　b)

图 9-35　DEM 通视分析方法

a）倾角法　b）剖面图法

（1）方法

1）以 $O$ 为观察点，对格网 DEM 或三角网 DEM 上的每个点判断通视与否，通视赋值为 1，不通视赋值为 0。由此可形成属性值为 0 和 1 的格网或三角网。对此以 0.5 为值追踪等值线，即得到以 $O$ 为观察点的通视图。

2）以观察点 $O$ 为轴，以一定的方位角间隔算出 0°~360°的所有方位线上的通视情况。对于每条方位线，通视的地方绘线，不通视的地方断开，或相反。这样可得出射线状的通视图。

（2）两点是否可见的算法　采用倾角法和剖面图均可判断格网或三角网上的某一点是否通视（即两点是否可见）。

1）倾角法（图 9-35a）。格网 DEM 为例，$O(x_o, y_o, z_o)$ 为观察点，$P(x_p, y_p, z_p)$ 为某一格网点，$OP$ 与格网的交点为 $A$、$B$、$C$。$OP$ 的倾角为 $\alpha$，观察点与各交点的倾角为 $\beta_i(i=A, B, C)$，若 $\tan\alpha > \max(\tan\beta_i, i=A, B, C)$，则 $OP$ 通视；否则，不通视。

2）剖面图（图 9-35b）。由两点连线是否与剖面相交，可判断两点是否可见。相交说明无法通视，不相交则说明通视。

DEM 通视分析示例如图 9-36 所示。

图 9-36 DEM 通视分析结果

## 思考题与习题

1. 简述地物与地貌的识读方法。
2. 在图 9-37 中完成以下作业：

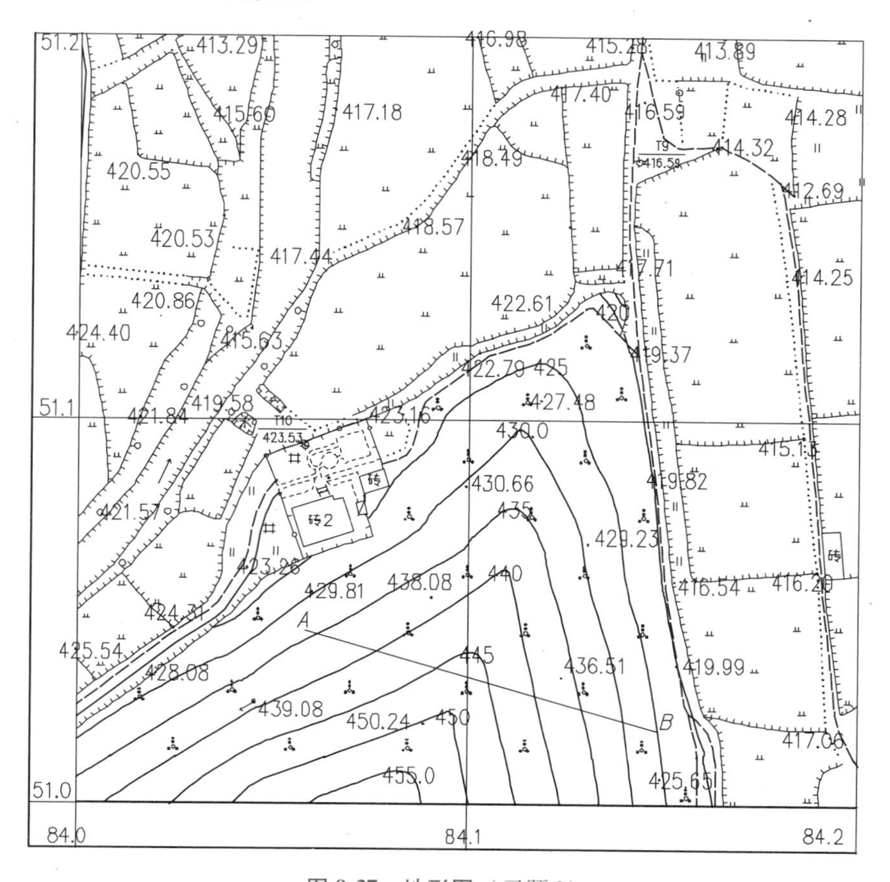


图 9-37 地形图（习题 2）

1）图解点 $A$、$B$ 的坐标和高程。

2）图解 $AB$ 直线的坐标方位角及水平距离。

3）绘制 $A$、$B$ 两点间的断面图。

3. 何谓汇水面积？为什么要计算汇水面积？试在图 9-38 中水库大坝 $AB$ 上方标绘汇水面积范围线。

4. 简述土地平整时如何在地形图上量算土方量。

5. 简述数字地形图的应用内容，并与纸质地形图的应用进行比较。

6. DTM 与 DEM 的关系是什么？DEM 的主要应用有哪些？

7. 请对 Delaunay 三角网和它的偶图 Voronoi 图做简要的描述。

8. 请简述三角构网原则。

9. DEM 的地图制图表现形式有哪些？请列举三种。

10. 数字地形图的空间分析有哪些？请举例说明一种。

图 9-38　某山区地形图（习题 3）

# 第 10 章

# 测设的基本工作

施工测量是工程测量的重要内容之一，工程进入施工阶段时，首先需要将图纸上设计好的各种建筑物、构筑物的平面位置和高程在实地标定出来，作为施工的依据，这一测量工作称为测设（放样）。

测设的基本工作包含单一几何量测设、平面位置测设及高程测设几类。其中，单一几何量测设包含水平距离测设、水平角度测设等；平面位置的测设多采用极坐标法（水平角测设与水平距离测设配合）或直角坐标法（全站仪或 GNSS-RTK 法）；高程测设多采用水准测量方法。

## 10.1 水平角度、水平距离和设计高程的测设

### 10.1.1 已知水平角的测设

已知水平角测设是根据一个方向和已知水平角数据，将该角的另一方向测设于实地。

1. 一般方法

一般方法又称盘左盘右分中法。当测设精度要求不高时，使用该方法。如图 10-1 所示，地面上有已知方向 $OA$，需测设的水平角为 $\beta$（设计值）。首先在 $O$ 点安置经纬仪或全站仪（对中、整平），盘左瞄准 $A$ 点，读取水平度盘读数为 $a_1$，转动照准部使水平度盘读数为（$a_1+\beta$），在地上沿视准轴方向标定 $B'$ 点。然后盘右位置再瞄准 $A$ 点，读数为 $a_2$，转动照准部使水平度盘读数为（$a_2+\beta$），在地上标定 $B''$ 点。如果 $B'$ 和 $B''$ 不重合，则取 $B'$ 与 $B''$ 的中点 $B$，并将该点标定至实地。为了检核，再用测回法测量 $\angle AOB$，若实测水平角与 $\beta$ 值之差符合要求，则 $\angle AOB$ 为测设的 $\beta$ 角。

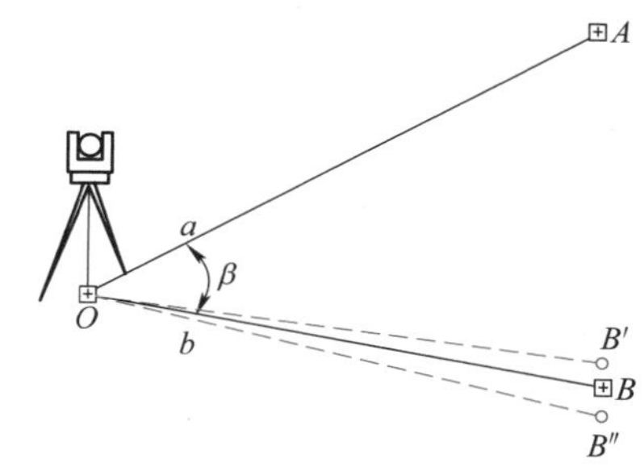


图 10-1 一般方法测设水平角

2. 归化法水平角放样

当精度要求较高时可采用多测回修正法（又称归化法）测设。如图 10-2 所示，在 $O$ 点安置经纬仪或全站仪，首先用一个盘位测设 $\beta$ 角，得 $B'$ 点。然后用测回法观测 $\angle AOB'$ 多个测回得 $\beta'$，再测量 $OB'$ 距离 $D$，便可计算出 $OB'$ 方向上 $B'$ 点的垂距改正值 $\delta$ 为

$$\delta = \frac{\beta - \beta'}{\rho} D \tag{10-1}$$

式中，$\rho=180°/\pi=206265''$。

使用小三角板，从 $B'$ 点沿垂直于 $OB'$ 方向量取 $\delta$ 就可将 $B'$ 点修正至精确位置 $B$。点位改正时须注意改正的方向。

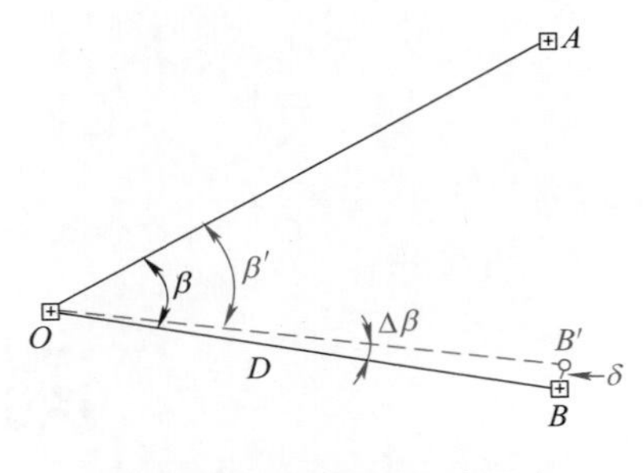


图 10-2　归化法测设水平角

### 10.1.2　已知水平距离的测设

已知水平距离测设是从一个已知点开始，沿已知的方向，按设计的直线长度确定另一端点的位置。

1. 一般方法

从已知起点 $A$ 开始，沿给定的方向按已知长度 $D$，用钢尺直接丈量定出另一端点 $B$。为了检核，应往返丈量，取其平均值作为最终结果。

2. 精确方法

当测设精度要求较高时，可采用精确法。首先按一般方法放样，然后对所放样的距离进行三项改正（尺长改正 $\Delta D_l$、温度改正 $\Delta D_t$、倾斜改正 $\Delta D_h$）；进而可计算出实际放样长度为

$$D_{放}=D-\Delta D_l-\Delta D_t-\Delta D_h \tag{10-2}$$

然后按实际放样距离进行距离放样。

3. 归化法

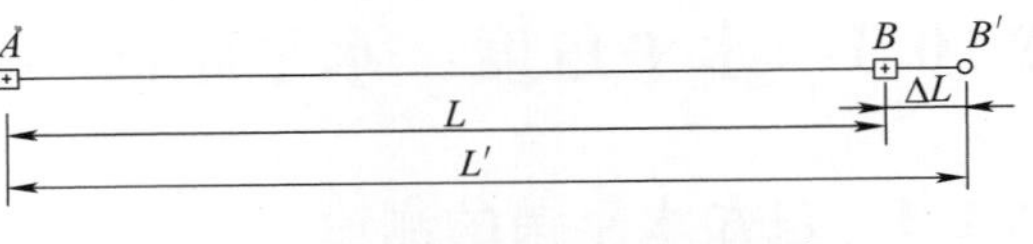


图 10-3　归化法测设水平距离

该法属精确法的一种，如图 10-3 所示，欲测设长度 $L$，先从起点 $A$ 开始沿给定的方向丈量稍大于已知距离的长度，得到 $B'$ 点，临时固定之；然后沿 $AB'$ 往返丈量多次，并进行三项改正，取其中数作为 $AB'$ 的实测值 $L'$；将实测值 $L'$ 与设计长度 $L$ 比较，即可求得距离改正数（归化值）$\Delta L=L'-L$；最后按照 $\Delta L$ 的符号，沿 $AB'$ 的方向用三角板量出 $\Delta L$，并标定之，得 $B$ 点。

4. 全站仪测设水平距离

如图 10-4 所示，欲从 $A$ 点沿给定的方向测设水平距离 $D$。将全站仪安置于 $A$ 点，输入棱镜常数、气象参数等，并设置水平距离显示模式。

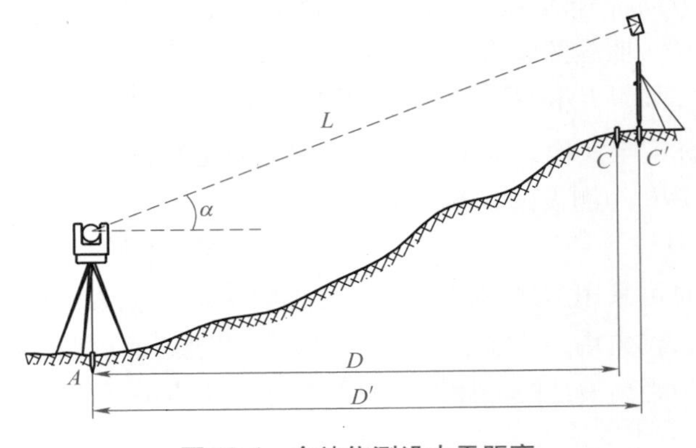


图 10-4　全站仪测设水平距离

持镜人手持棱镜对中杆沿给定方向前进，当显示距离接近欲测设距离时（相差最好不超过2cm），将棱镜稳固地安置于$C'$点，并用木桩标定，再进行距离精测得$D'$，然后在$C'$点用小钢尺或三角板改正距离$\Delta D=D-D'$得$C$点，用木桩标定$C$点。为了检核可进行复测。

### 10.1.3　设计高程点的测设

设计高程点测设是根据已知水准点高程和待定点设计高程，利用水准测量或测距三角高程测量等方法，将设计高程在实地标定出来。

1. 水准测量高程放样

如图10-5所示，BMA为一已知水准点，其高程为$H_A$。$B$点为拟测设的高程点，其设计高程为$H_B$。

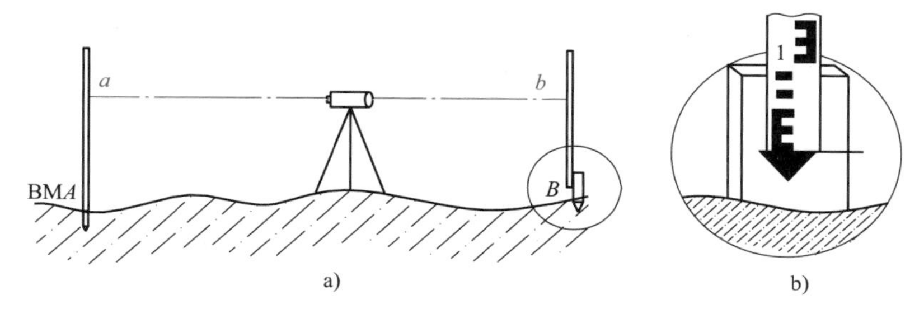


图10-5　水准测量高程放样

如图10-5a所示，首先在$AB$之间适当的位置安置水准仪，测得$A$点后视读数$a$，则可计算前视应读数$b_{应}=H_A+a-H_B$。观测者指挥前尺司尺员紧贴$B$点桩上下移动水准尺，当前尺读数为$b_{应}$时，紧贴尺底在桩上画一横线，此线即为$B$点的设计标高线。为使用方便，一般沿标高线向下用红油漆绘一倒三角形（▼），如图10-5b所示。

也可以先根据水准测量方法测出$B$点木桩处的地面高程$H'_B$，进而计算$B$点的高程改正值：$\delta_h=H_B-H'_B$，根据高程改正值$\delta_h$，利用小钢尺在$B$点的木桩上标定出设计高程位置。

2. 测距三角高程测量放样

对于一些高差起伏大的场景，如桥梁、大型钢结构安装、基坑、建筑物顶部等点位，水准仪放样比较困难，需要用测距三角高程测量放样（无仪器高全站仪放样高程）。

如图10-6所示，已知$A$点高程为$H_A$，放样点$B$设计高程$H_B$，在适当位置$K$处架设全站仪，对中、整平，精确瞄准$A$点棱镜中心（棱镜高$v$），测得斜距$S_1$及竖直角$\alpha_1$，可计算出全站仪视线高$H_K$为

$$H_K = H_A + v - S_1\sin\alpha_1 \tag{10-3}$$

同样精确瞄准$B$点棱镜中心（棱镜高$v$），测得斜距$S_2$及竖直角$\alpha_2$，可得$B$点高程$H'_B$为

$$H'_B = H_K + S_2\sin\alpha_2 - v \tag{10-4}$$

联合式（10-3）和式（10-4）可得

$$H'_B = H_A - S_1\sin\alpha_1 + S_2\sin\alpha_2 \tag{10-5}$$

将$H'_B$与设计高程$H_B$高差计算出来，根据实地情况指挥放样设计高程$H_B$即可。这种方法放样无须量测仪器高，故称无仪器高全站仪放样法。

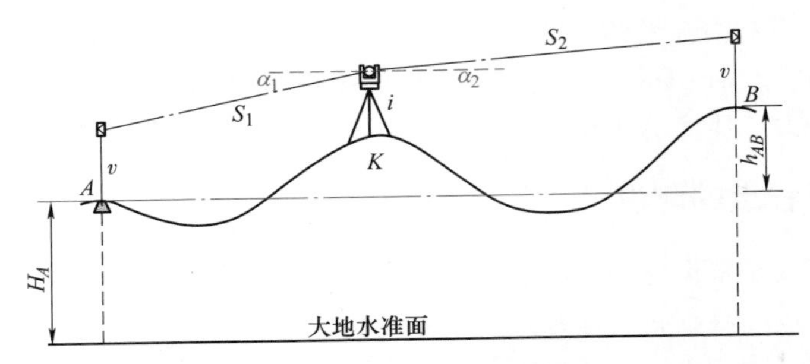


图 10-6　测距三角高程测量放样

用以上方法进行高程放样时，当测站与目标点之间的距离超过 150m 时，以上高差就应该考虑大气折光和地球曲率的影响，即

$$\Delta h = D\tan\alpha + (1 - k)\frac{D^2}{2R} \tag{10-6}$$

式中，$D$ 为水平距离；$\alpha$ 为竖直角；$k$ 为大气垂直折光系数；$R$ 为地球曲率半径。

## 10.2　点的平面位置测设方法

设计图纸所表示的建筑物轮廓或特征点往往是以角点、交点等位置的坐标形式表达的，点位放样就是要在待建的场地上确定设计坐标相对应的位置，并用标桩表示出来。点的平面位置测设是根据现场的控制点和待定点之间的几何关系，利用测量仪器将该点测设于实地。根据控制网和现场情况不同，可采用极坐标法、直角坐标法、全站仪坐标法、交会法、GNSS RTK 点位测设法等。

### 10.2.1　极坐标法

极坐标法点位放样是角度放样与距离放样的结合，通常采用经纬仪配合钢尺或全站仪配合棱镜放样。如图 10-7 所示，设 $A$、$B$ 为已知控制点，$P$ 为待放样点，其设计坐标已知，放样过程如下：

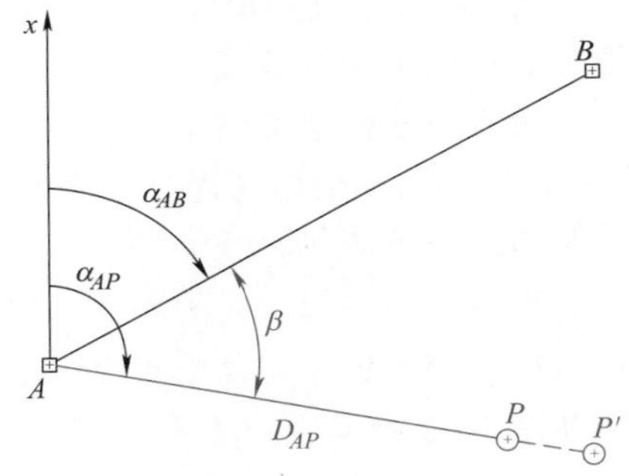


图 10-7　极坐标法点位放样

1）计算放样数据。水平角 $\beta$ 和水平距离 $D_{AP}$ 是极坐标法放样的两个放样元素，可以由 $A$、$B$、$P$ 三点的坐标反算求得

$$\begin{cases}\beta = \alpha_{AP} - \alpha_{AB} = \arctan\left(\dfrac{y_P - y_A}{x_P - x_A}\right) - \arctan\left(\dfrac{y_B - y_A}{x_B - x_A}\right) \\ D_{AP} = \sqrt{(x_P - x_A)^2 + (y_P - y_A)^2}\end{cases} \tag{10-7}$$

式中，坐标方位角 $\alpha_{AP}$ 和 $\alpha_{AB}$，需根据坐标差的符号判断直线所在象限，再根据坐标方位角与象限角的关系最终确定，详见 7.3.3 节。

2）在 $A$ 点安置经纬仪，后视 $B$ 点，放样水平角 $\beta$，在放样出的方向上标定一临时点 $P'$；然后自 $A$ 出发沿 $AP'$ 方向放样距离 $D_{AP}$，即得待定点 $P$ 的位置。

3）将 $P$ 点标定在实地。

4）检核。重新测定 $\angle BAP$ 和 $AP$ 间的水平距离，并与 $\beta$ 和 $D_{AP}$ 比较，确保其差值满足精度要求。

【例 10-1】 根据已知导线点 $A$、$B$，在地面放样设计点 $P$ 的平面位置（图 10-8）。已知点 $A$、$B$ 和设计点 $P$ 的坐标为

$$A:\begin{cases}x_A = 2048.600\text{m}\\ y_A = 2086.300\text{m}\end{cases}\quad B:\begin{cases}x_B = 2220.000\text{m}\\ y_B = 2100.000\text{m}\end{cases}\quad P:\begin{cases}x_P = 1968.500\text{m}\\ y_P = 2332.400\text{m}\end{cases}$$

试计算在测站 $A$，用"极坐标法"放样 $P$ 点的数据 $\beta$ 与 $D_{AP}$。

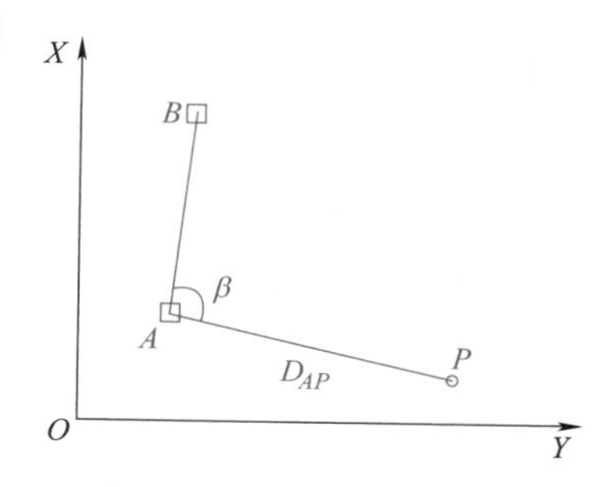

图 10-8　例 10-1 点位测设示意图

解：
$$\alpha_{AB} = \arctan\frac{y_B - y_A}{x_B - x_A} = 4°34'12''$$

$$\alpha_{AP} = \arctan\frac{y_P - y_A}{x_P - x_A} + 180° = 108°01'44''$$

$$\beta = \alpha_{AP} - \alpha_{AB} = 103°27'32''$$

$$D_{AP} = \sqrt{(X_P - X_A)^2 + (Y_P - Y_A)^2} = 258.807\text{m}$$

### 10.2.2　直角坐标法

工业与民用建筑施工场地的施工控制网，可布设成建筑方格网或建筑基线，这种控制网的特点是坐标轴平行于建筑物的主轴线，此时采用直角坐标法放样点位，不仅简洁而且方便，其原理与放样过程如下。

如图 10-9 所示，$A$、$O$、$B$ 为施工控制点，其坐标可从控制点成果表中得到；互相垂直的轴线 $OA$ 和 $OB$ 为建筑基线；$C$、$D$、$E$、$F$ 为拟建建筑物的四个角点，其坐标由设计提供。

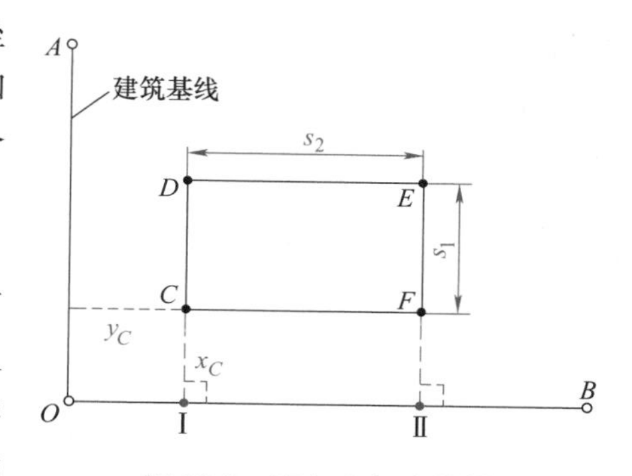

图 10-9　直角坐标法放样

1. 放样数据准备

直角坐标法的放样数据为坐标增量和直角。首先从控制点成果表摘抄控制点 $A$、$O$、$B$ 的坐标，从设计总平面图中摘抄建筑设计坐标。然后绘制放样略图，并根据相关位置关系，将坐标增量及边长标注于图上，如图 10-9 中 $x_C$、$y_C$、$s_1$、$s_2$ 等。

2. 现场放样

1）在 $O$ 点安置仪器（经纬仪或全站仪），瞄准 $B$ 点定向，沿 $OB$ 方向测设水平距离 $y_C$ 得Ⅰ点，测设水平距离（$y_C+s_2$）得Ⅱ点，并在现场标定Ⅰ、Ⅱ点。

2）将仪器搬至Ⅰ点进行安置，以 $B$ 点定向，测设直角，并沿所测设的方向线测设水平距离 $x_C$ 得 $C$ 点，测设水平距离（$x_C+s_1$）得 $D$ 点，并在现场标定 $C$、$D$ 点。

3）将仪器搬至Ⅱ点进行安置，以 $O$ 点定向（选择长边定向），测设直角，并沿所测设的方向线测设水平距离 $x_C$ 得 $F$ 点，测设水平距离（$x_C+s_1$）得 $E$ 点，并与现场标定 $E$、$F$ 点。

3. 检核

1）角度检核：分别在 $C$、$D$、$E$、$F$ 点安置仪器，观测四个内角并与 90°比较，较差应满足限差要求。

2）距离检核：分别测量四条边长，将测量值与对应的设计值 $s_1$、$s_2$ 比较，其相对误差应满足限差要求。

全站仪点放样

### 10.2.3 全站仪坐标法

1. 直接放样法（极坐标法）

利用全站仪的“点位放样”功能可进行待定点位的测设，而且不需要事先计算放样元素，只要提供坐标即可，操作十分方便。放样过程如下：

1）在 $A$ 点安置全站仪，完成对中整平工作，并输入测站点坐标。

2）输入后视点 $B$ 的坐标，进行后视定向，在定向确认前应仔细检查是否精确照准。

3）输入放样点坐标后，仪器将显示瞄准放样点应转动的水平角和水平距离。

4）放样：首先切换至角度状态，旋转照准部，显示水平角差值 dHR（$\mathrm{dHR}=\beta_{测}-\beta_{算}$），当 dHR=0°00′00″时，表示该方向即为放样点的方向。然后观测员指挥持镜人将棱镜安置在视准轴方向上。照准棱镜后切换至距离状态开始测量，显示测量距离与放样距离之差 dHD（$\mathrm{dHD}=D_{测}-D_{算}$）。观测员指挥立镜员左右和前后移动棱镜，直至 dHR=0 并且 dHD=0 时，棱镜中心即为所放样的点位。

5）投点：当 dHR=0 并且 dHD=0 时，就可以利用光学对中器向地面投点。

6）检核：重新检查仪器的对中、整平和定向，然后测定放样点的坐标，并将测定值与设计值进行比较，确保较差满足精度要求。

全站仪方向放样

2. 自由设站法

自由设站法是一种比常规极坐标法更为灵活的测设方法。它将测量和放样相结合，利用任意可观测位置对两个及以上已知点进行观测，使用间接方法计算得到设站点坐标并完成测站定向。由于测站位置可任意选取，故称自由设站法。该方法适用于已知点上不便架设仪器的情况。具体原理如下：

如图 10-10 所示，$XOY$ 为施工坐标系，$I$ 为控制点，$P$ 为自由设站点；$X'PY'$是以 $P$ 为坐标原点，以仪器度盘零方向为 $X'$ 轴的局部坐标；$\alpha_0$ 为 $X$ 和 $X'$方向间的夹角。当在 $P$ 点观测 $P$ 点到 $I$ 点的水平距离 $S_i$ 和水平方向后，即可在 $X'PY'$坐标系中求出 $I$ 点的局部坐标，即

$$\begin{cases} x'_I = S_i\cos\alpha_i \\ y'_I = S_i\sin\alpha_i \end{cases} \tag{10-8}$$

坐标转换可得 $I$ 点施工坐标（$x_I$，$y_I$），即

$$\begin{cases} x_I = x_P + K\cos\alpha_0 x'_I - K\sin\alpha_0 y'_I \\ y_I = y_P + K\sin\alpha_0 x'_I + K\cos\alpha_0\, y'_I \end{cases} \tag{10-9}$$

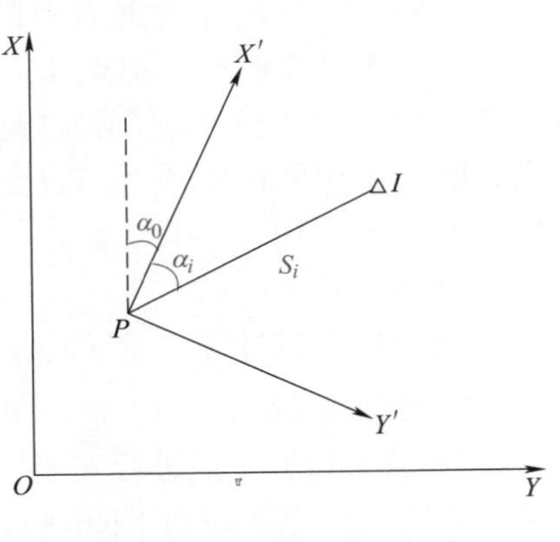

图 10-10　自由设站法原理

式中，$K$ 为局部坐标系与施工坐标系的尺度比例系数。

令 $c=K\cos\alpha_0$，$d=K\sin\alpha_0$，则式（10-9）可变为

$$\begin{cases} x_I = x_P + c\,x'_I - d\,y'_I \\ y_I = y_P + d\,x'_I + c\,y'_I \end{cases} \tag{10-10}$$

式中，$x_I$、$y_I$ 及 $x'_I$、$y'_I$ 为已知值，待定值为 $x_P$、$y_P$、$c$、$d$。

为求解上述待定值，需要观测该点到两个及以上已知控制点的方向和距离，当超过两个以上观测控制点时候，可按间接平差原理来求解待定值，具体求解如下

$$\begin{cases} c = \dfrac{[xx'] + [yy'] - \dfrac{1}{n}([x]\cdot[x'] + [y]\cdot[y'])}{[x'x'] + [y'y'] - \dfrac{1}{n}([x']\cdot[x'] + [y']\cdot[y'])} \\ d = \dfrac{[x'y] - [y'x] - \dfrac{1}{n}([x']\cdot[y] - [y']\cdot[x])}{[x'x'] + [y'y'] - \dfrac{1}{n}([x']\cdot[x'] + [y']\cdot[y'])} \\ x_P = \dfrac{[x]}{n} - c\cdot\dfrac{[x']}{n} + d\cdot\dfrac{[y']}{n} \\ y_P = \dfrac{[y]}{n} - c\cdot\dfrac{[y']}{n} - d\cdot\dfrac{[x']}{n} \end{cases} \tag{10-11}$$

全站仪角度放样

即得到测站点的坐标，进而得 $\alpha_0$，相当于完成了测站定向。

全站仪自由设站法放样步骤一般如下：

1）在现场选一合适位置作为测站点，在测站点上安置全站仪，对各已知点进行边角观测。

2）求出测站点 $P$ 的坐标（$x$，$y$），并以一已知点作为后视完成测站定向。

3）输入放样点坐标，按上述全站仪坐标法放样出放样点。

按以上原理和公式可以设计自由设站法的程序。在全站仪中大多有自由设站的机载程序，自由设站法放样也易于程序实现。

从原理和作业来看，自由设站法放样属于直接坐标法的点放样。

全站仪直线放样

3. 全站仪放样操作示例

全站仪的种类和型号很多，不同种类和型号的全站仪点位测设的操作方法也不尽相同。本节以三鼎 STS-720 系列全站仪为例（图 10-11），介绍全站仪点位测设方法。

（1）极坐标放样　在基本测量界面 P2 功能页（图 10-12a）中按【F3】（放样），进入图 10-12b 界面。按【F1】（极坐标）键，输入极坐标放样元素：方向值和水平距离。输入完毕可对输入的方位角和水平距离进行放样（图 10-12c）。照准棱镜中心，按【F3】（测量）启动测量并计算显示测量点与放样点之间的放样参数差（图 10-12d）。

1）角度放样：转动仪器照准部，使“ΔHz”项显示的角度差为 0°00′00″，同时指挥立尺员移动棱镜（图 10-12e）。“ΔHz”项为正，放样点在目前测量点右侧，应向右移动棱镜；“ΔHz”项为负，放样点在目前测量点左侧，应向左移动棱镜。

2）距离放样：在望远镜照准的零方向上安置棱镜并照准，按【F3】（测量）启动测量并计算棱镜的位置与放样点的放样参数差。“Δ 平距”项为正，放样点在更远处，向远离测

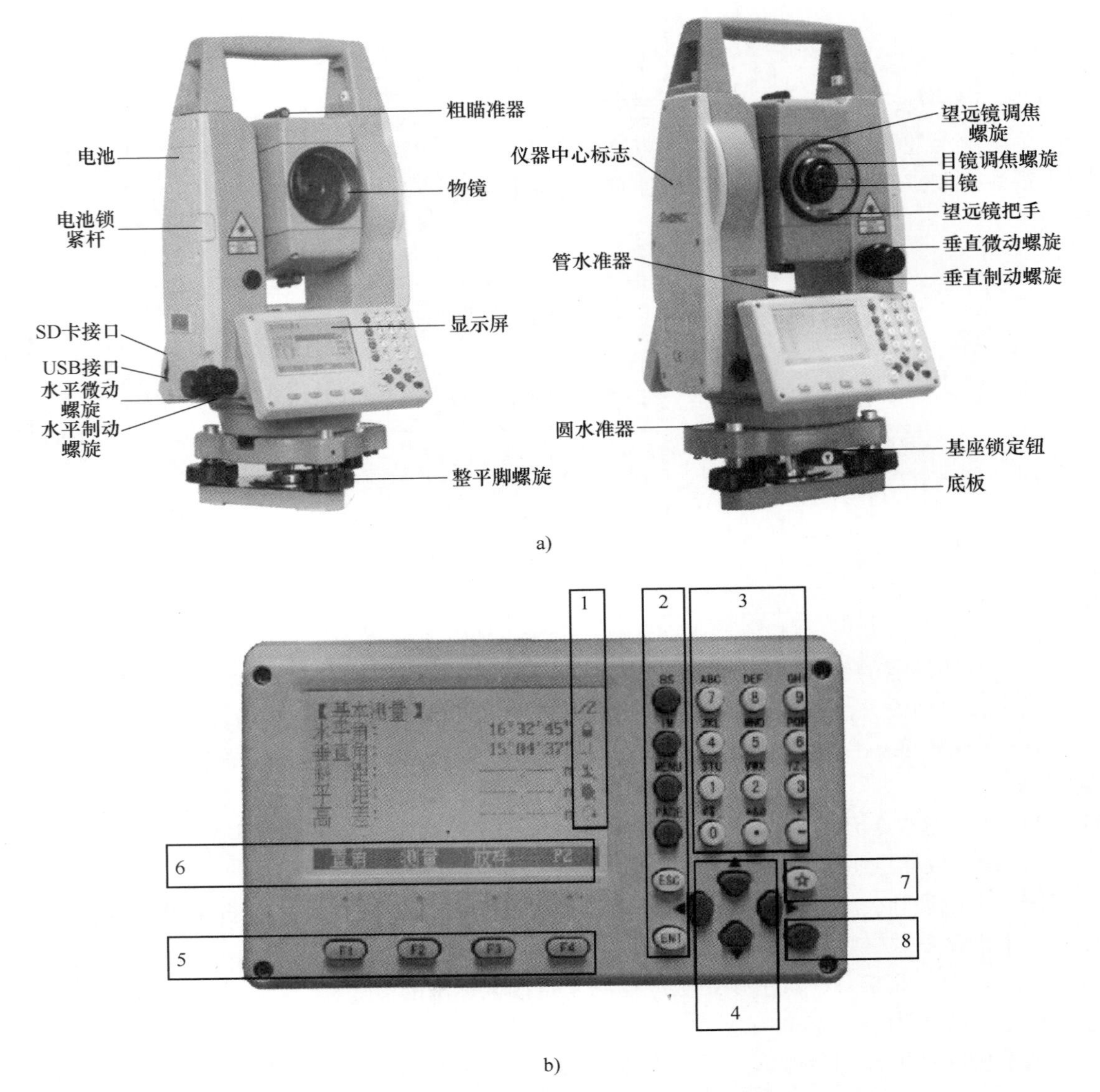


图 10-11 三鼎全站仪构造及键盘界面

a）三鼎全站仪外观 b）键盘界面

1—图标 2—固定键（具有相应的固定功能） 3—字符数字键 4—导航键（在编辑或输入模式中控制输入光标，或控制当前操作光标） 5—软功能键（相应功能随屏幕底行显示而变化） 6—软功能（显示软功能键对应的操作功能，用于启动相应功能） 7—星号键 8—电源开关键

站方向移动棱镜；“Δ 平距”项为负，向测站方向移动棱镜。按箭头方向前后移动棱镜，使“Δ 平距”项显示的距离值为 0m（图 10-12f）。

这样就完成了单点极坐标放样。选用重复精测或跟踪测量进行放样，则可实时显示棱镜点与放样点的参数差。

（2）坐标差放样 基于坐标系的放样，偏差值为坐标差。坐标差 = 放样坐标 - 测量坐标。放样中偏差的含义：“ΔE”项为放样点和目前测量点间的 E 坐标差。“ΔN”项为放样

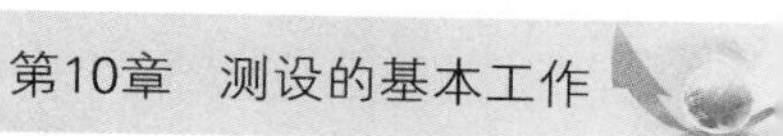

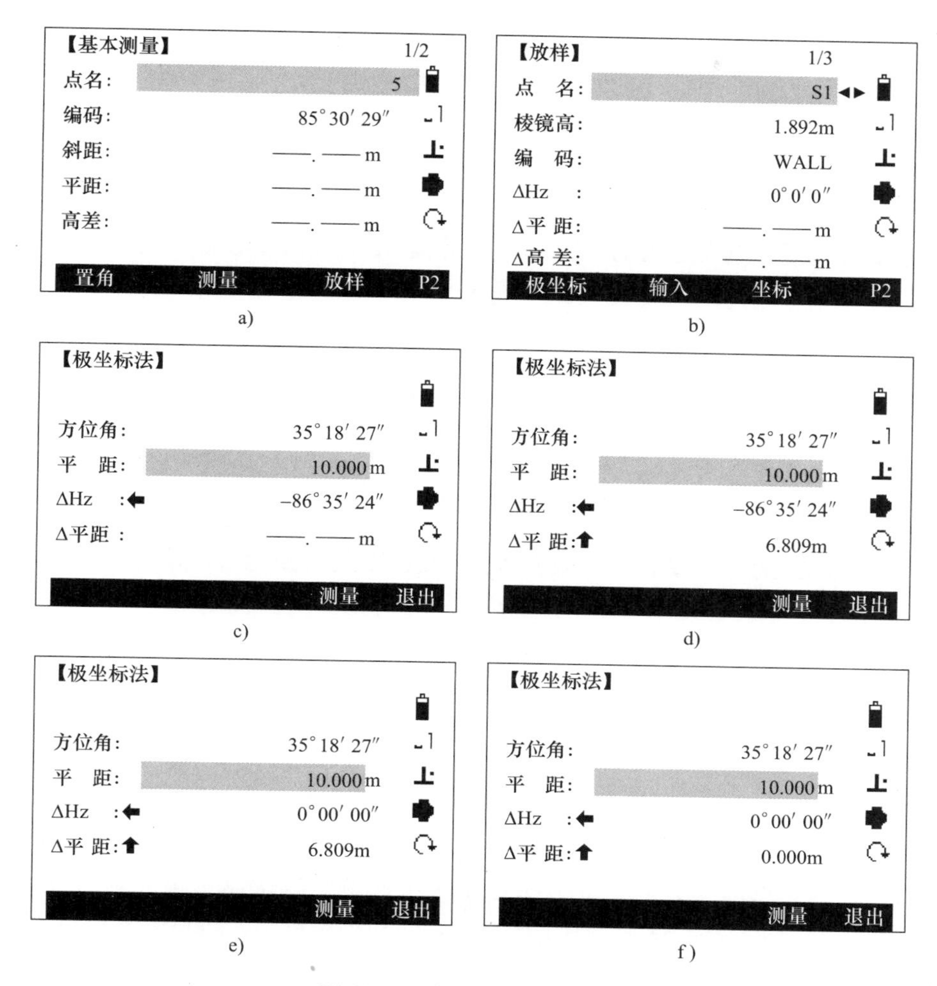


图 10-12 全站仪极坐标放样

点和目前测量点间的 N 坐标差。“ΔZ” 项为放样点和目前测量点间的高差。

跳转到放样“3/3”界面。选择放样点，并输入棱镜高（图 10-13a）。使用左右导航键可按顺序调用坐标文件数据放样。选择当前放样点后，照准当前棱镜，按【F2】（测量），开始测量并计算显示测量点与放样点之间的放样参数差（图 10-13b）。

在 E 方向上移动棱镜，距离为“ΔE”项，使其显示为 0 值。“ΔE”项为正，表示放样点在目前测量点的右边，向右移动棱镜，反之则反向移动棱镜。接着在 N 方向上移动棱镜，距离为“ΔN”项，使其显示为 0 值。“ΔN”项为正，表示放样点在更远处，应向远离测站的方向移动棱镜，反之应向测站的方向移动棱镜（图 10-13c）。放样过程中选用重复精测或跟踪测量进行放样，则可实时显示棱镜点与放样点的参数差。

当“ΔE”和“ΔN”项都为 0 值时，表明当前的棱镜点即为放样点。“ΔZ”项显示为填挖数据（图 10-13d）。“ΔZ”项为正，表示需填，高度为显示数据；反之则表示需挖，高度该项显示的深度。

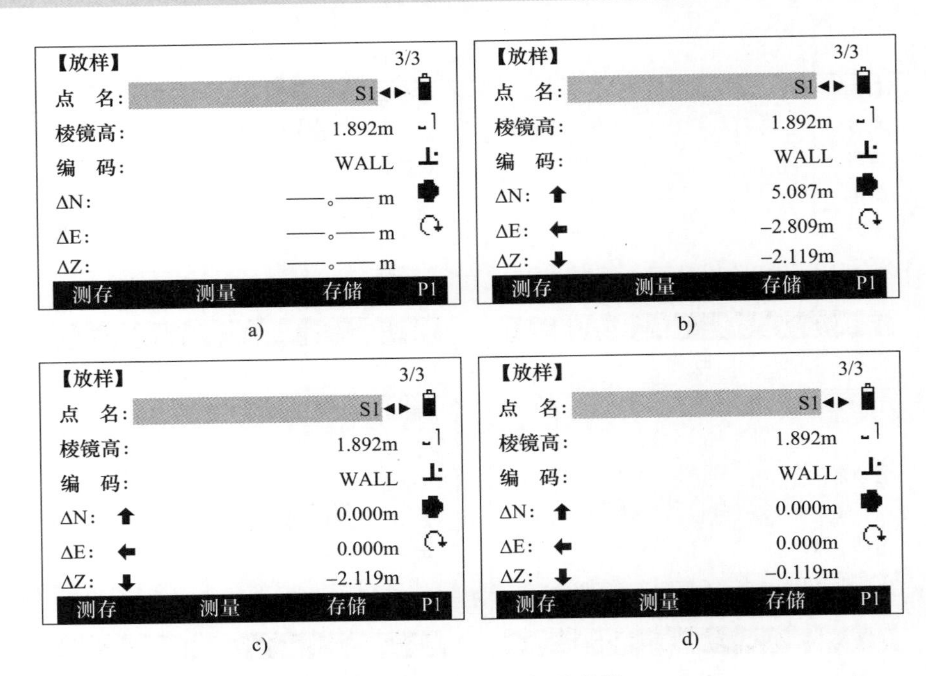


图 10-13 全站仪坐标差放样

## 10.2.4 交会法

1. 角度前方交会法

如图 10-14a 所示，先根据待设点 $P$ 的设计坐标和控制点 $A$、$B$ 的坐标反算坐标方位角并计算夹角 $\alpha$、$\beta$。测设时在 $A$、$B$ 点上安置经纬仪，互为后视点分别测设 $360°-\alpha$ 和 $\beta$ 角的方向线，两方向线的交点即为 $P$ 点。此方法适用于不便量距或待设点距控制点较远的地方。交会角 $\gamma$ 接近于 90°时，精度较好。为了增加可靠性和提高精度，对重要点位应采用三方向交会法。

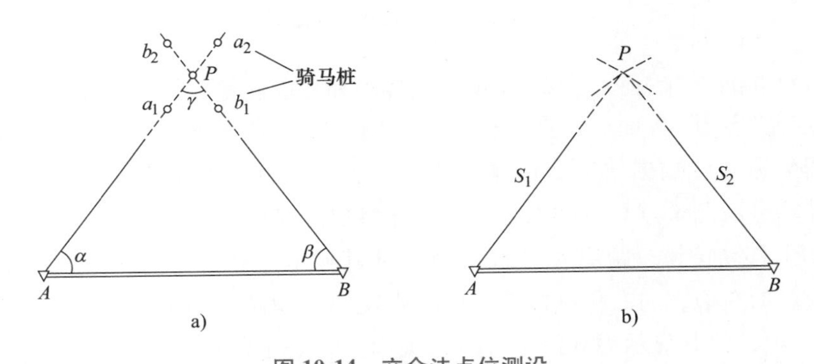


图 10-14 交会法点位测设

a）前方交会法点位测设 b）距离交会法点位测设

2. 距离交会法

适用于待设点至两控制点的距离不超过一整尺且便于量距的地方。如图 10-14b 所示，先根据待设点的设计坐标和两控制点的坐标反算出 $A$、$B$ 两点到待测设点 $P$ 的两个距离 $S_1$、

$S_2$。测设时分别以两控制点为圆心、两相应距离为半径在现场画弧线，两弧线的交点即为待设点。此法一般进行两次，第一次因待测设点位置未知，量距画弧误差较大，交出点位为概略位置，第二次在概略点位的基础上再精确量距交会定点。此法亦是当交角为90°时，精度最好。

### 10.2.5 GNSS RTK 点位测设法

全球定位系统实时动态定位技术 GNSS RTK 是一种全天候、全方位的新型测量系统，是目前实时、准确地确定待测点位置的最佳方式。GNSS RTK 是能够在野外实时得到厘米级定位精度的测量方法。它采用了载波相位动态实时差分方法，是 GNSS 应用的重大里程碑。它的出现为工程放样、地形测图、各种控制测量带来了新的测量原理和方法，极大地提高了作业效率。

GNSS RTK 常规作业流程如图 10-15 所示。

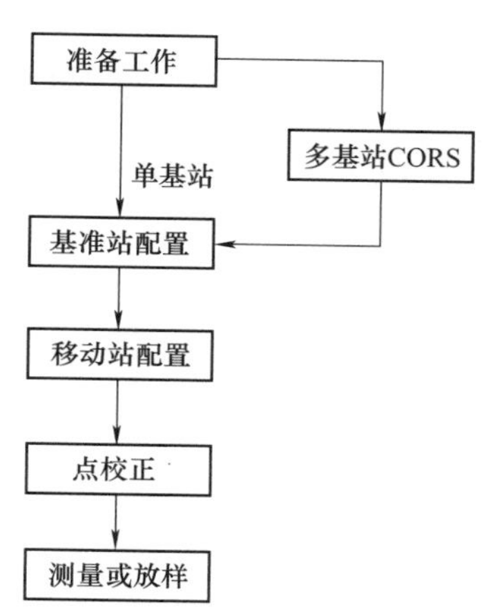


图 10-15 GNSS RTK 常规作业流程图

1. 准备工作

收集已有控制点资料。RTK 作业之前首先要搜集测区已有的控制点成果资料，并对成果资料进行可靠性检验，若满足精度要求，可以从中选择 3~4 个控制点用于求取测区的转换参数，这些点最好均匀分布于测区四周，避免点位过于集中或分布在一条直线上，这样 RTK 定位测量的精度会更高。

2. 仪器架设与模式设置

本书以华测口袋 RTK 为例介绍 GNSS RTK 坐标放样方法。图 10-16 所示为华测口袋 RTK 接收机与手簿。

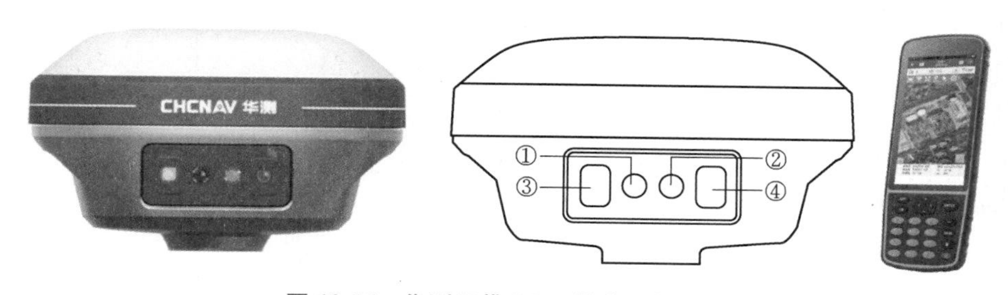


图 10-16 华测口袋 RTK 接收机与手簿

图 10-16 所示指示灯和按键功能如下：

① 卫星灯。蓝色，正在搜星——每 5s 闪 1 下；搜星完成，卫星颗数 $N$——每 5s 连闪 $N$ 下。

② 差分数据灯。基准站模式下，颜色为黄色；移动站收到差分数据后，单点或者浮动为黄色；移动站收到差分数据固定后为绿色。

③ FN 键。液晶屏光标左右切换选择按键。

④ 开关机键。长按 3s 关机或开机；短按确认功能。

（1）连接仪器

方式一：主机开机后，将手簿背面 NFC 区域贴近接收机 NFC 处，当听到“滴”的一声代表手簿已经识别到主机，测地通软件会自动打开，连接主机并提示“已成功连接接收机”。

方式二：如图 10-17 所示，主机开机后，打开测地通软件，点击“配置”界面的“连接”。使用蓝牙或 Wi-Fi 连接接收机，目标蓝牙/Wi-Fi 名称为接收机的 SN 号（蓝牙/Wi-Fi 密码会自动匹配），点击“连接”，连接成功后测地通会提示“连接成功”。

图 10-17　华测口袋 RTK 手簿连接界面

（2）工作模式设置

1）一键固定模式。需要绑定一键固定预码，外出作业时只需携带移动站，不必每天校准控制点。操作简单，只需一键启动即可。绑定一键固定预码方法有两种：

① 手动激活预码，点击“一键固定”，点击“服务激活”，输入预码或者扫描二维码，点击“确定”，激活预码后，点击“启动”即可。

② 后台绑定预码，销售人员后台给仪器绑定预码后，客户端直接点击“一 键固定”，点击“启动”即可。

2）外挂电台模式（图 10-18）。该模式具有以下特点：作业距离相对较远，不受网络条件的限制，可设置多台移动站同时作业。

① 基站设置。电台连接基站，按左右切换键，切换到蓝牙选项，短按电源键，确认搜索。搜索完成后按上下键切换并选中基站 SN，按电源键确认，配对成功即可。口袋 RTK 与 DL8 蓝牙版电台模式使用蓝牙方式连接，连接成功之后主机和电台会自动发射，不需要再设置基站。

② 移动站设置。手簿连接移动站，点击“移动站设置”，选择“差分数据链”，点击“新建”，选择“电台”，修改电台协议和信道与外挂电台保持一致，点击“保存并应用”。

3）CORS 模式。该模式具有以下特点：需要有能在当地使用的 CORS 账号，外出作业时只需携带移动站，不必每天校准控制点。

移动站设置。手机卡安装在手簿中（或手簿连接热点），点击“移动站设置”，选择“差分数据链”，点击“新建”，选择“手簿网络”；网络协议选择 CORS，输入 CORS 账号

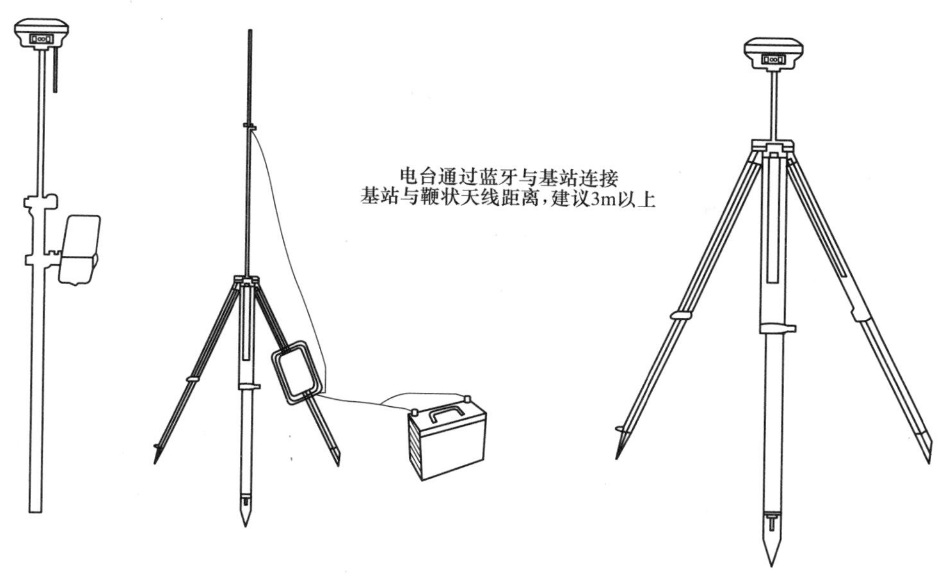


图 10-18　外挂电台示意图

的服务器地址和端口，点击“获取源列表”，选择需要使用的源列表后，输入用户名和密码；输入完成后点击“保存并应用”即可。

3. 新建工程

如图 10-19 所示，在手簿“项目”界面点击“工程管理”→“新建”，输入工程名，选择坐标系统，选择投影模型，输入甲方提供的中央子午线（如果甲方未提供可以点击“中央子午线”右侧向下箭头，获取当地中央子午线），点击右下角“接受”，最后点击“确定”即可。

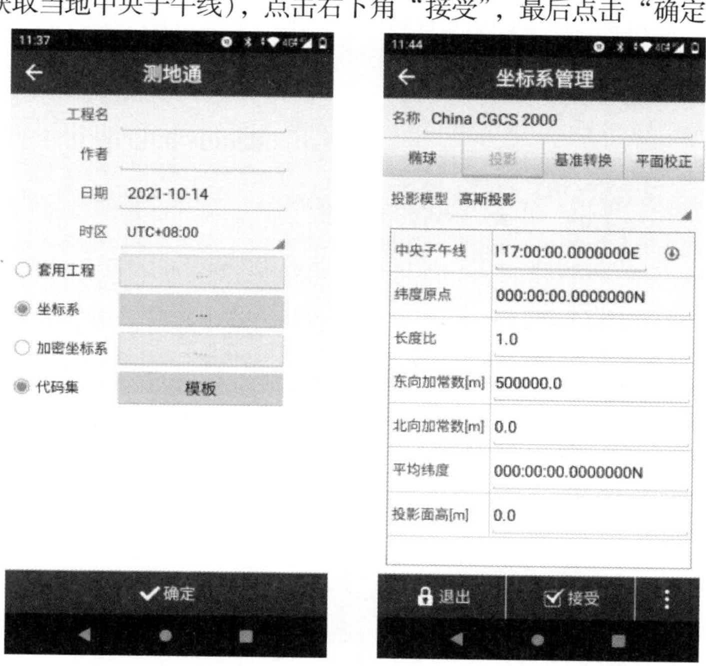


图 10-19　手簿新建工程、坐标系管理界面

4. 点校正（参数转换）

（1）录入控制点

方法一：在手簿“项目”界面点击“管理”→“添加控制点”，输入点名称和对应的坐标，然后点击“确定”即可。

方法二：在手簿上点击“点校正”界面的“添加”，在已知点的位置输入控制点的点名和坐标。

（2）采集控制点

方法一：打开手簿上的“点测量”界面，点击“测量”图标采集坐标。

方法二：点击手簿上的“点校正”界面的“添加”，点击“添加”界面的 GNSS 点右侧“采集”，进入点测量界面，点击“测量”图标测量控制点。

（3）点校正　如图 10-20 所示，在手簿上的“项目”界面→“点校正”，高程拟合方法选“TGO”，点击“添加”（GNSS 点，是指采集的控制点坐标；已知点，是指输入的控制点坐标），使用方式选择“水平+垂直”。依次添加完参与校正的点对，再点击“计算”→“应用”，软件提示“是否替换当前工程参数”，选择“是”，点击“坐标系参数”界面右下角“接受”。最好选择 4 对控制点进行校正，以保证测量精度。注意事项：水平残差≤2cm，高程残差≤3cm。

图 10-20　点校正界面

5. 基站平移

在“自启动基准站”模式中，基站发生移动或者重新架设的情况后，须进行基站平移，使当前基站下再测量的点能和基站关机前相一致。

在手簿上点击“测量”→“基站平移”，进入基站平移界面后，点击 GNSS 点“库选”，选择刚才在已知点上测量的点坐标，或者点击 GNSS 点右侧的“采集”，测量控制点坐标。点击已知点“库选”，选择已输入的已知点的坐标（或直接输入），点击左下角“计算”，软件会自动计算出基准站平移量，点击“确定”，软件提示“是否应用平移参数?”选择“是”，基站平移完成。

6. 点位放样

如图 10-21 所示，打开手簿上“点放样”界面，点击左上角的图标，进入“点管理”界面，在坐标库里选择要放样的点，点击右下角的“确定”按钮，所选点即在放样界面中显示，然后按照界面显示的方向和距离进行放样即可。

RTK 点放样

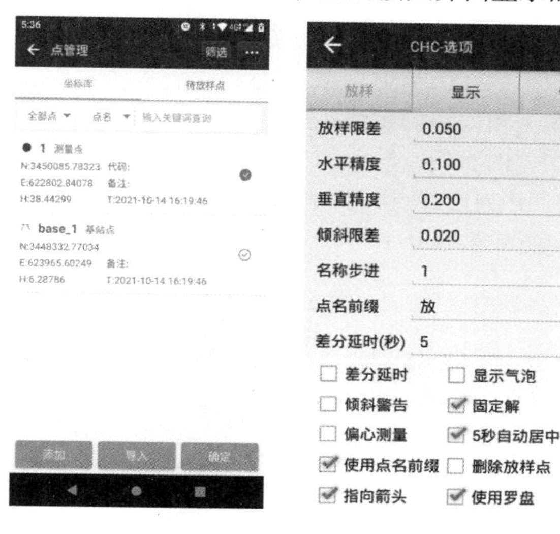

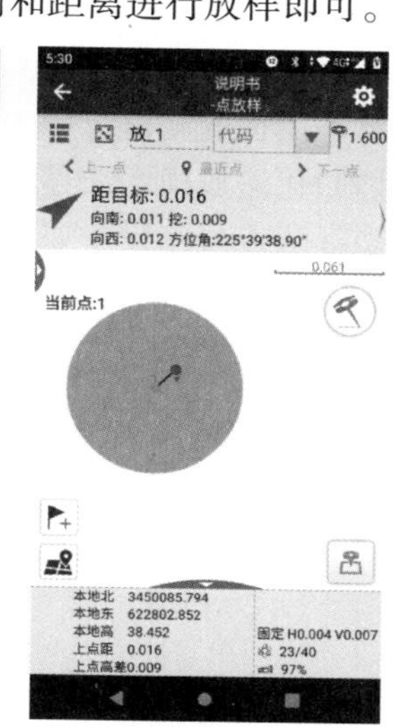


图 10-21　点位放样

放样界面可以设置的参数有观测值数、放样限差、水平精度、垂直精度、倾斜限差等，具体设置可根据实际工程情况。“放样限差”：默认 5cm，可依据实际要求修改。“倾斜限差”：默认 0. 02m，可以修改，范围为 0. 001~1m。固定解：勾选“固定解”则在固定解状态下才可以正常测量。“指向箭头”：勾选“指向箭头”，在点放样界面导航信息前显示指向箭头。

如图 10-22 所示，多点放样时从“☰库选”菜单中选择要放样的点后，在“待放样点”查看点放样任务。

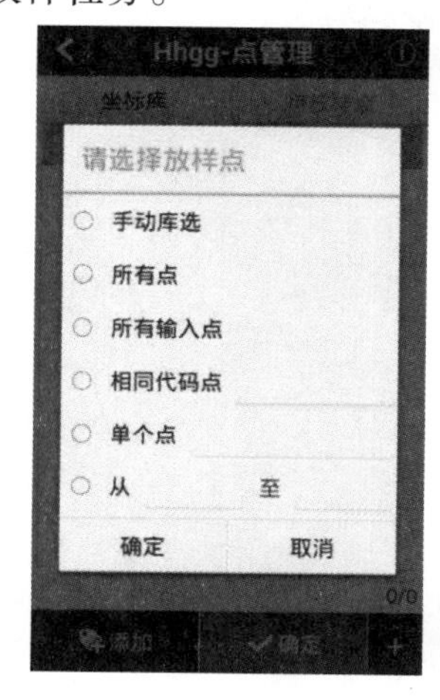


HCC-点管理

坐标库　待放样点

| 名称 | 代码 | 放样状态 |
| --- | --- | --- |
| P3 | | 待放 |
| P2 | | 待放 |
| ppt3 | di | 待放 |
| ppt2 | di | 待放 |
| ppt1 | di | 待放 |
| P1 | | 待放 |
| ppt10 | lu | 待放 |
| ppt9 | lu | 待放 |
| ppt8 | lu | 待放 |

10/22

添加　确定　+

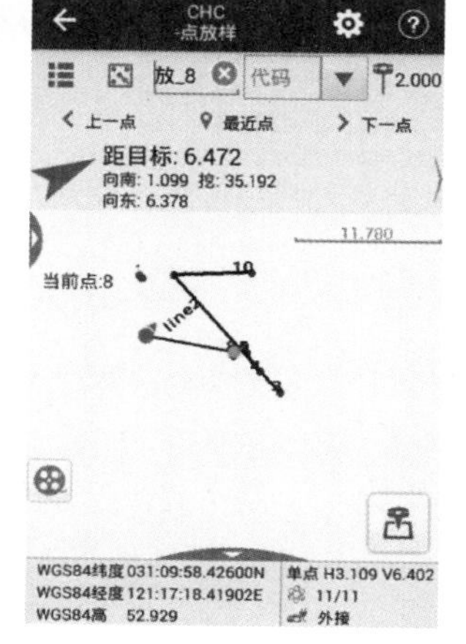


图 10-22　多点放样

通过点击“上一点”或“下一点”可依次显示当前放样列表中放样点。正确设置参数后，测量得出所放点的坐标和设计坐标的差值，如果差值在要求范围以内，则继续放样其他各点，否则重新放样，标定该点。

## 思考题与习题

1. 简述利用 $DJ_6$ 光学经纬仪采用盘左盘右分中法进行水平角放样的基本步骤。

2. 简述采用往返测设分中法进行距离放样的基本步骤。

3. 何谓归化法放样？简述归化法水平角放样的步骤。

4. 极坐标法点位测设主要受哪些误差的影响？

5. 图 10-23 中 $A$、$B$ 为测量控制点，$P$ 为设计点，其坐标如图所示。拟采用极坐标法放样 $P$ 点。试计算放样数据 $D$ 和 $\beta$；简述放样步骤？

| 点号 | $x$ | $y$ | 备注 |
|---|---|---|---|
| $A$ | 360.156 | 472.839 | 控制点 |
| $B$ | 560.120 | 369.629 | 控制点 |
| $P$ | 495.576 | 606.431 | 放样点 |

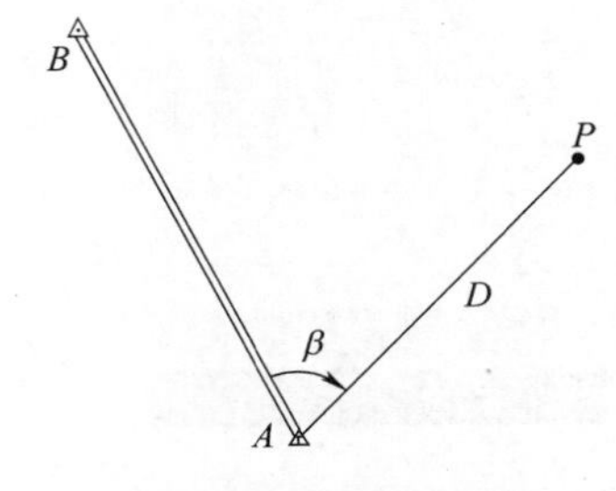


图 10-23　习题 5 图

6. 如图 10-24 所示，建筑物附近水准点（BM）高程为 49.315m，建筑物室内地坪设计高程（±0.000）为 49.500m。水准仪后视水准点上尺子，读数为 1.654m。试计算前视读数是多少时，尺底高程为设计值；并简述高程放样过程。

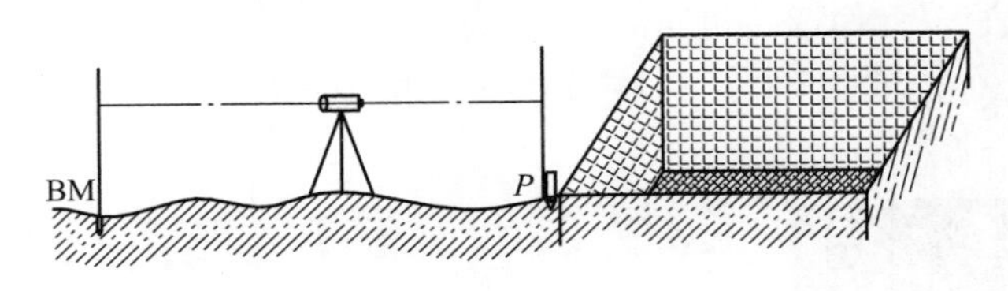


图 10-24　习题 6 图

第 3 篇

Part 3

3

# 行业应用

# 第 11 章 建筑工程测量

## 11.1 概述

建筑包括工业厂区建筑、城市公共建筑和居民住宅建筑等。现代建筑以高层建筑、高耸建筑和异形异构建筑为主要特点。建筑工程测量的目的是把设计的建筑物、构筑物的平面位置和高程，按设计要求以一定的精度测设于实地，作为施工的依据，并在施工过程中进行一系列的测量工作，以衔接和指导各工序间的施工。

建筑工程测量贯穿于建筑工程的勘测设计、施工建设和运营管理三个阶段。在规划设计阶段，需测绘大比例尺地形图；在施工建设阶段，需布设施工控制网，进行场地平整测量，建筑主轴线和细部放样，施工期间的变形监测等，建筑工程竣工后，要进行竣工测量；在运营管理期间，要进行建筑物的变形和安全监测。

### 11.1.1 建筑工程测量的内容

1. 施工测量准备工作

施工测量准备工作应包括资料收集、施工测量方案编制、施工图校核、数据准备、人员设备准备和定位依据点校测等内容。

（1）资料收集　施工测量前，应根据工程任务的要求，收集和分析有关施工资料，并应包括下列内容：规划批复文件，工程勘察报告，施工图及变更文件，施工组织设计或施工方案，施工场区地下管线、建筑物等测绘成果。

（2）施工测量方案编制　施工测量方案宜包括下列内容：工程概况，任务要求，施工测量技术依据、测量设备、测量方法和技术要求，定位依据点的校测，施工控制网的建立，建筑物定位、放线、验线等施工过程测量，基坑监测，建筑施工变形监测，竣工测量，施工测量管理体系，安全质量保证体系与具体措施，成果资料整理与提交。

（3）施工图校核　施工图校核应根据不同施工阶段的需要，校核总平面图、建筑施工图、结构施工图、设备施工图等。校核内容应包括坐标与高程系统、建筑轴线关系、几何尺寸、各部位高程等，并应了解和掌握有关工程设计变更文件。

（4）施工测量数据准备　施工测量数据准备应包括下列内容：应依据施工图计算施工放样数据，应依据放样数据绘制施工放样简图。

（5）定位依据点校测

1）应对城市平面控制点或建筑红线桩点成果资料与现场点位或桩位进行交接，并应做

好点位的保护工作。

2）城市平面控制点或建筑红线桩点使用前，应进行外业校测与内业校算，定位依据桩点数量不应少于3个。校测红线桩的允许误差：角度误差为±60″，边长相对误差为1/2500，点位误差为50mm。校测平面控制点的允许误差：角度误差为±30″，边长相对误差为1/4000，点位误差为50mm。

3）工程依据的水准点数量不应少于2个，使用前应按附合水准路线进行校测，允许闭合差为$\pm 10\sqrt{n}$（mm）。

4）外业资料、起算数据和放样数据，应经2人独立检核，确认合格有效后方可使用。

2. 施工控制测量

施工控制测量包括场区控制网和建筑物施工控制网的测量。

3. 土方施工和基础施工测量

土方施工和基础施工测量包括施工场地测量、土方施工测量、基础施工测量等。

1）土方施工和基础施工测量前应收集下列成果资料：平面控制点或建筑红线桩点、高程控制点成果，建筑场区平面控制网和高程控制网成果，土方施工方案。

2）施工场地测量包括场地现状图测量、场地平整、临时水电管线敷设、施工道路、暂设建筑物以及物料、机具场地的划分等施工准备的测量工作。

在开工前，宜测绘1∶1000、1∶500或更大比例尺的地形图。

地形图测绘可采用数字测图方法，采用全站仪、GNSS RTK等测量仪器。

场地平整测量应符合总体竖向设计和施工方案的要求，采用方格网法，平坦地区宜采用20m×20m方格网；地形起伏地区宜采用10m×10m方格网。方格网的点位可依据红线桩点或既有建筑物进行测设，高程可按五等水准测量精度要求或等精度的三角高程测量方法测定。

3）土方施工测量包括下列工作内容：根据城市测量控制点、场区平面控制网或建筑物平面控制网放样基槽（坑）开挖边界线，基槽（坑）开挖过程中的放坡比例及标高控制，基槽（坑）开挖过程中电梯井坑、积水坑的平面、标高位置及放坡比例控制。

4）基础施工测量包括桩基施工测量、沉井施工测量、垫层施工测量、基础底板施工测量。

4. 基坑施工监测

基坑工程施工中应进行基坑施工监测。基坑监测的主要对象应包括支护结构、地下水状况、基坑底部及周围土体、周围建筑物、周围地下管线及地下设施、周围重要的道路，以及其他应监测的对象。

5. 建筑主体施工测量

民用建筑主体施工测量包括主轴线内控基准点的设置、施工层的平面与标高控制、主轴线的竖向投测、施工层标高的竖向传递、大型预制构件的安装测量等。

6. 建筑主体施工变形监测

建筑主体施工变形监测包括施工过程中建筑物的竖向位移、水平位移、结构应力应变、主体倾斜、裂缝监测等。

7. 竣工测量与竣工图编绘

竣工测量与竣工图编绘包括竣工测量、竣工图的编绘、地下管线工程竣工测量。

### 11.1.2 施工测量的特点

测绘地形图是将地面上的地物、地貌测绘在图纸上，而施工放样则和它相反，是将设计图上的建筑物、构筑物按其设计位置测设到相应的地面上。

测设精度的要求取决于建筑物或构筑物的大小、材料、用途和施工方法等因素。一般高层建筑物的测设精度应高于低层建筑物，钢结构厂房的测设精度应高于钢筋混凝土结构厂房，装配式建筑物的测设精度应高于非装配式建筑物。

施工测量工作与工程质量及施工进度有着密切的联系。测量人员必须了解设计的内容、性质及其对测量工作的精度要求，熟悉施工图上的尺寸和高程数据，了解施工的全过程，并掌握施工现场的变动情况，使施工测量工作能够与施工密切配合。

另外，施工现场工种多，交叉作业频繁，并有大量土、石方填挖，地面变动很大，又有动力机械的震动，因此各种测量标志必须埋设稳固且在不易破坏的位置。还应做到妥善保护，经常检查，如有破坏，应及时恢复。

### 11.1.3 施工测量的原则

施工现场上有各种建筑物、构筑物，且分布较广，往往又不是同时开工兴建。为了保证各个建筑物、构筑物在平面和高程位置都符合设计要求，互相连成统一的整体，施工测量和测绘地形图一样，也要遵循“从整体到局部，先控制后碎部”的原则，即先在施工现场建立统一的平面控制网和高程控制网，然后以此为基础，测设出各个建筑物和构筑物的位置。因建筑施工测量工作关乎建筑工程的质量，建筑施工测量中必须采用各种不同的方法加强外业和内业的检核工作。

### 11.1.4 工业与民用建筑施工放样的基本要求

本章按《建筑施工测量标准》（JGJ/T 408—2017）、《工程测量标准》（GB 50026—2020）的要求撰写。

1）根据《工程测量标准》（GB 50026—2020）的规定，工业与民用建筑施工放样应具备的资料包括建筑总平面图、建筑物的设计与说明、轴线平面图、基础平面图、设备基础图、土方开挖图、建筑物的结构图、管网图、场区控制点成果及点位分布图。

2）建筑物施工放样、轴线投测和标高传递的偏差，不应超过表 11-1 的规定。

表 11-1　建筑物施工放样、轴线投测和标高传递的允许偏差

<table>
<tr><th>项　目</th><th colspan="2">内　容</th><th>允许偏差/mm</th></tr>
<tr><td rowspan="2">基础桩位放样</td><td colspan="2">单排桩或群桩中的边桩</td><td>±10</td></tr>
<tr><td colspan="2">群桩</td><td>±20</td></tr>
<tr><td rowspan="3">各施工层上放线</td><td colspan="2">轴线点</td><td>±4</td></tr>
<tr><td rowspan="2">外廓主轴线长度 $L$/m</td><td>$L \leqslant 30$</td><td>±5</td></tr>
<tr><td>$30 < L \leqslant 60$</td><td>±10</td></tr>
</table>

（续）

| 项　　目 | 内　　容 | | 允许偏差/mm |
|---|---|---|---|
| 各施工层上放线 | 外廓主轴线长度 $L$/m | $60<L\leqslant 90$ | ±15 |
| | | $90<L\leqslant 120$ | ±20 |
| | | $120<L\leqslant 150$ | ±25 |
| | | $150<L\leqslant 200$ | ±25 |
| | | $L>200$ | 按施工允许偏差 1/4 取值 |
| | 细部轴线 | | ±2 |
| | 承重墙、梁、柱边线 | | ±3 |
| | 非承重墙边线 | | ±3 |
| | 门窗洞口线 | | ±3 |
| 轴线竖向投测 | 每层 | | 3 |
| | 总高 $H$/m | $H\leqslant 30$ | 5 |
| | | $30<H\leqslant 60$ | 10 |
| | | $60<H\leqslant 90$ | 15 |
| | | $90<H\leqslant 120$ | 20 |
| | | $120<H\leqslant 150$ | 25 |
| | | $150<H\leqslant 200$ | 30 |
| | | $H>200$ | 按施工允许偏差 1/4 取值 |
| 标高竖向传递 | 每层 | | ±3 |
| | 总高 $H$/m | $H\leqslant 30$ | ±5 |
| | | $30<H\leqslant 60$ | ±10 |
| | | $60<H\leqslant 90$ | ±15 |
| | | $90<H\leqslant 120$ | ±20 |
| | | $120<H\leqslant 150$ | ±25 |
| | | $150<H\leqslant 200$ | ±30 |
| | | $H>200$ | 按施工允许偏差 1/4 取值 |

3）结构安装测量的精度，应分别满足下列要求：

① 柱子、桁架或梁安装测量的偏差，不应超过表 11-2 的规定。

**表 11-2　柱子、桁架或梁安装测量的允许偏差**

| 测量内容 | | 允许偏差/mm |
|---|---|---|
| 钢柱垫板标高 | | ±2 |
| 钢柱±0 标高检查 | | ±2 |
| 混凝土柱（预制）±0 标高检查 | | ±3 |
| 柱子垂直度检查 | 钢柱牛腿 | 5 |
| | 柱高 10m 以内 | 10 |
| | 柱高 10m 以上 | $H$/1000，且≤20 |

（续）

| 测量内容 | 允许偏差/mm |
| --- | --- |
| 桁架和实腹梁、桁架和钢架的支承结点间相邻高差的偏差 | ±5 |
| 梁间距 | ±3 |
| 梁面垫板标高 | ±2 |

注：$H$ 为柱子高度（mm）。

② 构件预装测量的偏差，不应超过表 11-3 的规定。

表 11-3　构件预装测量的允许偏差

| 测量内容 | 允许偏差/mm |
| --- | --- |
| 平台面抄平 | ±1 |
| 纵横中心线的正交度 | $\pm0.8\sqrt{l}$ |
| 预装过程中的抄平工作 | ±2 |

注：$l$ 为自交点起算的横向中心线长度的米数。长度不足 5m 时，以 5m 计。

③ 附属构筑物安装测量的偏差，不应超过表 11-4 的规定。

表 11-4　附属构筑物安装测量的允许偏差

| 测量项目 | 允许偏差/mm |
| --- | --- |
| 栈桥和斜桥中心线的投点 | ±2 |
| 轨面的标高（平整度） | ±2 |
| 相邻轨面的高差 | ±4 |
| 轨道跨距的丈量 | ±2 |
| 管道构件中心线的定位 | ±5 |
| 管道标高的测量 | ±5 |
| 管道垂直度的测量 | $H/1000$ |

注：$H$ 为管道垂直部分的长度（mm）。

## 11.2　建筑场地施工控制测量

在建筑工程的勘测阶段已建立有测图控制网，但因其只考虑测图的需要，未考虑施工的要求，控制点的分布、密度和精度，都难以满足建筑施工测量的要求。另外，由于建筑场地平整时大多控制点会被破坏。因此，在建筑施工之前，必须在建筑场地上建立施工控制网，以满足建筑施工测量的需要。施工控制测量包括平面控制测量与高程控制测量。

### 11.2.1　平面控制测量

平面控制网的布设应遵循先整体、后局部，分级控制的原则。大中型的施工项目，应先建立场区平面控制网，再建立建筑物施工平面控制网；小型施工项目，可直接布设建筑物施工平面控制网。

平面控制测量前，应收集场区及附近城市平面控制点、建筑红线桩点等资料；当点位稳定且成果可靠时，可作为平面控制测量的起始依据。

平面控制测量包括场区平面控制网和建筑物施工平面控制网的测量。场区平面控制网应根据场区地形条件与建筑物总体布置情况，布设成建筑方格网、建筑基线、卫星导航定位测量网、导线及导线网、边角网等形式。建筑物施工平面控制网宜布设成矩形，特殊时也可布设成十字形主轴线或平行于建筑物外廓的多边形。

平面控制点应根据建筑设计总平面图、施工总平面布置图、施工地区的地形条件等因素经设计确定，点位应选在通视良好、土质坚硬、便于施测和长期保存的地方。平面控制点的标志和埋设应符合现行国家标准《工程测量标准》（GB 50026—2020）的要求，并应妥善保护。控制点应定期复测检核。

1. 场区平面控制网

（1）建筑方格网　在大中型建筑施工场地上，为便于采用直角坐标法放样，施工平面控制网多用正方形或矩形格网组成，称为建筑方格网。

1）建筑方格网的坐标系统。在设计和施工部门，为了工作上的方便，常采用一种独立坐标系统，称为施工坐标系或建筑坐标系。如图 11-1 所示，施工坐标系的纵轴通常用 $A$ 表示，横轴用 $B$ 表示。

施工坐标系的 $A$ 轴和 $B$ 轴，应与厂区主要建筑物或主要道路、管线方向平行。坐标原点设在总平面图的西南角，使所有建筑物和构筑物的设计坐标均为正值。施工坐标系与勘测坐标系之间的关系，可用施工坐标系原点 $O'$ 的测量系坐标 $x_{O'}$、$y_{O'}$ 及 $O'A$ 轴的坐标方位角 $\alpha$ 来确定。在进行施工测量时，上述数据由勘测设计单位给出。

2）建筑方格网的布置。建筑方格网的布置，应根据建筑设计总平面图上各建筑物、构筑物、道路及各种管线的布设情况，结合现场的地形情况拟定。如图 11-2 所示，布置时应先选定建筑方格网的主轴线 $MN$ 和 $CD$，然后再布置方格网。方格网的形式可布置成正方形或矩形，当场区面积较大时，常分两级。首级可采用“十”字形、“口”字形或“田”字形，然后再加密方格网。当场区面积不大时，尽量布置成全面方格网。

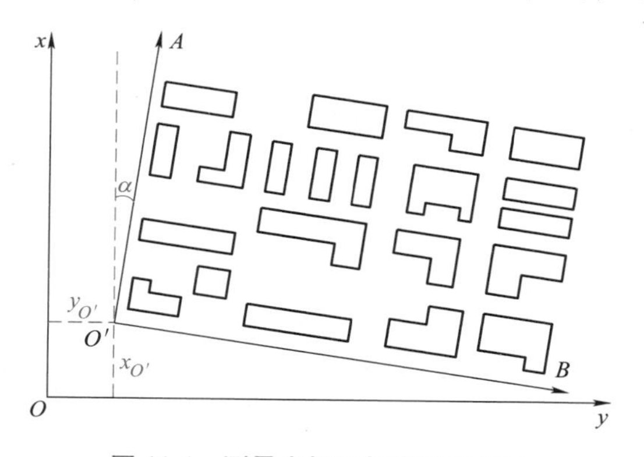


图 11-1　测量坐标系与施工坐标系

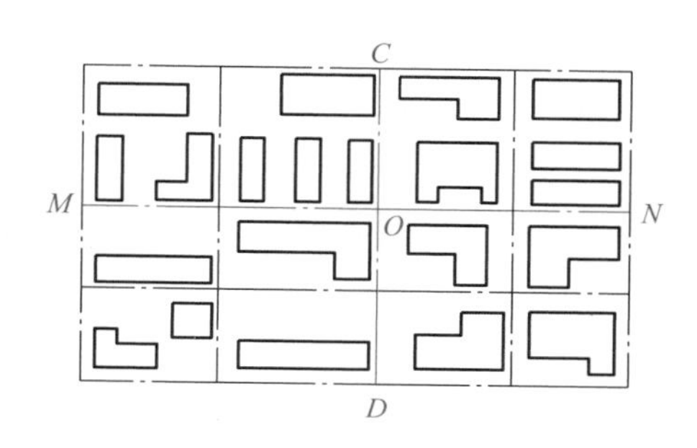


图 11-2　建筑方格网的布置

布网时，如图 11-2 所示，方格网的主轴线应布设在厂区的中部，并与主要建筑物的基本轴线平行。方格网的折角应严格成 90°。方格网的边长一般为 100~300m；矩形方格网的边长视建筑物的大小和分布而定，为了便于使用，边长尽可能为 50m 或它的整倍数。方格网的边应保证通视且便于测距和测角，点位标石应能长期保存。

3）确定主点的施工坐标。如图 11-3 所示，$MN$、$CD$ 为建筑方格网的主轴线，它是建筑方格网扩展的基础。当场区很大时，主轴线很长，一般只测设其中的一段，如图中的 $AOB$ 段，该段上 $A$、$O$、$B$ 点是主轴线的定位点，称主点。主点的施工坐标一般由设计单位给出，也可在总平面图上用图解法求得一点的施工坐标后，再按主轴线的长度推算其他主点的施工坐标。

4）求算主点的测量坐标。当施工坐标系与国家测量坐标系不一致时，在施工方格网测设之前，应把主点的施工坐标换算为测量坐标，以便求算测设数据。

如图 11-4 所示，设已知 $P$ 点的施工坐标为（$A_P$，$B_P$），可按下式将施工坐标转换成测量坐标：

$$\begin{cases} x_P = x_{O'} + A_P\cos\alpha - B_P\sin\alpha \\ y_P = y_{O'} + A_P\sin\alpha + B_P\cos\alpha \end{cases} \tag{11-1}$$

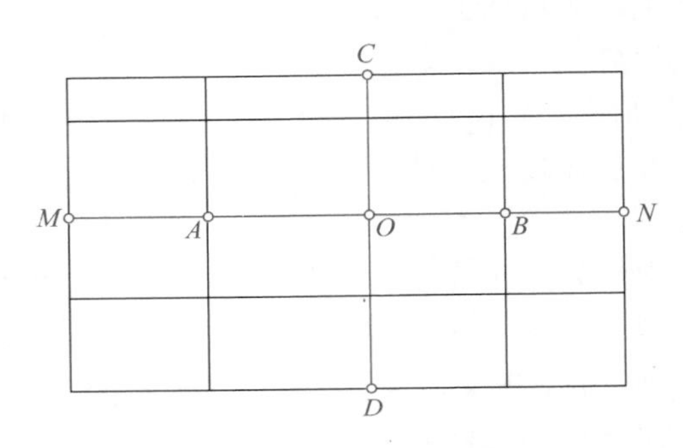


图 11-3　建筑方格网的主轴线

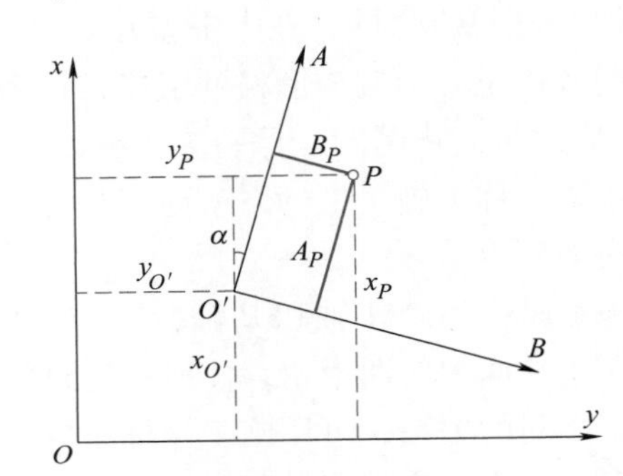


图 11-4　施工坐标与测量坐标关系图

5）建筑方格网测设。如图 11-5 所示，Ⅰ、Ⅱ、Ⅲ点是测量控制点，$A$、$O$、$B$ 为主轴线的主点。首先将 $A$、$O$、$B$ 三点的施工坐标换算成测量坐标，再根据它们的坐标反算出测设数据 $D_1$、$D_2$、$D_3$ 和 $\beta_1$、$\beta_2$、$\beta_3$，然后按极坐标法分别测设出 $A$、$O$、$B$ 三个主点的概略位置，如图 11-6 所示，以 $A'$、$O'$、$B'$表示，并用混凝土桩把主点固定下来。混凝土桩顶部常设置一块 10cm×10cm 的钢板，供调整点位使用。由于主点测设误差的影响，致使三个主点一般不在一条直线上，因此需在 $O'$点上安置经纬仪（或全站仪），精确测量$\angle A'O'B'$的角值 $\beta$，其与 180°之差超过限差时应进行调整。调整时，各主点应沿 $AOB$ 的垂线方向移动同一改正值 $\delta$，使三主点成一直线。$\delta$ 值可按式（11-2）计算。

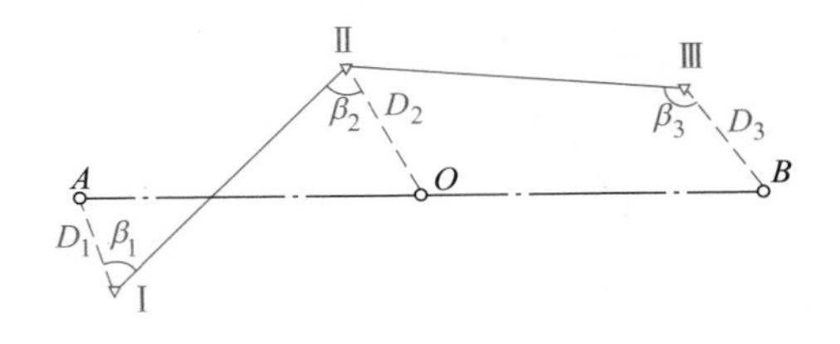


图 11-5　主轴线主点的测设

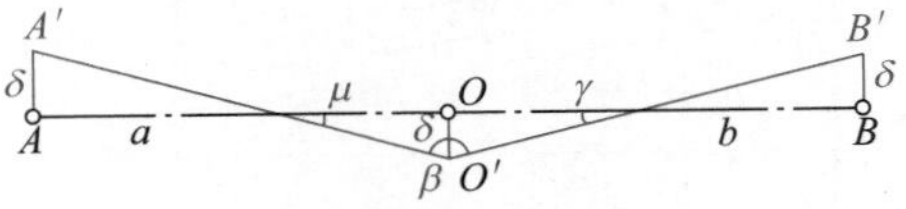

图 11-6　三个主点的调整

$$\delta = \frac{ab}{2(a+b)} \times \frac{180° - \beta}{\rho} \tag{11-2}$$

移动 $A'$、$O'$、$B'$三点之后再测量$\angle AOB$，如果测得的结果与 180°之差仍超限，应再进行

调整，直到误差在允许范围之内为止。

*A*、*O*、*B* 三个主点测设好后，如图 11-7 所示，将经纬仪安置在 *O* 点，瞄准 *A* 点，分别向左、向右转 90°，测设出另一主轴线 *COD*，同样用混凝土桩在地上定出其概略位置 $C'$ 和 $D'$，再精确测出 $\angle AOC'$ 和 $\angle AOD'$，分别算出它们与 90°之差 $\varepsilon_1$ 和 $\varepsilon_2$，并计算改正值 $\delta_1$ 和 $\delta_2$，将 $C'$、$D'$ 改正至正确位置。

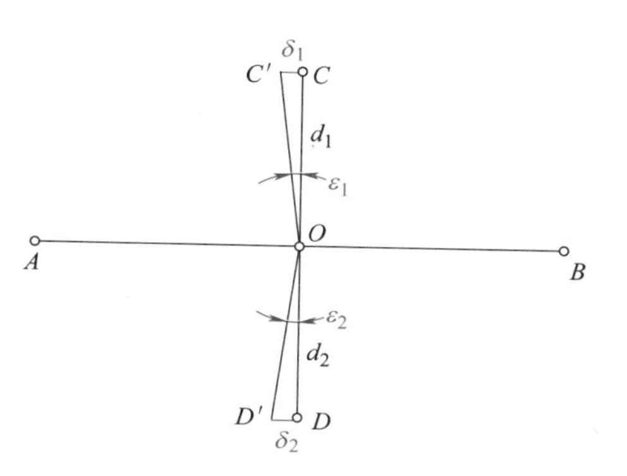


图 11-7 垂直主轴线的轴线测设

*C*、*D* 两点定出后，还应实测改正后的∠*COD*，它与 180°之差应在限差范围内。然后精密丈量出 *OA*、*OB*、*OC*、*OD* 的距离，在钢板上刻出其点位。

主轴线测设好后，分别在主轴线端点上安置经纬仪，均以 *O* 点为起始方向，分别向左、向右测设出 90°角，这样就交会出田字形方格网点。为了进行校核，还要安置经纬仪于方格网点上，测量其角值是否为 90°，并测量各相邻点间的距离，看它是否与设计边长相等，误差均应在允许范围之内。此后再以基本方格网点为基础，加密方格网中其余各点。

建筑方格网的主要技术要求应符合表 11-5 的规定。

表 11-5 建筑方格网的主要技术要求

| 等级 | 边长/m | 测角中误差/(″) | 边长相对中误差 |
|---|---|---|---|
| 一级 | 100~300 | 5 | ≤1/30000 |
| 二级 | 100~300 | 8 | ≤1/20000 |

在建筑方格网布设后，应对建筑方格网轴线交点的角度及轴线距离进行测定，并将点位归化至设计位置。点位归化后，应进行角度和边长的复测检查。角度应为 90°，其偏差值，一级方格网不应大于±8″，二级方格网不应大于±12″；距离偏差值，一级方格网不应大于 *D*/25000，二级方格网不应大于 *D*/15000(*D* 为方格网的边长)。

（2）建筑基线　在面积不大又不十分复杂的建筑场地上，常布置一条或几条基线，作为施工测量的平面控制。建筑基线的布置（图 11-8）也是根据建筑物的分布，场地的地形和既有控制点的状况而选定，建筑基线的布设形式通常有“-”、“+”、“T”及“L”字形，如图 11-9 所示。

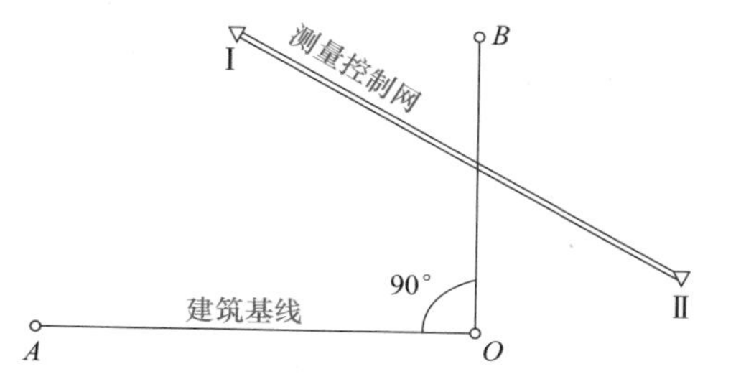


图 11-8 建筑基线的布置

根据施工的建筑物与相邻地物的相互关系、建筑物的尺寸和施工的要求等选定建筑基线点。建筑基线应靠近主要建筑物，并与其轴线平行，以便采用直角坐标法进行测设。为了便于检查建筑基线点有无变动，基线点数不应少于 3 个。

根据建筑物的设计坐标和附近已有的测量控制点，在图上选定建筑基线的位置，求算测设数据，并在地面上测设出来。如图 11-8 所示，根据测量控制点Ⅰ、Ⅱ，用极坐标法分别测设出 *A*、*O*、*B* 三个点。然后把经纬仪安置在 *O* 点，观测∠*AOB* 是否等于 90°，其不符值

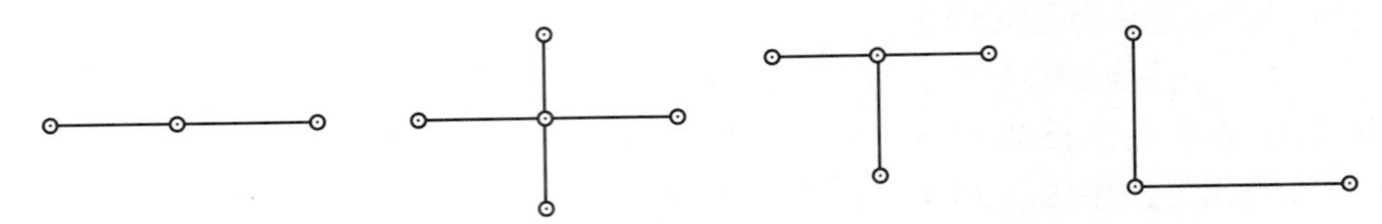

图 11-9　建筑基线的布设形式

不应超过±24″。丈量 *OA*、*OB* 两段距离，分别与设计距离相比较，其不符值不应大于 1/10000。否则，应进行必要的点位调整。

（3）卫星导航定位测量控制网　当布设卫星导航定位测量控制网时，应采用静态测量方法进行，卫星导航定位测量控制网主要技术指标应符合表 11-6 的规定。

表 11-6　卫星导航定位测量控制网的主要技术指标

| 等级 | 平均边长/km | 固定误差 *A*/mm | 比例误差系数 *B*/($10^{-6}$) | 边长相对中误差 |
| --- | --- | --- | --- | --- |
| 一级 | 300～500 | ≤5 | ≤5 | ≤1/40000 |
| 二级 | 100～300 | | | ≤1/20000 |

（4）导线网　当采用导线网时，导线边长应大致相等，相邻边长之比不宜超过 1∶3。导线网的主要技术要求应符合表 11-7 的规定。

表 11-7　导线网的主要技术要求

| 等级 | 导线长度/km | 平均边长/m | 测角中误差/(″) | 测距相对中误差 | 导线全长相对闭合差 | 方位角闭合差/(″) |
| --- | --- | --- | --- | --- | --- | --- |
| 一级 | 2.0 | 100～300 | 5 | 1/30000 | ≤1/15000 | $10\sqrt{n}$ |
| 二级 | 1.0 | 100～200 | 8 | 1/14000 | ≤1/10000 | $16\sqrt{n}$ |

（5）边角网　当采用边角网时，边角网的布设应符合表 11-8 的规定。

表 11-8　边角网布设的主要技术要求

| 等级 | 边长/m | 测角中误差/(″) | 边长相对中误差 |
| --- | --- | --- | --- |
| 一级 | 300～500 | 5 | ≤1/40000 |
| 二级 | 100～300 | 8 | ≤1/20000 |

对场地大于 1km$^2$ 或重要建筑区，应按一级网的技术要求布设场区平面控制网；对场地小于 1km$^2$ 或一般建筑区，可按二级网的技术要求布设场区平面控制网。对测量精度有特殊要求的工程，控制网精度应符合设计要求。

2. 建筑物施工平面控制网

建筑物施工平面控制网宜布设成矩形，特殊时也可布设成十字形主轴线或平行于建筑物外廓的多边形。

建筑物施工平面控制网测量可根据建筑物的不同精度要求分三个等级，其主要技术要求应符合表 11-9 的规定。

表 11-9　建筑物平面控制网测量主要技术要求

| 等级 | 适用范围 | 测角中误差/(″) | 边长相对中误差 |
| --- | --- | --- | --- |
| 一级 | 钢结构、超高层、连续程度高的建筑 | ±8 | 1/24000 |
| 二级 | 框架、高层、连续程度一般的建筑 | ±12 | 1/15000 |
| 三级 | 一般建筑 | ±24 | 1/8000 |

地下施工阶段应在建筑物外侧布设控制点，建立外部控制网，地上施工阶段应在建筑物内部布设控制点，建立内部控制网。

建筑物施工平面控制网测定并经验线合格后，应按表 11-9 规定的精度在控制网外廓边线上测定建筑轴线控制桩，作为控制轴线的依据。

建筑物外部控制转移至内部时，内控控制点宜设置在浇筑完成的预埋件或预埋的测量标板上，投测的点位允许误差应为 1.5mm。

### 11.2.2　高程控制测量

高程控制网应包括场区高程控制网和建筑物高程控制网，高程控制网可采用水准测量和光电测距三角高程测量的方法建立。

高程控制测量前应收集场区及附近城市高程控制点、建筑区域内的临时水准点等资料。当点位稳定、符合精度要求和成果可靠时，可作为高程控制测量的起始依据。

施工高程控制测量的等级依次分为二、三、四、五等，可根据场区的实际需要布设，特殊需要可另行设计。四等和五等高程控制网可采用光电测距三角高程测量。

高程控制点应选在土质坚实，便于施测、使用并易于长期保存的地方，距离基坑边缘不应小于基坑深度的 2 倍。

高程控制点应采取保护措施，并在施工期间定期复测，如遇特殊情况应及时进行复测。

1. 场区高程控制网

场区高程控制网应布设成附合路线、结点网或闭合环。场区高程控制网的精度，不宜低于三等水准。

场区高程控制点可单独布设在场区相对稳定的区域，也可设置在平面控制点的标石上。

2. 建筑物施工高程控制网

建筑物施工高程控制网应在每一栋建筑物周围布设，不应少于 2 个点，独立建筑不应少于 3 个点。

建筑物施工高程控制宜采用水准测量。水准测量的精度等级，可根据工程的实际需要布设。

水准点可设置在平面控制网的标桩或外围的固定地物上，也可单独埋设。当场区高程控制点距离施工建筑物小于 200m 时，可直接利用。

## 11.3　工业建筑施工测量

### 11.3.1　工业厂房控制网测设

在布设工业厂区施工控制网时，宜采用分级布网的方案，首先建立布满整个工业厂区的厂区控制网，目的是放样各个建筑物的主要轴线。为了进行厂房或主要生产设备的细部放样，再在厂区控制网所定出的各主轴线的基础上，建立厂房矩形控制网或设备安装控制网。

工业厂房一般均采用厂房矩形控制网作为厂房的基本控制，下面着重介绍依据建筑方格网，采用直角坐标法进行定位的方法。

如图 11-10 所示，*M*、*N*、*P*，*Q* 四点是厂房最外边的四条轴线的交点，从设计图上已知 *N*、*Q* 两点的坐标。*T*、*U*、*R*、*S* 为布置在基坑开挖范围以外的厂房矩形控制网的四个角点，称为厂房控制桩。

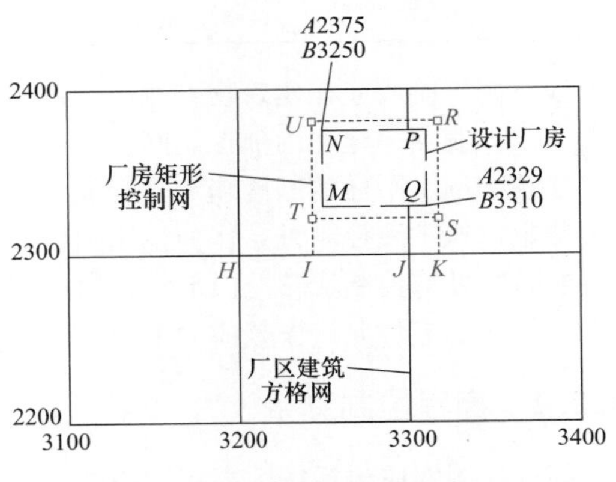


图 11-10　厂房矩形控制网

根据已知数据计算出 *HI*、*JK*、*IT*、*IU*、*KS*、*KR* 等各段长度。首先在地面上根据建筑方格点 *H*、*J* 和 *HI*、*JK* 长度定出 *I*、*K* 两点。然后，将经纬仪分别安置在 *I*、*K* 点上，后视方格网点 *H*，用盘左盘右分中法向右测设 90°角。沿此方向用钢尺精确量出 *IT*、*IU*、*KS*、*KR* 等四段距离，即得厂房矩形控制网 *T*、*U*、*R*、*S* 四点，并用大木桩标定之。最后，检查∠*U*、∠*R* 是否等于 90°，*UR* 是否等于其设计长度。对一般厂房来说，角度误差不应超过±10″、边长误差不得超过 1/10000。

对于小型厂房，也可采用民用建筑的测设方法，即直接测设厂房四个角点，然后，将轴线投测至轴线控制桩或龙门板上。

对大型或设备基础复杂的厂房，应先测设厂房控制网的主轴线，再根据主轴线测设厂房矩形控制网。

## 11.3.2　厂房柱列轴线的测设和柱基施工测量

1. 柱列轴线的测设

检查厂房矩形控制网的精度符合要求后，即可根据柱间距和跨间距用钢尺沿矩形网各边量出各轴线控制桩的位置，并打入大木桩，精确定位后在木桩上钉上小钉，作为测设基坑和施工安装的依据。如图 11-11 所示，Ⓐ、Ⓑ和①，②、③、④、⑤等轴线均为柱列轴线。

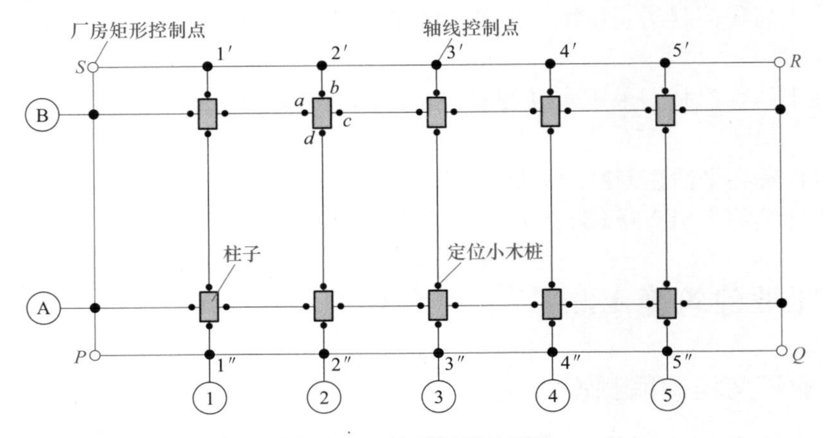


图 11-11　柱列轴线的测设

2. 柱基的测设

如图 11-11 所示，安置两台经纬仪（或全站仪），在两条互相垂直的柱列轴线控制桩上，沿轴线方向交会出各柱基的位置（即柱列轴线的交点），此项工作称为柱基定位。

在柱基的四周轴线上，打入四个定位小木桩 $a$、$b$、$c$、$d$，其桩位应在基础开挖边线以外，比基础深度大 1.5 倍的地方，作为修坑、立模和吊装杯型基础时的依据。

按照基础详图所注尺寸和基坑放坡宽度，用特制角尺，放出基坑开挖边界线，并撒出白灰线以便开挖，此项工作称为基础放线。

如图 11-11 所示，按照基础大样图的尺寸，用特制的角尺，在定位轴线②和Ⓑ上，放出基坑开挖线，用灰线标明开挖范围。并在坑边缘外侧一定距离处钉设定位小木桩，精确定位后在木桩上钉上小钉，作为修坑及立模板的依据。

在进行柱基测设时，应注意定位轴线不一定都是基础中心线，有时一个厂房的柱基类型不一尺寸各异，放样时应特别注意。

3. 基坑的高程测设

当基坑挖到一定深度时，应在坑壁四周离坑底设计高程 0.3~0.5m 处设置几个水平桩，如图 11-12 所示，作为基坑修坡和清底的高程依据。此外还应在基坑内测设出垫层的高程，即在坑底设置小木桩，使桩顶面恰好等于垫层的设计高程。

4. 基础模板的定位

打好垫层之后，根据坑边定位小木桩，用拉线的方法，吊垂球把柱基定位线投到垫层上，用墨斗弹出墨线，用红漆画出标记，作为柱基立模板和布置基础钢筋网的依据。立模时，将模板底线对准垫层上的定位线，并用垂球检查模板是否竖直。为了给抄平调整留出余量，需注意使杯内底部标高低于其设计标高 2~5cm。

柱基拆模后，用经纬仪或全站仪根据柱列轴线控制桩，将柱列轴线投测到杯口顶面上，并弹出墨线，用红漆画出“►”标志，作为安装柱子时确定轴线的依据；用水准仪在杯口内壁测设一条（一般为-0.600m）标高线（一般杯口顶面的标高为-0.500m），并画出“▼”标志，作为杯底找平的依据，如图 11-13 所示。如果柱列轴线不通过柱子的中心线，应在杯形基础顶面上加弹柱中心线。

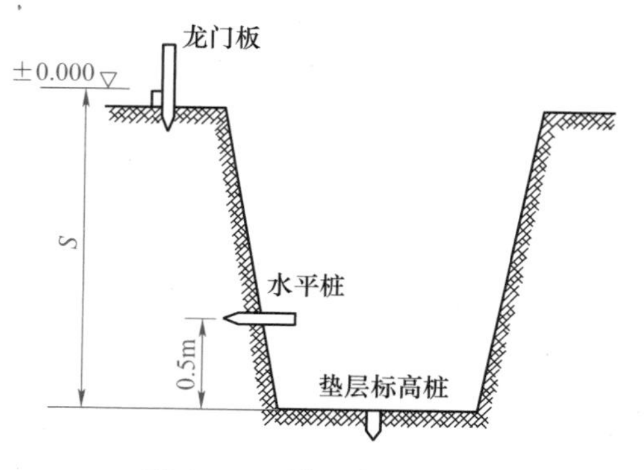


图 11-12　基坑高程测设

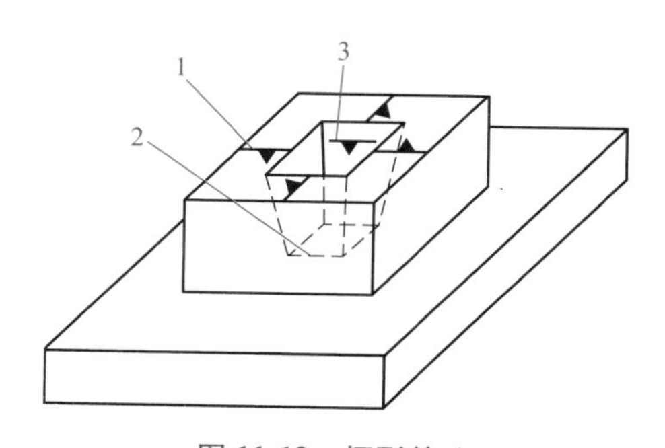


图 11-13　杯型基础

1—柱中心线　2—杯底　3—-0.600m 标高线

### 11.3.3 工业厂房构件的安装测量

装配式单层工业厂房主要由柱、吊车梁、屋架、天窗架和屋面板等主要构件组成。在吊装每个构件时，有绑扎、起吊、就位、临时固定、校正和最后固定等几道操作工序。下面着重介绍柱子、吊车梁及吊车轨道等构件在安装时的校正工作。

1. 柱子的安装测量

（1）柱子安装的精度要求　柱子安装测量的允许偏差应不大于表 11-2 规定。

（2）吊装前的准备工作　柱子安装前，应将每根柱子按轴线位置进行编号。如图 11-14 所示，在每根柱子的三个侧面弹出柱中心线，并在每条线的上端和下端近杯口处画出“►”标志。根据牛腿面的设计标高，从牛腿面向下用钢尺量出-0.600m 的标高线，并画出“▼”标志。

（3）柱长的检查与杯底找平　牛腿面到柱底的设计长度应等于牛腿面的设计高程减杯底设计高程。但柱子在预制时，由于模板制作和模板变形等原因，柱子的实际尺寸与设计尺寸会不一样，为了解决这个问题，往往在浇筑基础时把杯形基础底面高程降低 2~5cm。先量出柱子的-0.600m 标高线至柱底面的长度，再在相应的柱基杯口内，量出-0.600m 标高线至杯底的高度，并进行比较，以确定杯底找平厚度，用水泥砂浆根据找平厚度，在杯底进行找平，使牛腿面符合设计高程。

（4）安装柱子时的竖直校正　柱子安装测量的目的是保证柱子平面和高程符合设计要求，柱身铅直。预制的钢筋混凝土柱子插入杯口后，应使柱子三面的中心线与杯口中心线对齐，并用木楔或钢楔临时固定。柱子立稳后，立即用水准仪检测柱身上的±0.000m 标高线，其容许误差为±3mm。

如图 11-15 所示，用两台全站仪（或经纬仪），分别安置在柱基纵、横轴线上，离柱子的距离不小于柱高的 1.5 倍，先用望远镜瞄准柱底的中心线标志，固定照准部后，再缓慢抬高望远镜观察柱子偏离十字丝竖丝的方向，指挥用钢丝绳拉直柱子，直至从两台全站仪中，观测到的柱子中心线都与十字丝竖丝重合为止。在杯口与柱子的缝隙中浇入混凝土，以固定柱子的位置。

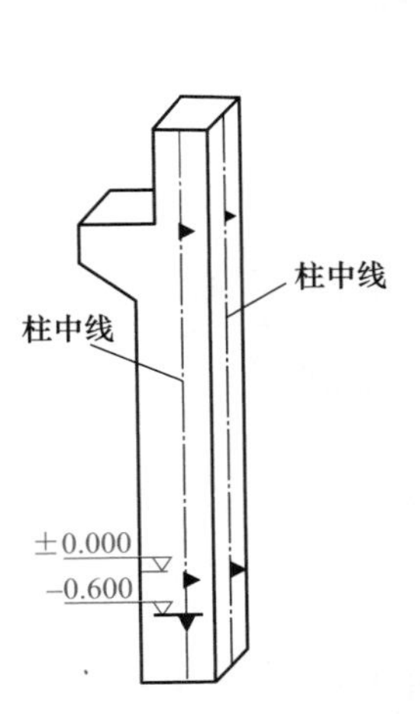


图 11-14　在预制的柱子上弹墨线

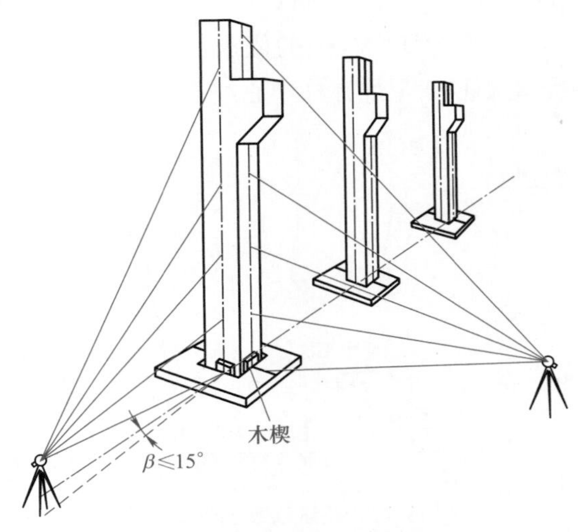


图 11-15　安装柱子时的竖直校正

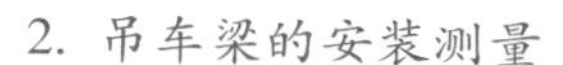

2. 吊车梁的安装测量

吊车梁安装测量主要是保证吊车梁中线位置和吊车梁的标高满足设计要求。吊车梁安装测量的准备工作：

1）在柱面上量出吊车梁顶面标高，根据柱子上的±0.000m标高线，用钢尺沿柱面向上量出吊车梁顶面设计标高线，作为调整吊车梁面标高的依据。

2）在吊车梁的顶面和两端面上，用墨线弹出梁的中心线，作为安装定位的依据。

吊车梁安装测量步骤：

1）如图11-16a所示，利用厂房中心线$A_1A_1$，根据设计轨道的半跨距$d$，在地面测设出吊车轨道中心线$A'A'$和$B'B'$。

2）将全站仪安置在轨道中线的一个端点$A'$上，瞄准另一端点$A'$，上仰望远镜，将吊车轨道中心线投测到每根柱子的牛腿面上并弹出墨线。

3）根据牛腿面的中心线和吊车梁端面的中心线，将吊车梁安装在牛腿面上。

4）检查吊车梁顶面的高程。将刚安装的吊车梁顶面与柱面上标出的吊车梁顶面设计标高线比较，如不相等则需要在吊车梁下加减铁板进行调整，直至符合要求。

3. 吊车轨道的安装测量

1）吊车梁顶面中心线间距检查。如图11-16b所示，在地面上分别从两条吊车轨道中心线向外量出距离$a=1\text{m}$，得到两条平行线$A''A''$和$B''B''$；将全站仪安置在平行线一端的$A''$点

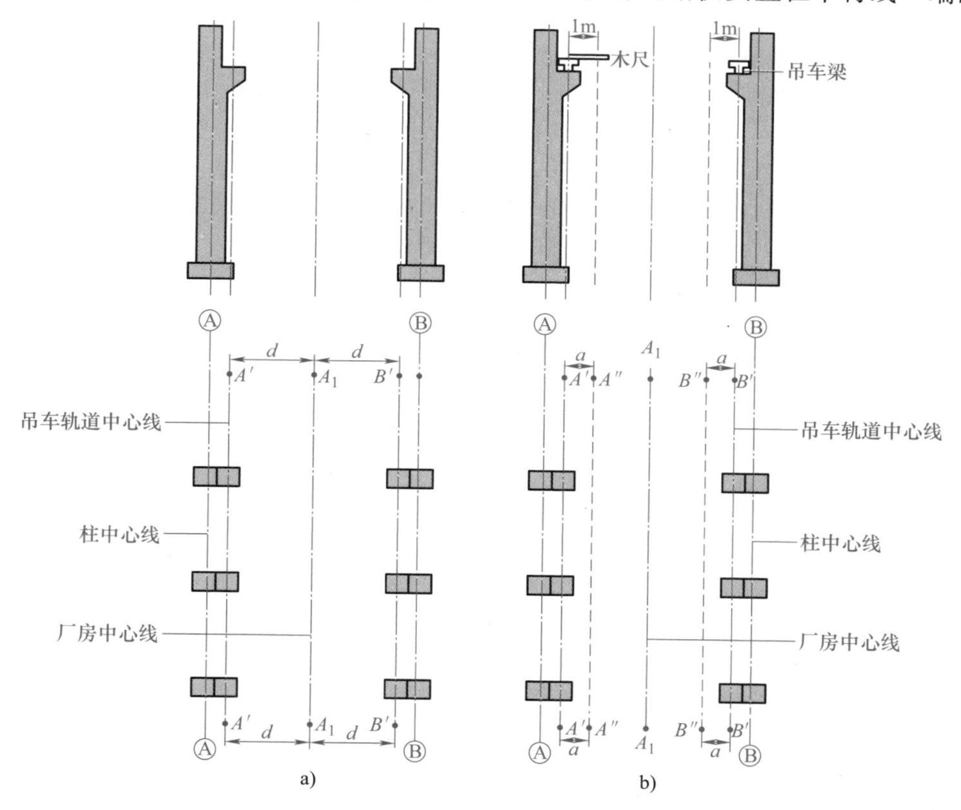


图11-16 吊车梁与吊车轨道的安装测量

a）安装吊车梁 b）安装吊车轨道

上，瞄准另一端的$A''$点，固定照准部，上仰望远镜投测；另一人在吊车梁上左、右移动横置水平木尺，当视线对准1m分划时，尺的零点应与吊车梁顶面的中线重合，如不重合，可用撬杆移动吊车梁予以修正，直至尺的零点与吊车梁顶面的中线重合。

2）吊车轨道的检查。将吊车轨道吊装到吊车梁上安装后，应进行两项检查：将水准仪安置在吊车梁上，水准尺直接立在轨道顶面上，每隔3m测一点高程，与设计高程比较，误差应不超过±2mm；用钢尺丈量两吊车轨道间的跨距，与设计跨距比较，误差应不超过±3mm。

## ■11.4　高层建筑测量

我国《民用建筑设计统一标准》（GB 50352—2019）中规定，建筑高度大于27.0m的住宅建筑和建筑高度大于24.0m的非单层公共建筑为高层建筑，大于100m为超高层建筑。国际高层建筑与城市住宅委员会（Council on Tall Buildings and Urban Habitat，CTBUH）定义采用独特的垂直交通技术或结构性抗风支撑的建筑高度在300m以下的建筑为高层建筑（tall buildings），建筑高度超过300m为超高层建筑（supertall buildings），超过600m为巨型高层建筑（megatall buildings）。我国已建成或正在建设的高层、超高层建筑遍布神州大地，例如：深圳平安金融中心（建筑高度600m）、广州周大福金融中心（建筑高度530m）、北京中国尊/中信大厦（建筑高度528m）、台北101大楼（建筑高度508m）等。

高层、超高层建筑具有体量宏大、施工工艺复杂、施工环节多、施工周期长的特点，其主体结构受到日照、地球自转、风力、温差等诸多外界因素的影响。施工测量的技术难度大、精度要求高，具有结构超高、测站转换多、累计误差大、动态形变大、高空作业多的特点。高层建筑测量技术工作贯穿于整个建筑施工的全过程，是建筑施工的重要环节。

高层建筑测量主要包括建筑定位、竖向测量、施工测设、变形监测等测量技术工作。

### 11.4.1　建筑定位测量

建筑的定位，就是将拟建建筑外廓各轴线交点（简称角桩）测设在地面上，作为基础放样和细部放样的依据。

由于设计条件和现场条件不同，建筑的定位方法也有所不同，常见的定位方法有：根据控制点定位、根据建筑方格网和建筑基线定位、根据与既有建筑物的关系定位、根据规划道路红线进行建筑定位测量。本章仅介绍前两种定位方法。

1. 根据控制点定位

如果建筑场地已建立了卫星导航定位控制网、导线网、边角网等，可根据实际情况选用坐标法、极坐标法、角度交会法或距离交会法来测设定位点，其中GNSS-RTK坐标法和全站仪坐标法是实际工作中用得最多的建筑定位方法。

2. 根据建筑方格网和建筑基线定位

如果建筑场地已设有建筑方格网或建筑基线，可利用直角坐标系法测设建筑物定位点。测设建筑物定位点过程如下：

1）根据建筑方格网点和建筑角点的设计坐标值可计算出建筑的长度、宽度和放样所需的数据，如图11-17所示，Ⅰ、Ⅱ、Ⅲ、Ⅳ是建筑方格网的四个点，Ⅰ、Ⅲ点的坐标标于图

上，$a$、$b$、$c$、$d$ 是拟建建筑的四个角点，$a$、$c$ 点设计坐标为 $a$（620.00，530.00）、$c$（650.00，580.00）。

① 计算拟建建筑的长宽尺寸：建筑物的长度 $\Delta y_{ac}=y_c-y_a=(580.00-530.00)\text{m}=50.00\text{m}$，建筑物的宽度 $\Delta x_{ac}=x_c-x_a=(650.00-620.00)\text{m}=30.00\text{m}$。

② 测设 $a$ 点的测设数据（Ⅰ点与 $a$ 点的纵横坐标之差）：$\Delta x_{\text{Ⅰ}a}=(620.00-600.00)\text{m}=20.00\text{m}$，$\Delta y_{\text{Ⅰ}a}=(530.00-500.00)\text{m}=30.00\text{m}$。用同样方法可计算得到测设 $b$、$c$、$d$ 点的测设数据。

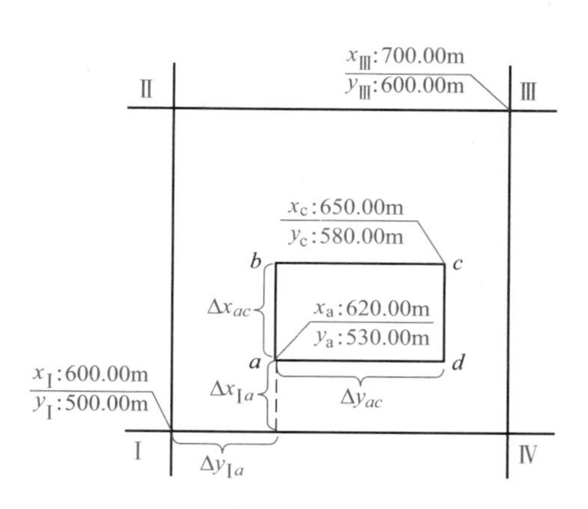

图 11-17 根据建筑方格网定位

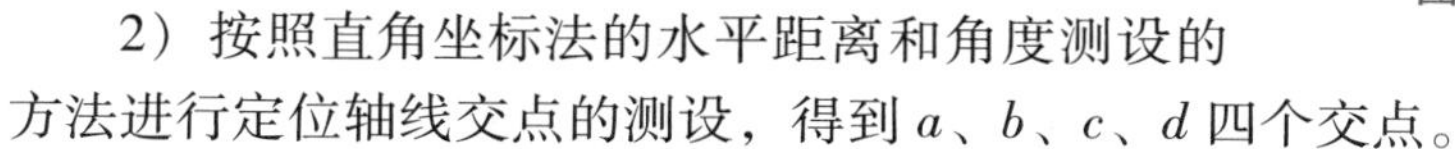

2）按照直角坐标法的水平距离和角度测设的方法进行定位轴线交点的测设，得到 $a$、$b$、$c$、$d$ 四个交点。

3）检查调整。检查建筑物四角是否等于 90°，各边长是否等于设计长度，其误差均应在限差以内。

4）定位标志桩的设置。依照上述定位方法进行定位的结果是测定出建筑物的四廓大角桩，进而根据轴线间距尺寸沿四廓轴线测定出各细部轴线桩。由于在施工中要开挖基槽或基坑，这些桩点必然会被破坏掉。为了保证挖槽后能够迅速、准确地恢复各条建筑轴线，通常采用设置轴线控制桩或龙门板两种形式，即在建筑物基坑外 1~5m 处，测设建筑物外墙轴线及细部轴线引桩，作为进行建筑物定位和基坑开挖后开展基础放线的依据（图 11-18）。

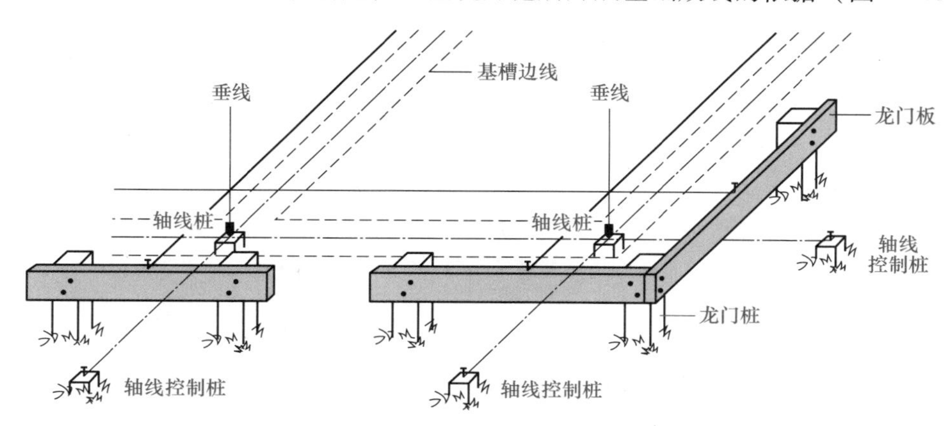

图 11-18 轴线控制桩、龙门桩和龙门板

## 11.4.2 基础施工测量

基础施工测量应包括桩基施工测量、沉井施工测量、垫层施工测量、基础底板施工测量。桩基和沉井施工前应根据总平面图等测定桩基和沉井施工影响范围内的地下构筑物与管线的位置。桩基和沉井施工的平面与高程控制桩，均应设在桩基和沉井施工影响范围之外。

基础施工测量的主要内容包括放样基槽开挖边线、控制基础的开挖深度、测设垫层的施工高程和放样基础模板的位置。

1. 放样基槽开挖边线和抄平

按照基础大样图的基槽宽度，加上放坡尺寸，算出基槽开挖边线的宽度。由桩中心向两边各量取基槽开挖边线宽度的一半，在两个对应的记号点之间拉线撒白灰确定基槽边线（图 11-18），按白灰线位置开挖基槽。

如图 11-19 所示，当基槽挖到一定深度时，为控制基槽的开挖深度，应用水准测量方法在基槽壁上测设水平桩，在离坑底设计高程 0.3~0.5m 处，每隔 2~3m 及拐点处设置一些水平桩。

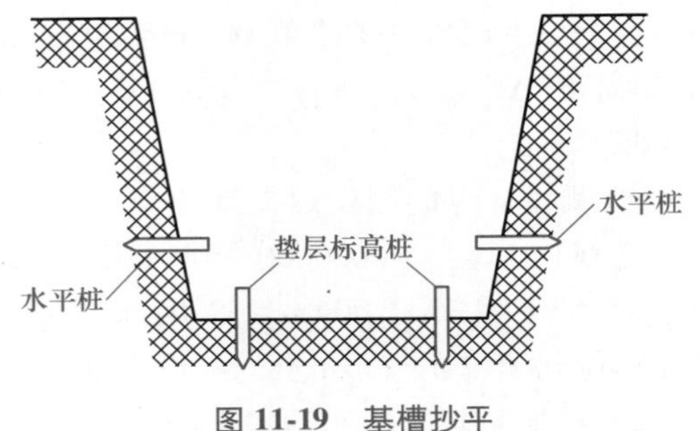

图 11-19 基槽抄平

基槽开挖完成后，应使用轴线控制桩复核基槽宽度和槽底标高，合格后，才能进行垫层施工。

2. 垫层和基础放样

基槽或基坑开挖完成后要做基础垫层，当垫层做好后，要在垫层上测设建筑物各轴线、边界线、基础墙宽线和柱位线等，并弹出墨线作为标志，这项测量工作称为基础放样。

## 11.4.3 建筑主体施工测量

民用建筑主体施工测量包括主轴线内控基准点的设置、施工层的平面与标高控制、主轴线的竖向投测、施工层标高的竖向传递、大型预制构件的安装测量等。

施工测量应在首层放线验收后，根据工程所在地建设工程规划监督规定中的相关要求申请复核，经批准后方可进行后续施工。

基础放线以后，由施工人员进行基础施工，当到达上 0.000 时，还要将轴线、墙宽线等以墨线弹测出来，用以指导结构施工。以后随着结构每升高一层，都要进行一次轴线的投测，这是保证建筑物上下层轴线位于同一铅垂面上，即确保建筑物垂直度的重要步骤，同时还要通过高程传递的方法来控制建筑物每层的高度以及建筑物的总高度。

竖向测量也称为竖向传递测量，是高层建筑施工测量重要任务之一。随着建筑施工高度的不断增加，平面控制网和高程控制网需要引测到空中的作业面。在无温差、无风载等外界因素影响下，高层建筑是静止的，此时竖向轴线在理论上是铅直的。但在实际施工中，高层建筑受外界因素影响会产生一定程度的摆动，此时竖向轴线不再是一条铅垂线，而变成了一条随外界因素和时间变化的竖直曲线。因此控制网和轴线的竖向传递是高层建筑测量的主要工作。

1. 平面竖向测量

平面竖向测量主要有外部控制法、内部控制法和内外控制组合法。

（1）外部控制法　外部控制法是在建筑物外部，利用全站仪（或经纬仪），根据建筑物轴线控制桩来进行轴线的竖向投测。

1）在建筑物底部投测轴线位置。如图 11-20 所示，高层建筑的基础工程完工后，将全站仪（或经纬仪）安置在轴线控制桩 $A_1$、$A_{1'}$、$B_1$ 和 $B_{1'}$ 上，把建筑物主轴线精确投测到建筑物的底部，并设立标志，如图 11-20 中的 $a_1$、$a_{1'}$、$b_1$ 和 $b_{1'}$，以供下一步施工与向上投测之用。

2）向上投测轴线。随着建筑物不断升高，要逐层将轴线向上传递到施工面上。

如图 11-20 所示，将全站仪（或经纬仪）安置在轴线控制桩 $A_1$、$A_{1'}$、$B_1$ 和 $B_{1'}$ 上，用望远镜瞄准建筑物底部已标出的轴线 $a_1$、$a_{1'}$、$b_1$ 和 $b_{1'}$ 点。用盘左和盘右分别向上投测到每层楼板上，并取其中点作为该层中心轴线的投影点，如图 11-20 中的 $a_2$、$a_{2'}$、$b_2$ 和 $b_{2'}$。用同样的方法可将轴线向上传递到第 3、4……层等施工面上。

3）增设轴线引桩。当楼房逐渐增高，而轴线控制桩距建筑物又较近时，望远镜的仰角较大，操作不便，投测精度也会降低。这时需将原轴线控制桩引测到更远的安全地方，或者附近大楼的屋面。

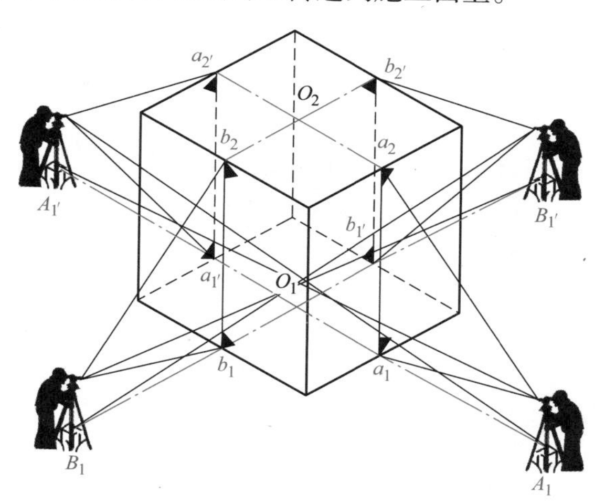


图 11-20 用全站仪向上投测轴线

如图 11-21 所示，将经纬仪安置在已经投测上去的较高层（如第十层）楼面轴线 $a_{10}$、$a_{10'}$上。瞄准地面上既有轴线控制桩 $A_1$ 和 $A_{1'}$点，用盘左、盘右取中投点法，将轴线延长到远处 $A_2$ 和 $A_{2'}$点，并做好轴线引桩标志，$A_2$、$A_{2'}$即为新投测的轴线控制桩。

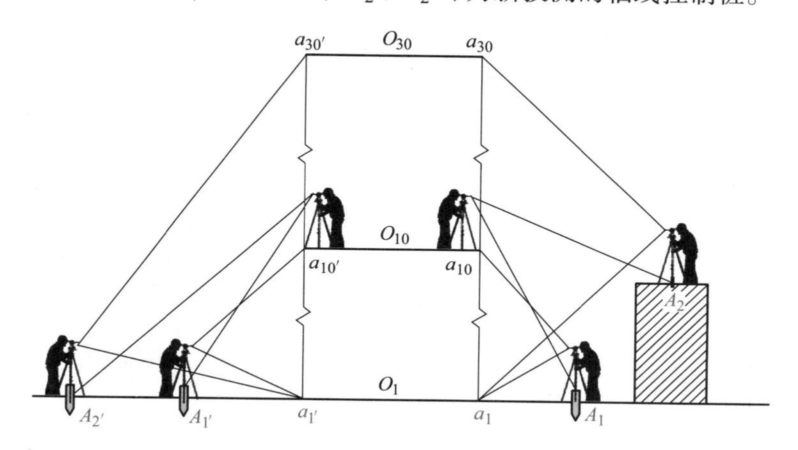


图 11-21 用全站仪增设轴线引桩

4）用轴线引桩向上投测轴线。将全站仪（或经纬仪）安置在轴线引桩 $A_2$、$A_{2'}$上，用望远镜瞄准建筑物底部已标出的轴线 $a_1$、$a_{1'}$点。用盘左和盘右取中投点法将轴线向上投测到第 30 层楼板上，并做好轴线投影点标志 $a_{30}$、$a_{30'}$（图 11-21）。

（2）内部控制法　当建筑物楼板施工至±0.000m 时，根据建筑物的形状和特点，在建筑物首层建立基本形状为矩形或十字形的基础控制网（称内控网），作为建筑物垂直度控制和施工放样的依据。

在建筑首层适当位置设置与轴线平行的辅助轴线。辅助轴线距轴线 500～800mm 为宜，并在辅助轴线交点或端点处埋设内控点标志（图 11-22）。在首层建立的内控网，如图 11-23 所示。使用全站仪极坐标法或直角坐标法将建筑物外部的控制点位引测到建筑首层内控点上。

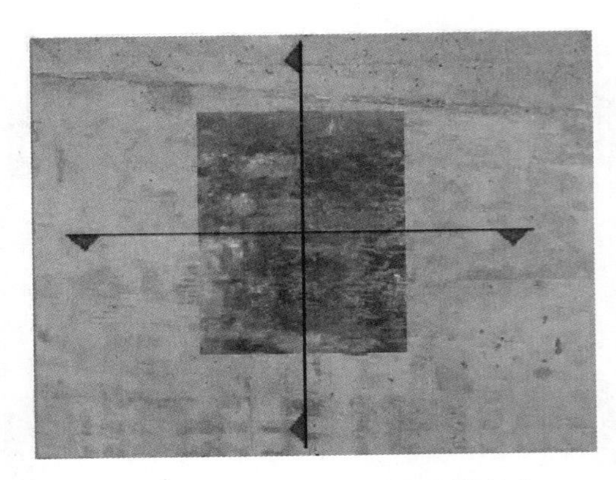

图 11-22　普通钢板埋件内部控制点

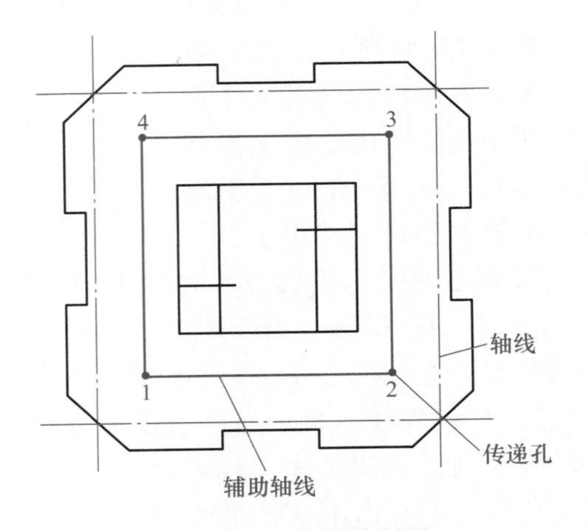


图 11-23　内部控制网

随施工进展，可使用铅垂仪、激光投点仪或全站仪加弯管目镜，将首层内控点传递至施工楼层。本章只介绍激光铅直投测法。

（1）激光铅直投测法　激光铅直投测法是平面竖向测量的常用方法。将激光铅垂仪架设在内控点上，把首层控制点垂直投测到施工层，进而测量出各层控制线和细部线。

首层内控点需进行保护，一般在首层混凝土楼面安置预埋件，并刻上十字中心点标示（图 11-22）。在待测层设置预留洞口，以方便安装接收靶和架设全站仪（图 11-24）。

图 11-24　待测层预留洞口

如图 11-25 所示，激光铅垂仪架设在首层内控点上，对中整平，打开电源并调整光束，直至接收靶接收到的光斑最小、最亮，一般光斑圆直径小于 2mm。慢慢旋转铅垂仪，分别在 0°、90°、180°、270°四个位置捕捉到四个激光点，取四个激光点的几何中心作为控制点位置（图 11-26）。

按照上述方法，测量出待测层全部平面控制点。然后用全站仪测量控制点间的距离作为检核，从而完成待测层平面控制点的竖向传递。

（2）组合修正测量法　在待测层使用全站仪自由设站、后方交会等方法或者 GNSS 测量方法，直接测量出控制点的瞬时坐标（$X$，$Y$），然后根据同步的变形监测数据，求解出该控制点的位移分量 $\Delta x$、$\Delta y$。则修正后的控制点坐标数据 $x=X-\Delta x$、$y=Y-\Delta y$。采用修正后的控制点坐标设定测站数据，再进行待测层细部测量工作。

为了提高工效，防止误差积累，顾及仪器性能并减少外界的影响，高层建筑应实施分段投测和分段控制。将建筑物按高度分为若干投测段，一般以 15 层左右（约 50m）为一个投测段，如图 11-27 所示。

第二段将第一段±0. 00 的控制点投测至第二段的起始楼层，经检测调整后重新建点，相当于将第一段控制网升至第二段起始楼层锁定，作为第二段各楼层的控制；其余类推。

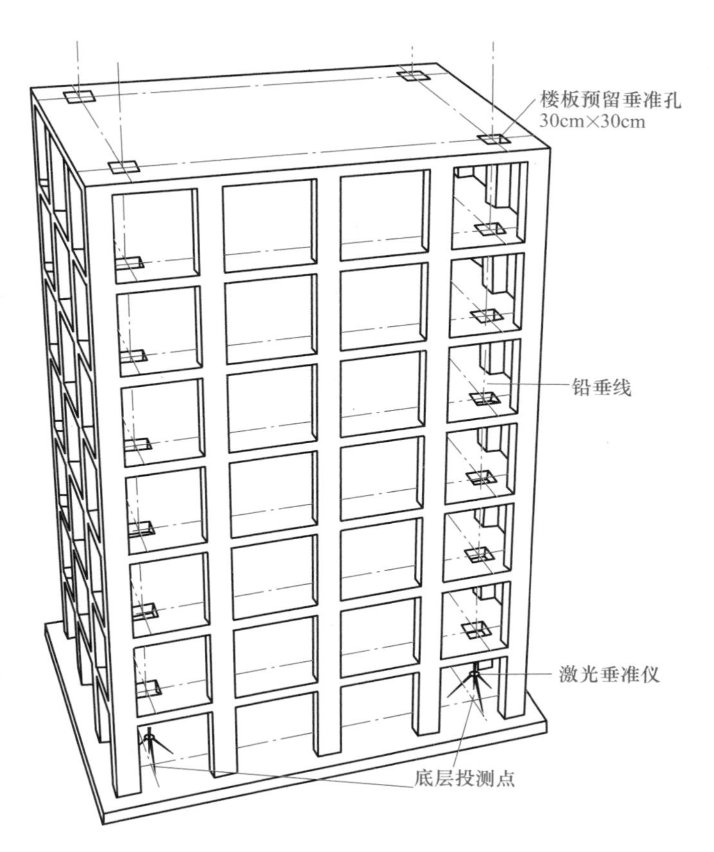


图 11-25　激光铅垂仪铅直投测示意图

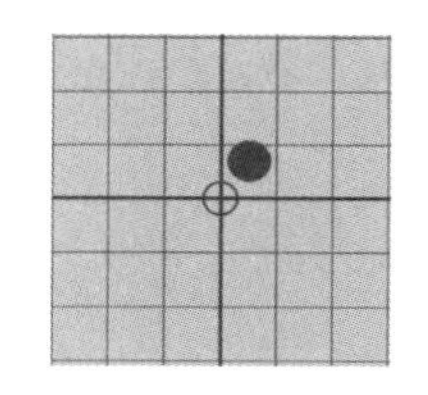 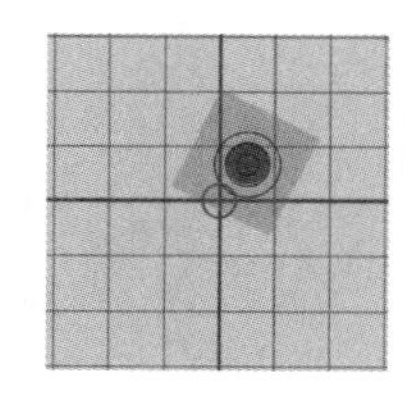 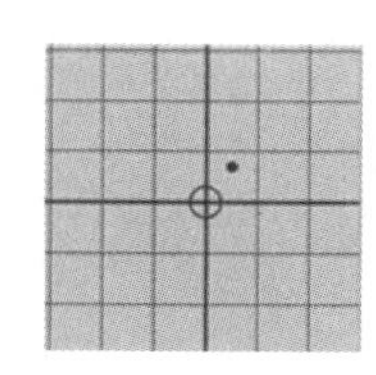 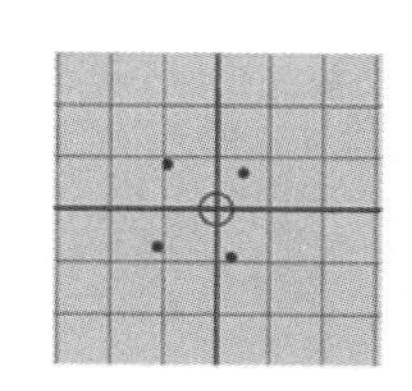 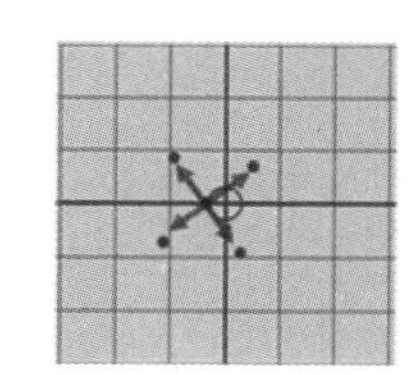

图 11-26　激光铅垂仪投测法

2. 高程竖向测量

高层建筑的自身荷载大、沉降量大、压缩变形明显，影响高程竖向测量的准确度。因此在高程传递中需在保证层高的前提下，采取预留、递减等有效措施减弱不利影响。

当建筑物主体结构施工到±0.00处时，依据高程基准点对结构高程进行修正，以削减基础施工期间结构沉降产生的高差。高程竖向测量常采用钢尺竖向测量法、全站仪天顶测距法、全站仪三角高程测量法和GNSS高程测量法等方法。

（1）钢尺竖向测量法　钢尺竖向测量法是采用钢卷尺沿主楼核心筒外墙面向上传递标高，每隔50m左右设置一个标高传递接力点，在施测的过程中施加标准拉力，并进行温度、尺长、尺重等改正。在建筑物主体结构的首层楼面上，采用往返测量把高程测绘到核心筒外

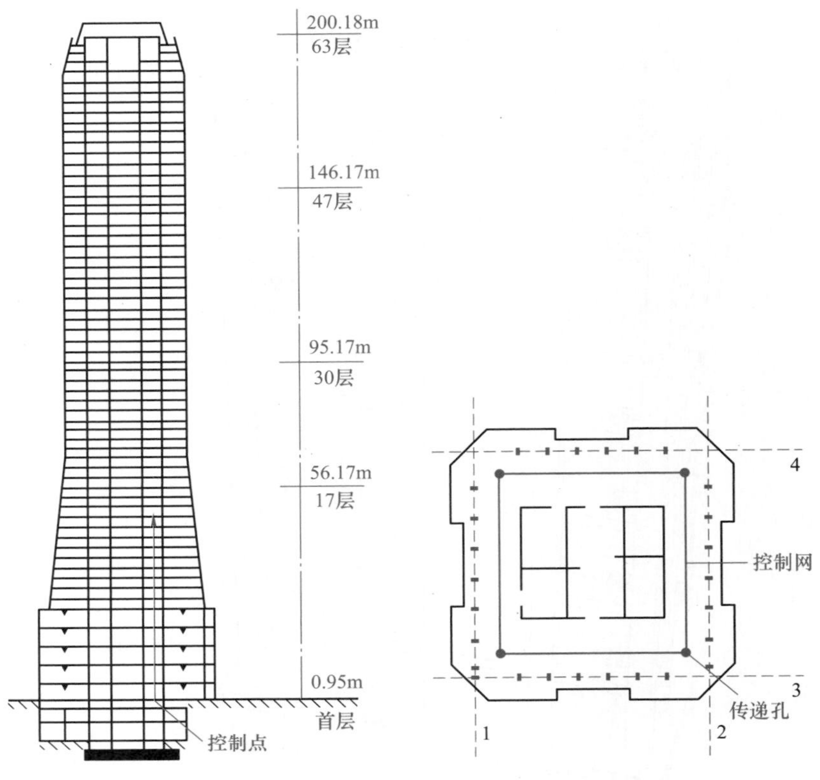


图 11-27　高层建筑分段投测示意图

壁+1. 000m 处，弹上墨线并用红三角标识，作为高程基准线（图 11-28）。一般每层需要测量 3 个及以上高程点，当较差满足精度要求时，取平均值作为该楼层施工的标高基准点。

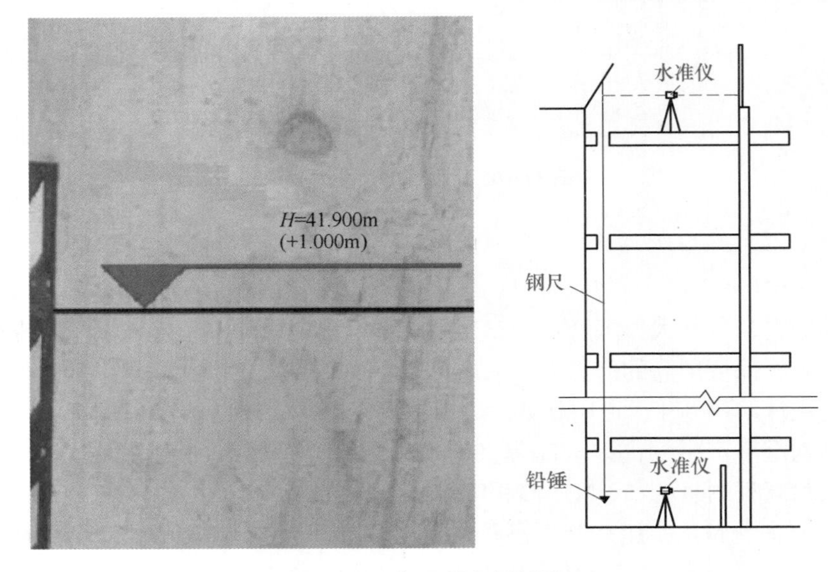


图 11-28　钢尺竖向测量法

（2）全站仪天顶测距法　钢尺竖向测量法是采用钢尺分段传递高程的，为了减少钢尺分段传递的累积误差，可采用全站仪天顶测距法，以首层高程基准点为基准，对楼层每个标高传递接力点进行校核。全站仪天顶测距法如图 11-29 所示，将全站仪安置在首层高程基准点 $A$ 上，反射棱镜镜头向下放在待测层预留洞口上，并用钢卷尺测量全站仪的仪器高。将全站仪望远镜垂直向上测距，获得全站仪观测中心到施工层反射棱镜的高差。再加上仪器高和各项改正，最终获得首层和待测层的高差。

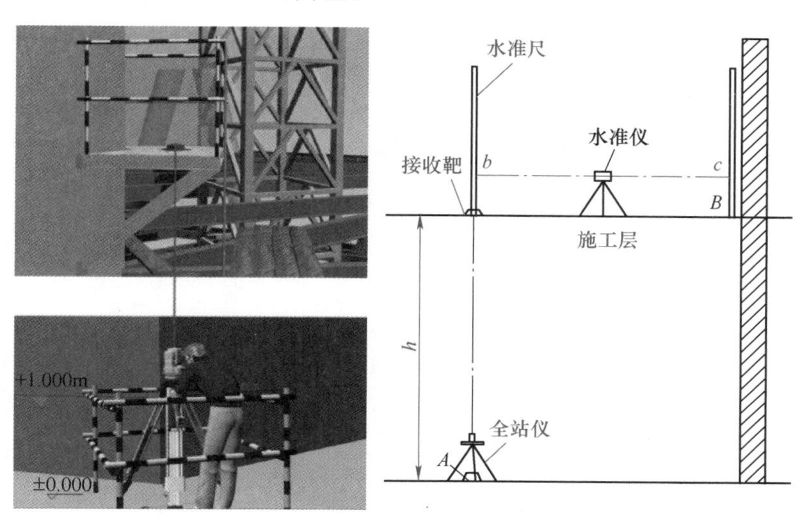


图 11-29　全站仪天顶测距法

将水准仪安置在待测层高程控制点（标高基准点）$B$ 和棱镜的中间位置，在 $B$ 点和棱镜处各立一把水准尺，测量得到 $B$ 点高程。

（3）全站仪三角高程测量　全站仪三角高程测量即利用测得的竖直角和斜距，解算出地面已知高程点与待测层高程基准点的高差，从而将高程传递到待测层。在高程传递时常采用对向观测的办法来抵消测量误差的影响，即分别将全站仪架设在地面和待测层的高程控制点上，通过两次三角高程测量的平均值求得待测层基准点的高程。

如图 11-30 所示，已知高程点为 $A$ 点，待测层基准点为 $B$ 点，为了测定 $A$、$B$ 点之间的高差 $h_{AB}$，在 $A$ 点架设全站仪，在 $B$ 点架设棱镜。设 $D_{AB}$ 是 $A$、$B$ 两点之间的水平距离，$\alpha_A$

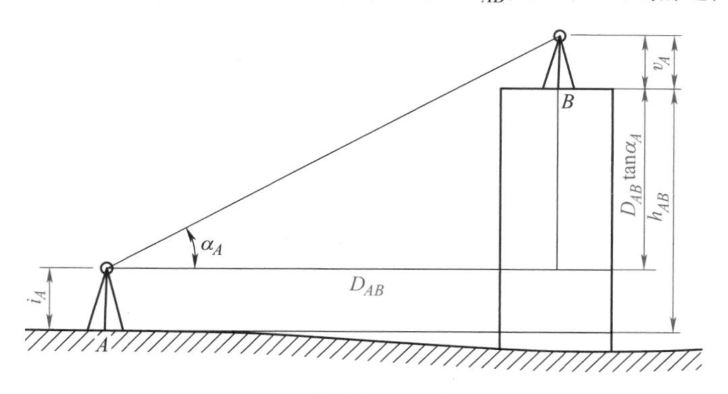


图 11-30　全站仪三角高程测量

为全站仪照准棱镜中心的竖直角，$i_A$ 为仪器高，$v_A$ 为棱镜高，$k$ 为大气折光系数，$R$ 为地球曲率半径，则 $A$、$B$ 两点之间单向观测高差为

$$h_{AB} = D_{AB}\tan\alpha_A + \frac{1-k}{2R}D_{AB}^2 + i_A - v_A \tag{11-3}$$

同理，由 $B$ 点向 $A$ 点进行对向观测。假设两次观测是在相同的气象条件下进行的，则取双向观测的平均值可以抵消地球曲率和大气折光的影响，并得到 $A$、$B$ 两点对向观测平均高差为

$$\bar{h}_{AB} = \frac{1}{2}[D_{AB}\tan\alpha_A - D_{BA}\tan\alpha_B + (i_A - v_A) - (i_B - v_B)] \tag{11-4}$$

3. 施工放样

高层建筑施工放样是根据施工测量控制网，进行待测层主要建筑轴线和各细部位置的放样工作。通常采用全站仪、水准仪、BIM 放样机器人、钢尺等设备和工具，完成土建结构、钢结构的测设、控制、安装等测量和校正工作（图 11-31）。

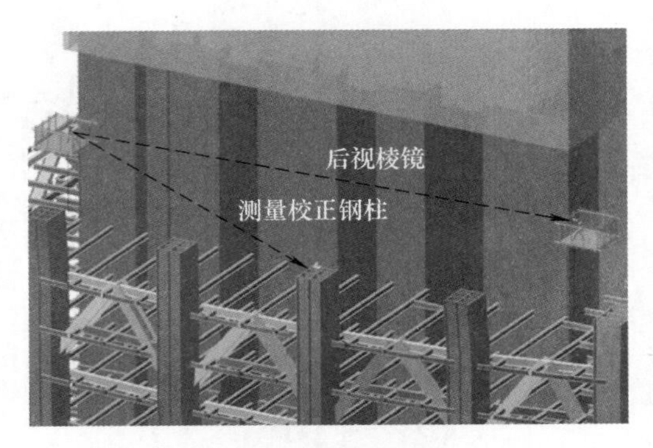

图 11-31　高层建筑施工放样示意图

高层建筑施工放样首先要复核在待测层核心筒和外围钢结构上引测的内部控制点。经复核满足要求后，才可以作为施工放样的基准和依据。施工放样的方法是先在楼面上根据内部控制点，用全站仪等测量设备测设出一组主要测设控制点和轴线，然后按照楼层结构平面图的尺寸信息进行建筑物细部放样。由于在施楼层与核心筒结构墙的爬模施工相差 2~3 层，需将主要轴线（控制线）引测至结构墙体的立面上，为后期装修施工提供依据。

### 11.4.4　变形监测

在高层建筑变形监测中，根据工程情况，采用多种先进的监测仪器对监测体进行准确、实时的监测，为高层结构的施工提供定位、动态修正、校正的依据，同时保证施工的安全性和可靠性。变形监测的内容有：监测结构的空间定位与变形；监测高层建筑结构摆动；观测建筑物挠度变形；监测压缩变形；监测建筑物整体沉降和差异沉降；监测日照、地球自转、风力、温差、施工振动等多种因素的影响作用。

高层建筑工程监测项目包括形态与性态监测、应力应变监测、环境及效应监测和巡视检查。其主要项目有：建筑场地、基础和结构的沉降监测；建筑水平位移监测；建筑主体倾斜监测；裂缝和挠度监测；压缩变形监测；日照、风振等动态变形监测。变形监测项目和常用监测仪器设备见表 11-10。

表 11-10　变形监测项目和监测仪器设备

| 监测项目 | | 监测仪器设备 |
|---|---|---|
| 形态与性态监测 | 沉降监测 | 水准仪、全站仪、静力水准仪 |
| | 水平位移监测 | 全站仪、GNSS |
| | 倾斜监测 | 水准仪、全站仪、激光铅垂仪、正倒垂线、倾斜传感器 |

（续）

| 监测项目 | | 监测仪器设备 |
|---|---|---|
| 形态与性态监测 | 压缩监测 | 水准仪、收敛计、位移传感器 |
| | 挠度监测 | 水准仪、全站仪、挠度计、位移传感器、光纤传感器 |
| | 裂缝监测 | 千分尺（游标卡尺）、裂缝计、裂缝监测仪、激光扫描仪、超声波测深仪 |
| | 动态变形监测 | 测量机器人、GNSS、激光测振仪、图像识别仪、GBInSAR、位移传感器、加速度传感器 |
| 应力应变监测 | | 电阻式、振弦式、光纤式应力应变传感器 |
| 环境及效应监测 | 温湿度监测 | 温湿度传感器 |
| | 风及风致响应监测 | 风速仪、风压计、风压传感器 |
| | 腐蚀监测 | 电化学传感器、腐蚀传感器 |
| 巡视检查 | | 目测、锤、钎、量尺、放大镜、摄像设备 |

高层建筑施工变形监测是建筑施工安全与运营安全的保障，是全面反馈和监控高层建筑的设计和施工质量的重要手段。随着监测仪器设备的快速发展，其精度和自动化程度更高，如测量机器人、BIM 放样机器人、激光跟踪仪、地基合成孔径雷达（GBInSAR）、微电子机械系统（MEMS）、电式磁式和光纤光栅式传感器等。高新监测仪器和方法的应用，使高层建筑监测技术手段向精密化、动态化、智能化、网络化的方向纵深发展。

## 11.5 异形异构建筑测量——“鸟巢”数字激光安装与质量检测

### 11.5.1 国家体育场（鸟巢）概况

国家体育场位于北京奥林匹克公园中心区南部，为 2008 年第 29 届奥林匹克运动会的主体育场。工程总占地面积 20.4 万 $m^2$，建筑面积 25.8 万 $m^2$。体育场的形态如同孕育生命的“巢”和摇篮，寄托着人类对未来的希望（图 11-32）。

图 11-32 国家体育场（鸟巢）

作为国家标志性建筑，国家体育场的结构特点十分显著：外形结构主要由巨大的门式刚架组成，共有 24 根桁架柱，工程主体建筑呈空间马鞍椭圆形（图 11-33），钢结构总用钢量为 4.2 万 t。南北长 333m、东西宽 296m，高 69m。大跨度屋盖支撑在 24 根桁架柱之上，柱距为 37.96m。主体结构设计使用年限 100 年，抗震设防烈度 8 度，地下工程防水等级 1 级。

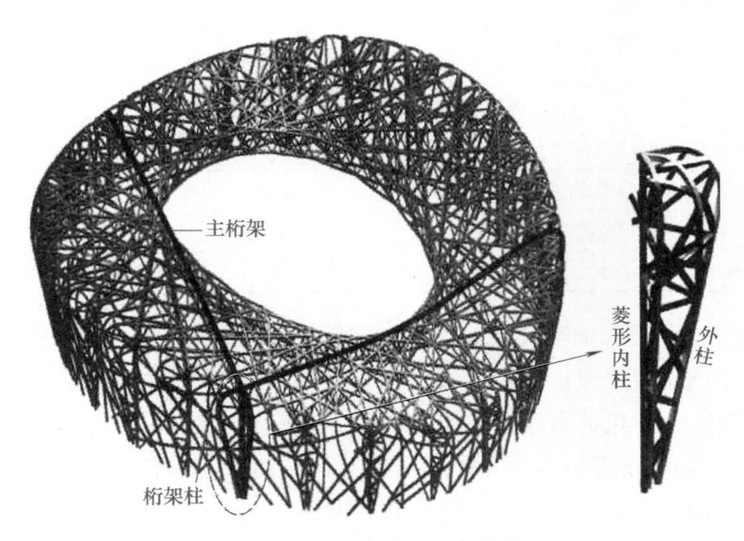


图 11-33 国家体育场钢结构

1. 技术难点

国家体育场具有体量大、结构复杂等特点，在施工建设方面存在很多难点。鸟巢钢结构形态复杂，施工过程中将分解的单体构件，在地面逐块安装完毕后在高空拼接而成。首先依据施工控制网拼接安装 24 根立柱，其余连接部分继续在地面拼装再吊装到接口焊接完成。这其中涉及的关键问题包括：

1）当局部钢结构焊接完毕后，必须保证结构的主要接口点与设计的钢结构吻合在一定误差范围内，才能在高空位置精确拼接，这需要精确的检测和测量控制手段才能保证鸟巢结构严格按照设计焊接而成。

2）当钢结构安装完毕后，需要卸载内圈主桁架 12 根支撑立柱，需要严密监测卸载前后钢结构的整体变化情况。

3）钢结构安装卸载完毕，需要构建钢结构现状三维模型，作为国家体育馆的初始数字档案，方便后期的运营管理。

2. 施工质量控制

项目主要解决安装过程中接口精度控制、安装完成后钢结构卸载变形量监测及鸟巢钢结构三维现状模型构建的问题。用传统的测量手段检测钢结构焊接质量主要通过全站仪观测部分钢结构特征部位，通过特征数据的比较检验构件的焊接质量，工作量大，而且现场遮挡严重，一些设计的结构特征（如角点）无法观测。同样运用传统测量方法对构建三维模型的任务更是难以胜任。地面激光雷达能快速获取目标密集空间离散三维点云模型，通过对这些

点云数据的特征提取及测量，可解决复杂异形钢结构安装质量检测，支撑柱整体卸载变形监测及钢结构现状三维模型构建的问题。

### 11.5.2　钢结构部件吊装检测与定位

为保障钢结构安装与变形监测，需要进行完整的控制网布设、三维激光扫描、特征提取分析及三维模型构建等过程，本书采用整体技术路线如图 11-34 所示。

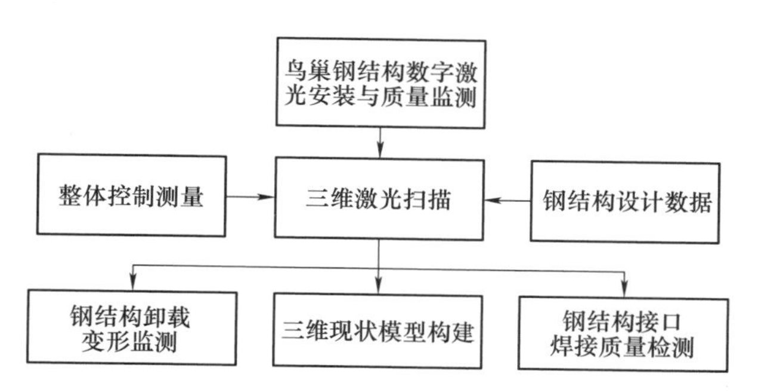


**图 11-34　钢结构安装与卸载数字激光测量技术路线**

1. 控制测量

为了满足国家体育场施工需要，在全区分级布设控制网。首级控制网采用 GNSS 控制网，次级控制网依据施工需求布设加密导线网。测区东西长 0. 6km，南北长 0. 45km，南邻北四环，东邻北辰东路，西邻北辰西路。根据现场条件，布设控制点 16 个（内部 5 个，外部 11 个），如图 11-35 所示。GNSS 控制网依据规范要求控制点点位中误差要求为±3mm。观测仪器采用 Leica GPS1200，采用双频，多时段、长时间观测。采用面连接或边连接的方式扩展异步环，构成条件良好的观测图形，以便形成较多的异步环，保障控制网的相对精度和成果的可靠性。

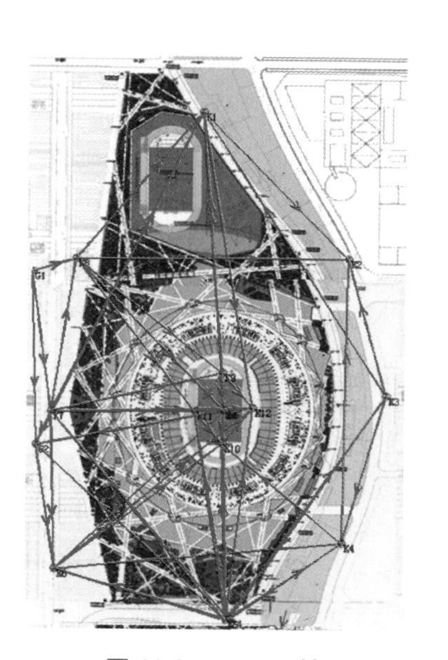
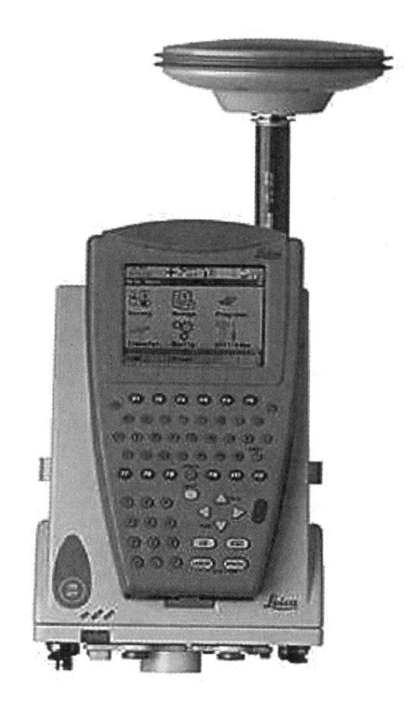

**图 11-35　GNSS 控制网图及观测设备**（Leica GPS1200）

使用仪器及精度：观测投入 3 台套 Leica GPS1200 接收机，其仪器标称精度为：±(3mm+0. 5ppm)，GNSS 外业观测技术指标见表 11-11。

表 11-11 GNSS 外业观测技术指标

| 项　　目 | C 级 |
| --- | --- |
| 卫星高度角/(°) | ≥15 |
| 有效观测卫星总数（颗） | ≥5 |
| 观测时段数 | ≥3 |
| 时段长度/min | ≥60 |
| 数据采集间隔/s | 1 |
| 卫星观测值象限分布 | 25% |
| 强度因子（PDOP） | ≤6 |
| 测量方式/数据接受方式 | 载波相位/双频 |

在测区作业期间，处于正常工作的卫星有 28 颗，观测期间测区最少能接收 5 颗以上卫星的信号，点位几何图形强度因子（PDOP）在各个观测时段中良好。为了评估外业观测成果质量，保证外业成果达到相应等级精度，外业观测及时对当天数据进行处理检核，保证外业数据真实可靠。

本测区施测的 C 级 GNSS 网平均边长 0. 2km，因此，C 级 GNSS 网相邻点间弦长精度即标准差为

$$\sigma = \sqrt{a^2 + (bd)^2} \tag{11-5}$$

式中，C 级 GNSS 网固定误差 $a = 10\text{mm}$，比例误差 $b = 5\text{ppm}$，$d$ 为平均边长。代入可得 $\sigma = 10\text{mm}$。

测区属国家 3°带第 39 带（中央子午线经度 117°），为保证投影变形小于 2. 5cm/km，测区采用任意独立坐标系统。以鸟巢施工的坐标为基准，进行 WGS-84 坐标到地方坐标的转换。根据测区所处地理位置及平均高程情况处理：当投影长度变形值不大于 2. 5cm/km 时，采用高斯正形投影带平面直角坐标系；当投影长度变形值大于 2. 5cm/km 时，采用抵偿坐标系。

2. 三维激光扫描

项目的钢结构安装质量检测采用 Leica 公司的 HDS3000 三维激光扫描仪，有效距离达 300m。实际钢结构空间跨度在 20m 左右，设计站点与目标的最远距离一般在 80m 以内，符合仪器扫描的工作范围。设备主要技术指标见表 11-12。

表 11-12 HDS3000 三维激光扫描仪主要技术指标

| 仪器类型 | 脉冲式、远程三维激光扫描仪 | 备注 |
| --- | --- | --- |
| 视角 | 360°(水平)×270°(竖直) | |
| 单点精度 | 点位：±5mm@ 50m | |
| 有效的测距范围 | 0. 5~300m | |
| 标靶获取精度 | ±1. 5mm | |

在实地测量中，首先根据钢架结构和实地情况设立好扫描站点，对需要测量的特征部分做精细扫描。为保证点云整体配准的精度，还需要在目标及其周围布设一定数量的标靶。站点布设遵循以下原则：

1）相邻测站之间能够相互通视并保证一定重叠度。

2）站点数量能保证采集到所有需要检测的端口。

3）设置合理的标靶控制点，优化控制边长度及几何控制网形状。

扫描密度设置一般要遵循数据利用与扫描效率兼顾的原则，根据经验设置为 30.0m 处点间距为 7mm 就可以满足需要。测站点云可利用控制点标靶及提取的平面特征进行配准及坐标转换。图 11-36 所示为扫描现场及获取的端口数据。

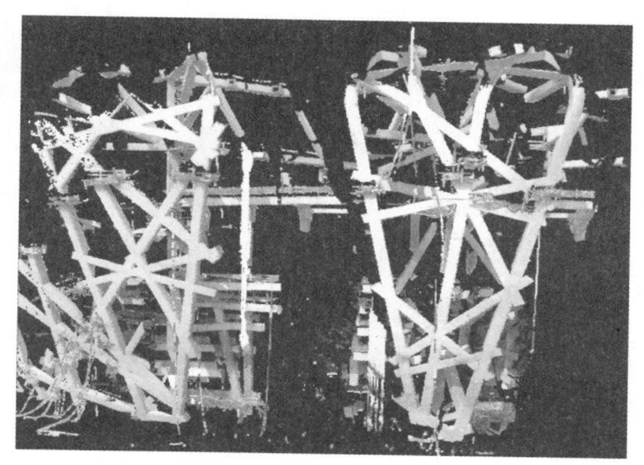

**图 11-36 现场扫描及立柱 P7 与 P8 之间的点云**

3. 结构特征提取、分析与对比

整体点云数据为散乱点云，直接数据采集的特征点精度比较低，一般通过提取结构特征点来对比分析。鸟巢钢架接口主要为“箱形”接口，其角点坐标及其边界棱角的中点具有设计坐标，可通过端口局部面片相交方式，在三维点云中将目标端口的角点特征提取。

（1）角点特征提取　钢结构构件整体一般不规则，但是局部端口可视为长方体（箱形），侧面平整，可通过面片相交的方式间接提取角点特征。构件端口角点理论上在端口的平面上，所以可以将侧面局部的点提取后拟合为平面（图 11-37a），通过平面相交可以求解部分棱线。最后得到四条边线（图 11-37b），求解直线的交点即为端口的 4 个设计的角点（图 11-37c）。在拟合平面时候，将拟合误差限定在±2mm 内。通过对比地面构件端口（图 11-37d）与空中接口的坐标（图 11-37e），可以快速调整误差，提高拼装的精度与效率。

（2）角点偏差分析　通过局部坐标系提取特征只能检测目标端口之间的相对位置，要检测实际偏差，必须将采集的特征坐标与构件的设计坐标比对。项目中以设计坐标系为基准坐标系，将整体提取的特征点和设计同名特征点在考虑参与配准点位的空间分布均匀基础上做误差最小二乘匹配，将检测点与设计坐标统一。

图 11-38 所示为部分地面构件端口点的实测坐标与设计接口的偏差状况。由图可见，整体端口误差都在±25mm 内，检测端口拼装误差满足要求。

图 11-37 钢结构拼装扫描及特征提取

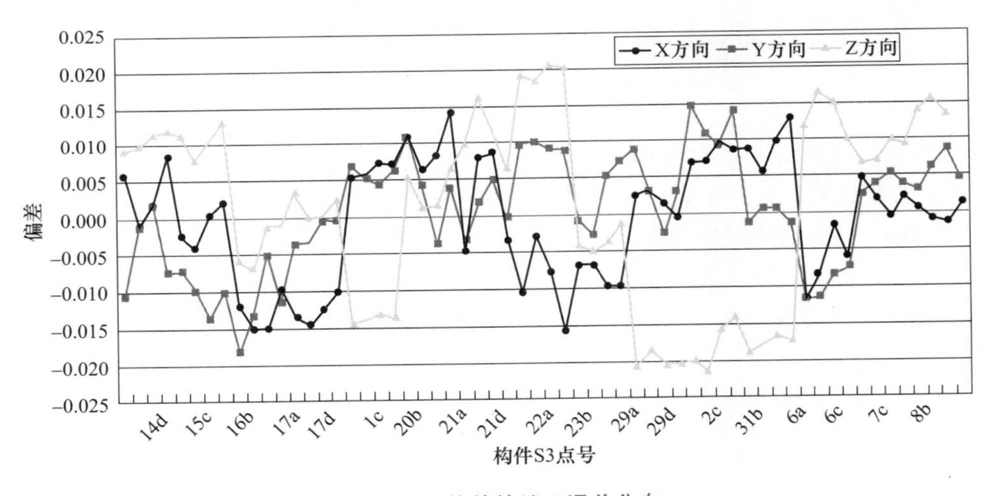


图 11-38 构件的端口误差分布

## 11.5.3 支撑柱卸载变形检测

钢结构主体结构安装完成，需要卸载 12 根支撑柱，必须监测卸载前后鸟巢顶棚的变化情况，因此需要在 12 根支撑柱卸载前后对钢结构屋顶结构进行全面的整体扫描，分析其三维形变。图 11-39 所示为监测扫描站点分布及卸载前钢结构整体扫描点云。

卸载后重新在控制网基础上对鸟巢钢结构进行一次整体扫描。由于施工影响，点云前后差异较大，需要选择两次扫描中均能获取的区域进行特征提取比对。通过结构受力分析及数

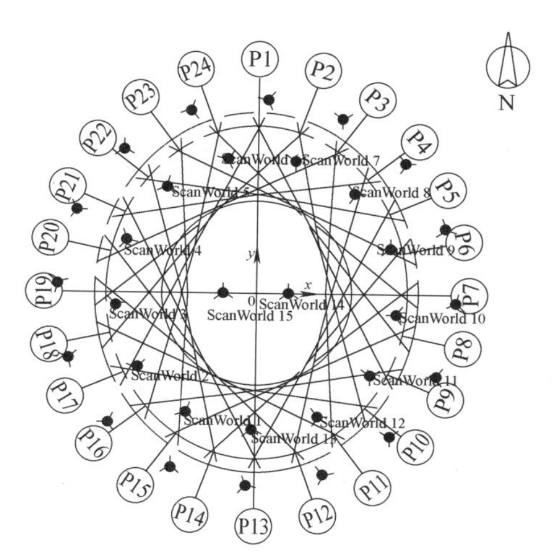


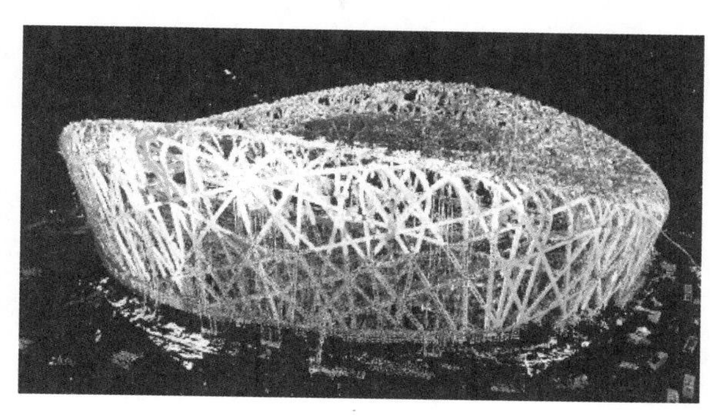

图 11-39　扫描站点分布及钢结构整体扫描点云

据比对，最后选取受力最大的 4 个“次结构”区域进行对比分析以检测卸载前后鸟巢钢架结构变化。“次结构”内侧构件多为长方体（箱形），易于通过边界点相交来提取设计特征点。以牛腿肩部结构为例，首先在扫描的激光数据中分割出相关拐点的三个平面点云，然后拟合成三个相交平面，如图 11-40 所示，这样就可以计算得到设计点的测量值。

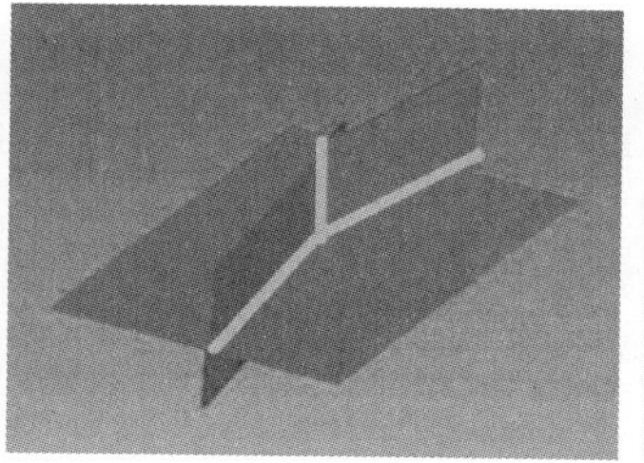

图 11-40　平面相交

对整个次结构各个拐角处拟合出四个点，拟合方法与牛腿肩部及次结构端口坐标方法相同。将前后两次数据的同一位置次结构数据点用相同方法提取出来以后，就可以做相应的对比分析。图 11-41 所示为对比的位置及某节点结果。

### 11.5.4　三维仿真模型构建

国家体育场的三维模型能够直观地反映出体育场宏伟的真实外观。根据实际钢结构样式划分，本项目将鸟巢钢结构模型主要分为三个部分：上弦杆和下弦杆部分、上弦杆下弦杆之间的支撑钢架部分和外侧弯曲钢架部分。针对不同部分模型特点，可以将钢架结构整体分为规则体结构、肩部牛腿结构、曲面结构三种类型。

1. 规则体结构

这部分主要是钢架上下弦支撑柱部分，可以通过简单的几何体来直接拟合确定。

上弦杆和下弦杆部分的初步模型为规则长方体，实际中因为扫描角度有限，所以不能获

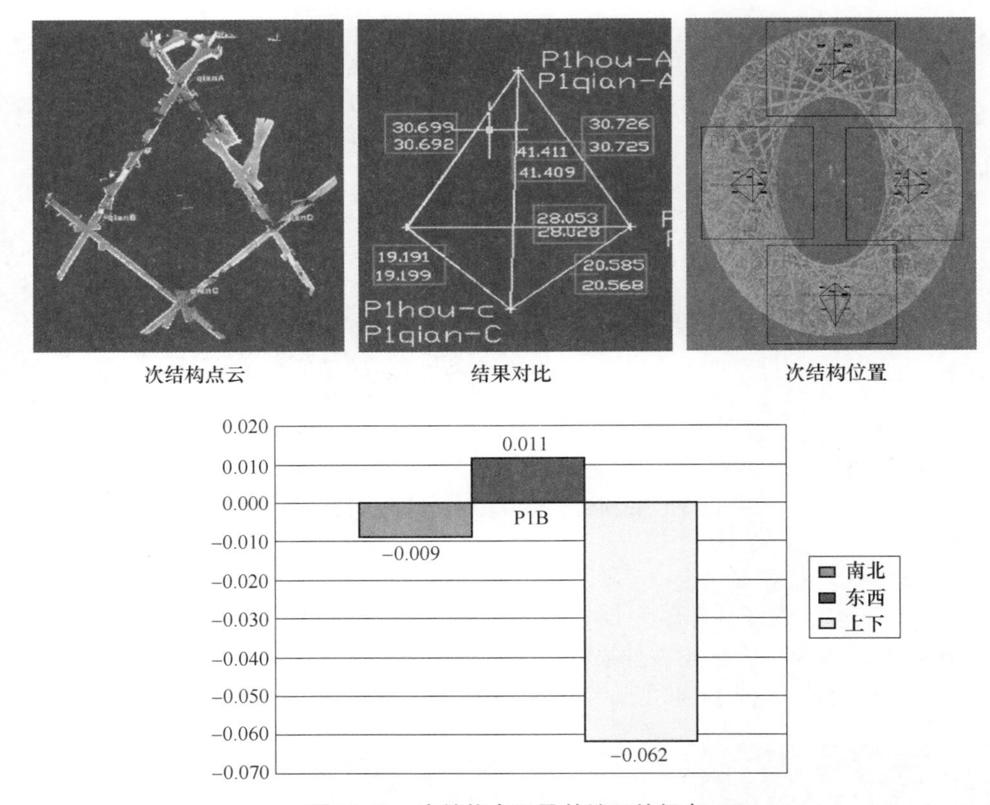


图 11-41　次结构点云及其端口特征点

取关于构件的全部的点云数据，但能够通过分割处构件两面到三面点云，用长方体模型来模拟生成图 11-42 所示的结构。下弦杆模型的做法和上弦杆模型的做法是同样的。

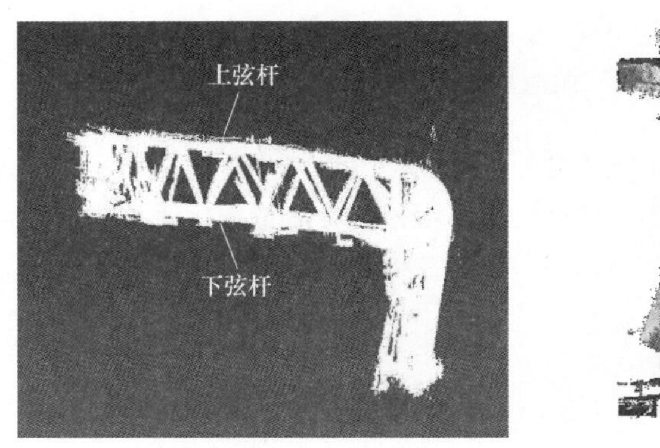

图 11-42　上弦杆和下弦杆模型

2. *肩部牛腿结构*

这部分结构主要是钢架连接部分，可以采用多个不规则平面片来构成其表面模型。上弦与下弦中间连接部分属于不规则平面模型，实际在模型中用 11 个平面构成，需要有 14 个边界控制点，再由这些控制点连接成边界线，由边界线生成 11 个曲面组成中间连接部分的模型，连接部分模型与钢架支撑部分结合所构成的支撑钢架模型如图 11-43 所示。

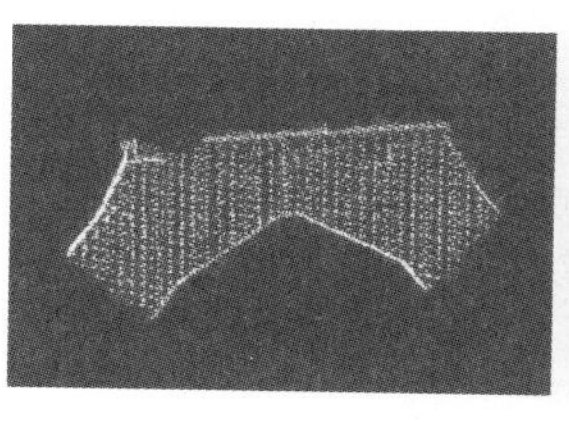
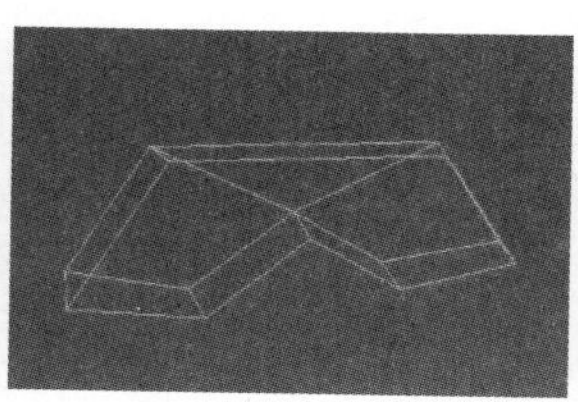

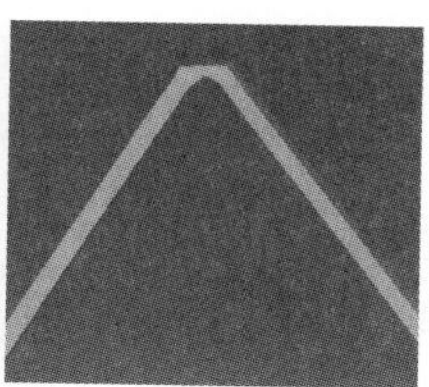

图 11-43　上下弦支撑钢架模型

3. 曲面结构

曲面结构主要呈扫掠面结构，可以通过 NUBRS 曲面来进行精确拟合表达，通过生成曲面模型将离散的测量数据（这里指点云数据）重构出连续变化的曲面。NUBRS 曲面对于标准曲面和任意形状曲面具有统一的数学形式。一张 $p\times q$ 次 NUBRS 曲面的有理多项式函数定义为

$$s(u,v)=\frac{\sum_{i=0}^{m}\sum_{j=0}^{n}w_{i,j}d_{i,j}N_{i,p(u)}N_{j,q(v)}}{\sum_{i=0}^{m}\sum_{j=0}^{n}w_{i,j}N_{i,p(u)}N_{j,q(v)}} \tag{11-6}$$

式中，$d_{i,j}$($i=0$、1、…、$m$；$j=0$、1、…、$n$）为控制顶点，呈拓扑矩形阵列，形成一个控制网络；$w_{i,j}$是与顶点 $d_{i,j}$联系的权值；$N_{i,p(u)}$ 和 $N_{j,q(v)}$ 分别为参数 $u$ 方向 $p$ 次和参数 $v$ 方向 $q$ 次的规范 $B$ 样条基函数。

弯曲部分钢结构采用提取四条边界曲线的方法生成一根钢架的几个或几段表面；对于数据不完整的部分，采用扫掠面的方法，只要提取出一段边界线作为扫掠轨迹和一条母线，即可经扫掠生成一个扫掠面，弯曲部分钢架制作的过程如图 11-44 所示。

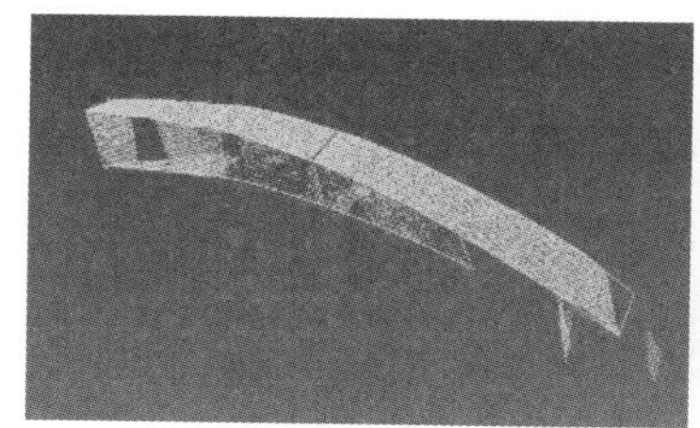
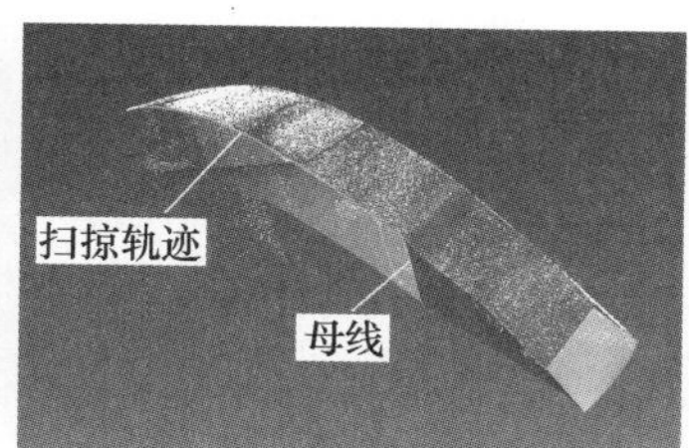

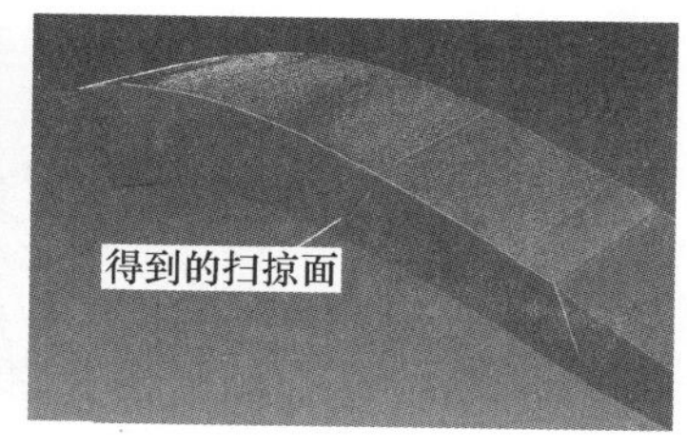


图 11-44　扫掠面模型

4. 整体结构

局部模型构建完毕后，依据各区域模型全局坐标，将所有的模型整合到一起，采用线框模型显示可以得到如图 11-45 所示的钢架模型。

整体模型是对鸟巢钢架表面进行的精确表达，可以真实地反映并保存鸟巢钢架构建完成的现状。随着 BIM(Building Imformation Modeling）技术的蓬勃发展，现代建筑从设计到施工逐步朝着信息化和三维施工测量与管理方向发展，地面激光雷达技术能够获取建筑的现状三维信息，结合 BIM 技术能够有效辅助建筑施工的安装与质量检测等工作，将逐渐成为未来建筑施工测量的主流趋势。

图 11-45　鸟巢钢架整体三维模型

## ■ 11.6　大型古建筑数字化测量——以故宫古建筑为例

### 11.6.1　古建筑数字化概述

故宫博物院是国内现存规模最大、保存最完整的古代宫殿建筑群。自 2002 年以来，故宫就一直不断进行修缮工作。在维修之前，针对故宫太和门（图 11-46）、太和殿等重要建筑物及其构件进行了全面三维数字化测量与建模，以用于文物修缮设计与数字化档案记录。这些档案包括彩色数字正射影像图，大木结构 NURBS 模型，整体点云模型，三角网模型，彩色三角网仿真模型，传统的平、立、剖面图等。在深度和广度上为下一步修复与保护工作提供准确的第一手资料，即使发生地震、战争等破坏活动也能完成文物修复、文物重建等工作，并且为将来的古建筑理论研究提供重要依据。

图 11-46　故宫太和门

古建筑结构复杂，包含复杂斗拱，密集的大木梁架结构，单体建筑内外有墙壁分隔，建筑内部上下一般也由顶棚（天花）相隔，数据获取难度大。数字化测量过程中，外部扫描干扰因素诸多，如参观游人、建筑周围的树木植被、施工遮挡等，这些因素使得扫描数据会有噪声以及缺失现象。部分建筑格局紧凑，空间狭窄，增加了站点之间连接以及控制点布设和建筑顶部的数据获取难度。针对古建筑群落进行整体数字化测量，一般是在全局控制网基础上，针对古建筑逐栋展开数字化扫描工作。其数字化工作内容包含控制测量、数字化数据

采集及数据处理分析等环节。

### 11.6.2　控制测量

建立故宫精密三维控制网是三维激光扫描技术应用的一个重要环节，其目的是为故宫古建筑群建立一个基准框架，其主要用途是：作为建筑物三维立体模型坐标归化的基准；用于建筑物保护修复的定位；作为以后建筑物形变监测的基准。鉴于故宫地理位置特殊性及古建筑群规模庞大，数字化采用分级布网方式：首级平面控制网采用 GNSS 控制网，次级网采用精密导线布设，保证每栋建筑能够至少有两个可通视控制点；高程控制采用精密水准网。GNSS 控制网控制范围包括主要中轴线建筑及需要联测的寿康宫、慈宁宫、乾隆花园、西六宫等数字化区域，如图 11-47 所示。

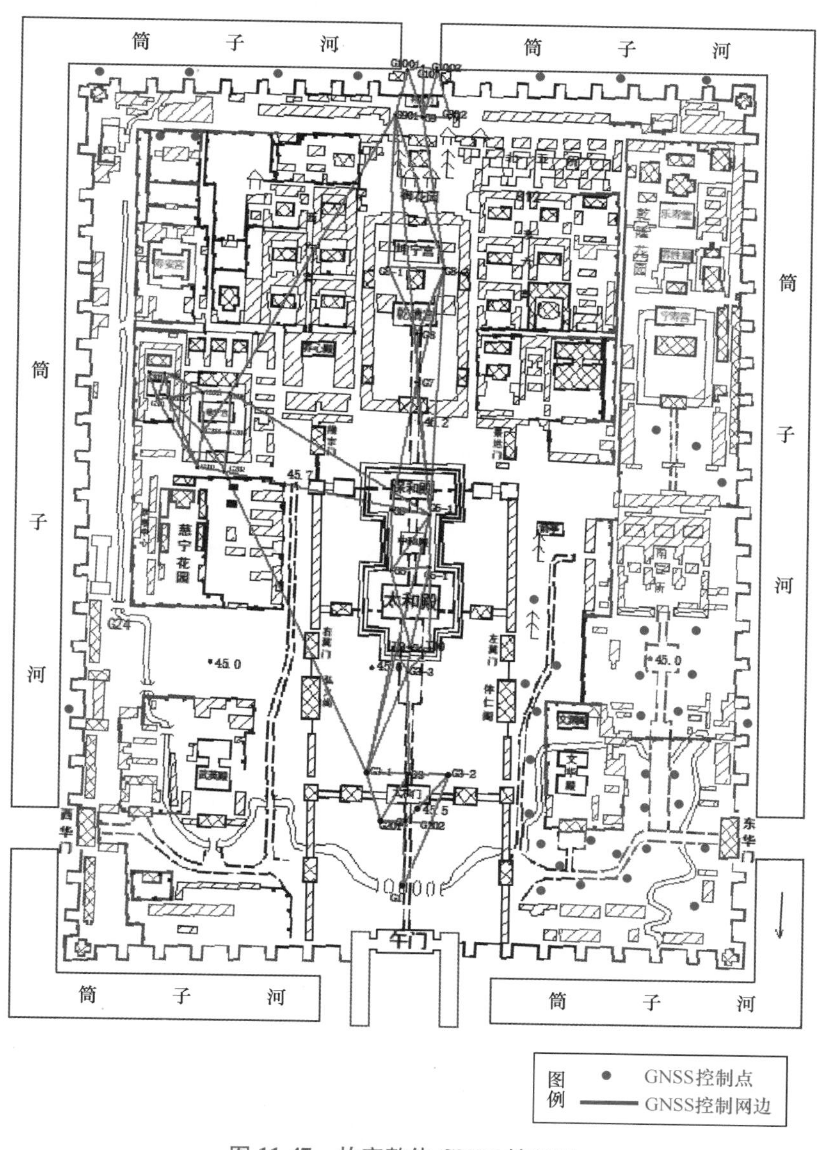


图 11-47　故宫整体 GNSS 控制网

由于故宫为文物保护区，古建筑分布密集，环境干扰大（游人、施工等），通视条件差，仪器安置及点位标志不能影响文物保护等。因此，该网在点位精度、点位密度、点位分布以及标志埋设等方面都进行了综合考虑。

古建筑内部顶棚与地面阻隔，顶棚内控制起算数据需要从大殿内的地面控制传递上去，需要进行坐标及高程联系测量。实际采用垂球传递和三维坐标直接传递两种方法：

1. 垂球传递法

由于大殿内气流稳定，采用垂球传递坐标是可行的。如图 11-48 所示，在顶棚顶部上两端适当的位置选择两个天花格并拆除天花板。同时在两端安置全站仪，作为顶棚顶部控制起算基线 $Q'_{13}Q'_{14}$，利用垂球将仪器中心投至地面，待垂球稳定后在地面金砖上做标记 $Q_{13}$、$Q_{14}$。在大殿内地面上布设包含 $Q_{13}$、$Q_{14}$的二级导线，观测并解求 $Q_{13}$、$Q_{14}$点的坐标，作为顶棚内控制的起算数据。为了进行坐标传递检核，在坐标传递时，对顶棚顶部两点间的水平距离进行了检核。利用钢尺进行高程传递，将地面高程传递至顶棚顶部，作为顶棚内的高程起算依据。传递时地面与顶棚同时变化仪器高，重复观测 3 次，最大差值为±2mm。

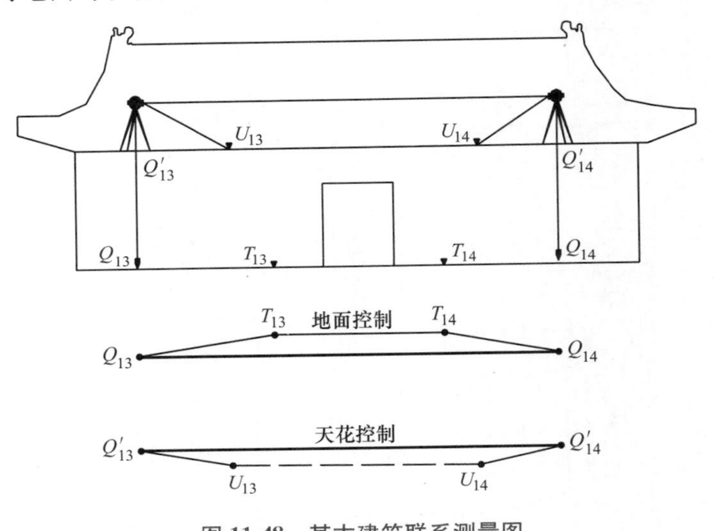


图 11-48　某古建筑联系测量图

2. 三维坐标直接传递

球标靶或者平面标靶联系测量是常用的联系测量方法，将需要的球标安装在顶棚上（图 11-49），这样三维激光扫描误差一般在 2mm，可以满足坐标转换需求。

## 11.6.3　古建筑数字化采集

地面三维激光扫描外业

1. 扫描数据获取

依据故宫建筑特点，将扫描部分分为室内与室外两部分。其中，室外部分主要扫描室外的门窗及屋顶外围部分，扫描距离一般在 100m 左右，适合用远程扫描仪，获取约 15 站数据；内部使用中短程扫描仪，共扫描了约 200 站原始点云数据。扫描站点分布如图 11-50 所示。室内部分又分为顶棚以下及顶棚以上梁架部分，最远扫描距离为 50m 左右，适合用中短距离扫描仪。根据故宫实际测量精度及数据重叠等需求，在实际扫描中采用了莱卡 HDS3000、HDS4500 两种扫描仪，扫描平均密度为 5mm。

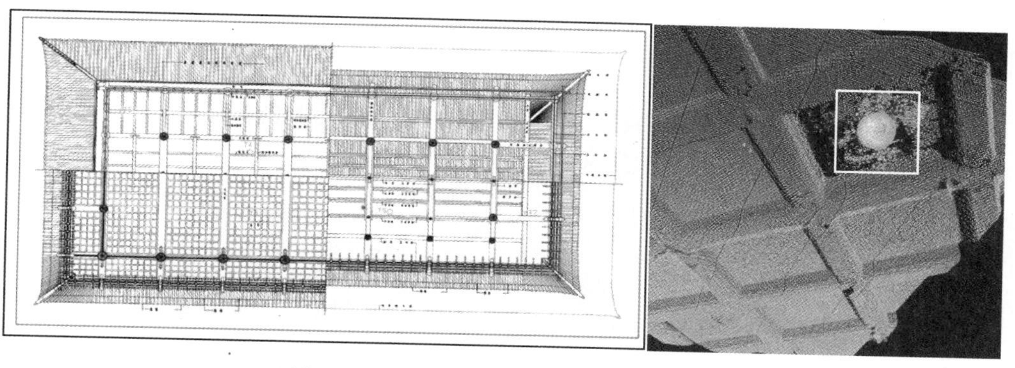

图 11-49　古建筑顶棚三维坐标直接传递

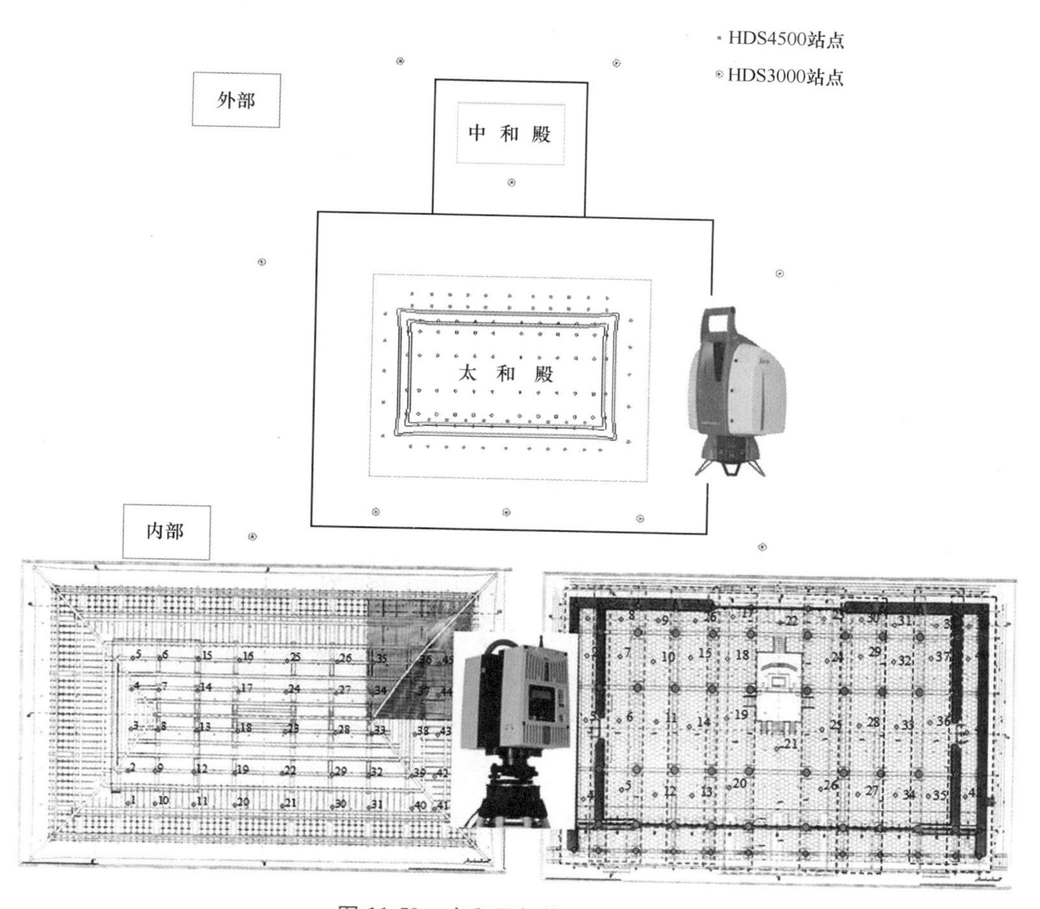


图 11-50　太和殿扫描站点分布图

2．影像数据获取

影像数据需按照拍摄要求预先计算出单张数码照片的分辨率。单张数码照片的分辨率不仅与正射影像的比例尺有关，而且与古建筑物立面的划分方式有关，所以在进行实地拍摄之前要对所要拍摄的建筑物立面做一个整体的划分，以保和殿南外立面为例（图 11-51），拍摄距离为 3m，拍摄的分辨率为 1mm/pixel，图幅约为 5m×3m。

图 11-51　故宫保和殿外业影像拍摄划分

SouthLidar 激光点云处理

### 11.6.4　数据处理及成果分析

故宫博物院数字化成果包含点云模型、不规则三角网模型（Triangulated Irregular Network，TIN）、线画图、大木结构模型及正射影像等多种成果。

1. 不规则三角网模型构建（TIN）

TIN 模型可用于剖切分析及真彩三维仿真模型展示，具有重要作用。三角网模型依据点云的密度不同，可以构建高密度及低密度三角网。一般来说，密度越高，平滑度越低，三角网精度越高，实际依据不同需求选择参数建模即可。由于三角网数据量大，构建时间长，一般是通过原始点云分割为数据量较小的块，然后分块建网（图 11-52）。

图 11-52　局部三角网模型

多块局部三角网模型拼合成的整体模型如图 11-53 所示。

2. 大木结构模型（NURBS）

太和门曲面模型由顶棚以上与顶棚以下两部分构成。顶棚以下的地面部分包含房屋 11 间，主要为支撑柱及底部梁架；顶棚以上共 9 间，主要构件包含梁柱、檩子、支撑柱等。将全部构件拟合完毕后得到的模型如图 11-54 所示。

3. 线画图生成

一般线画图是通过点云模型、TIN 及 NURBS 模型通过切割、补充，最后通过注记与整

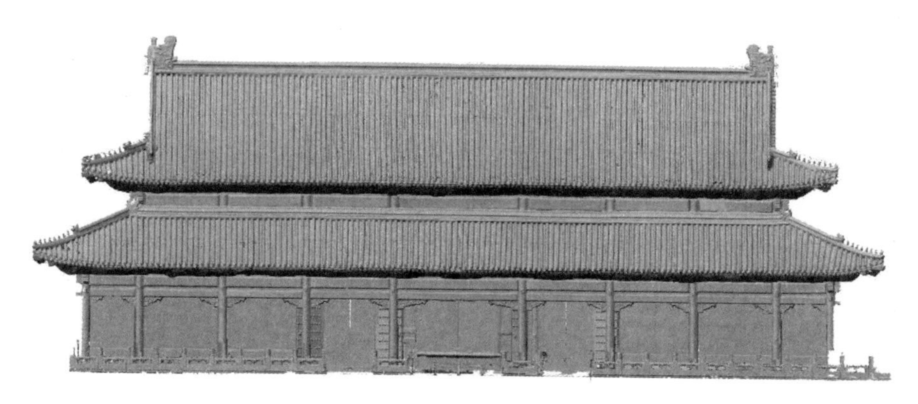

图 11-53　整体三角网模型

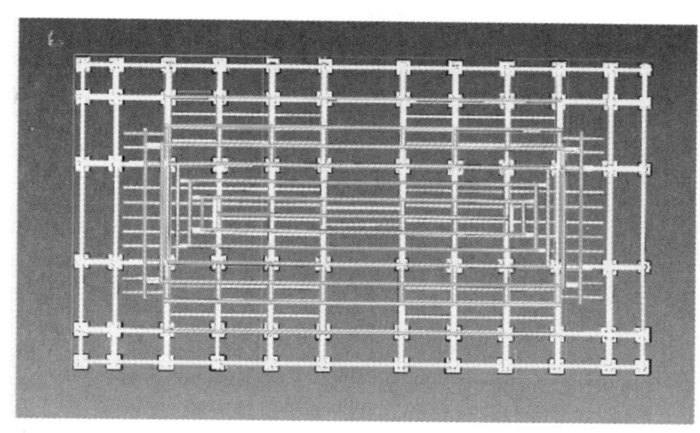

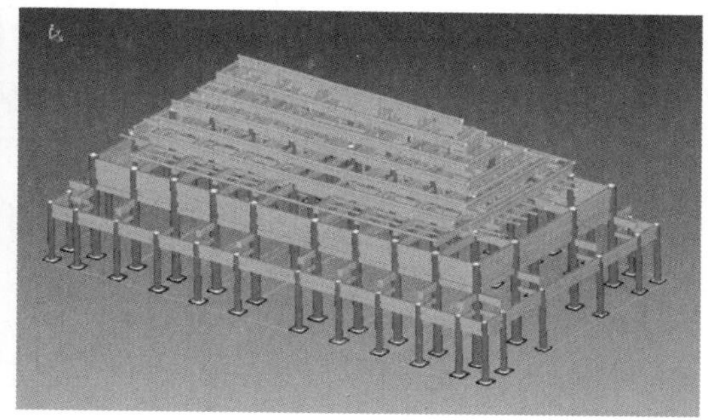

图 11-54　太和殿大木结构模型图

饰生成，生成的技术路线如图 11-55 所示。

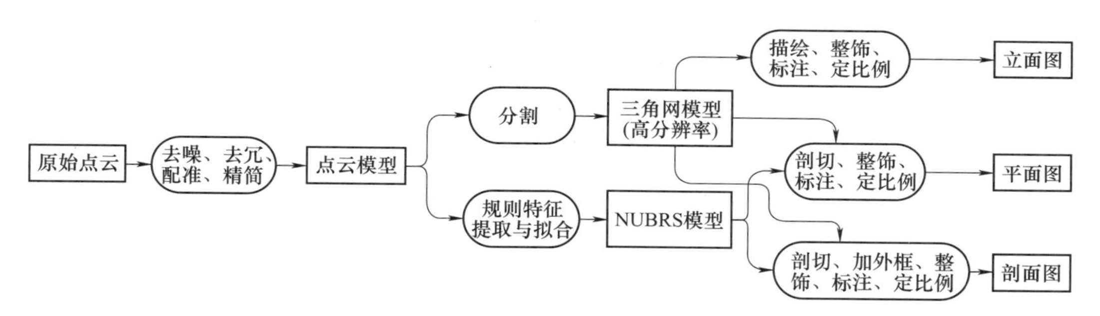


图 11-55　古建筑测绘工程图制作技术路线

线画图类型及说明如下：

（1）支撑柱分析图　对各殿大木结构作剖面图，主要是为了对柱子进行变形分析。主要对柱头和柱脚进行剖切。首先对每根柱子的柱头、柱脚剖割，然后将两个圆心连接以后得到空间轴线，对圆柱的轴线在平面的走向做出标注即可，最后得到的倾斜分析成果如图 11-56 所示。

（2）平面、立面、剖面结构图　线画图主要通过剖切以上几类三维模型得到主要线画图框架（图 11-57），缺失部分数据通过直接量测和拟合的方法补充完整即可。

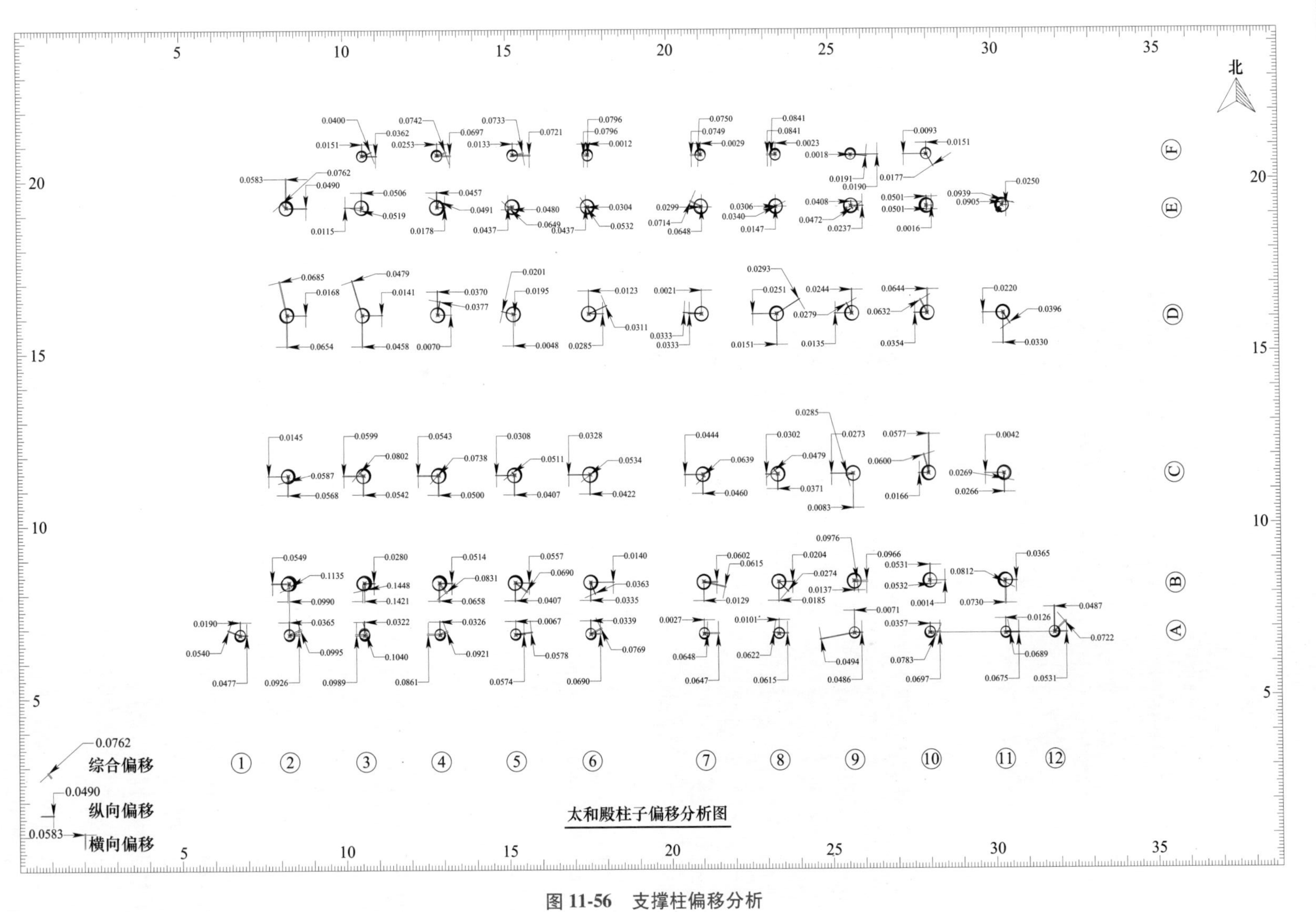


图 11-56　支撑柱偏移分析

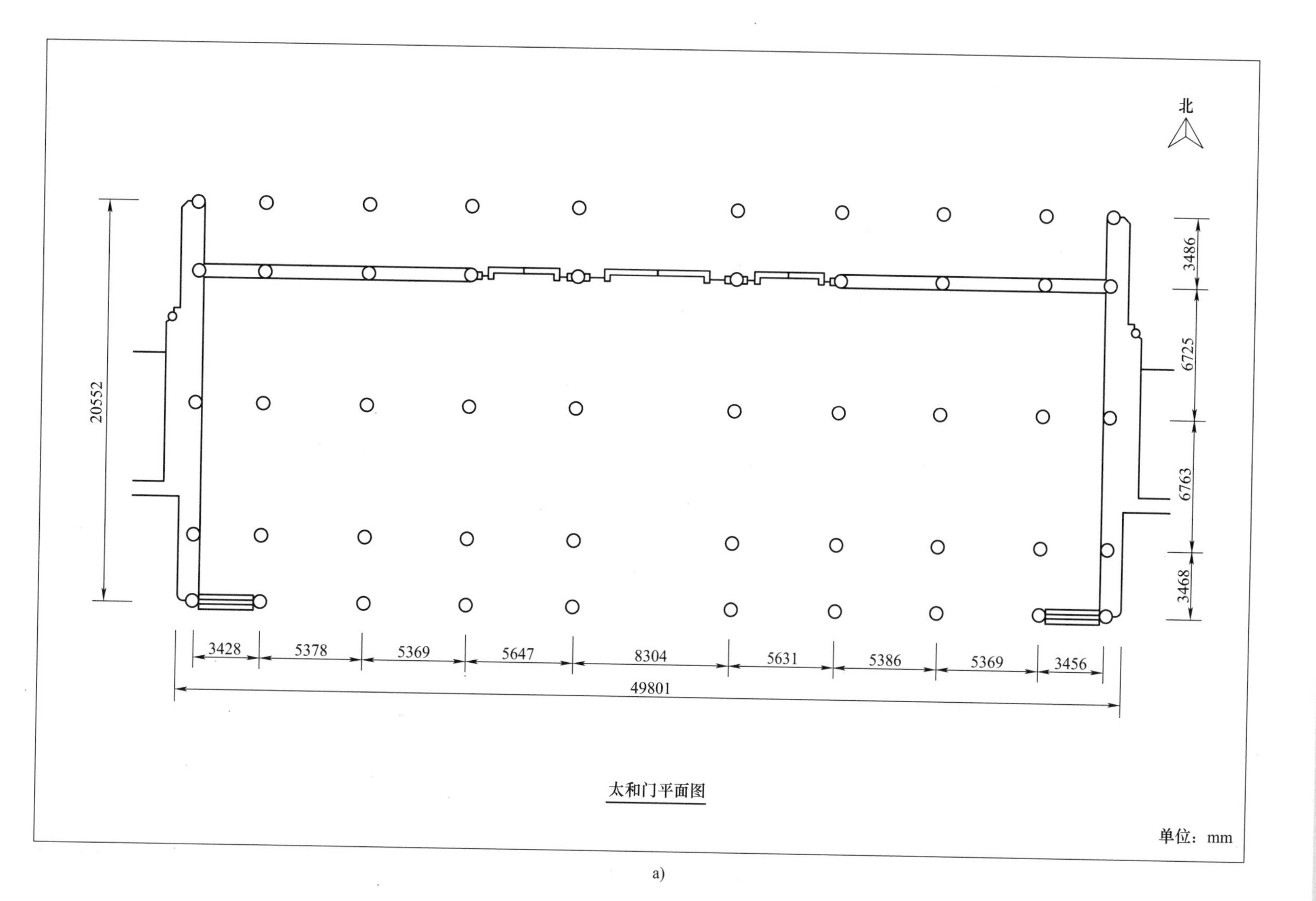


a)

图 11-57　古建筑平面、立面、剖面图

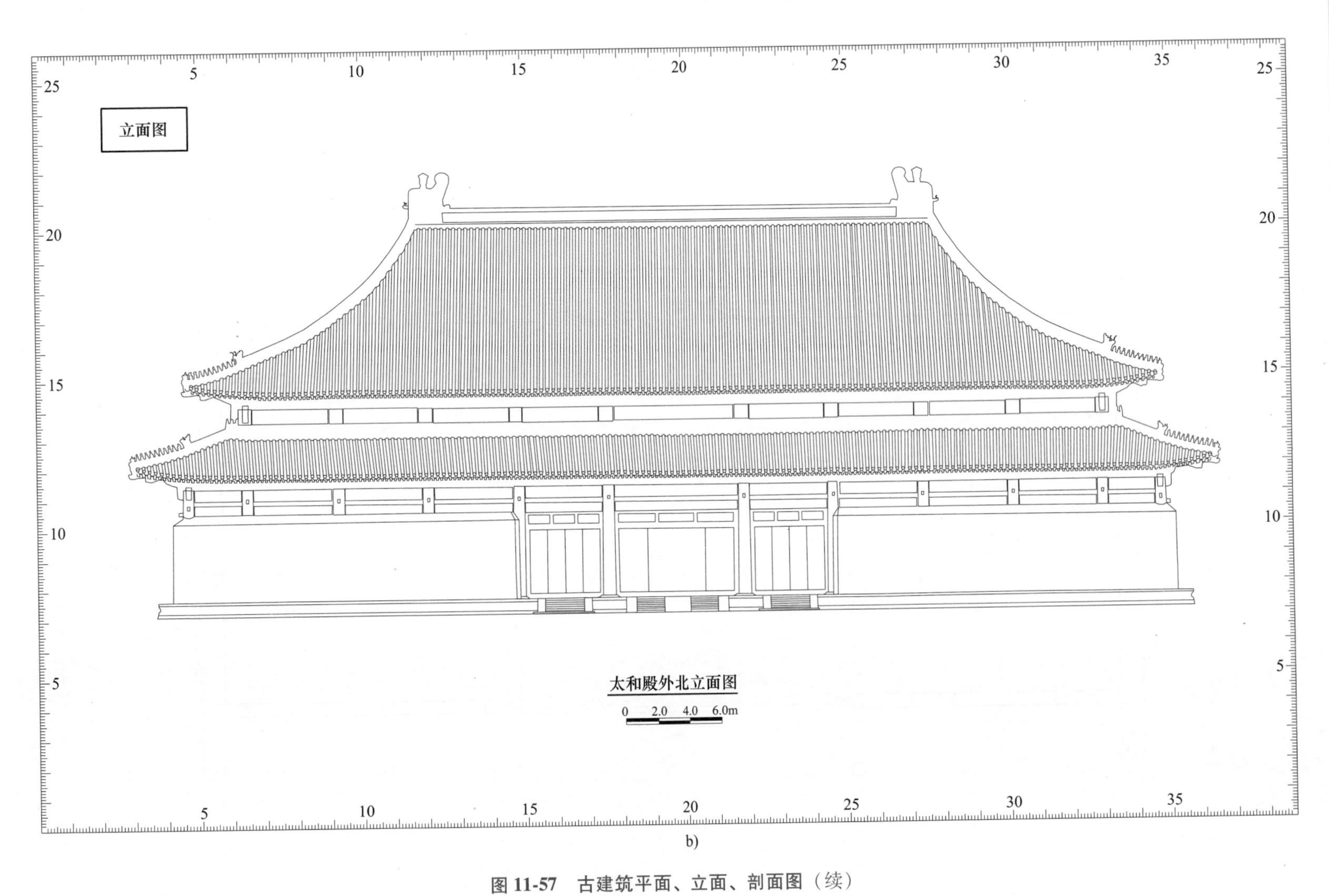


b)

图 11-57 古建筑平面、立面、剖面图（续）

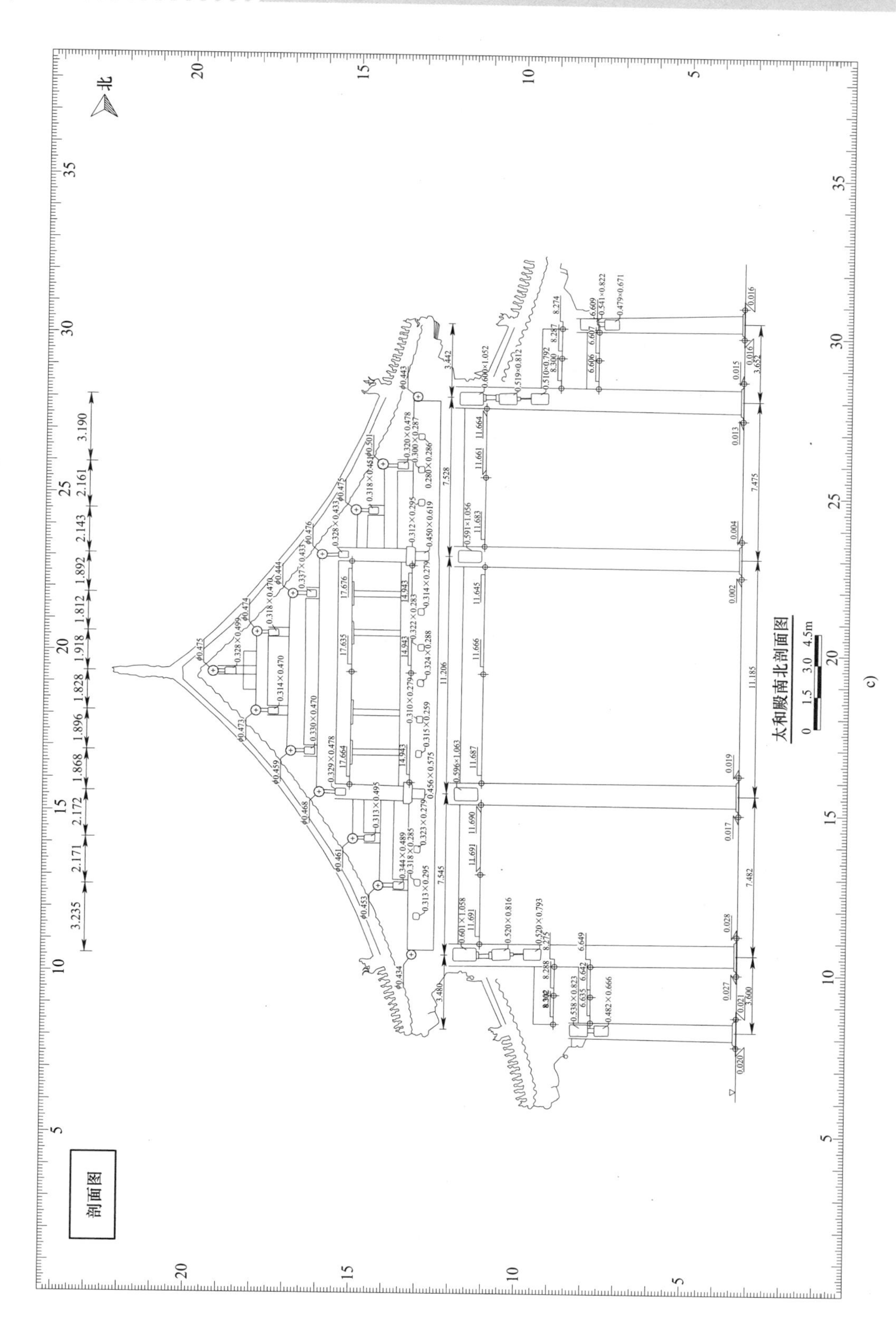


图 11-57 古建筑平面、立面、剖面图（续）

4. 正射影像图

单块的彩色三角网模型生成后，将各块彩色三角网模型合并到一起显示，经修剪后正射投影，由软件中的模块设置所需分辨率，然后直接输出正射影像。“摄影死角”造成的正射影像空白，一般根据点云数据及缺失部分周围的材质状态来填补。古建筑外立面正射影像如图 11-58 所示。

图 11-58　古建筑外立面正射影像

## 思考题与习题

1. 建筑工程测量的目的是什么？其主要内容包括哪些？
2. 建筑施工测量的原则是什么？建筑施工测量有何特点？
3. 简述建筑施工测量的控制测量方法。
4. 简述建筑方格网的测设方法。
5. 简述建筑施工中龙门板和轴线控制桩的作用及其设置方法。
6. 简述工业建筑工程施工厂房柱列轴线的测设和柱基施工测量的方法。
7. 简述高层建筑轴线竖向投测和高程竖向传递的方法。
8. 高层建筑工程监测项目有哪些？
9. 利用激光点云对建筑结构进行精细测量与传统测量有何差异？试从测量方法及测量精度等方面对比分析。
10. 简述利用三维激光扫描点云进行异形建筑三维模型重构的一般方法思路。
11. 对古建筑进行三维数字化测量时，布设控制网的目的是什么？简述古建筑数字化布设控制网的一般原则及常用方法。
12. 建筑文化遗产数字化测量的一般流程是什么？主要包含哪些数字化成果？简述其中三种类型及其制作过程。

# 第12章 线路测量

## 12.1 概述

线路测量是对线形构筑物进行的各种测绘工作，包括公路、铁路、渠道、管线、架空索道和输电线路等工程的通用性测绘工作（图12-1）。线形构筑物的特点是分布在一个长宽比较大的带状空间内。线路测量的目的是确定线路的空间位置，其任务为：在设计阶段进行地形图、断面图等基础地形资料测绘（初测）和线路定测等勘测工作（图12-2）；在施工阶段实施线路测设和竣工测量；在运营阶段进行监测和检测。线路在勘测设计和施工阶段的测量工作，常称为线路工程测量。

a)

b)

图12-1 线路测量

a）公路测量 b）铁路测量

线路测量的主要工作内容和步骤如下：

1）立项和可行性研究。其目的为选择一条及以上既满足经济、社会效益要求又有较高可行性的线路。该阶段的工作主要为资料的收集和分析，如各种比例尺地形图、卫星或航测图、交通图、地质调查图、断面图、水文气象资料、土地利用资料、人文物产情况和控制点数据等的收集与分析。

2）踏勘。通过现场勘察，验证可行性研究成果，选定初测线路，估算线路工程量，实地详细调查，评估线路价值，编制比较方案，完成初步设计。

3）初测。根据设计方案在实地标出线路的基本走向，并沿着基本走向进行控制测量和

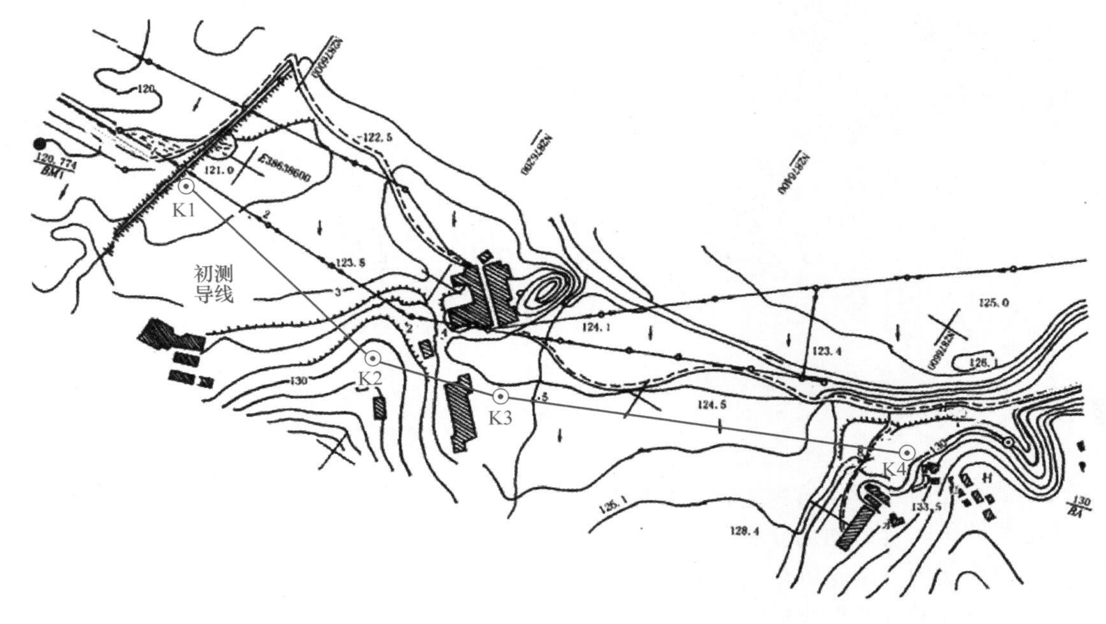


图 12-2 线路勘测

地形图测绘。地形图测绘主要分为带状地形图测绘和工点地形图测绘。常采用低空数字摄影测图或机载激光雷达扫描测图，完成中、长距离线路带状地形图测绘；采用 GNSS RTK 测图或全站仪测图作业方法完成短距离线路带状地形图测绘；采用 RTK 测图、全站仪测图或地面三维激光扫描测图等方法完成工点地形图测绘。地形图测绘按照不同工程的实际要求选定比例尺（表 12-1）。

表 12-1 线路测图种类及比例尺

| 线路名称 | 带状地形图 | 工点地形图 | 纵断面图 | | 横断面图 | |
|---|---|---|---|---|---|---|
| | | | 水平 | 垂直 | 水平 | 垂直 |
| 铁路 | 1∶1000<br>1∶2000<br>1∶5000 | 1∶200<br>1∶500 | 1∶1000<br>1∶2000<br>1∶10000 | 1∶100<br>1∶200<br>1∶1000 | 1∶100<br>1∶200 | 1∶100<br>1∶200 |
| 公路 | 1∶2000<br>1∶5000 | 1∶200<br>1∶500<br>1∶1000 | 1∶2000<br>1∶5000 | 1∶200<br>1∶500 | 1∶100<br>1∶200 | 1∶100<br>1∶200 |
| 架空索道 | 1∶2000<br>1∶5000 | 1∶200<br>1∶500 | 1∶2000<br>1∶5000 | 1∶200<br>1∶500 | — | — |
| 自流管线 | 1∶1000<br>1∶2000 | 1∶500 | 1∶1000<br>1∶2000 | 1∶100<br>1∶200 | — | — |
| 压力管线 | 1∶2000<br>1∶5000 | 1∶500 | 1∶2000<br>1∶5000 | 1∶200<br>1∶500 | — | — |
| 架空送电线路 | — | 1∶200<br>1∶500 | 1∶2000<br>1∶5000 | 1∶200<br>1∶500 | — | — |

4）定测。定测包括中线测量和纵横断面测量。中线测量是根据定线设计把线路中心线上的各类点位测设到实地，包括线路起终点、转点、曲线要素点、线路中心里程桩、加桩等。当线路与已有的道路、管道、送电线路、通信线路等交叉时，应根据需要测量交叉角、交叉点的平面位置和高程及净空高或负高。纵横断面测量是测定线路中线方向和垂直方向的地面高低起伏情况，并绘制纵、横断面图，为线路纵坡设计、边坡设计以及土石方工程量计算提供数据资料。

5）施工测量。线路施工前，对定测线路的控制点和曲线要素点进行复测。复测合格后，根据线路的详细设计和施工进度，开展施工测量。施工测量的主要任务是在实地测设线路的空间位置，为施工提供空间位置依据。

6）竣工测量。线路施工完成后，对照线路实体测绘竣工平面图和断面图，并根据工程需要编绘或实测竣工总图。竣工总图的实测采用全站仪测图及数字编辑成图的方法。

7）监测和检测。线路施工和运营阶段，为保障线路安全、施工质量、科学研究、结构健康等目的，采用测绘方法和多种传感器，对线路和附属设施进行监视观测和巡检观测，并对观测结果实施分析和评价。

线路测量具有全线性、阶段性和渐进性的工作特点。全线性体现在线路测量工作从始至终贯穿于线路工程建设的各个阶段。阶段性体现在测量工作在线路设计和施工的不同阶段要采用不同的测量方法完成多种工作任务。渐进性体现在线路测量伴随着线路工程的全寿命周期，从规划设计、施工竣工到运营管理经历了一个从无到有、由粗到精的渐进式过程。

## ■ 12.2　线路中线测量

线路的走向和线型，受到地形、水文、地质等诸多因素的影响和制约（图 12-3）。线路中线由直线和曲线组成（图 12-4）。线路曲线分为平曲线和竖曲线两种。平曲线有圆曲线（单曲线、复曲线、反向曲线）、缓和曲线（螺旋线、抛物线、双曲线、三角函数曲线）、回头曲线等多种线型。例如，公路的平曲线常采用直线—螺旋线—圆曲线—螺旋线—直线的组合。竖曲线是在线路纵断面上，以变坡点为交点，连接两相邻坡段的曲线。竖曲线分为凸形和凹形曲线，有抛物线、圆曲线、双曲线、螺旋线等多种线型。例如，公路的竖曲线常采用二次抛物线，以保证行车安全、舒适以及视距的需要。

图 12-3　线路走势

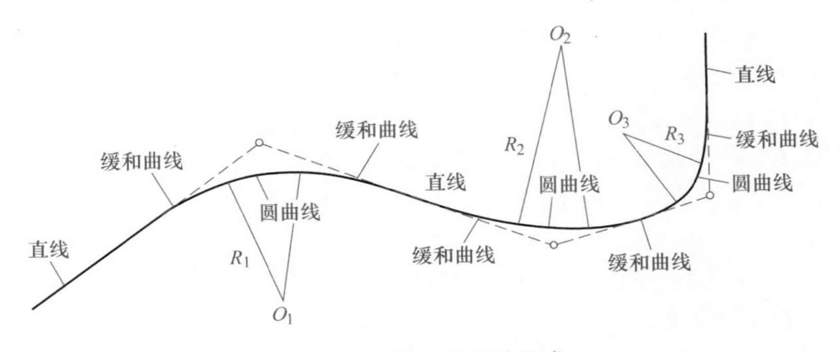


图 12-4　线路中线的组成

中线测量是线路工程测量的重要内容之一，具有整体性强、贯穿始终、工作量大、精度要求高的特点。中线测量主要包括测设线路中线的起点、终点、交点（JD）、转点（ZD）和曲线等（图 12-5）。

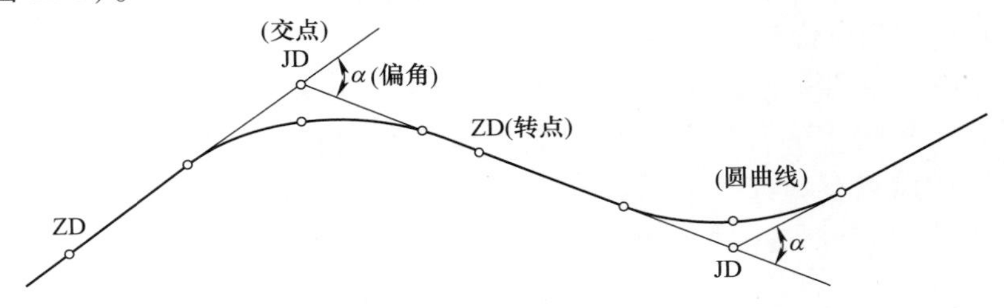


图 12-5　线路中线测量

由图 12-5 可知，线路的转折点称为交点，它是中线上直线和曲线测设的控制点。当相邻两交点互相不通视时，在其连线上增加若干个点位用以转折和控制中线，称为转点。在线路前进中，中线由一个方向偏转至另一方向，所偏转的角度称为转角。转角有左、右之分，顺时针方向偏转为右转角，逆时针方向偏转为左转角。

线路测量符号一般采用汉语拼音字母，特殊情况采用英文字母。线路中线测量符号参见表 12-2。

表 12-2　线路中线测量符号

| 名称（简称） | | 字母缩写 | 英语简写 |
|---|---|---|---|
| 线路 | 起点 | SP | SP(Starting Point) |
| | 终点 | EP | EP(End Point) |
| 直线 | 交点 | JD | IP(Intersect Point) |
| | 转点 | ZD | TP(Transfer Point) |
| | 变坡点（竖交点） | SJD | PVI(Point of Vertical Intersection) |
| 圆曲线 | 圆曲线起点（直圆点） | ZY | BC（Beginning of Circular Curve) |
| | 圆曲线中点（曲中点） | QZ | MC（Middle Point of Curve) |
| | 圆曲线终点（圆直点） | YZ | EC（End of Circular Curve) |
| 缓和曲线 | 第一缓和曲线起点（直缓点） | ZH | TS(Transfer Spiral) |
| | 第一缓和曲线终点（缓圆点） | HY | SC(Spiral Circular Curve) |

（续）

| 名称（简称） | | 字母缩写 | 英语简写 |
|---|---|---|---|
| 缓和曲线 | 第二缓和曲线起点（圆缓点） | YH | CS(Circular Curve Spiral) |
| | 第二缓和曲线终点（缓直点） | HZ | ST(Spiral Transfer) |
| 复曲线 | 复曲线公切点（公切点） | GQ | PCC（Point of Common Tangent of Compound Curve) |
| 竖曲线 | 竖曲线起点（竖直圆点） | SZY | BVC(Beginning of Vertical Curve) |
| | 竖曲线终点（竖圆直点） | SYZ | EVC(End of Vertical Curve) |
| | 竖曲线公切点（竖公切点） | SGQ | PCVC(Point of Common Tangent of Vertical Curve) |

为了在实地标示线路以供设计、施工和运营使用，沿线路走向每隔一定距离设置若干个桩来标识线路控制点、中线位置、里程等，称为线路标志桩。线路标志桩分为线路中线桩和指示桩。线路中线桩是线路纵、横断面测量和施工测量的依据，包括控制桩、整桩和加桩。

1）线路控制桩是线路的骨干点，主要有线路的起点桩、终点桩、交点桩、转点桩、曲线要素点桩等。

2）线路整桩也称为里程桩，是埋设在线路中线上注有里程的桩位标志。整桩是由线路的起点开始按照一定的桩距为间隔设置的中线桩。对于直线段，整桩间隔可以为 20～100m 的整数；对于曲线段，根据曲线半径设定，间隔一般为 5m、10m、20m。公路和铁路上常见的百米桩、公里桩均为整桩。整桩的桩号用“K 千米+米”表示，如：K3+450，表示该桩距线路起点为 3450m。

3）线路加桩分为地形加桩和地物加桩。其中地形加桩是沿中线地形发生变化处（如地面起伏突变处、横向坡度变化处、天然河沟处等）设置的加桩；地物加桩是沿中线在地物处（如桥梁、涵洞、地质变化或与其他线路交叉处等）设置的加桩。

线路的起点、终点、转点和铁路、公路的曲线起点、终点，均应埋设固定桩。其他线路中线桩常用一面刨光的木板钉在点位上，桩上写明里程数，字面朝着线路起点，桩顶露出地面 20～30cm（图 12-6）。除线路中线桩外，在线路上还要钉出一些特殊桩位，用以指示和特殊说明，称为指示桩。图 12-7 所示为铁路指示桩。

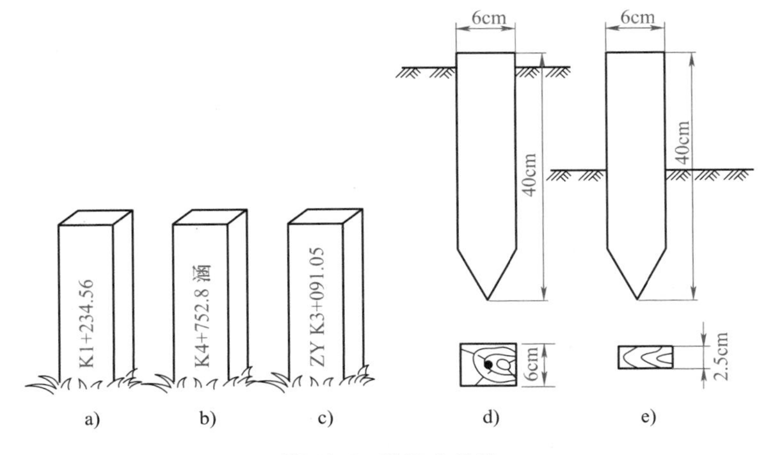


图 12-6 线路中线桩

图 12-7　铁路指示桩

各种线路桩点的测设常采用 GNSS RTK 法、全站仪坐标放样法等完成（图 12-8）。根据设计图的桩点坐标，用 GNSS、全站仪、超站仪、自动放样机器人等仪器设备实施点位测设工作。

a)

b)

图 12-8　线路桩点测设方法

a）GNSS RTK 法　b）全站仪坐标放样法

将线路的曲线按设计标定在实地上的测量工作称为曲线测设。曲线测设是根据曲线类型、参数、方程等计算出曲线要素点坐标，并把它们测设到实地上。下面以平曲线中最基本的圆曲线主点测设为例，介绍曲线测设的流程。

如图 12-9 所示，沿着线路前进方向，已知转点 1($ZD_1$)、交点（JD）和转点 2($ZD_2$）的坐标，根据设计可知圆曲线的参数（右转角 $\alpha$ 和半径 $R$)，要在实地测设出圆曲线三主点（直圆点 ZY、曲中点 QZ、圆直点 YZ)。

圆曲线三主点测设步骤如下：

1）计算圆曲线主点元素：圆曲线切线长度 $T$、圆曲线长度 $L$、外矢距 $E$、切曲差 $q$。

切线长：$$T = R\tan\frac{\alpha}{2}$$

曲线长：$$L = \frac{\pi}{180^\circ}\alpha R$$

外矢距：$$E = R\left(\sec\frac{\alpha}{2} - 1\right)$$

切曲差：$$q = 2T - L$$

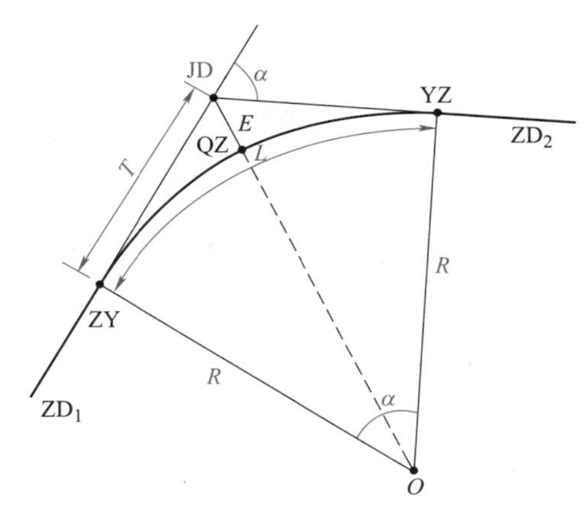


图 12-9 圆曲线主点测设

2）根据交点的里程推算圆曲线三主点的里程（桩号）。

$$ZY_{里程} = JD_{里程} - T$$
$$YZ_{里程} = ZY_{里程} + L$$
$$QZ_{里程} = YZ_{里程} - L/2$$

数据检核：

$$QZ_{里程} + q/2 = JD_{里程}$$

3）将全站仪安置在 JD 点上，分别以 $ZD_1$ 点定向，$ZD_2$ 点检核。自交点沿后视方向（$ZD_1$ 点方向）量取切线长 $T$，测设出 ZY 点。然后沿前视方向（$ZD_2$点方向）量取切线长 $T$，测设出 YZ 点。最后拨角 $90°-\alpha/2$，量取外矢距 $E$，测设出 QZ 点。

也可以根据圆曲线主点元素，在设计图中获得三主点的坐标，直接用 RTK、全站仪坐标法等直接完成圆曲线主点测设。

## ■ 12.3 纵横断面测量

纵横断面测量是线路勘测中一项重要的工作。纵断面测量是测定线路各中线桩的地面高程，然后根据中线桩里程和测得的地面高程，按一定比例绘制成纵断面图，供线路纵坡设计使用。横断面测量是测定线路中线桩两侧一定范围内，垂直于中线方向的地面各点距离和高程，绘制横断面图，供线路工程设计、计算土石方量及施工使用。

纵断面测量可以采用水准测量的方法进行。先进行基平测量，即在线路中线附近每隔一定距离设置一个高程控制点，并测定其高程；然后进行中平测量，即根据各高程控制点测定各里程桩地面的高程。也可以采用 GNSS RTK 的方法直接测量线路各中线桩地面的高程。

如图 12-10 所示，纵断面图以中线桩里程为横坐标，中线桩的地面高程为纵坐标绘制。横坐标比例尺常采用 1∶5000、1∶2000 或 1∶1000，纵向比例尺采用横坐标比例尺的 10~20 倍。纵断面图包含图形窗口和注释窗口两个窗口。图形窗口是纵断面图的基本窗口，一般占整幅图纸的 3/5。图形窗口内主要绘有线路中线的纵向地面实际的地面线（实地纵断面图）和线路路面设计纵断面图。注释窗口用于列出勘测与设计有关数据、图形资料的说明等，一般占整幅图纸的 2/5。注释窗口的说明栏有：里程桩栏、地面高程栏、坡度与平距栏、路面设计高程栏、土壤地质栏、填挖高度栏、直线与平曲线栏等。

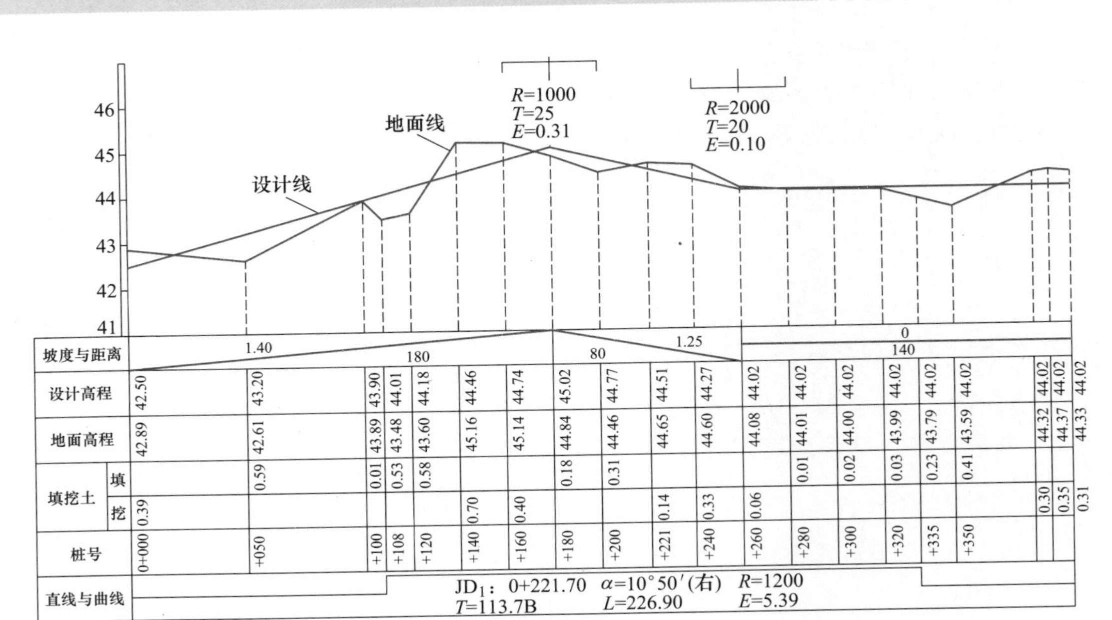


图 12-10　纵断面图

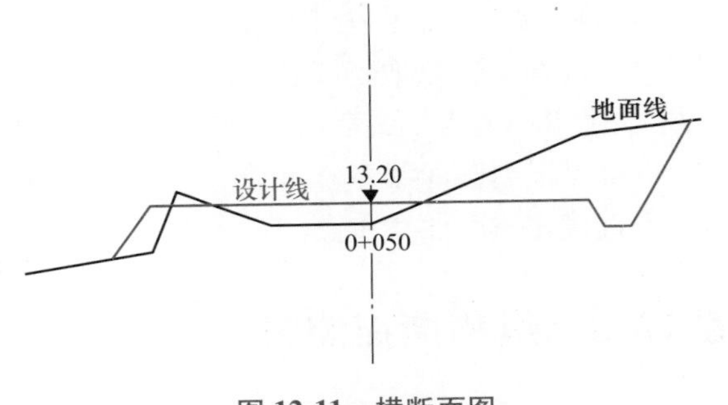


图 12-11　横断面图

中线桩的地面高程已在纵断面测量时完成，横断面上各地形特征点相对于中线桩的平距和高差可用水准仪-钢尺法，全站仪法或 RTK 法等进行测量。横断面测量的宽度应根据线路中线填挖高度、边坡大小等或者按照设计要求确定。一般中线两侧各测 10~50m。

依据横断面测量得到的各点间的平距和高差，绘制出各中线桩的横断面图，如图 12-11 所示。绘制时，先标定中线桩位置，由中线桩开始，逐一将特征点展绘在图上；然后用细线连接相邻点，绘出横断面的地面线。

## 思考题与习题

1. 什么是线路测量？其任务有哪些？
2. 何谓线路中线测量？请列举线路中线的主要桩点名称。
3. 说明圆曲线的主点要素有哪些？如何计算它们的里程？
4. 描述线路纵断面图和横断面图的绘制。
5. 纵、横断面测量的方法有哪些？

# 第 13 章

# 桥梁工程测量

## ■ 13.1 概述

桥梁在交通中占据着重要的地位，是跨越江河湖海、山谷深沟或其他线路的构筑物（图 13-1）。桥梁主要由上部结构、下部结构和基础组成。上部结构是墩台之间的梁体部分，位于桥梁墩台帽或盖梁顶面（拱桥为拱座顶面）以上，其作用是承载交通并将交通荷载传导至下部结构。下部结构主要是桥墩、桥台等结构体，其作用是支承上部结构并将上部结构的外加力下传至基础。桥梁基础是承台或基础顶面以下部分，其作用是支承桥梁主体结构并将荷载传至地基。

图 13-1 港珠澳大桥

桥梁工程测量贯穿于桥梁的勘测设计、施工建设阶段，包括勘测选址、控制测量、施工测量、变形测量、竣工测量等内容。桥梁按其长度可分为小桥（20m 以下）、中桥（20~100m）、大桥（100~500m）、特大桥（500m 以上）四个种类，不同类型桥梁在各阶段的测量内容不尽相同。本章主要介绍大中型桥梁工程的测量方法，主要内容包括桥位勘测、桥梁控制测量、桥梁施工测量和交工测量等。

（1）桥梁勘测设计阶段的主要测量工作

1）平面和高程控制测量，构建桥位勘测控制网。跨越宽度较小的桥梁，可以将勘测和施工阶段所用控制网一体布设。大跨径桥梁一般将桥位勘测和施工控制网分开布设。

2）桥址定线测量。常采用全站仪导线或 GNSS 测量方法在实地测设桥址的各类控制点和中线。

3）桥址中线和断面测量。在桥址定线区域内，测绘桥梁中线纵断面图和桥梁墩台横断面图。

4）桥位地形图测绘。采用全站仪、GNSS、无人机低空摄影测量等方法测绘桥位陆地地形图和桥址中线上下游的河床地形图。

5）桥址水文测量。进行水位、水面坡度、流速流向等测量工作。

6）船走行线测量。在桥址中线上、下游一定范围内，测绘桥址航迹线图。

7）地质勘探测量。完成地质勘探所需的钻孔测设、地面高程模型测量等工作。

（2）桥梁施工建设阶段的主要测量工作

1）根据桥梁工程施工总体布置图布设施工控制网。单位工程和重要的分部、分项工程编制施工测量专项方案。

2）按照施工各阶段的要求，完成施工控制网复测和加密、施工测设和检测工作。

3）依据设计要求和桥梁结构变形特点，实施施工监测工作。

4）单项工程完成时，根据技术标准和设计要求对重要构筑物和隐蔽工程进行交工测量。

5）桥梁工程建设各阶段施工测量结束后，进行测量成果检查验收、汇编总结和上交工作。

## ■ 13.2　桥位勘测

桥位，是桥梁、引道路堤及调治构造物三者位置的总称。桥位勘测（bridge site survey）是在桥位的勘察选址和设计中的测量工作，是桥梁工程建设前期的首要工作。

桥位选择是桥位勘测中的一项重要工作。桥位选择不仅对桥梁的稳定、工程造价、施工与养护等有直接的关系，而且与桥头的线路工程、水文、地形、工程地质和航运等有直接影响。因此，桥位选择必须全面考虑各种影响因素，经过深入的现场调查与勘测，选择几个可能的桥位方案，经过全面分析研究和经济比较后，再确定出最优方案。桥轴线一般为直线，或者采用较大平曲线半径和较小纵坡的曲线。

桥位设计是桥梁工程设计的重要组成部分。合理优化桥位设计和选择合适的桥梁结构形式是确保桥梁工程质量与降低桥梁工程成本的关键。在桥梁设计时需要进行水文计算、桥梁孔径计算、确定墩台基底埋置深度、通航的影响因素测定等工作。

桥位勘测主要为在桥址处设计桥梁孔跨、桥头路基和导流构筑物提供各种地形图、专题图和基础测绘数据。对于中小桥及技术条件简单的大桥，其桥址位置由线路位置决定，桥位勘测一般包括在线路勘测之内。对于特大桥或技术条件复杂的大桥，线路的位置一般要适应桥梁的位置，这时应对桥位进行专门的勘测。桥位勘测要考虑流域水文、地质、地形、有关的工程或城市规划、环境景观、运营条件等多方面的因素。要求桥位跨越的水面最窄，桥中线与水流方向近于正交，地质条件好，河床稳定。

桥位勘测需要施测多种比例尺的地形图。采用卫星遥感、航测等技术手段测绘1：10000或1：25000比例尺的地形图，用于设计桥位和附属导流构筑物的初步设计。采用无人机低空摄影、RTK或全站仪测绘1：500~1：2000大比例尺地形图，特别复杂的局部地形可用1：200比例尺，用于详细设计。测量范围应满足选定桥位、桥头引线、桥渡和导流

建筑物及施工场地布置的需要。在线路方向测至两岸历史最高洪水位或设计水位 2m 以上，在水流方向根据设计需要而定。桥址纵断面测至两岸线路的路肩设计标高以上。水下地形可以采用全站仪前方交会法、GNSS 等测量平面位置，采用测深杆、单波束或多波束测深仪测量水深，也可以采用无人测量船测绘水下地形图（图 13-2）。

图 13-2　无人测量船测绘水下地形图

## ■ 13.3　桥梁控制测量

桥梁控制测量是桥梁工程测量的基础，也是桥梁施工测量的依据。桥梁控制测量主要包括平面控制测量和高程控制测量。

桥梁控制网技术设计以精度适宜、便于实施、质量可靠为标准。技术设计工作在了解桥梁总体布置、工程区域地形特征及施工精度要求的基础上进行。技术设计前一般收集下列资料：

1）施工区及周边区域现有地形图，必要的地质、水文、气象资料。

2）桥梁总体布置图及有关设计技术文件。

3）勘测设计阶段的控制测量资料，包括控制网图、点之记、成果表及技术总结。

4）有关的测量标准及招标投标文件资料。

### 13.3.1　平面控制测量

建立桥梁平面控制网的主要目的有以下几方面：

1）测定桥轴线长度。按照设计精度测定桥梁中心线的长度并据此进行桥墩、台位置测设，这是进行桥位平面控制测量的核心内容。

2）桥梁上、下部结构的测设。这是确保桥梁上下部结构按照设计图准确高精度地放样到实地的控制依据。

3）施工监测的基准。该基准为施工过程中的变形监测提供基准数据。

对于跨越无水河道的直线小桥，桥轴线长度可以直接测定，墩、台位置也可直接利用桥轴线的两个控制点放样，无须建立平面控制网。对于跨越有水河道的大型桥梁，墩、台无法直接定位，则必须建立平面控制网。平面控制网可以布设成边角网、导线网、GNSS 网等形式。平面控制测量采用卫星定位测量、三角形网测量、导线测量等方法。

一般将桥梁中轴线作为平面控制网的一条边，以提高桥轴线空间位置的精度。桥梁施工平面控制网的等级，应根据桥梁跨越宽度和单孔跨径合理确定。桥梁平面控制网的等级见表 13-1。

表 13-1　桥梁平面控制网的等级

| 单孔跨径 $D$/m | 跨越宽度 $S$/m | 平面控制网等级 | |
|---|---|---|---|
| | | 首级控制网 | 施工加密控制网 |
| $D \geqslant 1000$ | $S \geqslant 1000$ | 二等 | 二等 |
| $500 \leqslant D < 1000$ | $500 \leqslant S < 1000$ | 二等 | 二等、三等 |
| $300 \leqslant D < 500$ | $200 \leqslant S < 500$ | 二等 | 三等 |
| $150 \leqslant D < 300$ | $S < 200$ | 三等 | 四等、一级 |

进行桥梁施工平面控制网的建立应符合下列要求：

1）平面控制网应因地制宜，且适当考虑发展。桥梁邻近有衔接关联工程需与国家或地方高等级控制点进行联测时，应同时考虑联测方案，并建立桥梁平面控制测量坐标系统与国家或地方坐标系统间的转换关系。

2）跨越宽度超过桥梁主跨 2 倍以上时，应先建立首级平面控制网，并考虑施工加密控制网方案。

3）桥梁施工控制网的布设及等级，应首先考虑满足桥梁结构施工精度要求。首级控制网不宜构建附合网时，可选择建立以一点一方位为基准的自由网。

4）首级控制网可直接作为施工控制网使用；当不能满足施工测设要求时，应在首级控制网的基础上建立施工加密控制网。

5）加密控制网可同等级扩展或越级布设，其布设级数可根据地形条件及放样需要决定，不宜大于 2 级；增设或补设控制点应采用同精度内插的方法测量。

6）控制网跨越江河（海）、峡谷时，每岸应不少于 3 点，其中靠近轴线每岸宜布设相互通视 2 点。

在各等级平面控制测量中，最弱点点位中误差不得大于 20mm，最弱相邻点相对点位中误差不得大于 10mm。平面控制测量精度要求和桥梁轴线相对中误差见表 13-2。

表 13-2　平面控制测量精度要求和桥梁轴线相对中误差

| 测量等级 | 最弱边长相对中误差 | 桥梁轴线相对中误差 |
|---|---|---|
| 二等 | ≤1/100000 | ≤1/150000 |
| 三等 | ≤1/70000 | ≤1/100000 |
| 四等 | ≤1/45000 | ≤1/60000 |
| 一级 | ≤1/20000 | ≤1/40000 |

桥梁平面控制网建立后应定期进行复测。首级控制网复测周期应小于 1 年，施工加密网复测周期应小于 6 个月，复测精度应与控制网建立时保持一致。

### 13.3.2　高程控制测量

建立桥梁高程控制网的主要目的：构建桥梁工程统一的高程基准面；在桥址附近设立高

程基点和施工高程控制点，以满足施工测设和桥梁墩台沉降监测的需要。

建立高程控制网一般采用水准测量法，跨越江河峡谷等地区可采用测距三角高程测量、GNSS 水准测量、GNSS 高程拟合测量等方法施测。首级高程控制网为环形网，加密网布设成附合路线或结点网。桥梁施工高程系统一般采用桥梁设计指定的高程系统；当设计未指定时，采用 1985 年国家高程基准。桥梁高程投影面一般以桥墩顶面平均高程为高程投影面。

高程控制测量精度等级，依次划分为一等、二等、三等、四等。各等级高程控制网的主要技术指标见表 13-3。

**表 13-3 桥梁施工高程控制测量的技术指标**

| 测量等级 | 每千米高差中数中误差/mm | | 附合或环线水准路线长度/km |
|---|---|---|---|
| | 偶然中误差（$M_\Delta$） | 全中误差（$M_w$） | |
| 一等 | ≤0.45 | ≤1 | ≤150 |
| 二等 | ≤1 | ≤2 | ≤100 |
| 三等 | ≤3 | ≤6 | ≤10 |
| 四等 | ≤5 | ≤10 | ≤4.0 |

桥梁施工高程控制网的等级应根据桥梁跨越宽度、单孔跨径合理确定。桥梁施工高程控制网的等级见表 13-4。

**表 13-4 桥梁施工高程控制测量等级**

| 单孔跨径 $D$/m | 跨越宽度 $S$/m | 高程控制网等级 | |
|---|---|---|---|
| | | 首级控制网 | 施工加密控制网 |
| $D \geqslant 1000$ | $S \geqslant 1000$ | 一等或二等 | 二等 |
| $500 \leqslant D < 1000$ | $500 \leqslant S < 1000$ | 二等 | 二等 |
| $300 \leqslant D < 500$ | $200 \leqslant S < 500$ | 二等 | 二等、三等 |
| $150 \leqslant D < 300$ | $S < 200$ | 三等 | 三等、四等 |

桥梁高程控制网要进行复测，首级控制网复测周期小于 1 年，施工加密网复测周期小于 6 个月，复测精度与高程控制网建立时保持一致。

## ■ 13.4 桥梁施工测量

桥梁施工测量的基本工作有以下内容：

1）施工测量人员与工程其他专业人员密切配合，了解桥梁结构特点、工程进度、施工工艺等内容。

2）在施工测量开始前，熟悉工程设计图和文件，了解工程总体和单项工程设计、施工及验收对测量工作的技术要求，依据相关规范标准，制定相应的测量方案。

3）观测记录手簿随测随记，内容填写完整，字迹清晰，严禁转抄、伪造。采用电子手簿时，由现场测量人员检查确认后使用。

4）施工测量成果资料统一编号，分类归档，妥善保管。

5）现场作业时，遵守有关安全、技术操作规程。

6）测量仪器设备妥善保管，定期检定、维护、保养。

在施工测设工作开始前，要详细查阅设计图，核对已知及放样数据资料，了解设计要求与现场施工条件。根据施工测量精度要求，选择合理的放样方法，并编制放样作业实施细则。点位放样完成后，要进行点位检核。

桥梁平面坐标放样方法有全站仪坐标法、交会法、自由设站法、GNSS RTK 法等。高程放样方法有水准测量法、三角高程法、悬挂钢尺传高法、全站仪精密传高法等。桥梁桩基高程放样时，可以采用 GNSS RTK 法和三角高程法。桥墩、塔柱等高耸构筑物高程传递，可采用三角高程法、悬挂钢尺传高法。对 100m 以上高塔柱的高程传递，采用全站仪精密传高法。

对于立模放样，要测设各种构筑物的立模轮廓点和轴线点，并对已经安装好的模板、预埋件进行形体和位置的检查。立模放样一般采用全站仪三维坐标法。混凝土构筑物的高程放样采用水准测量法或液体静力水准法。

对于金属结构安装测量，其主要工作内容有：安装轴线和高程工作基点的测设；安装点的放样；安装竣工测量等。

桥梁施工测量的主要对象有：桩基础及承台、沉井基础、地下连续墙、桥墩和索塔、锚碇及锚固系统、斜拉桥索道管、悬索桥索鞍、悬索桥主缆、悬索桥索夹、桥面、支座和伸缩缝。

桥梁施工放样的顺序为：桥轴线放样→桥基础（承台）放样（图 13-3）→下部结构（桥墩、桥台）放样（图 13-4）→上部结构（梁体）放样。

图 13-3　桥梁承台

## ■ 13.5　交工测量

交工测量是指桥梁工程建设竣工、验收时所进行的测绘工作。其目的是检查桥体是否符合设计要求，测定桥梁建成后的实际情况，为桥梁运营期间的监测、检测和运维提供数据资料。桥梁交工测量主要内容包括下部结构、上部结构和桥梁总体交工测量工作。交工测量的成果反映桥梁构筑物的位置和几何尺寸，为桥梁质量检验评定及验收、工程维护等工作提供依据。

交工测量采用与原桥梁施工测量一致的平面和高程系统，测量时可使用既有施工控制点和工作基点。在进行交工测量时，对于隐蔽、水中和垂直凌空面的桥梁部位，可以在施工过程中，按交工测量的要求进行测量，逐渐积累交工资料。对于其他的桥梁部位，待单项工程完工后，进行一次性的交工测量。分项工程、分部工程及单位工程完成后，及时进行交工测量和资料整编与归档。

图 13-4　桥梁下部结构测设

交工测量测量精度要不低于施工放样的精度。大跨径桥梁的交工测量项目见表 13-5。

表 13-5　大跨径桥梁交工测量项目

| 桥梁类型 | 交工测量项目 | |
|---|---|---|
| | 上部结构 | 下部结构 |
| 斜拉桥 | 锚固点、索道管、主梁、成桥线形 | 桩基础、沉井基础、承台及塔座、索塔及横梁、索道管 |
| 悬索桥 | 散索鞍、主索鞍、主缆、索夹、主梁、成桥线形 | 桩基础、沉井基础、地连墙基础、承台及塔座、索塔及横梁、锚体和锚固系统 |

桥梁总体交工测量内容有：桥面中心线偏位，桥宽、桥长和桥面纵横坡测量，桥头高程衔接测量，引桥中线与主桥中线衔接测量等。

## 思考题与习题

1. 简述桥梁测量的主要工作内容。
2. 什么是桥位勘测？
3. 建立桥梁平面和高程控制网的目的是什么？
4. 论述桥梁细部放样的主要方法。
5. 什么是桥梁工程交工测量？进行交工测量的意义是什么？

# 第14章

# 地下工程测量

## ■14.1 概述

地下工程测量是工程测量的一个重要分支，是测绘学科在地下工程建设中的应用。地下工程测量是在隧道、地铁、地下防空建筑、水工隧洞、航运隧道、地下工厂、地下矿产开采等地下工程建设中的测量工作（图14-1）。地下工程测量为地下工程建设提供必要的空间位置数据、资料、图件，对地下工程建设起到施工指导、安全保障和质量监控作用，是地下工程建设的一项基本环节和重要内容。

地下工程测量是地下建（构）筑物空间位置正确、隧道正确贯通的关键。在规划设计阶段，提供各种地形图、地质图、隧道洞口和线路的平面图与纵横断面图、控制测量数据资料等。在施工建造阶段，提供地下空间位置控制、施工测设、贯通测量和竣工测量。在运营管理阶段，提供地下结构及近接地表的变形监测、结构健康检测。

图14-1 地下工程测量

地下结构种类繁多，构筑地下结构的施工方法和技术也是多种多样的，隧道开挖方法如图14-2所示。不同的施工方法，地下工程施工测量的任务也不尽相同。其主要任务有：

1）标定地下隧道、巷道等线形工程的开挖位置和设计中线的平面位置与高程（坡度），以指导隧道（巷道）按设计正确开挖施工。

2）标定地下洞室的空间位置、形状和大小，放样隧道（巷道）、洞室衬砌的位置，保证按设计要求进行开挖和支护衬砌。

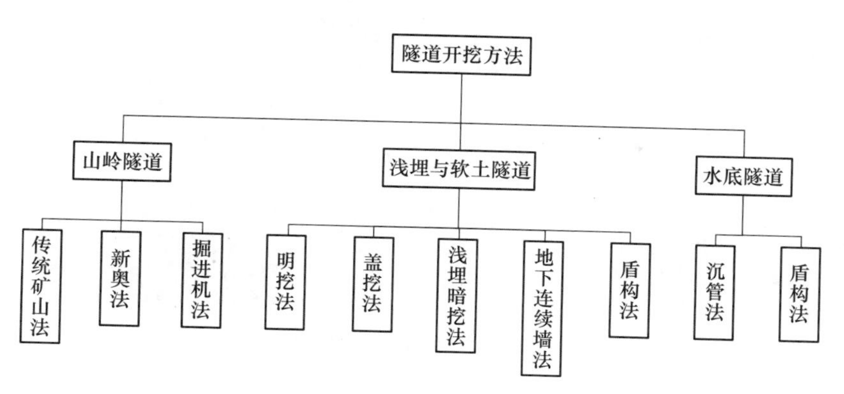


图 14-2　隧道开挖方法

3）进行地下工程结构物基础放样以及大型设备的安装和调校测量等测量工作。

为了完成地下工程施工测量任务，在地下工程施工时主要的测量工作内容包括：地面控制测量、联系测量、地下施工测量、贯通测量以及竣工测量。

本章主要介绍城市地铁施工测量的方法。地铁（metro，subway）是在全封闭线路上运行的大运量或高运量城市轨道交通方式，线路通常设于地下结构内，也可延伸至地面或高架桥上。地铁是城市轨道交通的主要形式，是解决城市容量瓶颈、缓解交通压力的有效途径。

地铁的地下结构一般分为车站结构和区间隧道。车站结构是由车站的梁、柱、墙、板、拱等主要承重构件组成的结构物，车站结构施工一般采用明挖法、暗挖法、盖挖法等施工方法（图 14-3）。

图 14-3　地铁车站施工

区间隧道是车站之间形成行车所需空间的地下构筑物，区间隧道施工一般采用矿山法、浅埋暗挖法、盾构法、顶进法等施工方法（图 14-4）。本章主要介绍地铁区间隧道工程测量。地铁隧道工程测量的内容有：施工控制测量（地面控制测量、联系测量、地下控制测量），施工测设（梁柱板定位、盾构机定位、衬砌拼装定位），贯通测量（线路中线测量和调整、断面测量），轨道测量（铺轨基标测量、限界测量、轨道铺设和设备安装测量），竣工测量（盾构断面净空测量、线路轨道现状测量、竣工图绘制）。

图 14-4　地铁区间隧道施工

## ■ 14.2　地面控制测量

地铁隧道开挖的地面控制测量一般在隧道开挖之前完成，常常和车站工程施工控制测量同步开展。隧道工程地面控制测量的作用是保证隧道按设计规定的精度正确贯通，并使地下各种建（构）筑物按设计位置定位安装和铺设。

地面控制测量的作用是提供洞口点的三维坐标和进洞开挖的方向。主要目的是确定洞口点、竖井的近井点和方向照准点之间的相对位置，作为地下洞内控制测量的起始数据。

地面控制测量包括平面控制测量和高程控制测量。地面控制网布设步骤如下：

1）收集资料。主要资料包括施工地区的大比例尺地形图，隧道工程所在地段的线路平面图，隧道工程的设计断面图、平面图，施工技术设计，周边控制点资料，该地区水文、气象、地质及交通运输等方面的资料。

2）现场踏勘。初步分析收集资料后，对隧道工程穿越地区进行详细勘察，了解隧道工程两侧地形，特别注意工程的走向、地形、地质和施工设施的布置情况。

3）选点布网。先在大比例尺地形图上选点，然后到实地标定。也可以直接到现场踏勘选点，要注意充分利用已知控制点。选点时注意：

① 在隧道的进出口（竖井、斜井或平硐）附近，曲线的起点、终点及交点处选点。

② 控制点要选在地质条件稳定且牢靠的地方，尽量避免施工影响。

③ 每个洞口至少 3 个控制点，且相邻点通视，确保联系测量的开展。

隧道施工一般从两个相对的洞口开挖。较长隧道的施工需要通过竖井、斜井、平硐等多通道开挖，以增加工作面，加快施工速度。为了保证隧道最后正确贯通，必须在相应的开挖点建立控制点，并构成地面控制网。地面控制网的布设原则有：

1）控制网的大小、形状、点位分布，应与地下工程的大小、形状相适应，点位布设要考虑施工放样的方便，隧道控制网一定要保证隧道两端有控制点。

2）地面控制网的精度，不要求网的精度均匀，但要保证某一方向和某几个点的相对精度高，如隧道控制网要能保证隧道横向贯通的准确性。

3）投影面的选择应满足“控制点坐标反算的两点间长度与实地两点间长度之差应尽可能小”的要求。如隧道施工控制网一般投影到隧道贯通平面上，也可以将长度投影到定线放样精度要求最高的平面上。

4）坐标系可以采用 CGCS2000 坐标系或施工坐标系。如采用施工坐标系，其坐标轴要平行或垂直于隧道的主轴线。

近井点是地下工程测量中常用的一个名词术语。在布设地面控制网时，在每个井口附近至少设立一个控制点，以便将地面的坐标和高程系统传递到井下去，这个点就是近井点。

平面控制测量网应根据隧道的长度和平面形状以及线路通过地区的地形情况和施工方法进行设计布设。隧道线路上各洞口的进、出口点，竖井附近的近井点，以及各洞口和竖井附近布设的 3 个及以上的定向点都要纳入平面控制网中作为控制点布设，使各洞口点、竖井的近井点和各定向点的坐标都在同一坐标系统内。平面控制测量方法有：边角测量、导线测量、GNSS 静态测量。

高程控制测量的任务是在各洞口（或井口）附近设立 2~3 个高程控制点，测量各开挖洞口（或井口）的进口点间的高差，由进口点向洞内或井下传递高程，建立洞内或地下统一的高程系统，以保证高程的正确贯通。高程控制测量通常采用水准测量方法，只有在斜井和地形陡峻的山区地段采用测距三角高程测量。地面水准测量时，利用线路定测水准点的高程作为起始高程，沿水准路线在每个洞口（井口）应埋设至少两个水准点，水准线路应形成闭合环线。或者敷设两条相互独立的水准线路，由已知的起始水准点从一端洞口测至另一端的洞口。地面高程控制测量的等级要根据水准路线的长度和隧道长度按表 14-1 选取。

**表 14-1　隧道地面高程控制测量的等级**

| 高程控制网类别 | 等级 | 每千米高差全中误差/mm | 洞外水准路线长度或两开挖洞口间长度 $S$/km |
|---|---|---|---|
| 水准网 | 二等 | 2 | $S>16$ |
| | 三等 | 6 | $6<S\leq16$ |
| | 四等 | 10 | $S\leq6$ |

## ■ 14.3　联系测量

在地下工程施工中，采用开挖平硐、斜井、竖井的方式来到达地下结构的底部或者用来增加工作面。为了保证隧道按设计方向掘进，或者多头掘进的工作面在预定地点贯通，就必须将地面的平面坐标系统和高程系统通过平硐、斜井及竖井传递到地下，这些传递工作称为联系测量。地铁联系测量是将地面的平面坐标系统及高程系统传递到地下，使地面与地下建立统一的三维坐标系统，为隧道施工提供坐标基准。联系测量分为平面联系测量（定向测量）和高程联系测量（导入标高）。它是保证隧道开挖正确贯通、地下设备正确安装的重要工序。本节主要介绍竖井联系测量方法。

### 14.3.1　平面联系测量

平面联系测量的任务是测定地下控制网（或导线）的起算边的坐标方位角和平面坐标。平面联系测量分为几何定向（包括一井定向和两井定向）和物理定向（陀螺全站仪定向）。

1. 一井定向

一井定向是用一个竖井完成平面联系测量。在进行平面联系测量之前，首先进行地面近井点的测量标志埋设工作。在竖井四周用埋石的方法对称布设 4 个相互通视的近井点 $A$、$A'$ 和 $B$、$B'$。其中 $A$、$A'$ 两个近井点沿隧道中线方向布设，$B$、$B'$ 两个近井点沿隧道中线的横剖方向。然后在远离竖井的位置分别埋设每个近井点的后视定向控制点，共计 4 个定向控制点。

用全站仪导线测量依次测定 4 个近井点和 4 个定向控制点的坐标。平面联系测量主要采用全站仪后方交会法、全站仪导线定向法和一井定向法进行平面坐标的井下传递。当工作井深度较浅，且通视条件良好时，采用全站仪后方交会法；当后方交会时后视点存在困难时，采用全站仪导线定向法；当工作井深度较深，且达不到通视条件时，采用全站仪一井定向法。

全站仪一井定向法是在一个竖井内悬挂两根钢丝锤球线（吊锤线），在地面上利用地面控制点测定两锤球线的平面坐标及其连线方位角。在井下首先通过测角和量边把锤球线与井下起始控制点连接起来；然后利用联系三角形，计算井下起始控制点的坐标和方位角。从而将地面点的坐标和地面边的方位角传递到井下（图 14-5）。

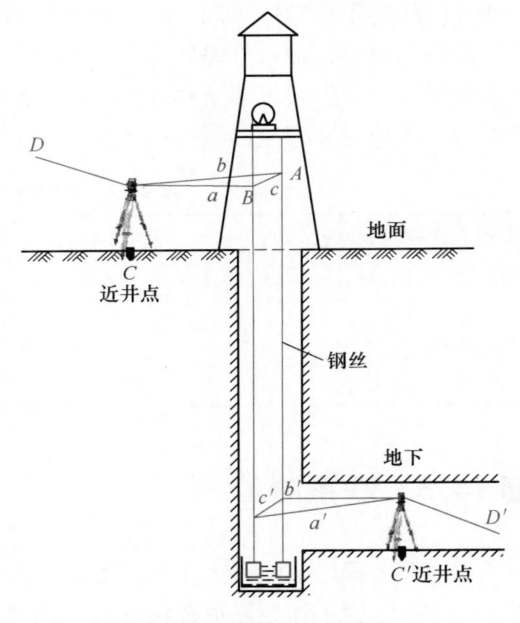

图 14-5　全站仪一井定向

2. 两井定向

当两相邻竖井间开挖的隧道在地下已贯通，就具备条件采用两井定向的条件。两井定向是在两个竖井内各悬挂一根锤球线，在地面和地下用导线将它们连接起来，从而把地面坐标系统中的平面坐标和方向传递到地下。

两井定向时，两根锤球线间一般不能直接通视，而是在地面、地下通过导线连接起来的，因此，两井定向必须测出地面、地下连接导线各边的边长及其水平角，按照无定向导线测量方法计算出地下控制网（导线）起算数据。

3. 陀螺全站仪定向

陀螺全站仪是一种将陀螺仪和全站仪结合在一起的仪器，它利用陀螺仪本身的物理特性及地球自转的影响，实现自动寻找真北方向。陀螺全站仪定向是用高速旋转的三轴陀螺（图 14-6），其转子轴在重力矩的作用下会指向真北方向的原理测出井下导线边的真方位角，然后减去计算出的子午线收敛角，从而获得导线边的坐标方位角。

陀螺全站仪（图 14-7）观测真北方向的方法：

1）安置仪器。在测站上对中整平，以一个测回测定待定边或已知边的方向值，然后将仪器大致对正北方。

2）粗略定向，测定近似真北方向。方法：逆转点法、四分之一周期法。

3）精密定向，精密测定真北方向。方法：跟踪逆转点法、中天法、时差法、摆幅法。

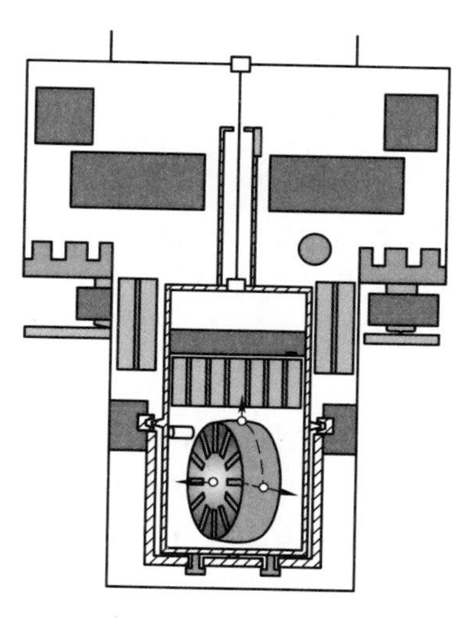

图 14-6 陀螺仪结构图

图 14-7 陀螺全站仪

4）测出真北方位角。

### 14.3.2 高程联系测量

高程联系测量（导入高程）是通过斜井、平硐或竖井将地面高程传递到地下去，从而使地面与地下建立统一的高程系统。斜井和平硐一般通过水准测量或测距三角高程测量法直接导入高程。竖井导入高程的方法有：水准仪长钢尺法、激光铅直测距法、全站仪铅直测距法等。其中水准仪长钢尺法是较常用的方法。

水准仪长钢尺法是通过悬吊经过检核的长钢尺，使用水准仪在地上、地下观测钢尺和水准尺，加以尺长、温度等各项改正，将高程传递到地下。

如图 14-8 所示，$A$ 为地面已知的近井水准基点。$B$ 为井下高程点，其高程待求。通过竖井放下长钢尺，在钢尺的底端挂上重锤，并将重锤浸入到油桶中。钢尺在重力作用下稳定并保持铅垂。井上、下测量人员分别安置水准仪，读取立于 $A$、$B$ 两点水准尺的读数 $a_1$ 与 $b_2$。然后转动水准仪照准长钢尺，井上、下同时读取钢尺读数 $b_1$ 和 $a_2$。最后再照准 $A$、$B$ 点上的水准尺读数进行检核。井下 $B$ 点的高程为

$$H_B = H_A + a_1 - b_2 - (b_1 - a_2) + \sum \Delta L$$

式中，$\sum \Delta L$ 为钢尺的总改正数，包括尺长、拉力、温度和钢尺自重等改正。

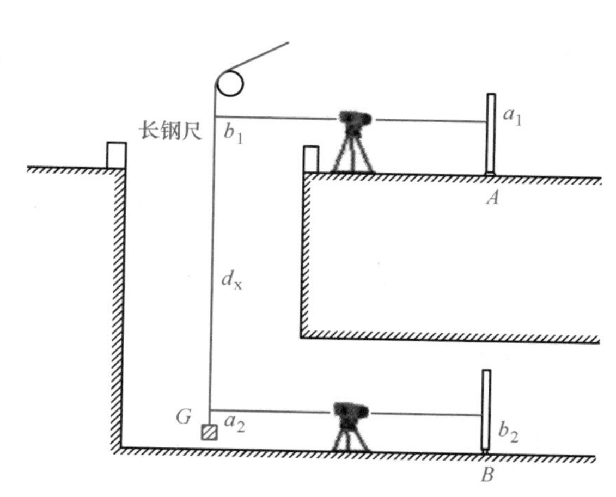


图 14-8 水准仪长钢尺法高程联系测量

按照上述方法，再传递获得另一个井下的高程控制点 $C$，通过测量高差 $h_{BC}$ 来检核和评定高程联系测量的精度。

## ■ 14.4 地下施工测量

### 14.4.1 地下控制测量

地下控制测量包括地下平面控制测量和地下高程控制测量。地下平面控制测量是采用随着隧道（巷道）向前开挖掘进延伸而用逐步布设导线的方式进行。地下高程控制测量方法有水准测量和三角高程测量。

1. 地下导线测量

地下导线测量的任务是以必要的精度，建立地下工程平面控制测量系统。根据地下导线点坐标放样隧道设计中线及其衬砌位置，从而指示隧道的掘进方向及衬砌施工、地下构筑物施工放样、贯通测量和竣工测量。地下导线的起始边通常设在隧道的洞口、平硐口、斜井口以及竖井的井底车场洞口，起算数据由地面控制测量或联系测量确定。

地下导线的形状和布设形式取决于隧道的形状，尽量沿着线路中线（或边线）布设，边长应大致相等。矿山巷道导线点一般设在巷道顶板，需采用点下对中；在断面较大的隧道里，导线点也常布设在底板或侧壁上。

地下导线（图 14-9）一般采用分级布设的方法，先随隧道开挖逐段布设低精度施工导线，然后布设精度较高的基本控制导线：

1）施工导线，也称为二级导线。当隧道开挖时，先布设边长较短，精度较低的施工导线指导隧道掘进方向和隧道放样，边长为 20~50m。

2）基本导线，也称为一级导线（图 14-9）。当掘进 300~500m 时，布设高精度的基本导线，检查校正已布设的施工导线。基本导线起始边（点）和最终边（点）与施工导线相重合。基本导线边长为 50~100m。

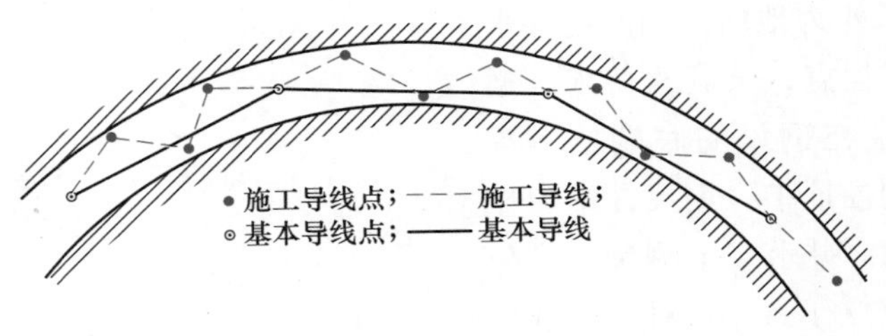


图 14-9 地下导线

3）主要导线。隧道（巷道）继续向前掘进时，以基本导线最终边（点）为起始边（点），向前布设施工导线和放样中线。有的情况下会将基本导线这一级舍去，直接在施工导线的基础上布设长边导线（主要导线）。在不具备长边通视条件的情况下可只布设基本导线，而不布设长边导线。主要导线边长为 150~800m。

2. 地下高程控制测量

地下高程控制测量的任务是测定隧道控制点的高程，建立一个与地面统一的地下高程控制系统，作为隧道掘进中坡度的控制和高程施工放样的依据。其主要特点如下：

1）高程测量线路与地下导线测量相同，通常利用地下导线点作为高程点。高程点可埋设在隧道顶板、底板或侧壁上。

2）高程点设在顶板时，观测时水准尺应倒立在测点上。

3）地下高程测量线路在贯通前均为支水准路线，需要进行往返观测或多次观测，以进行检核。

4）在施工中为满足施工放样的需要，一般是先用低等级高程测量出隧道的坡度，然后采用高等级高程测量进行检测，并建立永久高程点。每组永久高程点应设置3个，永久高程点间距300~500m。

由于地下高程点（水准点）有的设在顶板上，有的设在底板或侧壁上，无论是哪一种情况，高差 $h_i$ 的计算公式都是 $h_i=a_i-b_i$（水准标尺后视读数-前视读数）。当高程点（水准点）埋设在顶板上时，在水准标尺读数前加“-”号再计算高差。

### 14.4.2　隧道施工测量

隧道掘进中的施工放样任务是把图上设计隧道随着向前掘进逐步测设于实地。隧道施工测量的主要工作是测设出隧道的中线、腰线和开挖断面。隧道中线是隧道水平投影的几何中心线，用来控制隧道的掘进方向。隧道腰线是高程的控制线，是在隧道侧壁上用高出底部设计坡度线一定距离且平行于设计坡度线的一组高程点连线。

隧道中线的测设方法：全站仪极坐标法、全站仪坐标法、激光跟踪仪测设法。隧道腰线的测设方法：水准测量法、全站仪三角高程法。隧道断面形式主要有圆形、拱形、马蹄形等。隧道断面的放样工作随着断面的形式不同而异。隧道断面可以采用全站仪坐标法、放样机器人、激光准直仪法、激光格栅法等测设。

城市地铁区间隧道主要采用盾构法施工。盾构机是将隧道的定向掘进、运输、衬砌安装等各工种组合成一体的施工方法。盾构的标准外形是圆筒形，也有矩形、半圆形等与隧道断面相近的特殊形状。盾构施工测量主要是控制盾构的位置和推进方向。利用隧道导线点测定盾构的空间位置和轴线方向。用激光经纬仪或激光定向仪指示推进方向，用千斤顶编组施以不同的推力进行纠偏（调整盾构的位姿和推进方向）。采用盾构法施工的隧道应利用盾构机导向系统实时测量盾构机姿态，并用人工测量方法进行检核（图14-10）。

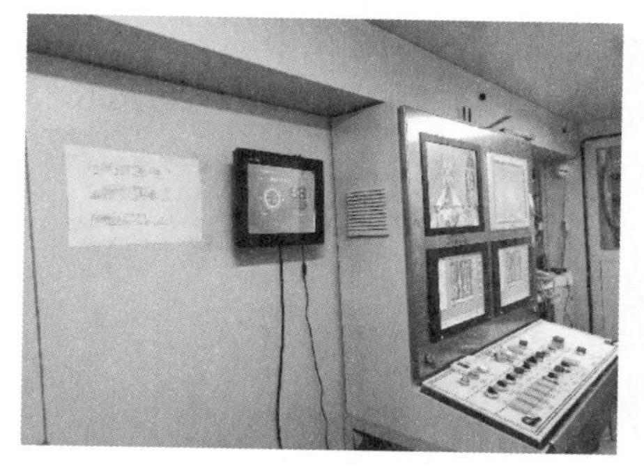
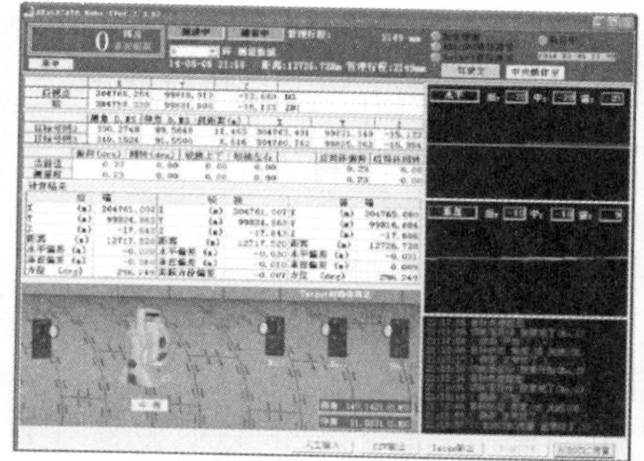

图14-10　盾构机导向控制系统和人工测量

## ■ 14.5 贯通测量

在地铁结构施工中，由于地面控制测量、联系测量、地下控制测量及细部放样误差的影响，使得两个相向施工的贯通面、单向施工的贯通面与预留面的施工中线不能正确衔接，从而产生错开现象，这种现象称为贯通偏差。

贯通测量是对两个或多个相向或同向掘进的工作面，在预定地点正确接通而进行的测量工作。以贯通方式采用多头掘进同一隧道，可以提高施工效率、缩短工期、改善通风条件和劳动条件，是加快隧道建设的重要措施。

隧道贯通主要有三种形式（图 14-11）：相向贯通、单向贯通、同向贯通（追随贯通）。

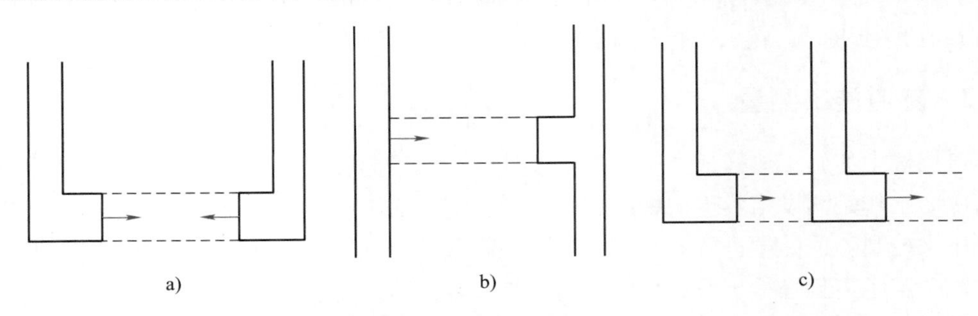


**图 14-11　隧道贯通形式**

a）相向贯通　b）单向贯通　c）同向贯通

1. 贯通偏差

隧道控制测量是隧道正确贯通的重要保障，其精度主要取决于隧道贯通精度要求、隧道长度和形状、开挖面数量以及施工方法等。隧道贯通处的偏差发生在平面和高程，共三个方向上：

1）纵向偏差。水平面内沿隧道中线方向上的长度偏差。纵向偏差影响贯通距离，对隧道质量影响不大。

2）横向偏差。水平面内垂直于隧道中线的左右偏差。横向偏差严重影响隧道质量。

3）高程偏差。竖直面内垂直于隧道腰线的上下偏差。高程偏差主要影响隧道的坡度。

隧道贯通误差需要严格控制，并在贯通前予以修正。纵向误差只要不大于定测中线的误差，能够满足铺轨的要求即可。高程误差影响隧道的坡度，但容易满足限差的要求。而横向误差如果超过限差就会引起隧道中线的几何变形，甚至造成隧道内建（构）筑物侵入规定限界，造成巨大损失。

2. 贯通测量的工作步骤

1）根据工程实际情况和贯通容许偏差，制定贯通测量方案，估算贯通误差，编制贯通测量设计书。

2）按照贯通测量方案施测，计算纵向偏差、横向偏差和高程偏差。

3）根据计算出的贯通测量的标定几何要素（贯通隧道中线的坐标方位角、贯通距离、贯通两端的指向角、腰线的坡度等要素），实地标定隧道的中线和腰线。

4）根据需要及时延长隧道的中线和腰线，定期进行检测并及时调整中线和腰线。

5）贯通后测量贯通实际偏差值，进行贯通精度分析和评定，完成贯通测量技术总结。

地铁贯通面一般在车站里，贯通点以洞口控制点为主，由始发车站导线联测至接收车站控制点，该点的坐标闭合差分别投影至贯通面及其垂直的方向上，即为横向和纵向贯通误差。地铁隧道贯通后及时进行平面及高程贯通测量工作，以检验测量工作是否满足精度要求，结构是否按设计要求准确就位。

## 14.6　竣工测量

隧道竣工后，为检查隧道主要结构物及线路位置是否符合设计要求，便于隧道运营后检修和为安装设备提供测量数据，需要进行竣工测量（图 14-12），并测绘竣工图。竣工测量工作包括以下内容：

图 14-12　地铁隧道竣工测量

1）检测隧道和主要洞室的中线，在直线段每隔 50m、曲线段每隔 20m 检测一点，并进行中线调整。中线调整的目的是根据中线检测结果将中线点位归化于设计位置，使中线点之间的夹角、边长与设计值的互差在允许范围内，线路中线的线形圆顺。为断面测量、铺轨基标测设提供数据资料。

2）隧道中线与各洞室中线交点、曲线交点、终点均埋设永久标志，并编号存档。对隧道的永久性中线点用混凝土包埋金属标志。在采用地下导线测量的隧道内，可利用既有中线点或根据调整后的线路中心点埋设。直线上的永久性中线点，每 200~250m 埋设一个，曲线上应在缓和曲线的起点、终点各埋设一个，在曲线中部，可根据通视条件适当的增加。在隧道边墙上要画出永久性中线点的标志。洞内水准点应每公里埋设一个，并在边墙上画出标记。

3）纵断面和隧道净空横断面测量。纵断面沿中线方向测定底部和拱顶高程，每隔 10~20m 测定一点，绘制纵断面图，并套绘设计坡度线进行比较。隧道净空断面测量采用全站仪三维坐标法、激光断面仪（图 14-13）、三维激光扫描仪（图 14-14）等施测。直线段每隔 10m、曲线段包括曲线要素在内每隔 5m 测设一个横断面。

4）编制和提交隧道施工测量的各种数据和图表资料，如地面控制测量外业资料与成果表、地下导线测量资料、贯通测量资料、施工测量中重大技术问题记录、地下工程平面图、纵断面图、横断面图及技术总结等。

图 14-13　激光断面仪测量隧道断面

图 14-14　三维激光扫描仪测量隧道断面

## 思考题与习题

1. 地下工程施工测量的主要工作有哪些?
2. 地铁隧道工程测量的内容有什么?
3. 近井点的概念是什么?
4. 什么是联系测量?简述联系测量的技术方法。
5. 简述一井定向和两井定向的主要原理。
6. 简述贯通测量的意义和贯通偏差的概念。

# 参考文献


[1] 中华人民共和国国家质量监督检验检疫总局，中国国家标准化管理委员会．全球定位系统（GPS）测量规范：GB/T 18314—2009 [S]. 北京：中国标准出版社，2009.

[2] 中华人民共和国住房和城乡建设部．卫星定位城市测量技术标准：CJJ/T 73—2019 [S]. 北京：中国建筑工业出版社，2019.

[3] 国家测绘局．全球定位系统实时动态测量（RTK）技术规范：CH/T 2009—2010 [S]. 北京：测绘出版社，2010.

[4] 中华人民共和国铁道部．高速铁路工程测量规范：TB 10601—2009 [S]. 北京：中国铁道出版社，2009.

[5] 中华人民共和国住房和城乡建设部，国家市场监督管理总局．工程测量标准：GB 50026—2020 [S]. 北京：中国计划出版社，2021.

[6] 中华人民共和国国家质量监督检验检疫总局，中国国家标准化管理委员会．国家一、二等水准测量规范：GB/T 12897—2006 [S]. 北京：中国标准出版社，2006.

[7] 中华人民共和国国家质量监督检验检疫总局，中国国家标准化管理委员会．国家三、四等水准测量规范：GB/T 12898—2009 [S]. 北京：中国标准出版社，2009.

[8] 中华人民共和国国家质量监督检验检疫总局，中国国家标准化管理委员会．国家基本比例尺地图图式 第1部分：1：500 1：1000 1：2000 地形图图式：GB/T 20257.1—2017 [S]. 北京：中国标准出版社，2017.

[9] 中华人民共和国国家质量监督检验检疫总局，中国国家标准化管理委员会．国家基本比例尺地形图分幅和编号：GB/T 13989—2012 [S]. 北京：中国标准出版社，2012.

[10] 国家测绘局．测绘技术设计规定：CH/T 1004—2005 [S]. 北京：测绘出版社，2005.

[11] 国家市场监督管理总局，国家标准化管理委员会．基础地理信息要素分类与代码：GB/T 13923—2022 [S]. 北京：中国标准出版社，2022.

[12] 中华人民共和国国家质量监督检验检疫总局，中国国家标准化管理委员会．数字测绘成果质量检查与验收：GB/T 18316—2008 [S]. 北京：中国标准出版社，2008.

[13] 国家测绘局．测绘技术总结编写规定：GH/T 1001—2005 [S]. 北京：测绘出版社，2005.

[14] 中华人民共和国交通部．公路勘测细则：JTG/T C10—2007 [S]. 北京：人民交通出版社，2007.

[15] 中华人民共和国交通部．公路勘测规范：JTG C10—2007 [S]. 北京：人民交通出版社，2007.

[16] 中华人民共和国住房和城乡建设部，国家市场监督管理总局．工程测量通用规范：GB 55018—2021 [S]. 北京：中国建筑工业出版社，2022.

[17] 潘正风，程效军，成枢，等．数字地形测量学 [M]. 2版．武汉：武汉大学出版社，2019.

[18] 高井祥，付培义，余学祥，等．数字地形测量学 [M]. 徐州：中国矿业大学出版社，2018.

[19] 覃辉，马超，朱茂栋，等．土木工程测量 [M]. 5版．上海：同济大学出版社，2019.

[20] 胡伍生，潘庆林，等．土木工程测量 [M]. 5版．南京：东南大学出版社，2016.

[21] 邹积亭，周乐皆，等．建筑测量学 [M]. 北京：中国建筑工业出版社，2009.

[22] 周忠谟，易杰军，周琪．GPS卫星测量原理与应用 [M]. 2版．北京：测绘出版社，1997.

[23] 黄丁发，熊永良，周乐韬，等．GPS卫星导航定位技术与方法 [M]. 北京：科学出版社，2009.

[24] 李志林，朱庆，谢潇．数字高程模型 [M]. 3版．北京：科学出版社，2017.

[25] 李德仁，王树根．摄影测量与遥感概论 [M]. 3版．北京：测绘出版社，2021.

[26] 高井祥，肖本林，付培义，等．数字测图原理与方法［M］.3 版．徐州：中国矿业大学出版社，2015.
[27] 宁津生，陈俊勇，李德仁，等．测绘学概论［M］.2 版．武汉：武汉大学出版社，2004.
[28] 李战宏．现代测量技术［M］. 北京：煤炭工业出版社，2009.
[29] 张希黔，黄声享，姚刚．GPS 在建筑施工中的应用［M］. 北京：中国建筑工业出版社，2003.
[30] 聂让，付涛．公路施工测量手册［M］.2 版．北京：人民交通出版社，2008.
[31] 余学祥，王坚，刘绍堂，等．GPS 测量与数据处理［M］. 徐州：中国矿业大学出版社，2013.
[32] 周建郑．建筑工程测量［M］.2 版．北京：中国建筑工业出版社，2008.
[33] 韩玉民．土木工程测量［M］. 武汉：武汉大学出版社，2014.
[34] 曹晓岩．土木工程测量［M］. 北京：机械工业出版社，2014.